全国高等医学教育课程创新
"十三五"规划教材

供临床、预防、基础、急救、全科医学、口腔、麻醉、影像、药学、检验、护理、法医、生物工程等专业使用

生物化学与分子生物学

U0303312

主　编　马灵筠　扈瑞平　徐世明

副主编　郑红花　王　辉　李华玲　苏振宏

编　者　（以姓氏笔画排序）

马灵筠　河南科技大学

王　辉　黄河科技学院

叶书梅　内蒙古医科大学

苏振宏　湖北理工学院

李华玲　扬州大学

杨五彪　商丘工学院

杨愈丰　遵义医科大学珠海校区

张丽娟　首都医科大学燕京医学院

陈华波　湖北文理学院

苑　红　内蒙古医科大学

郑红花　厦门大学

赵　亮　新乡医学院

徐世明　首都医科大学燕京医学院

龚莎莎　台州学院

扈瑞平　内蒙古医科大学

蒋薇薇　商丘工学院

翟立红　湖北文理学院

华中科技大学出版社
http://www.hustp.com
中国·武汉

内 容 简 介

本书是全国高等医学教育课程创新"十三五"规划教材。全书除绪论外分为四篇二十一章,内容包括生物分子的结构与功能(蛋白质的结构与功能,核酸的结构与功能,酶,聚糖的结构与功能,维生素与无机盐),物质代谢及其调节(糖代谢,脂类代谢,生物氧化,蛋白质的分解代谢,核苷酸代谢,肝胆生物化学,物质代谢的整合与调节),遗传信息的传递(基因与基因组,DNA 的生物合成,RNA 的生物合成,蛋白质的生物合成,基因表达的调控)以及专题篇(细胞信号转导,癌基因、抑癌基因与生长因子,常用分子生物学技术的原理及其应用,基因诊断与基因治疗)。

本书根据最新教学改革的要求和理念,结合我国高等医学教育发展的特点,按照相关教学大纲的要求编写而成,内容系统、全面,详略得当。本书以二维码的形式增加了网络增值服务,内容包括教学 ppt 课件、知识链接,提高了学生学习的趣味性。

本书可供临床、预防、基础、急救、全科医学、口腔、麻醉、影像、药学、检验、护理、法医、生物工程等专业使用。

图书在版编目(CIP)数据

生物化学与分子生物学/马灵筠,扈瑞平,徐世明主编. —武汉:华中科技大学出版社,2019.8(2025.1 重印)
全国高等医学教育课程创新"十三五"规划教材
ISBN 978-7-5680-4386-1

Ⅰ.①生… Ⅱ.①马… ②扈… ③徐… Ⅲ.①生物化学-高等学校-教材 ②分子生物学-高等学校-教材
Ⅳ.①Q5 ②Q7

中国版本图书馆 CIP 数据核字(2019)第 169412 号

生物化学与分子生物学
Shengwu Huaxue yu Fenzi Shengwuxue

马灵筠 扈瑞平 徐世明 主编

策划编辑:周 琳
责任编辑:李 佩
封面设计:原色设计
责任校对:刘 竣
责任监印:周治超
出版发行:华中科技大学出版社(中国·武汉)　　电话:(027)81321913
　　　　　武汉市东湖新技术开发区华工科技园　　邮编:430223
录　　排:华中科技大学惠友文印中心
印　　刷:武汉邮科印务有限公司
开　　本:880mm×1230mm　1/16
印　　张:29.25
字　　数:869 千字
版　　次:2025 年 1 月第 1 版第 5 次印刷
定　　价:79.00 元

本书若有印装质量问题,请向出版社营销中心调换
全国免费服务热线:400-6679-118　竭诚为您服务

全国高等医学教育课程创新"十三五"规划教材
编委会

网络增值服务使用说明

欢迎使用华中科技大学出版社医学资源服务网yixue.hustp.com

1.教师使用流程

（1）登录网址：http://yixue.hustp.com （注册时请选择教师用户）

| 注册 | 登录 | 完善个人信息 | 等待审核 |

（2）审核通过后，您可以在网站使用以下功能：

2.学员使用流程

建议学员在PC端完成注册、登录、完善个人信息的操作。

（1）PC端学员操作步骤

①登录网址：http://yixue.hustp.com （注册时请选择普通用户）

| 注册 | 登录 | 完善个人信息 |

② 查看课程资源

如有学习码，请在个人中心-学习码验证中先验证，再进行操作。

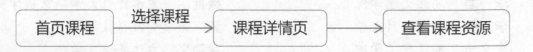

（2）手机端扫码操作步骤

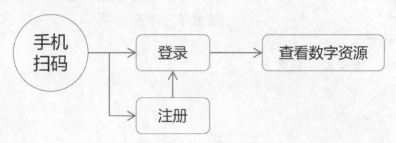

总序

Zongxu

《国务院办公厅关于深化医教协同进一步推进医学教育改革与发展的意见》指出："医教协同推进医学教育改革与发展，加强医学人才培养，是提高医疗卫生服务水平的基础工程，是深化医药卫生体制改革的重要任务，是推进健康中国建设的重要保障""始终坚持把医学教育和人才培养摆在卫生与健康事业优先发展的战略地位。"我国把质量提升作为本科教育改革发展的核心任务，发布落实了一系列政策，有效促进了本科教育质量的持续提升。而随着健康中国战略的不断推进，加大了对卫生人才培养支持力度。尤其在遵循医学人才成长规律的基础上，要求不断提高医学青年人才的创新能力和实践能力。

为了更好地适应新形势下人才培养的需求，按照《国务院办公厅关于深化医教协同进一步推进医学教育改革与发展的意见》《国家中长期教育改革和发展规划纲要（2010—2020 年）》《国家中长期人才发展规划纲要（2010—2020 年）》等文件精神要求，进一步出版高质量教材，加强教材建设，充分发挥教材在提高人才培养质量中的基础性作用，培养医学人才。在认真、细致调研的基础上，在教育部相关医学专业专家和部分示范院校领导的指导下，我们组织了全国 50 多所高等医药院校的近 200 位老师编写了这套全国高等医学教育课程创新"十三五"规划教材，并得到了参编院校的大力支持。

本套教材充分反映了各院校的教学改革成果和研究成果，教材编写体系和内容均有所创新，在编写过程中重点突出以下特点。

（1）教材定位准确，突出实用、适用、够用和创新的"三用一新"的特点。

（2）教材内容反映最新教学和临床要求，紧密联系最新的教学大纲、临床执业医师资格考试的要求，整合和优化课程体系和内容，贴近岗位的实际需要。

（3）以强化医学生职业道德、医学人文素养教育和临床实践能力培养为核心，推进医学基础课程与临床课程相结合，转变重理论而轻临床实践、重医学而轻职业道德和人文素养的传统观念，注重培养学生临床思维能力和临床实践操作能力。

（4）问题式学习（PBL）与临床案例进行结合，通过案例与提问激发学生学习的热情，以学生为中心，利于学生主动学习。

本套教材得到了专家和领导的大力支持与高度关注，我们衷心希望这套教材能在相关课程的教学中发挥积极作用，并得到读者的青睐。我们也相信这套教材在使用过程中，通过教学实践的检验和实际问题的解决，能不断得到改进、完善和提高。

全国高等医学教育课程创新"十三五"规划教材
编写委员会

前言

Qianyan

为进一步贯彻落实高等医药院校"十三五"发展规划和《国务院办公厅关于深化医教协同进一步推进医学教育改革与发展的意见》，根据《"健康中国2030"规划纲要》和医学教育改革需要，2017年8月华中科技大学出版社主办了"华中出版杯"教材编写研讨会，经专家论证以及编写委员会讨论，明确了教材编写的指导思想和内容。

本教材为全国高等医学教育课程创新"十三五"规划教材。生物化学与分子生物学是当今生命科学领域发展最为迅速并与其他学科广泛交叉和渗透的重要前沿学科。它研究人体生物大分子的结构、功能、相互作用及其同疾病发生、发展的关系。生物化学与分子生物学既是重要的专业基础课程，又与其他医学基础课程有着密切的联系，其基本理论与技术广泛应用于生命科学和医学各个领域。本教材编写委员会经多次研讨与交流，结合国家《临床执业医师资格考试大纲》和研究生《西医综合考试大纲》的要求，本着强调基本理论、基础知识、基本技术的原则，依据医学人才培养目标和学科发展需求，更新知识，力求创新，既满足生物化学与分子生物学课程教学，同时为后续基础课程和临床课程打下良好的基础。本教材强调"重在基础、联系临床、结合最新进展、教学科研并举"的指导思想，有利于培养学生科学思维和实践创新能力，适用于高等医药院校各专业本科生、专科生及研究生。

本教材除绪论外共二十一章，按照内容特点分为四篇，第一篇为生物分子的结构与功能，第二篇为物质代谢及其调节，第三篇为遗传信息的传递，第四篇为专题篇。在保证内容系统性的基础上，融入了生命科学的新进展、新概念和新技术，并适当结合临床相关疾病的生化机制，通过借鉴其他优秀教材的经验与成果，充分体现了教材的思想性、科学性、先进性、启发性和实用性，更加适合21世纪高素质医学人才的培养。

在教材编写过程中，各位编者本着质量第一、治学严谨、精益求精的科学态度，为本教材的顺利完成付出了辛勤的劳动，但限于学识水平有限，书中难免有不当之处，敬请同行专家和广大师生批评指正。在此，对华中科技大学出版社在教材编写过程中的支持和帮助表示由衷的感谢。

马灵筠　扈瑞平　徐世明

目录

Mulu

第二篇　物质代谢及其调节

第三篇　遗传信息的传递

第四篇　专　题　篇

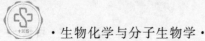

绪 论

生命运动是物质的一种高级运动形式,核酸和蛋白质是生命的物质基础,生物体内各种物质的化学结构和化学反应过程是生命活动的体现。生物化学(biochemistry)即生命的化学,是采用化学、物理学和数学的原理和方法,在分子水平研究生物体生命现象化学本质的一门科学。随着研究的深入,其融入了生理学、细胞生物学、遗传学和免疫学的理论和技术,与众多的学科有着广泛的联系和交叉。

20世纪50年代,生物化学发展进入了分子生物学(molecular biology)时代。研究核酸、蛋白质的生物大分子的结构和功能及基因结构、表达与调控的内容,称为分子生物学。分子生物学是从分子水平研究生命本质的一门生物学前沿学科,是当前生命科学中发展最快并正成为与其他学科广泛交叉与渗透的重要前沿领域。分子生物学的发展为人类认识生命本质带来了前所未有的机会,也为人类利用和改造生物创造了极为广阔的前景。从广义上理解,分子生物学是生物化学的重要组成部分,也被视为生物化学的发展与延续。

一、生物化学与分子生物学的发展简史

近代生物化学的研究始于18世纪,在20世纪初期作为一门独立的学科蓬勃发展起来,近50年来研究成果累累,有了重大的进展和突破。分子生物学的崛起使之成为生命科学的重要学科之一。

(一)叙述生物化学阶段

18世纪中叶至19世纪末是生物化学的初级阶段,也称为叙述生物化学阶段,主要研究生物体的化学组成。18世纪的主要发现是生物体的气体交换作用和对一些有机化合物(如甘油、柠檬酸、苹果酸、乳酸和尿酸等)的揭示。19世纪的主要贡献是对人体化学组成的认识和某些代谢过程的发现。这一时期的研究成果有血红蛋白的结晶、麦芽糖酶的提纯、细胞色素的发现、从无机物合成尿素、从肝中分离出糖原并证明它可转化为血糖等。19世纪末,酶独立催化作用的发现打开了通向现代生物化学的大门。

(二)动态生物化学阶段

20世纪生物化学取得了飞速发展,基本确定了生物体内的主要物质代谢,进入了动态生物化学阶段。从1903年"生物化学"这一名词问世以来的50年,生物体的分子组成、物质代谢与能量代谢、代谢调节等均取得了显著成果。例如,维生素、辅酶和激素的结构与功能,酶促反应动力学,糖代谢的各种反应途径,脂肪酸的 β-氧化,氨基酸的分解代谢与鸟氨酸循环,三羧酸循环等均是这一时期的研究成果。在生物能的研究中,提出了生物能产生过程中的ATP循环学说。

(三)分子生物学时期

20世纪50年代以来,生物化学的发展进入了一个突飞猛进的黄金时代,这一时期的主要标志是1953年James D. Watson和Francis H. Crick的DNA双螺旋结构模型的建立。这是20世纪自然科学中的重大突破之一,为进一步阐明遗传信息的储存、传递和表达、揭开生命的奥秘奠定了结构基础。同年,Frederick Sanger完成了胰岛素一级结构的测定。从此开始了以核酸和蛋白质的结构与功能为研究焦点的分子生物学时代。分子生物学(molecular biology)是生物化学的延伸与发展,是以生物大分子的结构、功能和调控为其主要研究对象,探讨生命本质的一门学科。由于分子生物学涉及生命现象最本质的内容,它全面推动了生命科学的发展。这一时期人们提出了遗传信息传递

DNA→RNA→蛋白质的中心法则,破译了遗传密码,对基因传递与表达的调控也取得了一定的成果。核酸和蛋白质组成的序列分析技术也取得了飞速的发展。20世纪70年代重组DNA技术的建立使基因操作无所不能,不仅使生产人类所需的蛋白质和改造生物物种成为可能,而且在此基础上,发展起来的转基因技术、基因剔除技术、基因芯片技术等进一步开阔了人们对于基因研究的视野。方兴未艾的基因诊断和基因治疗技术将给人类对疾病的认识与根治带来一场新的革命。1990年开始的人类基因组计划(human genome project,HGP)已完成了对人类基因组的测序工作。这一工程的完成标志着人类生命科学的发展进入了一个新的纪元,为人类破解生命之谜奠定了坚实的基础。继之而来的后基因组计划,包括蛋白质组学、代谢组学计划,将在更加贴近生命本质的更深层次上探讨与发现生命活动的规律,以及重要生理与病理现象的本质。这些庞大工程的完成,必将对生命的本质,生命的进化、遗传、变异,疾病的发病机制,疾病的预防、治疗,延缓衰老,新药的开发,以及整个生命科学产生深远的影响。

二、我国科学家对生物化学的贡献

我国劳动人民对生物化学的发展做出了重要的贡献。我们的祖先早在公元前23世纪就懂得酿酒。公元前2世纪《黄帝内经》就记载了各种膳食对人体的作用,即"五谷为养,五畜为益,五果为助,五菜为充"。公元5世纪对维生素B_1引起的脚气病已有详细记载。我国古代对地方性甲状腺肿、维生素A缺乏症、糖尿病等均有详尽的描述。我国近代生物化学家吴宪发明了血滤液的制备和血糖测定法,提出了蛋白质的变性学说。1965年我国科学家首次人工合成了具有生物活性的胰岛素,后来又合成了酵母丙氨酰tRNA。2000年我国生物化学工作者出色地完成了人类基因组计划中1%的测序工作,为世界人类基因组计划的完成做出了贡献。2002年,我国的生物化学工作者又率先完成了水稻的基因组精细图,为水稻的育种和防病奠定了基因基础。我国在生物化学的许多领域均已达到国际先进水平,与全世界的科技工作者一起,冲击生命科学的顶峰。

三、生物化学与分子生物学的主要研究内容

生物化学与分子生物学的主要内容包括生物体的化学组成、生物分子的结构与功能,物质代谢、能量代谢、信号转导、遗传信息传递及其调控等生命过程的化学本质。作为医学生物化学与分子生物学,其内容还包括相关的生物化学与分子生物学技术。综上所述,生物化学与分子生物学的主要研究内容如下。

1. 生物体的化学组成、分子结构及其功能　组成生物体的化学元素主要是C、H、O、N、P、S、Ca、K、Na、Mg等。这些元素以无机化合物或有机化合物的形式存在于生物体内。其中,蛋白质(包括酶)、核酸(脱氧核糖核酸和核糖核酸)、糖复合物和复合脂类等相对分子质量较大的有机化合物称为生物大分子(biomacromolecules)。蛋白质是生命活动的物质基础,核酸是生命遗传信息储存、传递与个体生命发生的物质基础。这些生物大分子在体内有序地运转,执行其特定的功能,从而构成特定的生命现象。对这些生物大分子的研究具有重要的理论意义和实践意义。无机元素在体内也有其独特的地位,许多无机元素和蛋白质、酶、核酸结合而发挥作用,参与体内物质代谢、能量代谢和信息的传递与调控。

2. 生物体内的物质代谢、能量代谢与信号转导　新陈代谢(metabolism)是生命的基本特征之一,是生物体与环境之间的物质和能量交换以及生物体内物质和能量的自我更新过程。细胞消耗能量将小分子物质合成为大分子化合物的过程称为合成代谢(anabolism);相反的过程则称为分解代谢(catabolism)。合成代谢与分解代谢相辅相成,是生物化学重要的研究内容之一。生物体内的物质代谢是在一系列调控下有条不紊进行的。外界刺激通过体内神经、激素等作用于细胞,通过对酶的不同调节形式,改变细胞内的物质代谢途径。细胞内存在的各种信号转导系统调节着机体细胞的生长、增殖、分化、衰老等生命过程。对细胞信号转导机制与网络的深入研究也是现代生物化学的重

要课题之一。

3. 基因的储存、传递、表达及其调控　　自我复制是生命过程的又一基本特征。生物体通过个体的繁衍,将其遗传信息传递给后代。基因是 DNA 分子中可表达的功能片段,基因的储存、传递使生命得以延续,基因的遗传、变异与表达赋予生命多姿多彩。研究基因各片段在染色体中的定位、核苷酸的排列顺序及其功能,DNA 复制、RNA 转录和蛋白质生物合成过程中基因传递的机制,基因传递与表达的时空调节规律等是生物化学极为重要的课题。这将为解开生命之谜奠定坚实的基础。

4. 生物化学与分子生物学技术　　生物化学与分子生物学是实验性科学,一切成果均建立在严谨的科学实验基础之上。生物化学与分子生物学技术包括生物大分子的提取、纯化与检测技术,生物大分子组成成分的序列分析和体外合成技术,物质代谢与信号转导的跟踪检测技术,以及基因重组、转基因、基因剔除、基因芯片等基因研究的相关技术等。生物化学技术不是单纯的化学技术,而是融入了生物学、物理学、免疫学、微生物学、药理学等知识与技术。这些技术的发展和新技术、新仪器的不断涌现,不仅加快了生物化学的发展,而且大大带动了其他学科的发展。

四、生物化学与分子生物学和医学

(一) 生物化学与分子生物学已成为生命科学各学科之间的桥梁

生物化学,尤其是其中的分子生物学已经成为生命科学与医学的"共同语言",融入生物化学与分子生物学的各项技术已成为生命科学与医学研究的"通用技术"。现在人们已经能对生理学、药理学、病理学、微生物学、免疫学、遗传学,以及临床各学科的认识深入到分子水平。生物化学与分子生物学的发展也促进了一些边缘学科的产生。例如,人们利用计算机技术对生命科学研究形成的大量复杂的数据、资料进行整理、分析、综合,解决研究中发现的新问题,从而形成了生物信息学。

(二) 生物化学与分子生物学为推动医学各学科发展做出了主要贡献

生物化学与分子生物学是生命科学领域一门重要的基础学科,与医学有着紧密的联系,也是医学类专业必修的一门课程。基础医学各学科主要是阐述人体正常、异常的结构与功能等,临床医学各学科则是研究疾病发生、发展机制及诊断、治疗等,而生物化学与分子生物学为医学各学科从分子水平上研究正常或疾病状态时人体的结构与功能乃至疾病的预防、诊断与治疗,提供理论依据及技术,对推动医学各学科的发展做出了重要贡献。随着现代医学的发展,人们更多地将生物化学与分子生物学的理论与技术应用于疾病的预防、诊断和治疗,从分子水平探讨各种疾病的发生、发展机制。近年来,人们对一些重大疾病,如心脑血管疾病、恶性肿瘤、代谢性疾病、免疫性疾病、神经系统疾病等的研究已深入到了分子水平,取得了新的进展。生物化学与分子生物学将给疾病的诊断与治疗带来全新的理念和前景。

因此,学习生物化学与分子生物学知识,除了理解生命现象本质与人体正常生理过程的分子机制外,更重要的是为学习基础医学其他课程和临床医学打下扎实的基础。

(马灵筠)

·第一篇·
生物分子的结构与功能

　　本篇介绍蛋白质、核酸、酶、聚糖的结构与功能,还包括维生素和无机盐的种类和生理作用,共五章。

　　人体的物质组成有蛋白质、核酸、糖类、脂类、水、维生素和无机盐等。蛋白质和核酸是体内主要的生物大分子,各自有其结构特征,并分别行使不同的生理功能。生物大分子通常都有一定的分子结构规律,是由一定的基本结构单位按照一定的排列顺序和连接方式而形成的多聚体。生物大分子的结构决定其功能,即结构是功能的基础,而功能则是特定结构的体现。

　　蛋白质是生命活动的物质基础,具有多种重要的生物学功能;核酸是遗传物质,决定着遗传信息的传递;而绝大多数酶是具有生物催化活性的蛋白质,催化体内各种物质代谢的进行,是生物体新陈代谢的基本保证;聚糖是体内又一类生物大分子,发挥着不可替代的作用;维生素和无机盐也是维持人体正常生理功能必不可少的营养素。研究生物大分子的结构与功能是近代分子生物学的重要内容。学习本篇知识对理解多种生命过程的本质,包括生长、遗传、运动、物质代谢等具有重要意义,也为后续课程的学习打下基础。

　　学习本篇时,要重点掌握上述生物分子的结构特点、重要功能、结构与功能的关系,以及基本理化性质及其在医学中的应用。

第一章 蛋白质的结构与功能

 教学目标

- 蛋白质的基本组成单位——氨基酸及其连接方式
- 蛋白质的一、二、三、四级结构,模体、结构域
- 蛋白质一级结构和空间结构与功能的关系
- 蛋白质的理化性质及其提取、纯化原理
- 蛋白质组和蛋白质组学

蛋白质(protein,pr)是由氨基酸组成的一类生物大分子,它与核酸等其他生物大分子共同构成生命的物质基础。蛋白质既是生命活动的主要载体,也是功能执行者。生物体构成越复杂,所含蛋白质的种类越多,即使在单细胞生物中所含的蛋白质也有数千种。蛋白质是人体细胞中含量最丰富的高分子化合物,约占人体干重的45%。各种蛋白质都有其特定的结构和功能,生物体的多样性是由蛋白质结构和功能的多样性决定的。蛋白质的结构决定了其生物学功能,因此要了解蛋白质在生命活动中的作用,必须从结构入手。

第一节 蛋白质的分子组成

一、蛋白质的元素组成

蛋白质的种类繁多,结构各异,但元素组成相似,主要有碳(50%～55%)、氢(6%～8%)、氧(19%～24%)、氮(13%～19%)、硫(0%～4%)。有些蛋白质还含有少量磷、硒或金属元素铁、铜、锌、锰、钴、钼等,少数蛋白质还含有碘。各种蛋白质的含氮量十分接近,平均约为16%。由于蛋白质是体内的主要含氮物质,因此测定生物样品的含氮量后就可以按下式推算出蛋白质的大致含量。

$$样品中蛋白质的含量=样品的含氮量×6.25$$

二、蛋白质的基本组成单位——氨基酸

蛋白质在酸、碱或蛋白酶的作用下最终可水解为氨基酸(amino acid)。

(一) 氨基酸的命名

氨基酸的命名以羧酸为母体,其碳原子的位次以阿拉伯数字表示,也可用希腊字母 α、β、γ……表示。氨基酸命名除系统命名外,常用通俗名称,例如:

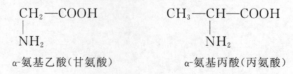

$$\begin{array}{cc} CH_2-COOH & CH_3-CH-COOH \\ | & | \\ NH_2 & NH_2 \\ \alpha\text{-氨基乙酸(甘氨酸)} & \alpha\text{-氨基丙酸(丙氨酸)} \end{array}$$

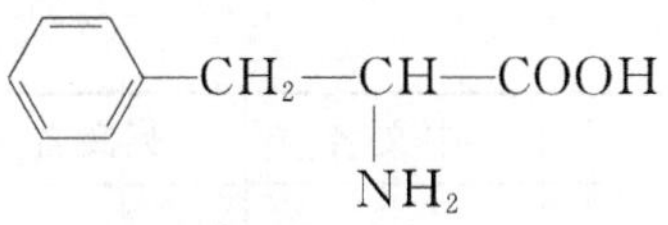

$$\text{（苯环）}-CH_2-CH-COOH$$
$$NH_2$$

α-氨基-β-苯基丙酸（苯丙氨酸）

（二）氨基酸的结构特点

组成蛋白质的氨基酸,其结构有以下共同的特点。

1. 均为 α-氨基酸(脯氨酸为 α-亚氨基酸) 即 α-碳原子上连接一个氨基和一个羧基。可以用下面的结构通式表示,R 为氨基酸的侧链基团。

$$R-CH-COOH$$
$$NH_2$$

2. 不同的氨基酸其侧链基团(R)不同 除甘氨酸 R 为 H 外,其他氨基酸与 α-碳原子相连的四个原子或基团各不相同,所以 α-碳原子是一个不对称碳原子(手性碳原子)。四个原子或基团连接 α-碳原子可有两种不同的排布方式,构成氨基酸的两种构型,即 D 型和 L 型。组成人体蛋白质的氨基酸均为 L 型(除甘氨酸外)。生物界中发现的 D 型氨基酸大都存在于某些细菌产生的抗生素及个别植物的生物碱中。此外,哺乳动物中也存在不参与蛋白质组成的 D 型游离氨基酸,如存在于脑组织中的 D-丝氨酸和 D-天冬氨酸。

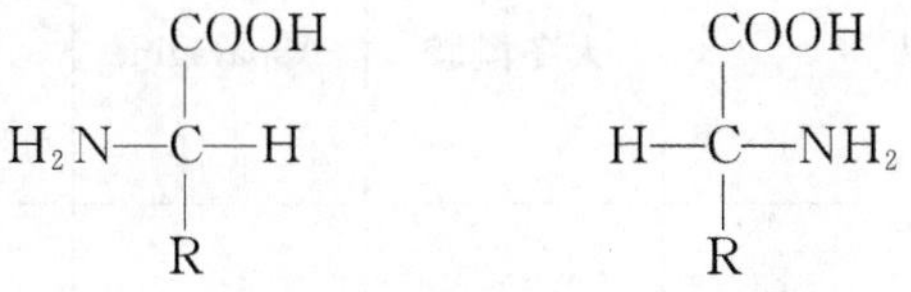

$$\begin{array}{cc} COOH & COOH \\ H_2N-C-H & H-C-NH_2 \\ R & R \end{array}$$

L-α-氨基酸　　　　D-α-氨基酸

（三）氨基酸的分类

存在于自然界的氨基酸有 300 多种,但构成人体蛋白质的氨基酸只有 20 种,这 20 种氨基酸都具有特异的遗传密码,称为编码氨基酸。根据侧链基团的结构和性质可将这 20 种氨基酸分为 5 类(表 1-1)。

表 1-1 组成蛋白质的 20 种编码氨基酸及分类

结构式	中文名	英文名	缩写	符号	等电点(pI)
1.非极性脂肪族氨基酸					
$H-CHCOO^-$　NH_3^+	甘氨酸	Glycine	Gly	G	5.97
$CH_3-CHCOO^-$　NH_3^+	丙氨酸	Alanine	Ala	A	6.00
$CH_3-CH-CHCOO^-$　CH_3　NH_3^+	缬氨酸	Valine	Val	V	5.96
$CH_3-CH-CH_2-CHCOO^-$　CH_3　NH_3^+	亮氨酸	Leucine	Leu	L	5.98
$CH_3-CH_2-CH-CHCOO^-$　CH_3　NH_3^+	异亮氨酸	Isoleucine	Ile	I	6.02

续表

结构式	中文名	英文名	缩写	符号	等电点(pI)
CH₂ CHCOO⁻ CH₂ NH₂⁺ CH₂	脯氨酸	Proline	Pro	P	6.30
2.极性中性氨基酸					
HO—CH₂—CHCOO⁻ NH₃⁺	丝氨酸	Serine	Ser	S	5.68
HS—CH₂—CHCOO⁻ NH₃⁺	半胱氨酸	Cysteine	Cys	C	5.07
CH₃SCH₂CH₂—CHCOO⁻ NH₃⁺	甲硫氨酸（蛋氨酸）	Methionine	Met	M	5.74
O ‖ C—CH₂—CHCOO⁻ H₂N NH₃⁺	天冬酰胺	Asparagine	Asn	N	5.41
O ‖ CCH₂CH₂—CHCOO⁻ H₂N NH₃⁺	谷氨酰胺	Glutamine	Gln	Q	5.65
HO—CH₂—CHCOO⁻ CH₃ NH₃⁺	苏氨酸	Threonine	Thr	T	6.16
3.芳香族氨基酸					
⬡—CH₂—CHCOO⁻ NH₃⁺	苯丙氨酸	Phenylalanine	Phe	F	5.48
HO—⬡—CH₂—CHCOO⁻ NH₃⁺	酪氨酸	Tyrosine	Tyr	Y	5.66
⬡—CH₂—CHCOO⁻ N H NH₃⁺	色氨酸	Tryptophan	Trp	W	5.89
4.酸性氨基酸					
HOOCCH₂CH₂—CHCOO⁻ NH₃⁺	谷氨酸	Glutamic acid	Glu	E	3.22

续表

结构式	中文名	英文名	缩写	符号	等电点(pI)
$HOOC—CH_2—CHCOO^-$ $\quad\quad\quad\quad NH_3^+$	天冬氨酸	Aspartic acid	Asp	D	2.77
5.碱性氨基酸					
$NH_2CH_2CH_2CH_2CH_2—CHCOO^-$ $\quad\quad\quad\quad\quad\quad\quad\quad NH_3^+$	赖氨酸	Lysine	Lys	K	9.74
$NH_2CNHCH_2CH_2CH_2—CHCOO^-$ $\quad\ \ \parallel \quad\quad\quad\quad\quad\quad NH_3^+$ $\quad\ \ NH$	精氨酸	Arginine	Arg	R	10.76
$HC{=}C—CH_2—CHCOO^-$ $\ \ \mid\quad\mid\quad\quad\quad\quad\quad NH_3^+$ $\ \ N\quad NH$ $\quad\backslash\ /$ $\quad CH$	组氨酸	Histidine	His	H	7.59

1. 非极性脂肪族氨基酸 这类氨基酸的特征是在水中的溶解度小,其侧链为疏水的脂肪烃基。

2. 极性中性氨基酸 这类氨基酸中除甲硫氨酸(蛋氨酸)的甲硫基疏水性较强外,其他氨基酸比非极性脂肪族氨基酸易溶于水,其侧链上分别含有羟基、巯基或酰胺基等极性基团,这些基团具有亲水性,但在中性水溶液中 R 基团几乎不解离。

3. 芳香族氨基酸 这类氨基酸 R 基团包含苯环,疏水性较强,但 R 基团中酚基和吲哚基在一定的条件下可解离。

4. 酸性氨基酸 这类氨基酸的特征是 R 基团都有羧基,在水溶液中能释出 H⁺ 而带负电荷。

5. 碱性氨基酸 这类氨基酸的特征是 R 基团含有氨基、胍基或咪唑基,在水溶液中能结合 H⁺ 而带正电荷。

除上述 20 种基本氨基酸外,近年来发现的硒代半胱氨酸(硒原子替代了半胱氨酸分子中的硫原子)在某些情况下也可参与蛋白质的合成,但不是目前已知的密码子编码,具体机制尚不完全清楚。蛋白质分子中还有一些修饰氨基酸,如羟赖氨酸、羟脯氨酸、焦谷氨酸、碘代酪氨酸、甲基化氨基酸、甲酰化和磷酸化氨基酸等,它们都是在蛋白质合成过程中或合成后从相应的编码氨基酸经加工修饰而成的,这些氨基酸在生物体内都没有相应的遗传密码。体内也存在若干不参与蛋白质合成但具有重要生理作用的 L-α-氨基酸,如参与尿素合成的鸟氨酸(ornithine)、瓜氨酸(citrulline)和精氨酸代琥珀酸(argininosuccinate)。

(四)氨基酸的理化性质

1. 两性解离与等电点 氨基酸既含有碱性的氨基(—NH₂),又含有酸性的羧基(—COOH),可在酸性溶液中与质子(H⁺)结合成带正电荷的阳离子(—NH₃⁺),也能在碱性溶液中与 OH⁻ 结合,失去质子变成带负电荷的阴离子(—COO⁻),因此氨基酸是一种两性电解质,具有两性解离的特性。氨基酸的解离程度取决于其所处溶液的 pH 值。在某一 pH 值的溶液中,氨基酸解离成阳离子和阴离子的趋势及程度相等,呈电中性,此时溶液的 pH 值称为该氨基酸的等电点(isoelectric point,pI)。溶液的 pH 值大于氨基酸的等电点时,氨基酸带负电荷;反之,氨基酸带正电荷。氨基酸在溶液中解离成既带正电荷又带负电荷的状态,称为兼性离子。酸性氨基酸的等电点(pI)<4.0,碱性氨基酸的等电点(pI)>7.5,中性氨基酸的等电点(pI)为 5.0~6.5(表 1-1)。

$$H_2N—CH—COOH$$
$$|$$
$$R$$

$$^+H_3N—CH—COOH \xrightleftharpoons[H^+]{OH^-} {}^+H_3N—CH—COO^- \xrightleftharpoons[H^+]{OH^-} H_2N—CH—COO^-$$
$$|\qquad\qquad\qquad\qquad|\qquad\qquad\qquad\qquad|$$
$$R\qquad\qquad\qquad\qquad R\qquad\qquad\qquad\qquad R$$

$$\quad 阳离子\qquad\qquad\qquad 兼性离子\qquad\qquad\qquad 阴离子$$
$$（pH＜pI）\qquad\qquad （pH＝pI）\qquad\qquad （pH＞pI）$$

2. 紫外吸收性质 根据氨基酸的吸收光谱,含有共轭双键的色氨酸、酪氨酸和苯丙氨酸在 280 nm 波长附近具有最大的吸收峰。大多数蛋白质含有酪氨酸、色氨酸残基,所以测定蛋白质溶液在 280 nm 处的吸光度,是分析溶液中蛋白质含量的快速而简便的方法。

3. 茚三酮反应 氨基酸与水合茚三酮共同加热时,氨基酸被氧化分解,生成醛、氨、二氧化碳,水合茚三酮则被还原。在弱酸性溶液中,还原型茚三酮再与另一分子水合茚三酮及氨缩合成蓝紫色化合物,此化合物的颜色深浅与氨基酸释放出的氨量成正比,可用于氨基酸的定性或定量分析。

三、氨基酸在蛋白质分子中的连接方式

(一) 肽键与肽

蛋白质是由氨基酸聚合成的高分子化合物,氨基酸之间通过肽键相连。肽键(peptide bond)即一个氨基酸的 α-氨基与另一个氨基酸的 α-羧基脱水缩合而形成的酰胺键(—CO—NH—)。如甘氨酸与丝氨酸脱水缩合生成甘氨酰丝氨酸。

$$\qquad\qquad\qquad\qquad CH_2OH\qquad\qquad\qquad\qquad\qquad\qquad\qquad 肽键\quad CH_2OH$$
$$\qquad\qquad\qquad\qquad\quad|\qquad\qquad\qquad\qquad\qquad\qquad\qquad\qquad\qquad\quad|$$
$$H_2N—CH_2—COOH+H_2N—CH—COOH \xrightarrow{-H_2O} H_2N—CH_2—\overline{CO—NH}—CH—COOH$$
$$\quad 甘氨酸\qquad\qquad\quad 丝氨酸\qquad\qquad\qquad\qquad\qquad\qquad 甘氨酰丝氨酸$$

氨基酸通过肽键连接起来形成的化合物称为肽(peptide)。由两个氨基酸缩合而成的肽称为二肽,三个氨基酸缩合成三肽,其余以此类推。通常将十肽以下者称为寡肽(oligopeptide),十肽以上者称为多肽。多肽分子中的氨基酸相互衔接,形成长链,称为多肽链(polypeptide chain)。多肽链有两个末端,游离 α-氨基的一端称为氨基末端(amino terminal)或 N-端,游离 α-羧基的一端称为羧基末端(carboxyl terminal)或 C-端。肽链中的氨基酸分子因脱水缩合而基团不全,称为氨基酸残基。多肽链书写时,人们习惯上将 N-端写于左侧,C-端写于右侧;多肽链中氨基酸残基的序号从 N-端算起,有时不对末端加以标记,仅凭序号或从左到右的排列来指示多肽链的延伸方向。

多肽的命名原则是从 N-端开始指向 C-端。除 C-端的氨基酸残基外,所有氨基酸残基均按酰基命名,并从 N-端依次列出,最后加上 C-端氨基酸残基的名称。例如,五肽 T-G-G-F-M 的名称是酪氨酰甘氨酰甘氨酰苯丙氨酰蛋氨酸(或称酪-甘-甘-苯丙-蛋肽)。多肽链中以肽键连接形成的长链称为主链,氨基酸残基的 R 基团称为侧链。

20 种氨基酸在各种蛋白质中的出现概率不尽相同,其平均相对分子质量约为 110,可用此数据来估算蛋白质的相对分子质量或蛋白质中氨基酸残基的数目。

(二) 生物活性肽

体内存在许多具有生物活性的相对分子质量较小的肽,在代谢调节、神经传导等方面起着重要的作用,称为生物活性肽。

1. 谷胱甘肽 谷胱甘肽(glutathione,GSH)是由谷氨酸、半胱氨酸和甘氨酸组成的三肽,是一种不典型的三肽,谷氨酸通过 γ-羧基与半胱氨酸的 α-氨基形成肽键,故称 γ-谷胱甘肽。其结构式如下:

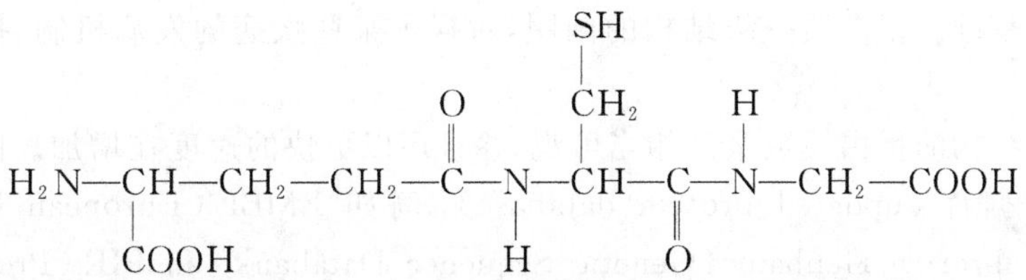

$$\text{H}_2\text{N}-\text{CH}-\text{CH}_2-\text{CH}_2-\overset{\overset{\text{O}}{\|}}{\text{C}}-\overset{}{\underset{\text{H}}{\text{N}}}-\overset{\overset{\text{CH}_2\text{(SH)}}{|}}{\text{CH}}-\overset{\overset{}{\underset{\|}{\text{O}}}}{\text{C}}-\overset{}{\underset{|}{\text{N}}}-\text{CH}_2-\text{COOH}$$

GSH 分子中半胱氨酸上的巯基(—SH)是主要功能基团,具有还原性。GSH 作为重要的还原剂,可保护体内含巯基的蛋白质和酶免受氧化;使细胞内产生的 H_2O_2 还原成 H_2O;半胱氨酸上的巯基具有嗜核特性,能与外源的嗜电子物质如致癌剂或药物结合,从而阻断这些化合物与 DNA、RNA 或蛋白质结合,以保护机体免遭毒物损害。

2. 多肽类激素及神经肽 体内有许多激素属寡肽或多肽。例如属于下丘脑-垂体-肾上腺皮质轴的催产素(9 肽)、加压素(9 肽)、促肾上腺皮质激素(39 肽)、促甲状腺素释放激素(3 肽)等。

传递神经冲动的一些肽类称为神经肽(neuropeptide)。例如脑啡肽(5 肽)、强啡肽(17 肽)、孤啡肽(17 肽)、β-内啡肽(31 肽)等。

第二节 蛋白质分子的结构

蛋白质分子是由许多氨基酸通过肽键相连形成的生物大分子。每种蛋白质都有其特定的结构并执行独特的功能。1952 年丹麦科学家 Linderstrom-Lang 建议将复杂的蛋白质分子结构分成四个层次,即一级、二级、三级、四级结构,后三者统称为高级结构或空间结构。蛋白质的空间结构涵盖了蛋白质分子中的每一个原子在三维空间的相对位置,它们是蛋白质特有性质和功能的结构基础。但并非所有的蛋白质都具有四级结构,由一条肽链形成的蛋白质只有一级、二级和三级结构,由两条或两条以上肽链形成的蛋白质才有四级结构。

在蛋白质化学中,化学键可分为主键(肽键)和副键,副键又分为二硫键和次级键,次级键包括氢键、离子键、疏水键和范德华引力。

一、蛋白质的一级结构

在蛋白质分子中,从 N-端至 C-端的氨基酸残基的排列顺序称为蛋白质的一级结构(primary structure)。一级结构的主要化学键是肽键,此外,蛋白质分子中所有二硫键的位置也属于一级结构的范畴。1953 年英国生物化学家 Frederick Sanger 完成了胰岛素(insulin)一级结构的测定,这是世界上第一个被确定一级结构的蛋白质。胰岛素由 51 个氨基酸残基组成,分 A、B 两条多肽链,A 链有 21 个氨基酸残基,B 链有 30 个氨基酸残基,A、B 两链通过两个链间二硫键(A_7 与 B_7、A_{20} 与 B_{19})相连,A 链本身第 6 及 11 位两个半胱氨酸形成一个链内二硫键(图 1-1)。

知识链接 1-1

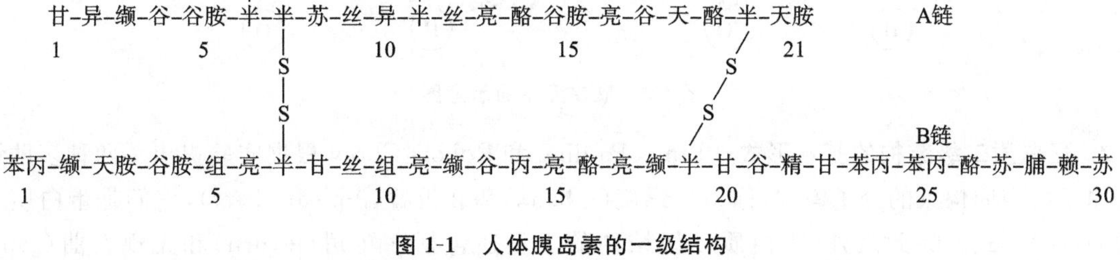

甘-异-缬-谷-谷胺-半-半-苏-丝-异-半-丝-亮-酪-谷胺-亮-谷-天-酪-半-天胺　A链
1　　　　5　　　　　　10　　　　　15　　　　　　　21

苯丙-缬-天胺-谷胺-组-亮-半-甘-丝-组-亮-缬-谷-丙-亮-酪-亮-缬-半-甘-谷-精-甘-苯丙-苯丙-酪-苏-脯-赖-苏　B链
1　　　　5　　　　10　　　　15　　　　　20　　　　　25　　　　　30

图 1-1　人体胰岛素的一级结构

各种蛋白质的基本结构都是多肽链,由于所含氨基酸的数量、各种氨基酸所占比例、氨基酸在肽链中的排列顺序不同,形成了结构多种多样、功能各异的蛋白质。蛋白质一级结构是其空间结构和

NOTE

特异生物学功能的基础。蛋白质一级结构的阐明,对揭示某些疾病的发病机制、指导疾病治疗有十分重要的意义。

目前已知一级结构的蛋白质数量已相当可观,并且还以更快的速度在增加。国际互联网有若干重要的蛋白质数据库(updated protein database),例如 EMBL(European Molecular Biology Laboratory Data Library)、Genbank(Genetic Sequence Databank)和 PIR(Protein Identification Resource Sequence database)等,收集了大量最新的蛋白质一级结构及其他资料,为蛋白质结构与功能的深入研究提供了便利。

二、蛋白质的空间结构

蛋白质的空间结构是指蛋白质分子内各原子围绕某些共价键旋转而形成的各种空间排布及相互关系。蛋白质的空间结构又称为构象(conformation)。各种蛋白质的分子形状、理化特性和生物学活性主要取决于它特定的空间结构。

构象与构型(configuration)的概念不同。构型的改变涉及共价键的断裂与生成;构象的改变不需要破坏共价键,只需要单键的旋转和非共价键的改变就可形成新的构象。

(一)蛋白质的二级结构

多肽链分为主链和侧链,由 α-碳原子和肽键依次重复排列形成多肽链的主链,而连接于 α-碳原子上的各氨基酸残基的 R 基团统称为多肽链的侧链。蛋白质的二级结构(secondary structure)是指多肽链主链骨架原子的相对空间排布,不涉及氨基酸残基侧链的构象。蛋白质的二级结构包括 α-螺旋、β-折叠、β-转角和无规卷曲。在所有已测定的蛋白质中均有二级结构的存在。

1. 形成二级结构的基础 构成蛋白质主链空间构象的基本单位是肽单元。20 世纪 30 年代末,Linus Pauling 和 Robert Corey 应用 X 射线衍射技术研究氨基酸和寡肽的晶体结构,发现参与肽键的 6 个原子 $C_{\alpha 1}$、C、O、N、H 和 $C_{\alpha 2}$ 位于同一个平面,$C_{\alpha 1}$ 和 $C_{\alpha 2}$ 在平面上所处的位置为反式构型,此同一平面上的 6 个原子所形成的结构称为肽单元(图 1-2)。肽键中 C—N 键的键长为 0.132 nm,介于一般 C—N 单键键长(0.149 nm)和 C=N 双键键长(0.127 nm)之间,故肽键具有部分双键性质,不能自由旋转。而 α-碳原子与肽键中的 N 和羧基 C 之间的连接键都是典型的单键(α-碳单键),可以自由旋转,C_{α} 与 CO 之间的 α-碳单键的键旋转角度以 Ψ 表示,C_{α} 与 N 的键角以 Φ 表示,旋转角度的大小决定了两个相邻肽单元平面之间的相对空间位置。肽键中与 C—N 相连的 H 和 O 为反式结构,而且 C 和 N 周围的 3 个键角之和均为 360°。

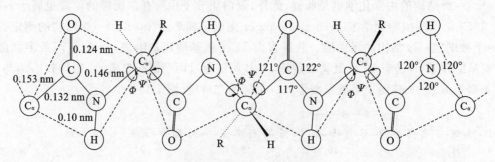

图 1-2 肽单元平面示意图

2. 蛋白质二级结构的基本形式 Linus Pauling 和 Robort Corey 根据实验提出了两种多肽链中主链原子的空间构象的分子模型,称为 α-螺旋(α-helix)和 β-折叠(β-pleat sheet),它们是蛋白质二级结构的主要形式。除此之外,蛋白质二级结构的类型还包括 β-转角(β-turn)和无规卷曲(random coil)。维系蛋白质二级结构的主要化学键是氢键。

(1)α-螺旋:α-螺旋是指多肽链中肽单元通过 α-碳原子的相对旋转,沿长轴方向按规律盘绕形成的一种紧密螺旋结构,是多肽链最简单的排列方式,其结构特点如下:①多肽链主链以肽单元为单位,以 α-碳原子为旋转点,形成右手螺旋样结构。②螺旋每圈含 3.6 个氨基酸残基,每个残基跨距为 0.15 nm,螺旋上升一圈的高度(螺距)为 0.15 nm×3.6＝0.54 nm(图 1-3)。③螺旋中每个肽键上的亚氨基氢(—NH—)与第四个肽键的酰基氧(C=O)间相互靠近形成氢键,氢键方向与螺旋中心轴大致平行。肽链中所有肽键都参与氢键的形成,以稳固 α-螺旋结构。④各氨基酸残基的 R 基团均伸向螺旋外侧。

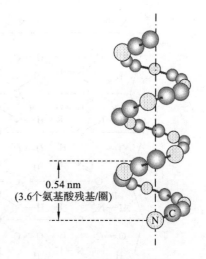

0.54 nm
(3.6个氨基酸残基/圈)

图 1-3 α-螺旋结构示意图

一般而言,20 种氨基酸均可参与 α-螺旋结构的形成,但 Ala、Glu、Leu、Met 比 Gly、Pro、Ser、Tyr 更为常见。在蛋白质表面存在的 α-螺旋常具有两性特点,即由 3～4 个疏水性氨基酸残基组成的肽段与由 3～4 个亲水性氨基酸残基组成的肽段交替出现,致使 α-螺旋的一侧具有疏水性,另一侧具有亲水性,使之能在极性或非极性环境中存在。这种两性 α-螺旋可见于血浆脂蛋白、多肽激素和钙调蛋白激酶等。

α-螺旋是球状蛋白质构象中最常见的存在形式,如肌红蛋白和血红蛋白分子中有许多肽段是 α-螺旋结构。毛发的角蛋白、肌肉的肌球蛋白以及血凝块中的纤维蛋白,它们的多肽链几乎都是 α-螺旋。

(2)β-折叠:蛋白质多肽主链的另一种有规律的构象,由两段或两段以上肽段形成,是一种比较伸展、呈锯齿状的结构(图 1-4)。其结构特点如下:①多肽链呈伸展状态,相邻肽单元之间以 α-碳原子为转折点,依次折叠成锯齿状的结构,两平面间夹角为 110°。R 基团交错伸向锯齿状结构的上下方。②两段以上的 β-折叠结构平行排布,它们之间靠链间肽键的酰基氧(C=O)与亚氨基氢 (—NH—)形成氢键,以稳定 β-折叠层结构。③两条肽链的走向可以相同,即 N-末端、C-末端的方向一致,称为顺向平行(图 1-4(a)),反之,称为反向平行(图 1-4(b))。在反向平行折叠中,氢键与折叠的长轴垂直,顺向平行折叠中则不垂直。从能量方面来看,反向平行更为稳定。

知识链接 1-2

β-折叠锯齿状结构一般比较短,只含 5～8 个氨基酸残基,要求氨基酸残基的侧链较小。在反向平行的 β-折叠中,两个反向平行肽段的间距为 0.70 nm。

β-折叠一般与结构蛋白的空间构象有关,但也存在于某些球状蛋白质的空间构象中。如蚕丝蛋白几乎都是 β-折叠结构;溶菌酶、羧基肽酶等球状蛋白中既有 α-螺旋又有 β-折叠结构。

(3)β-转角:在球状蛋白质分子中,多肽链主链常常会出现 180°的回折,这种回折拐角处的结构称为 β-转角。β-转角通常由四个连续的氨基酸残基构成,第一个残基的酰基氧(C=O)与第四个残基的亚氨基氢(—NH—)形成氢键,以维持该构象的稳定(图 1-5)。β-转角的第二个氨基酸残基通常为脯氨酸。此外,甘氨酸、天冬氨酸、天冬酰胺和色氨酸残基也常出现在 β-转角中。β-转角结构常常分布于蛋白质分子的表面。

(4)无规卷曲:多肽链二级结构除上述三种比较有规律的构象外,其余没有确定规律的肽链构象称为无规卷曲。

不同的蛋白质其二级结构有所不同,有的差别很大,有的四种结构类型都有(图 1-6)。

3. 超二级结构与模体　在蛋白质分子中,由两个或两个以上具有二级结构的肽段在空间上相互接近,形成一个有规则的二级结构组合,被称为超二级结构(super secondary structure),此概念由 M. G. Rossman 于 1973 年提出。目前已知的二级结构组合有 αα、βαβ 和 ββ 三种形式(图 1-7)。研究

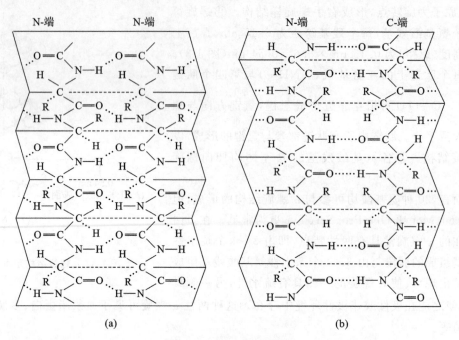

图 1-4　β-折叠结构示意图

(a)顺向平行；(b)反向平行

图 1-5　β-转角结构示意图

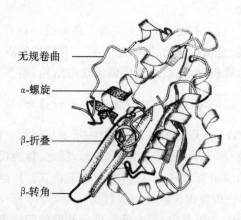

图 1-6　限制性内切核酸酶 BamH I 的三级结构

（蛋白质二级结构的四种类型）

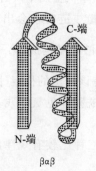

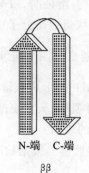

图 1-7　超二级结构的三种基本形式

发现，二级结构组合之间的相互作用主要依靠非极性氨基酸残基。

模体(motif)是一类具有特定空间构象和特殊功能的超二级结构，或者仅是一个具有特定功能

NOTE

的很短的肽段。常见的模体形式：α-螺旋-β-转角（或环）-α-螺旋模体（见于多种 DNA 结合蛋白质）、链-β-转角-链模体（见于反向平行 β-折叠的蛋白质）、链-β-转角-α-螺旋-β-转角-链模体（见于多种 α-螺旋/β-折叠蛋白质）等。

许多钙结合蛋白分子中通常都有一个结合钙离子的模体，它由 α-螺旋-环-α-螺旋三个肽段组成（图 1-8(a)），在环中有几个恒定的亲水侧链，侧链末端的氧原子通过氢键结合钙离子。

锌指（zinc finger）结构也是一个常见的模体例子，它由 1 个 α-螺旋和 2 个反向平行的 β-折叠组成（图 1-8(b)），形似手指。该模体的 N-端有一对半胱氨酸残基，C-端有一对组氨酸（或一对半胱氨酸）残基，此四个残基在空间上形成一个洞穴，恰好容纳结合一个 Zn^{2+}。此模体的 α-螺旋可镶嵌于 DNA 调节部位的大沟中，发挥其调节作用。

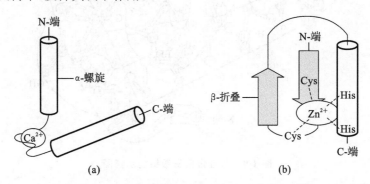

图 1-8　模体
(a)钙结合蛋白中结合钙离子的模体；(b)锌指结构

蛋白质分子中的模体也可仅由几个氨基酸残基组成，精氨酸-甘氨酸-天冬氨酸（RGD）是最典型的短肽段模体，是蛋白质与蛋白质之间相互结合的靶点，存在于许多蛋白质分子中。如层连蛋白分子中的 RGD 模体与细胞膜上受体相结合有关。

4. 影响 α-螺旋与 β-折叠形成的因素　蛋白质二级结构是以一级结构为基础的，多肽链中 R 基团的大小、形状、性质及所带电荷状态对 α-螺旋和 β-折叠的形成及稳定有影响。①多肽链中出现脯氨酸时，由于脯氨酸是亚氨基酸，构成肽键后不能再参与氢键的形成，加上其 α-碳原子位于五元环上，其两侧的键难以旋转，影响 α-螺旋与 β-折叠结构的形成；②带相同电荷的 R 基团连续出现在多肽链上时，由于电荷的相斥作用，影响 α-螺旋与 β-折叠的形成；③甘氨酸的 R 基团为 H，空间占位很小，其 α-碳原子与肽键间旋转的自由度大，影响 α-螺旋的稳定；④较大的 R 基团连续出现在多肽链上时，由于空间位阻作用，妨碍 α-螺旋的形成。

（二）蛋白质的三级结构

1. 蛋白质的三级结构　蛋白质的三级结构（tertiary structure）是指整条肽链内所有原子的空间排布，包括主链、侧链构象。它是在二级结构的基础上，由于侧链 R 基团的相互作用，多肽链进一步卷曲、折叠而形成的结构，疏水侧链常包埋在分子内部。

蛋白质的三级结构是由一级结构决定的，每种蛋白质都有自己特定的氨基酸残基排列顺序，从而构成其固有的独特的三级结构。由一条多肽链构成的蛋白质具备三级结构才具有生物学活性。

肌红蛋白是由 153 个氨基酸残基构成的单条肽链蛋白质，含有一个血红素辅基。在肌红蛋白分子中 α-螺旋约占 75%，构成 A、B、C、D、E、F、G 和 H 八个螺旋区，形成一个球状分子，亲水 R 基团大部分分布在球状分子的表面，疏水 R 基团位于分子内部，形成一个疏水"口袋"，血红素位于"口袋"中（图 1-9）。

蛋白质三级结构的形成和稳定主要靠次级键（疏水作用力、氢键、离子键和范德华力等），其中疏水作用力是维持蛋白质三级结构最主要的化学键。疏水基团因疏水作用力而聚向分子的内部，而亲

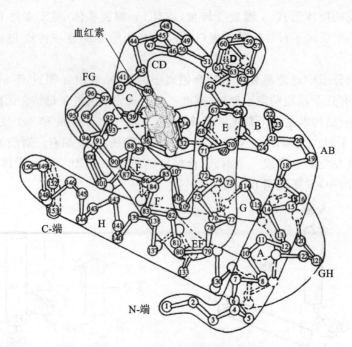

图 1-9　肌红蛋白三级结构示意图

水基团则多分布在分子表面,因此具有三级结构的天然蛋白质分子多是亲水的。有些蛋白质分子中还有由两个半胱氨酸巯基共价结合而形成的二硫键,以维持三级结构的稳定(图 1-10)。

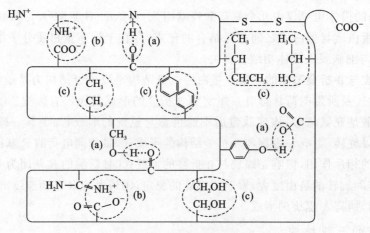

图 1-10　稳定和维系蛋白质三级结构的化学键

(a)氢键;(b)离子键;(c)疏水键

2. 结构域　相对分子质量较大的蛋白质在形成三级结构时,多肽链中某些局部的二级结构汇集在一起,形成的发挥生物学功能的特定区域称为结构域(domain)。一般每个结构域由 $100 \sim 200$ 个氨基酸残基组成,有较为独立的三维空间结构。

用限制性蛋白酶对含多个结构域的蛋白质进行水解,常水解出独立的结构域,且各结构域的构象可基本保持不变,并保持其功能,而超二级结构则不具备这种特点。对于较大的蛋白质分子或亚基,多肽链往往由两个或两个以上相对独立的结构域缔合而成三级结构;对于较小的蛋白质分子或亚基,结构域和三级结构往往是一个概念,即这些蛋白质是单结构域的。

例如,由两个亚基构成的 3-磷酸甘油醛脱氢酶,每个亚基有两个结构域。N-端第 $1 \sim 146$ 个氨基酸残基形成的第一个结构域能与 NAD^+ 结合,第 $147 \sim 333$ 个氨基酸残基形成的第二个结构域可与底物 3-磷酸甘油醛结合(图 1-11)。有些蛋白质各结构域之间接触较紧密,从结构上很难划分,因此,

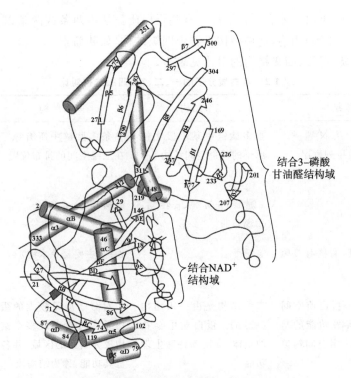

图 1-11　3-磷酸甘油醛脱氢酶的亚基结构示意图

并非所有蛋白质的结构域都明显可分。

3. 分子伴侣　蛋白质不仅要有正确的氨基酸序列,而且要有正确的三维空间构象。蛋白质在合成时,新合成出来的某些肽段上可能含有许多疏水的氨基酸残基,这些疏水氨基酸残基的疏水基团暴露在外,具有分子内或分子间聚集的倾向,可导致错误的折叠,使蛋白质不能形成正确的空间结构。分子伴侣(molecular chaperone)的功能主要是通过提供一个保护性环境来引导合成中的蛋白质形成正确的天然构象(见第十六章)。分子伴侣可与未折叠的疏水性肽段反复地结合和分离,防止聚集发生,使肽链正确折叠;还可以与错误聚集的肽段结合,使之解聚,再诱导其形成正确的折叠。此外,蛋白质分子中特定位置二硫键的形成,是产生正确空间构象并发挥功能的必要条件。已经发现有些分子伴侣具有促进二硫键形成的酶活性,在蛋白质分子折叠过程中对二硫键的正确形成起到重要作用。

(三)蛋白质的四级结构

蛋白质分子的二、三级结构,一般只涉及由一条多肽链卷曲而成的蛋白质。体内许多蛋白质分子含有两条或两条以上多肽链,每一条多肽链都有完整的三级结构,称为亚基(subunit),亚基与亚基之间呈特定的三维空间排布,并以非共价键相连。由两个或两个以上独立存在并具有三级结构的多肽链通过次级键结合在一起的聚合体称为蛋白质分子的四级结构(quaternary structure)。四级结构层次主要讨论各亚基的空间排布及亚基接触部位的布局和相互作用。

在四级结构的蛋白质分子中,各亚基间的结合力主要是氢键和离子键,亚基组成为同 n 聚体或异 n 聚体,一般为 2～4 个亚基。如血红蛋白为 $\alpha_2\beta_2$ 四聚体,即含两个 α 亚基和两个 β 亚基(图 1-12)。具有四级结构的蛋白质,单独的亚基一般无生物活性或活性很小,

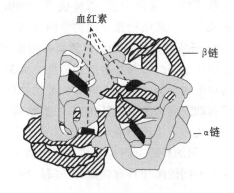

图 1-12　血红蛋白分子的四级结构

只有完整的四级结构的蛋白质才有生物活性。有些蛋白质虽然由两条或两条以上多肽链组成,但多肽链间通过共价键(二硫键)相连,这种结构不属于四级结构,如胰岛素。

蛋白质一级、二级、三级、四级结构的对比见表1-2。

表 1-2 蛋白质分子的一、二、三、四级结构对比

	一级结构	二级结构	三级结构	四级结构
定义	指多肽链中从 N-端→C-端的氨基酸排列顺序	指多肽链中某一段主链原子的局部空间结构	整条多肽链中所有原子在三维空间的排布位置	蛋白质分子中各亚基间的空间排布及相互作用
表现形式	多肽链	α-螺旋、β-折叠、β-转角、无规卷曲	结构域、分子伴侣	亚基
维系键	主要是肽键,有些有二硫键(次要)	氢键	副键(主要是疏水键)	次级键(主要是氢键和离子键)
意义	一级结构是蛋白质空间构象和特异性功能的基础,但不是决定空间构象的唯一因素	二级结构是由一级结构决定的。蛋白质中存在的模体,可发挥特殊生理功能	相对分子质量较大的蛋白质常可折叠成多个结构较为紧密的区域,并各行其功能,称为结构域	含有四级结构的蛋白质,单独的亚基一般没有生物学功能

三、蛋白质结构与功能的关系

蛋白质的一级结构是其空间结构的物质基础,而蛋白质的空间结构又是其功能的结构基础。研究蛋白质结构与功能的关系可以帮助人们进一步了解生命的衍化过程、揭示各种生命现象的分子机制、发现各种疾病的分子根源,并为人工模拟蛋白质奠定基础。

(一)蛋白质一级结构与功能的关系

1. 一级结构是空间构象的基础　20世纪60年代,C. B. Anfinsen 在研究核糖核酸酶 A 时发现,它是由 124 个氨基酸残基组成的单条多肽链,分子中 8 个半胱氨酸的巯基形成 4 个二硫键(Cys26 和Cys84,Cys40 和 Cys95,Cys58 和 Cys110,Cys65 和 Cys72)(图 1-13(a))。核糖核酸酶 A 的功能与其三级结构密切相关。用尿素(或盐酸胍)和 β-巯基乙醇处理该酶溶液,分别破坏次级键和二硫键,其空间结构遭到破坏,但肽键不受影响,氨基酸序列不变,此时该酶活性丧失。核糖核酸酶 A 中的 4 个二硫键被 β-巯基乙醇还原成—SH 后,若要重新形成,从理论上推算有 10^5 种不同的配对方式,唯有天然酶的配对方式才能呈现酶活性。当用透析法去除尿素和 β-巯基乙醇后,松散的多肽链循其特定的氨基酸序列,重新卷曲、折叠成天然酶构象,4 个二硫键也正确配对,酶活性恢复(图 1-13(b))。这充分说明了一级结构是空间构象的基础。

2. 一级结构相似的蛋白质具有相似的高级结构与功能　蛋白质一级结构的比较,常被用来预测蛋白质之间结构与功能的相似性。大量实验结果证明,一级结构相似的多肽或蛋白质,其空间结构与功能也相似。例如不同哺乳类动物的胰岛素分子都是由 A 和 B 两条肽链组成,且二硫键的配对位置和空间构象也极其相似,一级结构中仅个别氨基酸残基存在差异,因而它们都执行着相同的调节糖代谢等生理功能(表 1-3)。值得注意的是,有些蛋白质的一级结构差别很大,功能差异也很大,但它们的局部空间构象却具有相似的结构域。如磷酸丙糖异构酶与丙酮酸激酶,这两种催化性质完全不同的酶却具有相似的空间结构。

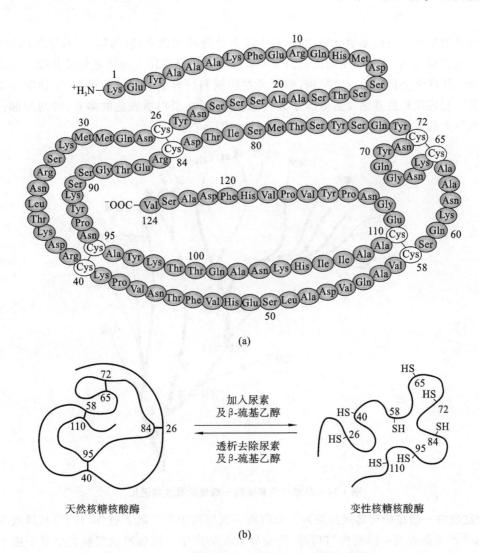

图1-13 牛胰核糖核酸酶A一级结构与空间结构的关系

(a)牛胰核糖核酸酶A的一级结构；(b)尿素及β-巯基乙醇对核糖核酸酶A的作用

表1-3 胰岛素分子中氨基酸残基的差异部分

胰岛素来源	氨基酸残基的差异部分			
	A5	A6	A10	B30
人	Thr	Ser	Ile	Thr
猪	Thr	Ser	Ile	Ala
狗	Thr	Ser	Ile	Ala
兔	Thr	Ser	Ile	Ser
牛	Ala	Ser	Val	Ala
羊	Ala	Gly	Val	Ala
马	Thr	Gly	Ile	Ala
抹香鲸	Thr	Ser	Ile	Ala

注：A5表示A链第5位氨基酸残基，其余类推。

3. 一级结构与物种进化的关系 通过比较不同种属之间细胞色素c一级结构的差异发现，它可以帮助了解物种进化之间的相互关系(图1-14)。物种越接近，细胞色素c一级结构的差异越小，其空间结构和功能也越相近。人的细胞色素c与猕猴只有1个氨基酸残基的差异；与马有12个氨基酸残基的差异；与鸡有13个氨基酸残基的差异；与蚕蛾有31个氨基酸残基的差异；与面包酵母有45

个氨基酸残基的差异。灰鲸是哺乳类动物，是由陆上动物演化而来，它与猪、牛及羊等的细胞色素 c 只相差 2 个氨基酸残基。但是，不能把蛋白质一级结构的差异当作生物体进化的基础。人和黑猩猩的细胞色素 c 具有完全相同的一级结构，但两者在解剖和行为上的差异却很大，生物学分类上归属于不同的科。相近物种的基因虽然变异不大，但这些基因在蛋白质表达的多寡、时间与部位等的调控上表现出巨大的差异，这才是生物体属性不同的关键所在。

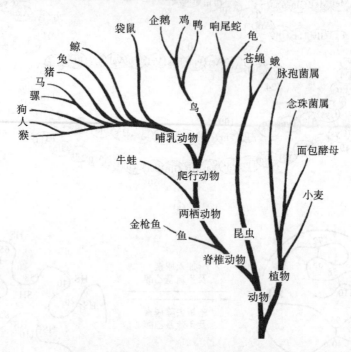

图 1-14　从细胞色素 c 的一级结构看生物进化

4. 血红蛋白一级结构与功能的关系　蛋白质一级结构中某个起关键作用的氨基酸残基缺失或被替代，都会严重影响其空间结构与功能，甚至导致疾病产生。例如镰状细胞贫血就是由于正常人血红蛋白 β 亚基的第 6 位谷氨酸被缬氨酸取代所致。仅此一个氨基酸残基之差，原是水溶性的血红蛋白就聚集成丝，相互黏着，导致红细胞变形成为镰刀状而极易破碎，产生贫血。这种由于蛋白质分子中某个氨基酸残基发生变异引起的疾病称为"分子病"，其病因为基因突变所致。

（二）蛋白质空间结构与功能的关系

人体内各种蛋白质都具有特殊的生理功能，这与其空间构象有着密切的关系。例如角蛋白含有大量的 α-螺旋结构，与富含角蛋白组织的坚韧性和弹性直接相关；丝心蛋白分子中含有大量的 β-折叠结构，致使蚕丝具有伸展和柔软的特性；正常的朊病毒蛋白富含 α-螺旋结构，在某种未知蛋白质的作用下转变成 β-折叠结构可导致疾病。肌红蛋白（myoglobin，Mb）和血红蛋白（hemoglobin，Hb）是阐述蛋白质空间结构与功能关系的最好例子。

1. 血红蛋白亚基与肌红蛋白结构相似　Mb 与 Hb 都是含血红素辅基的蛋白质。

在 Mb 分子中，血红素辅基位于 α-螺旋 E 和 F 之间的疏水口袋中。血红素是 4 个吡咯环通过 4 个甲炔基相连形成的平板状铁卟啉化合物，Fe^{2+} 居于卟啉环的中央。铁离子有 6 个配位键，其中 4 个配位键与 4 个吡咯环的 N 原子相连接，1 个与 Mb 的第 93 位组氨酸残基（α-螺旋 F 段第 8 个残基，F8）相结合，氧分子则与 Fe^{2+} 形成第 6 个配位键，并与第 64 位组氨酸残基（E7）相接近。血红素分子中的两个丙酸侧链以离子键形式与肽链中的两个碱性氨基酸残基相连，加之肽链中的 F8 组氨酸残基与 Fe^{2+} 配位结合，所以血红素辅基可与蛋白质部分稳定结合（图 1-15）。Mb 的主要功能是与氧相结合，储存氧以备肌肉运动时需要。

Hb 是由 4 个亚基组成的四级结构（图 1-12）蛋白质，每个亚基含 1 个血红素分子，可结合 1 分子

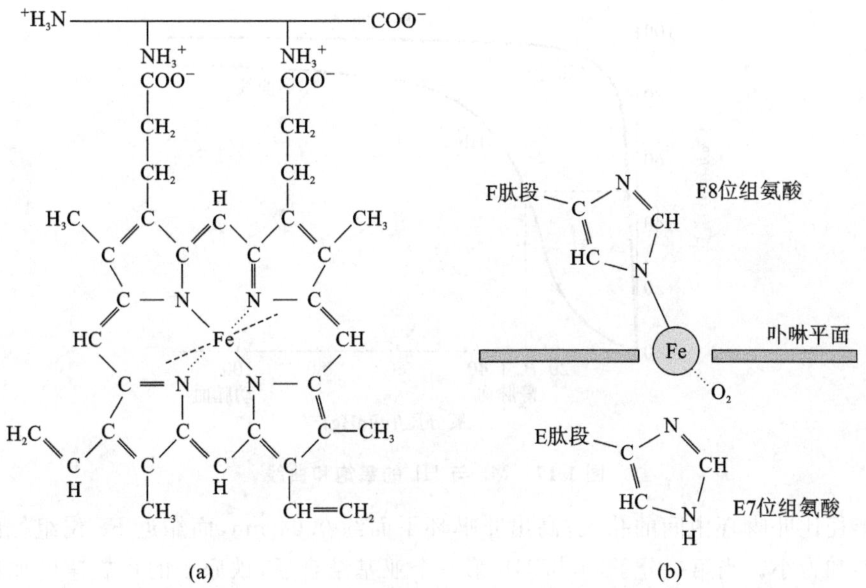

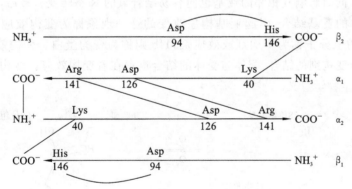

图 1-15　血红素结构及与肽氧的结合

氧气。成年人红细胞中的 Hb 主要是 HbA$_1$，由 2 个 α 亚基(含 141 个氨基酸残基)和 2 个 β 亚基(含 146 个氨基酸残基)组成，即 α$_2$β$_2$。Hb 分子中 4 个亚基的三级结构与 Mb 的三级结构相似，β 亚基具有 8 个 α-螺旋，血红素位于 E 和 F 螺旋之间的疏水口袋中。α 亚基的三级结构只含 7 个 α-螺旋。Hb 各亚基之间和 β 亚基内部通过 8 个离子键相连(图 1-16)，使 4 个亚基紧密结合而形成亲水的球状蛋白质。

图 1-16　脱氧 Hb 亚基间和亚基内的离子键

2. 血红蛋白空间结构与功能的关系　　Hb 和 Mb 一样可逆地与 O$_2$ 结合，结合量随 O$_2$ 浓度变化而变化。图 1-17 为 Hb 和 Mb 的氧饱和曲线，前者为 S 形曲线，后者为直角双曲线。可见，Mb 易与 O$_2$ 结合，而 Hb 在氧分压低时很难结合氧，随着氧分压的升高，结合氧的能力急剧上升。S 形曲线说明 Hb 对其先后结合四个氧分子的结合常数各不相同，结合第一个氧分子的结合常数最小($K_d=0.024$)，结合第四个氧分子的结合常数最大($K_d=7.4$)。这说明，Hb 与第一个 O$_2$ 结合后，促进第二和第三个亚基与 O$_2$ 结合，当前三个亚基与 O$_2$ 结合后，又大大促进第四个亚基与 O$_2$ 结合。第一个亚基与配体结合后，通过亚基构象的改变影响其他亚基对配体的结合能力，这一现象称为协同效应(cooperativity)。如果配体的结合促进后续配体的结合，则称此现象为正协同效应(positive cooperativity)；反之，称为负协同效应(negative cooperativity)。氧对 Hb 的结合为正协同效应。

M. Perutz 等利用 X 射线衍射技术，分析 Hb 和氧合 Hb 晶体的三维结构图谱，提出了解释 O$_2$ 与 Hb 结合的正协同效应的理论。

脱氧 Hb 未结合 O$_2$ 时，Hb 的 α$_1$/β$_1$ 和 α$_2$/β$_2$ 呈对角排布，结构较为紧密，称为紧张态(tense state，

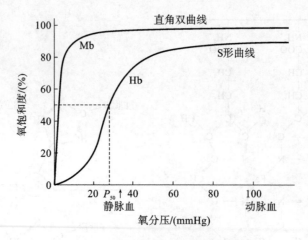

图 1-17　Mb 与 Hb 的氧饱和曲线

T 态),Fe²⁺半径比卟啉环中间的孔大,高出卟啉环平面约 0.04 nm,而靠近 F8 位组氨酸残基,T 态 Hb 与 O₂ 的亲和力小。当第一分子 O₂ 与 Hb 第一个亚基结合后,铁原子的自旋速度加快,Fe²⁺的半径缩小并落入卟啉环内。Fe²⁺的移位使 F8 组氨酸残基向卟啉环平面移动,同时带动 F 段 α-螺旋做相应的移动(图 1-18)。F 螺旋的这一微小移动首先引起 α-α 亚基间离子键的断裂,Hb 二级、三级和四级结构也跟着发生变化,致使 α₁/β₁ 和 α₂/β₂ 之间相对移位 15°(图 1-19),结构显得相对松弛,称为松弛态(relaxed state,R 态)。这些改变可促进第二个亚基与 O₂ 结合,依此方式可影响第三、四个亚基与 O₂ 结合。随着与 O₂ 的结合,其他亚基间的离子键接着断裂,最后使 Hb 的 4 个亚基全部变成 R 态(图 1-20)。R 态的 Hb 亚基对氧的亲和力高,容易与 O₂ 结合。可见,Hb 第一个亚基通过结合氧,由 T 态向 R 态转变,同时影响其相邻的亚基也向容易结合氧的 R 态转变。最后,所有亚基均转变为 R 态。氧分子与 Hb 的亚基结合,引起亚基构象改变的这一现象称为变构效应(allosteric effect)。引起 Hb 发生变构的氧分子称为变构剂或效应剂,Hb 则称为变构蛋白。变构效应不仅发生在 Hb 与 O₂ 之间,一些酶与变构剂的结合、配体与受体的结合也存在着变构效应。变构效应广泛存在于生物体内,具有普遍的生物学意义。

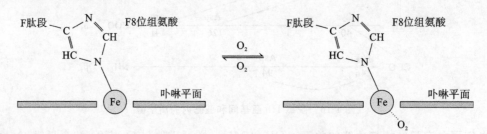

图 1-18　血红素与氧气的结合

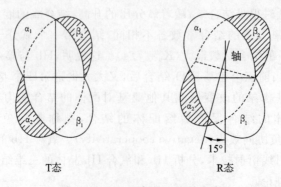

图 1-19　Hb T 态和 R 态的互变

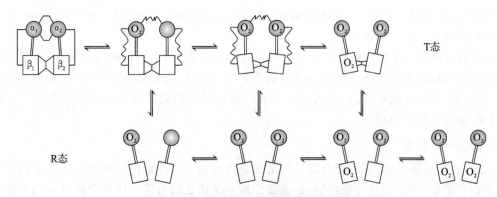

图 1-20　Hb 氧合与脱氧构象转换示意图

3. 蛋白空间结构改变可引起疾病　生物体内蛋白质的合成、加工和成熟是一个复杂的过程,其中多肽链的正确折叠对其正确构象形成和功能发挥至关重要。若蛋白质的折叠发生错误,尽管一级结构不变,但蛋白质的构象发生改变,仍可影响其功能,严重时可导致疾病发生,有人将此类疾病称为蛋白质构象疾病。有些蛋白质错误折叠后相互聚集,常形成抗蛋白水解酶的淀粉样纤维沉淀,产生毒性而致病,这类疾病包括人纹状体脊髓变性病、阿尔茨海默病、亨廷顿舞蹈病、牛海绵状脑病等。

牛海绵状脑病是由朊病毒蛋白(prion protein,PrP)引起的一组人和动物神经退行性病变,这类疾病具有传染性、遗传性或散在发病的特点,其在动物间的传播是由 PrP 组成的传染性颗粒(不含核酸)完成的。

PrP 是染色体基因编码的高度保守的糖蛋白,有两种类型:一是正常朊病毒蛋白,称为 PrP^c,其相对分子质量为 33000～35000,水溶性强、对蛋白酶敏感,二级结构为多个 α-螺旋,几乎没有 β-折叠;另一种是异常朊病毒蛋白,称为 PrP^{Sc},其分子中约含 30% α-螺旋和 45% β-折叠,此蛋白不易被蛋白酶水解,水溶性差,而且对热稳定可以相互聚集,最终形成淀粉样纤维沉淀而致病。可见,PrP^{Sc} 便是牛海绵状脑病的病原体。PrP^c 和 PrP^{Sc} 的一级结构完全相同。PrP^{Sc} 的来源有两个方面:一是外源的;二是体内富含 α-螺旋的 PrP^c 在某种未知蛋白质的作用下转变形成的。

PrP^{Sc} 本身不能复制,但它可通过复杂的机制诱导正常的朊病毒蛋白,使其发生构象改变,并与其结合,成为致病的朊病毒二聚体。此二聚体再攻击正常的朊病毒蛋白,形成朊病毒四聚体。这样周而复始,使朊病毒在组织中不断聚集,发生退行性病变。由此说明,蛋白质的空间构象对蛋白质的功能是极端重要的。

四、蛋白质的分类

(一)按组成分类

根据蛋白质分子的组成特点,可将蛋白质分为单纯蛋白质和结合蛋白质两大类。

知识链接 1-3

1. 单纯蛋白质　单纯蛋白质只由氨基酸组成,其水解最终产物只有氨基酸。自然界中许多蛋白质属于此类。单纯蛋白质按其溶解性质不同又可分为清蛋白(或白蛋白)、球蛋白、精蛋白、组蛋白、硬蛋白、谷蛋白和醇溶蛋白等。

2. 结合蛋白质　结合蛋白质是由蛋白质和其他化合物(非蛋白质部分)结合而成的,被结合的其他化合物称为结合蛋白质的辅基。结合蛋白质又可按辅基的不同而分为核蛋白(含核酸)、糖蛋白(含多糖)、脂蛋白(含脂类)、磷蛋白(含磷酸)、金属蛋白(含金属)及色蛋白(含色素)等。

(二)按分子形状分类

根据分子形状或空间构象的不同,可将蛋白质分为球状蛋白质和纤维状蛋白质两大类。

1. 球状蛋白质　这类蛋白质分子的长轴与短轴相差不多,整个分子盘曲呈球状或椭球状。生物界多数蛋白质属球状蛋白质，一般为可溶性，有特异生物活性，如胰岛素、血红蛋白、酶、免疫球蛋白，以及多种溶解于胞液中的蛋白质。

2. 纤维状蛋白质 这类蛋白质分子的长轴与短轴相差悬殊，一般长轴比短轴长 10 倍以上。分子的构象呈长纤维状，多由几条多肽链绞合成麻花状的长纤维，且大多难溶于水，所构成的长纤维具有韧性。如毛发、指甲中的角蛋白，皮肤、骨、牙和结缔组织中的胶原蛋白和弹性蛋白等。它们多属结构蛋白质，起支持作用，更新慢。

（三）按功能分类

根据蛋白质的主要功能，可将蛋白质分为活性蛋白质和非活性蛋白质两大类。属于活性蛋白质的有酶、蛋白质激素、运输和储存蛋白质、运动蛋白质和受体蛋白质等。属于非活性蛋白质的有角蛋白、胶原蛋白等。

随着蛋白质结构与功能研究的不断深入，发现体内有许多蛋白质的氨基酸序列相似并且空间结构与功能也十分相近，将这些蛋白质称为蛋白质家族（protein family），同一蛋白质家族的成员称为同源蛋白质（homologous protein）。人们通过对蛋白质家族成员的比较，可得到许多物种进化的重要证据。在体内还发现两个或两个以上的蛋白质家族之间，其氨基酸序列的相似性并不高，但含有发挥相似作用的同一模体结构，通常将这些蛋白质家族归类为超家族（superfamily），这些超家族成员是由共同祖先进化而来的一大类蛋白质。

第三节　蛋白质的理化性质及其分离纯化

一、蛋白质的理化性质

（一）蛋白质的两性解离和等电点

蛋白质是由氨基酸组成的，其分子中除多肽链两端的游离 α-氨基和 α-羧基外，侧链上还有一些可解离的 R 基团，如谷氨酸残基中的 γ-羧基、天冬氨酸残基中的 β-羧基、赖氨酸残基中的 ε-氨基、精氨酸残基中的胍基、组氨酸残基中的咪唑基、酪氨酸残基中的酚羟基和半胱氨酸残基中的巯基等。由于蛋白质分子中既含有能解离出 H^+ 的酸性基团（如 $R—COOH$、$R—SH$），又含有能结合 H^+ 的碱性基团（如 $R—NH_2$），与氨基酸一样，蛋白质分子也是两性电解质。它们在溶液中的解离状态同样受溶液 pH 值的影响。当蛋白质溶液处于某一 pH 值时，蛋白质分子解离成阳离子和阴离子的趋势相等，即净电荷为零、呈兼性离子的状态，此时溶液的 pH 值称为该蛋白质的等电点（pI）。溶液的 pH 值大于蛋白质的等电点时，蛋白质带负电荷；反之，蛋白质带正电荷。蛋白质在溶液中解离成既带正电荷又带负电荷的状态，称为兼性离子。蛋白质分子的解离状态可用下式表示。

$$Pr \underset{NH_2}{\overset{COOH}{|}}$$

$$Pr \underset{NH_3^+}{\overset{COOH}{|}} \underset{\substack{OH^- \\ H^+}}{\rightleftharpoons} Pr \underset{NH_3^+}{\overset{COO^-}{|}} \underset{\substack{OH^- \\ H^+}}{\rightleftharpoons} Pr \underset{NH_2}{\overset{COO^-}{|}}$$

阳离子	兼性离子	阴离子
（pH<pI）	（pH=pI）	（pH>pI）

人体内各种蛋白质的等电点不同，但大多数接近 pH 5.0，在 pH 值约为 7.4 的体液环境中带负

电荷。少数蛋白质含碱性氨基酸残基较多,其等电点较高,在人体体液中带正电荷,被称为碱性蛋白质,如鱼精蛋白、组蛋白等。

(二) 蛋白质的胶体性质

蛋白质是高分子化合物,相对分子质量多在 1 万～10 万之间,有些甚至高达数百万,其颗粒直径大小已达胶粒(1～100 nm)的范围,故蛋白质具有胶体性质。

蛋白质颗粒表面大多为亲水基团,可吸引水分子,使其表面形成一层比较稳定的水化膜,将蛋白质颗粒彼此隔开,阻止其相互聚集沉淀。同时,表面的亲水基团大都能解离,使蛋白质分子表面带有一定量的相同电荷而相互排斥,防止蛋白质颗粒聚沉。因此,蛋白质分子之间相同电荷的排斥作用和水化膜的相互隔离作用是维持蛋白质胶体溶液稳定的两大因素。当去掉其水化膜,中和其电荷时,蛋白质就可从溶液中沉淀出来(图 1-21)。

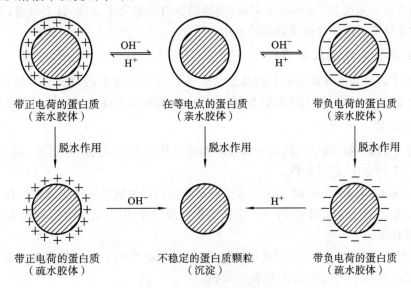

图 1-21 蛋白质胶体颗粒的沉淀

"＋"和"－"分别代表正电荷和负电荷;颗粒外层代表水化层

(三) 蛋白质的变性、沉淀和凝固

1. 蛋白质的变性 在某些物理因素或化学因素的作用下,蛋白质分子内部的非共价键和二硫键断裂,天然构象被破坏,从而引起理化性质改变,生物活性丧失,这种现象称为蛋白质变性。一般认为蛋白质的变性主要是二硫键和非共价键的破坏,不涉及一级结构中氨基酸序列的改变。蛋白质变性后,其理化性质及生物学活性有许多变化:①大量疏水基团外露,丧失水化膜,导致溶解度降低,由亲水胶体变成疏水胶体。如果此时溶液的 pH 值不在其等电点,蛋白质仍可因电荷排斥作用而不发生沉淀。②变性蛋白质空间构象的破坏造成分子的不对称性增大,使其溶液黏度增加。③变性蛋白质分子中各原子和基团的正常排布发生变化,造成其吸收光谱改变。④结晶能力消失。⑤生物活性丧失。⑥变性蛋白质由于其盘曲肽链的伸展,肽键外露,易被蛋白酶水解等。造成蛋白质变性的因素有多种,常见的有加热、有机溶剂(如乙醇等)、强酸、强碱、重金属离子及生物碱试剂等。在医学上,变性因素常被应用于消毒及灭菌。此外,防止蛋白质变性也是有效保存蛋白质制剂(如疫苗、抗体等)的必要条件。

若蛋白质变性程度较轻,去除变性因素后,仍可恢复或部分恢复其原有的构象和功能,称为蛋白质的复性。如牛胰核糖核酸酶 A 的变性与复性(图 1-13(b))。在核糖核酸酶 A 溶液中加入尿素和 β-巯基乙醇,可破坏其分子中的氢键和二硫键,使其失去有规律的三级结构,发生变性,丧失其生物活性。变性后的核糖核酸酶 A 溶液如经透析去除尿素和 β-巯基乙醇,核糖核酸酶又可恢复其原有的构象和活性。但有许多蛋白质变性后,空间结构遭到严重破坏,不能复原,称为不可逆性变性。

2. 蛋白质的沉淀 蛋白质分子从溶液中析出的现象称为蛋白质的沉淀。蛋白质亲水胶体溶液稳定的两大因素是水化膜和电荷。若去除蛋白质的水化膜并中和其电荷，蛋白质便发生沉淀。两大稳定因素仅破坏其中一种，只能使蛋白质胶体溶液不稳定、易沉淀，但不一定沉淀。使蛋白质沉淀的方法通常有盐析法、有机溶剂法、有机酸法（生物碱试剂）、重金属盐法和加热法等。

3. 蛋白质的凝固 蛋白质经强酸、强碱作用发生变性后，仍能溶解于强酸或强碱中，若将 pH 值调至等电点，则蛋白质立即结成絮状的不溶解物，此絮状物仍可溶解于强酸或强碱中。如再加热则絮状物可变成比较坚固的凝块，此凝块不再溶于强酸或强碱中，这种现象称为蛋白质的凝固作用。凝固是蛋白质变性后进一步发展的不可逆的结果。在近于等电点的条件下加热也可使蛋白质凝固，凝固温度因蛋白质不同而有区别。

蛋白质的变性、沉淀和凝固有一定的关联。变性的蛋白质容易沉淀，但不一定沉淀，也不一定凝固；沉淀的蛋白质不一定变性，也不一定凝固；凝固的蛋白质都发生变性，且不可逆，不一定沉淀，但非常容易沉淀，并且不再溶于强酸或强碱溶液中。

（四）蛋白质的紫外吸收性质

蛋白质分子中含有共轭双键的酪氨酸及色氨酸残基，这些氨基酸的侧链基团具有紫外光吸收能力，最大吸收峰在 280 nm 处，故利用此特性测定 280 nm 处的吸光度常用于蛋白质含量的测定。

（五）蛋白质的显色反应

蛋白质分子中的肽键及侧链上的各种特殊基团可以和有关试剂反应并呈现一定的颜色，这些反应常被用于蛋白质的定性、定量分析。

1. 双缩脲反应（biuret reaction） 含有多个肽键的蛋白质和肽在碱性溶液中加热可与 Cu^{2+} 作用生成紫红色内络盐。此反应除用于蛋白质、多肽的定量测定外，由于氨基酸不呈现此反应，还可用于检查蛋白质水解程度。

2. 茚三酮反应 在 pH 5～7 的溶液中，蛋白质分子中游离的 α-氨基能与茚三酮反应生成紫蓝色化合物。此反应可用于蛋白质的定性、定量分析。

3. Folin-酚试剂反应 蛋白质分子中酪氨酸残基在碱性条件下能与酚试剂（磷钨酸与磷钼酸）反应生成蓝色化合物。该反应的灵敏度比双缩脲反应高 100 倍。

除上述理化性质外，蛋白质还具一些其他高分子化合物溶液的性质，如布朗运动、丁达尔现象、电泳现象、不能透过半透膜、扩散速度慢以及具有吸附能力等。

二、蛋白质的提取、分离纯化与结构分析

人体的细胞和体液中存在成千上万种蛋白质，要分析其中某种蛋白质的结构与功能，需要从混合物中分离纯化出单一的蛋白质。破碎组织、细胞，将蛋白质溶解于溶液中的过程称为蛋白质的提取，将溶液中的蛋白质相互分离而取得单一蛋白质组分的过程称为蛋白质的分离纯化。蛋白质的各种理化性质和生物学性质是其提取与分离纯化的依据。目前尚无单一的方法可分离纯化出所有的蛋白质，每一种蛋白质的分离纯化过程常是许多方法综合应用的系列过程。蛋白质分离纯化的常用方法有透析、盐析、电泳、层析及离心等，这些物理方法不破坏蛋白质的空间构象，可满足研究蛋白质结构与功能的需要。

（一）透析及超滤法

利用具有半透膜性质的透析袋将大分子的蛋白质与小分子化合物分离的方法称为透析（dialysis）。透析袋是用具有超小微孔的膜（如硝酸纤维素）制成的。微孔一般只允许相对分子质量在 10000 以下的化合物通过。将混有相对分子质量较小的物质（如硫酸铵、氯化钠等）的蛋白质溶液装入透析袋内，再将透析袋置于蒸馏水或适宜的低渗缓冲液中，相对分子质量较小的物质便可透过透析袋进入水中，相对分子质量较大的蛋白质则留在透析袋内得到纯化。有时将装有相对分子质量

较大的蛋白质溶液的透析袋包埋入吸水剂(如聚乙二醇)内,袋内的水与小分子物质可被吸出透析袋,达到将袋内蛋白质浓缩的目的。

超滤(ultrafiltration)是在一定的压力或离心力下,使蛋白质溶液在通过一定孔径的超滤膜时,相对分子质量较小的物质被滤出,而相对分子质量较大的蛋白质被截留,从而达到分离纯化的目的。这种方法既可以纯化蛋白质,又可达到浓缩蛋白质溶液的目的。

(二) 盐析、有机溶剂及免疫沉淀

蛋白质在溶液中一般含量很低,经沉淀浓缩,有利于进一步分离纯化。

盐析(salting out)是用高浓度的中性盐将蛋白质从溶液中析出的方法。常用的中性盐有硫酸铵、硫酸钠和氯化钠等。高浓度的中性盐可使蛋白质表面电荷被中和、水化膜被破坏,导致蛋白质在水溶液中的稳定性因素被去除而沉淀。不同的蛋白质盐析时所需要的盐浓度和 pH 值均不同。盐析时的 pH 值多选择在蛋白质的等电点附近。例如,在 pH 7.0 左右时,血清清蛋白溶于半饱和硫酸铵中,球蛋白沉淀下来;当硫酸铵达到饱和浓度时,清蛋白也沉淀出来。盐析法不引起蛋白质变性。盐析法只是将蛋白质初步分离,但欲得纯品,尚需用其他方法(如透析法等)。许多蛋白质经纯化后,在盐溶液中长期放置可逐渐析出,成为整齐的结晶。

有机溶剂可以显著降低溶液的介电常数,使蛋白质分子之间相互吸引而沉淀。与水互溶的有机溶剂有丙酮、正丁醇、乙醇和甲醇等。有机溶剂沉淀蛋白质应在 $0\sim4\ ℃$ 低温下进行,低温不仅能降低蛋白质的溶解度,而且可以减少蛋白质变性的机会。如用丙酮沉淀蛋白质,丙酮用量一般是蛋白质溶液体积的 10 倍。蛋白质被丙酮沉淀后,应立即分离,否则蛋白质会变性。

蛋白质具有抗原性,将某一纯化蛋白质免疫动物可获得抗该蛋白质的特异抗体。利用特异抗体识别相应的抗原蛋白,并形成抗原抗体复合物的性质,可从蛋白质混合液中分离获得抗原蛋白,这就是用于特定蛋白质定性和定量分析的免疫沉淀法。在具体实验中,常将抗体交联至固相化的琼脂糖珠上来获得抗原抗体复合物,再将抗原抗体复合物溶于含十二烷基磺酸钠和二巯基丙醇的缓冲液中加热,使抗原从抗原抗体复合物中分离而得以纯化。

(三) 电泳

溶液中带电粒子在电场中向极性相反的方向迁移的现象称为电泳(electrophoresis)。蛋白质在低于或高于其等电点时分别带正电荷或负电荷,在电场中向阴极或阳极迁移。根据蛋白质分子大小和所带电荷的不同,可以通过电泳将其分离。根据支持物的不同,电泳有薄膜电泳、凝胶电泳等。薄膜电泳的支持物是滤纸或醋酸纤维素薄膜等,凝胶电泳的支持物是琼脂糖、淀粉、聚丙烯酰胺凝胶等。

薄膜电泳是将蛋白质溶液点样于薄膜上,薄膜两端分别加正、负电极,此时带正电荷的蛋白质向负极移动,带负电荷的蛋白质向正极移动;带电多、相对分子质量较小、形状规则的蛋白质泳动速率快;带电少、相对分子质量较大、形状不规则的蛋白质泳动速率慢。通电一定时间后,各种蛋白质拉开了一定距离,蛋白质被分离。电泳后,用蛋白质显色剂显色,可以清楚地看到已分离的各条蛋白质区带。

最常用的凝胶电泳有琼脂糖电泳(agarose electrophoresis)和聚丙烯酰胺凝胶电泳(polyacrylamide gel electrophoresis,PAGE)。这些支持物可以附于玻璃板上或玻璃柱中。PAGE还具有分子筛作用。若在蛋白质样品和聚丙烯酰胺凝胶系统中加入负电性很强的十二烷基硫酸钠(sodium dodecylsulfate,SDS),可使所有蛋白质表面都覆盖一层 SDS 分子,均带上大致相等的负电荷,导致蛋白质分子间的电荷差异消失。若将携带有大量 SDS 的蛋白质样品在具有分子筛作用的聚丙烯酰胺凝胶中进行电泳,此时各种蛋白质的泳动速率仅与蛋白质颗粒大小有关,这种电泳称为SDS-PAGE。如有已知相对分子质量的标准蛋白质做对照,此电泳可用于蛋白质相对分子质量的测定。

等电聚焦电泳（isoelectric focusing electrophoresis，IFE）是指在具有线性连续 pH 值梯度的电场中进行的电泳，蛋白质按其等电点不同予以分离。每种蛋白质均有其特定的等电点，在 pH 值连续梯度的电场中，被分离的蛋白质处在偏离其等电点的 pH 值位置时带有电荷而移动，当蛋白质泳动至与其自身的等电点相等的 pH 值区域时，蛋白质便因净电荷为零而停止泳动。这样，各种蛋白质按其等电点不同得以分离。

双向电泳（two-dimensional electrophoresis，2-DE）是利用不同蛋白质所带电荷和质量的差异，用两种方法、分两步进行两个方向的蛋白质电泳。第一步是以聚丙烯酰胺凝胶为支持物，在玻璃管中进行 IFE，使蛋白质按其不同的等电点进行分离。第二步是将 IFE 的胶条取出，横放在另一平板上，进行 SDS-PAGE，使蛋白质按其分子大小进行分离。第二次电泳的方向与 IFE 垂直。双向电泳的分辨率很高，可将大肠杆菌提取液分离出 1400 多个蛋白点，每个点基本上代表一种蛋白质多肽链。双向电泳是研究蛋白质组不可缺少的工具。

（四）层析

层析（chromatography）是分离、纯化蛋白质的重要手段之一。一般而言，待分离蛋白质溶液（流动相）经过固定相时，根据溶液中待分离的蛋白质颗粒的大小、电荷多少及亲和力等，使待分离的蛋白质组分在两相中反复分配，并以不同的流速经固定相而达到分离的目的。层析种类很多，有离子交换层析（ion-exchange chromatography）、凝胶过滤（gel filtration）和亲和层析（affinity chromatography）等。其中离子交换层析和凝胶过滤应用最广。

1. 离子交换层析　蛋白质是两性电解质，在某一特定 pH 值时，各种蛋白质的电荷量及性质不同，故可通过离子交换层析进行分离、纯化。离子交换层析的填充料是带有正（负）电荷的交联葡聚糖、纤维素或树脂等。根据层析柱内填充物（交换剂）的荷电性质不同，离子交换层析可分为阴离子交换层析和阳离子交换层析。阴离子交换层析的交换剂本身带正电荷，而阳离子交换层析的交换剂本身带负电荷。

图 1-22 介绍的是阴离子交换层析。将阴离子交换树脂颗粒填入层析柱内，由于阴离子交换树脂颗粒本身带有正电荷，能吸附溶液中带负电荷的蛋白质阴离子（图 1-22(a)）。①若用带有不同浓度的阴离子（如 Cl^-）洗脱液进行洗柱，洗脱液中的 Cl^- 取代蛋白质分子与交换剂结合。含负电荷少的蛋白质首先被洗脱下来（图 1-22(b)）；不断增大洗脱液中的 Cl^- 浓度，含负电荷多的蛋白质也不断被洗脱下来（图 1-22(c)）。②若用不同 pH 值的缓冲液进行洗柱，随着层析柱内溶液 pH 值的变化，达到或接近其等电点的蛋白质由于不带电荷而被洗脱下来。可见，利用离子交换层析，能将在洗脱过程中带电程度不同的蛋白质分离开来。

2. 凝胶过滤　凝胶过滤又称分子筛层析。在层析柱内填充惰性的微孔胶粒（如交联葡聚糖），将蛋白质溶液加到层析柱的顶部，然后进行洗脱。小分子物质通过胶粒时可进入胶粒的微孔内部，向下流动的路径较长，移动缓慢；大分子物质不能或很难进入胶粒内部，通过胶粒间的空隙向下流动，其流动的路径较短，移动速度较快，从而达到按不同相对分子质量将溶液中各组分分开的目的（图 1-23）。

（五）离心分析法

离心（centrifugation）分离是利用机械的快速旋转所产生的离心力，将不同密度和大小的物质分离开来的方法。各种蛋白质分子具有不同的相对分子质量、密度和形状，可采用离心技术将其分离。按实际应用，离心机可分为制备型离心机（preparative scale centrifuge）和分析型离心机（analytical centrifuge）。

制备型离心机用于大量样品的分离，例如差速离心。差速离心（differential centrifugation）是将含两种以上大小不同的待分离物质的混合液，以不同离心力分步离心沉淀，使之相互分离的离心方

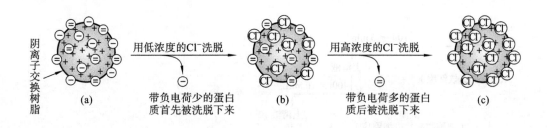

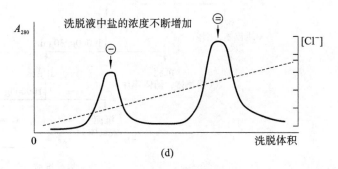

图 1-22　离子交换层析分离蛋白质

(a)样品全部交换并吸附到树脂上;(b)带负电荷较少的分子用较低浓度的 Cl^- 或其他负离子溶液洗脱;

(c)带负电荷多的分子随 Cl^- 浓度增加依次洗脱;(d)洗脱图 A_{280} 表示 280 nm 波长处的蛋白质的吸光度

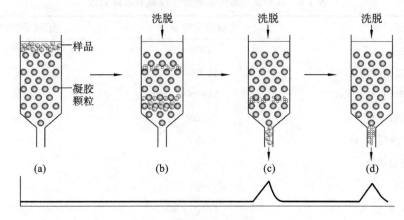

图 1-23　凝胶过滤分离蛋白质

(a)样品上柱,大球为大分子蛋白质,小球为小分子蛋白质;(b)开始洗脱;

(c)大分子蛋白质不能进入凝胶微孔,首先被洗脱出来;(d)小分子蛋白质进入凝胶微孔,后被洗脱出来

法。图 1-24 显示利用差速离心法分离不同的亚细胞结构。由图可见,不同的亚细胞组分可以用不同的离心力,分级逐步沉淀分离出来。

分析型离心,如超速离心法(ultracentrifugation)既可用来分离纯化蛋白质也可以用来测定蛋白质的相对分子质量。蛋白质在高达 500000g 的离心力下,可在溶液中逐渐沉降,直至溶液对其浮力(buoyant force)与离心力相等时便停止沉降。不同蛋白质其相对分子质量大小、分子形状以及密度各不相同,因此可用超速离心法将它们分离开。蛋白质在离心力场中的沉降行为可用单位力场中的沉降速度即沉降系数表示,沉降系数使用 Svedberg 单位,单位为秒。$1S = 10^{-13}$ 秒。沉降系数的大小与蛋白质相对分子质量的大小、分子形状、密度以及溶剂密度的高低有关。一般蛋白质沉降系数的数量级为 $10^{-13} \sim 10^{-12}$ s(表 1-4)。在生物化学中,有些大分子物质以沉降系数来命名,如 30S 核糖体小亚基、5S rRNA 等。

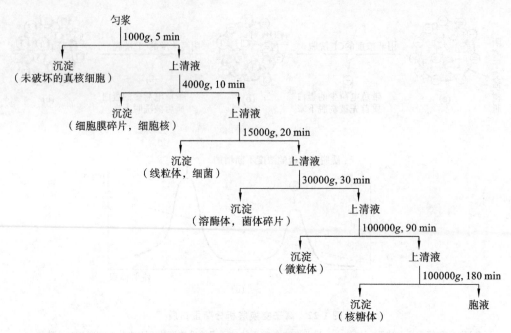

图 1-24　亚细胞组分的差速离心分离

表 1-4　几种蛋白质的相对分子质量与沉降系数

蛋白质	相对分子质量	沉降系数（S）
细胞色素 C(牛心)	13370	1.17
核糖核酸酶	12900	1.85
肌红蛋白(马心)	16900	2.04
糜蛋白酶原(牛胰)	23240	2.54
β-乳球蛋白(羊奶)	37100	2.90
胃蛋白酶	37000	3.30
卵白蛋白	44000	3.55
血红蛋白(人)	64500	4.50
血清白蛋白(人)	68500	4.60
纤维蛋白原	339700	7.60
过氧化氢酶(马肝)	247500	11.30
脲酶(刀豆)	482700	18.60
甲状腺球蛋白(猪)	630000	19.20

　　应用超速离心法测定蛋白质相对分子质量时，一般用一个已知相对分子质量的标准蛋白质作为参照，因为沉降系数（S）大体上和相对分子质量（M）成正比，关系式为

$$\frac{S_{未知}}{S_{已知}}=\frac{M_{未知}}{M_{已知}}$$

　　这一关系式对大多数球状蛋白质都适用，但大多数纤维状蛋白质由于其分子形状的高度不对称性，无法使用上述简单的算式。

（六）多肽链中氨基酸序列分析

　　蛋白质一级结构的确定是研究蛋白质结构及其作用机制的前提。比较相关蛋白质的一级结构对于研究蛋白质的同源性和生物体的进化关系是必需的。蛋白质的氨基酸序列分析还有重要的临床意义,可以发现因基因突变造成蛋白质个别氨基酸改变所引起的疾病。

Frederick Sanger 用了十年时间,于 1953 年成功地完成了牛胰岛素的氨基酸序列分析。现今由于方法改进及自动化分析仪器的问世,人们可以在很短时间内将一个蛋白质分子的一级结构予以确定。蛋白质中氨基酸序列测定的方法是在 Sanger 测序法的基础上发展的,如 Pehr Edman 改良的 Edman 降解法(Edman degradation),其基本过程分为以下四步。

1. 测序前的准备 在进行氨基酸序列分析之前,首先做好以下几点。①纯化待测的蛋白质分子,测定其相对分子质量,采用 N-末端分析法确定蛋白质分子中多肽链的数目(断裂二硫键),分离纯化单一的多肽链。②将单一多肽链彻底水解,分析其氨基酸组成(种类与数量)。目前,多采用氨基酸自动分析仪,利用高效液相层析法(high performance liquid chromatography,HPLC)或离子交换层析法对溶液中游离的氨基酸进行分析,计算出各种氨基酸在蛋白质中的物质的量分数或个数(图 1-25)。

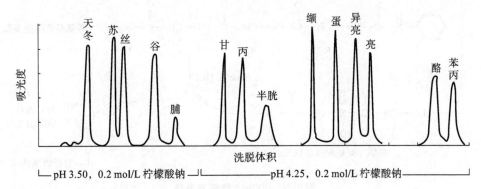

图 1-25 离子交换层析分析蛋白质的氨基酸组分

2. 多肽链氨基末端与羧基末端分析 Sanger 当年使用二硝基氟苯与多肽链的 N-端 α-氨基反应,生成二硝基苯氨基酸,然后将多肽链专一水解,分离出带有二硝基苯基的氨基酸,通过与标准化合物对比分析鉴定出二硝基苯氨基酸是何种氨基酸。目前多用丹酰氯(dansyl chloride)使之生成丹酰衍生物,该物质具有强烈荧光,更易鉴别。C-端氨基酸残基常采用羧基肽酶法将其水解下来进行检测。当鉴定了头、尾两端的氨基酸残基后,此二头可作为整条多肽链的标志点。

3. 多肽链的氨基酸序列测定 多肽链的序列测定常采用 Edman 降解法,此法适用于长度在 40 个氨基酸残基以下的多肽链。所以,在对多肽链进行测序前,首先将多肽链用几种方法进行限制性水解,生成相互有部分重叠序列的一系列短肽片段,然后用层析法(离子交换层析法)或电泳法将其分离纯化。多肽链的水解方法很多(表 1-5),胰蛋白酶能水解碱性氨基酸羧基侧形成的肽键;胰凝乳蛋白酶能水解芳香族氨基酸羧基侧形成的肽键;溴化氰能水解甲硫氨酸羧基侧形成的肽键等。

表 1-5 常用的多肽链水解方法与作用点

水解肽段的酶或试剂	对被水解肽段羧基侧 R 基团的要求
胰蛋白酶	碱性氨基酸:精、赖
胰凝乳蛋白酶	芳香族氨基酸:苯丙、酪、色
糜蛋白酶	芳香族氨基酸:苯丙、酪、色
弹性蛋白酶	脂肪族氨基酸
嗜热菌蛋白酶	支链氨基酸:亮、异亮、缬
金黄色葡萄球菌内肽酶 V8	谷氨酸
溴化氰(BrCN)	蛋氨酸
亚磺酰基苯甲酸	色氨酸

分离纯化出来的短肽片段一般采用 Edman 降解法对其进行测序,Edman 降解反应又称为

NOTE

Edman 循环。将待测肽段先与异硫氰酸苯酯在弱碱性条件下反应（试剂异硫氰酸苯酯只与 N-端氨基酸残基的游离 α-氨基作用），生成苯氨基硫甲酰多肽，再用冷盐酸水解肽链末端的氨基酸衍生物，生成苯乙内酰硫脲衍生物和 N-端少一个氨基酸残基的多肽。苯乙内酰硫脲衍生物可通过层析分离，与标准氨基酸衍生物对比，鉴定出 N-端第一个氨基酸的种类。再对少一个氨基酸残基的肽段进行同样的 Edman 降解反应，确定第二个氨基酸的种类。如此反复进行，便可确定此肽段从 N-端到 C-端的氨基酸序列（图 1-26）。

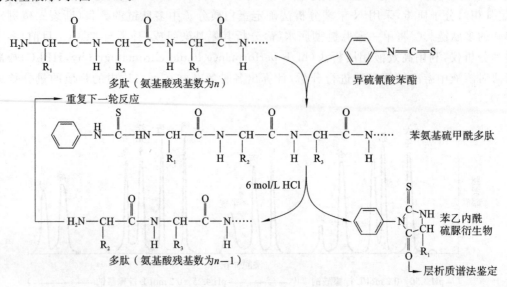

图 1-26　Edman 降解法原理

4. 确定整条多肽链的氨基酸排列顺序　通过片段重叠法将不同方法水解产生的肽段进行重叠比较，推断出整条多肽链的氨基酸排列顺序。

例如：一多肽链采用胰蛋白酶和溴化氰两种方法水解后所得肽段的测序与片段重叠分析。

①多肽链的氨基酸组成分析如下：2 苯丙、6 丙、3 蛋、4 甘、2 精、1 赖、3 亮、1 酪、2 丝、1 苏、1 天冬、1 缬、1 异、1 组。

②多肽链的 N-端和 C-端经确定为：H-甘，天冬-OH。

③多肽链水解后的肽段测序结果如下：

胰蛋白酶水解	溴化氰水解
甘-丙-丙-苏-蛋-组-酪-苯丙-精	甘-丙-丙-苏-蛋
甘-丙-丝-蛋-丙-亮-异亮-赖	组-酪-苯丙-精-甘-丙-丝-蛋
苯丙-甘-亮-蛋-丙-缬-丝-精	丙-亮-异亮-赖-苯丙-甘-亮-蛋
亮-甘-丙-天冬	丙-缬-丝-精-亮-甘-丙-天冬

④肽段的重叠比较分析如下：

甘-丙-丙-苏-蛋

甘-丙-丙-苏-蛋-组-酪-苯丙-精

　　　　　组-酪-苯丙-精-甘-丙-丝-蛋

　　　　　　　　　甘-丙-丝-蛋-丙-亮-异亮-赖

　　　　　　　　　　　　　丙-亮-异亮-赖-苯丙-甘-亮-蛋

　　　　　　　　　　　　　　　　　苯丙-甘-亮-蛋-丙-缬-丝-精

　　　　　　　　　　　　　　　　　　　　　丙-缬-丝-精-亮-甘-丙-天冬

　　　　　　　　　　　　　　　　　　　　　　　　　亮-甘-丙-天冬

经分析,完整的多肽链氨基酸残基的排列顺序应为:

H—甘-丙-丙-苏-蛋-组-酪-苯丙-精-甘-丙-丝-蛋-丙-亮-异亮-赖-苯丙-甘-亮-蛋-丙-缬-丝-精-亮-甘-丙-天冬—OH

除了 Edman 降解法外,人们利用反转录聚合酶链反应(reverse transcription polymerase chain reaction,RT-PCR)从编码蛋白质的 mRNA 得到其互补 DNA(cDNA)序列,再根据遗传密码表反推出其相应的氨基酸序列。当然,也可从基因组中找出编码蛋白质的基因,测定其 DNA 序列,再反推出蛋白质的氨基酸序列。上述方法均有其缺点。Edman 降解法不能对环形肽链和 N-端被封闭的多肽进行测序,也不能测知某些被修饰的氨基酸。利用 RT-PCR 测定基因组的碱基序列也不能推测翻译后氨基酸的修饰情况。这些困难可用质谱分析(mass spectrometry)予以解决。近年来,人们把 Edman 降解法与质谱分析联合起来测定蛋白质的氨基酸序列,并取得了非常满意的结果。

(七)蛋白质空间结构测定

大量生物体内存在的蛋白质空间结构的解析,对于研究蛋白质结构与功能的内在关系至关重要,也为蛋白质或多肽药物的结构改造提供了理论依据。由于蛋白质的空间结构十分复杂,因而其测定的难度也大,而且还需要昂贵的仪器设备和先进的技术。随着结构生物学的发展,蛋白质二级结构和三维空间结构的测定已普遍开展。

通常采用圆二色光谱(circular dichroism,CD)法测定溶液状态下的蛋白质二级结构的含量。圆二色光谱对二级结构非常敏感,α-螺旋的 CD 峰有 222 nm 处的负峰、208 nm 处的负峰和 198 nm 处的正峰 3 个成分;而 β-折叠的 CD 谱不太固定。可见,使用 CD 谱测定含 α-螺旋较多的蛋白质,所得结果更为准确可靠。

X 射线衍射法(X-ray diffraction)和核磁共振(nuclear magnetic resonance,NMR)技术是研究蛋白质三维空间结构最准确的方法。通常采用 X 射线衍射法,首先将蛋白质制备成晶体。截至目前,并非所有纯化的蛋白质都能制备成满意的能供三维结构分析的晶体。例如糖蛋白,由于蛋白质分子中糖基化位点和某些位点的糖链结构存在不均一性,很难获得糖蛋白的晶体。X 射线在蛋白质晶体上可产生不同方向的衍射,X 光片则接受衍射光束,形成衍射图。这种衍射图即 X 射线穿过晶体的一系列平行剖面所产生的电子密度图。然后借助计算机绘制出三维空间的电子密度图。如一个肌红蛋白的衍射图有 25000 个斑点,通过对这些斑点的位置、强度进行计算,即可得出其空间结构。此外,近年来建立的二维 NMR,也已用于测定蛋白质三维空间结构。

由于蛋白质空间结构的基础是一级结构,也可通过直接的蛋白质测序或核酸测序预测。至目前已获得的几十万条蛋白质序列中,仅有 7000 条来自 X 射线衍射和 NMR 分析。近年来根据蛋白质的氨基酸序列预测其三维空间结构,受到广泛的关注。

目前有几种蛋白质结构预测方法:①同源模建:将待研究的序列与已知结构的同源蛋白质序列对齐——补偿氨基酸(替补、插入和缺失)——通过模建和能量优化计算,产生目标序列的三维结构。序列相似性越高,预测的模型也越准确;②折叠识别:通过预测二级结构、预测折叠方式和参考其他蛋白质的空间结构,从而产生目标序列的三维结构;③从无到有:根据单个氨基酸形成二级结构的倾向,加上各种作用力力场信息,直接产生目标序列的三维结构。同源模建方法目前被认为是最精确的方法。同源性大于 50% 时,结果比较可靠;同源性在 30%～50% 之间,其结果则需要参考其他蛋白质的信息;同源性小于 30% 时,人们一般采用折叠识别方法;同源性更小时,从无到有法更有效。

第四节　蛋白质组与蛋白质组学

一、蛋白质组

蛋白质是生命的体现者,遗传信息的传递与表达都需要在蛋白质的参与下得以实现。随着人类基因组计划的完成,生命科学已进入了后基因组时代,人们把目光转向探索蛋白质组(proteome)的工作。

蛋白质组的概念是澳大利亚学者 M. R. Wilkins 和 K. L. Williams 于 1994 年首先提出来的。蛋白质组是指在特定条件下,一个细胞内所存在的所有蛋白质。蛋白质组比基因组复杂得多。据推测,人类基因组大约有 28600 个基因,却可编码几十万种蛋白质。人的一种细胞内存在的蛋白质总数约为 15000 种,且不同种的细胞中所包含的蛋白质又不完全相同。所以,已知一个基因组序列并不表明可以识别这个基因组所编码的全部蛋白质和各种细胞内实际的蛋白质种类。即使基因组的序列可以用于预测其阅读框,但还是不能准确地掌握其所表达的蛋白质。这是因为基因组中各基因的序列不能反映蛋白质翻译后的剪切与加工修饰。翻译生成的 mRNA 经过不同的剪接,可以生成不同的蛋白质序列。而且翻译后的蛋白质还存在修饰加工过程。因此,只有知道细胞在不同发育时期、不同生理和病理状态下全部蛋白质的结构与功能,才有可能知道基因组中各基因的真正功能。

此外,同一生物个体不同体细胞中的基因组具有均一性,而蛋白质的种类和数量则不同,蛋白质组具有时间和空间的差别。在个体发育过程的不同阶段,各种基因的表达与关闭各不相同,同一类细胞所包含的蛋白质会有质和量的差异。组织细胞在分化过程中,正是由于不同组织细胞中基因表达的质和量的不同,各组织器官各有其特有的蛋白质,才出现千差万别的组织形态和功能表现。另外,即使是成年个体,由于组织细胞处于不同的生命活动状态(如运动、禁食、饱食等物质代谢的不同状态),同一细胞内的蛋白质成分和数量也在变化。此外,在病理条件下,患者发病、治疗与转归等过程中,细胞中蛋白质组也会与正常生理状态有所不同。

对于同一种蛋白质来说,在不同的生理和病理条件下,即使其一级结构不变,也可能出现空间结构的改变,并表现出不同的功能。蛋白质构象的变化不但是机体代谢调节的重要模式之一,而且可能引起严重的疾病,这又为蛋白质组的研究增加了复杂性。可见,蛋白质组不但比基因组的数量大,而且各组织器官的蛋白质组具有多样性、多变性和可调节性,具有不同时间、空间的差异性,且受机体内、外条件的影响。所以,蛋白质组的概念应体现出蛋白质组的这些特性,体现出基因表达后对蛋白质前体剪接加工和修饰的结果。

二、蛋白质组学

蛋白质组学(proteomics)旨在研究和阐述不同条件下蛋白质组中全部蛋白质的结构、性质与功能、影响因素及其相互之间的关系。蛋白质组学是在基因组学的基础上发展起来的,是基因组学的延续和发展。

研究基因组的目的是破解人类发生、发展与遗传的秘密所在。而人类的一切生命活动主要是通过蛋白质的活动来实现的。基因组研究不能解决的问题可望在蛋白质组研究中找到答案。蛋白质组的研究能够在细胞和机体的整体水平上阐明生命现象的本质和活动规律,并将提供非常丰富的重要数据资料,进一步带动生物信息学和医药产业的发展,为人类认识自我、保护自我、预防和战胜疾病、延年益寿等找到根本答案。

蛋白质组和蛋白质组学的概念为我们描绘了一幅通向彻底了解生命奥秘的蓝图。然而,由于蛋白质组的特殊属性,我们难以绘出各种细胞在任何生理和病理条件下不断变化中的全部蛋白质的结构与功能图谱。于是人们将蛋白质组学分解出许多的亚蛋白质组学来进行研究。如功能蛋白质组学(functional proteomics)、结构蛋白质组学(structural proteomics)、亚细胞蛋白质组学(subcellular proteomics)、疾病蛋白质组学(disease proteomics)等。它们都是总蛋白质组学的组成部分。功能蛋白质组学是研究在特定时间、特定环境和实验条件下基因组活跃表达的蛋白质,只涉及特定功能机制的蛋白质群体。例如,对与信号转导相关蛋白质群的研究。结构蛋白质组学是研究在特定时间和环境下所表达的各种蛋白质结构。亚细胞蛋白质组学是从亚细胞成分的蛋白质组为切入点,建立各亚细胞结构(如细胞膜、细胞器、细胞核等)的蛋白质组,最后完成全细胞的蛋白质组分析。疾病蛋白质组学研究与心脑血管疾病、肿瘤、糖尿病和老年病等相关的蛋白质群体,可以使人们从动态的、整体的角度认识这些重大疾病的机制。

用于蛋白质组研究的技术还不够完善,研究蛋白质组首先需分离细胞或组织中的所有蛋白质。目前主要采用高分辨率的 2-DE,对此电泳谱进行扫描并加以数字化,再进一步进行计算机图像分析,包括对图谱中蛋白质的定位和认定、蛋白质浓度的确定。此外,还有多相分离系统,如体积排阻-反相高效液相层析组合(coupled size-exclusion and RP-HPLC)、离子交换与 RP-HPLC 组合、25 ℃与 60 ℃ RP-HPLC 组合、RP-HPLC 与毛细管电泳组合、金属亲和层析与毛细管电泳组合等。质谱是蛋白质鉴定的核心技术之一,可用于测定蛋白质的相对分子质量和短肽的氨基酸序列。蛋白质芯片技术在蛋白质组的研究中也发挥着重要的作用。

小结

蛋白质是一类重要的生物大分子,其元素主要有碳、氢、氧、氮、硫;其组成的基本单位为 L-α-氨基酸(除甘氨酸和脯氨酸外)。氨基酸通过肽键连接成肽。体内有一些肽可直接以肽的形式发挥生物学作用,称为生物活性肽。氨基酸是两性电解质,具有两性解离、紫外吸收、茚三酮反应等性质。

蛋白质的分子结构非常复杂,可概括为一级、二级、三级和四级结构。一级结构是指蛋白质多肽链从 N-端至 C-端的氨基酸的排列顺序。二级结构是指蛋白质主链原子的局部空间排列,不涉及氨基酸残基的侧链构象,其类型有 α-螺旋、β-折叠、β-转角和无规卷曲。三级结构是指多肽链主链和侧链的全部原子的空间排布位置。四级结构是指蛋白质分子中亚基与亚基之间的缔合。

体内存在数万种蛋白质,各有其特定的结构与功能。蛋白质的生物学功能与一级结构和空间结构都密切相关,而且一级结构是空间构象与功能的基础。血红蛋白空间结构与 O_2 的结合存在别构效应,其氧解离曲线呈 S 形。

蛋白质既是高分子化合物又是两性电解质,具有高分子化合物的性质(如胶体性质)及两性解离性质。此外,还具有变性、复性、沉淀、凝固、呈色反应及紫外吸收等性质。蛋白质在波长 280 nm 处有最大吸收峰。

分离纯化蛋白质是研究单一蛋白质结构与功能的先决条件。通常利用蛋白质的理化性质,采取不损伤蛋白质结构和功能的方法来纯化蛋白质。常用的方法有透析及超滤、盐析、电泳、层析、离心等。

蛋白质组是指在特定条件下,一个细胞内所存在的所有蛋白质。蛋白质组学旨在研究和阐述在不同条件下,蛋白质组中全部蛋白质的结构、性质与功能、影响因素及其相互之间的关系。

(杨五彪)

第二章 核酸的结构与功能

扫码看课件

教学目标

- 核酸基本组成单位核苷酸及核酸的一级结构
- DNA 二级结构及结构要点
- 三种主要 RNA（mRNA、tRNA、rRNA）的功能
- 真核生物 mRNA 的结构特点
- tRNA 的二级结构
- 核酸的理化性质
- 核酶

核酸（nucleic acid）是以核苷酸作为基本结构单位的生物大分子。生物界的核酸可分为两大类，即脱氧核糖核酸（deoxyribonucleic acid，DNA）和核糖核酸（ribonucleic acid，RNA）。DNA 和 RNA 在生物体的生命活动过程中具有极其重要的生物学功能。真核生物的 DNA 主要存在于细胞核和线粒体内，其功能是携带决定个体基因型的遗传信息。RNA 主要分布于细胞质和细胞核内，参与遗传信息的传递和表达。在某些病毒中，RNA 也可以作为携带遗传信息的载体（表 2-1）。无论是 DNA 或者 RNA，其生物学功能都与结构密切相关。核酸常有构型和构象的变化，其构型和构象的微小变化都可能影响遗传信息的传递和生物体的生命活动。

表 2-1　两种核酸的分类、分布及生物学功能

分　类	分　布	生物学功能
脱氧核糖核酸（DNA）	细胞核、线粒体	携带遗传信息；决定个体的基因型
核糖核酸（RNA）	细胞质、细胞核、线粒体	参与遗传信息的表达；某些病毒的遗传信息的载体

1868 年，瑞士的一名外科医生 Friedrich Miescher 首次从人外伤渗出的脓细胞核内分离得到一种酸性物质，命名为核酸。根据核酸中所含有的戊糖不同，分为 DNA 和 RNA 两类。

肺炎链球菌转化试验和噬菌体转染试验的完成，确定了 DNA 是携带遗传信息的物质基础。1928 年，Fred Griffith 发现非致病性的 R 型（rough）肺炎链球菌可以转化为致病性的 S 型（smooth）肺炎链球菌。他通过试验推测出某种物质从灭活的 S 型肺炎链球菌转移至 R 型肺炎链球菌，并将 S 型肺炎链球菌的致病性转移给 R 型肺炎链球菌。1944 年，Maclyn McCarty 和 Oswald Avery 通过对灭活的 S 型肺炎链球菌的无细胞提取液进行分析，确定了 DNA 就是将 S 型肺炎链球菌致病性传递给 R 型肺炎链球菌的物质。在此之前，人们普遍认为蛋白质是遗传物质的携带者，而 DNA 仅起到次要作用，这一发现是生物化学发展过程中的重大事件。1952 年，Alfred Hershey 和 Martha Chase 通过噬菌体转染试验进一步证实了 DNA 是遗传信息的携带者。1953 年，英国科学家 Watson 和 Crick 提出的 DNA 双螺旋结构模型为现代分子生物学的研究发展奠定了基础，是生物化学、分子生物学发展历史上的巨大里程碑。1985 年 PCR 技术的诞生使核酸研究进一步得到发展，同时为 1986 年人类基因组计划的提出和开展提供了坚实的保障。

第一节 核酸的基本组成单位及其一级结构

核酸的主要组成元素有 C、H、O、N、P 等。其中各种核酸分子中 P 的含量相对比较恒定,RNA分子中含量为 8.5%~9%,DNA 分子中含量为 9%~10%,因此可以通过测定组织中 P 的含量来对生物样品中的核酸进行定量分析。

核酸的基本组成单位是核苷酸 (nucleotide)。组成 RNA 的核苷酸是核糖核苷酸(ribonucleotide),组成 DNA 的核苷酸是脱氧核糖核苷酸(deoxyribonucleotide)。核酸由多个核苷酸连接而成,因此又称为多聚核苷酸(polynucleotide)。核酸经核酸酶作用水解成核苷酸,核苷酸继续水解产生核苷(nucleoside)及磷酸。核苷再进一步水解,产生戊糖(pentose)和碱基(base)。

一、核苷酸的化学组成

(一) 戊糖

戊糖是核苷酸的基本组成成分之一,核酸中的戊糖有两种,分别是核糖(ribose)和脱氧核糖(deoxyribose),均为 β-呋喃型。为了使其与含氮碱基中的碳原子相区别,戊糖中的碳原子顺序用 1′到 5′表示。RNA 中含有的戊糖为 β-D-核糖。而 DNA 分子中的戊糖,与第 2 位碳原子(C-2′)相连的羟基上缺少一个氧原子,为 β-D-2-脱氧核糖(图 2-1)。这种结构上的差异使 DNA 分子在化学性质上的稳定性高于 RNA 分子,从而被选为生物体储存遗传信息的载体。

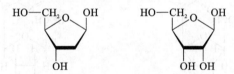

图 2-1 脱氧核糖(左)和核糖(右)的结构式

(二) 碱基

碱基是构成核苷酸的另一基本组分。碱基均为含氮的杂环化合物,可分为嘌呤碱(purine)和嘧啶碱(pyrimidine)两类,常见碱基主要有腺嘌呤(adenine,A)、鸟嘌呤 (guanine,G)、胞嘧啶(cytosine,C)、胸腺嘧啶 (thymine,T)和尿嘧啶(uracil,U)五种。其中腺嘌呤、鸟嘌呤和胞嘧啶既存在于 RNA 分子中,也存在于 DNA 分子中。尿嘧啶仅存在于 RNA 分子中,胸腺嘧啶仅存在于 DNA分子中。即 RNA 分子中的碱基组成为 A、G、C、U 四种,而 DNA 分子中的碱基组成为 A、G、C、T 四种。碱基的结构式及原子顺序如图 2-2 所示。

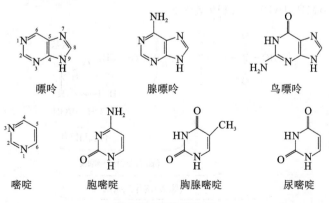

嘌呤　　　　　腺嘌呤　　　　　鸟嘌呤

嘧啶　　　胞嘧啶　　　胸腺嘧啶　　　尿嘧啶

图 2-2 碱基结构式

除上述常规碱基外,还可在5种碱基基础上发生共价修饰而形成一些碱基的衍生物,如二氢尿嘧啶、5-羟甲基胞嘧啶、次黄嘌呤及7-甲基鸟嘌呤等(图2-3)。由于这些碱基在核酸中的含量很低,因此称为稀有碱基。

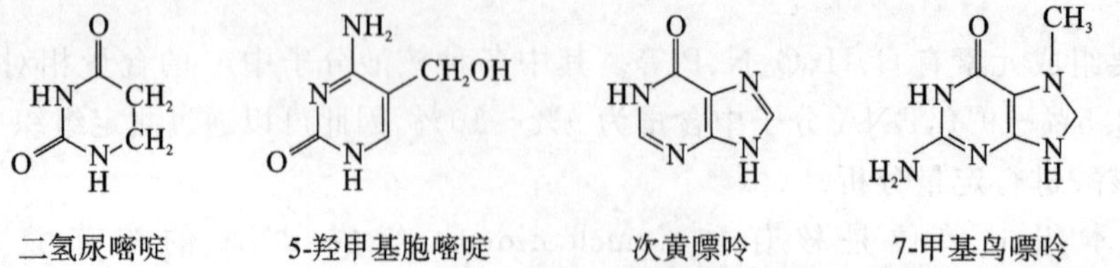

二氢尿嘧啶　　5-羟甲基胞嘧啶　　次黄嘌呤　　7-甲基鸟嘌呤

图 2-3　稀有碱基结构式

构成核酸的五种碱基,其酮基或氨基均连接在杂环氮原子的邻位碳原子上,可形成酮式-烯醇式或氨基-亚氨基的互变异构体,这是DNA双链中氢键形成的结构基础,在基因突变及物种进化中有重要意义。

（三）戊糖与碱基连接形成核苷

核苷是核苷酸水解产生的中间产物,由戊糖第1位碳原子(C-1′)上的羟基与嘧啶的第1位氮原子(N-1)或嘌呤的第9位氮原子(N-9)上的氢脱水缩合,以β-N-糖苷键相连形成核苷或脱氧核苷。部分核苷和脱氧核苷的结构式见图2-4。

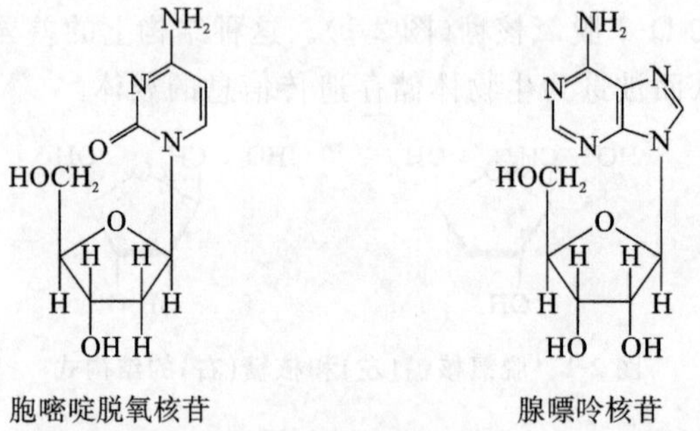

胞嘧啶脱氧核苷　　　　腺嘌呤核苷

图 2-4　核苷结构式

（四）核苷与磷酸连接形成核苷酸

核苷酸是核酸的基本组成单位,是由核苷戊糖上的羟基与磷酸连接形成的磷酸酯。生物体内的核苷酸大多为5′-核苷酸,即核糖或脱氧核糖的第5位碳原子(C-5′)上的羟基与磷酸分子缩合形成磷酸键,生成的核苷酸或者脱氧核苷酸。根据结合的磷酸基团数目不同,核苷酸可以分为核苷一磷酸(NMP)、核苷二磷酸(NDP)、核苷三磷酸(NTP)(图2-5)。脱氧核苷酸在符号前面加个"d"以示与核糖核苷酸的区别,如dAMP、dADP、dATP(表2-2)。

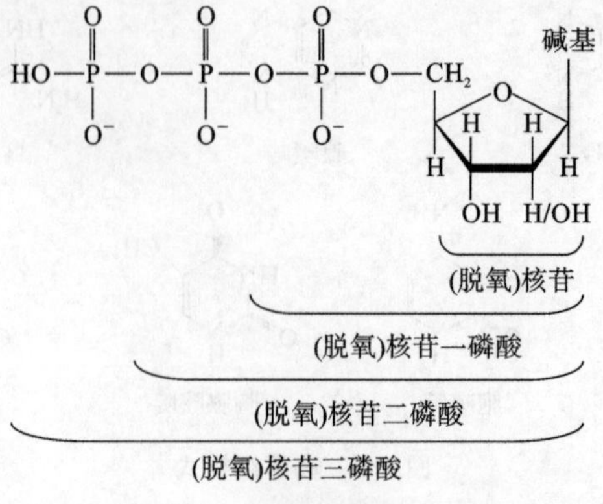

碱基

(脱氧)核苷

(脱氧)核苷一磷酸

(脱氧)核苷二磷酸

(脱氧)核苷三磷酸

图 2-5　(脱氧)核苷酸结构通式

表 2-2　两种核酸的碱基、核苷及核苷酸

核酸	碱基	核苷	核苷一磷酸	核苷二磷酸	核苷三磷酸
RNA	A	腺苷	腺苷一磷酸（AMP）	腺苷二磷酸（ADP）	腺苷三磷酸（ATP）
	G	鸟苷	鸟苷一磷酸（GMP）	鸟苷二磷酸（GDP）	鸟苷三磷酸（GTP）
	C	胞苷	胞苷一磷酸（CMP）	胞苷二磷酸（CDP）	胞苷三磷酸（CTP）
	U	尿苷	尿苷一磷酸（UMP）	尿苷二磷酸（UDP）	尿苷三磷酸（UTP）
DNA	A	脱氧腺苷	脱氧腺苷一磷酸（dAMP）	脱氧腺苷二磷酸（dADP）	脱氧腺苷三磷酸（dATP）
	G	脱氧鸟苷	脱氧鸟苷一磷酸（dGMP）	脱氧鸟苷二磷酸（dGDP）	脱氧鸟苷三磷酸（dGTP）
	C	脱氧胞苷	脱氧胞苷一磷酸（dCMP）	脱氧胞苷二磷酸（dCDP）	脱氧胞苷三磷酸（dCTP）
	T	脱氧胸苷	脱氧胸苷一磷酸（dTMP）	脱氧胸苷二磷酸（dTDP）	脱氧胸苷三磷酸（dTTP）

在生物体内,核苷酸除了作为核酸的基本组成单位以外,体内一些游离的核苷酸还能参与各种代谢及其调节,如 ATP 是一种高能磷酸化合物,能够为生物体储存和提供生物能。核苷酸还有环化形式,生物体内主要有两种重要的环化核苷酸,即 3′,5′-环腺苷酸（adenosine 3′,5′-cyclic monophosphate,cAMP）和 3′,5′-环鸟苷酸（guanosine 3′,5′-cyclic monophosphate,cGMP）,它们可作为第二信使,在细胞内代谢调节和跨细胞膜信号传导中具有重要的作用（图 2-6）。核苷酸还可以参与某些生物活性物质的组成,如烟酰胺腺嘌呤二核苷酸（NAD+）和黄素腺嘌呤二核苷酸（FAD）等分子中都含有腺苷酸。它们都是一些参与物质代谢过程的重要酶的辅酶或辅基,在生物氧化和物质代谢中具有重要的作用（图 2-7）。

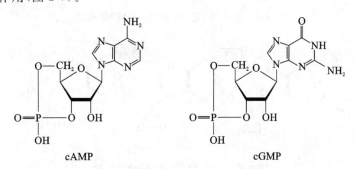

cAMP　　　　　　cGMP

图 2-6　环化核苷酸 cAMP(左)和 cGMP(右)的结构式

二、核酸的一级结构

核酸是由很多核苷酸以磷酸二酯键连接聚合而成的生物大分子。3′,5′-磷酸二酯键（图 2-8）是由一个核苷酸第 3 位碳原子（C-3′）上的羟基与另一个核苷酸的 5′-磷酸基团缩合而成的酯键。核苷酸是通过磷酸二酯键聚合形成的无分支结构的线性大分子,即多聚核苷酸和多聚脱氧核苷酸。这种连接方式决定了多聚核苷酸链具有严格的方向性,每条核苷酸链都有两个不同的末端,一端为戊糖 C-5′上的游离磷酸基团,称 5′-端;另一端为 C-3′上的游离羟基,称为 3′-端,以 5′→3′或 3′→5′来表示。核酸分子中戊糖和磷酸彼此交替,连成核酸分子骨架,四种不同的碱基伸展于骨架一侧。

多聚核苷酸链有多种表达方式,由繁到简如图 2-9 所示。因为核酸中戊糖和磷酸都是相同的,区别只在于两个末端以及碱基的排列顺序,因此只须标明核酸分子的 5′-端和 3′-端以及碱基排列顺序即可。习惯上 5′-端写在左侧作为核苷酸链的"头部",3′-端写在右侧作为核苷酸链的"尾部"。

DNA 的一级结构是指 DNA 中脱氧核苷酸从 5′-端到 3′-端的排列顺序。在 DNA 分子中,脱氧核糖和磷酸都是相同的,差异主要在于含有的碱基不同,四种碱基的排列顺序即可代表脱氧核苷酸的顺序。RNA 的一级结构是指 RNA 中核苷酸从 5′-端到 3′-端的排列顺序。由于核苷酸之间的差异也是含有的碱基不同,因此碱基排列顺序即可代表核酸的一级结构。

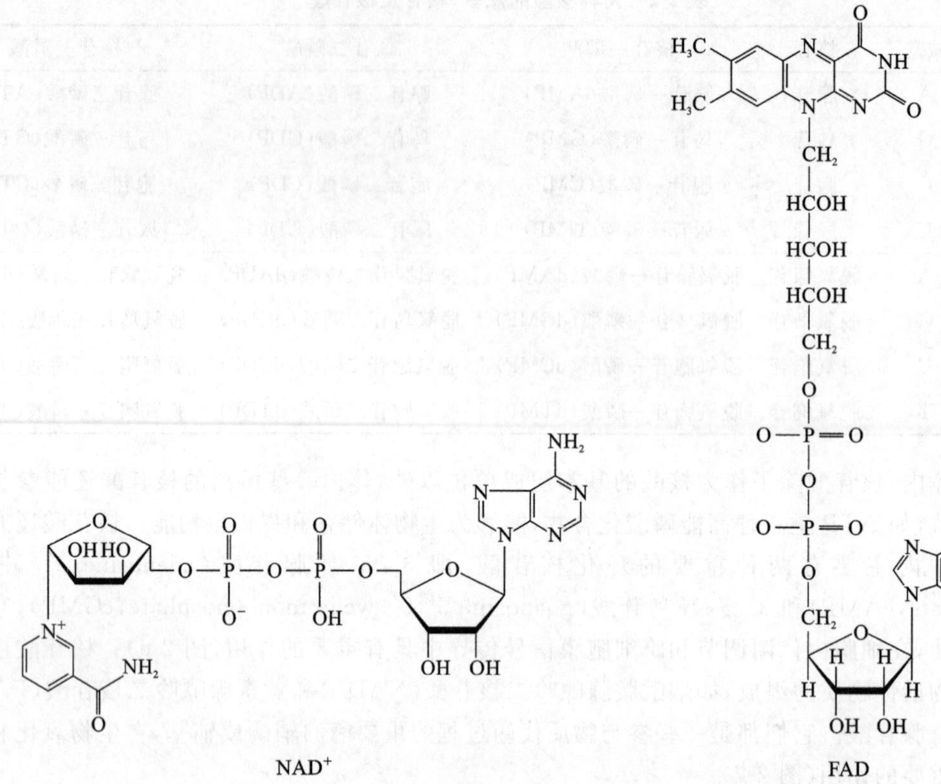
NAD+
FAD

图 2-7　NAD+ (左)与 FAD(右)的结构式

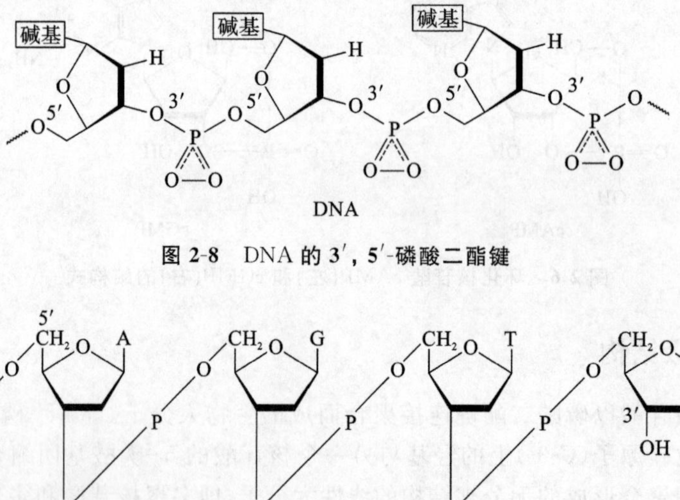
碱基
碱基
碱基
DNA

图 2-8　DNA 的 3′, 5′-磷酸二酯键

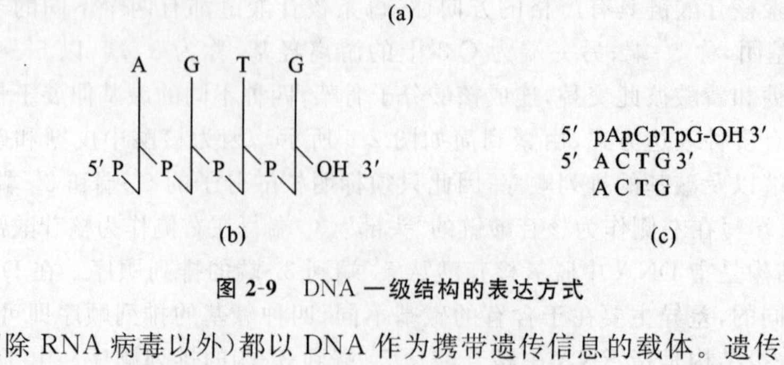
(a)
(b)
5′ pApCpTpG-OH 3′
5′ A C T G 3′
A C T G
(c)

图 2-9　DNA 一级结构的表达方式

大多数生物(除 RNA 病毒以外)都以 DNA 作为携带遗传信息的载体。遗传信息通常以特定的核苷酸排列顺序储存在 DNA 分子上。若 DNA 中核苷酸的排列顺序改变,则其生物学含义也会发

生变化。因此 DNA 与 RNA 对遗传信息的携带和传递，是通过核苷酸中的碱基序列改变而实现的。

通常用碱基数(base 或 kilobase,kb)或碱基对数(base pair,bp 或 kilobase pair,kbp)来表示核酸分子的大小。自然界中的 DNA 和 RNA 的长度多在几十至几十万个碱基之间,小于 50 bp 的核酸片段称为寡核苷酸,大于 50 bp 的核酸链则被称为多核苷酸。DNA 的相对分子质量非常大,其大小、组成和一级结构在不同种类的生物中差异很大。通常随着生物的进化,遗传信息越来越复杂,DNA 的碱基数也随之增加。

第二节 DNA 的结构与功能

DNA 的所有原子在三维空间上所具有的相对位置关系,称为 DNA 的空间结构(spatial structure)。DNA 的空间结构又分为二级结构(secondary structure)和三级结构(tertiary structure)。

二级结构是指两条 DNA 单链形成的双螺旋结构;三级结构则是指 DNA 在二级结构的基础上进一步扭曲盘旋形成的更加复杂的超螺旋结构。DNA 是绝大部分生物的遗传物质,少数病毒以 RNA 作为遗传物质。

一、DNA 的二级结构

DNA 的二级结构主要是指两条多核苷酸单链结合形成的双螺旋(double helix)结构。英国科学家 J. Watson 和 F. Crick 于 20 世纪 50 年代对这一结构进行了详细的描述。近年的研究证实双链 DNA 在生物体内可以形成各种不同的构型。

（一）双螺旋结构的研究基础

20 世纪 50 年代初,DNA 是遗传信息的携带者这一结论已被证实,并发现 DNA 分子中含有腺嘌呤、鸟嘌呤、胞嘧啶和胸腺嘧啶四种碱基。1950 年前后,美国生物化学家 E. Chargaff 等利用紫外吸收光谱等技术分析了多种不同生物 DNA 的碱基组成,发现所有 DNA 分子的碱基组成有一个共同的规律:①不同生物种属的 DNA 其碱基组成不同;但同一个体不同器官、组织的 DNA 的碱基组成相同;②对某一特定生物体而言,其 DNA 碱基组成不随年龄、营养状况或环境因素而变化;③某一特定生物体,其腺嘌呤(A)和胸腺嘧啶(T)的物质的量相等,鸟嘌呤(G)和胞嘧啶(C)的物质的量相等,即 A=T,G=C;④嘌呤碱基总数与嘧啶碱基总数也相等,即 A+G=T+C。这种规律被称为 Chargaff 规则,提示 DNA 分子中的 A 与 T、G 与 C 可能以互补配对方式存在,对确定 DNA 分子的空间结构提供了有力的证据。

英国物理化学家 R. Franklin 用 X 射线衍射技术分析了 DNA 结晶,获得了高质量的 DNA 分子 X 射线衍射照片,结果显示 DNA 是双链的螺旋形分子,这一研究成果为 DNA 双螺旋结构提供了最直接的依据。

J. Watson 和 F. Crick 在前人的研究基础上,提出了 DNA 双螺旋结构模型,并于 1953 年在 *Nature* 杂志上发表。这一结构的发现解释了 DNA 已知的理化性质,同时将 DNA 结构与功能联系在一起,是分子生物学发展史上的重要里程碑,为现代生命科学研究奠定了基础。

（二）双螺旋结构的结构要点

J. Watson 和 F. Crick 提出的 DNA 双螺旋结构要点主要包括以下几方面。

(1) DNA 由两条多核苷酸单链围绕同一螺旋轴互相缠绕形成右手螺旋结构。两条核苷酸链反向平行,其中一条链 5′→3′ 方向是自上而下,另一条链 5′→3′ 方向是自下而上。

(2) 在 DNA 双螺旋链中,脱氧核糖与磷酸是亲水的,位于双螺旋结构的外侧,形成亲水性骨架,

知识链接 2-1

NOTE

而碱基是疏水的，位于螺旋内侧。从双螺旋结构外观看，双螺旋表面存在两种不同大小的沟槽，一个较宽、较深，称为大沟(major groove)，一个较窄、较浅，称为小沟(minor groove)。它们是蛋白质识别DNA碱基顺序的结构基础。

（3）DNA两条链的碱基之间通过氢键形成互补碱基对，其中一条链上的腺嘌呤与另一条链的胸腺嘧啶配对形成2个氢键，一条链上的鸟嘌呤与另一条链的胞嘧啶配对形成3个氢键，这种配对规律称为碱基互补配对规律(图2-10)。因为严格的配对原则，所以一条链的碱基序列决定另一条链的碱基序列，两条DNA链称为互补链。配对的碱基位于同一平面上，该平面与螺旋轴相垂直。

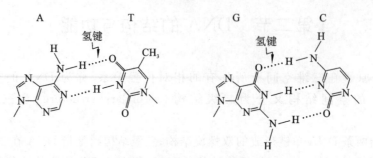

图 2-10　碱基互补配对示意图

（4）DNA双螺旋结构的直径为2.37 nm，螺距为3.54 nm，每一个螺旋含10.5个碱基对，两个相邻碱基对之间的旋转角度为36°，两个相邻碱基对平面之间的垂直距离为0.34 nm(图2-11)。

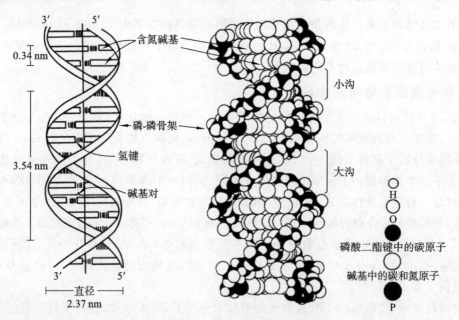

图 2-11　DNA 双螺旋结构示意图

（5）相邻的两个碱基对平面由于疏水作用会产生碱基堆积力(base stacking force)。碱基堆积力与两条链之间碱基配对形成的氢键共同维持DNA双螺旋结构的稳定性。碱基堆积力维持双螺旋结构的纵向稳定性，氢键维持双螺旋结构的横向稳定性，其中碱基堆积力为主要作用力。

（三）DNA二级结构的多样性

J.Watson和F.Crick发现的DNA双螺旋结构称为B型结构，是在92%相对湿度下的DNA钠盐纤维的二级结构，是细胞内DNA存在的主要形式。后来的研究发现，由于温度、溶液的离子强度或相对湿度发生改变，DNA双螺旋结构的沟的深浅、螺距、旋转角度等都会发生变化。因此，DNA的双螺旋结构存在多样性。当测定条件改变，尤其是湿度改变时，B型DNA双螺旋结构会发生一些改变。DNA双螺旋不同构型中的直径及螺距的改变，导致双螺旋表面结构发生变化，从而对其生物学功能产生影响。

1. A 型 DNA A 型 DNA 也为右手双螺旋结构,双螺旋结构的直径为 2.55 nm,每个螺旋含有 11 个碱基对,螺距为 2.9 nm,其高度约为 3.3 nm。A 型 DNA 也有两个沟,但与 B 型 DNA 相比其大沟更深,小沟更浅但相对较宽;A 型 DNA 是在 75% 相对湿度下得到的 DNA 钠盐纤维的二级结构。

2. Z 型 DNA 1979 年,美国科学家 A. Rich 等通过 X 射线衍射技术研究人工合成的 DNA CGCGCG 晶体时发现该 DNA 具有左手双螺旋结构,其分子螺旋方向与右手双螺旋的方向相反,称为 Z 型 DNA。双螺旋结构的直径为 1.8 nm,每个螺旋含 12 个碱基对,螺距为 4.5 nm。Z 型 DNA 螺旋表面仅有一个很窄很深的沟。Z 型 DNA 结构在天然 DNA 分子中也同样存在,左手双螺旋 DNA 可能参与基因表达调控,但其确切的生物学功能尚待研究(图 2-12)。

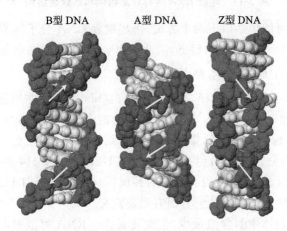

B型DNA　　A型DNA　　Z型DNA

图 2-12　不同类型的 DNA 双螺旋结构

3. DNA 的多链结构 在 DNA 双螺旋结构中,除了 A-T 和 G-C 之间能够形成氢键外,还会形成一些附加氢键。在酸性溶液中,质子化的胞嘧啶与 G-C 碱基对的鸟嘌呤形成一种特殊氢键。这种氢键为 Hoogsteen 氢键。同样,胸腺嘧啶与 A-T 碱基对的腺嘌呤之间也可形成 Hoogsteen 氢键。这样就会形成 T^+AT 或 C^+GC 三链结构,通常第三条链都位于 DNA 双螺旋的大沟里。

真核生物染色体 DNA 是线性分子,其 3′-端是一段富含 GC 的重复序列,重复序列可以自身回折,鸟嘌呤之间通过氢键相连,形成特殊的四链结构。四链结构的核心通常是由 4 个鸟嘌呤与 8 个 Hoogsteen 氢键连接形成的 G-平面结构。

在生物体中,不同构象的 DNA 分子在功能上存在着差异,这对基因表达的精细调控具有重要意义。

二、DNA 的高级结构

由于 DNA 是携带遗传信息的生物大分子,其长度十分可观,因此,DNA 在双螺旋结构的基础上,须进一步旋转折叠,形成比较致密的结构才能存在于较小的细胞核内。

DNA 的三级结构是 DNA 双螺旋进一步盘绕折叠形成的更为复杂的结构,即超螺旋结构。若超螺旋的盘绕方向与 DNA 双螺旋方向相同,则称为正超螺旋(positive supercoil),反之则为负超螺旋(negative supercoil)。正超螺旋能让双螺旋结构更紧密,增加双螺旋圈数,而负超螺旋可减少双螺旋圈数。自然界中天然双链 DNA 主要是以负超螺旋的形式存在。

(一)原核生物环状 DNA 的超螺旋结构

原核生物的 DNA 大部分是以共价闭合的双链形式存在的,在细胞内进一步盘绕、折叠形成类核(nucleoid)结构,从而使 DNA 以致密的形式存在于细胞内。DNA 约占类核结构的 80%,其余为蛋白质。在细菌的基因组 DNA 中,超螺旋结构可以彼此独立存在,形成超螺旋区,各超螺旋区之间的

NOTE

DNA可具备不同程度的超螺旋结构(图2-13)。目前分析表明,大肠杆菌的DNA中,平均每200 bp就会形成一个负超螺旋。生物体中的闭合环状DNA大多以超螺旋形式存在,如细菌质粒、病毒等。线性的DNA分子或环状的DNA分子中一条链有缺口时均不能形成超螺旋结构。

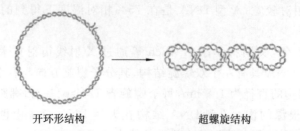

开环形结构　　　　　　　　　　超螺旋结构

图 2-13　环状 DNA 的开环形结构和超螺旋结构

超螺旋的生物学意义可能包括以下两个方面:①超螺旋DNA分子体积更小,有利于在细胞中的包装;②超螺旋可以影响DNA双螺旋的解链,因此能影响其与蛋白质、酶等物质之间的相互作用。

(二) 真核生物 DNA 的染色体结构

1. 基本组分　染色体主要是由DNA、RNA、组蛋白(histone)及非组蛋白(nonhistone)组成,其中DNA和组蛋白的含量相对恒定,而RNA和非组蛋白的含量会随生理状态的改变而改变。

(1)组蛋白:组蛋白是构成真核生物染色体的基本结构蛋白,其主要含有精氨酸和赖氨酸两种碱性氨基酸,属于碱性蛋白质。组蛋白包括H1、H2A、H2B、H3和H4共五种。其中H2A、H2B、H3和H4的结构高度保守,含量稳定,没有明显的种属特异性。组蛋白H1在不同生物体中的差异较大。组蛋白对维持染色体的结构和功能方面有重要意义。

(2)RNA:RNA在染色体中的含量最少,但变化最大。RNA可通过与组蛋白和非组蛋白相互作用而参与调节基因的表达。

(3)非组蛋白:非组蛋白的种类很多,具有一定种属特异性和组织特异性,且与组蛋白相比,非组蛋白在整个细胞周期中都能合成,不仅在S期时与DNA同步合成。非组蛋白的功能是可以参与DNA的复制、转录和调节基因的表达。

2. 染色体的形成　染色质的基本组成单位是核小体(nucleosome),它是由DNA与五种组蛋白(H1、H2A、H2B、H3、H4)组成的。其中H2A、H2B、H3和H4这四种组蛋白各两分子构成一个扁平圆柱状的组蛋白八聚体,DNA双螺旋链(约150 bp)在组蛋白八聚体上缠绕1.75圈,构成了核小体的核心颗粒。核心颗粒之间再通过一小段DNA(约60 bp)和组蛋白H1构成的连接区连接起来,形成串珠状纤维结构(图2-14)。核小体的形成是DNA在细胞核内的第一次折叠,使DNA体积减小到1/6左右。

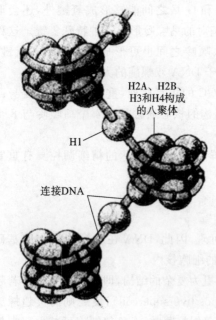

H2A、H2B、H3和H4组成的八聚体

H1

连接DNA

图 2-14　核小体结构示意图

串珠状纤维结构卷曲形成一个直径为30 nm的中空纤维管状结构,每一圈含有6个核小体。这是DNA的第二次折叠,体积又减小到1/6左右。中空纤维管进一步折叠和卷曲形成直径约300 nm的襻状超螺旋管纤维,使DNA又压缩40倍左右,然后继续压缩成染色单体,进而组装成染色体。在染色体形成过程中,DNA被压缩了近10000倍,从而使长约1 m的DNA容纳于仅有数微米的细胞核中(图2-15)。

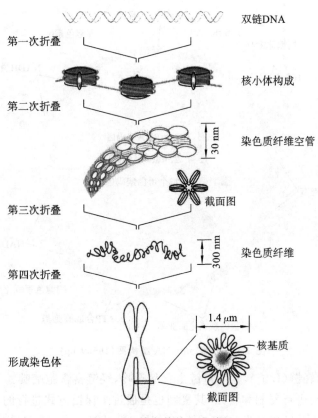

图 2-15 染色体的形成过程

标注文字:
双链DNA
第一次折叠
核小体构成
第二次折叠
30 nm 染色质纤维空管
截面图
第三次折叠
300 nm 染色质纤维
第四次折叠
形成染色体
1.4 μm
核基质
截面图

三、DNA 的功能

早在 20 世纪 30 年代,人们就已经发现染色体是生命体的遗传物质,也知道 DNA 是构成染色体的重要组分。1944 年,美国细菌学家 Oswald Avery 等通过肺炎链球菌转化试验首次证明了 DNA 是细菌遗传信息的转化子。1952 年,Alfred Hershey 等通过噬菌体转染试验进一步证实了 DNA 是遗传信息的携带者。这些试验结果都证明 DNA 是携带遗传信息的物质基础。

DNA 储存生命体的全部遗传信息,是物种保持进化和世代繁衍的物质基础。DNA 一方面能以自身遗传信息序列作为模板进行复制,将遗传信息相对保守地遗传,即基因遗传。另一方面又能将遗传信息传递给 RNA,再以 RNA 为模板指导合成蛋白质,即基因表达。DNA 是生命遗传的物质基础,同时也是个体进行生命活动的信息基础。DNA 的结构使其具有高度的稳定性,从而保证生物体系在遗传上的相对稳定性。但是 DNA 也具有高度复杂性,可以发生各种突变及重组以适应环境改变,为自然选择提供可能。

四、线粒体 DNA

1963 年,S. Nass 等首次在鸡卵细胞中发现线粒体中存在 DNA,同年即分离得到完整的线粒体DNA(mtDNA)。1981 年,剑桥大学的 Anderson 小组测定了人体 mtDNA 的完整序列,命名为“剑桥序列”。1987 年,Wallace 提出 mtDNA 突变可能导致人类疾病。

mtDNA 不与组蛋白结合,属于裸露的共价闭环双链分子,在不同生物中其相对分子质量大小也不相同,大多数动物及人的 mtRNA 为 16000 bp 左右(图 2-16)。mtDNA 分为编码区和非编码区两部分。编码区共包含 37 个基因,2 个基因编码线粒体核糖体的 rRNA(12S、16S);22 个基因编码线粒体中 tRNA;13 个基因编码与线粒体氧化磷酸化相关的蛋白质。非编码区中有一个串联重复序列,称为 D 环(D loop),是 mtDNA 分子的控制区。根据 mtDNA 的转录产物在 CsCl 中密度不同可

NOTE

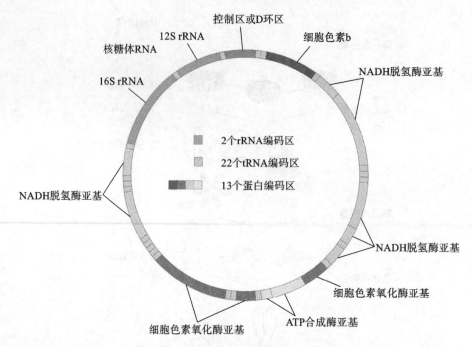

图 2-16 人体 mtDNA 结构图(16569 bp)

将其分为重链(H 链)和轻链(L 链),其中重链富含鸟嘌呤,轻链富含胞嘧啶。

mtDNA 能够独立地进行复制和转录,其复制也是通过半保留方式进行的,在转录过程中两条链均有编码功能,且遗传密码与细胞核 DNA 不完全相同。mtDNA 的一个显著特点是通过母系遗传方式遗传,且 mtDNA 突变率极高,多态现象较为普遍,mtDNA 突变可能会引起某些线粒体疾病的发生。

mtDNA 的研究对于了解物种起源、种群分化具有重要意义,同时对人类某些疾病的研究具有应用价值,但若要全面了解线粒体疾病,还需将 mtDNA 与细胞核 DNA 等方面联系起来。

第三节 RNA 的结构与功能

RNA 在生物体的生命活动中也发挥着重要作用,其化学结构与 DNA 类似,也是由 4 种基本的核苷酸通过 $3',5'$-磷酸二酯键连接形成的长链。RNA 分子也遵循碱基配对原则,G 与 C 配对,由于 RNA 中没有 T 的存在,所以 U 取代 T 与 A 配对。绝大多数 RNA 以单链结构存在,然而有时 RNA 分子可通过链内碱基配对形成局部双螺旋结构,双链之间的碱基按照 A＝U、C≡G 的原则配对。RNA 中不进行链内碱基配对的区段会膨胀形成凸起或突环,这种双螺旋区域称为茎-环结构(stem-loop)或发夹结构(图 2-17),这是 RNA 分子中最为普遍的二级结构形式。

与 DNA 相比,RNA 较小,通常仅含有数十个至数千个核苷酸,但其种类、结构比 DNA 更复杂,并且 RNA 中含有少量稀有碱基。DNA 是遗传信息的携带者,功能较为单一。RNA 有许多功能,根据其结构和功能不同主要分为信使 RNA(mRNA)、转运 RNA(tRNA)和核糖体 RNA (rRNA)三种类型。真核细胞中还含有核内不均一 RNA (hnRNA)和核内小 RNA (snRNA)等。细胞内主要的 RNA 种类、分布及其功能见表 2-3。

表 2-3 细胞内主要的 RNA 种类、分布及其功能

种类	缩写	分布	功能
信使 RNA	mRNA	细胞质	蛋白质合成模板
转运 RNA	tRNA	细胞质	转运氨基酸

种类	缩写	分布	功能
核糖体 RNA	rRNA	细胞质	核糖体组成成分
胞质小 RNA	scRNA	细胞质	信号肽识别体组成成分
核内不均一 RNA	hnRNA	细胞核	成熟 mRNA 的前体
核内小 RNA	snRNA	细胞核	参与 hnRNA 的剪接、转运
核仁小 RNA	snoRNA	核仁	rRNA 的加工和修饰

一、信使 RNA

信使 RNA(messenger RNA,mRNA)是蛋白质生物合成的直接模板。遗传信息从 DNA 转录生成 mRNA。mRNA 再作为模板参与蛋白质合成。生物体中 mRNA 的含量很少,占细胞 RNA 总量的 1%～5%,且 mRNA 的种类很多,哺乳类动物细胞中有几万种不同的 mRNA。mRNA 的分子大小差异很大,小到几百个核苷酸,大到近 2 万个核苷酸。通常 mRNA 都不稳定,代谢活跃,更新迅速,寿命较短。真核生物与原核生物的 mRNA 结构有一定区别,下面分别进行介绍。

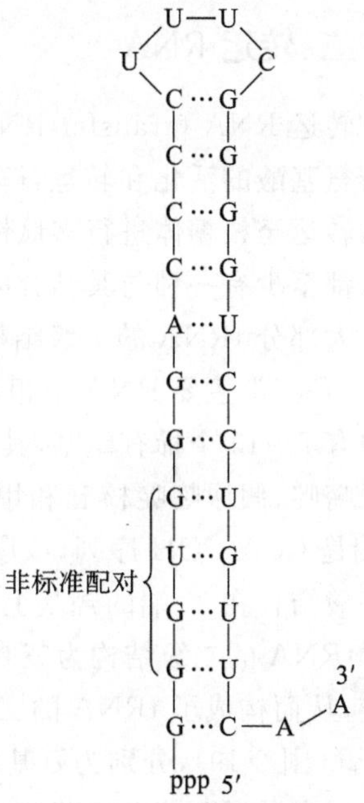

(一)真核生物 mRNA 的结构特点

1. 5′-端有特殊帽子结构 大部分真核细胞的 mRNA 5′-端以 7-甲基鸟嘌呤核苷三磷酸(m^7GpppN)为起始结构,称为 5′-端帽子结构(图 2-18)。帽子结构可与帽结合蛋白形成复合体,有助于保护 mRNA 免受核酸酶对它的降解,维持 mRNA 的稳定性。同时协同 mRNA 从细胞核转运至细胞质,并且在蛋白质生物合成过程中起着重要作用。

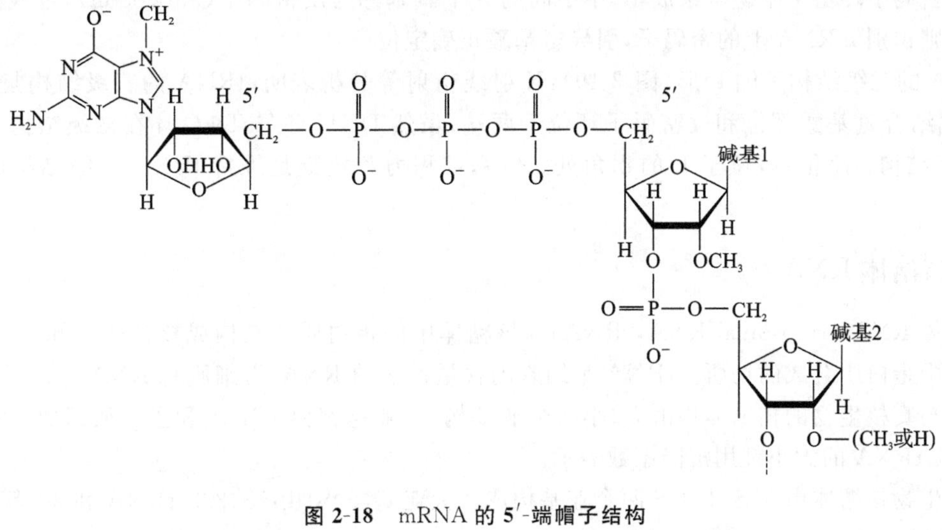

图 2-17 RNA 的发夹结构

图 2-18 mRNA 的 5′-端帽子结构

2. 3′-端绝大多数有多聚腺苷酸尾巴(polyadenylate tail,poly A tail) 3′-端大多是长度为20～200 个腺苷酸连接形成的多聚腺苷酸结构,称为 poly A 尾。因为在基因的 3′-端并没有多聚腺苷酸序列,所以 poly A 尾是以无模板的方式添加的。poly A 尾能够维持 mRNA 的稳定性和翻译活性。

3. mRNA 由编码区和非编码区组成 mRNA 上相邻的三个核苷酸组成一个密码子,编码一个氨基酸。从 mRNA 分子 5′-端第一个起始密码子至终止密码子之间的核苷酸序列称开放阅读框（open reading frame，ORF），决定多肽链的氨基酸序列。非编码区（untranslated region，UTR）位于编码区的两端，即 5′-端和 3′-端。真核生物 mRNA 的 5′-UTR 长度在不同的 mRNA 中有很大差异。

（二）原核生物 mRNA 的结构特点

（1）原核生物 mRNA 没有 5′-端帽子和 3′-端 poly A 尾这些特殊结构。

（2）原核生物的 mRNA 多数为多顺反子，即 mRNA 上带有几种不同蛋白质的遗传信息（来自几个结构基因编码）。

（3）原核生物的 mRNA 通常可直接参与蛋白质的生物合成过程，不需要转录后加工修饰。

二、转运 RNA

转运 RNA（transfer RNA，tRNA）的作用是在蛋白质合成过程中作为各种氨基酸的转运工具，参与氨基酸的活化和转运，解读 mRNA 的遗传密码。tRNA 能够按照 mRNA 指定的顺序将各种氨基酸转运至核糖体进行多肽链的合成。tRNA 含量占总 RNA 量的 10%～15%，其种类很多，每种氨基酸都至少有一种与其结合的 tRNA。

大部分 tRNA 的一级结构都具有下述特征：①tRNA 是单链小分子 RNA，由 74～95 个核苷酸构成，是三类主要 RNA 中相对分子质量最小的 RNA；②tRNA 中含有很多稀有碱基，每个 tRNA 分子中有 7～15 个稀有碱基，其中有些是在转录后经酶促化学修饰形成的修饰碱基。稀有碱基包括二氢尿嘧啶、假尿嘧啶核苷和甲基化的碱基等。③tRNA 的 5′-端核苷酸大多数是磷酸化的鸟苷酸；3′-端是 CCA—OH 序列，该序列是 tRNA 结合相应氨基酸生成氨基酰 tRNA 时必不可少的，活化的氨基酸结合在 3′-端的羟基上。

tRNA 的二级结构为三叶草结构：tRNA 分子中一部分碱基能够通过链内配对结合，形成局部双螺旋，从而构成了 tRNA 的二级结构，其形状酷似三叶草，因此称为三叶草结构。该结构含 4 个环和 4 个臂（图 2-19），分别为氨基酸臂、二氢尿嘧啶臂（DHU 臂）和二氢尿嘧啶环（DHU 环）、反密码子臂和反密码子环、TΨC 臂和 TΨC 环及额外环。DHU 环和 TΨC 环位于 tRNA 二级结构两侧，根据其特有的稀有碱基命名。位于上方的结构为氨基酸臂，是氨基酸接纳茎，有氨基酸连接位点。位于下方的反密码子环由 7 个碱基组成，其中中间的 3 个碱基称为反密码子（anticodon），可根据碱基互补配对原则识别 mRNA 上的密码子，引导氨基酸正确定位。

tRNA 的三级结构呈倒 L 形（图 2-19）：X 射线衍射等分析表明，tRNA 的三级结构是倒 L 形。CCA 末端结合氨基酸部位和反密码子环位于两端；虽然 DHU 环与 TΨC 环在二级结构上位于两侧，但三级结构相距很近，位于 L 的拐角处。碱基堆积力和氢键是维持 tRNA 三级结构的主要作用力。

三、核糖体 RNA

核糖体 RNA（ribosomal RNA，rRNA）与核糖体中的蛋白质共同构成核糖体（ribosome），核糖体是细胞中蛋白质合成的场所。rRNA 是细胞内含量最多的 RNA，占细胞总 RNA 量的 80% 以上。原核生物与真核生物的核糖体均由大、小两个亚基构成，亚基都由 rRNA 和蛋白质组成。通常核糖体、亚基及 rRNA 的大小都用沉降系数表示。

原核生物核糖体由 50S 和 30S 两个亚基构成。大亚基（50S）由 5S、23S rRNA 和 30 多种蛋白质组成，小亚基（30S）由 16S rRNA 和 20 多种蛋白质组成。

真核生物核糖体也由大、小两个亚基构成。40S 小亚基含有 18S rRNA 和 30 多种蛋白质，60S 大亚基含有 3 种大小的 rRNA（5S、5.8S、28S）及 50 种蛋白质（图 2-20）。

核糖体是细胞内合成蛋白质的场所，在蛋白质合成过程中，mRNA、tRNA 以及各种蛋白质因子都要与核糖体中的 rRNA 和蛋白质进行适当结合，才能使多肽链合成开始和延伸。

NOTE

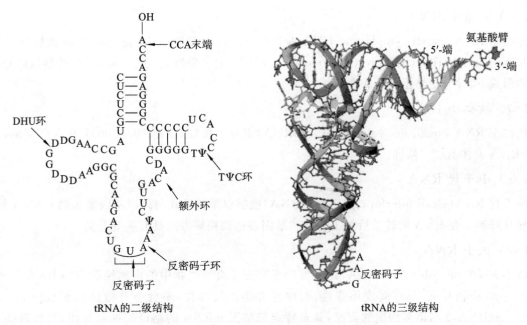

图 2-19　tRNA 的二级结构与三级结构

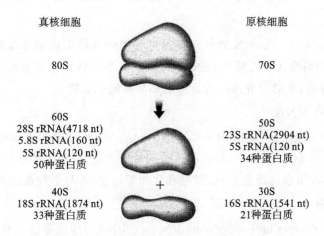

图 2-20　真核细胞与原核细胞核糖体的组成

四、其他小分子 RNA

(一) 核内不均一 RNA

核内不均一 RNA(heterogeneous nuclear RNA,hnRNA)实际上是真核细胞中 mRNA 的前体。hnRNA 经过一系列复杂的加工修饰后,才能变为有活性的成熟的 mRNA,转运至细胞质发挥其翻译模板功能。其修饰主要包括以下几个方面:①5′-端加帽;②3′-端加尾;③切除内含子,拼接外显子;④甲基化修饰;⑤核苷酸序列的编辑。

(二) 核内小 RNA

在真核生物细胞核内有一组小分子 RNA,称为核内小 RNA (small nuclear RNA,snRNA)。它通常与多种特异性的蛋白质结合在一起,形成核内小核糖核蛋白颗粒 (small nuclear ribonucleoprotein particles,snRNPs)。snRNA 碱基序列中尿嘧啶含量较高,因此用 U 命名,称为 U-RNA。snRNA 主要有 5 种,分别为 U1、U2、U4、U5 和 U6,以 snRNPs 的形式参与 mRNA 前体的剪接、加工。

（三）胞质小 RNA

胞质小 RNA（small cytoplasmic RNA，scRNA）存在于细胞质中，是胞质小核糖核蛋白颗粒（small cytoplasmic ribonucleoprotein particles，scRNPs）的主要组成成分。scRNA 可参与信号识别颗粒的形成，引导分泌性蛋白质的合成。

（四）核仁小 RNA

核仁小 RNA（small nucleolar RNA，snoRNA）定位于核仁，仅由 70～100 个核苷酸组成，主要参与 rRNA 前体的加工修饰。

（五）小干扰 RNA

小干扰 RNA（small interfering RNA，siRNA）能够以单链形式与外源基因表达的 mRNA 结合，并诱导其降解。在 RNA 的转录后加工修饰和基因表达调控等方面具有重要意义。

（六）微小 RNA

微小 RNA（microRNA，miRNA）是一类广泛存在于真核生物中的内源性非编码 RNA 分子，仅含有 18～25 个核苷酸，具有高度保守性、时序性和组织特异性，不含有开放阅读框（open reading frame）。miRNA 参与诸多细胞的调控，其对特定靶基因 mRNA 的翻译起抑制作用，对各种疾病的发生和发展具有重要的调节功能，能够在基因水平提供诊断依据和治疗靶点。

（七）环状 RNA

环状 RNA（circular RNA，circRNA）是一类通过共价键连接形成的非编码闭合环形 RNA。目前 circRNA 功能方面的研究还相对较少，现有研究表明其参与转录和转录后基因表达的调控，并与细胞功能及疾病发生有关，有潜力成为一种新型的临床诊断标志物。

（八）长链非编码 RNA

长链非编码 RNA（long noncoding RNA，lncRNA）是一类广泛存在于真核生物的细胞核和细胞质中、长度大于 200 nt 的非编码 RNA，其具有较长的核苷酸链，分子内部空间结构复杂，含有多个蛋白质结合位点。lncRNA 可参与细胞分化、增殖和代谢等过程，并与多种疾病有关。

（九）竞争性内源 RNA

竞争性内源 RNA（competing endogenous RNAs，ceRNAs）假说是由哈佛大学医学院的研究人员于 2011 年提出的。该假说认为 mRNA、lncRNA 等内源性 RNA 能通过 miRNA 应答元件竞争性结合 miRNA，降低 miRNA 对靶基因 mRNA 翻译的抑制作用，从而调控靶基因表达水平，继而调节生物学功能。

（十）piRNA

Piwi-interacting RNA，即 piRNA，是近年发现的一类非编码小 RNA，其由 24～32 个核苷酸组成，因其能与 Piwi 家族蛋白结合发生相互作用而得名。piRNA 的功能多样，能够抑制转录翻译、影响遗传信息传递、抑制转座子转录等。

五、核酸在真核细胞和原核细胞中表现出不同的时空特性

真核细胞与原核细胞的根本区别之一是是否有核膜存在，使 DNA 与 RNA 在两类细胞中的定位不同，从而导致两类细胞的基因表达方式存在明显差异。

在原核细胞中没有核膜结构，从而使 DNA 的生物合成、RNA 的生物合成以及蛋白质的生物合成都在同一空间内进行。当 mRNA 尚未转录结束时，其 5'-端已经结合了核糖体，开始蛋白质的生物合成过程。所以原核细胞转录与翻译是相偶联的，可以边转录边翻译。

在真核细胞中有核膜隔离，RNA 生物合成与蛋白质生物合成在时间上和空间上是分开的。

知识链接 2-2

RNA 的生物合成发生在细胞核内,转录生成的 hnRNA 需要在核内进行一系列的加工修饰后才能变为成熟的 mRNA,并转运到细胞质中。mRNA 在细胞质内结合核糖体,指导和参与蛋白质的生物合成。同样,真核细胞转录生成的 tRNA 前体与 rRNA 前体也要进行加工修饰才能成为成熟的 tRNA 和 rRNA,并具有生物学功能。所以真核细胞通常是先转录再翻译(图 2-21)。

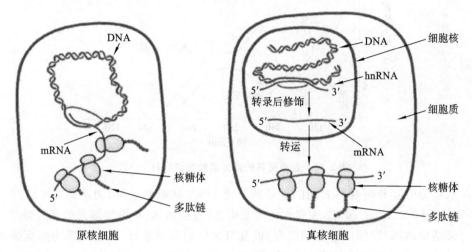

图 2-21 真核细胞与原核细胞基因表达的时空特异性

第四节 核酸的理化性质

一、核酸的一般性质

核酸属于生物大分子,已知最小的核酸分子如 tRNA,其相对分子质量也在 20000 以上。核酸为两性电解质,由于磷酸的酸性较强,所以核酸表现为较强的酸性,在酸性条件下相对稳定,在碱性条件下易降解。线形高分子 DNA 具有一定的刚性,在溶液中黏度极大,在机械力的作用下易发生断裂,为提取完整的基因组 DNA 带来一定的难度,RNA 比 DNA 小得多,所以溶液黏度也较小。但 RNA 酶分布广泛,所以提取 RNA 时易被降解。不同种类核酸分子的大小不同、形状各异,因此可用超速离心或凝胶过滤等方法进行分离和分析。

二、核酸的紫外吸收

核酸中所含的嘌呤碱基和嘧啶碱基在杂环中都含有交替出现的共轭双键,所以核酸有特征性的紫外吸收光谱,在紫外光 260 nm 波长处存在最大吸收峰(图 2-22)。利用这种紫外吸收性质可通过测定 260 nm 处的吸光度(absorbance,A_{260})进行核酸的定量分析。核酸在 260 nm 的吸光度又称为 OD_{260} 值。可通过 260 nm 与 280 nm 的吸光度比值(A_{260}/A_{280})判断核酸样品的纯度,纯 DNA 样品 A_{260}/A_{280} 的值应为 1.8,纯 RNA 样品 A_{260}/A_{280} 的值应为 2.0。

三、核酸的变性、复性与杂交

DNA 双链之间通过氢键连接在一起。氢键属于次级键,能量较低,容易断裂而使 DNA 双链变成单链。局部分开的碱基对能够自发地形成氢键,恢复其原有的双螺旋结构,从而使 DNA 在生理条件下,氢键可以迅速断开和再形成,这对 DNA 生物学功能的行使具有重要意义。

（一）变性

DNA 双螺旋的稳定靠碱基堆积力和氢键的相互作用来共同维持。在某些物理和化学因素的作

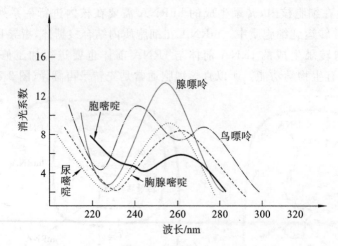

图 2-22　各种碱基的紫外吸收光谱(pH 7.0)

用下,DNA 双螺旋中互补碱基对之间的氢键断裂使 DNA 双螺旋松散,两条链完全解离,称为变性(denaturation)(图 2-23)。引起 DNA 变性的因素很多,包括加热、有机溶剂及酸碱过强等。DNA 变性是核酸二级结构破坏、双螺旋解体的过程,碱基对之间的氢键断开,碱基堆积力遭到破坏,但不涉及共价键的断裂,不改变其核苷酸序列,这与 DNA 一级结构破坏导致的 DNA 降解有所不同。

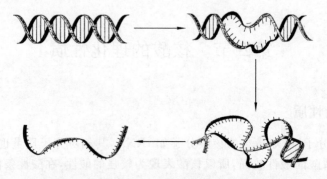

图 2-23　DNA 变性过程

DNA 变性通常导致一些物理性质发生改变,如正旋光性下降、黏度降低,尤其重要的是光密度的改变。因为核酸分子中碱基杂环的共轭双键,使核酸在 260 nm 波长处有特征性光吸收。在双螺旋结构中,平行碱基堆积时,相邻碱基之间的相互作用会导致双螺旋 DNA 在波长 260 nm 处的吸光度比相同组成的游离核苷酸混合物的吸光度低 40%,这种现象称为减色效应(hypochromic effect)。DNA 变性后使原本位于双螺旋内部的碱基暴露,使 DNA 溶液在波长 260 nm 处的吸光度增加,此现象称为增色效应(hyperchromic effect),是监测 DNA 变性情况的重要指标(图 2-24)。

通常实验室中使 DNA 变性的常用方法之一是加热,DNA 的变性发生在一个相对狭窄的温度范围内。以温度对 A_{260} 作图,所得曲线称为 DNA 的解链曲线(图 2-25)。通常将 DNA 解链过程中,260 nm 处的吸光度达到最大变化值一半时的温度称为解链温度(melting temperature,T_m),也可称熔解温度。在此温度时,50% 的 DNA 分子由双螺旋结构解离为单链。DNA 的 T_m 值与碱基组成有关,G、C 含量越高,T_m 值也越大。T_m 值还与 DNA 分子的长短有关,分子越长,T_m 值越大。此外,溶液离子强度越高,T_m 值越大。

（二）复性

DNA 变性是一个可逆过程,当缓慢去除变性条件后,解离的 DNA 互补链可以重新结合形成双螺旋结构,这个过程称为复性（renaturation）。复性过程可以分为两个阶段。首先溶液中的单链 DNA 随机碰撞,若序列之间存在互补关系,两条链经 A-T、G-C 配对,形成短的双螺旋区;然后沿着

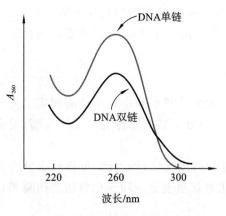

图 2-24 DNA 变性的增色效应

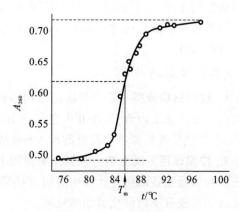

图 2-25 DNA 的解链曲线

DNA 分子延伸碱基配对区形成 DNA 双链。

　　热变性的 DNA 可以通过缓慢冷却重新形成互补的双链结构,称为退火(annealing)。复性的发生主要与温度、盐浓度和两条 DNA 链之间的碱基互补程度有关。DNA 一旦复性,其由变性导致的性质改变也得以恢复。

　　(三)核酸分子杂交

　　在核酸的复性过程中,具有一定互补序列的不同种类的 DNA 单链或 DNA 单链与 RNA 序列放在同一溶液中,按碱基互补配对原则结合在一起,就可能形成杂化双链(heteroduplex),这一过程称为核酸分子杂交(hybridization)(图 2-26)。杂化双链可以在不同来源的 DNA、DNA 与 RNA 以及 RNA 之间形成。若分子杂交的一方是待测 DNA 或 RNA,另一方是用于检测的已知序列的核酸片断,称为探针。探针通常用同位素或核素标记物进行标记,通过杂交就可以确定待测核酸中是否含有与之相同的序列。核酸分子杂交及探针技术是分子生物学领域的常用技术,可用于研究 DNA 片段的定位、鉴定核酸样品序列相似性及检测样品中是否含有目标基因等。分子杂交原理现已广泛应用于 PCR 扩增、基因芯片、DNA 印迹等技术中。

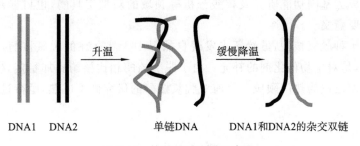

DNA1　DNA2　　　　　　单链DNA　　　DNA1和DNA2的杂交双链

升温　　缓慢降温

图 2-26 核酸分子杂交示意图

第五节　核酸的催化性质

一、核酶

(一)核酶的概念

　　1981 年,Thomas Cech 和他的同事在研究四膜虫 26S rRNA 的剪接成熟过程中发现,在没有任何蛋白质参与的情况下,26S rRNA 前体的 414 个碱基的内含子也可以被剪切掉而成为成熟的 26S rRNA。这表明该过程由其他非蛋白质酶类催化,他们进而证实了 rRNA 前体具有自身催化作用,这种由活细胞生成、具有催化活性的 RNA 被命名为核酶（ribozyme），也称为催化性 RNA。

通常核酶的催化底物也是 RNA，甚至是核酶本身。与酶催化的反应相同，核酶催化的化学反应也具有特异性。

（二）核酶的种类

1. 按照结构分类 根据核酶的结构不同，可将其分为大分子核酶和小分子核酶两类。大分子核酶又可分为组 I 内含子、组 II 内含子和 RNA 酶 P 核酶。小分子核酶可分为锤头形核酶、发夹形核酶、人丁型肝炎病毒核酶及脉胞菌 VS 核酶。

2. 按照作用方式分类 根据核酶作用方式（剪切反应和剪接反应）的不同，可将核酶分为剪切型核酶和剪接型核酶两类。其中剪切型核酶包括异体催化剪切型或分子间催化剪切型核酶和自身催化剪切型或分子内催化剪切型核酶。

核酶的发现突破了原来"酶是蛋白质"的传统概念，使人们对生命起源有了新的认识，是酶学研究的重要补充，在临床方面也具有重要意义。

二、脱氧核酶

脱氧核酶（deoxyribozyme）是指通过体外分子进化技术合成的一类具有催化作用的单链 DNA 片段，具有高效的催化活性和结构识别能力。

1994 年，Gerald. F. Joyce 等人报道了一个人工合成的 35 bp 的多聚脱氧核糖核苷酸可以催化特定的核糖核苷酸或脱氧核糖核苷酸形成磷酸二酯键，并将这一具有催化活性的 DNA 称为脱氧核酶或 DNA 酶。1995 年，Cuenoud 等在 *Nature* 报道了一个具有连接酶活性的 DNA，能够催化与其互补的两个 DNA 片段之间形成磷酸二酯键。

脱氧核酶按其功能不同可分为以下几类：切割 RNA 的脱氧核酶；连接 DNA 的脱氧核酶；具有 DNA 激酶活性的脱氧核酶；水解 DNA 的脱氧核酶；催化卟啉环金属化的脱氧核酶；催化 N 糖基化的脱氧核酶和有 DNA 带帽活性的脱氧核酶。其中最为重要的是切割 RNA 的脱氧核酶，它催化 RNA 中特定部位的切割反应，在 mRNA 水平上对该基因灭活，从而控制蛋白质的表达。切割 RNA 的脱氧核酶可能会成为基因功能研究及核酸分析等领域的新型工具酶，也可能对病毒感染、肿瘤等疾病的治疗具有重要意义。

迄今已发现数十种脱氧核酶，虽然还未发现自然界中天然存在的脱氧核酶，但脱氧核酶的发现仍是一次重大突破，是对生物催化剂的补充。由于脱氧核酶相比核酶更加稳定，生产成本相对较低，所以脱氧核酶的开发已成为热门领域。目前对脱氧核酶的研究尚不成熟，亟待进一步了解其结构及功能特点。

小结

核酸是一类生物大分子，包括脱氧核糖核酸（DNA）和核糖核酸（RNA）两大类。DNA 主要存在于细胞核和线粒体中，是遗传的物质基础。RNA 主要分布于细胞质和细胞核，参与遗传信息的复制和表达。

核酸的主要组成元素是 C、H、O、N 和 P，其中 P 是特征性元素。核酸的基本组成单位是核苷酸，核苷酸由磷酸、戊糖和碱基组成。戊糖包括核糖与脱氧核糖，碱基分为嘌呤（A、G）和嘧啶（C、T、U）两大类。DNA 与 RNA 的组成主要是戊糖和嘧啶的区别。

DNA 的一级结构是核苷酸从 5′-端到 3′-端的排列顺序，即碱基的排列顺序。DNA 的二级结构是右手双螺旋结构，两条链反向互补。两条链之间存在 A-T 和 G-C 互补配对。碱基平面之间的碱基堆积力和互补碱基对之间的氢键是维持 DNA 双螺旋结构稳定性的主要因素。DNA 双螺旋进一步旋转折叠形成超螺旋结构。

　　RNA 包括信使 RNA(mRNA)、转运 RNA(tRNA)、核糖体 RNA(rRNA)等多种类型。mRNA 是蛋白质合成的直接模板,决定合成多肽链的氨基酸序列;tRNA 在蛋白质生物合成过程中识别密码子,将氨基酸转运至 mRNA;rRNA 与核糖体蛋白构成核糖体,为蛋白质生物合成过程提供场所;其他非编码 RNA 的种类、功能具有多样性,在基因表达调控等方面发挥重要作用。

　　核酸具有很多重要的理化性质。由于碱基中的共轭双键,核酸具有紫外吸收特性,广泛应用于核酸的定性、定量分析。DNA 在某些理化因素的作用下,双链能解离为单链,但并不破坏共价键,称为变性,同时伴有增色效应。50%的 DNA 分子解离为单链时的温度称为解链温度(T_m)。在适当条件下,热变性 DNA 可重新形成 DNA 双链,称为复性。在一定条件下,不同来源的单链核酸分子,不论 DNA 还是 RNA,若其具有碱基互补序列,则能形成异源的杂交双链,称为杂交。

（叶书梅）

第三章 酶

教学目标

- 酶的化学本质及分类
- 酶的催化机制
- 酶促反应动力学及其影响因素
- 酶的调节
- 酶在医学中的应用

扫码看课件

第一节 酶的分子结构与功能

酶（enzyme）是由活细胞产生的，具有高效、高特异性的一类生物催化剂（biocatalyst）。就化学本质而言，酶是一类具有催化特异化学反应的蛋白质。就热力学和动力学而言，酶通过提供降低活化能的化学反应途径而加快反应速率，但不改变催化反应的平衡点。

一、酶的分子组成

知识链接 3-1

与其他蛋白质一样，酶也具有一级、二级、三级乃至四级结构。酶按其分子组成可以分为单纯酶（simple enzyme）和结合酶（conjugated enzyme）。

（一）单纯酶仅含有氨基酸组分

仅由氨基酸残基组成的酶称为单纯酶（simple enzyme），如脲酶、一些消化（蛋白）酶、淀粉酶、脂酶、核糖核酸酶等。

（二）结合酶既含有氨基酸组分又含有非氨基酸组分

结合酶（conjugated enzyme）是由蛋白质部分和非蛋白质部分共同组成的，其中蛋白质部分称为酶蛋白（apoenzyme），非蛋白质部分称为辅助因子（cofactor）。酶蛋白主要决定酶催化反应的特异性及其催化机制；辅助因子主要决定酶催化反应的性质和类型。酶蛋白与辅助因子结合形成的复合物称为全酶（holoenzyme）。酶蛋白和辅助因子单独存在时均无催化活性，只有全酶才具有催化作用。

酶的辅助因子按其与酶蛋白结合的紧密程度与作用特点不同可分为辅酶（coenzyme）与辅基（prosthetic group）（图 3-1）。辅酶与酶蛋白的结合疏松，可以用透析或超滤的方法除去。在酶促反应中，辅酶作为底物接受质子或基团后离开酶蛋白，参加另一酶促反应，并将所携带的质子或基团转移出去，或者相反。辅基则与酶蛋白结合紧密，不能通过透析或超滤将其除去。在酶促反应中，辅基不能离开酶蛋白。

酶的辅助因子多为复合有机化合物或金属有机化合物，或金属离子。作为辅助因子的有机化合物多为 B 族维生素的衍生物或卟啉化合物，它们在酶促反应中主要参与传递电子、质子（或基团）或起运载体作用（表 3-1）。

辅助因子 { 辅酶：与酶蛋白结合疏松，可用透析法除去

辅基：与酶蛋白结合紧密，不可用透析法除去

图 3-1 辅助因子的分类及特性

表 3-1 部分辅酶/辅基在催化中的作用

辅酶或辅基	缩写	转移的基团	所含的维生素
烟酰胺腺嘌呤二核苷酸,辅酶Ⅰ	NAD^+	H^+、电子	烟酰胺(维生素 PP)
烟酰胺腺嘌呤二核苷酸磷酸,辅酶Ⅱ	$NADP^+$	H^+、电子	烟酰胺(维生素 PP)
黄素腺嘌呤二核苷酸	FAD	氢原子	维生素 B_2
焦磷酸硫胺素	TPP	醛基	维生素 B_1
磷酸吡哆醛		氨基	维生素 B_6
辅酶 A	CoA	酰基	泛酸
生物素		二氧化碳	生物素
四氢叶酸	FH_4	一碳单位	叶酸
辅酶 B_{12}		氢原子、烷基	维生素 B_{12}

金属离子是最常见的辅助因子,如 K^+、Na^+、Mg^{2+}、Cu^{2+}(Cu^+)、Zn^{2+}、Fe^{2+}(Fe^{3+})、Mn^{2+} 等(表 3-2)。约 2/3 的酶含有金属离子。

表 3-2 某些金属酶和金属激活酶

金属酶	金属离子	金属激活酶	金属离子
过氧化物酶	Fe^{2+}	丙酮酸激酶	K^+、Mg^{2+}
过氧化氢酶	Fe^{3+}	丙酮酸羟化酶	Mn^{2+}、Zn^{2+}
谷胱甘肽过氧化物酶	Se^{2+}	蛋白激酶	Mg^{2+}、Zn^{2+}
己糖激酶	Mg^{2+}	精氨酸酶	Mn^{2+}
固氮酶	Mo^{2+}	磷脂酶 C	Ca^{2+}
核糖核苷酸还原酶	Mn^{2+}	细胞色素氧化酶	Cu^{2+}
羧基肽酶	Zn^{2+}	脲酶	Ni^{2+}
碳酸酐酶	Zn^{2+}	柠檬酸合酶	K^+

金属离子作为酶的辅助因子的主要作用:作为酶活性中心的组成部分参加催化反应,使底物与酶活性中心的必需基团形成正确的空间排列,有利于酶促反应的发生;作为连接酶与底物的桥梁,形成三元复合物;金属离子还可以中和电荷,减小静电斥力,有利于底物与酶的结合;金属离子与酶的结合还可以稳定酶的空间构象,稳定酶的活性中心等。

有的金属离子与酶结合紧密,提取过程中不易丢失,这类酶称为金属酶(metalloenzyme),如碱性磷酸酶(含 Mg^{2+})等。有的金属离子虽为酶的活性所必需,却不与酶直接结合,而是通过底物相连接,这类酶称为金属激活酶(metal activated enzyme),如己糖激酶催化葡萄糖反应时形成 Mg^{2+}-ATP 复合物。

有些酶可以同时含有多种不同类型的辅助因子,如细胞色素氧化酶既含有血红素又含有 Cu^+/Cu^{2+},琥珀酸脱氢酶同时含有铁和 FAD。

(三)单体酶仅含有一条多肽链而寡聚酶含有两条或两条以上多肽链

单体酶(monomeric enzyme)是由一条多肽链构成的仅具有三级结构的酶,如牛胰核糖核酸酶、溶菌酶、羧肽酶 A 等。

寀聚酶(oligomeric enzyme)是由多个相同或不同的亚基以非共价键连接组成的酶,如蛋白激酶A和磷酸果糖激酶-1均含有4种亚基。此外,几种具有不同催化功能的酶可彼此聚合形成多酶复合物(multienzyme complex)或称为多酶体系(multienzyme system),其催化过程如同流水线,上一个酶的产物即为下一个酶的底物,形成链锁反应。如哺乳动物丙酮酸脱氢酶复合物含有3种酶和5种辅助因子。多酶体系由于在进化过程中基因的融合,使一条多肽链同时具有多种不同的催化功能。这类酶称为多功能酶(multifunctional enzyme)或串联酶(tandem enzyme),如哺乳动物脂酸合酶体系是由两条多肽链构成的二聚体酶,每条多肽链含有7种不同催化功能的酶和一个酰基载体蛋白组分。

二、酶的活性中心

(一)酶分子上的必需基团与酶的活性密切相关

酶的活性中心(active center)或活性部位(active site)是酶分子中能与底物特异地结合并催化底物转变为产物的具有特定三维结构的区域。酶分子中存在各种化学基团,但它们不一定都与酶的活性有关,其中那些与酶的活性密切相关的基团称作酶的必需基团(essential group)。有的必需基团位于酶的活性中心内,有的必需基团位于酶的活性中心外。位于酶活性中心内的必需基团还有结合基团(binding group)和催化基团(catalytic group)之分。前者的作用是识别底物并与之特异结合,形成酶-底物过渡态复合物,后者的作用是影响底物中的某些化学键的稳定性,催化底物发生化学反应,进而转变成产物。有些酶的结合基团同时兼有催化基团的功能。这些基团在一级结构中可能相距很远,但在三维空间结构中相互接近,共同组成酶的活性中心。例如,溶菌酶的活性中心是一裂隙结构,可以容纳6个N-乙酰氨基葡糖环(A、B、C、D、E、F)。溶菌酶的催化基团是35位Glu和52位Asp,催化D环的糖苷键断裂。101位Asp和108位Trp是该酶的结合基团(图3-2)。

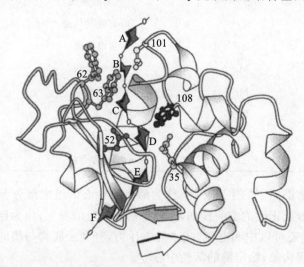

图 3-2 溶菌酶的活性中心

酶活性中心外的必需基团虽然不直接参与催化作用,却为维持酶活性中心的空间构象所必需。酶的必需基团常见的有丝氨酸残基的羟基、组氨酸残基的咪唑基、半胱氨酸残基的巯基,以及酸性氨基酸残基的羧基等。辅酶或辅基多参与酶活性中心的组成。

(二)酶活性中心的构象有利于酶与底物的结合及催化反应

酶的活性中心是酶分子中很小的具有三维结构的区域,且多为酶分子中的氨基酸残基的疏水基团形成的裂隙或凹陷所形成的疏水"口袋",造成一种有利于酶与其特定底物结合并催化的环境。底物分子或其一部分结合到裂隙内并发生催化反应(图3-3)。

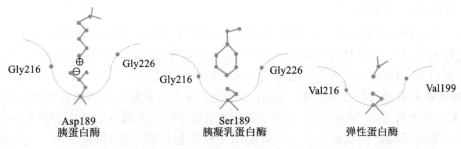

图 3-3 胰蛋白酶、胰凝乳蛋白酶和弹性蛋白酶活性中心"口袋"

第二节 酶促反应的特点及机制

一、酶促反应的特点

（一）酶与一般催化剂的共性

1. 酶与一般催化剂一样能降低反应的活化能 在反应体系中，由于反应物（酶学上称为底物）分子所含的能量高低不一，所含自由能较低的底物分子，很难发生化学反应。只有那些达到或超过一定能量水平的分子，才有可能发生相互碰撞并进入化学反应过程，这样的分子称为活化分子。若将低自由能的底物分子（基态）转变为能量较高的过渡态（transition state）分子，化学反应就有可能发生。活化能（activation energy）是指在一定温度下，1 mol 底物（substrate）从基态转变成过渡态所需要的自由能，即过渡态中间物比基态底物高出的那部分能量。活化能是决定化学反应速率的内因，是化学反应的能障（energy barrier）。欲使反应速率加快，须使基态底物转化为过渡态。例如，给予底物活化能（如加热）或降低反应的活化能。与一般催化剂相比，酶能使底物分子获得更少的能量便可进入过渡态，从而加快反应速率（图 3-4）。

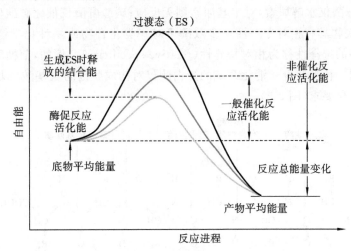

图 3-4 酶促反应的活化能

2. 酶与一般催化剂一样能加速化学反应而不改变反应的平衡点 从反应热力学可知，任何化学反应均趋向最后达到其平衡点。反应达到平衡时自由能的变化仅取决于底物与产物的自由能之差，而与采取的途径无关。因为催化剂不能改变反应的 ΔG，它也就无法改变反应的平衡常数。酶与一般催化剂一样，只加快反应速率，使其缩短到达反应平衡的时间，而不能改变反应的平衡点。

NOTE

（二）酶促反应的显著特点

酶作为一种生物催化剂，它遵守一般催化剂的共同性质，如反应前后无质量的改变；只催化热力学上允许进行的化学反应；降低反应的活化能；加快反应速率而不改变反应的平衡点。但由于酶的化学本质是蛋白质，因此酶又有着与一般催化剂不同的显著特点。

1. 酶对底物具有极高的催化效率　酶的催化效率通常比无催化剂时的自发反应高 $10^8 \sim 10^{20}$ 倍，比一般无机催化剂高 $10^7 \sim 10^{13}$ 倍。例如，在过氧化氢分解成水和氧的反应（$2H_2O_2 \longrightarrow 2H_2O + O_2$）中，无催化剂时反应的活化能为 75312 J/mol；用胶体钯作催化剂时，反应的活化能降至 48953 J/mol；用过氧化氢酶催化时，反应活化能降至 8368 J/mol（表 3-3）。

表 3-3　某些酶与一般催化剂催化效率的比较

底物	催化剂	反应温度/℃	速率常数
苯甲酰胺	H^+	52	2.4×10^{-6}
	OH^-	53	8.5×10^{-6}
	α-胰凝乳蛋白酶	25	14.9
尿素	H^+	62	7.4×10^{-6}
	脲酶	21	5.0×10^{-6}
H_2O_2	Fe^{3+}	56	22
	过氧化氢酶	22	3.5×10^{-6}

2. 酶对底物具有高度的专一性　与一般催化剂不同，酶对其所催化的底物和反应类型具有严格的特异性，或称选择性。一种酶只作用于一种或一类化合物，或一种化学键，催化一定的化学反应并产生一定结构的产物，这种现象称为酶的专一性（specificity）。根据各种酶对其底物结构要求的严格程度不同，酶的特异性大致可分为以下 3 种类型。

1）有的酶对其底物具有极其严格的绝对专一性　有的酶仅对一种特定结构的底物起催化作用，产生具有特定结构的产物。酶对底物的这种极其严格的选择性称为绝对专一性（absolute specificity）。例如，脲酶仅水解尿素，对甲基尿素则无反应；碳酸酐酶仅催化碳酸生成 CO_2 和 H_2O。

2）多数酶对其底物具有相对专一性　多数酶可对一类化合物或一种化学键起催化作用，这种对底物分子不太严格的选择性称为相对特异性（relative specificity）。例如，蔗糖酶不仅水解蔗糖，也可水解棉籽糖中的同一种糖苷键。消化系统的蛋白酶仅对构成肽键的氨基酸残基种类有选择性，而对具体的蛋白质无严格要求（图 3-5）。

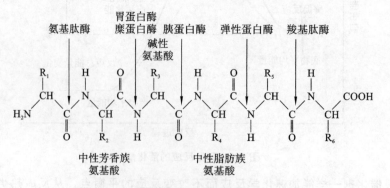

图 3-5　消化系统中各种蛋白酶对肽键的专一性

人体内有多种蛋白激酶，它们均催化底物蛋白质丝氨酸（或苏氨酸）残基上羟基的磷酸化，对其两侧的共有序列（consensus sequence）的要求既相似又各不相同。例如，蛋白激酶 A 和蛋白激酶 G 的共有序列分别为 -X-R-(R/K)-X-(S/T)-X- 和 -X-(R/K)$_{2\sim3}$-X-(S/T)-X-。

3）有些酶对其底物表现出立体异构专一性 有些酶仅催化其底物的一种立体异构体，产生特定的产物，酶对底物空间构型所具有的特异性称为立体异构专一性（stereospecificity）。例如，乳酸脱氢酶仅催化 L-乳酸脱氢生成丙酮酸，而对 D-乳酸无作用。淀粉酶只水解淀粉的 α-1,4 糖苷键，却不能水解纤维素的 β-1,4 糖苷键。

酶作为生物催化剂，除具有上述不同于一般催化剂的特点外，酶的活性还具有可调节性及不稳定性。

二、酶促反应的机制

（一）酶与底物形成复合物促进底物形成过渡态提高反应速率

1. 酶与底物结合时相互诱导发生构象改变 1958 年考斯兰德（Koshland）提出酶-底物结合的诱导契合假说（induced-fit hypothesis），认为酶在发挥催化作用之前必须先与底物结合，这种结合不是锁与钥匙式的机械关系，而是在酶与底物相互接近时，其结构相互诱导、相互变形和相互适应，进而结合成酶-底物复合物（图 3-6）。此假说后来得到 X 射线衍射分析的有力支持。酶构象的变化有利于其与底物结合，并使底物转变为不稳定的过渡态，易受酶的催化攻击转化为产物。过渡态的底物与酶活性中心的结构最吻合，两者在过渡态达到最优化。

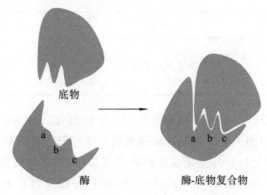

底物

a
b
c

酶

a b c

酶-底物复合物

图 3-6 酶与底物的结合的诱导契合作用

2. 形成酶-底物过渡态复合物过程中释放结合能 酶与底物相互诱导契合形成过渡态化合物，过渡态底物与酶的活性中心以次级键（氢键、离子键、疏水键、范德华力）相结合，这一过程是释能反应，所释放的能量称为结合能（binding energy）。结合能可以抵消一部分活化能，是酶促反应降低活化能的主要能量来源。酶与过渡态底物结合时可生成数个次级键，每形成一个次级键，可以提供 4～30 kJ/mol 的结合能。

3. 邻近效应和定向排列有利于底物形成过渡态 如果酶催化两个底物相互作用，那么限制它们在酶活性中心中的运动则有利于反应。结合能的释放可使两个底物聚集到酶的活性中心部位，并与酶活性中心中的结合基团稳定地结合，进入最佳的反应位置和最佳的反应状态（过渡态）。同时，这两个过渡态分子相互靠近形成利于反应的正确定向关系。这种现象称为邻近效应（proximity effect）和定向排列（orientation arrange）。该过程是将分子间的反应转变成类似分子内的反应，使反应速率显著提高。X 射线衍射分析已经证明在溶菌酶及羧肽酶中存在着邻近效应和定向排列作用。

4. 表面效应有利于底物和酶的接触与结合 酶的活性中心多是其分子内部疏水的"口袋"，酶促反应发生在这样的疏水环境中。这可使底物分子脱溶剂化（desolvation），排除周围大量水分子对酶和底物分子中功能基团的干扰性吸引或排斥，防止二者之间形成水化膜，利于底物和酶分子的密切接触与结合。酶与底物相互作用这种现象称为表面效应（surface effect）。

（二）酶对底物的催化机制呈现多元性

一般催化剂通常仅有一种解离状态，仅表现酸催化或碱催化。酶具有两性解离的性质，所含有的多种功能基团具有不同的解离常数，即使同一种功能基团处于不同的微环境时，解离程度也有差

NOTE

异。酶活性中心上有些基团是质子供体(酸),有些基团是质子受体(碱)(表3-4),这些基团在酶活性中心的准确定位有利于质子的转移,质子转移是生物化学最常见的反应。

表3-4　酶分子具有酸-碱催化作用的基团

氨基酸残基	酸(质子供体)	碱(质子接受体)
谷氨酸,天冬氨酸	R—COOH	R—COO⁻
赖氨酸,精氨酸	$R-\overset{+}{N}H_3$	$R-NH_2$
半胱氨酸	R—SH	R—S⁻
组氨酸	(咪唑阳离子)	(咪唑)
丝氨酸	R—OH	R—O⁻
酪氨酸	(酚)	(酚氧负离子)

酶对底物既有亲核催化作用,也有亲电催化作用。亲核催化(nucleophilic catalysis)是酶活性中心内亲核基团(如丝氨酸蛋白酶的 Ser—OH、巯基酶的 Cys—SH、谷氨酰胺合成酶的 Tyr—OH 等)释出的电子攻击过渡态底物上具有部分正电性的原子或基团,形成瞬间共价键。酶活性中心内有的催化基团属于亲电基团。亲电催化(electrophilic catalysis)是酶活性中心内亲电基团与富含电子的底物形成共价键。由于酶分子的氨基酸侧链缺乏有效的亲电子基团,常常需要缺乏电子的有机辅因子或金属离子参加。

酶促反应中,底物与酶形成瞬时共价键后被激活,并很容易进一步水解生成产物和游离的酶,此时又表现出共价催化(covalence catalysis)。

酶催化底物反应的同时,酶分子中的多功能基团(包括辅酶或辅基)的协同作用也可大大提高酶的催化效率,反应速率可提高 $10^2 \sim 10^5$ 倍。

实际上许多酶促反应常常涉及多种催化机制的参与。例如,胰凝乳蛋白酶195位的丝氨酸残基上—OH是催化基团,此—OH的氧原子含有未配对电子,在57位组氨酸残基碱催化的帮助下,对肽键进行亲核攻击,使其断裂。胰凝乳蛋白酶与肽链羧基侧形成共价的酰基酶。后者再水解生成游离的酶(图3-7)。

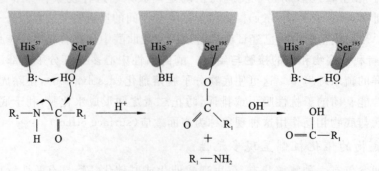

图3-7　胰凝乳蛋白酶的共价催化和酸-碱催化机制

三、酶原与酶原的激活

有些酶在细胞内合成及初分泌时,只是没有活性的酶的前体,只有经过蛋白质的水解作用,去除部分肽段后才能成为有活性的酶。这些无活性的酶的前体称为酶原(zymogen)。例如,胃肠道的蛋白水解酶、一些具有蛋白质水解作用的凝血因子、免疫系统的补体等在初分泌时均以酶原的形式存在。酶原在特定的场所和一定条件下被转变成有活性的酶,此过程称为酶原的激活。酶原激活的机制是分子内部一个或多个肽键的断裂,引起分子构象的改变,从而暴露或形成酶的活性中心。例如,胰蛋白酶原进入小肠时,肠激酶(需 Ca^{2+})或胰蛋白酶自肽链 N 端水解掉一个六肽后,引起酶分子构象改变,形成酶活性中心,于是无活性的胰蛋白酶原转变成有活性的胰蛋白酶(图 3-8)。此外,胃蛋白酶原、胰凝乳蛋白酶原、弹性蛋白酶原及羧基肽酶原等均需激活后才具有消化蛋白质的活性。

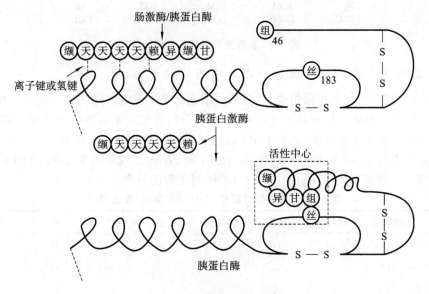

图 3-8 胰蛋白酶原的激活

酶原的存在和酶原的激活具有重要的生理意义。消化道蛋白酶以酶原形式分泌可避免胰腺细胞和细胞外基质蛋白遭受蛋白酶的水解破坏,同时还能保证酶在特定环境和部位发挥其催化作用。生理情况下,血管内的凝血因子不被激活,不发生血液凝固,可保证血流畅通运行。一旦血管破损,一系列凝血因子被激活,凝血酶原被激活生成凝血酶,后者催化纤维蛋白原转变成纤维蛋白,产生血凝块以阻止大量失血,对机体起保护作用。

四、同工酶

(一)同工酶是催化相同的化学反应而结构不同的一组酶

同工酶(isoenzyme)是指催化的化学反应相同,但酶分子的结构、理化性质乃至免疫学性质不同的一组酶。同工酶是长期进化过程中基因趋异的产物,因此从分子遗传学角度同工酶也可解释为"由不同基因或复等位基因编码,催化相同反应,但呈现不同功能的一组酶的多态型"。由同一基因转录的 mRNA 前体经过不同的剪接过程,生成的多种不同 mRNA 翻译产物(一系列酶)也属于同工酶。

动物的乳酸脱氢酶是一种含锌的四聚体酶;其亚基类型有骨骼肌型(M 型)和心肌型(H 型),分别由 11 号染色体的基因 a、12 号染色体的基因 b 编码。两型亚基以不同的比例组成五种同工酶,即 $LDH_1(H_4)$、$LDH_2(H_3M)$、$LDH_3(H_2M_2)$、$LDH_4(HM_3)$、$LDH_5(M_4)$(图 3-9),相对分子质量均为 35000。LDH 催化乳酸与丙酮酸之间的氧化还原反应(详见第六章糖代谢)。在酶的活性中心附近,两种亚基之间有极少数的氨基酸残基不同,如 M 亚基的 30 位为丙氨酸残基,H 亚基则为谷氨酰胺残基,且 H 亚基中的酸性氨基酸残基较多,这些差别引起 LDH 同工酶解离程度不同、分子表面电荷不同,在 pH 8.6 的缓冲液中进行电泳时,自负极向正极泳动的次序为 LDH$_5$、LDH$_4$、LDH$_3$、LDH$_2$ 和 LDH$_1$。由于它们之间所带的电荷呈等差级数增减,但相对分子质量相等,故电泳谱带之间的距离相等。两种亚基氨基酸序列和构象存在差异,表现出对底物的亲和力不同。例如,LDH$_1$ 对乳酸的亲和力较大($K_m = 4.1 \times 10^{-3}$ mol/L),而 LDH$_5$ 对乳酸的亲和力较小($K_m = 14.3 \times 10^{-3}$ mol/L),这主要是 H 亚基对乳酸的 K_m 值小于 M 亚基的缘故。体外催化反应时,LDH$_1$ 的最适 pH 值为 9.8,LDH$_5$ 的最适 pH 值为 7.8。

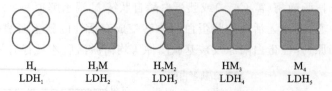

图 3-9 乳酸脱氢酶的五种同工酶

(二)同工酶在生物体内的表达分布具有时空特异性

同工酶存在于同一个体的不同组织,以及同一细胞的不同亚细胞结构中。同一个体不同发育阶段和不同组织器官中,编码不同亚基的基因开放程度不同,合成的亚基种类和数量不同,形成不同的同工酶谱。例如,大鼠出生前 9 天,心肌 LDH 同工酶是 M$_4$,出生前 5 天转变为 HM$_3$,出生前 1 天为 H$_2$M$_2$ 和 HM$_3$,出生后第 12 天至第 21 天则是 H$_3$M 和 H$_2$M$_2$。成年大鼠心肌 LDH 同工酶主要是 H$_4$ 和 H$_3$M。表 3-5 列出了人体各组织器官中 LDH 同工酶的分布。

表 3-5 人体各组织器官 LDH 同工酶谱(活性/%)

LDH 同工酶	红细胞	白细胞	血清	骨骼肌	心肌	肺	肾	肝	脾
LHD$_1$(H$_4$)	43	12	27.0	0	73	14	43	2	10
LHD$_2$(H$_3$M)	44	49	34.7		24	34	44	4	25
LHD$_3$(H$_2$M$_2$)	12	33	20.9	5	3	35	12	11	40
LHD$_4$(HM$_3$)	1	6	11.7	16		5	1	27	20
LHD$_5$(M$_4$)	0	0	5.7	79		12	0	56	5

(三)检测组织器官同工酶谱的变化有重要的临床意义

当组织细胞发生病变时,该组织细胞特异的同工酶可释放入血。因此,血浆同工酶活性、同工酶谱分析有助于疾病诊断和预后判定。例如,肌酸激酶(creatine kinase,CK)是由 M 型(肌型)和 B 型(脑型)亚基组成的二聚体酶。脑中含 CK$_1$(BB 型),心肌中含 CK$_2$(MB 型),骨髓肌中含 CK$_3$(MM 型)。CK$_2$ 仅见于心肌,且含量很高,占人体总 CK 含量的 14%~42%。正常血液中的 CK 主要是 CK$_3$,几乎不含 CK$_2$;心肌梗死后 3~6 小时血中 CK$_2$ 活性升高,12~24 小时达峰值(升高近 6 倍),3~4 天恢复正常。因此,CK$_2$ 常作为临床早期诊断心肌梗死的辅助生化指标。

五、酶的调节

细胞内物质代谢途径往往是由多个有序的、依次衔接的酶促反应组成的。在一个代谢途径中,往往有一个或两、三个酶会因内、外环境信号刺激,表现出催化活性增强或减弱,进而调整代谢途径的反应速率。这样的酶属于调节酶(regulatory enzyme)。一个代谢途径中,催化第一步反应的酶往往是调节酶(旧称限速酶、关键酶)。例如糖酵解中的己糖激酶、三羧酸循环的柠檬酸合酶等。酶的调节包括两个方面:酶活性的调节和酶含量的调节。

(一)酶活性的调节

酶活性的调节有别构效应调节和化学修饰调节两种。这种调节方式非常迅速,通常几分钟至几小时内即可发生。

1. 酶的活性受别构效应剂的调节

1) 别构效应剂与别构酶结合引发酶的构象改变　体内一些代谢物可与某些酶的活性中心外的某个部位可逆地结合,引起酶的构象改变,从而改变酶的催化活性。可引起酶发生构象改变而调节酶活性的物质分子称为别构效应剂(allosteric effector)。根据别构效应剂对别构酶的调节效果,有别构激活剂(allosteric activator)和别构抑制剂(allosteric inhibitor)之分。受别构效应剂调节的酶称为别构酶(allosteric enzyme)。别构酶属于调节酶。别构效应剂可以是代谢途径的终产物、中间产物、酶的底物或其他物质。某些别构酶以底物作为别构效应剂;这类别构酶称为同促酶(homotropic enzyme)。还有一些别构酶以非底物分子作为别构效应剂;这类别构酶称为异促酶(heterotropic enzyme)。别构效应剂与酶结合的部位称为调节部位(regulatory site)。有的酶的调节部位与催化部位存在于同一亚基中,有的则分别存在于不同的亚基,从而有催化亚基和调节亚基之分。与血红蛋白的别构调节一样,别构酶也有两种构象形式,即紧缩态(tense state,T态)和松弛态(relaxed state,R态);T态和R态对底物的亲和力或催化活性不同。别构效应剂通过引起酶R态与T态互变来改变酶的催化速率,这是当前解释别构调节的主要理论。

2) 别构效应剂可引起别构酶分子中各亚基间的协同作用　别构酶多为由数个(常为偶数)亚基组成的多聚体,各亚基之间以非共价键相连。亚基的构象改变可以相互影响而产生协同效应(cooperativity)。别构效应剂与酶的一个亚基结合后,引起亚基发生构象改变,一个亚基的构象改变可引起相邻亚基发生同样的构象改变。如果后续亚基的构象改变增加其对别构效应剂的亲和力,使效应剂与酶的结合越来越容易,则此协同效应称为正协同效应;反之则称为负协同效应(negative cooperativity)。以底物为别构效应剂所引起的构象改变增加或降低后续亚基对底物的亲和力,此协同效应称为同种协同效应(homotropic cooperativity);非底物效应剂引起的构象改变增加或降低后续亚基对底物的亲和力,此协同效应称为异种协同效应(heterotropic cooperativity)。

3) 别构酶的动力学不遵守米氏方程　别构酶不遵守米氏动力学,其底物浓度-反应速率曲线呈"S"形(图3-10)。这是因为当酶未与底物结合时,酶分子处于与底物亲和力低的T态构象,第1个底物与酶的结合较难,底物浓度-反应速率曲线比较低而平坦。一旦第1个底物与酶的亚基之一结合,由于其构象改变及其对邻近亚基的协同作用,这些亚基逐步变成对底物亲和力高的R态,底物浓度-反应速率曲线急剧上升,形成"S"形曲线的中部。随后,大多数酶被底物逐渐饱和时,反应速率增幅减慢;直至所有酶的亚基均变成R态构象,反应达最大速率。

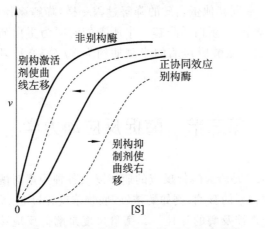

图 3-10　别构酶的底物浓度-反应速率曲线

别构激活剂的存在导致全部酶的所有亚基均转变成R态构象。这时酶的表观K_m值降低(v_{max}不变),即底物与酶的亲和力增加。这时较低的底物浓度即可达到较高的反应速率,所以别构激活剂使底物浓度-反应速率曲线左移,几乎近似矩形双曲线。相反,别构抑制剂对T态构象有高亲和力,与酶结合后将酶"固定"于 T 态构象,即酶的表观 K_m 值增加。这时需要较高浓度的底物才能将 T 态构象转变成 R 态构象,所以别构抑制剂使底物浓度-反应速率曲线右移。

无论存在别构激活剂还是别构抑制剂,当底物浓度达到足够高时,均可使酶的构象完全转变为对底物具有高亲和力的 R 态构象,这时酶促反应可达到最大速率。所以别构效应剂不影响酶促反应的 v_{max}。由于正协同效应的底物浓度-反应速率曲线是"S"形曲线,所以无法按米氏动力学方法求得 K_m 值。负协同效应的底物浓度-反应速率曲线外形类似矩形双曲线,但不是矩形双曲线。由于第一个底物与酶结合比较容易,所以曲线较快上升,但由于构象改变使后续的底物越来越难与酶结合,酶不容易被底物饱和,所以反应速率很难达到 v_{max}。

2. 酶的活性可发生化学修饰调节 酶蛋白肽链上的一些基团可在催化方向相反的两种酶的作用下与某些化学基团共价结合或解离,从而影响酶的活性,这种调节方式称为酶的化学修饰或共价修饰调节。

1) 磷酸化与去磷酸化是最常见的共价修饰方式 酶分子中的某些基团可在其他酶的催化下,共价结合某些化学基团;同时又可在另一种酶的催化下,将此结合上的化学基团去掉,从而影响酶的活性。对酶活性的这种调节方式称为酶的共价修饰(covalent modification)或化学修饰(chemical modification)。共价修饰后的酶从无或低活性变为有或高活性,或者相反。酶的共价修饰有多种形式,其中最常见的形式是磷酸化和去磷酸化修饰,蛋白激酶和蛋白磷酸酶分别催化酶的磷酸化和去磷酸化。

2) 共价修饰可引起级联放大效应 在一个连锁反应中,一个酶被磷酸化或去磷酸化激活后,后续的其他酶可同样的依次被其上游的酶共价修饰而激活,引起原始信号的放大,这种多步共价修饰的连锁反应称为级联反应(cascade reaction)。级联反应的主要作用是产生快速、高效的放大效应,在通过信号转导调节物质代谢的过程中起着十分重要的作用。

（二）酶含量的调节

某些酶在细胞内的含量可以发生变化,从而改变酶在细胞内的活性。酶作为机体的组成成分,处于不断合成与降解的动态平衡之中。酶的化学本质是蛋白质,具有一般蛋白质的特性,细胞内可以通过改变酶蛋白合成与分解的速率来调节酶的含量,影响酶促反应过程。

1. 调节酶蛋白的合成 如同其他蛋白质的生物合成过程一样,酶蛋白的生物合成也就是基因表达,所以其可被诱导或阻遏表达,凡是在转录水平上促进其表达的称为诱导物,反之,在转录水平上抑制其表达的称为阻遏物。这种调节一般较慢,通常需数小时,甚至几天时间。

2. 调节酶蛋白的降解 如同其他蛋白质的降解过程一样,降解途径有两种,即溶酶体途径和泛素化途径(详见氨基酸代谢章节)。蛋白质降解一半所需的时间为蛋白质的半衰期。各种酶蛋白的半衰期均不同,差异较大。如鸟氨酸脱羧酶的半衰期约为 30 分钟,L-乳酸脱氢酶的半衰期长达 5 天多。

| 第三节　酶促反应动力学 |

酶促反应动力学(kinetics)是研究酶促反应的速率以及各种因素对酶促反应速率影响机制的科学。酶促反应速率可受多种因素的影响,例如酶浓度、底物浓度、pH 值、温度、抑制剂及激活剂等。

研究酶促反应动力学经常涉及酶的活性。其衡量尺度是酶促反应速率的大小。酶促反应速率可用单位时间内底物的减少量或产物的生成量来表示。由于底物的消耗量不易测定,所以实际工作中经常是测定单位时间内产物的生成量。

为了防止各种因素对所研究的酶促反应速率的干扰,最简单的方法是测定酶促反应的初速率(initial velocity)。酶促反应初速率是指反应刚刚开始,各种影响因素尚未发挥作用时的酶促反应速率,即反应时间进程曲线为直线部分时的反应速率(图 3-11)。

测定酶促反应初速率的条件是底物浓度[S]高于酶浓度[E]。对于一个典型的酶促反应来说,酶浓度一般在 nmol/L 水平,[S]比[E]高 5~6 个数量级。这样,在反应进行时间不长(如反应开始 60 秒之内)时,底物的消耗很少(<5%),可以忽略不计。此时,随着反应时间的延长,产物量增加,反应速率与酶浓度成正比。下面提及的"反应速率"均指反应初速率。

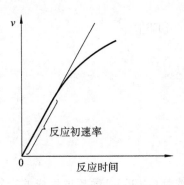

图 3-11 酶促反应初速率

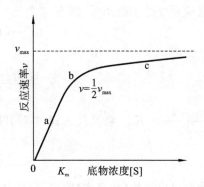

图 3-12 底物浓度对酶促反应速率的影响

一、底物浓度对酶促反应速率的影响

(一)酶促反应速率对底物浓度作图呈矩形双曲线

酶促反应速率与底物浓度密切相关。在酶浓度和其他反应条件不变的情况下,反应速率(v)对底物浓度[S]作图呈矩形双曲线。从图 3-12 可知,当[S]很低时,v 随[S]的增加而升高,呈线性关系(曲线的 a 段),反应呈一级反应。随着[S]的不断升高,v 上升的幅度不断变缓,呈现出一级反应与零级反应的混合级反应(曲线的 b 段)。随着[S]的不断增加,以至于所有酶的活性中心均被底物所饱和,v 便不再增加(曲线的 c 段),v 达最大速率(maximum velocity,v_{max}),此时的反应可视为零级反应。

(二)反应速率与底物浓度的关系可用米氏方程表示

1. 米氏方程定量地描述底物浓度与反应速率的关系 1902 年亨利(Victor Henri)提出了酶-底物中间复合物学说:首先酶(E)与底物(S)生成酶-底物中间复合物(ES),然后 ES 分解生成产物(P),并使 ES 中的酶游离出来,即 $E+S \rightleftharpoons ES \longrightarrow E+P$。1913 年德国化学家列奥诺·米歇利斯(Leonor Michaelis)和茂德·曼丁(Maud Menten)根据 ES 中间复合物学说,经过大量实验,将 v 对[S]的矩形曲线加以数学处理,得出单底物 v 与[S]的数学关系式:

$$v = \frac{v_{max}[S]}{K_m + [S]} \tag{3-1}$$

这就是著名的 Michaelis-Menten 方程(Michaelis-Menten equation),简称米氏方程。式中 K_m 为米氏常数(Michaelis constant),v_{max} 为最大反应速率。当[S]很低([S]≪K_m)时,方程式分母中的[S]可以忽略不计,米氏方程可以简化为

$$v = \frac{v_{max}}{K_m}[S] \tag{3-2}$$

此时 v 与[S]成正比,反应呈一级反应(相当于图 3-12 中曲线的 a 段)。当[S]很高([S]≫K_m)时,米氏方程式中 K_m 可以忽略不计,此时 $v=v_{max}$,反应呈零级反应(相当于图 3-12 中曲线的 c 段)。

2. 米氏方程的推导过程引入了稳态概念 在酶促反应中,酶以游离酶和 ES 的形式存在。若以[E_t]代表总酶浓度,则游离酶浓度[E]=[E_t]-[ES]。在初速率范围内,[S]≫[E_t],在数学推导中,与酶结合的[S]可以忽略不计。1925 年乔治·比格斯(George Biggs)等人在米歇利斯和曼丁的工作基础上,提出酶促反应的稳态(steady-state)概念,即 ES 的生成速率等于 ES 的分解速率。根据 ES

NOTE

中间复合物学说，则有

$$E+S \underset{k_2}{\overset{k_1}{\rightleftharpoons}} ES \xrightarrow{k_3} E+P \tag{3-3}$$

$$ES 的生成速率 = k_1([E_t]-[ES])[S] \tag{3-4}$$

$$ES 的分解速率 = k_2[ES]+k_3[ES] \tag{3-5}$$

当反应系统处于稳态时，则有

$$k_1([E_t]-[ES])[S] = k_2[ES]+[ES] \tag{3-6}$$

经整理得

$$\frac{([E_t]-[ES])[S]}{[ES]} = \frac{k_2+k_3}{k_1} \tag{3-7}$$

令 $\dfrac{k_2+k_3}{k_1} = K_m$，将其代入式（3-7）并整理得

$$[ES] = \frac{[E_t][S]}{K_m+[S]} \tag{3-8}$$

因为在反应初始（初速率）阶段，反应体系中剩余的底物浓度（>95%）远超过生成的产物浓度，所以逆反应可忽略不计；此时的反应速率与 ES 的浓度成正比，即 $v=k_3[ES]$，将其代入式（3-8），整理得

$$v = \frac{k_3[E_t][S]}{K_m+[S]} \tag{3-9}$$

当所有的酶均与底物结合、形成 ES 时（即 $[ES]=[E]$），反应达 v_{max}，即 $v_{max}=k_3[E_t]$，代入式（3-9）即得米氏方程：

$$v = \frac{v_{max}[S]}{K_m+[S]} \tag{3-10}$$

（三）动力学参数可用来比较酶促反应的动力学性质

1. K_m 等于即刻反应速率达到 v_{max} 一半时的底物浓度 当 v 等于 v_{max} 的一半时，米氏方程可以表示为

$$\frac{v_{max}}{2} = \frac{v_{max}[S]}{K_m+[S]} \tag{3-11}$$

经整理得

$$K_m = [S] \tag{3-12}$$

即 K_m 等于反应速率为最大反应速率一半时的底物浓度。

2. K_m 是酶的特征性常数 K_m 与酶的结构、底物结构、反应环境的 pH 值、温度和离子强度有关，而与酶浓度无关。各种酶的 K_m 是不同的。一般来说，细胞内底物浓度低的酶比底物浓度高的酶具有较低的 K_m。酶的 K_m 为 $10^{-6}\sim10^{-2}$ mol/L（表 3-6）。

表 3-6　某些酶对其底物的 K_m

酶	底物	$K_m/(mol/L)$
己糖激酶（脑）	ATP	4×10^{-4}
	D-葡萄糖	5×10^{-5}
	D-果糖	1.5×10^{-3}
碳酸酐酶	HCO_3^-	2.6×10^{-2}
胰凝乳蛋白酶	甘氨酰酪氨酰甘氨酸	1.08×10^{-1}
	N-苯甲酰酪氨酰氨胺	2.5×10^{-3}
半乳糖苷酶	D-乳糖	4.0×10^{-3}

酶	底物	$K_m/(mol/L)$
过氧化氢酶	H_2O_2	2.5×10^{-2}
溶菌酶	N-乙酰氨基葡糖	6.0×10^{-3}

3. K_m 在一定条件下可表示酶对底物的亲和力 米氏常数 K_m 是单底物反应中 3 个速率常数的综合,即 $K_m = \dfrac{k_2 + k_3}{k_1}$。已知 k_3 为限速步骤的速率常数。当 $k_3 \ll k_2$ 时, $K_m \approx k_2/k_1$,即相当于 ES 分解为 E+S 的解离常数(dissociation constant, K_s)。此时, K_m 代表酶对底物的亲和力。 K_m 越大,表示酶对底物的亲和力越小;反之, K_m 越小,酶对底物的亲和力越大。但是,并非所有的酶反应都是 $k_3 \ll k_2$,有时甚至 $k_3 \gg k_2$,这时的 K_m 不能表示酶对底物的亲和力。

4. v_{max} 是酶被底物完全饱和时的反应速率 当所有的酶均与底物形成 ES 时(即 $[ES] = [E_t]$),反应速率达到最大,即 $v_{max} = k_3[E_t]$。

5. k_{cat} 代表酶的转换数 当酶促反应达到最大反应速率,即 $v_{max} = k_3[E_t]$ 时,此时的 k_3 用 k_{cat} 表示,即 $k_{cat} = v_{max}/[E_t]$。 k_{cat} 表示酶被底物完全饱和时,单位时间内每个酶分子(或活性中心)催化底物转变成产物的分子数。因此, k_{cat} 也称为酶的转换数(turnover number),单位是 s^{-1}。若知道 $[E_t]$ 和 v_{max},便可求得酶的转换数。多数酶的转换数在 $1 \sim 10^4$ s^{-1} 之间。例如,延胡索酸酶对其底物延胡索酸的转换数为 8×10^2 s^{-1}。

6. 在低底物浓度时, k_{cat}/K_m 代表酶的催化效率 当 $[S] \ll K_m$ 时,方程式(3-9)中分母的 $[S]$ 可以忽略不计,可简化为

$$v = \frac{k_{cat}}{K_m}[Et][S] \tag{3-13}$$

即当 $[S] \ll K_m$ 时, v 与 $[E_t]$ 和 $[S]$ 成正比,反应为二级反应。 k_{cat}/K_m 是此二级反应的速率常数,也称专一性常数(specificity constant),其单位是 $L/(mol \cdot s)$。此时反应速率的大小取决于酶和底物由于相互渗透而相互碰撞的速率。这种被渗透控制的碰撞速率(diffusion-controlled rate of encounter, DCRE)的上限是 $10^8 \sim 10^9$ $L/(mol \cdot s)$。 k_{cat}/K_m 越接近此数据,酶的催化效率越高。因此, k_{cat}/K_m 可以代表酶的催化效率(表 3-7)。

表 3-7 一些 k_{cat}/K_m 接近 DCRE 的酶

酶	$k_{cat}/K_m/[L/(mol \cdot s)]$	酶	$k_{cat}/K_m/[L/(mol \cdot s)]$
乙酰胆碱酯酶	1.6×10^8	延胡索酸酶	1.6×10^8
碳酸酐酶	8.3×10^7	磷酸丙糖异构酶	2.4×10^8
过氧化氢酶	4×10^7	内酰胺酶	1×10^8
巴豆酸酶	2.8×10^8	超氧化物歧化酶	7×10^9

(四)采用作图法可求得酶促反应的动力学参数

酶促反应的 v 对 $[S]$ 作图为矩形双曲线,从此曲线上很难准确地求得反应的 v_{max} 和 K_m。于是,人们对米氏方程式进行种种变换,采用直线作图法求得 v_{max} 和 K_m。其中以林-贝氏(Lineweaver-Burk)作图法最为常用。

1. 林-贝氏作图法是求得 v_{max} 和 K_m 的最常用方法 林-贝氏作图法又称双倒数作图法。即将米氏方程式的两边同时取倒数,并加以整理,则得出一线性方程式,即林-贝氏方程式:

$$\frac{1}{v} = \frac{K_m}{v_{max}} \cdot \frac{1}{[S]} + \frac{1}{v_{max}} \tag{3-14}$$

以 $1/v$ 对 $1/[S]$ 作图得纵轴的截距等于 $1/v_{max}$ 而在横轴截距为 $-1/K_m$ 的直线(图 3-13)。

其他一些作图法也可较准确地求得 v_{max} 和 K_m。若在上述双倒数方程式两边同时乘以[S]，则有

$$\frac{[S]}{v} = \frac{K_m}{v_{max}} + \frac{1}{v_{max}} \cdot [S] \tag{3-15}$$

以[S]/v 对[S]作图也得一直线。直线的斜率为 $1/v_{max}$，横轴截距为 $-K_m$。此作图法称为海涅斯-沃尔弗（Hanes-Wolff）作图法（图 3-14）。

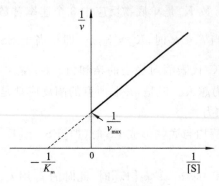

图 3-13　双倒数作图法

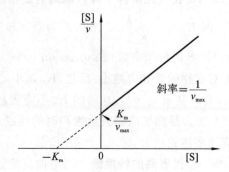

图 3-14　海涅斯-沃尔弗作图法

若将米氏方程式两边均除以[S]，再进行整理，得另一方程式：

$$v = v_{max} - K_m \cdot \frac{v}{[S]} \tag{3-16}$$

以 v 对 $v/[S]$ 作图，得斜率为 $-K_m$ 而纵轴截距为 v_{max} 的直线。此作图法称为伊迪-霍夫斯蒂（Eadie-Hofstee）作图法（图 3-15）。

二、酶浓度对酶促反应速率的影响

当[S]≫[E]时，随着酶浓度的增加，酶促反应速率增大，呈现正比关系（图 3-16(a)）。即[E]₁＞[E]₂＞[E]₃，底物浓度曲线上的反应速率增大，而[E]的变化并不影响酶促反应的 K_m。由于[S]≫[E]，反应中[S]的变化量可以忽略不计，反应速率 v 与[E]呈线性关系（图 3-16(b)）。

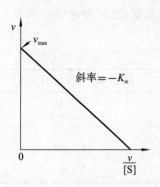

图 3-15　伊迪-霍夫斯蒂作图法

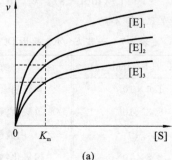

(a)　　　　　　(b)

图 3-16　酶浓度与反应速率的关系

三、pH 值对酶促反应速率的影响

酶是蛋白质，具有两性解离性质。在不同的 pH 值条件下，酶分子中可解离的基团呈现不同的解离状态。酶活性中心的一些必需基团需要在一定的 pH 值条件下保持特定的解离状态才能表现出酶的活性。酶活性中心外的一些基团也只有在一定的解离状态下才能维系酶的正确空间构象。例如，升高 pH 值，可因去除组氨酸残基咪唑基的正电荷而影响它与底物的结合。此外，底物和辅助因子也可因 pH 值的改变影响其解离状态。酶催化活性最高时反应系统的 pH 值称为酶的最适 pH 值（图 3-17），如胰蛋白酶的最适 pH 值为 7.8。在最适 pH 值时，酶、底物和辅助因子的解离状态均

有利于酶发挥其最大的催化活性。人体内酶的最适 pH 值多为 6.5～8.0。但也有少数酶例外，如胃蛋白酶的最适 pH 值为 1.8，精氨酸酶的最适 pH 值为 9.8。

四、温度对酶促反应速率的影响

温度对酶促反应速率的影响有两重性。一方面，随着反应体系温度的升高，底物分子的热运动加快，分子碰撞机会增加，酶促反应速率提高；另一方面，当温度升高达到一定临界值时，温度的升高可使酶蛋白变性，使酶促反应速率下降。大多数酶在 60 ℃时开始变性，80 ℃时多数酶的变性已不可逆。酶促反应速率最大时反应系统的温度称为酶反应的最适温度（optimum temperature）。反应系统的温度低于最适温度时，温度每升高 10 ℃反应速率可增加 1.7～2.5 倍。当反应温度高于最适温度时，反应速率则因酶变性失活而降低。哺乳动物组织中酶的最适温度多在 35～40 ℃之间（图 3-18）。

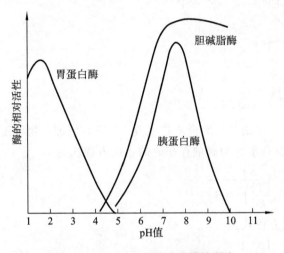

图 3-17　pH 值对几种酶活性的影响

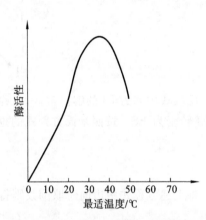

图 3-18　温度对酶促反应速率的影响

但是并非天然的酶都不耐热。从栖热水生菌（*Thermus aquaticus*）提取到耐热的 *Taq* DNA 聚合酶（*Taq* DNA polymerase），其最适温度为 72 ℃，95 ℃时的半寿期为 40 min。此酶已被应用于聚合酶链反应进行 DNA 扩增。

酶的最适温度不是酶的特征性常数，它与反应时间有关。酶在低温下活性降低，随着温度的回升，酶的活性逐渐恢复。医学上用低温保存酶和菌种等生物制品就是利用酶的这一特性。临床上采用低温麻醉时，机体组织细胞中的酶在低温下活性较低，物质代谢速率减慢，组织、细胞耗氧量减少，对缺氧的耐受性增强，对机体具有保护作用。

五、激活剂对酶促反应速率的影响

使酶从无活性变为有活性或使酶活性增加的物质称为酶的激活剂（activator）。酶的大多数激活剂是金属离子，如 Mg^{2+}、K^+、Mn^{2+} 等。某些有机化合物对酶也有激活作用（如胆汁酸盐是胰脂酶的激活剂）。按酶对激活剂的依赖程度不同，可将激活剂分为两类。必需激活剂（essential activator）为酶促反应所必需，如缺乏则测不到酶的活性。大多数金属离子属于必需激活剂。必需激活剂的作用类似于酶的底物，但不转变成产物。非必需激活剂（non-essential activator）可以提高酶的催化活性，但不是必需的。这类激活剂不存在时，酶仍有一定活性。如 Cl^- 对唾液淀粉酶的激活作用便属于此类。

六、抑制剂对酶促反应速率的影响

在酶促反应中，凡能与酶结合而使酶的催化活性下降或消失，但又不引起酶变性的物质称为酶的抑制剂（inhibitor，I）。抑制剂可与酶活性中心内或活性中心外的必需基团结合，从而抑制酶的活性。加热、强酸、强碱等理化因素导致酶发生不可逆变性而使酶失活，这种情况则不属于抑制作用范

NOTE

畴。根据抑制剂与酶是否共价结合及抑制效果的不同,将抑制剂分为可逆性抑制剂(reversible inhibitor)和不可逆性抑制剂(irreversible inhibitor)。

(一)可逆性抑制剂与酶非共价结合

可逆性抑制剂可以与游离酶结合,形成二元复合物 EI,也可以与 ES 结合,形成三元复合物 IES。但对于完全性抑制作用,形成的 EI 和 IES 均不能进一步生成产物。可逆性抑制剂与酶非共价结合,可以通过透析、超滤或稀释等物理方法将抑制剂除去,使酶的催化活性恢复。可逆性抑制作用遵守米氏方程。这里仅介绍 3 种典型的可逆性抑制作用。

1. 竞争性抑制剂与底物竞争酶的活性中心 有些抑制剂的结构与底物结构相似或部分相似,可与底物共同竞争,与酶的活性中心结合而抑制酶的活性,表现为竞争性抑制作用(competitive inhibition)。

$$E + S \underset{k_2}{\overset{k_1}{\rightleftharpoons}} ES \overset{k_3}{\longrightarrow} E + P$$

反应式中 k_i 为 EI 的解离常数,又称抑制常数。抑制剂与酶形成二元复合物 EI,增加底物浓度可使 EI 转变为 ES。按照米氏方程式的推导方法,有竞争性抑制剂存在时的米氏方程式为

$$v = \frac{v_{\max}[S]}{K_m\left(1 + \frac{[I]}{k_i}\right) + [S]} \tag{3-17}$$

将上述方程式两边同时取倒数则得其双倒数方程式为

$$\frac{1}{v} = \frac{K_m}{v_{\max}}\left(1 + \frac{I}{k_i}\right)\frac{1}{[S]} + \frac{1}{v_{\max}} \tag{3-18}$$

若以 $1/v$ 对 $1/[S]$ 作图,可得一直线(图 3-19)。

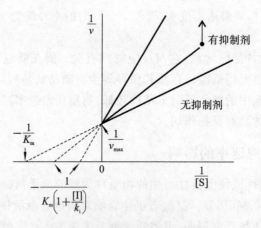

图 3-19　竞争性抑制作用双倒数作图

与无抑制剂时相比,有抑制剂时的直线斜率增大,此时横轴截距所代表的"K_m"增大。称此"K_m"为表观 K_m(apparent K_m)。表观 $K_m = K_m\left(1 + \frac{[I]}{k_i}\right)$。竞争性抑制剂使酶促反应的表观 K_m 增大,即酶对底物的亲和力降低,但不影响 $v_{\max}$。抑制剂对酶的抑制程度取决于抑制剂与酶的相对亲和力,以及抑制剂浓度与底物浓度的相对比例。当[I]≪[S]时,底物可能占据酶的全部活性中心,达到最大反应速率。

磺胺类药物抑菌的机制即属于酶的竞争性抑制作用。细菌利用对氨基苯甲酸、谷氨酸和二氢蝶呤为底物,在菌体内 FH_2 合成酶的催化下合成 FH_2,进一步在 FH_2 还原酶的催化下合成 FH_4。磺胺

类药物与对氨基苯甲酸的化学结构相似,竞争性结合 FH_2 合成酶的活性中心,抑制 FH_2 以及 FH_4 的合成,干扰一碳单位代谢,从而达到抑制细菌生长的目的。人类可直接利用食物中的叶酸,体内核酸合成不受磺胺类药物的干扰。

$$H_2N-\text{〈苯环〉}-COOH \ +Glu+ \text{二氢蝶呤} \xrightarrow[]{FH_2 \text{ 合成酶}} FH_2 \xrightarrow[]{FH_2 \text{ 还原酶}} FH_4$$

对氨基苯甲酸

$$H_2N-\text{〈苯环〉}-SO_2NHR$$

磺胺类药物

2. 非竞争性抑制剂不影响酶对底物的亲和力 非竞争性抑制剂与酶活性中心外的某个部位结合,表现为非竞争性抑制作用(non-competitive inhibition)。非竞争性抑制剂既可与游离酶结合形成 EI,也可与 ES 结合形成 IES,EI 也可与 S 形成 IES。

$$E + S \underset{k_2}{\overset{k_1}{\rightleftharpoons}} ES \xrightarrow{k_3} E + P$$
$$+ \qquad\qquad +$$
$$I \qquad\qquad I$$
$$k_i \updownarrow \qquad\qquad k_i' \updownarrow$$
$$EI + S \rightleftharpoons IES$$

式中 k_i' 为 IES 的解离常数。若反应式中 $k_i = k_i'$,则非竞争性抑制剂存在时的米氏方程式变换为

$$v = \frac{v_{max}[S]}{(K_m+[S])\left(1+\dfrac{[I]}{k_i}\right)} \qquad (3\text{-}19)$$

该方程式的双倒数形式是

$$\frac{1}{v} = \frac{K_m}{v_{max}}\left(1+\frac{[I]}{k_i}\right)\frac{1}{[S]} + \frac{1}{v_{max}}\left(1+\frac{[I]}{k_i}\right) \qquad (3\text{-}20)$$

以 $1/v$ 对 $1/[S]$ 作图,可得一直线(图 3-20)。

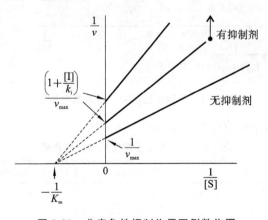

图 3-20 非竞争性抑制作用双倒数作图

非竞争性抑制剂存在时,直线的斜率增大,而 K_m 不变,即非竞争性抑制剂不影响酶对底物的亲和力,但非竞争性抑制剂使酶促反应的 v_{max} 降低。

亮氨酸对精氨酸酶的抑制、毒毛花苷对细胞膜 Na^+-K^+-ATP 酶的抑制、麦芽糖对 α-淀粉酶的抑制均属于非竞争性抑制。

3. 反竞争性抑制剂只与酶-底物复合物结合 当 $k_i \rightarrow +\infty$ 时,抑制剂很难与游离酶形成 EI,仅与 ES 结合产生 IES,此时表现为反竞争性抑制作用(uncompetitive inhibition)。

$$E + S \underset{k_2}{\overset{k_1}{\rightleftharpoons}} ES \xrightarrow{k_3} E + P$$
$$+$$
$$I$$
$$k_i \updownarrow$$
$$IES$$

在有反竞争性抑制剂时,米氏方程式变换为

$$v = \frac{v_{max}[S]}{K_m + \left(1 + \frac{[I]}{k_i}\right)[S]} \tag{3-21}$$

此方程式的双倒数形式是

$$\frac{1}{v} = \frac{K_m}{v_{max}} \cdot \frac{1}{[S]} + \frac{1}{v_{max}}\left(1 + \frac{[I]}{k_i}\right) \tag{3-22}$$

以 $1/v$ 对 $1/[S]$ 作图,也得一直线(图 3-21)。反竞争性抑制剂不改变直线的斜率,但使酶促反应的 v_{max} 降低,这是由于一部分 ES 与 I 结合,生成不能转变为产物的 IES 的缘故。反竞争性抑制剂使酶促反应的表观 K_m 降低。其原因是 IES 的形成使 ES 量下降,酶对底物的亲和力增加,从而增进底物与酶结合的作用。苯丙氨酸对胎盘型碱性磷酸酶(alkaline phosphatase)的抑制属于反竞争性抑制。

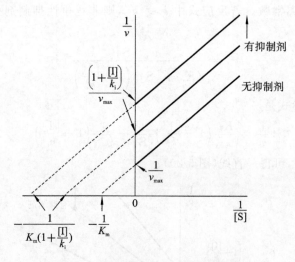

图 3-21　反竞争性抑制作用双倒数作图

现将 3 种可逆性抑制剂作用的特点比较列于表 3-8 中。

表 3-8　三种可逆性抑制剂作用的比较

作用特点	无抑制剂	竞争性抑制剂	非竞争性抑制剂	反竞争性抑制剂
I 的结合部位		E	E、ES	ES
动力学特点				
表观 K_m	K_m	增大	不变	减小
v_{max}	v_{max}	不变	降低	降低
双倒数作图				
横轴截距	$-1/K_m$	增大	不变	减小
纵轴截距	$1/v_{max}$	不变	增大	增大
斜率	K_m/v_{max}	增大	增大	不变

（二）不可逆性抑制剂与酶共价结合

有些抑制剂与酶共价结合,不能通过透析、超滤或稀释等方法将其除去,这种抑制作用称为不可逆性抑制作用。根据抑制剂作用的专一性和作用机制不同,可将不可逆性抑制剂分为三类:基团特异性抑制剂(group-specific inhibitor)、底物类似物(substrate analog)和自杀性抑制剂(suicide inhibitor)。

1. 基团特异性抑制剂与酶分子中特异的基团共价结合　一些酶活性中心的催化基团是丝氨酸残基上的羟基,这些酶称为羟化酶。例如,有机磷农药专一地与胆碱酯酶活性中心丝氨酸残基的羟基结合,使胆碱酯酶失活导致乙酰胆碱堆积,引起中毒症状。

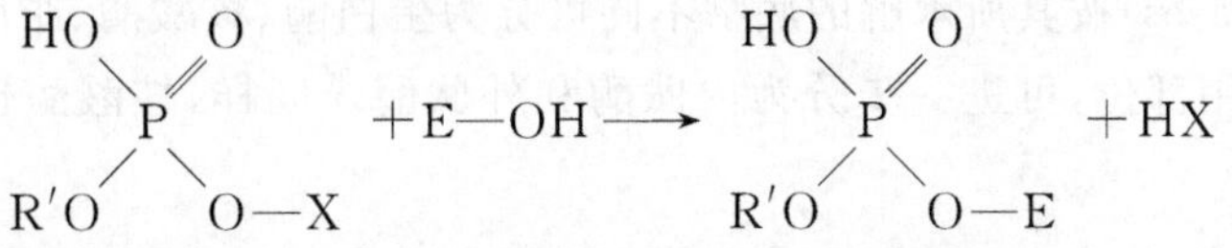

临床上常采用碘解磷定(pyridine aldoxime methyliodide,PAM)配合阿托品解救有机磷中毒。碘解磷定可直接结合体内游离的有机磷化合物,中和毒物,缓解中毒;鉴于有机磷与酶化学基团(—OH)的共价结合(不可逆抑制),碘解磷定"解救失活酶"的效果研究报道不一;对"老化"(aging)的酶(即中毒时间较长时)无效。

半胱氨酸残基的巯基是许多酶的必需基团。低浓度的重金属离子(Hg^{2+}、Ag$^+$、Pb^{2+}等)及As^{3+}等可与巯基酶分子中的巯基结合使酶失活。例如,路易士气(一种化学毒气)能不可逆地抑制体内巯基酶的活性,从而引起神经系统、皮肤、黏膜、毛细血管等病变和代谢功能紊乱。二巯丙醇(British anti-lewisite,BAL)可起保护巯基酶的作用。

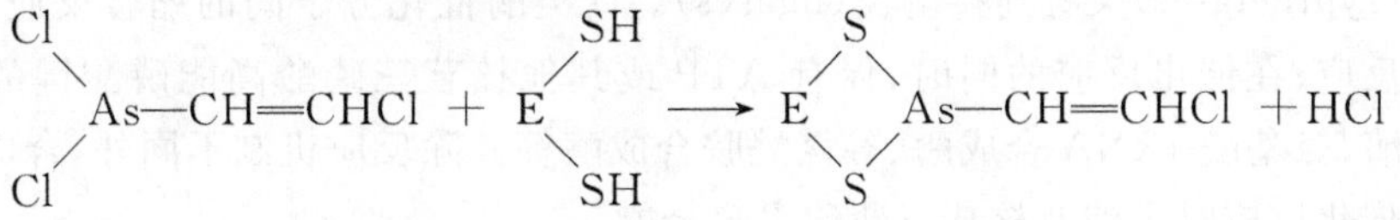

2. 底物类似物可共价地修饰酶的活性中心　与基团特异性抑制剂不同,底物类似物与底物的结构相似,可特异地与酶的活性中心共价结合,不可逆地抑制酶的活性。此类抑制剂可作为亲和标记物,用来定性酶活性中心的功能基团。例如,甲苯磺酰基-L-苯丙氨酸氯甲基酮(tosyl-L-phenylalanine chloromethyl ketone,TPCK)含有与胰凝乳蛋白酶天然底物相同的特异性基团(苯环),可进入酶的活性中心并与活性中心组氨酸残基咪唑环共价结合,抑制胰凝乳蛋白酶的活性。

3. 自杀性抑制剂是经过修饰的酶的底物　酶的自杀性抑制剂可以作为酶的底物与酶活性中心相结合,生成酶-底物复合物,并接受酶的催化作用。然而,经催化后的中间产物不游离出产物,而是转化为酶的抑制剂,进一步与酶活性中心共价结合,对酶产生抑制作用。

$$E+S \Longleftrightarrow ES \longrightarrow E \cdot I \longrightarrow E—I$$

例如,单胺氧化酶通过其辅基 FAD 氧化 N,N-二甲基丙炔酰胺,后者被氧化后不能游离出氧化产物,反而对 FAD 进行烷化修饰,生成稳定的烷化 FAD,酶的活性受到不可逆的抑制。

第四节　酶的分类与命名

一、酶的分类

根据酶催化的反应类型,酶可以分为以下 6 大类。

（一）催化氧化还原反应的酶属于氧化还原酶类

氧化还原酶类（oxidoreductases）包括催化传递电子/氢以及需氧参加反应的酶。例如，乳酸脱氢酶、琥珀酸脱氢酶、细胞色素氧化酶、过氧化氢酶、过氧化物酶等。

（二）催化底物之间基团转移或交换的酶属于转移酶类

转移酶类（transferases）包括催化氨基酸与 α-酮酸之间氨基与酮基交换的转氨酶，将甲基从一个底物转移到另一底物的甲基转移酶，将 ATP 的 γ-磷酸基转移到另一底物的激酶等。

（三）催化底物发生水解反应的酶属于水解酶类

水解酶类（hydrolases）按其所水解的底物不同可分为蛋白酶、核酸酶、脂肪酶和脲酶等。根据蛋白酶对底物蛋白的作用部位，可进一步分为内肽酶和外肽酶。同样，核酸酶也可分为外切核酸酶和内切核酸酶。

（四）催化从底物移去一个基团并形成双键的反应或其逆反应的酶属于裂合酶类

裂合酶类或裂解酶类（lyases）催化一种底物非水解地裂解成两种产物并形成双键的反应或其逆反应。例如，脱水酶、脱羧酶、醛缩酶、水化酶。许多裂合酶的反应方向相反，一个底物去掉双键，并与另一底物结合形成一个分子，这类酶常被称为合酶（synthases）。

（五）催化同分异构体相互转化的酶属于异构酶类

异构酶类（isomerases）催化分子内部基团的位置互变、几何或光学异构体互变，以及醛酮互变。例如，变位酶、表构酶、异构酶、消旋酶等。

（六）催化两种底物形成一种产物同时偶联有高能键水解释能的酶属于合成酶类

合成酶类（synthetases）又称连接酶类（ligases）。此类酶催化分子间的缩合反应，或同一分子两个末端的连接反应；在催化反应的同时，伴有 ATP 或其他核苷三磷酸高能磷酸键的水解释能。例如，DNA 连接酶、氨基酰-tRNA 合成酶、谷氨酰胺合成酶等。除反应机制不同外，合成酶与合酶的区别还在于后者催化反应时不涉及核苷三磷酸水解释能。

二、酶的命名

（一）酶的系统命名法可反映出酶的多种信息但比较烦琐

以往的习惯命名法常不能充分反映酶的相关信息，甚至出现一酶多名等混乱现象。当时的国际生物化学学会（IUB）（现更名为国际生物化学与分子生物学学会，IUBMB）酶学委员会根据酶的分类、酶催化的整体反应、于 1961 年提出系统命名法。该法规定每个酶有一个系统名称和编号。名称标明了酶的底物及反应性质；底物名称之间以":"分隔。编号由 4 个阿拉伯数字组成，前面冠以 EC（Enzyme Commission），这 4 个数字中第 1 个数字是酶的分类号，第 2 个数字代表在此类中的亚类，第 3 个数字表示亚-亚类，第 4 个数字表示该酶在亚-亚类中的序号（表 3-9）。系统命名适合从事酶学及相关专业的工作人员应用。

表 3-9　酶的分类与命名列举

酶的分类	系统名称	编号	催化反应	推荐名称
氧化还原酶类	L-乳酸：NAD$^+$-氧化还原酶	EC1.1.1.27	L-乳酸＋NAD$^+$ ⇌ 丙酮酸＋NADH＋H$^+$	L-乳酸脱氢酶
转移酶类	L-丙氨酸：α-酮戊二酸氨基转移酶	EC2.6.1.2	L-丙氨酸＋α-酮戊二酸 ⇌ 丙酮酸＋L-谷氨酸	丙氨酸转氨酶

续表

酶的分类	系统名称	编号	催化反应	推荐名称
水解酶类	1,4-α-D-葡聚糖水解酶	EC3.2.1.1	水解含有 3 个以上 1,4-α-D-葡萄糖基的多糖中 1,4-α-D-葡萄糖苷键	α-淀粉酶
裂合酶类	D-果糖-1,6-二磷酸 D-甘油醛-3-磷酸裂解酶	EC4.1.2.13	D-果糖-1,6-二磷酸 ⇌ 磷酸二羟丙酮＋D-甘油醛-3-磷酸	果糖二磷酸醛缩酶
异构酶类	D-甘油醛-3-磷酸醛-酮-异构酶	EC5.3.1.1	D-甘油醛-3-磷酸 ⇌ 磷酸二羟丙酮	磷酸丙糖异构酶
合成酶类	L-谷氨酸:氢连接酶(生成ADP)	EC6.3.1.2	ATP＋L-谷氨酸＋NH₃ ⟶ ADP＋Pᵢ＋L-谷氨酰胺	谷氨酰胺合成酶

（二）推荐名称简便而常用

由于系统名称较烦琐,国际酶学委员会还同时为每一个酶从常用的习惯名称中挑选出一个推荐名称。推荐名称简便,适宜非专业人员应用。

三、酶活性的测定与酶活性单位

酶的活性也称为酶活力(enzyme activity)。酶活力是指酶催化某一化学反应的能力,酶活力的大小可以用在一定条件下所催化的某一化学反应的反应速率来表示,两者呈线性关系,即酶催化反应的速率越大,酶的活力越高;催化反应速率越小,酶的活力越低。测定酶的活力就是测定酶促反应速率。

酶活力的大小用酶的活性单位(activity unit)表示,即酶单位(U)。酶单位指在一定条件下,一定时间内将一定量的底物转化为产物所需的酶量。常以每克酶制剂或每毫升酶制剂含有多少酶单位表示(U/g 或 U/mL)。为使酶活性单位标准化,1961 年 IUBMB 酶学委员会及国际纯化学和应用化学协会临床化学委员会提出采用统一的"国际单位(IU)"表示酶活力。一个酶活性单位规定为在温度为 25 ℃的最适反应条件下,每分钟内催化 1 微摩尔(μmol)底物转化为产物所需的酶量,即 1 IU ＝1 μmol/min。1972 年国际酶学委员会又推荐一种新的酶活性单位,即 Katal(简称 Kat)单位。1 Kat单位定义为在最适条件下,每秒钟催化 1 摩尔(mol)底物转化为产物所需的酶量,即 1 Kat＝1 mol/s。Kat 单位与 IU 单位之间的换算关系为:1 IU＝16.7 nKat。由于酶的催化作用受测定环境的影响,因此测定酶活力要在最适条件下进行,即最适温度、最适 pH 值、最适底物浓度和最适缓冲液离子强度等,此时才能真实反映酶活力的大小。在测定酶活力时,常常使底物浓度足够大,测得的速度比较可靠地反映酶的含量。

第五节 酶与医学的关系

一、酶与疾病的关系

（一）许多疾病与酶的质和量的异常相关

1. 酶的先天性缺陷是先天性疾病的重要病因之一 基因突变可造成一些酶的先天性缺陷。如酪氨酸酶缺陷引起白化病,苯丙氨酸羟化酶缺陷引起苯丙酮尿症,葡萄糖-6-磷酸脱氢酶缺陷引起溶血性贫血,肝细胞中葡萄糖-6-磷酸酶缺陷可引起Ⅰa 型糖原贮积症。

2. 酶原异常激活和酶活性异常改变可引起疾病 除酶基因突变外，酶原异常激活和酶活性异常改变也可成为疾病的原发病因。急性胰腺炎是由于胰蛋白酶原在胰腺中被激活，胰腺细胞遭到水解破坏所致。酶的各种竞争性抑制剂、不可逆性抑制剂可通过影响酶的活性而诱发疾病。有机磷农药抑制胆碱酯酶活性可产生乙酰胆碱堆积的临床症状。

3. 一些疾病可以引起酶活性的改变 一些原发疾病引起酶活性的改变可进一步加重病情和引发继发病或并发症。例如，严重肝病时可因肝合成的凝血因子减少而影响血液凝固；肝糖原合成与分解的酶活性下降可引起饥饿性低血糖。慢性乙醇中毒患者可因乙醇、乙醛的氧化产生过量的NADH，抑制三羧酸循环和激活脂肪酸和胆固醇的生物合成，引起脂肪肝和动脉硬化。

（二）体液中酶活性的改变可作为疾病的诊断指标

组织器官损伤可使其组织特异性的酶释放入血，有助于对组织器官疾病的诊断。如急性肝炎时血清丙氨酸转氨酶活性升高；急性胰腺炎时血、尿淀粉酶活性升高；前列腺癌患者血清酸性磷酸酶含量增高；骨癌患者血中碱性磷酸酶含量升高；卵巢癌和睾丸肿瘤患者血中胎盘型碱性磷酸酶含量升高。因此，测定血清中酶的增多或减少可用于辅助诊断和预后判断。

（三）酶作为药物可用于疾病的治疗

1. 有些酶作为助消化的药物 酶作为药物最早用于助消化。如消化腺分泌功能下降所致的消化不良，可服用胃蛋白酶、胰蛋白酶、胰脂肪酶、胰淀粉酶等加以改善。

2. 有些酶用于清洁伤口和抗炎 在清洁化脓伤口的洗涤液中，加入胰蛋白酶、溶菌酶、木瓜蛋白酶、菠萝蛋白酶等可加强伤口的净化、抗炎和防止浆膜粘连等。在某些外敷药中加入透明质酸酶可以增强药物的扩散作用。

3. 有些酶具有溶解血栓的疗效 临床上常用链激酶、尿激酶及纤溶酶等溶解血栓，用于治疗心、脑血管栓塞等疾病。

（四）有些药物通过抑制或激活体内某种酶的活性起治疗作用

一些药物通过抑制某些酶的活性，纠正体内代谢紊乱。如抗抑郁药通过抑制单胺氧化酶而减少儿茶酚胺的灭活，治疗抑郁症。洛伐他汀通过竞争性抑制 HMG-CoA 还原酶的活性，抑制胆固醇的生物合成，降低血胆固醇浓度。给新生儿服用苯巴比妥可诱导肝细胞 UDP-葡糖醛酸基转移酶的生物合成，减轻新生儿黄疸，防止出现胆红素脑病。

二、酶在医学上的其他应用

（一）有些酶可作为酶偶联测定法中的指示酶或辅助酶

当有些酶促反应的底物或产物不能被直接测定时，可偶联另一种或两种酶，使初始反应产物定量地转变为可测量的某种产物，从而测定初始反应的底物、产物或初始酶活性。这种方法称为酶偶联测定法。若偶联一种酶，这个酶即为指示酶（indicator enzyme）；若偶联两种酶，则前一种酶为辅助酶（auxiliary enzyme），后一种酶为指示酶。例如，临床上测定血糖时，利用葡糖氧化酶将葡萄糖氧化为葡萄糖酸，并释放 H_2O_2，过氧化物酶催化 H_2O_2 与 4-氨基安替比林及苯酚反应生成水和红色醌类化合物，测定红色醌类化合物在 505 nm 处的吸光度即可计算出血糖浓度。此反应中的过氧化物酶即为指示酶。

（二）有些酶可作为酶标记测定法中的标记酶

临床上经常需检测许多微量分子，过去一般都采用免疫同位素标记法；现今多以酶标记代替同位素标记。例如，酶联免疫吸附测定（enzyme-linked immunosorbent assay，ELISA）法就是利用抗原-抗体特异性结合的特点，将标记酶与抗体偶联，对抗原或抗体做出检测的一种方法。常用的标记酶有辣根过氧化物酶、碱性磷酸酶、葡糖氧化酶、β-D-半乳糖苷酶等。

（三）多种酶成为基因工程常用的工具酶

多种酶已常规用于基因工程操作过程中。例如，Ⅱ型限制性内切核酸酶、DNA 连接酶、反转录酶、DNA 聚合酶等。

小结

酶是由活细胞合成的、对其底物具有高效催化效率的蛋白质。单纯酶仅由氨基酸残基组成。结合酶包括酶蛋白和辅助因子两部分；酶蛋白主要决定反应的专一性和催化机制，辅助因子决定反应的性质和类型。只有全酶才具有催化活性。辅助因子多为金属离子或有机化合物，后者多含有 B 族维生素或卟啉组分。酶不同于一般催化剂的最显著特点是酶对底物具有高度的催化效率，并对底物具有高度的特异性。酶是蛋白质，它还表现出酶活性的可调节性和不稳定性。别构调节和酶促共价修饰调节是酶活性调节的两种重要方式。

同工酶催化相同的化学反应，但酶的结构、理化性质，以至于免疫学性质不同。酶原是细胞初合成和分泌时不具有催化活性的酶的前体物，酶原在特定的场所被激活后，才能成为具有催化活性的酶。

酶的活性中心是酶分子中能与底物结合并催化底物生成产物的具有三维结构特定区域，多是裂缝或裂隙或疏水的"口袋"，为催化底物反应提供一个疏水的微环境。酶与底物结合时发生相互诱导与契合，形成酶-底物复合物。酶与底物的相互作用有多种效应，并对底物有多元催化作用。

酶促反应速率受酶浓度、底物浓度、pH 值、温度、抑制剂和激活剂等多种因素的影响。米氏方程式可定量地解释酶促反应 v 与 $[S]$ 的关系。K_m 是 v 为 v_{max} 一半时的底物浓度，是酶的特征性常数。在一定的条件下，K_m 可以代表酶对底物的亲和力。采用 Lineweaver-Burk 作图法能准确求得 K_m 和 v_{max}。不可逆性抑制剂与酶分子共价结合，可逆性抑制剂与酶分子非共价结合。竞争性抑制剂与底物竞争与酶的活性中心结合，使酶促反应的表观 K_m 增大，但 v_{max} 不变。非竞争性抑制剂可与游离酶和酶-底物复合物结合，使 v_{max} 减小，但不改变 K_m。反竞争性抑制剂只与酶-底物复合物结合，引起表观 K_m 和 v_{max} 均降低。

酶与医学的关系密切，许多疾病与酶的质和量的异常有关，而多种疾病也伴随着体液酶的变化。临床上有多种酶用于疾病的诊断和鉴别诊断，有些酶还可作为临床药物用于疾病的治疗。

（郑红花）

第四章 聚糖的结构与功能

扫码看课件

教学目标

- 聚糖的结构
- 糖蛋白的结构与功能
- 蛋白聚糖的结构与功能
- 糖脂的结构与功能

生物体内存在多种含糖的生物大分子复合物,如蛋白聚糖、糖蛋白、糖脂等,称为糖复合体(glycoconjugate)或复合糖类(complex carbohydrate)。组成糖复合体的糖组分(除单个糖基外),称为聚糖(glycan)。糖蛋白和蛋白聚糖均由蛋白质和聚糖两部分依靠共价键连接。糖蛋白分子中蛋白质所占比例较聚糖高,而蛋白聚糖刚好相反,其分子中聚糖所占百分比较蛋白质高。糖脂由聚糖与脂类物质组成。生物体内也存在蛋白质、糖、脂三者的复合物,主要利用糖基磷脂酰肌醇(glycosylphosphatidyl inositol,GPI)将蛋白质锚定于细胞膜上。聚糖参与细胞识别、细胞黏附、细胞分化、免疫识别、细胞信号转导、微生物致病过程和肿瘤转移过程等。糖生物学研究表明,特异的聚糖结构被细胞用来编码若干重要信息。在细胞内,聚糖参与并影响糖蛋白从初始合成至最后亚细胞定位的各个阶段及其功能。

第一节 聚糖的结构

知识链接 4-1

聚糖结构具有复杂性与多样性。复合糖中的各种聚糖结构存在单糖种类、化学键连接方式及分支异构体的差异,形成千变万化的聚糖空间结构。尽管哺乳动物单糖种类有限,但由于单糖连接方式、修饰方式的差异,存在于聚糖中的单糖结构不计其数。例如,2 个相同己糖的连接就有 α-及 β-1,2 连接、1,3 连接、1,4 连接和 1,6 连接 8 种方式,加之聚糖中的单糖修饰(如甲基化、硫酸化、乙酰化、磷酸化等),所以从理论上计算,组成糖复合物中聚糖的己糖结构可能达 10^{12} 种之多(尽管并非所有的结构都天然存在);目前已知糖蛋白 N-聚糖中的己糖结构已有 2000 种。

聚糖结构的多样性和复杂性是其携带大量生物信息的基础。聚糖在细胞间通信、蛋白质折叠、蛋白质转运与定位、细胞黏附和免疫识别等方面的功能就是聚糖携带的生物信息的表现。目前对聚糖携带生物信息的详细方式、传递途径所知甚少。

一、聚糖分子中单糖组分的种类及结构

糖蛋白和糖脂中的聚糖序列是多变的,结构信息丰富,其蕴藏的信息量甚至超过了单一结构形式的核酸和蛋白质。一个寡糖链中单糖种类,连接位置,糖苷键构型和糖环类型的可能排列组合数目是一个天文数字。由少数几个单糖组成的寡糖链,就能以几何级数形成很多异构体,例如 4 种不同单糖可形成 36864 个四糖异构体。

聚糖空间结构的多样性提示其所含信息量可能不亚于核酸和蛋白质。每一聚糖都有一个独特

的能被蛋白质阅读并与蛋白质（如凝集素等）相结合的三维空间构象，这就是现代糖生物学家假定的"糖密码（sugar code）"。如果真的存在着糖密码的话，那么糖密码是如何产生的，即其上游（分子）是何物呢？这是糖生物学研究领域目前面临的巨大挑战。

目前，从糖复合物中聚糖的生物合成过程（包括糖基供体、合成所需糖类、合成的亚细胞部位、合成的基本过程）得知，聚糖的合成受基因编码的糖基转移酶和糖苷酶调控。糖基转移酶的种类繁多，已被克隆的糖基转移酶就多达 130 余种，其主要分布于内质网或高尔基体，参与聚糖的生物合成。

组成糖蛋白或糖脂分子中聚糖的单糖主要有 7 种：葡萄糖（glucose）、半乳糖（galactose）、甘露糖（mannose）、岩藻糖（fucose）、N-乙酰半乳糖胺（N-acetylgalactosamine）、N-乙酰葡糖胺（N-acetylglucosamine）、N-乙酰神经氨酸（N-acetylneuraminic acid）。由于单糖的种类和组成比例不同，糖蛋白或糖脂分子中的聚糖结构千差万别。

二、聚糖分子中单糖的连接方式

（一）糖蛋白中的连接方式

糖蛋白中寡糖链的还原端残基与多肽链的氨基酸残基以多种形式共价连接，形成的连接键称为糖肽键（glycopeptide linkage）。糖肽键主要有以下两种类型。

1. N-糖肽键　N-糖肽键是由 β 构型的 N-乙酰葡糖胺异头碳与天冬酰胺的 γ 酰胺 N 原子共价连接而成的 N-糖苷键。这种键分布相当广泛，特别是在血浆蛋白和膜蛋白中。被连接的 Asn 经常处于多肽链的 Asn-X-Thr/Ser 序列中，其中 X 为除脯氨酸外的任一氨基酸残基。此化学键连接的糖蛋白中的聚糖称为 N-连接型聚糖，相应的蛋白也称为 N-连接糖蛋白。

根据结构可以将 N-连接型聚糖分为 3 型：复杂型、高甘露糖型和杂合型。三者都有一个由 2 个 N-乙酰葡糖胺和 3 个甘露糖形成的五糖核心。其合成场所是粗面内质网和高尔基体，可与蛋白质肽链的合成同时进行。其合成需要长萜醇作为聚糖载体，在糖基转移酶的催化作用下完成。

2. O-糖肽键　O-糖肽键是由单糖的异头碳与羟基氨基酸的羟基 O 原子共价结合而成的 O-糖苷键，包括 N-乙酰半乳糖胺与丝氨酸/苏氨酸缩合而成 O-糖肽键和半乳糖与羟赖氨酸形成的 O-糖肽键。其合成是在多肽链合成后进行的，而且不需要聚糖载体。其合成从内质网起始，到高尔基体完成。此化学键连接的糖蛋白中的聚糖称为 O-连接型聚糖，相应的蛋白也称为 O-连接糖蛋白。

（二）糖脂中的连接方式

糖脂是糖通过其半缩醛羟基以糖苷键与脂质连接而成的。

（三）聚糖的生物合成不需要模板指导

与核酸、蛋白质合成不同，各类多糖或聚糖的合成并不需要模板的指导，聚糖中糖基序列或不同糖苷键的形成，主要取决于糖基转移酶特异性识别糖基底物及其催化作用。依靠多种特异性糖基转移酶有序地将供体分子中的糖基转运至接受体上，在不同位点以不同糖苷键的方式，形成特异的聚糖结构。

鉴于糖基转移酶（一类蛋白质）由基因编码，所以糖基转移酶继续了基因至蛋白质信息流，将信息传递至聚糖分子；另外，聚糖（如血型物质）作为某些蛋白质组分与生物表型密切相关，体现生物信息。

| 第二节　糖蛋白的结构与功能 |

一、糖蛋白的分类与结构

生物体中许多膜蛋白和分泌蛋白都是糖蛋白，糖蛋白（glycoprotein）是一类复合糖或一类结合蛋白质，糖链作为结合蛋白质的辅基，糖蛋白中的糖链一般含少于 15 个单糖单位。

生物体中许多膜蛋白(membrane protein)和分泌蛋白(secretory protein)都是糖蛋白。膜糖蛋白主要有 ABO 血型抗原、组织相容性抗原(histocompatibility antigen)和移植抗原(transplation antigen),以及细胞膜中的免疫球蛋白,病毒和激素等的膜受体也常是糖蛋白。

分泌糖蛋白主要包括以下几种。

(1) 消化道上皮细胞分泌的黏蛋白如颌下腺黏蛋白(mucin)、胃黏蛋白(gastric mucin)。

(2) 血液中的激素蛋白,如促滤泡激素(follicle stimulating hormone)、促黄体激素(luteinizing hormone)、人绒毛膜促性腺激素(human chorionic gonadotropin)。

(3) 血浆蛋白、运铁蛋白(transferrin)、铜蓝蛋白(ceruloplasmin)等。

(4) 参与凝血和纤溶的蛋白如凝血酶原(thrombogen)、纤溶酶原(plasminogen)等。

(5) 免疫球蛋白(immunoglobulin)、补体(addiment)等。

(6) 构成细胞外基质的结构蛋白,如胶原蛋白(collagen)、层黏蛋白(laminin)、纤连蛋白(fibronectin)等。

二、糖蛋白的功能

体内蛋白质约 1/3 为糖蛋白,执行着不同的功能。糖蛋白中的聚糖不但能影响蛋白质部分的构象、聚合、溶解及降解,还参与糖蛋白的相互识别、结合等功能。

不同的糖蛋白中含糖量变化很大,糖成分占糖蛋白重量的 1%～80% 不等。如胃黏蛋白含糖量高达 82%,而胶原蛋白含糖量一般不到 1%。

(一) 糖蛋白中的聚糖可稳固多肽链的结构及延长半衰期

糖蛋白的聚糖通常存在于蛋白质表面环或转角的序列处,并突出于蛋白质表面。有些糖链可能通过限制与它们连接的多肽链的构象自由度而起结构性作用。O-连接型聚糖常成簇地分布在蛋白质高度糖基化的区段上,有助于稳固多肽链的结构。一般来说,去除聚糖的糖蛋白容易受蛋白酶水解,说明聚糖可保护肽链,延长半衰期。有些酶的活性依赖其聚糖,如 β-羟基-β-甲戊二酸单酰辅酶 A (HMG-CoA)还原酶去聚糖后其活性降低 90% 以上;脂蛋白脂酶 N-连接型聚糖的五糖核心为酶活性所必需。当然,蛋白质的聚糖也可起屏障作用,抑制糖蛋白的作用。

(二) 糖蛋白中的聚糖参与糖蛋白新生肽链的折叠或聚合

不少糖蛋白的 N-连接型聚糖参与新生肽链的折叠,维持蛋白质正确的空间构象。如用 DNA 定点突变方法去除某一病毒 G 蛋白的两个糖基化位点,此 G 蛋白就不能形成正确的链内二硫化而错配成链间二硫化,空间构象也发生改变。运铁蛋白受体有 3 个 N-连接型聚糖,分别位于"Asn251"、Asn317 和 Asn727。已发现 Asn727 与肽链的折叠和运输密切相关,"Asn251"连接有复杂型聚糖,此聚糖对于形成正常二聚体起重要作用,可见聚糖能影响亚基聚合。在哺乳动物新生蛋白质折叠过程中,具有凝集素活性的分子伴侣——钙连蛋白(calnexin)和(或)钙网蛋白(calreticulin)等,通过识别并结合折叠中的蛋白质(聚糖)部分,帮助蛋白质进行准确折叠,同样也能使错误折叠的蛋白质进入降解系统。

(三) 糖蛋白中的聚糖可影响糖蛋白在细胞内定位和分泌

例如,溶酶体酶在内质网合成后,其聚糖末端的甘露糖在高尔基体内先被磷酸化成 6-磷酸甘露糖,然后与溶酶体膜上的 6-磷酸甘露糖受体识别并结合,定向转送至溶酶体内。若聚糖链末端甘露糖不被磷酸化,那么溶酶体酶只能被分泌至血浆,而溶酶体内几乎没有酶,可导致疾病产生。

(四) 糖蛋白中的聚糖参与分子间的相互识别

聚糖中单糖间的连接方式有 1,2 连接、1,3 连接、1,4 连接和 1,6 连接;这些连接又有 α 和 β 之分。这种结构的多样性是聚糖分子识别作用的基础。

受体与配体识别、结合也需聚糖的参与。如整合蛋白与其配体纤连蛋白结合,依赖完整的整合蛋白 N-连接型聚糖的结合;若用聚糖加工酶抑制剂处理 K562 细胞,使整合蛋白聚糖改变成高甘露糖型或杂合型,均可降低与纤连蛋白识别和结合的能力。

三、糖蛋白与医学

糖蛋白与医学关系密切。红细胞的血型物质含糖达 $80\%\sim90\%$。ABO 血型物质是存在于细胞表面糖脂中的聚糖组分。ABO 系统中血型物质 A 和 B 均是在血型物质 O 的聚糖非还原端加上 GalNAc 或 Gal,仅一个糖基之差,使红细胞能分别识别不同的抗体,产生不同的血型。

细胞表面复合糖的聚糖还能介导细胞-细胞的结合。血液循环中的白细胞需通过沿血管壁排列的内皮细胞,才能出血管至炎症组织。白细胞表面存在一类黏附分子称为选凝素(selectin),能识别并结合内皮细胞表面糖蛋白分子中的特异聚糖结构,白细胞以此与内皮细胞黏附,进而通过其他黏附分子的作用,使白细胞移动并完成出血管的过程。

免疫球蛋白 G(IgG)属于 N-连接糖蛋白,其聚糖主要存在于 Fc 段。IgG 的聚糖可结合单核细胞或巨噬细胞上的 Fc 受体,并与补体 C1q 的结合和激活以及诱导细胞毒等过程有关。若 IgG 去除聚糖,其铰链区的空间构象遭到破坏,上述与 Fc 受体和补体结合的功能就丢失。

近年来,糖生物学(glycobiology)和糖组学(glycomics)的概念相继被提出。随着对蛋白质和聚糖间的相互作用和功能的全面分析开展,当前对于个体全部糖链的结构、功能及其代谢为主体内容的研究正在如火如荼进行,其成果将对医学的发展具有重要的指导意义。

第三节 蛋白聚糖的结构与功能

一、蛋白聚糖的结构

蛋白聚糖(proteoglycan)是由糖胺聚糖(glycosaminoglycan,CAG)共价连接于核心蛋白所构成的一类非常复杂的复合糖类。与糖胺聚糖链共价结合的蛋白质称为核心蛋白。一种蛋白聚糖可含有一种或多种糖胺聚糖。糖胺聚糖是由没有分支的二糖单位重复连接而成的,由其二糖单位含有葡糖胺或半乳糖胺等糖胺而得名,二糖单位中一个是糖胺,另一个是糖醛酸(葡糖醛酸或艾杜糖醛酸)。

体内重要的糖胺聚糖主要有 6 种:硫酸软骨素(chondroitin sulfate)、硫酸皮肤素(dermatan sulfate)、硫酸角质素(keratan sulfate)、透明质酸(hyaluronic acid)、肝素(heparin)和硫酸类肝素(heparan sulfate)。这些糖胺聚糖都是由重复的二糖单位组成的。除透明质酸外,其他的糖胺聚糖都带有硫酸。

除糖胺聚糖外,蛋白聚糖还含有一些 N-或 O-连接型聚糖。核心蛋白种类颇多,加之核心蛋白相连的糖胺聚糖链的种类、长度以及硫酸化的程度等复杂因素,使蛋白聚糖的种类更为繁多。核心蛋白均含有相应的糖胺聚糖取代结构域,一些蛋白聚糖通过核心蛋白特殊结构域锚定在细胞表面或细胞外基质的大分子中。核心蛋白最小的蛋白聚糖称为丝甘蛋白聚糖(serglycin),含有肝素,主要存在于造血细胞和肥大细胞的储存颗粒中,是一种典型的细胞内蛋白聚糖。

蛋白聚糖的合成始于核心蛋白多肽链的合成,即先在内质网合成核心蛋白的多肽链部分,多肽链合成的同时即以 O-连接或 N-连接的方式在丝氨酸或天冬酰胺残基上进行聚糖的加工。聚糖的延长和加工修饰主要是在高尔基体内进行,以单糖的 UDP 衍生物为供体,在多肽链上逐个加上单糖,而不是先合成二糖单位。每一单糖都有其特异性的糖基转移酶,使聚糖依次延长。聚糖合成后再予以修饰,糖胺的氨基来自谷氨酰胺,硫酸则来自"活性硫酸"或 $3'$-磷酸腺苷-$5'$-磷酰硫酸。差向异构酶可将葡糖醛酸转变为艾杜糖醛酸。

NOTE

二、蛋白聚糖的功能

1. 蛋白聚糖最主要的功能是构成细胞间基质　在细胞基质中各种蛋白聚糖以特异的方式连接弹性蛋白、胶原蛋白,赋予基质特殊的结构。基质中含有大量透明质酸,可与细胞表面的透明质酸受体结合,影响细胞与细胞的黏附及细胞迁移、增殖和分化等细胞行为。蛋白聚糖中的糖胺聚糖是多阴离子化合物,结合 Na^+、K^+,从而吸收水分子;糖的羟基也是亲水基团,所以基质内的蛋白聚糖可以吸引、保留水而形成凝胶,容许小分子化合物自由扩散但阻止细菌通过,起保护作用。

细胞表面有众多类型的蛋白聚糖,大多数含有硫酸肝素,分布广泛,在神经发育、细胞识别结合和分化等方面起重要的调节作用。有些细胞还存在丝甘蛋白聚糖,它的主要功能是与带正电荷的蛋白酶、羧肽酶或组织胺等相互作用,参与这些生物活性分子的储存和释放。

2. 各种蛋白聚糖有其特殊功能　例如,肝素是重要的抗凝剂,能使凝血酶失活;肝素还能特异地与毛细血管壁的脂蛋白脂肪酶结合,促使后者释放入血。在软骨中硫酸软骨素含量丰富,维持软骨的机械性能,角膜的胶原纤维间充满硫酸角质素和硫酸皮肤素,使角膜透明。在肿瘤组织中各种蛋白聚糖的合成发生改变,与肿瘤增殖和转移有关。

第四节　糖　脂

一、糖脂的分类与结构

糖脂(glycolipid)是糖通过半缩醛羟基以糖苷键与脂质连接的化合物。由于脂质部分不同,糖脂可分为鞘糖脂(sphingolipid)、甘油糖脂和类固醇衍生糖脂。鞘糖脂、甘油糖脂是细胞膜脂质的主要成分,具有重要的生理功能。

鞘糖脂(glycosphingolipid)是以神经酰胺为母体的化合物。鞘磷脂分子中的神经酰胺 C_1 位羟基被磷脂酰胆碱或磷脂酰乙醇胺化,而鞘糖脂分子中的神经酰胺 C_1 位羟基被糖基化,形成糖苷化合物,其结构通式如图 4-1 所示。

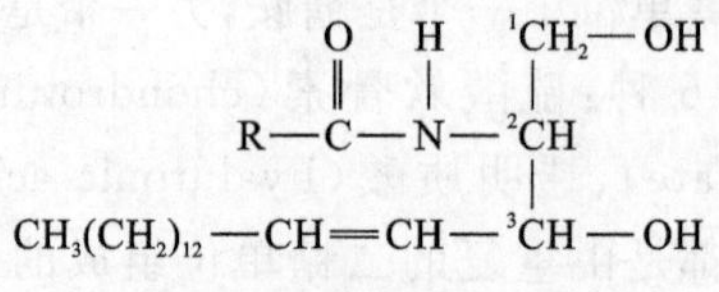

$$
\begin{array}{ccc}
\text{O} & \text{H} & {}^1\text{CH}_2\!-\!\text{OH} \\
\parallel & \mid & \mid \\
\text{R}\!-\!\text{C}\!-\!\text{N} & \!-\! & {}^2\text{CH} \\
& & \mid \\
\text{CH}_3(\text{CH}_2)_{12}\!-\!\text{CH}\!=\!\text{CH}\!-\!{}^3\text{CH}\!-\!\text{OH}
\end{array}
$$

图 4-1　神经酰胺的结构通式

鞘糖脂分子中的单糖种类主要有 D-葡萄糖、D-半乳糖、N-乙酰葡糖胺、N-乙酰半乳糖胺、岩藻糖和唾液酸;脂肪酸成分主要为 16～24 碳的饱和与低度饱和脂肪酸,此外,还有相当数量的 α-羟基脂酸。鞘糖脂又可根据分子中是否含有唾液酸或硫酸基成分,分为中性鞘糖脂和酸性鞘糖脂两类。

鞘糖脂的糖基部分可被硫酸化,形成硫苷脂(sulfatide)。如脑苷脂被硫酸化形成最简单的硫苷脂,即硫酸脑苷脂(cerebroside sulfate)。硫苷脂广泛分布于人体各个器官中,以脑中含量最多。

糖基部分含有唾液酸的鞘糖脂,常称为神经节苷脂(ganglioside),属于酸性鞘糖脂。神经节苷脂分子中的糖基较脑苷脂大,常为含有一个或多个唾液酸的寡糖链。人体内的神经节苷脂中神经酰胺全为 N-乙酰神经氨酸,并以 α-2,3 连接于寡糖链内部或末端的半乳糖残基上,或以 α-2,6 连接于N-乙酰半乳糖胺残基上,或以 α-2,6 连接于另一个唾液酸残基上。神经节苷脂是一类化合物,人体至少有 60 多种。

甘油糖脂(glyceroglycolipid),也称糖基甘油酯,甘油糖脂由二酰甘油分子 3 位上的羟基与糖苷键连接而成,最常见的甘油糖脂有单半乳糖基二酰甘油和二半乳糖基二酰甘油。

二、糖脂的功能

鞘糖脂的疏水部分伸入膜的磷脂双层中,而极性糖基暴露在细胞表面,发挥血型抗原、组织或器官特异性抗原、分子与分子相互识别的作用。硫苷脂可能参与血液凝固和细胞黏着等过程。

神经节苷脂分布于神经系统中,在大脑中占总糖脂的 6%,在神经末梢含量丰富,种类繁多,在神经冲动传递中起重要作用。神经节苷脂位于细胞膜表面,其头部是复杂的碳水化合物,伸出细胞膜表面,可以特异地结合某些垂体糖蛋白激素,发挥很多重要的生理调节功能。神经节苷脂还参与细胞相互识别,因此,在细胞生长、分化,甚至癌变时具有重要作用。神经节苷脂也是一些细菌蛋白毒素(如霍乱毒素)的受体。神经节苷脂分解紊乱时,引起多种遗传性鞘糖脂过剩疾病(sphingolipid storage disease),如 Tay-Sachs 病,主要症状为进行性发育阻滞、神经麻痹、神经衰退等,其原因为溶酶体内先天性缺乏 β-N-乙酰己糖胺酶 A,不能水解神经节苷脂极性部分 GaINAc 和 Gal 残基之间的糖苷键而引起神经节苷脂在脑中堆积。

甘油糖脂是髓磷脂(myelin)的重要组成成分,后者是包绕在神经元轴突外侧的脂质,起到保护和绝缘的作用,因而甘油糖脂在神经元信息传递中发挥重要的作用。

小结

细胞表面、血液和细胞基质中存在大量的糖蛋白和蛋白聚糖,二者均由蛋白质和聚糖构成。糖蛋白中寡糖链的还原端残基与多肽链的氨基酸残基以多种形式共价连接,形成的连接键称为糖肽键(glycopeptide linkage)。糖肽键主要有两种类型,即 N-糖肽键和 O-糖肽键。糖蛋白的聚糖具有多种生物学功能,如影响新生肽链的加工、运输和糖蛋白的生物半衰期,参与糖蛋白的分子识别和生物活性等。蛋白聚糖由糖胺聚糖和核心蛋白组成。体内重要的糖胺聚糖有硫酸软骨素、硫酸肝素、透明质酸等。蛋白聚糖是主要的细胞外基质成分,它与胶原蛋白以特异的方式相连而赋予基质特殊的结构。细胞表面的蛋白聚糖还参与细胞黏附、迁移、增殖和分化功能。糖脂可分为鞘糖脂、甘油糖脂和类固醇衍生糖脂。鞘糖脂、甘油糖脂是细胞膜脂的主要成分。鞘糖脂是以神经酰胺为母体的化合物,根据分子中是否含有唾液酸或硫酸基成分可分为中性鞘糖脂和酸性鞘糖脂两类。神经节苷脂是含唾液酸的酸性鞘糖脂,主要分布于神经系统,种类繁多,在神经冲动传递中起重要作用。

(郑红花)

第五章 维生素与无机盐

 教学目标

- 脂溶性维生素的功能和缺乏症
- 水溶性维生素的活性形式与辅酶
- 钙、磷的功能及代谢调节
- 其他主要矿质元素的生化功能

扫码看课件

维生素是维持人体正常生理活动所必需的一类小分子有机化合物,它们大多作为酶的辅助因子参与新陈代谢。尽管维生素的需求量很少,但必须经由食物供给。维生素一旦缺乏会引起相应的缺乏症。无机盐即无机化合物中的盐类,旧称矿物质。人体已发现有 20 余种必需的无机盐,占人体体重的 4%～5%,其中含量较多的称为常量元素,另外一些含量较少的称为微量元素。

第一节 维 生 素

维生素又称维他命(vitamin),是人体维持正常的生理功能而必须从食物中获得的一类微量有机物,在人体生长、代谢、发育过程中发挥着重要的作用。维生素既不参与人体细胞构成,也不为人体提供能量,而是一类调节物质,在物质代谢中起重要作用。这类物质虽然需求量很少,但由于体内不能合成或合成量不足,所以必须经由食物供给。维生素一旦缺乏就会引发相应的缺乏症,对人体健康造成损害。

维生素都是小分子有机物,结构上并无共性。通常根据其溶解性将维生素分为脂溶性维生素与水溶性维生素两大类。

一、脂溶性维生素

脂溶性维生素不溶于水,溶于脂肪及有机溶剂(苯、乙醚、氯仿等)中,故以此得名。它们通常分布于油脂性食物中,过分限制油脂性食物的摄入或油脂性食物吸收障碍,有可能引起脂溶性维生素缺乏症。脂溶性维生素包括维生素 A、维生素 D、维生素 E 及维生素 K 四种。

(一)维生素 A

维生素 A(vitamin A)又称视黄醇(其醛衍生物称视黄醛)或抗干眼病因子,是具有脂环的不饱和一元醇,包括维生素 A_1、维生素 A_2 两种形式。维生素 A_1 多存在于哺乳动物及咸水鱼的肝脏中,维生素 A_2 常存在于淡水鱼的肝脏中。维生素 A_1 和维生素 A_2 的功能相同,但维生素 A_2 的活性较低,所以通常所说的维生素 A 是指维生素 A_1。在化学结构上,维生素 A_2 比维生素 A_1 多一个双键,两者的结构式如图 5-1 所示。

植物来源的 β-胡萝卜素(图 5-2)及其他胡萝卜素可在人体内转变成维生素 A,β-胡萝卜素的转换效率最高。在 β-胡萝卜素-15,15′-加双氧酶催化下,β-胡萝卜素转变为两分子的视黄醛(ratinal),

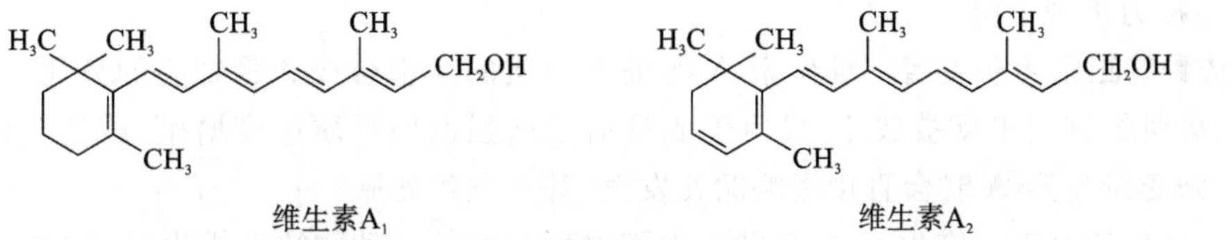

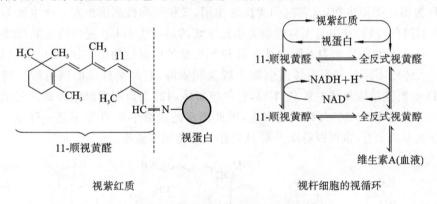

图 5-1 维生素 A 结构式

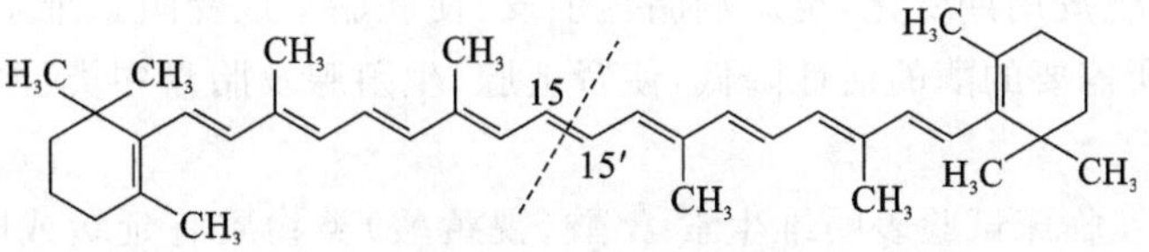

（左）维生素A₁ （右）维生素A₂

图 5-2 β-胡萝卜素结构式

视黄醛在视黄醛还原酶的作用下还原为视黄醇。

维生素 A 是构成视觉细胞中感受弱光的视紫红质（图 5-3）的组成成分，视紫红质是由视蛋白和 11-顺视黄醛组成的，与暗视觉有关。眼球视网膜上有两类感光细胞，即视锥细胞与视杆细胞。视锥细胞能感受光的强度和颜色，但只在强光下起作用；在明亮环境中，我们看到的景象既有明亮感，又有彩色感，此为明视觉。视杆细胞只能感光，不能感色，但感光灵敏度极高，故可以在微弱的光照下作用，此时我们看到的景物全是灰黑色，没有彩色感，此为暗视觉。

视紫红质 视杆细胞的视循环

图 5-3 视紫红质结构及其视循环

明暗视觉切换的关键即在于视紫红质的合成与分解。视紫红质是由视蛋白与 11-顺视黄醛连接而成的一种蛋白质，11-顺视黄醛即是维生素 A 的氧化产物。11-顺视黄醛与视蛋白在黑暗或弱光下结合成视紫红质，此时视杆细胞发挥功能，感受弱光。强光下，视紫红质分解为视蛋白与全反式视黄醛时，视杆细胞失去功能。当维生素 A 缺乏时，11-顺视黄醛得不到足够的补充，暗光下视紫红质合成受阻，使人在暗处不能分辨物体，暗适应能力降低，严重时导致夜盲症。

维生素 A 除维持暗视觉功能之外，还在刺激组织生长、增强免疫等方面发挥重要作用。具体来说，包括以下几个方面。

1. 维护上皮组织细胞的健康和促进免疫球蛋白的合成 维生素 A 可参与糖蛋白的合成，这对于上皮的正常形成、发育与维持十分重要。当维生素 A 不足或缺乏时，可导致糖蛋白合成中间体的异常，相对分子质量较小的多糖-脂的堆积，引起上皮基底层增生变厚，细胞分裂加快、张力原纤维合成增多，表面层发生细胞变扁、不规则、干燥等变化。鼻、咽、喉和其他呼吸道、胃肠和泌尿生殖系统内膜角质化，削弱了防止细菌侵袭的天然屏障（结构），而易于感染。对于儿童，极易合并发生呼吸道感染及腹泻。有的肾结石也与泌尿道角质化有关。过量摄入维生素 A，对上皮感染的抵抗力并不随剂量而增高。

免疫球蛋白是一种糖蛋白，维生素 A 能促进该蛋白质的合成，对于机体免疫功能有重要影响，缺乏时,机体免疫力呈现下降。

2. 维持骨骼正常生长发育 维生素 A 促进蛋白质的生物合成和骨细胞的分化。当其缺乏时,成骨细胞与破骨细胞间平衡被破坏,或由于成骨活动增强而使骨质过度增殖,或使已形成的骨质不吸收。孕妇缺乏维生素 A 时会直接影响胎儿发育,甚至发生死胎。

3. 促进生长与生殖 维生素 A 有助于细胞增殖与生长。动物缺乏维生素 A 时,明显出现生长停滞,可能与动物食欲降低及蛋白质利用率下降有关。维生素 A 缺乏时,影响雄性动物精索上皮产生精母细胞,雌性阴道上皮周期变化,也影响胎盘上皮,使胚胎形成受阻。维生素 A 缺乏还引起诸如催化黄体酮前体形成所需要的酶的活性降低,使肾上腺、生殖腺及胎盘中类固醇的产生减少,可能是影响生殖功能的原因。

4. 抑制肿瘤生长 临床试验表明维生素 A 酸(视黄酸)类物质有延缓或阻止癌前病变,防止化学致癌的作用,特别是对于上皮组织肿瘤,临床上作为辅助治疗剂已取得较好效果。β-胡萝卜素具有抗氧化作用,是机体一种有效的捕获活性氧的抗氧化剂,对于防止脂质过氧化,预防心血管疾病、肿瘤,以及延缓衰老均有重要意义。

维生素 A 的主要食品来源为肝脏、奶类、禽蛋黄及鱼肝油等动物性食品;胡萝卜素主要来自植物性食品,红黄色及绿色的水果与蔬菜中均含有丰富的胡萝卜素,如胡萝卜、辣椒、红薯、油菜、杏和柿子等。

(二)维生素 D

维生素 D 为固醇类衍生物,具有抗佝偻病的作用,又称抗佝偻病维生素。维生素 D 家族成员包括五种结构类似的化合物,其中与人体健康关系较密切的是维生素 D_2(麦角钙化醇)和维生素 D_3(胆钙化醇)(图 5-4)。维生素 D 均为不同的维生素 D 原经紫外照射后的衍生物,维生素 D 原在动、植物体内都存在。人体皮下储存有胆固醇衍生物 7-脱氢胆固醇,它经紫外线的照射后可转变为维生素 D_3。维生素 D_2 仅侧链结构与维生素 D_3 不同,它是植物体内的麦角固醇经紫外线照射的产物。因为维生素 D_3 可由皮肤下物质经紫外线照射产生,因此严格地说维生素 D 并不是一种维生素;另外,从生理功能和合成方式上看,也可以将维生素 D 当作一种类固醇激素。

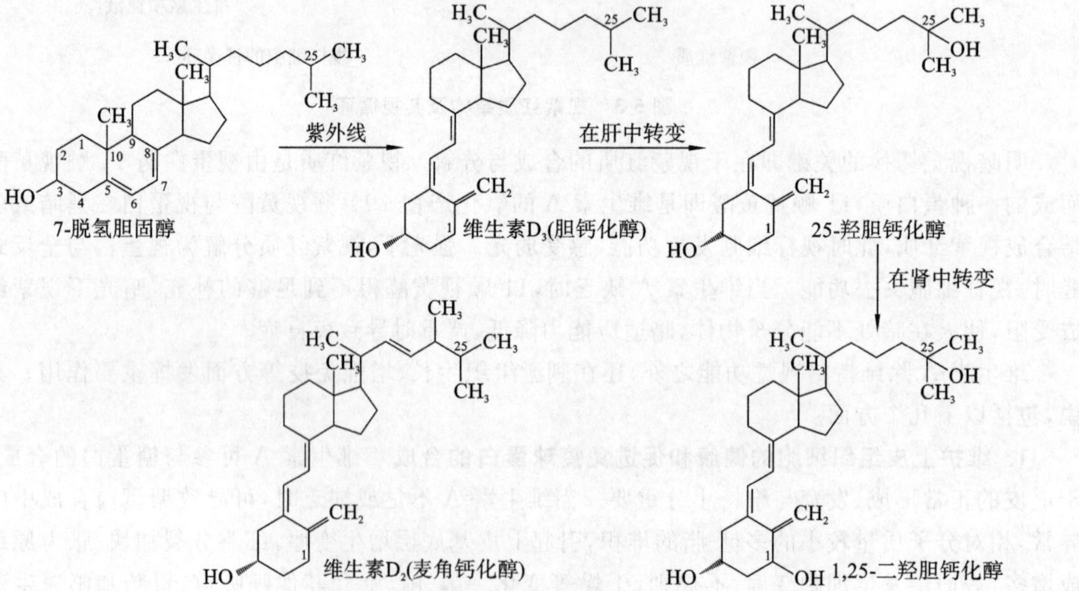

图 5-4 维生素 D 的结构式

从食物中获取的维生素 D 与脂肪一起被吸收,吸收部位主要在空肠与回肠。维生素 D 在微粒体中经单氧酶系统作用,其 25 位羟基化形成 25-(OH)-D_3,25-(OH)-D_3 在肾线粒体单氧酶作用下转变为 1,25-(OH)$_2$-D_3,它是维生素 D 的活性形式,可将其视作激素。

维生素D主要用于组成和维持骨骼的强壮。它被用来防治儿童佝偻病和成人软骨症，关节痛等。患有骨质疏松症的人通过添加合适的维生素D和镁可以有效提高钙离子的吸收度。除此以外，维生素D还被用于降低结肠癌、乳腺癌和前列腺癌的发生率，对免疫系统也有增强作用。维生素D将和甲状旁腺激素以及降血钙素协同作用来平衡血液中钙离子和磷的含量，特别是增强人体对钙离子的吸收能力。维生素D不能用于血钙过高的患者，或者血液中钙离子含量偏高的人。另外对患有肾结石和动脉硬化的患者来说也必须小心使用，因为维生素D可能会引起甲状旁腺疾病，削弱肾功能甚至引起心脏疾病。

只要人体接受足够的日光，体内就可以合成充足的维生素D；除强化食品外，通常天然食物中维生素D的含量较低，动物性食品是非强化食品中天然维生素D的主要来源，如含脂肪高的海鱼和鱼卵、动物肝脏、蛋黄、奶油和奶酪中相对较多，瘦肉、奶、坚果中含微量的维生素D，而蔬菜、谷物及其制品和水果含有少量维生素D或几乎没有维生素D。

（三）维生素E

维生素E是有多种形式的脂溶性维生素，是一种重要的抗氧化剂。维生素E包括生育酚和三烯生育酚两类共8种化合物，即α、β、γ、δ生育酚和α、β、γ、δ三烯生育酚（图5-5），α-生育酚是自然界中分布最广泛、含量最丰富、活性最高的维生素E形式。生育酚主要有四种衍生物，按甲基位置分为α、β、γ和δ四种。与生育酚相关的化合物生育三烯酚在取代基不同时活性是一定的，但生育酚的活性会明显降低。

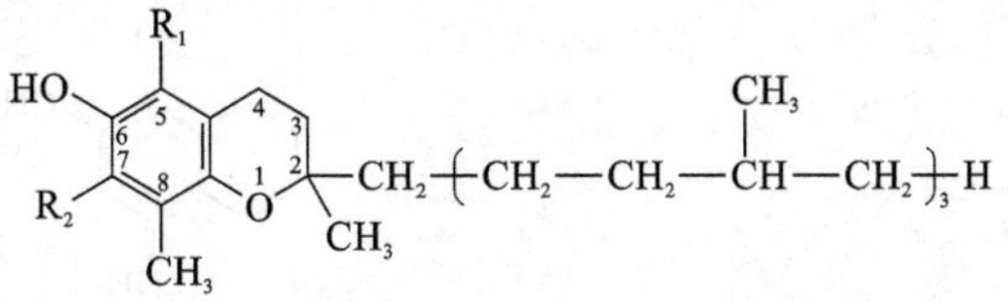

生育酚

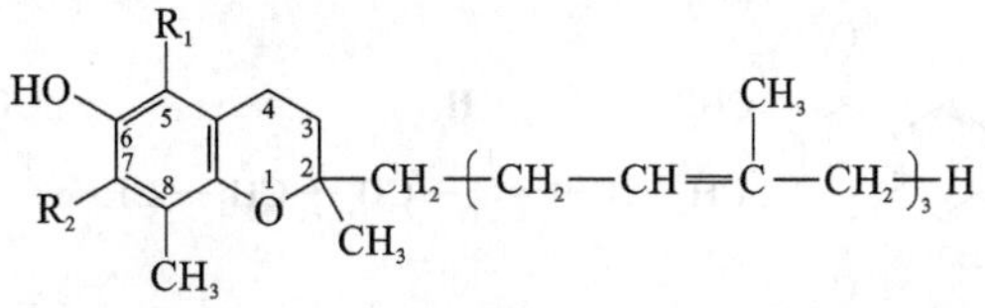

生育三烯酚

	R_1	R_2
α-生育酚(α-生育三烯酚)	$-CH_3$	$-CH_3$
β-生育酚(β-生育三烯酚)	$-CH_3$	$-H$
γ-生育酚(γ-生育三烯酚)	$-H$	$-CH_3$
δ-生育酚(δ-生育三烯酚)	$-H$	$-H$

图5-5 维生素E的结构式

维生素E能促进生殖。它能促进性激素分泌，使男子精子活力和数量增加；使女子雌性激素浓度增大，提高生育能力，预防流产。维生素E缺乏时会出现睾丸萎缩和上皮细胞变性，孕育异常。在临床上常用维生素E治疗先兆流产和习惯性流产。另外对防治男性不育症也有一定帮助。

维生素E还可以保护T淋巴细胞、保护红细胞、抗自由基氧化、抑制血小板聚集从而降低心肌梗死和脑梗死的危险性，还对烧伤、冻伤、毛细血管出血、更年期综合征、美容等方面有很好的疗效。另外，还发现维生素E可抑制眼睛晶状体内的过氧化脂质反应，使末梢血管扩张，改善血液循环。

维生素E可有效对抗自由基，抑制过氧化脂质生成，祛除黄褐斑；抑制酪氨酸酶的活性，从而减少黑色素生成。酯化形式的维生素E还能消除由紫外线、空气污染等外界因素造成的过多的氧自由基，起到延缓光老化、预防晒伤和抑制日晒红斑生成等作用。

维生素E是一种脂溶性维生素，因此需要一定量的脂肪以避免它被消化。坚果就是最完美的点心，杏仁和榛子富含维生素E及脂肪，能在一定程度上保护细胞膜不被氧化。

维生素E缺乏时，男性睾丸萎缩不产生精子，女性胚胎与胎盘萎缩引起流产，阻碍脑垂体调节卵巢分泌雌激素等而诱发更年期综合征、卵巢早衰。另一方面，维生素E缺乏时，人体代谢过程中产生的自由基，不仅可引起生物膜脂质过氧化，破坏细胞膜的结构和功能，形成脂褐素；而且使蛋白质变性,酶和激素失活,免疫力下降,代谢失常,加快机体衰老。

富含维生素 E 的食物有果蔬、坚果、瘦肉、乳类、蛋类、压榨植物油、柑橘皮等。果蔬包括猕猴桃、菠菜、卷心菜、羽衣甘蓝、莴苣、甘薯、山药等;坚果包括杏仁、榛子和胡桃;压榨植物油包括向日葵籽油、芝麻油、玉米油、橄榄油、花生油、山茶油等。此外,红花、大豆、棉籽、小麦胚芽、鱼肝油都有一定含量的维生素 E,含量最为丰富的是小麦胚芽,最初多数自然维生素 E 从麦芽油提取,通常从菜油、大豆油中获得。

(四) 维生素 K

维生素 K 又称为凝血维生素,天然维生素 K 已经发现有两种,一种是从苜蓿中提出的油状物,称为维生素 K_1;另一种是从腐败鱼肉中获得的结晶体,称为维生素 K_2。而维生素 K_3、维生素 K_4 是通过人工合成的,是水溶性的维生素(图 5-6)。最重要的是维生素 K_1 和维生素 K_2。维生素 K 的化学性质都较稳定,能耐酸、耐热,正常烹调中只有很少损失,但其对光敏感,也易被碱和紫外线分解。

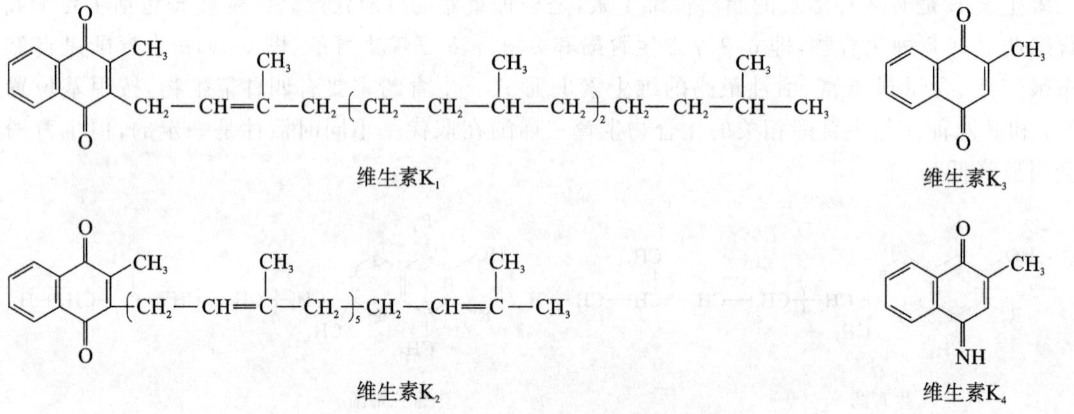

图 5-6 维生素 K 的结构式

维生素 K 的主要生理功能是促进血液凝固。维生素 K 是凝血因子 γ-羧化酶的辅酶,其他凝血因子的合成也依赖维生素 K,所以维生素 K 也称凝血维生素。人体缺少维生素 K 时,凝血时间延长,严重者会流血不止,甚至死亡。对女性来说补充维生素 K 可减少生理期大量出血,还可防止内出血及痔疮。维生素 K 还参与骨骼代谢,原因是维生素 K 参与合成 BGP(维生素 K 依赖蛋白质),BGP能调节骨骼中磷酸钙的合成。对老年人来说,他们的骨密度和维生素 K 呈正相关。经常摄入大量含维生素 K 的绿色蔬菜能有效降低骨折的危险性。

膳食中维生素 K 都是脂溶性的,主要由小肠吸收入淋巴系统,且其吸收取决于胰腺和胆囊的功能,在正常情况下其中 40%～70%可被吸收。其在人体内的半衰期比较短,约 17 小时。肠道中大肠杆菌可为人体源源不断地提供维生素 K,且维生素 K 在猪肝、鸡蛋、绿色蔬菜中含量较丰富,因此,一般人不会缺乏。人工合成的水溶性维生素 K_3 和维生素 K_4 更有利于人体吸收,已广泛用于医疗上。人体对于维生素 K 的需求量非常少,但它是维护血液功能正常凝固、减少生理期大量出血必不可少的,它还可以防止内出血及痔疮。经常流鼻血的人,应该多从天然食物中摄取维生素 K。

二、水溶性维生素

(一) 维生素 B_1 和 TPP

维生素 B_1 是由含硫的噻唑环与含氨基的嘧啶环通过亚甲基结合而成的一种 B 族维生素,故维生素 B_1 又称硫胺素(图 5-7)。硫胺素在氧化剂存在时容易被氧化产生脱氢硫胺素,后者在紫外光照射时呈现蓝色荧光,利用这一性质可以对硫胺素进行定性定量分析。

人体内,维生素 B_1 以硫胺素焦磷酸(TPP)的形式作为辅酶参与代谢。在参与糖代谢的酶中,至

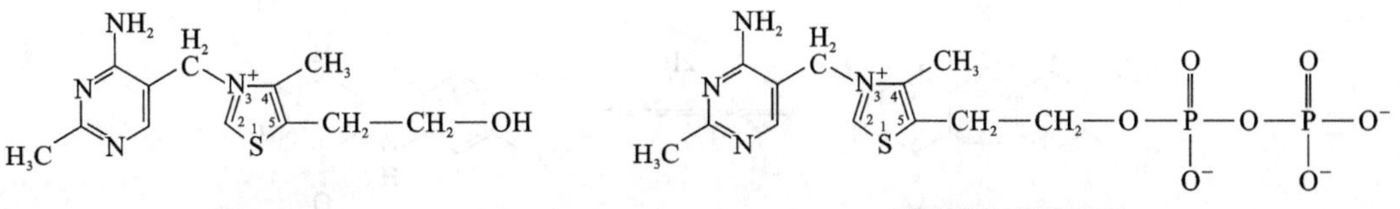

图 5-7　维生素 B_1 及 TPP 的结构式

少有以下几种酶以 TPP 为辅酶：①丙酮酸脱氢酶系中的丙酮酸脱氢酶组分（E_1）；②α-酮戊二酸脱氢酶系中的 α-酮戊二酸脱氢酶组分（E_1）；③磷酸戊糖途径中的转酮酶。

由于维生素 B_1 与糖代谢的关系密切，多食糖类食物可以增加维生素 B_1 的含量。维生素 B_1 缺乏时，糖代谢受阻，使丙酮酸累积，进而引发多发性神经炎，具体表现为四肢麻木、肌肉萎缩、心力衰竭、下肢水肿等症状，临床上称为脚气病。中国古代医书中早有治疗脚气病的记载，中国名医孙思邈已知用谷皮治疗脚气病。在现代医学上，维生素 B_1 制剂治疗脚气病和多种神经炎症疗效显著，故维生素 B_1 又名抗神经炎维生素或抗脚气病维生素。

维生素 B_1 广泛存在于天然食物中，但含量随食物种类而异，且受收获、储存、烹调、加工等条件影响。种子发芽时需要维生素 B_1，因此它存在于所有谷类、核果、豌豆、黄豆、扁豆及由植物种子未经过加工精制的食物中，尤其以小麦胚芽及米麸中含量最为丰富；肉类食品中肾脏、心脏及猪肉维生素 B_1 的含量最丰富，而肝脏内维生素 B_1 的含量并不多。硫胺素和其他水溶性维生素一样，在水果蔬菜的清洗、整理、烫漂和沥滤期间均有所损失，在谷类碾磨时损失更大。因此，食用粗粮可防止维生素 B_1 缺乏。

（二）维生素 B_2 和 FMN 及 FAD

维生素 B_2 又名核黄素，由 7,8-二甲基异咯嗪与核醇连接而成。在体内，维生素 B_2 以黄素单核苷酸（flavin mononucleotide，FMN）和黄素腺嘌呤二核苷酸（flavin adenine dinucleotide，FAD）的活性形式存在（图 5-8），作为酶的辅基与酶蛋白部分紧密结合。FAD 由 FMN 和 AMP 相连而成。

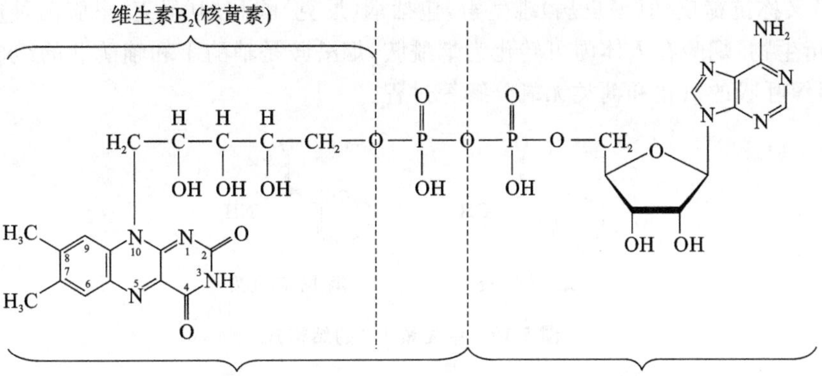

图 5-8　维生素 B_2 及 FMN 与 FAD 的结构式

维生素 B_2 分子中异咯嗪上 1,5 位氮原子存在两个活泼的共轭双键，易发生氧化还原反应。FMN 与 FAD 都有氧化型与还原型两种形式，在体内氧化还原反应中起传递氢的作用（图 5-9），是许多重要脱氢酶的辅基，如琥珀酸脱氢酶、黄嘌呤氧化酶及 NADH 脱氢酶等。

1879 年英国著名化学家布鲁斯发现牛奶的上层乳清中存在一种黄绿色的荧光色素，他们用各种方法提取，试图发现其化学本质，都没有成功。几十年中，尽管世界许多科学家从不同来源的动植物中都发现这种黄色物质，但都无法识别。1933 年，美国科学家哥尔倍格等从 1000 多公斤牛奶中得到 18 mg 这种物质，后来人们因为其分子式上有一个核糖醇，命名为核黄素。

NOTE

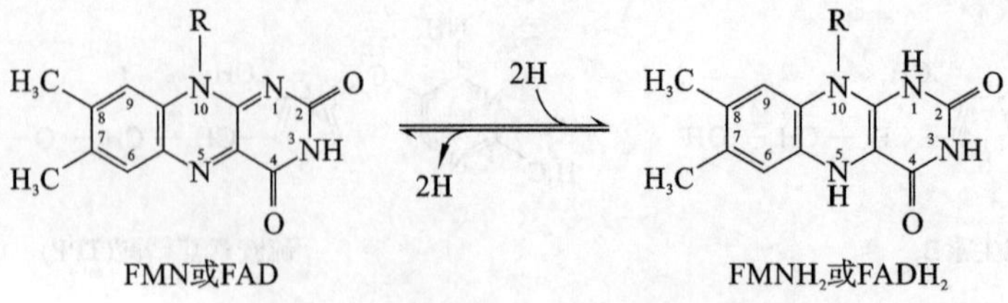

图5-9　FMN和FAD的氧化还原态

FMN或FAD　　　　FMNH$_2$或FADH$_2$

氧化型异咯嗪在450 nm附近有吸收峰,此时维生素B$_2$及其衍生物溶液呈亮黄色,当它们被还原或"漂白"时,颜色消失。以FMN与FAD为辅基的各种酶也具有类似的性质。

由于FMN与FAD广泛参与各种氧化还原反应,因此维生素B$_2$对糖、脂和蛋白质的代谢都很重要,对维持皮肤、黏膜和视觉的正常功能都有一定的作用。维生素B$_2$缺乏时,会影响机体的生物氧化,使代谢发生障碍。其病变多表现为口、眼和外生殖器部位的炎症,如口角炎、唇炎、舌炎、眼结膜炎和阴囊炎等。

膳食中的维生素B$_2$主要以FMN和FAD的形式和蛋白质结合存在,进入胃后,在胃酸的作用下与蛋白质分离,在上消化道内转变为游离的维生素B$_2$后,在小肠上部被吸收。当摄入量较大时,肝肾中常有较高的浓度,但身体储存维生素B$_2$的能力有限,超过肾阈值即通过泌尿系统,以游离的形式排出体外,因此每天都需要由饮食补充一定量的维生素B$_2$。

食物的加工和烹调方式对维生素B$_2$的吸收有较大影响。光照特别是紫外线对维生素B$_2$的破坏性较大,如果用玻璃瓶装牛奶,牛奶中的维生素B$_2$会在一天内破坏到几乎为零。碱性物质也会破坏食物中的维生素B$_2$,如果为了保持蔬菜好看的绿色,烹调蔬菜时加碱,可彻底破坏蔬菜中的维生素B$_2$。另外对大米的反复淘洗也会使维生素B$_2$随水流失,捞饭中维生素B$_2$仅能保留一半。富含维生素B$_2$的食物包括奶类及其制品,以及动物肝肾、蛋黄、鳝鱼、胡萝卜、香菇、紫菜、芹菜、橘子、柑、橙等。

(三)维生素PP与NAD及NADPH

维生素PP又称抗糙皮病(癞皮病)维生素,包括烟(尼克)酸和烟(尼克)酰胺两种形式(图5-10),两者都是吡啶衍生物,烟酸在人体内可转化为烟酰胺,烟酰胺是辅酶Ⅰ和辅酶Ⅱ的组成部分,参与体内脂质代谢,组织呼吸的氧化和糖类无氧分解等过程。

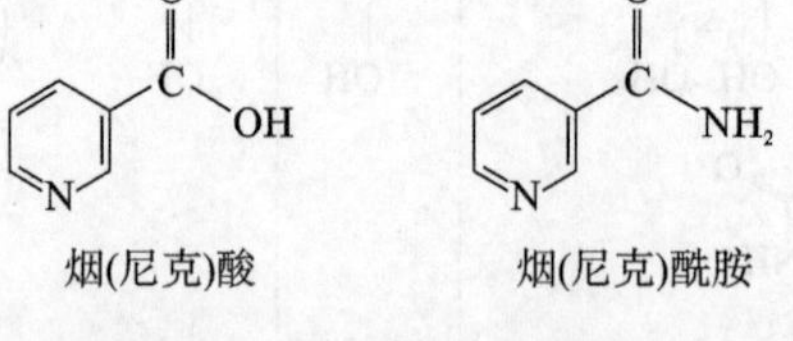

烟(尼克)酸　　　　烟(尼克)酰胺

图5-10　维生素PP的结构式

辅酶Ⅰ即烟酰胺腺嘌呤二核苷酸(NAD$^+$),由烟酰胺、核糖和ADP组成;辅酶Ⅱ即烟酰胺腺嘌呤二核苷酸磷酸(NADP$^+$),只比辅酶Ⅰ多一个磷酸基团(图5-11)。辅酶Ⅰ和辅酶Ⅱ是重要的脱氢辅酶。辅酶Ⅰ和辅酶Ⅱ在结构上极相似,且两者在反应中的作用机制相同,但是它们在代谢中的作用却有明显差异,只有少数酶可以同时以两者为辅酶,大多数酶只能特异地以其中之一为辅酶。NAD$^+$是除磷酸戊糖途径以外的大多数分解代谢中的脱氢酶作用下的氢受体,而NADH则经线粒体内膜的电子传递链氧化为NAD$^+$;NADP$^+$可作为磷酸戊糖途径的氢受体,NADPH则为大多数合成反应的供氢体。

(四)维生素B$_6$与磷酸吡哆醛/胺

维生素B$_6$又称吡哆素,包括吡哆醇、吡哆醛及吡哆胺三种物质,皆属于吡啶衍生物。维生素B$_6$

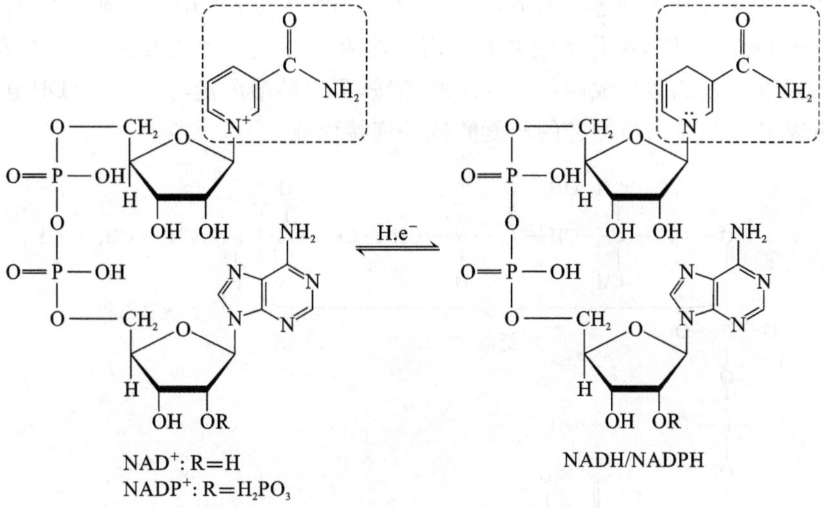

NAD$^+$: R＝H
NADP$^+$: R＝H$_2$PO$_3$

NADH/NADPH

图 5-11 NADH 与 NADPH 的结构式

在体内以磷酸酯的活性形式存在,包括磷酸吡哆醛(pyridoxamine-5-phosphate,PLP)与磷酸吡多胺两种形式(图 5-12),且两者可以相互转变。

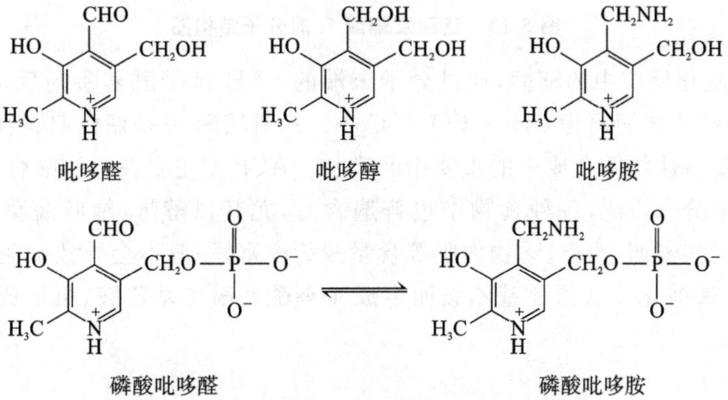

吡哆醛 吡哆醇 吡哆胺

磷酸吡哆醛 磷酸吡哆胺

图 5-12 维生素 B$_6$ 及其辅酶的结构式

在 19 世纪时,糙皮病(pellagra)除被发现因烟酸缺乏引起外,在 1926 年又发现另一种维生素在饲料中缺乏时,也会引起小老鼠诱发糙皮病,后来此物质在 1934 年被定名为维生素 B$_6$,直到 1938—1939 年才被分离出来并定性,以及合成出来。

磷酸吡多醛(PLP)是近百种酶的辅酶,它们多数与氨基酸代谢有关,包括转氨基作用、脱羧作用、侧链裂解、脱水及转硫化作用。由于这些酶的涉及面广,因此维生素 B$_6$ 的生理功能也非常广泛,主要体现在以下几个方面:①参与蛋白质合成与分解代谢,参与所有氨基酸的代谢,且与血红素的代谢有关,与色氨酸合成烟酸有关;②参与某些神经介质(5-羟色胺、牛磺酸、多巴胺、去甲肾上腺素和γ-氨基丁酸)的合成;③参与同型半胱氨酸向蛋氨酸的转化;④参与核苷酸与核酸的合成。

维生素 B$_6$ 的食物来源很广泛,动物性、植物性食物中均含有。通常肉类、全谷类产品(特别是小麦)、蔬菜和坚果类中含量较高。动物性来源的食物中维生素 B$_6$ 的生物利用率优于植物性来源的食物。维生素 B$_6$ 在酵母粉中含量最多,米糠或白米含量也不少,其次可来自肉类、家禽、鱼、马铃薯、甜薯、蔬菜中。因为食物中富含维生素 B$_6$,人体肠道细菌也能合成一定量的维生素 B$_6$ 供人体需要,所以人类很少发生维生素 B$_6$ 缺乏症。

(五)泛酸和辅酶 A

泛酸广泛存在于生物界中,故名泛酸,又名遍多酸。从分子结构上看,泛酸由 α,γ-二羟基-β,β 二甲基丁酸与β-丙氨酸通过酰胺键连接而成(图5-13)。泛酸的主要作用是形成辅酶A及酰基载体蛋白(acyl carrier protein,ACP),起传递酰基的作用。辅酶A是泛酸的主要活性形式,常简写作CoA,先由泛酸与磷酸及β-巯基乙胺形成磷酸泛酰巯基乙胺,再以磷酸酐键与3′,5′-ADP连接而成。ACP则由磷酸泛酰巯基乙胺与蛋白质侧链的丝氨酸残基连接而成。

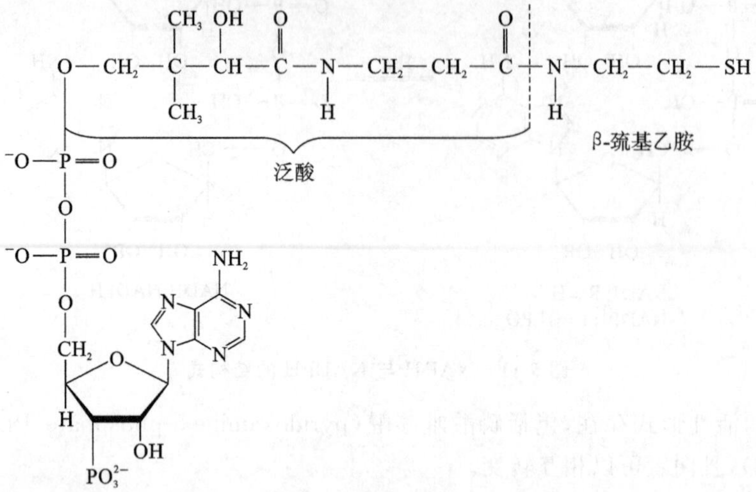

图5-13 泛酸及辅酶A的分子结构图

辅酶A是多种酰化反应中的辅酶,通过分子末端的—SH携带酰基参与反应,携带乙酰基时称为乙酰辅酶A,分子结构式简写为$CH_3—CO—SCoA$。乙酰辅酶A是糖代谢、脂肪酸β-氧化、氨基酸代谢及体内一些重要活性物质合成中的重要中间产物。ACP则主要在脂肪酸合成中发挥作用。

泛酸在自然界中分布广泛,各种食物中也普遍含有,尤其以酵母、绿叶蔬菜、未精制的谷物、玉米、豌豆、花生、坚果类、蜜糖、瘦肉、动物内脏等含量较为丰富,一般不会导致缺乏症。泛酸在肠内被吸收进入人体后,经磷酸化并获得巯基乙胺而生成4-磷酸泛酰巯基乙胺,再形成CoA及ACP的活性形式。

(六)生物素

生物素又名维生素B_7或维生素H,是噻吩与尿素相结合的骈环化合物,带有一戊酸侧链(图5-14)。生物素是羧化酶的辅基,在体内参与二氧化碳的固定和羧化反应。生物素通过侧链羧基与酶蛋白活性部位的某个赖氨酸残基的ε-氨基以酰胺键共价结合,许多需要ATP的羧化反应中,羧基暂时与生物素双环系统上的一个氮原子结合,再转移到其他底物上。典型的需要生物素参与的反应有丙酮酸羧化酶催化丙酮酸羧化成草酰乙酸,两种氨甲酰磷酸合成酶催化的氨甲酰磷酸的合成等。

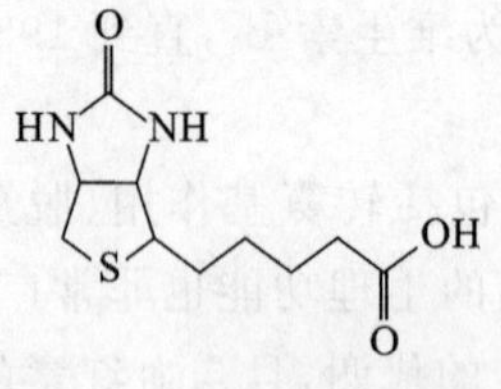

图5-14 生物素的结构式

生物素的发现,历经了40余年。1901年,Wildiers发现有一种物质是酵母生长所必需的,他称这种物质为生物活素。1916年和1927年,Bateman和Boas分别发现用生蛋清喂养大鼠能引起皮炎,但鸡蛋加热凝固后,则没有此作用。1933年Allison等研究豆类根瘤菌的生长时,从中分离出一种固氮细菌,被命名为辅酶R。1936年,德国Kogl和Tonnis从煮熟的鸭蛋黄中分离出一种结晶物质,是酵母生长所必需的,称之为生物素。1937年,匈牙利科学家Gyorgy发现一种物质能防止生蛋清所致的不利影响,将此种物质命名为维生素H。到1940年Gyorgy及其同事通过实验研究证实,辅酶R、生物素、维生素H、生物活素均为同一种物质,之后证明生物素是哺乳动物必需的一种营养素。1942年,Du Vigneaud等提出了生物素的化学结构。1943年被人工合成。

生物素广泛分布于动物及植物组织中,在正常情况下,人体肠道细菌也能合成一定量的生物素,因此一般不会发生生物素缺乏症。卵蛋白质含有能与生物素紧密结合的抗生物素蛋白。如大量食用生鸡蛋,因妨碍生物素的吸收,可导致人类生物素缺乏症。在正常情况下,人类肠道细菌合成的生物素可以满足人体需要,不会发生生物素缺乏症。新鲜鸡蛋中含有一种抗生物素蛋白,它可与生物素结合而阻止其吸收,但这种抗生物素蛋白可被加热而破坏,故大量食用生鸡蛋可引起生物素缺乏。另外,长期服用抗生素导致肠道菌群失调也会造成生物素缺乏。

生物素缺乏症主要表现以皮肤症状为主,可见毛发变细、失去光泽、皮肤干燥、鳞片状皮炎、红色皮疹,严重者的皮疹可延续到眼睛、鼻子和嘴周围。此外,伴有食欲减退、恶心、呕吐、舌乳头萎缩、黏膜变灰、麻木、精神沮丧、疲乏、肌痛、高胆固醇血症及脑电图异常等。这些症状多发生在生物素缺乏10周后。

（七）维生素 B_{12}

维生素 B_{12} 又叫钴胺素,是唯一一种含金属元素的维生素。维生素 B_{12} 是一种含有 3 价钴的多环系化合物,4 个还原的吡咯环连在一起变成为 1 个咕啉大环(与卟啉相似),是维生素 B_{12} 分子的核心(图 5-15)。所以含这种环的化合物都被称为类咕啉。维生素 B_{12} 为浅红色的针状结晶,易溶于水和乙醇,在 pH4.5～5.0 弱酸条件下最稳定,强酸(pH＜2)或碱性溶液中分解,遇热可有一定程度的破坏,但短时间的高温消毒损失小,遇强光或紫外线易被破坏。普通烹调过程损失量约为 30％。

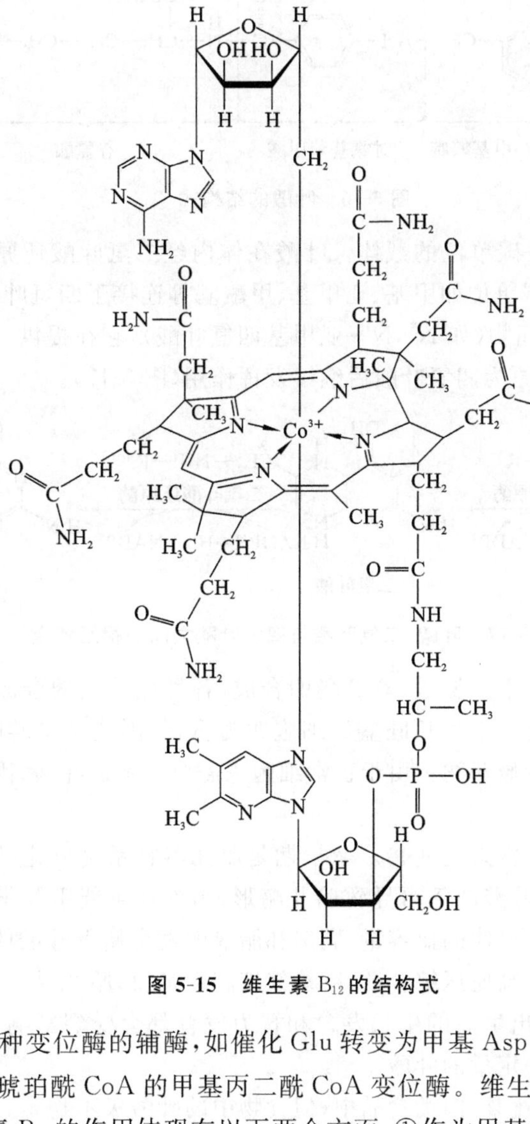

图 5-15 维生素 B_{12} 的结构式

已知维生素 B_{12} 是几种变位酶的辅酶,如催化 Glu 转变为甲基 Asp 的甲基天冬氨酸变位酶、催化甲基丙二酰 CoA 转变为琥珀酰 CoA 的甲基丙二酰 CoA 变位酶。维生素 B_{12} 也参与甲基及其他一碳单位的转移反应。维生素 B_{12} 的作用体现在以下两个方面:①作为甲基转移酶的辅因子,参与甲硫氨

NOTE

酸、胸腺嘧啶等的合成,如使甲基四氢叶酸转变为四氢叶酸而将甲基转移给甲基受体(如同型半胱氨酸),使甲基受体成为甲基衍生物(如甲硫氨酸即甲基同型半胱氨酸)。因此维生素 B_{12} 可促进蛋白质的生物合成,缺乏时影响婴幼儿的生长发育。②保护叶酸在细胞内的转移和储存。维生素 B_{12} 缺乏时,人类红细胞叶酸含量低,肝脏储存的叶酸含量降低,这可能与维生素 B_{12} 缺乏,造成甲基从同型半胱氨酸向甲硫氨酸转移困难有关,甲基在细胞内聚集,损害了四氢叶酸在细胞内的储存,因为四氢叶酸同甲基结合成甲基四氢叶酸的倾向强,后者合成多聚谷氨酸。

自然界中的维生素 B_{12} 都是微生物合成的,高等动植物不能制造维生素 B_{12}。维生素 B_{12} 是唯一的一种需要一种肠道分泌物(内因子)帮助才能被吸收的维生素。有的人由于肠胃异常,缺乏这种内因子,即使膳食中来源充足也会患恶性贫血。植物性食物中基本上没有维生素 B_{12}。它在肠道内停留时间长,大约需要 3 小时(大多数水溶性维生素只需要几秒钟)才能被吸收。维生素 B_{12} 的主要生理功能是参与制造骨髓红细胞,防止恶性贫血,防止大脑神经受到破坏。

(八) 叶酸

叶酸由 2-氨基-4-羟基-6-甲基蝶啶、对氨基苯甲酸和 L-谷氨酸连接而成(图 5-16),又名蝶酰谷氨酸,是米切尔(H. K. Mitchell)在 1941 年从菠菜叶中提取纯化的,故命名为叶酸。

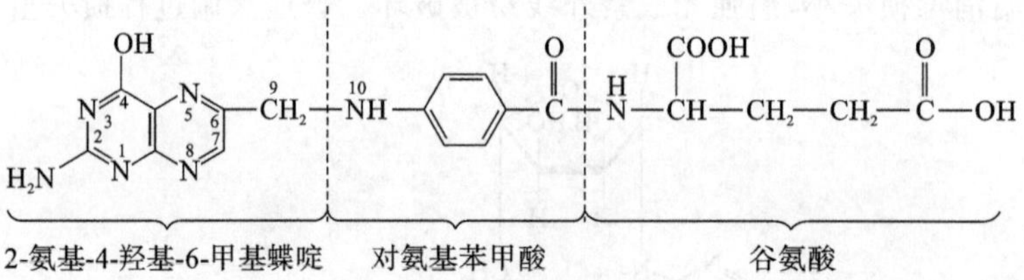

图 5-16 叶酸的结构式

叶酸是物质代谢过程中一碳单位的载体。叶酸在体内经二氢叶酸还原酶连续还原为四氢叶酸(tetrahydrofolate,THF),一碳单位如甲基、亚甲基、甲酰基等连接于四氢叶酸的 5 位或 10 位氮原子上形成一碳单位-四氢叶酸中间物(如 N^5,N^{10}-亚甲基四氢叶酸),它在提供一碳单位的同时被氧化为二氢叶酸,二氢叶酸被再次还原为四氢叶酸后继续发挥作用(图 5-17)。

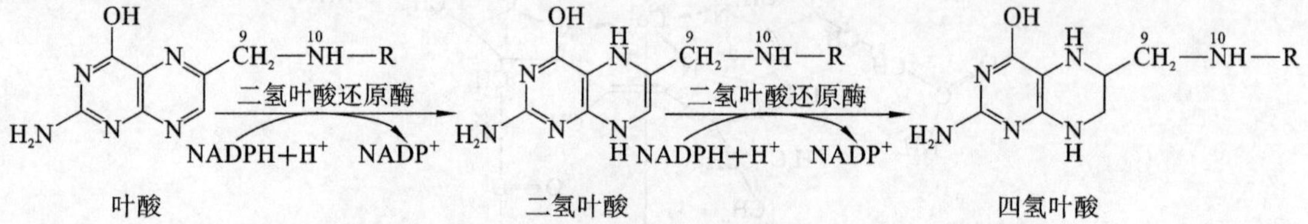

图 5-17 叶酸、二氢叶酸与四氢叶酸之间的相互转变

很多重要的生物小分子如甲硫氨酸、丝氨酸的合成,各种核苷酸的合成等都需要四氢叶酸作为一碳单位的载体参与反应。这对于生长旺盛的细胞尤为重要,因此氨甲蝶呤、氨基蝶呤和羟甲蝶呤等叶酸类似物就是常用的抗肿瘤药物。由于正常细胞也需要一定的叶酸,因此这些药物都有一定的毒副作用。

孕妇对叶酸的需求量比正常人高 4 倍。孕早期是胎儿器官系统分化、胎盘形成的关键时期,细胞生长、分裂十分旺盛。此时叶酸缺乏可导致胎儿畸形,另外还可能引起早期的自然流产。到了孕中晚期,除了胎儿生长发育外,母体的血容量、乳房和胎盘的发育使得叶酸的需要量大增。叶酸不足时,孕妇易发生胎盘早剥、妊娠高血压综合征、巨幼红细胞性贫血;胎儿易发生宫内发育迟缓、早产和出生低体重,而且这样的胎儿出生后的生长发育和智力发育都会受到影响。因此,准备怀孕的女性可在怀孕前就开始每天补充一定量的叶酸。

叶酸富含于新鲜的水果、蔬菜、肉类食品中,但食物中的叶酸极不稳定,易受阳光、加热的影响而发生氧化,所以人体真正能从食物中获得的叶酸并不多。叶酸主要在十二指肠及近端空肠部位吸收。人体内叶酸储存量为 $5 \sim 20$ mg。叶酸主要经尿和粪便排出体外,每日排出量为 $2 \sim 5$ μg。

（九）维生素 C

维生素 C 又称 L-抗坏血酸,是高等灵长类动物与其他少数生物的必需营养素。维生素 C 为酸性己糖衍生物,是烯醇式己糖酸内酯(图 5-18)。维生素 C 分子中 C_2 与 C_3 上两个相邻的烯醇式羟基易解离释放出 H^+,所以维生素 C 虽然没有自由羧基,但仍具有有机酸的性质。维生素 C 的 C_4 和 C_5 是两个不对称碳原子,因此具有光学异构体。天然存在的抗坏血酸有 L 型和 D 型两种,只有 L 型才具有生理功能。

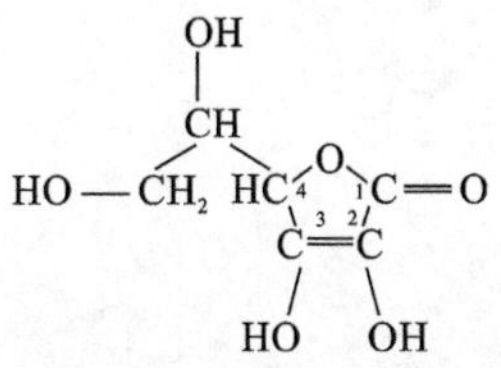

图 5-18 维生素 C 的结构式

维生素 C 是一种强还原剂,可以保护其他重要生物活性分子免受氧自由基的破坏。维生素 C 容易与氧或金属离子反应失去电子而被氧化为脱氢 L-抗坏血酸,后者又可被多种酶还原为 L-抗坏血酸。L-抗坏血酸和脱氢 L-抗坏血酸构成一个有效的氧化还原系统,氧化型的脱氢 L-抗坏血酸仍具有维生素 C 的活力。但氧化型的脱氢 L-抗坏血酸易水解为二酮基古洛糖酸,后者还可被继续氧化而分解为草酸和 L-苏阿糖酸(图 5-19)。

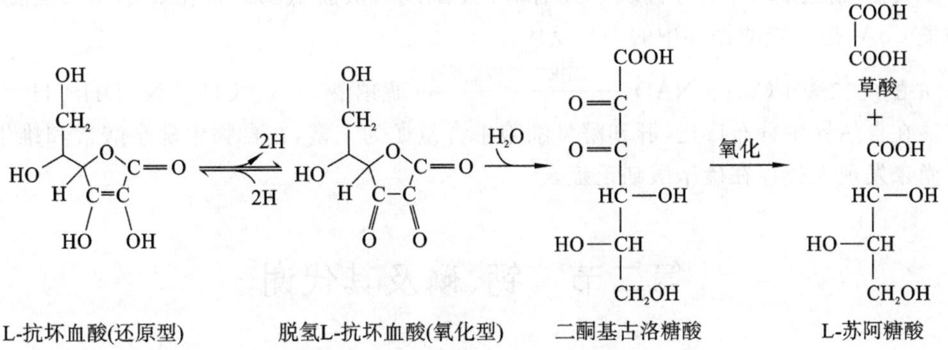

图 5-19 维生素 C 的氧化失活

维生素 C 通过它的抗氧化作用,可以保持含巯基酶的还原状态而保持活性,可以保护谷胱甘肽处于还原型,从而起到解毒作用。红细胞中的维生素 C 可以协助高铁血红蛋白还原为正常血红蛋白而恢复运输氧的能力。

抗坏血酸在大多数生物体可通过新陈代谢合成出来,但是人体除外。人体缺乏维生素 C 会导致维生素 C 缺乏症,这是一种急性或慢性疾病,还可导致类骨质及牙本质形成异常。

维生素 C 存在于植物的细胞壁中,新鲜的蔬菜和水果中维生素 C 含量丰富,如柿椒、苦瓜、菜花、甘蓝、青菜、塌棵菜、荠菜、菠菜、酸枣、红果、沙田柚、刺梨、沙棘、猕猴桃等,都富含维生素 C。维生素 C 在水溶液中极易被空气中的氧气氧化,也容易被加热破坏。光、Cu^{2+}、Fe^{2+} 都可使维生素 C 遭到破坏,故食物加工处理不当,储存过久,维生素 C 损失量会很大。

（十）硫辛酸

硫辛酸以闭环的氧化型与开链的还原型两种形式的混合物存在,这两种形式在体内可以相互转换。硫辛酸很少以游离形式存在,而是通过其羧基与酶蛋白分子中赖氨酸残基的 ε-NH_2 以酰胺键连接,形成的硫辛酰胺复合物是硫辛酸的辅酶形式(图 5-20)。

硫辛酸作为辅酶,在两个关键性的氧化脱羧反应中起作用,即在丙酮酸脱氢酶系和 α-酮戊二酸脱氢酶系中发挥作用。丙酮酸脱氢酶系又称丙酮酸脱氢酶复合体,由三种酶组成,分别是丙酮酸脱氢酶(E_1)、二氢硫辛酰转乙酰基酶(E_2)及二氢硫辛酰脱氢酶(E_3),每种酶又多次重复,共同包装成一个多亚基复合物存在于线粒体内,其中二氢硫辛酰转乙酰基酶(E_2)组分含有硫辛酸辅基。在它们的协同作用下,丙酮酸转变为乙酰 CoA 和 CO_2。

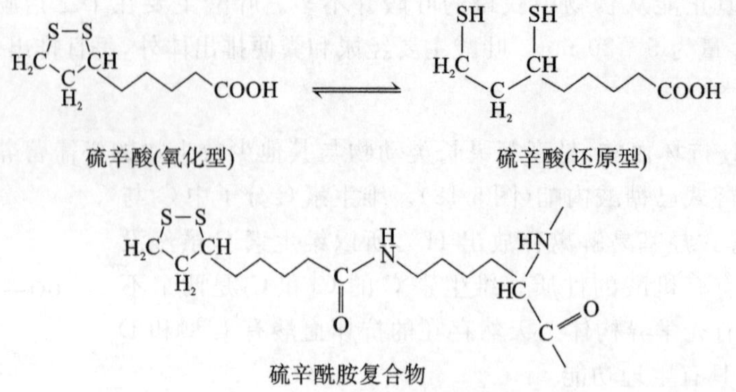

NOTE

$$\text{硫辛酸(氧化型)} \rightleftharpoons \text{硫辛酸(还原型)}$$

硫辛酰胺复合物

图 5-20 硫辛酸及硫辛酰胺复合物的结构式

$$\text{丙酮酸} + \text{CoA} + \text{NAD}^+ \xrightarrow{\text{丙酮酸脱氢酶系}} \text{乙酰 CoA} + \text{CO}_2 + \text{NADH} + \text{H}^+$$

α-酮戊二酸脱氢酶系的分子构成与作用机制与丙酮酸脱氢酶系相似,也由三种酶以多亚基形式组装而成,包括 α-酮戊二酸脱氢酶(E_1)、二氢硫辛酰转琥珀酰酶(E_2)及二氢硫辛酸脱氢酶(E_3),其中二氢硫辛酰转琥珀酰酶(E_2)组分含硫辛酸辅基。α-酮戊二酸脱氢酶系催化 α-酮戊二酸脱氢脱羧转变为琥珀酰 CoA,是三羧酸循环中的一步反应。

$$\text{α-酮戊二酸} + \text{CoA} + \text{NAD}^+ \xrightarrow{\text{α-酮戊二酸脱氢酶系}} \text{琥珀酰 CoA} + \text{CO}_2 + \text{NADH} + \text{H}^+$$

硫辛酸在自然界中分布广泛,肝和酵母细胞中含量尤为丰富,在食物中硫辛酸常和维生素 B_1 同时存在。尚未发现人类存在硫辛酸缺乏症。

第二节 钙、磷及其代谢

一、钙、磷在体内的分布及功能

钙、磷主要以无机盐形式存在体内。成人体内钙总量约占体重的 1.5%,为 700~1400 g;磷的总量为 400~800 g。99.7%以上的钙与 87.6%以上的磷以羟基磷灰石 $3Ca_3(PO_4)_2 \cdot Ca(OH)_2$ 的形式存在于骨骼和牙齿中。血浆中钙的含量仅为每 100 mL 含 8.5~11.5 mg,以 3 种形式存在,游离钙（Ca^{2+}）约 45%,与其他离子结合的复合物约 5%,与血浆蛋白结合的约 50%。前两者可经肾小球滤过进入肾小管中。血浆中游离钙与血浆蛋白结合钙的含量受 pH 值的影响,当 H^+ 浓度升高时游离钙增多,而当 HCO_3^- 浓度升高时结合钙增多。

血浆中的磷以无机磷酸盐的形式存在,成人的含量为每 100 mL 含 3~4.5 mg。正常人血浆中钙与磷的浓度维持相对恒定,当血磷增高时,血钙则降低。反之,当血钙增高时血磷则降低,这种关系在骨组织的钙化中有重要作用。

钙和磷除了参与骨骼和牙齿的形成外,还有广泛的生理作用。

钙的生理作用:①可降低神经肌肉的兴奋性,当血浆 Ca^{2+} 浓度降低时,可造成神经肌肉的兴奋性增高,以致发生抽搐;②能降低毛细血管及细胞膜的通透性,临床上常用钙制剂治疗荨麻疹等过敏性疾病以减轻组织的渗出性病变;③能增强心肌收缩力,与促进心肌舒张的 K^+ 相拮抗,维持心肌的正常收缩与舒张;④是凝血因子之一,参与血液凝固过程;⑤是体内许多酶(如脂肪酶、ATP 酶等)的激活剂,同时也是体内某些酶如 25-羟维生素 D_3-1α-羟化酶等的抑制剂,对物质代谢起调节作用;⑥作为激素的第二信使,在细胞的信息传递中起重要作用。

磷的生理作用:①是体内许多重要化合物如核苷酸、核酸、磷蛋白、磷脂及多种辅酶如 NAD^+、$NADP^+$ 等的重要组成成分;②以磷酸基的形式参与体内糖、脂类、蛋白质、核酸等物质代谢及能量代谢;③参与物质代谢的调节,蛋白质磷酸化和脱磷酸化是酶共价修饰调节最重要、最普遍的调节方式,以此改变酶的活性,对物质代谢进行调节;④血液中的磷酸盐是构成血液缓冲体系的重要组成成分,参与体内酸碱平衡的调节。

二、钙、磷的代谢

正常成人每天需钙 $0.5\sim1.0$ g。儿童、孕妇及哺乳期妇女需求量更大,每天需钙 $1.2\sim2.0$ g。人体所需的钙主要来自食物,牛奶、乳制品及果蔬中含钙丰富,普通膳食一般能满足成人每日钙的需求量。食物中的钙大部分以难溶的钙盐形式存在,需在消化道转变成 Ca^{2+} 才能被吸收。钙的吸收部位在小肠,以十二指肠和空肠为主。

人体每日排出的钙约 80% 由肠道排出,20% 由肾排出。肠道排出的钙主要是食物和消化液中未被吸收的钙,其排出量随食入的钙量和钙的吸收状况而变化。正常人每日约有 10 g 的血浆钙经肾小球滤过,但其中 95% 被肾小管重吸收,随尿排出的钙仅为 150 mg 左右。正常人每日从尿排出的钙量比较稳定,受食物钙量的影响不大,但与血钙水平有关。血钙浓度高则尿钙排出增多,反之,血钙浓度下降则尿钙排出减少。当血钙浓度下降至 1.86 mmol/L 以下时,尿钙可减少到零。

正常成人每日需磷 $1.0\sim1.5$ g,食物中的磷大部分以磷酸盐、磷蛋白或磷脂的形式存在,有机磷酸酯需在消化液中磷脂酶的作用下,水解为无机磷酸盐后才能被吸收。磷可在整个小肠被吸收,但主要吸收部位为空肠。磷较钙易于吸收,吸收率为 70%,当血磷浓度下降时吸收率可达 90%。因此,临床上缺磷极为罕见。

磷排泄与钙相反,主要由肾排出,尿磷排出量占总排出量的 $60\%\sim80\%$,由粪排出的磷占总排出量的 $20\%\sim40\%$。当血磷浓度降低时,肾小管对磷的重吸收增强。由于磷主要由肾排出,故当肾功能不全时,可引起高血磷。

血液中的钙几乎全部存在于血浆中,故血钙通常指血浆钙。正常成人血浆钙的平均浓度为 2.45 mmol/L。血液中的钙以离子钙和结合钙两种形式存在,约各占 50%。其中结合钙绝大部分是与血浆蛋白(主要是清蛋白)结合,小部分与柠檬酸或其他小分子化合物结合。蛋白质结合钙不能透过毛细血管壁,故称为非扩散钙;离子钙及柠檬酸钙等可透过毛细血管壁,称为可扩散钙。血浆中离子钙与结合钙之间可相互转变,其间存在着动态平衡关系:

$$\text{蛋白质结合钙} \underset{[HCO_3^-]}{\overset{[H^+]}{\rightleftharpoons}} Ca^{2+} \underset{[H^+]}{\overset{[HCO_3^-]}{\rightleftharpoons}} \text{柠檬酸钙等}$$
$$45\% \qquad\qquad 50\% \qquad\qquad 5\%$$

这种平衡受血浆 pH 值的影响,当 pH 值下降时,结合钙解离,释放出 Ca^{2+},使血浆 Ca^{2+} 浓度升高;相反,当 pH 值升高时,血浆 Ca^{2+} 与血浆蛋白和柠檬酸等结合加强,此时即使血清总钙量不变,血浆 Ca^{2+} 浓度下降,当血浆 Ca^{2+} 浓度低于 0.87 mmol/L 时,可出现手脚抽搐,临床上碱中毒患者常伴有手足抽搐就是这个原因。血清 Ca^{2+} 浓度的关系式如下:

$$[Ca^{2+}]=\frac{k[H^+]}{[HPO_4^{2-}][HCO_3^-]} \quad (\text{其中 } k \text{ 为常数})$$

从上述关系式可以看出,不仅 H^+ 浓度可影响血浆 Ca^{2+} 浓度,而且血浆 HPO_4^{2-} 或 HCO_3^- 浓度也可影响血浆 Ca^{2+} 的浓度。

血磷通常是指血浆无机磷酸盐中所含的磷,血浆无机磷酸盐主要以 HPO_4^{2-} 和 $H_2PO_4^-$ 形式存在。正常成人血磷浓度约为 1.2 mmol/L,新生婴儿为 $1.3\sim2.3$ mmol/L。血磷不如血钙稳定,其浓度可受生理因素影响而变动,如体内糖代谢增强时,血中无机磷进入细胞,形成各种磷酸酯,使血磷浓度下降。

骨是钙和磷的主要储存器官,同时对细胞外液钙和磷的含量起着重要的调节作用。骨由骨盐、骨基质和骨细胞三部分组成。骨盐为骨中的无机盐,占骨干重的 $65\%\sim70\%$,其主要成分为无定形的磷酸氢钙和羟基磷灰石结晶。前者是钙盐沉积的初级形式,可进一步钙化形成羟基磷灰石分布于骨基质中。羟基磷灰石是一种柱状或针状结晶,具有较大的吸附面,晶格之间可吸附体液中的Ca^{2+}、Mg^{2+}、Na^+、Cl^-、CO_3^{2-}等,这些离子可以与细胞外液的离子进行自由交换,且速度较快,从而达到调节细胞外液中钙、磷含量的效果。

三、钙、磷代谢的调节

每日钙、磷的摄入量与排泄量处于动态平衡。血钙、血磷水平维持相对稳定依赖于三种激素的协同作用,即甲状旁腺激素、降钙素及1,25-二羟胆钙化醇。

甲状旁腺激素(parathyroid hormone,PTH)是甲状旁腺主细胞分泌的碱性单链多肽类激素,由84个氨基酸组成的。甲状旁腺激素主要功能是调节体内钙和磷的代谢,促使血钙水平升高、血磷水平下降。

PTH促使血浆钙离子浓度升高,其作用的主要靶器官是骨和肾脏。它动员骨钙入血,促进肾小管对钙离子的重吸收和磷酸盐的排泄,使血钙浓度增加和血磷浓度下降。此外,PTH还间接促进肠道对钙离子的吸收。PTH动员骨钙的作用有两个时相:快速时相发生在PTH作用的2～3 h后,主要是通过骨细胞的作用,即骨细胞的胞浆突起向周围释放碱性磷酸酶和蛋白水解酶,使骨小管壁上的钙盐和骨基质加速溶解,更多的磷酸钙从骨组织转运入血;延缓时相一般发生在PTH作用12～24 h后,主要是破骨细胞的数量增加,促进细胞中RNA和蛋白质的合成,溶酶体酶类,包括胶原水解酶和其他水解酶的加速合成。在这些酶类的作用下,溶骨作用大大加快,大量钙盐由骨组织转运入血和细胞外液。

PTH对肾脏的直接作用是促进肾小管对钙离子的重吸收,因而可减少钙离子从尿中排出。这一作用出现较快,大鼠在摘除甲状旁腺的最初3 h,尿钙排出量即明显增多。PTH促进尿中磷酸盐排泄的作用十分迅速。给摘除甲状旁腺的大鼠静脉注射PTH,8 min后尿中磷酸盐排出量即增多。

降钙素(calcitonin,CT)是由甲状腺的滤泡旁细胞分泌的一种多肽类激素,由32个氨基酸构成。降钙素的主要功能是降低血钙,但通常对于调节人体血液中钙离子的恒定并没有很显著的作用。

1,25-$(OH)_2$-D_3是维生素D_3在肝、肾内逐步羟基化之后的活性形式。在肾生成的1,25-$(OH)_2$-D_3经血液转运至小肠黏膜细胞,促进对钙离子有高度亲和力的钙结合蛋白的合成(Ca-binding protein,Ca-BP),它是一种载体蛋白,可与钙离子结合生成Ca-Ca-BP而起到转运钙离子的作用,促进钙的吸收。1,25-$(OH)_2$-D_3还能促进小肠吸收磷,从而提高血钙和血磷的含量。在PTH的协同下促进骨盐溶解,释放钙入血,增加肾小管对磷的重吸收,减少尿磷的排出,提高血磷含量。由于血钙和血磷含量增大,因而有利于骨的钙化,促进骨的生成。总之,1,25-$(OH)_2$-D_3不仅可动员骨钙从老骨中游离出来,也可促进新骨的钙化,从而起到骨质不断更新,维持血钙的平衡作用。

肾脏中1,25-$(OH)_2$-D_3的生成受血中钙碘浓度、PTH和降钙素等的调节,其中有些因素可能直接影响1-α羟化酶系的活性,例如PTH和低血钙能提高1-α羟化酶活性,促进1,25-$(OH)_2$-D_3的生成,而降钙素能抑制其活性,减少1,25-$(OH)_2$-D_3的生成;有些因素则可能通过间接作用,例如低血钙引起PTH分泌增多,而PTH对1,25-$(OH)_2$-D_3的生成也有促进作用,使血钙升高。甲状旁腺机能减退的患者缺乏PTH,影响1,25-$(OH)_2$-D_3的生成,因此他们血中钙的浓度低于正常值并导致严重的骨骼疾病。反之,1,25-$(OH)_2$-D_3对PTH的分泌则有抑制的影响。此外,1,25-$(OH)_2$-D_3也有负反馈抑制作用,可抑制1-α羟化酶,减少1,25-$(OH)_2$-D_3的生成。

当血钙浓度降低时,甲状旁腺分泌较多的PTH。PTH一方面作用于肾脏,促进钙的重吸收和磷的排出,同时促使25-(OH)-D_3转变成1,25-$(OH)_2$-D_3,而促进肠对钙的吸收,另一方面PTH在1,25-$(OH)_2$-D_3的协同下,作用于骨,动员骨钙到细胞外液。这些作用的结果使血钙浓度升高。相反,当血钙浓度高于正常水平时,抑制甲状腺分泌PTH,同时C细胞分泌降钙素,抑制骨钙动员,从而使血钙浓度降低。

正常人体内,PTH、降钙素和1,25-$(OH)_2$-D_3三者相互联系,相互协同,通过对骨组织、肾和小肠作用,适应环境的变化,而维持血钙浓度的相对恒定,促进骨的正常代谢。

┃第三节 微 量 元 素┃

　　微量元素虽然在人体内的含量不多,但与人的生存和健康息息相关,对人的生命起至关重要的作用。它们的摄入过量、不足、不平衡或缺乏都会不同程度地引起人体生理的异常或发生疾病。科学研究显示,到目前为止,已被确认与人体健康和生命有关的必需微量元素有 18 种,即铁、铜、锌、钴、锰、铬、硒、碘、镍、氟、钼、钒、锡、硅、锶、硼、钶、砷。每种微量元素都有其特殊的生理功能。尽管其在人体内含量极低,但对维持人体中的一些决定性的新陈代谢却十分重要。一旦缺少了这些必需微量元素,人体就会出现疾病,甚至危及生命。

一、铁铜锌碘锰硒

(一) 铁

　　人体内铁离子主要存在于血红蛋白、肌红蛋白和细胞色素等含铁蛋白质中。吸收后的铁离子随血浆运铁蛋白运送到组织各处后,参与上述蛋白质的合成。处于发育期的儿童、女性(来潮后的女孩、生育期女性、孕产妇)及极端素食主义者容易缺铁,临床上患有慢性疾病或失血等均可导致缺铁。

　　缺铁最直接的效果是影响血红蛋白合成,进而导致缺铁性贫血。缺铁性贫血不只是表现为贫血(血红蛋白低于正常),而且是属于全身性的营养缺乏病。由于体内缺铁程度及病情发展早晚不同,故贫血的临床表现也有所不同。初期,患者无明显的自觉症状,只是化验血液时表现为血红蛋白低于正常值。随着病情的进一步发展,出现不同程度的缺氧症状。轻度贫血患者自觉经常头晕耳鸣、注意力不集中、记忆力减退。最易被人发现的是由于皮肤黏膜缺铁性贫血而引起的面色、眼睑和指(趾)甲苍白,还会导致儿童身高和体重增长缓慢。病情进一步发展还可出现心跳加快、经常自觉心慌。肌肉缺氧常表现出全身乏力,容易疲倦。消化道缺氧可出现食欲不振、腹胀腹泻,甚至恶心呕吐。严重贫血时可出现心脏扩大、心电图异常,甚至心力衰竭等贫血性心脏病的症状,有的还会出现精神失常或意识不清等。此外,有 15%～30% 的病例表现为神经痛、感觉异常;儿童可出现偏食、异食癖(喜食土块、煤渣等)、反应迟钝、智力下降、易怒不安、易发生感染等。缺铁性贫血的婴儿可有肠道出血症。近年来医学研究发现,老年性耳聋与缺铁有关。

　　青春期女性慢性萎黄病主要是由于体内铁缺乏而引起的,其特点是小细胞低色素贫血,也属于缺铁性贫血。少女或青春期女性发生本病的主要原因是身体需要的铁量增加、月经来潮丢失的铁过多或胃酸缺乏导致铁摄入不足。

　　患者由于铁缺乏,体内含铁酶活性降低,因而造成许多组织细胞代谢紊乱。临床症状和贫血程度与发病缓急有关,轻者除面色萎黄之外无任何自觉不适。严重贫血者,还可有舌炎、舌黏膜萎缩、舌头平滑、充血并有灼热感,有时还发生食管异物感、紧缩感或吞咽困难等自觉症状。

　　缺铁还可引起吞咽困难综合征,临床上表现为低色素贫血、吞咽困难、口角炎、舌头有异常感觉、指甲呈匙形等。本病女性占 90% 左右,小儿少见。吞咽困难者,经食管镜或 X 线检查可无异常发现,偶有食管黏膜赘片形成。

(二) 铜

　　铜是人体必需的微量矿物质元素,在摄入后 15 min 即可入血,同时存在于红细胞内外,可帮助铁质传递蛋白,在血红素形成过程中扮演催化的重要角色。而且在食物烹饪过程中,铜元素不易被破坏。

　　铜广泛分布于生物组织中,大部分以有机复合物存在,很多是金属蛋白,以酶的形式起着重要作用。每个含铜蛋白的酶都有它的生理生化作用,生物系统中许多涉及氧的电子传递和氧化还原反应都是由含铜酶催化的,这些酶对生命过程都是至关重要的。

成年人每天需要铜 0.05～2 mg,孕产妇和青少年(少年食品)的需求量更多。足月生下的婴儿体内含铜量约为 16 mg,按单位体重比成年人要高得多,其中约 70% 集中在肝中,由此可见,胎儿的肝是含铜量极高的器官。从妊娠开始,胎儿体内的含铜量就急剧增加,约从妊娠的第 200 天到出生,铜含量约增加 4 倍。因此,妊娠后期是胎儿吸收铜最多的时期,早产儿易患缺铜症就是这个原因。孕妇体内铜的浓度在妊娠过程中逐渐上升,这可能与胎儿长大体内雌激素水平增加有关。正常情况下,孕妇不需要额外补充铜剂,铜过量可产生致畸作用。

(三) 锌

锌是人体必需的微量元素之一,在人体生长发育、生殖遗传、免疫、内分泌等重要生理过程中起着极其重要的作用。

1. 促进人体的生长发育 处于生长发育期的儿童、青少年如果缺锌,就会导致发育不良,缺乏严重时,将会导致"侏儒症"和智力发育不良。锌是脑细胞生长的关键,缺锌会影响脑的功能,使脑细胞减少。

2. 维持人体正常食欲 缺锌会导致味觉下降,出现厌食、偏食甚至异食。

3. 增强人体免疫力 锌元素是免疫器官胸腺发育所需的营养素,只有锌量充足才能有效保证胸腺发育,正常分化 T 淋巴细胞,促进细胞免疫功能。

4. 促进伤口和创伤的愈合 补锌剂最早被应用于临床就是用来治疗皮肤病。

5. 影响维生素 A 的代谢和正常视觉 锌可促进维生素 A 的吸收。维生素 A 一般储存在肝脏中,当人体需要时,维生素 A 被输送到血液中,这个过程是靠锌来完成"动员"工作的。

6. 维持男性正常的生精功能 锌元素大量存在于男性睾丸中,参与精子的整个生成、成熟和获能的过程。男性一旦缺锌,就会导致精子数量减少、活力下降、精液液化不良,最终导致男性不育。缺锌还会导致青少年没有第二性征出现、不能正常生殖发育。

7. 调节影响大脑生理功能的各种酶及受体 锌在各种哺乳动物脑的生理调节中起着非常重要的作用,在多种酶及受体功能调节中不可缺少,还会影响到神经系统的结构和功能,与强迫症等精神方面障碍的发生、发展具有一定的关系。另外锌与 DNA 和 RNA、蛋白质的生物合成密切相关,当人体内锌缺乏时,可能导致情绪不稳、多疑、抑郁、情感稳定性下降和认知损害。

锌是人体不可缺少的微量元素,补锌可以促进儿童身体及智力发育。专家进一步指出,年龄为 12 至 13 岁的儿童补锌有利于提高其智力,此时补锌等于补智。锌元素主要存在于海产品、动物内脏中,其他食物中含锌量很少。水、主食类食物以及孩子们爱吃的蛋类中几乎不含锌,蔬菜和水果含量也很少。瘦肉、猪肝、鱼类、蛋黄、牡蛎等食物中,以牡蛎含锌量最高。

(四) 碘

碘是人体的必需微量元素之一,健康成人体内的碘含量为 20～50 mg,其中 70%～80% 存在于甲状腺中。碘是维持人体甲状腺正常功能所必需的元素,当人体缺碘时就会患甲状腺肿。

碘在人体的主要功能是参与甲状腺激素的合成。甲状腺激素包括甲状腺素(thyroxine,T_4)和三碘甲状腺原氨酸(triiodothyronine,T_3),它们在甲状腺中从碘化的甲状腺球蛋白衍生而来(图 5-21),碘化发生在甲状腺球蛋白的多个酪氨酸残基上。甲状腺素的生理作用:①促进生长、发育和组织分化;②促进糖、脂和蛋白质的氧化,增大耗氧和产热效应,增强基础代谢;③对维持神经系统的兴奋性也有一定的作用。

碘的生理作用主要体现为甲状腺素的生理作用。婴幼儿长期缺碘可导致呆小症,患者体型小、智力低和不能性成熟。如能早期诊断、及时口服甲状腺素,则生长发育可完全正常。成人缺碘则会导致黏液性水肿,患者面部和手肿大,为皮下结缔组织增厚所致。当人体短期缺碘时会导致甲状腺肿,多食海带、海鱼等含碘丰富的食物,对于防治甲状腺肿效果明显,碘化物也可以防止和治疗甲状

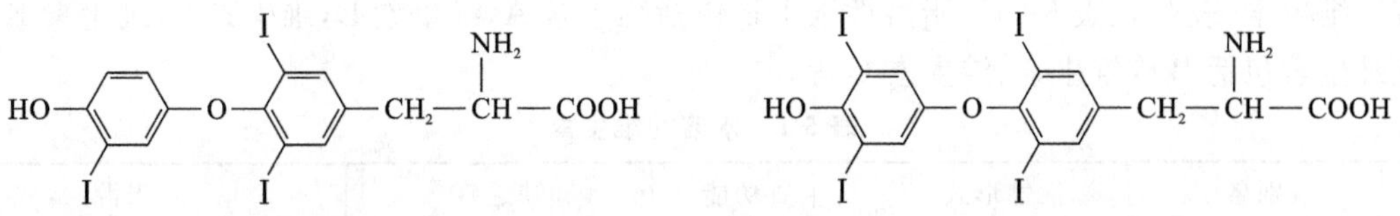

三碘甲状腺原氨酸(T₃)

甲状腺素(T₄)

图 5-21　三碘甲状腺原氨酸及甲状腺素的结构式

腺肿。

（五）锰

锰是正常机体必需的微量元素之一，它是体内多种有重要生理作用的酶的辅助因子，包括锰特异性的糖基转移酶和磷酸烯醇丙酮酸羧激酶。锰也是正常骨结构所必需的元素之一。

一般情况下，人每天可从食物中摄入 $3\sim9$ mg 锰。茶叶、坚果、粗粮、干豆中含锰最多，蔬菜和干鲜果中锰的含量略高于肉、乳和水产品，鱼肝、鸡肝含锰量较多。一般荤素混杂的膳食，每日可供给 5 mg 锰，基本可以满足需要。偏食精米、白面、肉多、乳多的食物可能导致锰的含量低。正常人出现体重减轻、性功能低下、头发早白时，可能因为锰摄入不足。

（六）硒

硒是人体必需的微量元素之一。硒的作用比较多，但其原理主要是两个，一是组成体内抗氧化酶，能保护细胞膜免受氧化损伤，保持其通透性。硒是谷胱甘肽过氧化物酶(GSH-Px)的组成成分，1 mol GSH-Px 中含 4 g 硒，此酶的作用是催化还原性谷胱甘肽(GSH)与过氧化物的氧化还原反应，所以可发挥抗氧化作用，是重要的自由基清除剂（是维生素 E 的 $50\sim500$ 倍）。在体内，GSH-Px 与维生素 E 抗氧化的机制不同，两者可以互相补充，具有协同作用。二是硒-P 蛋白具有螯合重金属毒物、降低毒物毒性的作用。硒与金属的结合力很强，能抵抗镉对肾、生殖腺和中枢神经的毒害。硒与体内的汞、铅、锡、铊等重金属结合，形成金属硒蛋白复合而解毒、排毒。

由于人体内不存在长期储硒的器官，机体所需的硒应不断从饮食中获得，一定量的硒对许多器官、组织的生理功能有着重要的保护作用和促进作用。当人体缺乏硒时，容易导致免疫能力下降。威胁人类健康和生命的四十多种疾病都与人体缺硒有关，如癌症、心血管病、肝病、白内障、胰脏疾病、糖尿病、生殖系统疾病等症状。

一般情况下，成年中国人每日食物外补硒 25 μg 以上有保健作用；缺硒成人每日食物外补硒 50 μg 或 75 μg 以上。由于中国 72% 的土壤缺硒，在天然食品中，作为主要粮食作物的小麦、大米、玉米等谷类作物，硒含量均低于 40 μg/kg，中国人日常的硒摄入量低于世界卫生组织推荐的 50 μg 的最低摄入量，日硒摄入量只有 $30\sim45$ μg，低于日本、加拿大、美国等国家。而富硒大米、富硒玉米粉、动物内脏、鱼类、海鲜、蘑菇、鸡蛋、大蒜、银杏等含硒元素都比较高，缺硒的人群可以适当增加这方面的食物。

二、其他微量元素

人体内的微量元素还包括铬、钼、钴、镍、砷、氟、硼、锗等。随着科学技术的进步，有可能发现更多对我们人体健康有益的矿物元素。一些矿物元素的作用已经得到证实，只是尚未广为人知。如硼可以帮助人体对钙的利用，因此有益于关节炎患者；锗则可能有抗氧化作用。

小结

维生素是维持人体正常生命活动所必需的一类小分子有机物，人体自身不能合成或合成不足，必须从食物中补充。维生素缺乏会导致相应的缺乏症。可根据溶解性将维生素分为脂溶性维生素与水溶性维生素(表 5-1、表 5-2)。脂溶性维生素包括维生素 A,维生素 D,维生素 E,维生素 K 四种；水溶性维生素包括 B 族维生素、维生素 C 等。

表 5-1　水溶性维生素

维生素	别名	活性形式	主要功能	缺乏症	来源
B₁	硫胺素	TPP	脱羧辅酶	脚气病	谷皮,胚芽,内脏,蛋类,绿叶蔬菜
B₂	核黄素	FMN,FAD	递氢体	代谢紊乱,口角炎等	心,肝,肾,奶,蛋
PP	烟(尼克)酸/酰胺	NADH,NADPH	递氢体	癞皮症	肝脏,酵母,花生,豆类,肉类
B₆	吡哆醇/醛/胺	磷酸吡哆醛/胺	转氨辅酶		肝脏,鱼,肉,黄豆,花生
泛酸		CoA,ACP	酰基载体		来源广泛
生物素			羧化辅基(酶)		来源广泛,肠道细菌也能合成
叶酸		四氢叶酸	一碳单位载体	胎儿畸形	蔬菜,水果,肝,肾
B₁₂	钴胺素		变位辅酶	巨幼红细胞贫血	动物性食品,如肝、心、鱼、肉、蛋等
C	抗坏血酸		抗氧化	维生素 C 缺乏症,牙龈出血	新鲜水果,蔬菜

表 5-2　脂溶性维生素

维生素	别名	主要功能	缺乏症	来源
A	视黄醛	暗视觉,糖蛋白合成,抗氧化,防癌	夜盲症	鱼肝油,红、橙、深绿色植物
D	胆钙化醇	促进钙、磷的吸收	佝偻病,软骨病	鱼肝油,动物肝脏,蛋黄
E	生育酚	抗氧化,抗不育,促进血红素合成		麦胚油,玉米油
K	凝血维生素	促进多种凝血因子的合成		绿叶植物,肠道细菌

维生素 A 的活性形式是 11-顺视黄醛,与暗视觉有关,维生素 A 缺乏可导致夜盲症。维生素 D 的活性形式是 1,25-$(OH)_2$-D_3,可促进钙、磷吸收及骨骼生长。维生素 E 是抗氧化剂,且是维持正常生育功能所必需的,故又名生育酚。维生素 K 是多种凝血因子的辅酶,故又名凝血维生素。

维生素 B₁ 以 TPP 的活性形式作为脱羧酶的辅酶。维生素 B₂ 以 FMN 和 FAD 的活性形式作为很多脱氢酶的辅基。维生素 PP 以 NADH 和 NADPH 的活性形式作为很多脱氢酶的辅基。维生素 B₆ 以磷酸吡哆醛和磷酸吡多胺的互变活性形式参与氨基酸代谢,包括转氨基作用在内的多种氨基酸代谢方式都需要维生素 B₆ 的参与。泛酸以辅酶 A 和 ACP 的活性形式作为酰基转移载体。生物素是二氧化碳固定和羧化酶的辅基。维生素 B₁₂ 是唯一含金属元素的维生素,是多种变位酶的辅酶。叶酸以四氢叶酸的活性形式作为一碳单位转移的载体。维生素 C 有很好的抗氧化性,可保护体内重要物质免遭氧化破坏。硫辛酸作为酰基转移载体,主要存在于丙酮酸脱氢酶系和 α-酮戊二酸脱氢酶系中。

无机盐又名矿物质,人体内含量极少,但具有重要生理功能。目前人体内已经发现 20 余种矿物质元素,包括常量元素钙、磷、钾、硫、钠、氯、镁,微量元素铁、锌、硒、钼、氟、铬、钴、碘等。钙和磷是人体含量最多的矿物质元素,大部分存在于骨骼和牙齿中,另外游离状态的钙离子与磷酸根也有重要作用。其他矿物质元素主要作为酶的辅助因子或重要物质的结构成分。

(陈华波)

·第二篇·
物质代谢及其调节

本篇讨论体内几类重要物质的代谢过程及其调节,包括糖代谢、脂类代谢、生物氧化、氨基酸代谢、核苷酸代谢、肝胆生物化学代谢,以及各种重要物质代谢的相互联系与调节规律,共七章。

生命活动的基本特征之一是生物体内各种物质按一定规律不断进行的新陈代谢,以实现生物体与外界环境的物质交换、自我更新,以及机体内环境的相对稳定。物质代谢包括合成代谢与分解代谢两个方面,并处于动态平衡之中。物质代谢中绝大部分化学反应是在细胞内酶催化下进行的,并伴随着多种形式的能量变化。体内的各种物质代谢虽然十分复杂,但它们不是彼此孤立的,而是有着广泛的联系,并处于严密的调控之中,构成统一的整体。其中,酶在调节物质代谢通路、代谢程度等方面起着重要作用。物质代谢的正常进行是生命过程所必需的,而物质代谢的紊乱则往往是一些疾病发生的重要原因。

除了上述物质代谢外,有关 DNA 的生物合成、RNA 的生物合成及蛋白质的生物合成等代谢过程及调节将在第三篇中讨论。学习本篇时,应重点掌握各类物质代谢的基本代谢通路、关键酶与调节环节、主要生理意义、代谢联系的途径以及代谢异常与疾病的关系等内容。

第六章 糖 代 谢

扫码看课件

教学目标

- 糖的主要生理功能
- 糖酵解、有氧氧化（包括三羧酸循环）的关键步骤、关键酶、ATP 的生成和生理意义；磷酸戊糖途径的生理意义
- 糖异生的概念、关键酶及生理意义
- 糖原合成与分解
- 血糖的来源和去路，血糖水平的调节，糖代谢障碍

第一节 概 述

糖是存在于自然界中和生物体内的一大类有机化合物，其化学本质是多羟基醛或多羟基酮及其衍生物或多聚物。糖是人类食物的主要成分，其主要生理功能是为生命活动提供能量和碳源。糖约占人体干重的 2%。在糖代谢中，糖的运输、储存、分解供能与转变均以葡萄糖为中心。体内所有组织细胞都可利用葡萄糖，人体 50%～70% 的能量靠糖提供。1 mol 葡萄糖完全氧化为二氧化碳和水可释放能量 2840 kJ(679 kcal)，其中约 34% 转变成为 ATP，以供各种生理活动所需要的能量。同时糖也是构成人体组织结构的重要成分。

一、糖的生理功能

糖在机体内最主要的生理功能是提供生命活动所需要的能量。虽然脂肪、蛋白质也能供能，但人体优先利用糖供能。糖也是机体重要的碳源，糖代谢的中间产物可在体内转变成其他非糖含碳物质，如营养非必需氨基酸、脂肪酸和核苷酸等；此外，糖也是组织细胞的重要结构成分，如核酸、糖蛋白、蛋白聚糖和糖脂等。核糖或脱氧核糖是 RNA 或 DNA 的组成成分，参与遗传信息的储存与传递；糖蛋白的功能多样，寡糖链不但能影响蛋白质部分的构象、聚合、溶解及降解，还参与糖蛋白的相互识别和结合等；蛋白聚糖主要作为结构成分，分布于软骨、结缔组织、角膜等基质内，其次为关节的滑液、眼玻璃体的胶状物，分别起润滑作用和透光作用；糖脂是细胞膜的组分；糖还参与构成体内某些重要的生物活性物质，如 NAD^+、FAD、ATP 等，构成激素、酶、免疫球蛋白等具有特殊生理功能的糖蛋白。

二、糖代谢的概况

糖代谢主要指葡萄糖在体内的一系列复杂的化学变化，体内其他的单糖如果糖、半乳糖等所占比例很小，且主要转变为葡萄糖代谢的中间产物进行代谢。在不同的生理条件下，葡萄糖在组织细胞内代谢的途径也不同。供氧充足时，葡萄糖能彻底氧化生成 CO_2、H_2O，并释放出大量能量供机体利用；无氧或氧供应不足时，葡萄糖无氧分解生成乳酸和少量 ATP；在一些代谢旺盛的组织中，葡萄

糖可通过磷酸戊糖途径代谢生成 5-磷酸核糖和 NADPH。体内血糖充足时,肝、肌肉等组织可以把葡萄糖合成糖原储存;反之则进行糖原分解。长期饥饿时,有些非糖物质如乳酸、丙酮酸、生糖氨基酸、甘油等能经糖异生作用转变成葡萄糖或糖原;葡萄糖也可转变成其他非糖物质。这些葡萄糖的分解、储存和合成代谢途径在机体调控下相互协调、相互制约,维持血糖水平恒定。糖代谢的概况如图 6-1 所示。

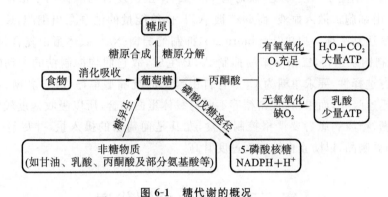

图 6-1　糖代谢的概况

第二节　糖的消化吸收和转运

一、糖的消化吸收

人体摄入的糖类主要有植物淀粉、动物糖原、少量的二糖(蔗糖、麦芽糖和乳糖)和单糖(葡萄糖、果糖和半乳糖等)。食物中的糖以淀粉为主,淀粉分为直链淀粉与支链淀粉两类。直链的葡萄糖残基通过 α-1,4-糖苷键连接,分支处则以 α-1,6-糖苷键相连。食物中的单糖可以直接被吸收,多糖必须经过消化道中各种酶的作用,水解成葡萄糖等单糖后才能被吸收,这个水解过程称为消化。人体内无 β-糖苷酶,故不能消化食物中的纤维素,但它可促进肠蠕动,起通便作用。

淀粉的消化从口腔开始。唾液中含有 α-淀粉酶(α-amylase),催化淀粉分子中的 α-1,4-糖苷键水解,将淀粉水解为麦芽糖、麦芽三糖及含分支的异麦芽糖和 α-临界糊精。但由于食物在口腔中停留的时间很短,食糜进入胃后,胃酸逐渐渗入食糜内,使唾液淀粉酶失去活性,故淀粉在胃中基本无水解。淀粉消化主要在小肠内进行。在肠腔中有胰腺分泌的胰 α-淀粉酶,小肠黏膜上皮细胞刷状缘含有 α-临界糊精酶、异麦芽糖酶、α-葡萄糖苷酶及各种二糖酶(乳糖酶、蔗糖酶和麦芽糖酶),α-临界糊精酶、异麦芽糖酶可水解 α-1,4-糖苷键和 α-1,6-糖苷键,这些酶能使相应的糖水解为葡萄糖、果糖和半乳糖。有些成人缺乏乳糖酶,在食用牛奶后发生乳糖消化障碍,可引起腹胀、腹泻等症状,此时停止食用牛奶,或改食用酸奶,可防止其发生。

糖类被消化成单糖后才能在小肠被吸收。虽然各种单糖均可被吸收,但其吸收速度不同。小肠黏膜细胞摄入葡萄糖依赖于特定载体转运的耗能的主动吸收,在这个过程中同时伴有 Na$^+$ 的吸收。这类葡萄糖载体被称为 Na$^+$ 依赖型葡萄糖转运体(Na$^+$-dependent glucose transporter,SGLT),它们主要存在于小肠黏膜和肾小管上皮细胞,以主动转运方式逆浓度梯度转运葡萄糖。

葡萄糖被小肠黏膜细胞吸收后经门静脉入肝,供身体各组织利用。肝脏对于维持血糖的恒定发挥着重要作用,当血糖浓度较高时,肝脏经过糖原合成、分解葡萄糖降低血糖;当血糖浓度较低时,肝通过糖原分解和糖异生来补充血糖。

二、糖向细胞内转运

葡萄糖吸收入血后,依赖葡萄糖转运蛋白进入细胞内,葡萄糖与 Na$^+$ 分别结合在载体蛋白的不

NOTE

同部位,形成葡萄糖-Na⁺-载体蛋白复合物。人体中现已发现 12 种葡萄糖转运体,分别在不同的组织细胞中起作用,其中 GLUT 1~5 功能较为明确。这些 GLUT 成员的组织分布不同,生物功能不同,决定了各组织中葡萄糖的代谢各有特色。如 GLUT 1 和 GLUT 3 广泛分布于全身各组织中,是细胞摄取葡萄糖的基本转运体。GLUT4 主要存在于脂肪和肌肉组织中。由于肠腔内钠离子浓度高于细胞内浓度而形成钠离子浓度梯度,葡萄糖-Na⁺-载体蛋白复合物顺钠离子浓度梯度差转运入细胞内,葡萄糖随之由细胞扩散入血液,而 Na⁺ 被 ATP 供给能量的钠泵泵出细胞,K⁺ 则进入细胞,使细胞内外离子浓度达到平衡。根皮苷(phloridzin)抑制葡萄糖-Na⁺-载体蛋白复合物的形成,毒花毛苷 G(ouabain)抑制钠泵运转,二硝基苯酚抑制 ATP 生成,故它们均抑制糖的主动吸收。载体蛋白对单糖分子结构有选择性,要求单糖为 C_2 上有自由羟基的吡喃型单糖,故半乳糖、葡萄糖等能与载体蛋白结合而被迅速吸收,而果糖、甘露糖等不能与载体蛋白结合,所以吸收速度较慢。葡萄糖摄取障碍可诱发高血糖,糖尿病患者要严格控制主食,尤其是葡萄糖的摄入量,并尽量少摄入动物性脂肪,多进食蔬菜和豆制品,以防止血糖浓度过度升高。

第三节 糖的分解代谢

体内葡萄糖氧化分解代谢的方式在不同类型的细胞中有所不同,根据其反应条件、反应场所及生理意义的不同主要可分为三种代谢途径:①糖的有氧氧化,在有氧时进行,是供能的主要途径,1 mol 葡萄糖经有氧氧化生成二氧化碳、水,并放出 30 mol 或 32 mol ATP;②糖的无氧氧化,在氧供应不足时进行,提供部分急需的能量,且是少数组织如红细胞等生理情况下的供能途径;③磷酸戊糖途径,提供有重要生理功能的磷酸核糖和 NADPH。其他单糖可转变为葡萄糖代谢的中间产物而代谢。

一、糖的无氧氧化

糖的无氧氧化(anaerobic oxidation)是指在无氧或缺氧情况下,葡萄糖或糖原分解生成乳酸(lactic acid)的过程,此过程与酵母中糖的生醇发酵过程相似。全身各组织细胞内均可进行糖的无氧氧化,尤其以肌肉组织、红细胞、皮肤和肿瘤组织中进行更为活跃。糖的无氧氧化全部反应在胞浆中进行,整个途径可以分为两个阶段:第一阶段为葡萄糖或糖原分解为丙酮酸,又称为糖酵解;第二阶段为丙酮酸还原生成乳酸。

(一)葡萄糖分解为丙酮酸

第一阶段葡萄糖分解为 2 分子丙酮酸,此阶段包括 10 步反应。

1. 葡萄糖磷酸化生成葡萄糖-6-磷酸(glucose-6-phosphate,G -6-P) 葡萄糖在己糖激酶(hexokinase,HK)的催化下,消耗 ATP,以 Mg^{2+} 作为激活剂,生成葡糖-6-磷酸,该反应不可逆,是糖酵解的第一个限速步骤,己糖激酶为糖酵解反应中的第一个关键酶。哺乳动物体内已发现四种己糖激酶同工酶,分别称为 Ⅰ 型至 Ⅳ 型。肝细胞中存在的是 Ⅳ 型,也称为葡萄糖激酶(glucokinase,GK)。它对葡萄糖的亲和力很低,K_m 值为 10 mmol/L,而其他己糖激酶的 K_m 值约为 0.1 mmol/L,可催化果糖和半乳糖的磷酸化。GK 的另一个特点是受激素调控。这些特点使葡萄糖激酶在维持血糖水平中起着重要的生理作用。

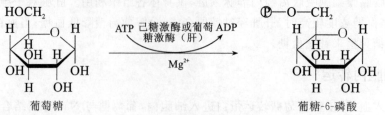

葡萄糖   葡糖-6-磷酸

糖原进行糖酵解时,非还原端的葡萄糖单位在糖原磷酸化酶的催化下,先进行磷酸化生成葡糖-1-磷酸(G-1-P),G-1-P 在磷酸葡萄糖变位酶的作用下转变为 G-6-P,反应不消耗 ATP。

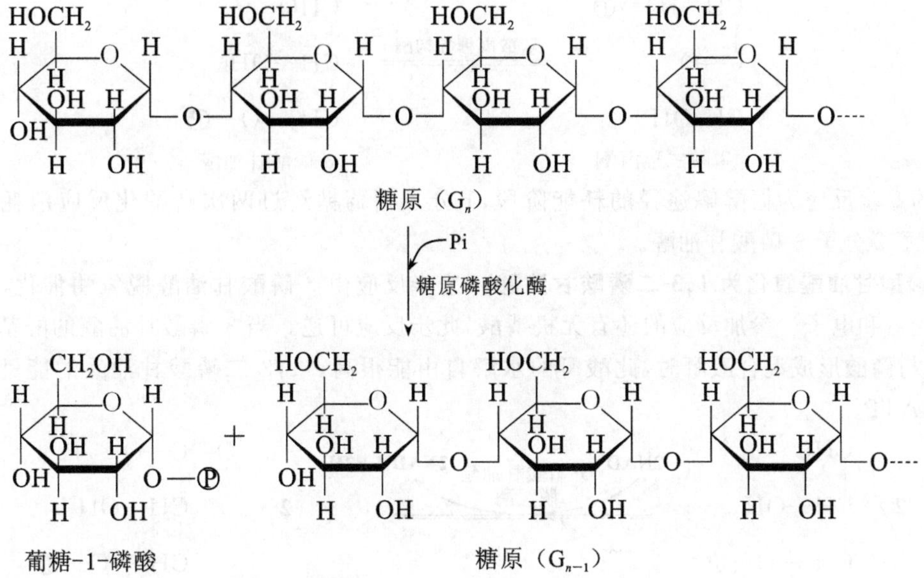

糖原(G_n)

↓ Pi
糖原磷酸化酶

葡糖-1-磷酸 + 糖原(G_{n-1})

2. 果糖-6-磷酸(fructose-6-phosphate,F-6-P)的生成 这是由磷酸己糖异构酶(phosphohexoisomerase)催化的醛糖与酮糖的异构反应,反应是可逆的,需 Mg^{2+} 参与。

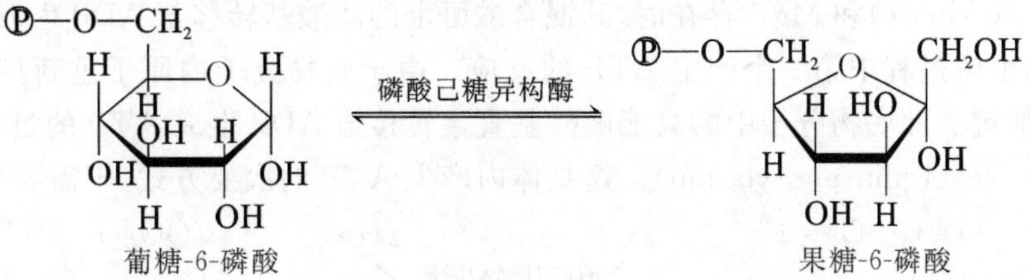

葡糖-6-磷酸 　磷酸己糖异构酶　 果糖-6-磷酸

3. 果糖-6-磷酸转变为果糖-1,6-二磷酸(fructose-1,6-bisphosphate,F-1,6-BP 或 FBP) 这是糖酵解途径中第二次磷酸化反应,在磷酸果糖激酶-1(phosphofructokinase-1,PFK-1)的催化下,同样需要 ATP 和 Mg^{2+} 参与,生成果糖-1,6-二磷酸。该反应也是不可逆的,为糖酵解途径中的第二个限速步骤,催化此反应的磷酸果糖激酶-1 为关键酶。

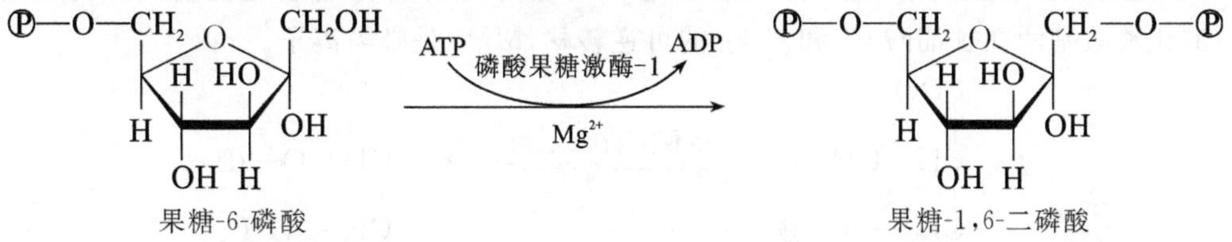

果糖-6-磷酸　ATP 磷酸果糖激酶-1 ADP　果糖-1,6-二磷酸
　　　　　　　　　Mg^{2+}

人体内还有磷酸果糖激酶-2(phosphofructokinase-2,PFK-2),催化果糖-6-磷酸的 C_2 发生磷酸化,生成果糖-2,6-二磷酸,它不是糖酵解途径的中间产物,但在糖酵解的调控上有重要作用。

4. 磷酸己糖裂解为 2 分子磷酸丙糖 在醛缩酶催化下,1 分子果糖-1,6-二磷酸裂解为 1 分子 3-磷酸甘油醛和 1 分子磷酸二羟丙酮,反应是可逆的。

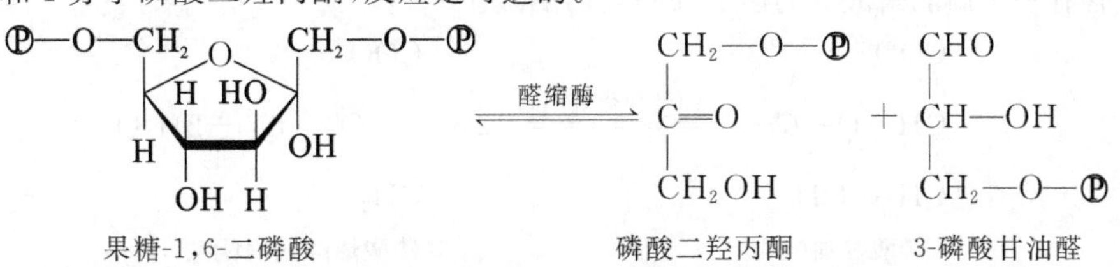

果糖-1,6-二磷酸　　醛缩酶　　磷酸二羟丙酮 + 3-磷酸甘油醛

5. 3-磷酸甘油醛和磷酸二羟丙酮可互相转变 3-磷酸甘油醛与磷酸二羟丙酮是同分异构体,在磷酸丙糖异构酶的催化下可相互转变。当 3-磷酸甘油醛在下一步反应中被消耗时,磷酸二羟丙酮迅

NOTE

速转变成 3-磷酸甘油醛,继续进行反应,故 1 分子六碳的果糖-1,6-二磷酸相当于裂解为 2 分子的 3-磷酸甘油醛。果糖、半乳糖和甘露糖等己糖也可以转变成 3-磷酸甘油醛。

$$
\begin{array}{ccc}
CH_2-O-\text{℗} & & CHO \\
| & \xrightarrow{\text{磷酸丙糖异构酶}} & | \\
C=O & & CH-OH \\
| & & | \\
CH_2OH & & CH_2-O-\text{℗}
\end{array}
$$

磷酸二羟丙酮   3-磷酸甘油醛

上述的 5 步反应为糖酵解途径的耗能阶段,1 分子葡萄糖经过两次磷酸化反应消耗了 2 分子 ATP,产生了 2 分子 3-磷酸甘油醛。

6. 3-磷酸甘油醛氧化为 1,3-二磷酸甘油酸 这步反应由 3-磷酸甘油醛脱氢酶催化,以 NAD$^+$ 为辅酶接受氢和电子。参加反应的还有无机磷酸,此步反应可逆。当 3-磷酸甘油醛的醛基氧化脱氢为羧基,即与磷酸形成混合酸酐时,此酸酐的水解自由能很高。1,3-二磷酸甘油酸的能量可转移给 ADP 生成 ATP。

$$
2\times
\begin{array}{c}
CHO \\
| \\
CH-OH \\
| \\
CH_2-O-\text{℗}
\end{array}
\underset{2Pi}{\overset{2NAD^+ \quad 3-磷酸甘油醛 \quad 2NADH+2H^+}{\underset{脱氢酶}{\rightleftharpoons}}}
2\times
\begin{array}{c}
O=C-O\sim P \\
| \\
CH-OH \\
| \\
CH_2-O-\text{℗}
\end{array}
$$

3-磷酸甘油醛   1,3-二磷酸甘油酸

7. 1,3-二磷酸甘油酸转变成 3-磷酸甘油酸 1,3-二磷酸甘油酸在磷酸甘油酸激酶 (phosphoglycerate kinase)和 Mg^{2+} 存在时,其混合酸酐上的磷酸基转移至 ADP 生成 ATP 和 3-磷酸甘油酸。这是糖酵解过程中第一个产生 ATP 的反应。由于底物分子内原子重新排列,能量重新分布,因而产生高能键。此底物分子中的高能磷酸基直接转移给 ADP 生成 ATP 的过程称为底物水平磷酸化(substrate level phosphorylation)。这是体内产生 ATP 的次要方式,不需要氧的参与。

$$
2\times
\begin{array}{c}
O=C-O\sim P \\
| \\
CH-OH \\
| \\
CH_2-O-\text{℗}
\end{array}
\underset{Mg^{2+}}{\overset{2ADP \quad 2ATP}{\underset{磷酸甘油酸激酶}{\rightleftharpoons}}}
2\times
\begin{array}{c}
COO^- \\
| \\
CH-OH \\
| \\
CH_2-O-\text{℗}
\end{array}
$$

1,3-二磷酸甘油酸   3-磷酸甘油酸

8. 3-磷酸甘油酸转变为 2-磷酸甘油酸 这步反应为由磷酸甘油酸变位酶(phosphoglycerate mutase)催化磷酸基团在甘油酸 C$_2$ 和 C$_3$ 上的可逆转移,Mg^{2+} 是必需离子。

$$
2\times
\begin{array}{c}
COO^- \\
| \\
CH-OH \\
| \\
CH_2-O-\text{℗}
\end{array}
\xrightleftharpoons{\text{磷酸甘油酸变位酶}}
2\times
\begin{array}{c}
COO^- \\
| \\
CH-O-\text{℗} \\
| \\
CH_2-OH
\end{array}
$$

3-磷酸甘油酸   2-磷酸甘油酸

9. 2-磷酸甘油酸脱水生成磷酸烯醇式丙酮酸 烯醇化酶(enolase)催化 2-磷酸甘油酸脱水生成磷酸烯醇式丙酮酸(phosphoenolpyruvate,PEP)。此步反应引起分子内部的电子重新排列和能量重新分布,形成含有一个高能磷酸键的磷酸烯醇式丙酮酸。

$$
2\times
\begin{array}{c}
COO^- \\
| \\
CH-O-\text{℗} \\
| \\
CH_2-OH
\end{array}
\xrightleftharpoons{\text{烯醇化酶}}
2\times
\begin{array}{c}
COO^- \\
| \\
C-O\sim\text{℗} \\
\| \\
CH_2
\end{array}
+2H_2O
$$

2-磷酸甘油酸   磷酸烯醇式丙酮酸

10. 丙酮酸的生成 由丙酮酸激酶(pyruvate kinase,PK)催化磷酸烯醇式丙酮酸的高能磷酸键转移到 ADP 上,生成烯醇式丙酮酸和 ATP。但烯醇式丙酮酸迅速非酶促转变成为酮式丙酮酸。反

应需要 K^+ 和二价阳离子(Mg^{2+} 或 Mn^{2+})参与,生理条件下该反应不可逆,是糖无氧氧化的第三个限速步骤,丙酮酸激酶为催化这一反应的关键酶。这也是糖无氧氧化中第二次底物水平磷酸化反应,生成 ATP。

$$2\times \begin{array}{c} COO^- \\ | \\ C-O\sim ⓟ \\ \| \\ CH_2 \end{array} \xrightarrow[K^+、Mg^{2+}]{丙酮酸激酶} 2\times \begin{array}{c} COO^- \\ | \\ C=O \\ | \\ CH_3 \end{array}$$

磷酸烯醇式丙酮酸   丙酮酸

此阶段的 5 步反应为糖酵解途径的产能阶段,2 分子的 3-磷酸甘油醛分别经两次底物水平磷酸化转变成 2 分子丙酮酸,共产生 4 分子 ATP。

(二) 丙酮酸被还原为乳酸

乳酸脱氢酶(lactate dehydrogenase,LDH)催化丙酮酸还原为乳酸,供氢体 NADH+H^+ 来自第 6 步 3-磷酸甘油醛脱下的氢。故无氧氧化过程中虽然有氧化还原反应,但不需要氧,这步反应可逆。LDH 有 5 种同工酶,其中 LDH_1 在临床诊断心肌梗死中有重要意义。

$$2\times \begin{array}{c} COO^- \\ | \\ C=O \\ | \\ CH_3 \end{array} \xrightleftharpoons[\quad乳酸脱氢酶\quad]{} 2\times \begin{array}{c} COO^- \\ | \\ CHOH \\ | \\ CH_3 \end{array}$$

丙酮酸   乳酸

糖无氧氧化的代谢途径如图 6-2 所示。

糖无氧氧化小结如下。

(1) 糖无氧氧化的起始物是葡萄糖或糖原,终产物是乳酸和少量 ATP,每分子葡萄糖经过糖无氧氧化净生成 2 分子 ATP(表 6-1)。若从糖原开始,每个葡萄糖单位净生成 3 分子 ATP。

表 6-1 糖无氧氧化过程中 ATP 的生成

反应	生成 ATP 数
葡萄糖→葡糖-6-磷酸	−1
果糖-6-磷酸→果糖-1,6-二磷酸	−1
2×1,3-二磷酸甘油酸→2×3-磷酸甘油酸	2×1
2×磷酸烯醇式丙酮酸→2×丙酮酸	2×1
净生成	2

(2) 反应在胞浆中进行。

(3) 在糖酵解途径中,除了己糖激酶、磷酸果糖激酶-1 和丙酮酸激酶催化的反应不可逆外,其他反应均可逆。这 3 个酶均是糖无氧氧化途径的关键酶,其中磷酸果糖激酶-1 的 K_m 值最大,催化效率最低,是催化糖酵解反应中的最慢的一步,为糖酵解途径中的限速酶。

(三) 糖无氧氧化的调节

对代谢途径中关键酶的调节在细胞内起着控制代谢通路的阀门作用。关键酶活性受别构剂和激素的调节,根据生理功能的需要而随时改变,影响整个代谢途径的速度与方向。

1. 磷酸果糖激酶-1 它是一个四聚体,活性受多种别构剂调节。ATP 和柠檬酸等是该酶的别构抑制剂,而 AMP、ADP、果糖-1,6-二磷酸和果糖-2,6-二磷酸等则是别构激活。果糖-1,6-二磷酸是该酶的反应产物,是少见的产物正反馈调节,有利于糖的分解。果糖-2,6-二磷酸是磷酸果糖激酶-1 最强的别构激活剂。现发现,磷酸果糖激酶-2 和果糖二磷酸酶-2 这两种酶活性中心共存于一个酶蛋白上,具有两个分开的催化中心,是既具有激酶活性,又具有其对应磷酸酶活性的双功能酶。此酶

NOTE

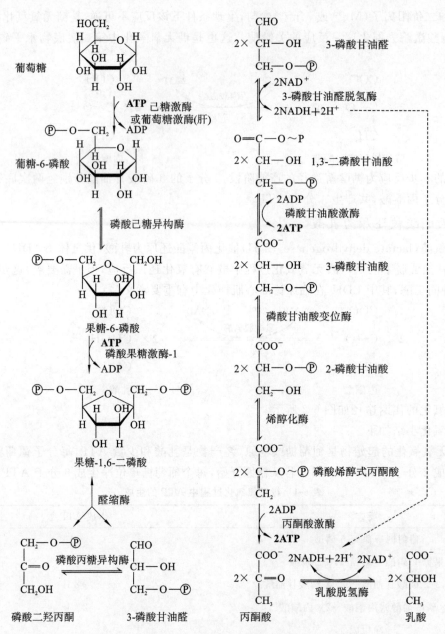

图 6-2　糖无氧氧化的代谢途径

还可在激素作用下,以共价修饰方式改变酶的活性。在胰高血糖素作用下,通过 cAMP-蛋白激酶 A 系统磷酸化,磷酸化后的磷酸果糖激酶-2 活性降低,而其对应的磷酸酶活性升高。磷蛋白磷酸酶将其脱磷酸后,酶活性变化则相反。

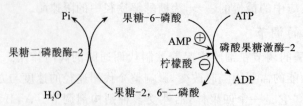

2. 丙酮酸激酶　丙酮酸激酶是第二个重要的调节点。果糖-1,6-二磷酸是丙酮酸激酶的别构激活剂,而 ATP、丙氨酸、乙酰 CoA 和长链脂肪酸是其别构抑制剂。丙酮酸激酶还受共价修饰方式调节,蛋白激酶 A 和依赖钙离子、钙调蛋白的激酶均可使其磷酸化而失活。胰高血糖素可通过 cAMP 激活蛋白激酶 A 抑制丙酮酸激酶活性。

3. 己糖激酶 该酶有 4 种同工酶,在脂肪、脑和肌肉组织中的己糖激酶与底物亲和力较高,其活性受葡糖-6-磷酸的负反馈调节。肝内为葡萄糖激酶,对底物的亲和力低,而且分子上无结合葡糖-6-磷酸的别构位点,故其活性不受葡糖-6-磷酸浓度的调节。当葡糖-6-磷酸浓度很高时,肝细胞内的葡萄糖激酶未被抑制,从而保证葡萄糖在肝内将葡糖-6-磷酸转变为糖原储存或合成其他非糖物质,以降低血糖浓度,以维持血糖浓度的恒定。胰岛素可诱导葡萄糖激酶基因的转录,促进酶的合成,故在肝细胞损伤或糖尿病时,此酶活性降低,影响葡萄糖磷酸化,进而影响糖的氧化分解与糖原合成,使血糖浓度升高。

（四）糖无氧氧化的生理意义

1. 迅速提供一部分急需的能量 正常生理情况下,人体主要靠有氧氧化供能。但当氧供应不足时,如剧烈运动、心肺疾患、呼吸受阻时,需靠糖无氧氧化提供一部分急需的能量,这对肌肉收缩极为重要。如机体缺氧时间较长,可造成产物乳酸堆积,可能引起代谢性酸中毒。

2. 糖无氧氧化是红细胞供能的主要方式 成熟红细胞由于没有线粒体,故以糖无氧氧化为其唯一供能途径。

2,3-二磷酸甘油酸(2,3-BPG)支路 在糖酵解途径中,1,3-二磷酸甘油酸(1,3-BPG)有 15%~50% 在二磷酸甘油酸变位酶催化下生成 2,3-二磷酸甘油酸(2,3-BPG),后者再经 2,3-BPG 磷酸酶催化生成 3-磷酸甘油酸返回糖酵解途径(图 6-3)。此过程称为 2,3-BPG 支路,但是由于红细胞内 2,3-BPG 磷酸酶活性较低,2,3-BPG 的生成大于分解,导致红细胞内 2,3-BPG 升高。

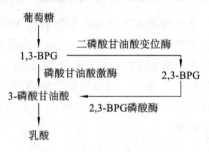

图 6-3　2,3-二磷酸甘油酸支路

2,3-BPG 对于调节红细胞的携氧功能具有重要意义。红细胞中的 2,3-BPG 与脱氧血红蛋白结合,使脱氧血红蛋白的空间构象稳定,从而降低血红蛋白对 O_2 的亲和力,促使 O_2 和血红蛋白解离。尤其当血液通过组织时,红细胞中 2,3-BPG 的存在就能显著增加 O_2 的释放以供组织需要。另外,有肺部换气障碍的严重阻塞性气肿的患者和正常人在短时间内由海平面上升至高海拔处或高空时,可通过红细胞中 2,3-BPG 浓度的改变来调节组织获 O_2 量。

3. 某些组织生理情况下的供能途径 少数组织即使在氧供应充足的情况下,仍然主要进行糖无氧氧化,如视网膜、肾髓质和皮肤等。神经、肿瘤细胞中糖无氧氧化活跃。

二、糖的有氧氧化

葡萄糖或糖原在有氧的条件下,彻底氧化生成二氧化碳、水并产生 ATP 的过程称为有氧氧化(aerobic oxidation)。有氧氧化是糖氧化分解供能的主要方式,绝大多数细胞都通过此途径获得能量。

（一）有氧氧化的反应过程

有氧氧化可分为三个阶段(图 6-4)。第一阶段为葡萄糖或糖原分解为丙酮酸,其反应过程与糖酵解基本相同。二者的不同之处仅是 3-磷酸甘油醛脱氢产生的 $NADH+H^+$ 在有氧条件下,不再交给丙酮酸使其还原为乳酸,而是经呼吸链氧化生成水并放出能量。第二阶段为丙酮酸氧化脱羧生成乙酰 CoA。第三阶段为三羧酸循环及氧化磷酸化生成二氧化碳和水,并放出能量。

1. 丙酮酸氧化脱羧生成乙酰 CoA 丙酮酸氧化脱羧生成乙酰 CoA 由丙酮酸脱氢酶复合体(pyruvate dehydrogenase complex)催化。在真核细胞中该复合体是由丙酮酸脱氢酶(pyruvate dehydrogenase,PDH)、二氢硫辛酰胺转乙酰酶(dihydrolipoamide transacetylase,DLT)和二氢硫辛酰胺脱氢酶(dihydrolipoamide dehydrogenase,DLDH)三种酶按一定比例组合而成的(表 6-2)。

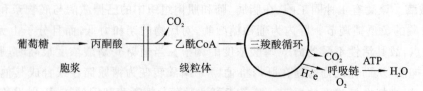

图 6-4 有氧氧化的三个阶段

表 6-2 丙酮酸脱氢酶复合体的组成

酶	辅酶(所含维生素)
丙酮酸脱氢酶 E1	TPP(维生素 B_1)
二氢硫辛酰胺转乙酰酶 E2	硫辛酸、HSCoA(泛酸)
二氢硫辛酰胺脱氢酶 E3	FAD(维生素 B_2)、NAD^+(维生素 PP)

这三种酶在复合体中的组合比例随生物体的不同而异。在哺乳类动物中,酶复合体由 60 个二氢硫辛酰胺转乙酰酶组成核心,周围排列着 12 个丙酮酸脱氢酶和 6 个二氢硫辛酰胺脱氢酶,并有硫胺素焦磷酸(TPP)、二氢硫辛酸、FAD、NAD^+ 和 HSCoA 5 种辅酶参与反应。其中硫辛酸是带有二硫键的八碳羧酸。通过与转乙酰酶的赖氨酸 ε-氨基相连,形成与酶结合的硫辛酰胺而成为酶的柔性长臂,可将乙酰基从酶复合体的一个活性部位转到另一个活性部位。丙酮酸脱氢酶复合体催化的总反应如下:

$$
\begin{array}{c}
COO^- \\
| \\
C=O \\
| \\
CH_3 \\
\end{array}
\quad
\xrightarrow[\text{HSCoA}]{\substack{NAD^+ \quad 丙酮酸脱氢酶 \quad NADH+H^+ \\ 复合体}}
\quad
\begin{array}{c}
O \\
\| \\
C—CH_3 + CO_2 \\
| \\
SCoA \\
\end{array}
$$

丙酮酸 　　　　　　　　　　　　　　　　乙酰 CoA

反应分 5 步进行(图 6-5),但中间产物并不从酶复合体上脱下,可使各步反应迅速完成。因无游离的中间产物,故不发生副反应,整个反应是不可逆的。

(1)丙酮酸脱羧形成羟乙基-TPP 丙酮酸脱氢酶 E1 分子上 TPP 噻唑环的活泼 C 原子与丙酮酸上酮基反应产生 CO_2,同时形成羟乙基-TPP。

(2)羟乙基-TPP-E1 上的羟乙基在二氢硫辛酰胺转乙酰酶 E2 的催化下被氧化成乙酰基,同时转移给硫辛酰胺形成乙酰硫辛酰胺-E2。

(3)二氢硫辛酰胺转乙酰酶 E2 继续催化乙酰基转移至辅酶 A,形成乙酰 CoA,离开酶复合体。

(4)二氢硫辛酰胺脱氢酶 E3 使二氢硫辛酰胺脱氢重新生成硫辛酰胺进行下一轮反应,脱下来的氢传递给 FAD 生成 $FADH_2$。

(5)二氢硫辛酰胺脱氢酶 E3 将 $FADH_2$ 脱氢后与 NAD^+ 结合,形成 $NADH+H^+$。

从这一阶段的反应可以看到多种维生素参与辅酶的组成,进而催化反应。故需要通过食物或药物补充维生素,使代谢正常进行。

2. 三羧酸循环 三羧酸循环是乙酰 CoA 彻底氧化的途径,从乙酰 CoA 与草酰乙酸缩合生成 1 分子含有 3 个羧基的柠檬酸开始,经过一系列反应,最终草酰乙酸还原而构成循环,故称为三羧酸循环(tricarboxylic acid cycle,TAC,或称为 TCA cycle 或 TCA 循环)或柠檬酸循环(citric acid cycle)。由于最早由 Krebs 提出,故此循环又称为 Krebs 循环。三羧酸循环在线粒体中进行,包括 8 步代谢反应。

(1)柠檬酸的生成:由柠檬酸合酶(citrate synthase)催化乙酰 CoA 与草酰乙酸缩合成柠檬酸,此反应不可逆,是三羧酸循环的第一个限速步骤,柠檬酸合酶为关键酶。在此反应中乙酰 CoA 上的甲基碳与草酰乙酸的酰基碳结合为柠檬酰 CoA,后者迅速水解释放出柠檬酸和 HSCoA。这个反应所引起的自由能的改变对循环的进行很重要,因为在生理条件下,草酰乙酸浓度虽然很低,但柠檬酰

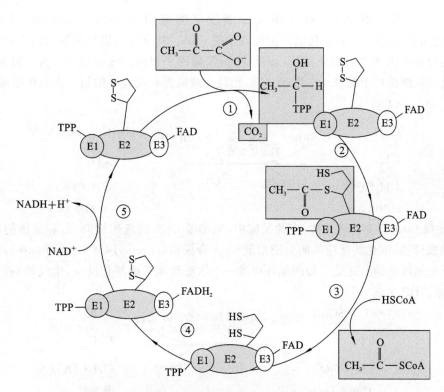

图 6-5 丙酮酸脱氢酶复合体催化丙酮酸氧化脱羧

CoA 的不可逆水解可推动柠檬酸合成。

$$CH_3-\overset{O}{\overset{\|}{C}}\sim SCoA + \begin{matrix} O=C-COO^- \\ | \\ CH_2 \\ | \\ COO^- \end{matrix} + H_2O \xrightarrow{\text{柠檬酸合酶}} \begin{matrix} CH_2COO^- \\ | \\ HO-C-COO^- \\ | \\ CH_2COO^- \end{matrix} + HSCoA$$

乙酰 CoA   草酰乙酸   柠檬酸

（2）异柠檬酸的生成：柠檬酸与异柠檬酸是同分异构体。在顺乌头酸酶的催化下，柠檬酸先脱水生成顺乌头酸，后者再水化成异柠檬酸，反应结果使 C_3 上的羟基转移到 C_2 上，此反应可逆。

$$\begin{matrix} COO^- \\ | \\ CH_2 \\ | \\ ^-OOC-C-OH \\ | \\ CH_2COO^- \end{matrix} \underset{\text{顺乌头酸酶}}{\overset{H_2O}{\rightleftharpoons}} \left[\begin{matrix} COO^- \\ | \\ CH \\ \| \\ ^-OOC-C \\ | \\ CH_2COO^- \end{matrix} \right] \underset{\text{顺乌头酸酶}}{\overset{H_2O}{\rightleftharpoons}} \begin{matrix} COO^- \\ | \\ H-C-OH \\ | \\ ^-OOC-C-H \\ | \\ CH_2COO^- \end{matrix}$$

柠檬酸   顺乌头酸   异柠檬酸

（3）异柠檬酸氧化脱羧：在异柠檬酸脱氢酶(isocitrate dehydrogenase)催化下，异柠檬酸氧化脱羧转变为 α-酮戊二酸，脱下的氢由 NAD$^+$ 接受。反应不可逆，是三羧酸循环的第二个限速步骤，异柠檬酸脱氢酶是关键酶，催化三羧酸循环中的第一次氧化脱羧反应。

$$\begin{matrix} COO^- \\ | \\ H-C-OH \\ | \\ ^-OOC-C-H \\ | \\ CH_2COO^- \end{matrix} \underset{Mg^{2+} \quad CO_2}{\overset{NAD^+ \quad NADH+H^+}{\xrightarrow{\text{异柠檬酸脱氢酶}}}} \begin{matrix} COO^- \\ | \\ C=O \\ | \\ CH_2 \\ | \\ CH_2COO^- \end{matrix}$$

异柠檬酸   α-酮戊二酸

（4）α-酮戊二酸氧化脱羧：在 α-酮戊二酸脱氢酶复合体（α-ketoglutarate dehydrogenase complex）的催化下，α-酮戊二酸氧化脱羧生成琥珀酰 CoA。其反应过程和机制与丙酮酸氧化脱羧反应类似，酶复合体也由 3 个酶组成，有 5 步反应，所需辅因子相同。该酶复合体为关键酶，催化的反应不可逆，是三羧酸循环中的第三个限速步骤，也是三羧酸循环反应中的第二次氧化脱羧。

α-酮戊二酸脱氢酶复合体反应：α-酮戊二酸 + NAD⁺ + HSCoA → NADH+H⁺ + CO₂ → 琥珀酰 CoA

（5）琥珀酰 CoA 转变为琥珀酸：在此反应中，琥珀酰 CoA 的硫酯键断开，释放出的能量用于合成 GTP 的磷酸酐键，催化此反应的酶是琥珀酰 CoA 合成酶（succinyl-CoA synthetase），又称为琥珀酸硫激酶，反应是可逆的。这是三羧酸循环中唯一一次底物水平磷酸化反应，生成的 GTP 再将其高能磷酸键转给 ADP 生成 ATP。

琥珀酰 CoA + GDP+Pi ⇌（琥珀酰CoA合成酶 或琥珀酸硫激酶）GTP + HSCoA → 琥珀酸

$$GTP+ADP \xrightarrow{\text{核苷二磷酸激酶}} ATP+GDP$$

（6）琥珀酸脱氢生成延胡索酸：由琥珀酸脱氢酶（succinate dehydrogenase）催化。该酶结合在线粒体内膜上，是三羧酸循环中唯一与内膜结合的酶。其辅酶是 FAD，还含有铁硫中心，来自琥珀酸的电子通过 FAD 和铁硫中心，经电子传递链被氧化，只能生成 1.5 分子 ATP。丙二酸与琥珀酸脱氢酶的底物琥珀酸结构相似，是此酶的竞争性抑制剂。

琥珀酸 + FAD →（琥珀酸脱氢酶）FADH₂ → 延胡索酸

（7）延胡索酸水合形成苹果酸：延胡索酸酶（fumarase）催化延胡索酸可逆地转变为 L-苹果酸。它只能催化延胡索酸的反式双键，对于顺丁烯二酸（马来酸）则无催化作用，因而是高度立体专一性的酶。

延胡索酸 + H₂O ⇌（延胡索酸酶）苹果酸

（8）草酰乙酸的再生：苹果酸在苹果酸脱氢酶（malate dehydrogenase）的催化下生成草酰乙酸，脱下的氢由 NAD⁺ 传递。在细胞内草酰乙酸不断地被用于柠檬酸的合成，故这一可逆反应向生成草酰乙酸的方向进行。再生的草酰乙酸可再一次进入三羧酸循环。

苹果酸 + NAD⁺ ⇌（苹果酸脱氢酶）NADH+H⁺ → 草酰乙酸

三羧酸循环总反应过程如图 6-6 所示。

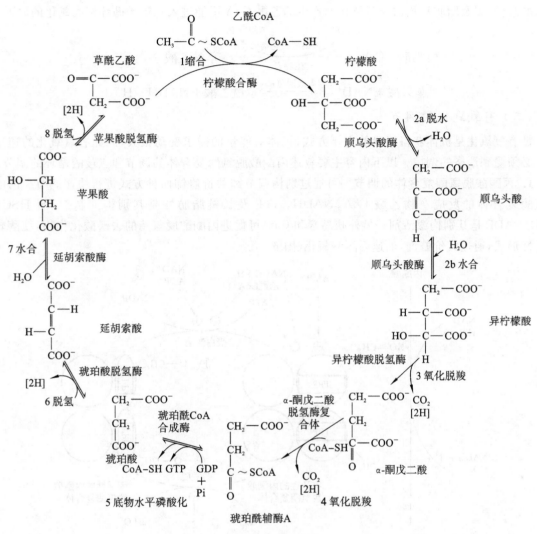

图 6-6 三羧酸循环

在三羧酸循环过程中：

(1) 三羧酸循环一周,1 分子乙酰 CoA 通过脱氢,经呼吸链传递,与氧生成水,并放出能量;通过脱羧,生成 2 分子 CO_2。尽管用 ^{14}C 标记乙酰 CoA 的实验发现,CO_2 的碳原子来自草酰乙酸,而不是乙酰 CoA,但这是由于中间反应过程中碳原子置换所致。

(2) 整个三羧酸循环不可逆,在线粒体中进行。三个关键酶柠檬酸合酶、异柠檬酸脱氢酶和 α-酮戊二酸脱氢酶复合体催化三步不可逆反应,其中异柠檬酸脱氢酶催化三羧酸循环中的限速步骤。

(3) 三羧酸循环中有 4 次脱氢反应,其中 3 次以 NAD^+ 为受氢体,生成的每分子 $NADH+H^+$ 经呼吸链氧化产生 2.5 分子 ATP;1 次以 FAD 为受氢体,生成的 $FADH_2$ 经呼吸链可生成 1.5 分子 ATP,加上底物水平磷酸化生成的一个高能磷酸键(GTP),1 分子乙酰 CoA 经三羧酸循环氧化产生 10 分子 ATP($3×2.5+1×1.5+1=10$)。

(4) 三羧酸循环的中间产物必须不断更新和补充。从理论上讲,三羧酸循环中间产物可以循环使用而质量不发生变化,但这是一种动态平衡,这些中间产物随时都有参与其他代谢反应而被消耗的可能性,也随时都有从其他代谢反应生成的可能性,如：

$$草酰乙酸+谷氨酸 \underset{\text{天冬氨酸转氨酶}}{\rightleftharpoons} 天冬氨酸+α-酮戊二酸$$

在一般情况下,草酰乙酸主要来自糖代谢的中间产物——丙酮酸的羧化反应,其次可通过苹果

NOTE

酸脱氢或天冬氨酸转氨基生成。这就是临床上糖代谢异常使丙酮酸来源减少,进而使羧化而来的草酰乙酸减少,累及脂肪和蛋白质分解代谢产生的乙酰 CoA 不能进入三羧酸循环彻底氧化的原因。

$$丙酮酸+CO_2 \xrightarrow[\text{生物素}]{\text{丙酮酸羧化酶}} 草酰乙酸$$

$$苹果酸+NAD^+ \xrightleftharpoons{\text{苹果酸脱氢酶}} 草酰乙酸+NADH+H^+$$

(二) 有氧氧化的调节

糖有氧氧化是机体获得能量的主要方式,机体对能量的需求变动很大,因此有氧氧化的速度和方向必须受到严格的调控。以下内容主要叙述丙酮酸脱氢酶复合体的调节和三羧酸循环的调节。

1. 丙酮酸脱氢酶复合体的调节 可通过别构调节和共价修饰两种方式进行快速调节。丙酮酸脱氢酶复合体的反应产物乙酰 CoA、NADH、ATP 及长链脂肪酸是其别构抑制剂,而 HSCoA、NAD$^+$、ADP 是其别构激活剂。另外胰岛素和 Ca^{2+} 可促进丙酮酸脱氢酶的去磷酸化作用,使酶转变为活性形式,通过共价修饰,加速丙酮酸氧化(图 6-7)。

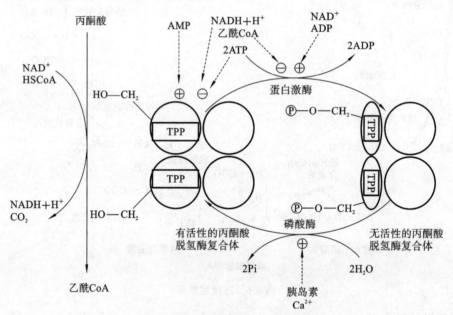

图 6-7 丙酮酸脱氢酶复合体的调节

丙酮酸脱氢酶复合体组分的丝氨酸残基上的羟基可在蛋白激酶作用下磷酸化。磷酸化后的酶复合体别构,失去活性。磷蛋白磷酸酶能除去丝氨酸羟基上的磷酸基,使之恢复活性。

2. 三羧酸循环的调节 三羧酸循环的速率和流量受多种因素调控。关键酶催化的反应产物如柠檬酸、NADH、ATP、琥珀酰 CoA 或脂肪分解产物长链脂肪酰 CoA 是其别构抑制剂,反之其底物如 ADP 和 Ca^{2+} 是别构激活剂。另外氧化磷酸化的速率对三羧酸循环的运转起到非常重要的作用。三羧酸循环 4 次脱氢产生的 NADH+H$^+$ 或 FADH$_2$ 经氧化磷酸化生成 H$_2$O 和 ATP,才能使脱氢反应继续进行。三羧酸循环的调控如图 6-8 所示。

3. 糖有氧氧化和糖无氧氧化之间存在互相制约的调节 法国科学家 Pasteur 发现酵母菌在无氧时可进行生醇发酵,将其转移至有氧环境,生醇发酵即被抑制,这种有氧氧化抑制生醇发酵的现象称为巴斯德效应。此效应也存在于人体组织中,即在供氧充足的条件下,组织细胞中糖有氧氧化对糖无氧氧化的抑制作用称为巴斯德效应(Pasteur effect)。

与此相反,在少数糖无氧氧化进行较旺盛的组织及细胞中,如视网膜、肾髓质、粒细胞、癌细胞等,无论有氧与否,都有很强的糖无氧氧化作用,这种糖无氧氧化抑制糖有氧氧化的作用称为反巴斯德效应或 Crabtree 效应。

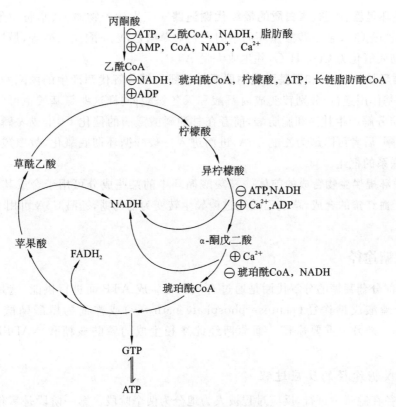

图 6-8　三羧酸循环的调控

（三）有氧氧化的生理意义

1. 有氧氧化是体内供能的主要途径　1 分子葡萄糖发生有氧氧化,有 6 次脱氢,其中 5 次以 NAD^+ 为氢受体,1 次以 FAD 为氢受体。1 分子葡萄糖可裂解为 2 分子磷酸丙糖,再加上第一阶段同糖酵解一样,通过底物水平磷酸化净生成的 2 分子 ATP,故有氧氧化净生成 30 或 32 分子 ATP(表 6-3)。

表 6-3　葡萄糖有氧氧化生成的 ATP

反应	辅酶	生成 ATP 数
第一阶段:		
葡萄糖→葡糖-6-磷酸		−1
果糖-6-磷酸→果糖-1,6-二磷酸		−1
2×3-磷酸甘油醛→2×1,3-二磷酸甘油酸	NAD^+	2×2.5(或 2×1.5)*
2×1,3-二磷酸甘油酸→2×3-磷酸甘油酸		2×1
2×磷酸烯醇式丙酮酸→2×丙酮酸		2×1
第二阶段:		
2×丙酮酸→2×乙酰 CoA	NAD^+	2×2.5
第三阶段:		
2×异柠檬酸→2×α-酮戊二酸	NAD^+	2×2.5
2×α-酮戊二酸→2×琥珀酰 CoA	NAD^+	2×2.5
2×琥珀酰 CoA→2×琥珀酸		2×1
2×琥珀酸→2×延胡索酸	FAD	2×1.5
2×苹果酸→2×草酰乙酸	NAD^+	2×2.5
总计		32(30)

注:* 在胞浆中糖酵解产生的 $NADH+H^+$,若经苹果酸穿梭作用进入线粒体氧化,1 分子 $NADH+H^+$ 产生 2.5 分子 ATP,若经甘油磷酸穿梭作用,则产生 1.5 分子 ATP。

2. 三羧酸循环是糖、脂肪、蛋白质的最终代谢通路　三大营养物质糖、脂肪和蛋白质在代谢过程中均可转变为乙酰 CoA 或三羧酸循环的中间产物如草酰乙酸、α-酮戊二酸等，最后经三羧酸循环和氧化磷酸化，彻底氧化为 CO_2、H_2O，并生成大量 ATP。

3. 三羧酸循环是糖、脂肪和氨基酸代谢联系的枢纽　糖分解代谢产生的丙酮酸、草酰乙酸等均可通过联合脱氨基作用逆行，分别转变成丙氨酸和天冬氨酸；同样这些氨基酸也可脱氨基转变成相应的 α-酮酸；脂肪分解产生甘油和脂肪酸，前者在甘油磷酸激酶的催化下，生成 α-磷酸甘油，脱氢氧化为磷酸二羟丙酮，后者可降解为乙酰 CoA，进而进入三羧酸循环彻底氧化，故三羧酸循环是糖、脂肪、氨基酸代谢联系的枢纽。

4. 三羧酸循环提供生物合成的前体　三羧酸循环中的某些成分可用于合成其他物质，例如琥珀酰 CoA 可用于血红素的合成，草酰乙酸通过糖异生转变为葡萄糖，乙酰 CoA 可用于合成脂酸和胆固醇。

三、磷酸戊糖途径

细胞内绝大部分葡萄糖的分解代谢是通过有氧氧化生成 ATP 而进行供能，这是葡萄糖分解代谢的主要途径。磷酸戊糖途径（pentose phosphate pathway）或称葡萄糖酸磷酸支路（phosphogluconate branch），是另一重要途径。葡萄糖经此途径生成的磷酸核糖和 NADPH＋H^+ 有重要意义。

（一）磷酸戊糖途径的反应过程

磷酸戊糖途径在胞浆中进行，反应过程被人为地分为两个阶段。第一阶段是氧化反应生成磷酸戊糖和 NADPH＋H^+，第二阶段则是一系列基团的转移反应（图 6-9）。

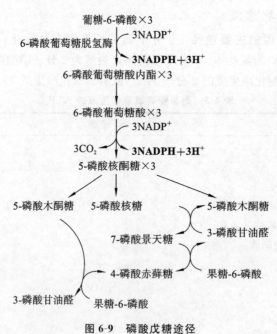

图 6-9　磷酸戊糖途径

1. 磷酸戊糖和 NADPH＋H^+ 的生成　1 分子葡糖-6-磷酸在 6-磷酸葡萄糖脱氢酶和 6-磷酸葡萄糖酸脱氢酶的作用下，经过 2 次脱氢、1 次脱羧，生成 5-磷酸核酮糖及 2 分子 NADPH＋H^+ 和 1 分子 CO_2。5-磷酸核酮糖在异构酶的作用下转变为 5-磷酸核糖，也可在差向异构酶的作用下转变为 5-磷酸木酮糖。6-磷酸葡萄糖脱氢酶是磷酸戊糖途径的关键酶。如有些人群（我国南方）的红细胞内先天缺乏此酶，故进食蚕豆或服用氯喹、磺胺等药物后易诱发溶血性贫血（蚕豆病）。本途径的速率由（NADPH＋H^+）/$NADP^+$ 的值调控，比值大，则反馈抑制此途径。NADPH＋H^+ 对 6-磷酸葡萄糖脱氢酶有强烈的抑制作用,故磷酸戊糖途径的流量取决于对 $NADPH+H^+$ 的需求。

$$
\begin{array}{ccc}
\text{葡糖-6-磷酸} & \xrightarrow[\text{6-磷酸葡萄糖脱氢酶}]{NADP^+ \quad \mathbf{NADPH+H^+}} & \text{6-磷酸葡萄糖酸内酯} \xrightarrow[\text{内酯酶}]{H_2O} \text{6-磷酸葡萄糖酸}
\end{array}
$$

$$
\xrightarrow[\substack{\text{6-磷酸葡萄糖酸脱氢酶} \\ CO_2}]{NADP^+ \quad \mathbf{NADPH+H^+}} \text{5-磷酸核酮糖} \xrightleftharpoons[\text{异构酶}]{} \text{5-磷酸核糖}
$$

2. 基团转移反应 第一阶段生成的 5-磷酸核糖是合成核苷酸的原料,部分 5-磷酸核糖通过一系列基团转移反应,进行酮基和醛基的转换,产生含 3 碳、4 碳、5 碳、6 碳及 7 碳的多种糖的中间产物,最终都转变为果糖-6-磷酸和 3-磷酸甘油醛。它们可转变为葡糖-6-磷酸继续进行磷酸戊糖途径代谢,也可以进入糖的有氧氧化或糖酵解继续氧化分解。

（二）磷酸戊糖途径的生理意义

1. 为核酸的生物合成提供核糖 核糖是核酸和游离核苷酸的组分,体内的核糖主要通过磷酸戊糖途径获得。葡萄糖既可经葡糖-6-磷酸脱氢,脱羧氧化反应生成 5-磷酸核糖,又可通过糖酵解途径的中间产物 3-磷酸甘油醛和果糖-6-磷酸经过前述的基团转移反应而生成 5-磷酸核糖。肌肉组织中缺乏 6-磷酸葡萄糖脱氢酶,5-磷酸核糖靠基团转移反应生成。

2. 提供 $NADPH+H^+$ 作为供氢体参与多种代谢反应 $NADPH+H^+$ 与 $NADH+H^+$ 不同,$NADPH+H^+$ 是作为供氢体参与多种代谢反应的,发挥着不同的功能,而不是主要通过呼吸链传递生成 ATP。

（1）参与胆固醇、脂肪酸、皮质激素和性激素等的生物合成,作为供氢体。

（2）$NADPH+H^+$ 是单加氧酶系(羟化反应)的供氢体,因而与药物、毒物和某些激素等的生物转化有关。

（3）$NADPH+H^+$ 还用于维持还原型谷胱甘肽(glutathione,GSH)的量。GSH 是一个三肽,2 分子 GSH 可脱氢氧化成为 1 分子氧化型谷胱甘肽(GSSG),而后者可在谷胱甘肽还原酶的催化下,被 $NADPH+H^+$ 重新还原为还原型。这对维持细胞中还原型 GSH 的正常含量,从而保护含巯基的蛋白质或酶免受氧化剂的损害起着重要作用,并可保护红细胞膜的完整性,因为还原型 GSH 是体内重要的抗氧化剂。蚕豆病患者因缺乏 6-磷酸葡萄糖脱氢酶,不能经磷酸戊糖途径得到充足的 $NADPH+H^+$ 来维持 GSH 的量,故红细胞易破裂,发生溶血性贫血。

知识链接 6-2

四、其他单糖的分解代谢

葡萄糖以外的己糖,如果糖、半乳糖和甘露糖也都是重要的能源物质,可经转变为糖酵解的中间

NOTE

产物磷酸己糖进入糖酵解代谢,提供能量。

(一)果糖被磷酸化后进入糖酵解

果糖存在于水果中,也可由蔗糖水解而来。果糖的代谢一部分在肝,一部分被肌肉和脂肪组织摄取。在肌肉和脂肪组织中,果糖在己糖激酶催化下,同样需 Mg^{2+} 激活,消耗 ATP,生成果糖-6-磷酸,进入糖酵解途径。

在肝中,葡萄糖激酶与己糖的亲和力很低,但肝中存在特异的果糖激酶,催化果糖在 C_1 上磷酸化,反应也需要 Mg^{2+},生成果糖-1-磷酸,随后在 1-磷酸果糖醛缩酶的催化下,裂解为磷酸二羟丙酮和甘油醛。甘油醛再在甘油醛激酶催化下(也需要 ATP 和 Mg^{2+} 参与),生成 3-磷酸甘油醛,进入糖酵解途径。

果糖不耐症是由于缺乏 1-磷酸果糖醛缩酶,进食果糖会引起果糖-1-磷酸堆积,大量消耗肝中磷酸的储备,进而使 ATP 浓度下降,从而加速糖酵解,导致乳酸酸中毒和餐后血糖低。

(二)半乳糖转变为葡糖-1-磷酸进入糖酵解

半乳糖在肝脏内也可以转变成葡萄糖,过程如下。中间产物尿苷二磷酸半乳糖(uridine diphosphate galactose,UDPGal)还是半乳糖基的供体,可用于合成含半乳糖的蛋白聚糖和糖蛋白。先天性缺乏半乳糖激酶或 1-磷酸半乳糖尿苷酰转移酶的患者,体内半乳糖堆积,有高半乳糖血症,并由于半乳糖在晶体内被醛还原酶还原成半乳糖醇,可引起白内障。

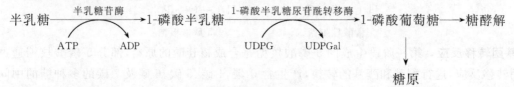

(三)甘露糖转变为果糖-6-磷酸进入糖酵解

甘露糖在日常饮食中含量甚微,是多糖和糖蛋白的消化产物,甘露糖在己糖激酶催化下生成 6-磷酸甘露糖,在相应异构酶的催化下,转变为果糖-6-磷酸而进入糖酵解途径。

(四)糖醛酸途径(glucuronate pathway)

糖醛酸途径是葡萄糖氧化代谢的一种途径,主要在肝中进行,但仅占很小部分。葡萄糖经葡糖醛酸转变为 5-磷酸木酮糖后与磷酸戊糖途径相衔接。

从葡糖-6-磷酸开始,先生成尿苷二磷酸葡糖(UDPG),经 UDPG 脱氢酶(NAD^+)催化氧化为尿苷二磷酸葡糖醛酸(uridine diphosphate glucuronic acid,UDPGA),然后在酶的作用下生成葡糖醛酸,后者代谢生成 5-磷酸木酮糖进入磷酸戊糖途径代谢。在大鼠等非灵长类动物体内,葡糖醛酸还可还原为 L-古洛糖酸,再进一步合成维生素 C。灵长类动物和豚鼠体内缺乏此完整酶系(古洛糖酸内酯氧化酶),故不能合成维生素 C,必须由食物供给。

对人类而言,糖醛酸途径的主要生理意义是生成活化的尿苷二磷酸葡糖醛酸(UDPGA)。它是硫酸软骨素、透明质酸、肝素等蛋白聚糖的重要组分。在这些蛋白聚糖的生物合成过程中,UDPGA 为葡糖醛酸的供体。UDPGA 还是生物转化中最重要的结合剂,可与许多代谢产物(胆红素、类固醇等)、药物和毒物等结合,促进其排泄。糖醛酸途径生成的 $NADH+H^+$ 是红细胞内高铁血红蛋白还原系统中还原剂的重要来源。

第四节 糖原的合成与分解

糖原(glycogen)是葡萄糖的多聚体,是动物体内糖的储存形式。糖原与植物淀粉结构相似,也是由 α-1,4-糖苷键(直链)与 α-1,6-糖苷键(支链)组成的大分子葡萄糖聚合物。糖原相对分子质量在

100 万～1000 万之间,故糖原是具有高度分支的不均一分子。糖原分支结构不仅增加了糖原的水溶性,有利于储存,也增加了非还原端数目,从而增加了糖原合成与分解时的作用点。糖原以不溶性颗粒储存于细胞质中,糖原颗粒上结合有参与糖原代谢的酶。

糖原分子合成与分解的过程,实际是使糖原分子变大与变小的过程。

一、糖原的合成

糖原合成(glycogenesis)是指体内由葡萄糖合成糖原的过程,主要发生在肝脏和肌肉组织中,肾也能合成糖原;肝糖原约占肝重的 5%,总量约 100 g,肌糖原占肌肉重量的 1%～2%,总量约为 300 g;肾糖原含量极少(主要参与肾的酸碱平衡调节作用)。人体糖原总量约为 400 g,如仅靠糖原供能,只能维持 8～12 h。

糖原合成时,葡萄糖先活化,再连接形成直链和支链,过程包括以下 4 步反应。

(一)葡萄糖磷酸化

糖原合成起始于糖酵解的中间产物葡糖-6-磷酸。

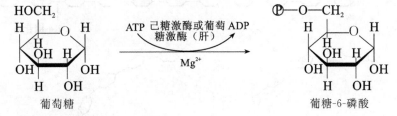

葡萄糖 → 葡糖-6-磷酸
(ATP 己糖激酶或葡萄糖激酶(肝),ADP,Mg^{2+})

(二)葡糖-1-磷酸的生成

葡糖-6-磷酸在磷酸葡萄糖变位酶的作用下生成葡糖-1-磷酸。

葡糖-6-磷酸 ⇌ 葡糖-1-磷酸
(磷酸葡萄糖变位酶)

(三)尿苷二磷酸葡萄糖的生成

葡糖-1-磷酸在 UDPG 焦磷酸化酶的催化下与尿苷三磷酸反应生成尿苷二磷酸葡萄糖(UDPG)和焦磷酸,反应是可逆的,但由于细胞内焦磷酸酶分布广,活性强,极易将焦磷酸分解为两分子磷酸,使反应主要向右进行。这一过程消耗的 UTP 可由 ATP 和 UDP 通过转磷酸基团生成,故糖原生成是耗能过程。糖原分子上每增加 1 分子葡萄糖,需消耗 2 分子 ATP。UDPG 可看成是"活性葡萄糖",在体内作为葡萄糖供体。

葡糖-1-磷酸 + UTP ⇌ UDPG + PPi
(UDPG 焦磷酸化酶)

(四)糖链的生成

UDPG 的葡萄糖基不能直接与游离的葡萄糖作用生成糖苷键延长糖链,而只能与糖原引物相连。糖原引物是指细胞内原有的较小糖原分子,近来人们在糖原分子的核心发现了一种糖原蛋白(glycogenin),它可对其自身进行共价修饰,将 UDPG 分子的 C_1 结合到糖原蛋白分子的酪氨酸残基上,从而使其糖基化。结合的葡萄糖分子即成为糖原合成时的引物。

在糖原合酶(glycogen synthase)的作用下,UDPG 的葡萄糖基转移到糖原引物的非还原末端,形成 α-1,4-糖苷键,此反应不可逆,糖原合酶是糖原合成过程的关键酶。此反应反复进行,使糖链不断延长,但不能形成分支。当延伸的糖链长度达到 12～18 个葡萄糖残基时,分支酶(branching enzyme)将一段长 6～7 个葡萄糖残基的寡糖链转移至邻近的另一段糖链上,以 α-1,6-糖苷键相连,从而形成糖原分子的分支(图 6-10)。在糖原合酶和分支酶的交替作用下,糖原分子变长,分支变多,分子变大。

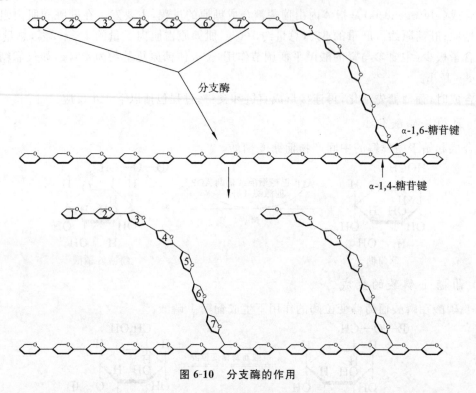

图 6-10　分支酶的作用

糖原合成是耗能的过程,糖原分子上每延长 1 个葡萄糖基需要消耗 2 个 ATP。糖原合成时需要 K^+,每合成 1 g 糖原需要 K^+ 0.15 mmol,用此原理在条件较差的农村抢救急性肾衰竭无尿期患者时,可静脉推注胰岛素和葡萄糖液以促进糖原的合成,使部分血浆 K^+ 转移至细胞中,可紧急降低血浆 K^+ 浓度,防止患者因血浆 K^+ 浓度过高,心脏停搏而死亡。

二、糖原的分解

糖原分解(glycogenolysis)通常指肝糖原降解为葡萄糖的过程。糖原分解与糖原合成是由不同的酶催化的两个方向相反而又保持相互联系的反应途径。肝糖原能直接分解补充血糖,但肌糖原不能直接分解补充血糖,而是以葡糖-6-磷酸进入糖酵解,为肌肉收缩供能。

(一)糖原分解为葡糖-1-磷酸

糖原分解的第一步是从糖原分子的非还原端开始,经糖原磷酸化酶(glycogen phosphorylase)催化,分解下 1 个葡萄糖基,生成 1 分子葡糖-1-磷酸。

糖原（G_n）

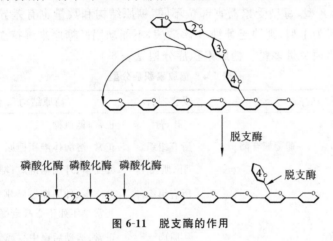

葡糖-1-磷酸　　　　　　　　　　　糖原（G_{n-1}）

此反应不可逆,糖原磷酸化酶是糖原分解的关键酶,该酶只能水解 α-1,4-糖苷键,而不能水解 α-1,6-糖苷键。当糖链上的糖原葡萄糖基逐个磷酸解至离开分支点约 4 个葡萄糖基时,由脱支酶将 3 个葡萄糖基转移到邻近糖链的末端,仍以 α-1,4-糖苷键连接,剩下 1 个以 α-1,6-糖苷键与糖链形成分支的葡萄糖基被脱支酶水解成游离葡萄糖(图 6-11)。糖原在磷酸化酶与脱支酶的交替作用下分解,分子越变越小,糖原分解产物中约 85% 为葡糖-1-磷酸,15% 为游离葡萄糖。

图 6-11　脱支酶的作用

（二）葡糖-1-磷酸转变成葡糖-6-磷酸

在变位酶的催化下,葡糖-1-磷酸转变成葡糖-6-磷酸,此步反应可逆。

磷酸葡萄糖变位酶

葡糖-1-磷酸　　　　　　　　　　　葡糖-6-磷酸

（三）葡糖-6-磷酸转变为葡萄糖

肝糖原和肌糖原的分解从葡糖-6-磷酸开始以不同的途径进行。在肝中,葡糖-6-磷酸在葡糖-6-磷酸酶催化下,加水,脱磷酸,转变为葡萄糖。葡糖-6-磷酸酶仅存在于肝中,而不存在于肌肉中,所以只有肝糖原可直接补充血糖。

H_2O　　Pi

葡糖-6-磷酸酶

葡糖-6-磷酸　　　　　　　　　　　葡萄糖

NOTE

肌肉组织中缺乏葡糖-6-磷酸酶,葡糖-6-磷酸只能进行糖酵解,故肌糖原不能分解成葡萄糖来补充血糖,只能给肌肉收缩提供能量。从葡糖-6-磷酸进入糖酵解,跳过了葡萄糖磷酸化的起始步骤,因此糖原中的1个葡萄糖基进行糖酵解净生成3个ATP。

三、糖原合成与分解的意义

糖原是糖的储存形式,主要储存于肝和肌肉中,但肝糖原和肌糖原的生理意义不同。肝糖原的主要作用是维持空腹血糖浓度的恒定,供全身利用;而肌糖原的分解则是提供肌肉本身收缩所需的能量。

1. 储存能量　葡萄糖可以糖原的形式储存。进食后过多的糖可在肝脏和肌肉等组织中合成糖原储存起来,以免血糖浓度过高。

2. 调节血糖浓度　血糖浓度高时可合成糖原,浓度低时可通过分解糖原来补充血糖。

肝中可经糖异生途径利用糖无氧氧化产生的乳酸来合成糖原。

糖原累积症(glycogen storage disease)是指由于体内先天缺乏与糖原代谢有关的酶类,特别是与糖原分解有关的酶类,导致某些组织器官中大量糖原堆积的一类遗传性代谢病。根据所缺陷酶的种类不同,本症可分为8型,每型受累器官部位不同,糖原结构和数量也有差异,对健康或生命的影响程度也不同。如患者为Ⅰ型,则缺乏葡糖-6-磷酸酶,不能动用肝糖原来维持血糖浓度恒定,将引起严重后果,为减轻病情,须少量多餐。糖原累积症分型见表6-4。

表6-4　糖原累积症分型

型别	缺陷的酶	受害器官	糖原结构和主要病理表现
Ⅰ	葡糖-6-磷酸酶	肝、肾	正常;低血糖
Ⅱ	溶酶体 α-1,4-和 α-1,6-葡萄糖苷酶	所有组织	正常;溶酶体堆积糖原
Ⅲ	脱支酶	肝、肌肉	分支多、外周糖链短;堆积多分支糖原
Ⅳ	分支酶	所有组织	分支少、外周糖链特别长,堆积少分支糖原患儿常早年死于心脏衰竭或肝衰竭
Ⅴ	肌糖原磷酸化酶	肌肉	正常;运动后血中少或无乳酸
Ⅵ	肝糖原磷酸化酶	肝	正常
Ⅶ	磷酸果糖激酶-1	肌肉、红细胞	正常
Ⅷ	肝磷酸化酶激酶	脑、肝	正常

四、糖原合成与分解的调节

糖原的合成与分解不是简单的可逆反应,而是分别通过两条途径进行的,这样就便于进行精细的调节。糖原合成与分解的生理性调节主要靠胰岛素和胰高血糖素。前者抑制糖原分解,促进糖原合成;后者可诱导生成cAMP,促进糖原分解。肾上腺素也可通过cAMP促进糖原分解,但可能仅在应激状态下发挥作用。肌糖原与肝糖原代谢调节略有不同,肝主要受胰高血糖素的调节,而肌肉主要受肾上腺素调节。糖原合成和分解代谢的关键酶分别是糖原合酶和糖原磷酸化酶。这两种酶都存在有活性和无活性两种形式。机体通过激素介导的蛋白激酶A使两种酶都磷酸化,但活性表现不同,即磷酸化的糖原合酶处于无活性状态,而磷酸化的糖原磷酸化酶处于活性状态,从而调节糖原合成和分解的速率,以适应机体的需要。糖原合酶和糖原磷酸化酶活性调节均有共价修饰和别构调节两种快速调节方式,以前者为主。

(一)共价修饰

糖原合酶和糖原磷酸化酶的共价修饰均受激素的调节。例如饥饿时,血糖含量下降,可促进胰高血糖素和肾上腺素分泌增加,激活腺苷酸环化酶(adenylate cyclase,AC),使 ATP 转变为 cAMP, cAMP 再激活蛋白激酶 A。蛋白激酶 A 既催化有活性的糖原合酶 a 磷酸化后转变为无活性的糖原合酶 b,使糖原合成减少;又通过磷酸化激活糖原磷酸化酶 b 激酶,再催化无活性的糖原磷酸化酶 b 磷酸化后转变为有活性的糖原磷酸化酶 a,促进糖原分解,使血糖浓度上升,从而维持血糖浓度恒定。另外,蛋白激酶 A 还催化磷蛋白磷酸酶抑制剂(胞内的一种蛋白质)磷酸化后转变为其活性形式,活性形式的抑制剂与磷蛋白磷酸酶结合后,可抑制酶活性,这与关键酶糖原合酶及糖原磷酸化酶的调节相协调。糖原合成与分解的共价修饰如图 6-12 所示。

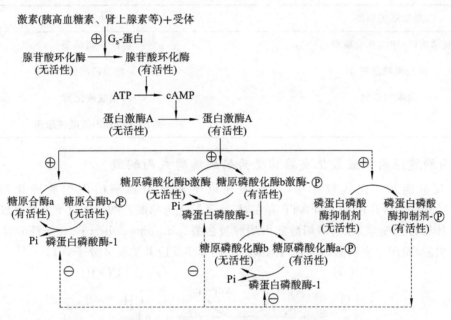

图 6-12 糖原合成与分解的共价修饰

Ca^{2+} 浓度的升高可引起肌糖原分解增加。当神经冲动使胞浆内 Ca^{2+} 浓度升高时,因为糖原磷酸化酶 b 激酶 δ 亚基就是钙调蛋白,Ca^{2+} 与其结合,即可激活糖原磷酸化酶 b 激酶,促进糖原磷酸化酶 b 磷酸化为糖原磷酸化酶 a,加速糖原的分解。这样在神经冲动引起肌肉收缩的同时,也加速糖原的分解,使肌肉获得收缩所需要的能量。

（二）别构调节

产物葡萄糖、ATP 是糖原磷酸化酶的别构抑制剂,而 AMP 则是糖原磷酸化酶的别构激活剂。葡糖-6-磷酸和 ATP 是糖原合酶的别构激活剂,使无活性的糖原合酶 b 别构为有活性的糖原合酶 a,糖原合成增加。

第五节 糖 异 生

体内糖原的储备有限,正常成人每小时可由肝释放出葡萄糖 210 mg/kg,如果不补充,8～12 h 肝糖原即被耗尽,此后如继续禁食,则主要靠糖异生维持血糖浓度恒定。

一、糖异生的概念

非糖物质(乳酸、甘油、生糖氨基酸等)转变为葡萄糖或糖原的过程,称为糖异生 (gluconeogenesis)。糖异生进行的主要场所在肝,而肾在正常情况下糖异生能力只有肝的 1/10。长期饥饿时,肾糖异生的能力增强。

NOTE

二、糖异生途径

糖酵解途径与糖异生途径的多数反应是共有的可逆反应,但糖异生途径不完全是糖酵解的逆反应。糖酵解途径中的 3 个关键酶——己糖激酶、磷酸果糖激酶-1 和丙酮酸激酶催化的 3 步反应是不可逆的,称之为"能障"。在另外的 4 种关键酶(表 6-5)的催化下,即可绕过这 3 个能障,使非糖物质顺利转变为葡萄糖,这个过程就是糖异生途径。

表 6-5　糖酵解和糖异生之间相对应的酶

糖酵解关键酶	糖异生关键酶
己糖激酶(肝中为葡萄糖激酶)	葡糖-6-磷酸酶
磷酸果糖激酶-1	果糖二磷酸酶-1
丙酮酸激酶	丙酮酸羧化酶
	磷酸烯醇式丙酮酸羧激酶

(一)丙酮酸经丙酮酸羧化支路转变为磷酸烯醇式丙酮酸

由 2 步反应组成。在线粒体中,丙酮酸在以生物素为辅酶的丙酮酸羧化酶(pyruvate carboxylase)的催化下,并在 CO_2 和 ATP 存在时,使其羧化为草酰乙酸。通过苹果酸穿梭作用,草酰乙酸从线粒体转移到胞浆,在磷酸烯醇式丙酮酸羧激酶(phosphoenolpyruvate carboxykinase)催化下,由 GTP 供能,脱羧生成磷酸烯醇式丙酮酸。上述 2 步反应共消耗 2 分子 ATP。

(二)果糖-1,6-二磷酸转变为果糖-6-磷酸

这是糖异生途径的第 2 个能障,在果糖二磷酸酶-1 的催化下,果糖-1,6-二磷酸转变为果糖-6-磷酸。

（三）葡糖-6-磷酸水解为葡萄糖

$$葡糖\text{-}6\text{-}磷酸 \xrightarrow[\text{葡糖-6-磷酸酶}]{H_2O \quad Pi} 葡萄糖$$

葡糖-6-磷酸 葡萄糖

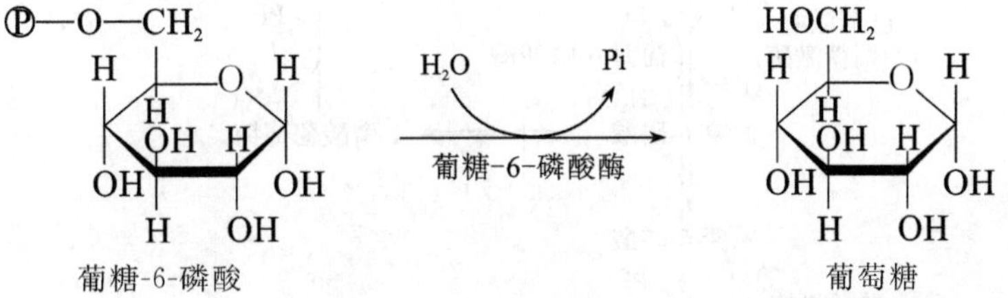

此步反应与糖原分解的最后一步相同,在肝(肾)中存在的葡糖-6-磷酸酶催化下,葡糖-6-磷酸水解为葡萄糖。

在以上 3 个反应过程中,底物互变的反应分别由不同的酶催化其单向反应,这种互变循环被称为底物循环(substrate cycle)。糖异生的原料为乳酸、甘油及生糖氨基酸等。乳酸可脱氢生成丙酮酸;甘油先磷酸化为 α-磷酸甘油,再脱氢生成磷酸二羟丙酮;丙氨酸等生糖氨基酸通过联合脱氨基作用的逆行转变成丙酮酸或草酰乙酸。然后三者均可通过糖异生转变为糖,故糖异生是体内维持血糖浓度最重要的途径。糖异生途径如图 6-13 所示。

三、糖异生的调节

糖酵解与糖异生是方向相反的两条代谢途径,果糖-1,6-二磷酸与果糖-6-磷酸之间的互变、磷酸烯醇式丙酮酸与丙酮酸之间的互变,这种由不同的酶催化底物互变,称为底物循环。要进行有效的糖异生就必须抑制糖酵解,反之亦然,这种协调主要依赖这两个底物循环来调节。糖异生的 4 个关键酶,即丙酮酸羧化酶、磷酸烯醇式丙酮酸羧激酶、果糖二磷酸酶-1 及葡糖-6-磷酸酶受多种别构剂及激素的调节。

1. 第一个底物循环在果糖-1,6-二磷酸与果糖-6-磷酸之间 糖酵解时果糖-6-磷酸磷酸化生成果糖-1,6-二磷酸,糖异生时果糖-1,6-二磷酸去磷酸化生成果糖-6-磷酸,由此构成第一个底物循环。催化此互变反应的两种酶的活性常呈相反的变化。AMP 和果糖-2,6-二磷酸(F-2,6-BP)是果糖二磷酸酶-1 的别构抑制剂,抑制糖异生作用,同时又是磷酸果糖激酶-1 的别构激活剂,启动糖酵解。柠檬酸是磷酸果糖激酶-1 的别构抑制剂,是果糖二磷酸酶-1 的别构激活剂,促进糖异生作用。胰高血糖素可激活肝细胞膜上的腺苷酸环化酶(AC),通过 cAMP 和蛋白激酶 A 使磷酸果糖激酶-2 磷酸化而失活,降低肝细胞内果糖-2,6-二磷酸,促进糖异生而抑制糖酵解。胰岛素则作用相反。目前认为果糖-2,6-二磷酸水平是肝内糖酵解和糖异生的主要调节信号。进食后,胰岛素分泌增加,果糖-2,6-二磷酸水平升高,糖酵解增强,糖异生被抑制。饥饿时,胰高血糖素分泌增加,果糖-2,6-二磷酸水平降低,糖异生增强而糖酵解减弱。

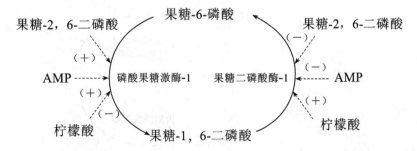

2. 第二个底物循环在磷酸烯醇式丙酮酸与丙酮酸之间 糖酵解时磷酸烯醇式丙酮酸转变为丙酮酸并产生能量,糖异生时丙酮酸消耗能量生成草酰乙酸,然后生成磷酸烯醇式丙酮酸,由此构成第二个底物循环。

NOTE

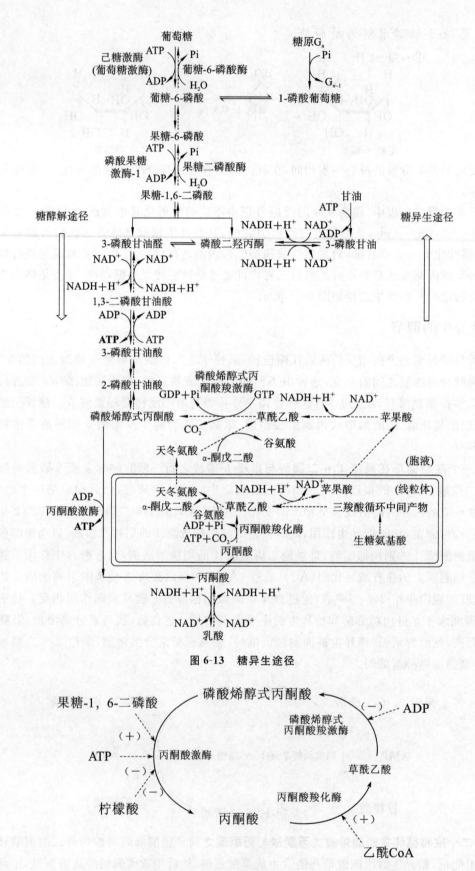

图 6-13　糖异生途径

果糖-1,6-二磷酸变构激活丙酮酸激酶促进糖酵解。胰高血糖素能诱导磷酸烯醇式丙酮酸羧激酶基因的表达,增加酶的合成,促进糖异生。此外,它还可抑制果糖-2,6-二磷酸(F-2,6-BP)的合成,从而减少果糖-1,6-二磷酸(F-1,6-BP)的合成,进而降低丙酮酸激酶的活性。胰高血糖素还可通过cAMP使丙酮酸磷酸化而失去活性。

脂肪酸大量氧化时,线粒体内乙酰CoA堆积,并释放ATP。乙酰CoA是丙酮酸羧化酶的别构激活剂,促进糖异生;它又能反馈性抑制丙酮酸脱氢酶复合体的活性。

四、糖异生的生理意义

(一)饥饿情况下维持血糖浓度恒定

空腹或饥饿时,肝糖原分解产生的葡萄糖仅能维持8~12 h,此后,机体基本依靠糖异生作用来维持血糖浓度恒定,这是糖异生最主要的生理功能。饥饿时,肌肉产生的乳酸量较少,糖异生的原料主要为生糖氨基酸(每天生成90~120 g葡萄糖)和甘油(每天生成20 g葡萄糖),经糖异生转变为葡萄糖,维持血糖水平,保证脑等重要组织器官的能量供应。因为正常成人的脑组织不能直接利用脂肪酸,主要靠葡萄糖供给能量。红细胞无线粒体,完全通过糖酵解获得能量。骨髓、神经等组织由于代谢活跃,经常进行糖酵解,故即使在饥饿的状况下,机体也需要消耗一定量的糖,以维持生命活动。

(二)回收乳酸能量,补充肝糖原

当肌肉在缺氧或剧烈运动时,肌糖原经酵解产生大量乳酸(1 mol 葡萄糖经糖酵解仅产生2 mol ATP),由于肌肉组织内无葡糖-6-磷酸酶,不能进行糖异生作用,所以乳酸经细胞膜弥散入血液后再入肝,在肝内异生为葡萄糖。葡萄糖释放入血后又可被肌肉摄取,这就构成了一个循环,称为乳酸循环(lactic acid cycle),也称为Cori循环(图6-14)。乳酸循环的形成是由于肝和肌肉组织中酶的特点所致。乳酸循环的生理意义是防止和改善乳酸堆积引起的酸中毒,同时有利于乳酸的再利用。乳酸循环是耗能的过程。糖异生也是肝补充或恢复肝糖原储备的重要途径,这在饥饿后进食更为重要。长期以来人们认为,进食后肝糖原储备丰富是肝直接利用葡萄糖合成糖原的结果。但后来的同位素标记等实验结果表明:摄入的葡萄糖先分解为丙酮酸、乳酸等三碳化合物,后者再异生为糖原。生成糖原的这条途径称为三碳途径或者间接途径,而葡萄糖经UDPG合成糖原的过程称为直接途径。

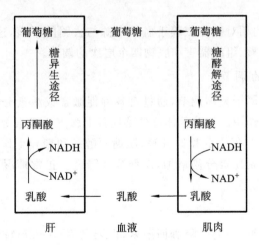

图 6-14 乳酸循环

(三)调节酸碱平衡

长期饥饿时,肾糖异生增强,可促进肾小管细胞分泌氨,使NH_3与H^+生成的NH_4^+排出体外,降低原尿中H^+的浓度,这有利于肾排H^+保Na^+;另外乳酸经糖异生作用转变为糖,可防止乳酸堆积引起的代谢性酸中毒,这些均对维持机体酸碱平衡有一定的意义。

第六节　血糖及其调节

一、血糖的来源与去路

血糖（blood sugar）是指血液中的葡萄糖。血糖是糖的运输形式，可供各组织器官利用。正常人空腹时血糖浓度较为稳定。临床测定的血糖值因所用方法而异，用葡萄糖氧化酶法，正常人空腹血糖浓度为 $3.89\sim6.11$ mmol/L（$70\sim110$ mg/dL），而用 Folin-吴宪法则为 $4.44\sim6.67$ mmol/L（$80\sim120$ mg/dL）。血糖浓度保持相对恒定具有重要的生理意义，特别是对脑和红细胞，它们在生理条件下，主要靠血糖供能。如果血糖浓度过低，会出现脑功能障碍，甚至出现低血糖昏迷。

血液中葡萄糖的实际浓度是由其来源和去路两方面的动态平衡所决定的。血糖的来源有 3 个：食物中的糖类消化吸收，这是血糖最主要的来源；肝糖原分解；非糖物质通过糖异生作用在肝内合成葡萄糖。血糖的去路有 4 个：氧化分解供能，此为血糖的主要去路；合成糖原；转化成非糖物质；转变成其他糖或糖衍生物，如核糖、脱氧核糖、氨基多糖等（图 6-15）。

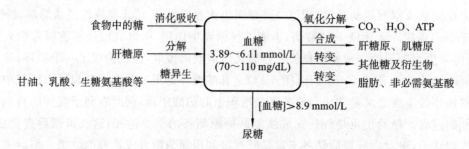

图 6-15　血糖的来源与去路

二、血糖浓度的调节

正常情况下，血糖浓度的相对恒定依赖于血糖来源与去路的平衡，这种平衡需要体内多种因素的协同调节，主要有神经、激素、组织器官和底物四个层次的调节。

（一）神经系统水平的调节

神经系统对血糖的调节属于整体调节，通过对各种促激素或激素分泌的调节，影响各代谢中的酶活性或酶含量而完成调节作用。如脑垂体可分泌促肾上腺皮质激素等促激素。情绪激动时，交感神经兴奋，肾上腺素分泌增加，促进肝糖原分解，肌糖原酵解和糖异生作用使血糖浓度升高；当处于静息状态时，迷走神经兴奋，胰岛素分泌增加，血糖浓度降低。正常情况下，机体在多种调节因素的相互作用下，维持血糖浓度恒定。

（二）激素水平调节

调节血糖的激素有两大类，一类是降血糖激素，即胰岛素（insulin）；另一类是升血糖激素，有肾上腺素、胰高血糖素（glucagon）、糖皮质激素和生长激素等。这两类激素的作用相互对抗、相互制约，它们通过调节糖原生成和分解、糖氧化分解、糖异生等途径的关键酶的活性或含量来调节血糖浓度恒定。现将各种激素调节糖代谢的机制列于表 6-6 中。

表 6-6　激素对血糖浓度的影响

激　素	作用机制
降血糖激素	

激　素	作用机制
胰岛素	1. 促进肌肉、脂肪细胞摄取葡萄糖
	2. 诱导糖酵解的 3 个关键酶合成,激活丙酮酸脱氢酶复合体来促进糖的氧化分解
	3. 通过增强磷酸二酯酶活性,降低 cAMP 水平,从而使糖原合酶活性增加,磷酸化酶活性下降,加速糖原合成,抑制糖原分解
	4. 通过抑制糖异生作用的磷酸烯醇式丙酮酸羧激酶合成及促进氨基酸进入肌组织合成蛋白质,减少糖异生的原料来抑制糖异生
	5. 减少脂肪动员,促进糖转变为脂肪
胰岛素样生长因子	在结构上与胰岛素相似,具有类似胰岛素的代谢作用和促生长作用
升血糖激素	
胰高血糖素	1. 通过细胞膜受体激活依赖 cAMP 的蛋白激酶 A,从而抑制糖原合酶和激活磷酸化酶,使糖原合成减少,促进肝糖原分解
	2. 通过减少磷酸果糖激酶-1 的别构激活剂 F-2,6-BP 的合成量来抑制糖酵解
	3. 通过促进磷酸烯醇式丙酮酸羧激酶合成和使 F-2,6-BP 的合成量减少来减轻对果糖-1,6-二磷酸酶的抑制作用,进而促进糖异生
	4. 加速脂肪动员,进而促进糖异生
肾上腺素	1. 通过细胞膜受体激活依赖 cAMP 的蛋白激酶 A,促进肝糖原分解、肌糖原酵解
	2. 促进糖异生
糖皮质激素	1. 抑制肝外组织摄取和利用葡萄糖
	2. 促进蛋白质和脂肪分解为糖异生原料,促进糖异生(只有糖皮质激素存在时,其他促进脂肪动员的激素才能发挥最大的效果)
生长激素	1. 早期有胰岛素样作用
	2. 晚期有抗胰岛素作用

(三) 器官水平的调节

肝是体内调节血糖浓度的主要器官。肝通过肝糖原的生成、分解和糖异生作用维持血糖浓度恒定。

(四) 底物水平的调节

一般来讲,底物或产物浓度对各自的代谢途径有正或负反馈调节。代谢中间产物或者终产物对该代谢途径的关键酶的抑制或激活是通过别构效应来实现的。

三、耐糖现象

正常人食糖后血糖浓度仅暂时升高,经体内调节血糖机制的作用,约 2 h 内即可恢复到正常水平,此现象称为耐糖现象。机体处理摄入葡萄糖的能力称为葡萄糖耐量,它反映机体调节糖代谢的能力,临床上常用口服葡萄糖耐量试验(oral glucose tolerance test,OGTT)鉴定机体利用葡萄糖的能力。常用方法是先测定受试者清晨空腹血糖浓度,然后一次进食 75 g 葡萄糖(或按每千克体重 1.5～1.75 g 葡萄糖)。进食后隔 0.5 h、1 h、2 h 和 3 h 再分别测血糖一次。以时间为横坐标,血糖浓度为纵坐标绘成的曲线称为糖耐量曲线(图 6-16)。

正常人的糖耐量曲线特点:空腹血糖浓度正常;食糖后血糖浓度升高,1 h 内达高峰,但不超过肾糖阈(8.88 mmol/L 或 160 mg/dL);此后血糖浓度迅速降低,在 2 h 之内降至正常水平。

糖尿病患者胰岛素分泌不足,或机体对胰岛素的敏感性下降。患者的糖耐量曲线只要有下列其一表现即可确诊:①空腹血糖浓度较正常值高;②进食糖后血糖浓度迅速升高,并可超过肾糖阈;

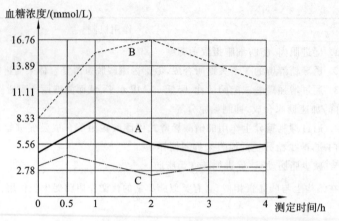

A—正常人　B—糖尿病患者　C—肾上腺皮质功能低下患者

图 6-16　糖耐量曲线

③在2 h内不能恢复至正常空腹血糖水平。

艾迪生综合征患者由于肾上腺皮质功能低下,其糖耐量曲线表现为空腹血糖浓度低于正常值;进食糖后血糖浓度升高不明显;短时间即恢复原有低水平血糖。

四、糖代谢异常

神经系统疾患,内分泌失调,肝、肾功能障碍及某些酶的遗传缺陷等,均可影响血糖浓度的调节或引起糖代谢障碍,如高血糖、糖尿病或低血糖等代谢异常。

(一) 低血糖

空腹血糖浓度低于2.8 mmol/L称为低血糖(hypoglycemia)。脑组织对低血糖极为敏感,低血糖时可出现头晕、心悸、出冷汗等虚脱症状。如果血糖浓度持续下降至低于2.53 mmol/L,可出现昏迷,称为低血糖休克。如不能及时给患者静脉注射葡萄糖,可导致死亡。

引起低血糖的病因如下:①胰岛β细胞器质性病变,如β细胞肿瘤可导致胰岛素分泌过多,胰岛α细胞功能低下等;②内分泌异常(垂体功能低下、肾上腺皮质功能减退,使糖皮质激素分泌不足等);③糖原贮积症等;④饥饿或因病不能进食时间过长者、治疗时使用胰岛素过量和持续的剧烈体力活动等均可引起低血糖;⑤肿瘤(肝癌、胃癌等)。

(二) 高血糖及糖尿病

空腹血糖浓度持续超过7.1 mmol/L时称为高血糖(hyperglycemia)。当血糖浓度超过肾糖阈(8.89～10.00 mmol/L)时,即超过了肾小管的重吸收能力,葡萄糖即从尿中排出,则可出现尿糖。正常人偶尔也可出现高血糖和尿糖,如进食大量糖或情绪激动时交感神经兴奋引起肾上腺素分泌增加等均可引起一过性高血糖,甚至尿糖,分别称为饮食性糖尿和情感性糖尿,但这只是暂时的,且空腹血糖浓度正常,属于生理性的。病理性高血糖及糖尿多见于下列两种情况。

1. 肾性糖尿　由于肾病导致肾小管重吸收葡萄糖能力下降,即使血糖浓度不高,也因肾糖阈下降出现尿糖,称为肾性糖尿,如慢性肾炎、肾病综合征等。孕妇有时也会有暂时性肾糖阈降低,出现肾性糖尿,但血糖浓度与糖耐量曲线正常。

2. 糖尿病(diabetes mellitus)　以持续性高血糖和糖尿为主要症状,特别是空腹血糖浓度和糖耐量曲线异常的疾病主要是糖尿病。糖尿病是因胰岛素相对或绝对缺乏,或胰岛素分子结构异常(称为变异胰岛素),或胰岛素受体数目减少,或受体基因突变,或胰岛素受体与胰岛素的亲和力降低而致病的。临床上糖尿病分为胰岛素依赖型(1型)和非胰岛素依赖型(2型)两型,它们的病因和发病机制不同。我国糖尿病以成人多发的2型糖尿病为主,胰岛细胞功能缺陷和胰岛素作用抵抗性是其基本特征。一般认为 2 型糖尿病具有更强的遗传性。

糖尿病常伴有多种并发症，由糖尿病病变转变而来，如足病（足部坏疽、截肢）、肾病（肾功能衰竭、尿毒症）、眼病（模糊不清、失明）、脑病（脑血管病变）、心脏病、皮肤病、性病等是糖尿病最常见的并发症，是导致糖尿病患者死亡的主要因素，这些并发症的严重程度与血糖浓度升高的程度直接相关。

小结

糖是人体主要的能量来源，也是构成机体结构物质的重要组成成分。食物中可被消化的糖主要是淀粉。它经过消化道中一系列酶的消化作用，最终水解为葡萄糖，在小肠被吸收后经门静脉入血。葡萄糖的吸收是依赖特定载体转运的、主动的耗能过程。

糖的分解代谢途径主要有糖无氧氧化、有氧氧化和磷酸戊糖途径等。葡萄糖或糖原在无氧或缺氧情况下分解生成乳酸和 ATP 的过程称为糖无氧氧化。糖无氧氧化全部反应均在胞浆中进行，其代谢反应可分为两个阶段。在第一阶段，糖酵解，葡萄糖转变为两分子丙酮酸。在第二阶段，丙酮酸在乳酸脱氢酶催化下，接受 3-磷酸甘油醛脱下的氢，还原为乳酸。故糖酵解中虽然有氧化还原反应，但不需要氧。葡萄糖以外的己糖，如果糖和半乳糖等，均可转变为磷酸化衍生物而进入糖酵解途径。调节糖酵解的关键酶是磷酸果糖激酶-1、丙酮酸激酶和己糖激酶（肝中为葡萄糖激酶）。磷酸果糖激酶-1 催化限速步骤。这 3 个酶催化的反应不可逆，并受别构剂和激素的调节。糖无氧氧化的生理意义是提供一部分急需的能量，是某些组织细胞（如成熟红细胞）生理条件下的主要供能途径。1 mol 葡萄糖（或糖原的葡萄糖单位）经酵解可净生成 2 mol（或 3 mol）ATP。

葡萄糖或糖原在有氧条件下，彻底氧化生成 CO_2、H_2O，并产生大量 ATP 的过程，称为糖的有氧氧化。它是体内糖氧化供能的主要方式，在胞浆和线粒体中进行。糖的有氧氧化包括三个阶段：第一阶段为葡萄糖经糖酵解途径分解为丙酮酸，在胞浆中进行；第二阶段为丙酮酸进入线粒体，在由 3 种酶和 5 种辅酶或辅基（TPP、HSCoA、二氢硫辛酸、FAD 和 NAD^+）组成的关键酶——丙酮酸脱氢酶复合体催化下，氧化脱羧生成乙酰 CoA；第三阶段是乙酰 CoA 进入三羧酸循环彻底氧化和氧化磷酸化。1 分子乙酰 CoA 经三羧酸循环运转一周，经 2 次脱羧、4 次脱氢，消耗 1 个乙酰基，产生 10 分子 ATP。三羧酸循环的生理意义在于它是糖、脂肪和蛋白质彻底氧化的共同途径，又是三者相互转变、相互联系的枢纽。1 mol 葡萄糖经有氧氧化可产生 30 mol 或 32 mol ATP。糖有氧氧化的关键酶除了与糖酵解相同的 3 个酶外，还有丙酮酸脱氢酶复合体、柠檬酸合酶、异柠檬酸脱氢酶和 α-酮戊二酸脱氢酶复合体，其中异柠檬酸脱氢酶催化三羧酸循环中的限速步骤。丙酮酸脱氢酶复合体通过别构调节和共价修饰两种方式进行快速调节。三羧酸循环的速率和流量受多种因素调控，如 ATP/AMP、$NADH+H^+/NAD^+$ 通过别构调节来调控有氧氧化速率；胰岛素、Ca^{2+} 通过促进糖氧化分解对三羧酸循环运转也起重要作用。在氧供应充足的条件下，糖有氧氧化对糖无氧氧化的抑制作用称为巴斯德效应。

磷酸戊糖途径在胞浆中进行，关键酶是葡糖-6-磷酸脱氢酶，如先天缺乏此酶，可患蚕豆病。磷酸戊糖途径的生理意义是提供 $NADPH+H^+$ 和磷酸核糖，前者作为供氢体参与多种代谢反应，后者是合成核苷酸的重要原料。糖醛酸途径主要在肝中进行，生成的 UDPGA 是蛋白聚糖的重要成分和生物转化中最重要的结合剂。

糖原是体内糖的储存形式，主要储存于肝和肌肉中。由葡萄糖合成糖原的过程称为糖原合成，每增加一个葡萄糖单位需消耗 2 分子 ATP。肝糖原分解为葡萄糖的过程称为糖原分解，因为肌肉中缺乏葡糖-6-磷酸酶，故肌糖原不能直接分解为葡萄糖。糖原生成与分解的关键酶分别为糖原合酶和糖原磷酸化酶，二者均通过激素介导的蛋白激酶 A 使酶磷酸化，通过共价修饰和别构效应改变酶活性调节糖原的合成和分解。先天缺乏糖原代谢尤其是糖原分解的酶类，使某些器官组织中糖原堆积的疾病称为糖原贮积症,可分为 8 型。

非糖物质(乳酸、甘油、生糖氨基酸等)转变为葡萄糖或糖原的过程称为糖异生。肝是糖异生的主要场所,其次是肾。糖异生的途径与糖酵解途径是方向相反的两条代谢途径,通过 3 个底物循环进行有效协调,即糖酵解中 3 个关键酶催化的不可逆反应分别由糖异生的 4 个关键酶:丙酮酸羧化酶、磷酸烯醇式丙酮酸羧激酶、果糖二磷酸酶-1 和葡糖-6-磷酸酶催化。糖异生最主要的生理意义是在饥饿时维持血糖浓度的相对恒定,其次是回收乳酸能量、补充肝糖原和参与酸碱平衡调节。

血液中的葡萄糖称为血糖,是糖的运输形式。正常成人空腹血糖浓度为 $3.89 \sim 6.11$ mmol/L($70 \sim 110$ mg/dL)。血糖的主要来源是食物中经消化吸收的糖,其次是肝糖原分解、糖异生、肌糖原酵解间接补充血糖和由其他己糖转变而来。血糖的主要去路是氧化分解供能,其次是合成肝、肌、肾糖原,转变为脂肪、某些氨基酸和其他糖类。血糖浓度超过肾糖阈时可出现尿糖。血糖水平受多种激素的调控。胰岛素降低血糖浓度,而胰高血糖素、肾上腺素、糖皮质激素和生长激素是升高血糖浓度。当人体糖代谢发生障碍时可导致糖代谢紊乱,主要是高血糖和低血糖。糖尿病是最常见的糖代谢紊乱疾病。

(张丽娟)

第七章 脂类代谢

扫码看课件

教学目标

- 必需脂肪酸的概念及种类
- 脂肪酸的 β-氧化过程
- 酮体的生成与利用
- 脂肪酸合成的原料、部位及限速酶
- 胆固醇合成的原料、部位、限速酶及胆固醇的转化
- 血浆脂蛋白的分类及生理功能

脂类(lipids)是脂肪(fat)和类脂(lipoid)的总称。脂肪由 1 分子甘油与 3 分子脂肪酸通过酯键连接而成,故又称甘油三酯(triglyceride,TG)或三酰甘油(triacylglycerol)。类脂主要包括磷脂(phospholipids,PL)、糖脂(glycolipid,GL)、胆固醇(cholesterol,Ch)和胆固醇酯(cholesteryl ester,CE)等。脂类是一类不溶于水而易溶于有机溶剂,并能为机体所利用的有机化合物。

脂类是人体重要的组成部分,也是储存能源与供给能量的重要物质。脂类代谢异常与许多疾病相关。例如,脂类代谢异常是形成动脉粥样硬化的主要原因;肥胖症是体内储存过量的脂类物质所致;脂类物质过氧化可引起组织细胞损伤,造成多种组织器官疾病。因此,脂类代谢是生物学和医学研究的重要领域之一。

第一节 概　述

一、脂类的含量与分布

脂肪是人体内含量最多的脂类,占成人体重的 $10\%\sim20\%$,主要分布在皮下、大网膜、肠系膜、内脏周围等脂肪组织中,在细胞内多以微滴形式存在于胞液中。脂肪是体内重要的储能物质,故称为储存脂,其含量受性别、营养、年龄和活动状况等多种因素影响而发生变动,故又称为可变脂。类脂主要是构成各种生物膜的基本成分,约占总脂的 5%。类脂比较稳定,受营养和机体活动的影响很小,故又称为基本脂或固定脂。

脂类的分布受年龄和性别影响较大。例如,中枢神经系统的脂类含量,由胚胎时期到成年时期可增加 1 倍以上。又如,女性的皮下脂肪高于男性,而男性皮肤的总胆固醇含量则高于女性。

二、脂类的生理功能

(一) 供能和储能

脂肪是体内重要的供能和储能物质,人体活动所需要的能量 $20\%\sim30\%$ 由脂肪所提供。饥饿或禁食等特殊情况下,维持生命活动所需的能量 90% 以上由脂类分解提供。1 g 脂肪在体内完全氧化

时可释放出 38 kJ(9.3 kcal),比 1 g 糖或蛋白质所放出的能量多 1 倍以上。脂肪是疏水性物质,在体内储存时几乎不结合水,体积小,为同重量糖原体积的 1/4,故在单位体积内可储存较多的脂肪。

(二)维持正常生物膜的结构和功能

类脂,特别是磷脂和胆固醇是构成细胞膜、线粒体膜、内质网膜、核膜和神经髓鞘等生物膜的重要组分,其中磷脂成分占 60%～70%,胆固醇约占 20%,其余为镶嵌在膜中的蛋白质。磷脂中的不饱和脂肪酸有助于膜的流动,胆固醇和饱和脂肪酸能增加膜的韧性。若膜中磷脂和胆固醇含量稍有改变,都将引起膜的物理性质发生改变。可见,在维持生物膜的正常结构和功能中,类脂起到非常重要的作用。

(三)防震、保温和乳化等功能

机体内脏器官周围的脂肪组织具有软垫和润滑的作用,能够缓冲机械撞击并减少脏器之间的摩擦。因脂肪是热的不良导体,分布于皮下的脂肪组织可防止过多的热量散失而保持体温。磷脂和胆固醇分子中有亲水基团,因此可协助胆汁酸盐乳化食物中的脂肪和脂溶性维生素,同时,脂肪本身又是脂溶性维生素的溶剂,因此可促进脂溶性维生素的吸收。

(四)供给必需脂肪酸

必需脂肪酸是机体不能合成,必须由食物提供的脂肪酸,故将此类脂肪酸称必需脂肪酸(essential fatty acid, EFA),主要包括亚油酸($18:2\Delta^{9,12}$)、亚麻酸($18:3\Delta^{9,12,15}$)和花生四烯酸($20:4\Delta^{5,8,11,14}$)。

(五)作为第二信使

膜上有些脂类如磷脂酰肌醇-4,5-二磷酸(PIP_2)可被磷脂酶水解生成三磷酸肌醇(IP_3)和甘油二酯(DAG),均可作为第二信使传递信息。

(六)转变成多种重要的活性物质

脂类在体内可转变成多种重要的生理活性物质,如胆固醇在体内可转变成胆汁酸、维生素 D_3、肾上腺皮质激素及性激素等具有重要功能的物质;花生四烯酸可以转变成白三烯、前列腺素和血栓素等多种重要的生理活性物质。

三、甘油三酯的化学结构

甘油三酯为甘油的三个羟基分别被相同或不同的脂肪酸酯化所形成的酯。自然界存在的甘油三酯中其脂肪酸绝大多数含偶数个碳原子,甘油二酯及甘油一酯在自然界中也存在,但含量较少,其结构如下:

（结构式：甘油三酯、甘油二酯、甘油一酯）

R_1、R_2、R_3 代表脂肪酸的烃基,它们可以相同也可以不同。若 $R_1=R_2=R_3$,则称为单纯甘油三酯(simple triacylglycerol);若三者中有两个或三个不同,则称为混合甘油三酯(mixed triacylglycerol)。一般情况下,R_1 和 R_3 为饱和的烃基,R_2 为不饱和的烃基。通常把常温下呈固态或半固态的称为脂肪,其脂肪酸的烃基多数是饱和的;常温下为液态的称为油,其脂肪酸的烃基多数是不饱和的。脂肪和油统称为油脂,其熔点的高低取决于所含不饱和脂肪酸的多少。植物油中含有大量不饱和脂肪酸,因此常温下呈液态,而动物脂肪中含饱和脂肪酸较多,所以常温下呈固态或半固态。

四、脂肪酸的分类与命名

(一)脂肪酸的分类

从动、植物和微生物中分离出来的脂肪酸已有百余种。在生物体内大部分脂肪酸都以结合形式如甘油三酯、磷脂、糖脂等存在,但也有少量脂肪酸以游离状态存在于组织和细胞中。

脂肪酸(fatty acid,FA)是由一条长的烃链("尾")和一个末端羧基("头")组成的羧酸。一般认为,$C_2 \sim C_5$ 为短链,$C_6 \sim C_{10}$ 为中链,C_{10} 以上为长链。烃链多数是线性的,分枝或含环的烃链很少,绝大多数为偶数碳原子的直链一元酸。高等动植物脂肪酸碳链一般在 $C_{14} \sim C_{20}$ 之间,且为偶数碳。烃链不含双键的为饱和脂肪酸(saturated FA),含一个或多个双键的为不饱和脂肪酸(unsaturated FA)。只含单个双键的脂肪酸称为单不饱和脂肪酸(monounsaturated FA);含两个或两个以上双键的称为多不饱和脂肪酸(polyunsaturated FA)。不同脂肪酸之间的主要区别在于烃链的长度(碳原子数目)、双键的数目和位置。

(二)脂肪酸的命名

脂肪酸有两种命名法,即习惯命名和系统命名。习惯命名主要以脂肪酸的来源、性质或碳原子数目命名,如花生四烯酸、油酸、丁酸等。系统命名则标出脂肪酸中的碳原子数目、双键的数目及位置,其碳原子有两种编码体系,Δ 编码体系从脂肪酸的羧基碳原子开始计算编号,ω 编码体系是从脂肪酸的甲基碳原子开始编号,双键的位置以 Δ 或 ω 的右上标数字表示(数字是指双键结合的两个碳原子的号码中较低者),并在数字后面用 c(cis,顺式)和 t(trans,反式)标明双键的构型。通常每个脂肪酸可以有通俗名(common name)、系统名(systematic name)和简写符号。简写方法如下:先写出脂肪酸的碳原子数目,再写出双键数目,两个数之间用":"隔开,若为不饱和脂肪酸,以 Δ 或 ω 右上标数字表示其双键的位置和数目,如:十八烷酸(硬脂酸)的简写符号为 18:0,十八碳一烯酸(油酸)简写为 $18:1\Delta^9$(或 $18:1\omega^7$),顺,顺-9,12-十八烯酸(亚油酸)简写为 $18:2\Delta^{9c,12c}$(或 $18:2\omega^{6,9}$)。

(三)常见的饱和脂肪酸

动、植物脂肪中的饱和脂肪酸以软脂酸和硬脂酸分布广并且比较重要,常见的天然饱和脂肪酸见表 7-1。

表 7-1　常见的天然饱和脂肪酸

简写式	分子结构简式	系统命名	习惯名称	熔点/℃
10:0	$CH_3(CH_2)_8COOH$	n-十烷酸(n-decanoic acid)	葵酸(capric acid)	32
12:0	$CH_3(CH_2)_{10}COOH$	n-十二烷酸(n-dodecanoic acid)	月桂酸(lauric acid)	43
14:0	$CH_3(CH_2)_{12}COOH$	n-十四烷酸(n-tetradecanoic acid)	豆蔻酸(n-myristic acid)	54
16:0	$CH_3(CH_2)_{14}COOH$	n-十六烷酸(n-hexadecanoic acid)	软脂酸(n-palmitic acid)	62
18:0	$CH_3(CH_2)_{16}COOH$	n-十八烷酸(n-octadecanoic acid)	硬脂酸(n-stearic acid)	69
20:0	$CH_3(CH_2)_{18}COOH$	n-二十烷酸(n-eicosanoic acid)	花生酸(arachidic acid)	75
22:0	$CH_3(CH_2)_{20}COOH$	n-二十二烷酸(n-docosanoic acid)	山嵛酸(n-behenic acid)	81
24:0	$CH_3(CH_2)_{22}COOH$	n-二十四烷酸(n-tetracosanoic acid)	木蜡酸(lignoceric acid)	84
26:0	$CH_3(CH_2)_{24}COOH$	n-二十六烷酸(n-hexacosanoic acid)	蜡酸(cerotic acid)	89

(四)常见不饱和脂肪酸

不饱和脂肪酸中比较重要的有亚油酸、亚麻酸和花生四烯酸(表 7-2)。

表 7-2　重要的天然不饱和脂肪酸

族	简写式	分子结构简式	系统名称	习惯名称
ω-7	$16:1\Delta^9\,(16:1\omega^7)$	$CH_3(CH_2)_5CH=$ $CH(CH_2)_7COOH$	顺-9-十六碳-烯酸	棕榈油酸
ω-9	$18:1\Delta^9\,(18:1\omega^7)$	$CH_3(CH_2)_7CH=$ $CH(CH_2)_7COOH$	顺-9-十八碳-烯酸	油酸
ω-6	$18:2\Delta^{9,12}\,(18:2\omega^{6,9})$	$CH_3(CH_2)_3(CH_2CH=$ $CH)_2(CH_2)_7COOH$	顺,顺-9,12-十八碳二烯酸	亚油酸
ω-3	$18:3\Delta^{9,12,5}\,(18:3\omega^{3,6,9})$	$CH_3(CH_2CH=$ $CH)_3(CH_2)_7COOH$	全顺-9,12,15-十八碳三烯酸	α-亚麻酸
ω-6	$18:3\Delta^{6,9,12}\,(18:3\omega^{6,9,12})$	$CH_3(CH_2)_3(CH_2CH=$ $CH)_3(CH_2)_4COOH$	全顺-6,9,12-十八碳三烯酸	γ-亚麻酸
ω-6	$20:4\Delta^{5,8,11,14}$ $(20:4\omega^{6,9,12,15})$	$CH_3(CH_2)_3(CH_2CH=$ $CH)_4(CH_2)_3COOH$	全顺-5,8,11,14-二十碳四烯酸	花生四烯酸
ω-3	$20:5\Delta^{5,8,11,14,17}$ $(20:5\omega^{3,6,9,12,15})$	$CH_3(CH_2CH=$ $CH)_5(CH_2)_3COOH$	全顺-5,8,11,14,17-二十碳五烯酸	鱼油五烯酸
ω-3	$22:6\Delta^{4,7,10,13,16,19}$ $(22:6\omega^{3,6,9,12,15,18})$	$CH_3(CH_2CH=$ $CHO)_6(CH_2)_2COOH$	全顺-4,7,10,13,16,19-二十二碳六烯酸	二十二碳六烯酸

　　人体及哺乳动物能制造多种脂肪酸,但不能向脂肪酸中引入超过 Δ^9 的双键,因而不能合成亚油酸和亚麻酸等。这些脂肪酸对于人体健康是必不可少的,但人体自身不能合成,必须由膳食提供,因此被称为必需脂肪酸(essential fatty acid)。

　　亚油酸和亚麻酸(α-亚麻酸)属于两个不同的多不饱和脂肪酸(polyunsaturated fatty acid,PUFA)家族:omega-6(ω-6)和 omega-3(ω-3)系列。ω-6 和 ω-3 系列分别是指第一个双键离甲基末端 6 个碳和 3 个碳的必需脂肪酸。

　　亚油酸是 ω-6 家族的原初成员,在人和哺乳动物体内能将它转变为 γ-亚麻酸,并继而延长为花生四烯酸。后者是维持细胞膜的结构和功能所必需的,也是合成类二十烷酸化合物的前体。如果发生亚油酸缺乏症,则必须从膳食中获得 γ-亚麻酸或花生四烯酸,因此在某种意义上它们也是必需脂肪酸。

　　α-亚麻酸是 ω-3 家族的原初成员。由膳食供给亚麻酸时,人体能合成 ω-3 系列的 C_{20} 和 C_{22} 成员:二十碳五烯酸(EPA)和二十二碳六烯酸(DHA),但亚麻酸转化为 EPA 的速度很慢且转化量少,远不能满足人体对 EPA 的需要,因此必须从食物中直接补充。体内许多组织含有这些重要的 ω-3 PUFA,DHA 是神经系统细胞生长及维持的一种主要元素,是大脑和视网膜的重要构成成分,在人体大脑皮层中含量高达 20%,在眼睛视网膜中所占比例最大,约占 50%。大脑中约一半 DHA 是在出生前积累的,一半是在出生后积累的,这表明脂质在怀孕和哺乳期间的重要性。EPA 是鱼油的主要成分,常称血管清道夫,可促进体内饱和脂肪酸代谢,降低血液黏度,防止脂类物质在血管壁沉积导致心脑血管疾病,还可减轻自身免疫缺陷引起的炎症反应,如风湿性关节炎。

　　人体内 ω-6 和 ω-3 PUFA 不能互相转变。临床研究表明,ω-6 PUFA 能明显降低血清胆固醇水平,但降低甘油三酯水平的效果一般,而 ω-3 PUFA 降低血清胆固醇水平的能力不强,但能显著降低甘油三酯水平。它们对血脂水平的不同影响的生化机制尚不清楚。膳食中 ω-6 PUFA 缺乏将导致皮肤病变,ω-3 必需脂肪酸缺乏将导致神经、视觉疑难症和心脏疾病。此外,必需脂肪酸缺乏会引起生长迟滞、生殖衰退和肾、肝功能紊乱等。

大多数人可以从膳食中获得足够的 ω-6 必需脂肪酸(脂质形式),但可能缺乏适量的 ω-3 必需脂肪酸。有些学者认为,膳食中这两类脂肪酸的理想比例是 4～10 g ω-6：1 g ω-3。ω-6 和 ω-3 必需脂肪酸的主要膳食来源见表 7-3。

表 7-3 ω-6 和 ω-3 必需脂肪酸的来源

必需脂肪酸	来　源
ω-6 系列	
亚油酸	植物油(葵花籽、大豆、棉籽、红花籽、玉米胚、小麦胚、芝麻、花生、油菜籽)
γ-亚麻酸和花生四烯酸	肉类,玉米胚油等(或在体内由亚油酸合成)
ω-3 系列	
α-亚麻酸	油脂种子(芝麻、胡桃、大豆、小麦胚、油菜籽),坚果(芝麻、大豆、胡桃)
EPA 和 DHA	人乳,海洋生物:鱼(鲭、鲑、鲱、沙丁鱼)等,贝类,甲壳类(虾、蟹等)(或在体内由 α-亚麻酸合成)

| 第二节　脂类的消化、吸收 |

成人一天从食物中摄取 60～150 g 脂质,其中 90% 以上为甘油三酯,其他的脂质主要是胆固醇及胆固醇酯、磷脂和脂肪酸。

一、胃对食物脂质的消化

胃对食物中甘油三酯的消化主要依赖舌脂肪酶和胃脂肪酶。舌脂肪酶是由舌背后的腺体所分泌的,在酸性环境中结构稳定,主要水解含较短烃链脂肪酸的甘油三酯(脂肪酸的烃链长度少于 12 个碳原子),比如牛奶中的甘油三酯。这些含较短烃链脂肪酸的甘油三酯也是胃脂肪酶的理想靶分子;胃脂肪酶是由胃黏膜细胞分泌的,在酸性环境中结构稳定,最适 pH 值为 4～6。舌脂肪酶和胃脂肪酶对于新生儿食物中脂肪的消化非常重要,因为牛奶中的脂肪是其重要的能量来源。

二、食物脂质在小肠中的乳化

食物脂质的乳化主要发生在十二指肠,胆汁酸盐是两性化合物,具有很强的界面活性,是较强的乳化剂,能够降低油/水两相之间的界面张力,使脂类在十二指肠中乳化成细小的微团,增加了脂肪酶和脂质的接触面积,有利于脂质的消化。

三、胰腺脂肪酶对食物脂质的水解作用

食物中的甘油三酯、胆固醇酯和磷脂都可以被胰腺分泌的相应脂肪酶水解,并且脂肪酶的分泌是受激素调控的。

(一) 甘油三酯的水解

甘油三酯分子太大,无法被小肠黏膜细胞有效摄取。胰腺分泌的胰脂酶可以水解甘油三酯,在胰脂酶作用下,甘油三酯分子上第 1、3 位酯键被水解,生成 2-甘油一酯和两分子脂肪酸。胰脂酶对甘油三酯的水解作用需要辅脂酶(colipase)的参与,辅脂酶是一种相对分子质量较小的蛋白质,由胰腺合成并以酶原的形式释放到肠道中,在肠道中胰蛋白酶的作用下,转变成有活性的酶;辅脂酶本身不具有脂肪酶活性,但具有与胰脂肪酶和甘油三酯结合的结构域,可以促进胰脂酶悬浮在脂肪微滴的水-油界面上,从而增加胰脂肪酶的活性,促进脂肪的水解;辅脂酶还可以防止胰脂酶在水-油界面

上变性、失活。奥利司他(orlistat)能够抑制胃脂肪酶和胰脂肪酶的活性,减少甘油三酯的水解和吸收,所以能够降低体重,在临床上作为减肥药使用。

（二）胆固醇酯的分解

食物中的胆固醇大部分是以非酯化形式存在的,有10%～15%以胆固醇酯的形式存在。胆固醇酯在胆固醇酯酶的催化下水解生成胆固醇和脂肪酸。胆汁酸能促进胆固醇酯的水解。

（三）磷脂的水解

胰液中所含的磷脂酶 A_2（phospholipase A_2）催化磷脂第 2 位酯键水解,生成脂肪酸与溶血磷脂。

四、小肠黏膜细胞对脂质的吸收

食物脂质经消化后转变成脂肪酸、胆固醇及 2-甘油一酯,这些消化产物与胆汁酸盐混合形成混合微团。这些微团的外侧为极性的亲水基团,内侧为疏水的非极性基团,所以在肠腔中能够溶于水。这些微团到达小肠黏膜细胞的吸收脂质部位——刷状缘膜(brush border membrane),然后被吸收。短链及中链长度的脂肪酸不需要先形成微团,可直接吸收。

五、甘油三酯和胆固醇酯的重新合成

消化的脂质混合物被小肠黏膜细胞吸收后,转运至内质网重新用于甘油三酯和胆固醇酯的合成。脂肪酸在脂酰 CoA 合成酶(fatty acyl CoA synthetase)的催化下转变成脂酰 CoA,然后在甘油三酯合成酶(triacylglycerol synthase)的催化下与 2-甘油一酯反应生成甘油三酯。甘油三酯合成酶包括两个酶复合体,甘油一酯脂酰基转移酶和甘油二酯脂酰基转移酶,分别催化脂酰基转移至甘油一酯和甘油二酯。胆固醇与脂肪酸在胆固醇脂酰 CoA 酰基转移酶(acyl CoA cholesterolacyltransferase)的催化下生成胆固醇酯。被吸收进入小肠黏膜细胞的长链脂肪酸通常被用于合成甘油三酯、磷脂及胆固醇酯,短链及中链长度脂肪酸通常不转变成它们的活化形式脂酰 CoA,而是直接释放进入门静脉,在血液中由清蛋白携带进入肝细胞代谢。

六、小肠黏膜细胞对脂质的分泌

在小肠黏膜细胞内新合成的甘油三酯和胆固醇酯都是疏水的,在水环境中会相互聚集。这些疏水的脂类和磷脂、游离的胆固醇、载脂蛋白 B_{48} 等组装成乳糜微粒,这样能有效防止疏水的脂质聚集。乳糜微粒被小肠黏膜细胞分泌到乳糜管,然后通过淋巴管进入血液循环。

第三节　甘油三酯的代谢

一、甘油三酯的分解代谢

甘油三酯的分解代谢是机体能量的重要来源。在脂肪分子中,氢原子所占的比例比糖分子中要高很多,而氧原子所占比例相对较少。所以,同样质量的脂肪和糖完全氧化生成二氧化碳和水时,脂肪所释放的能量较糖多。脂肪的氧化必须有充分的氧才能进行,这与糖在无氧条件下也能进行氧化分解是不同的。

体内各组织细胞,除了成熟的红细胞外,几乎都具有水解甘油三酯并氧化分解其水解产物的能力。脂库中储存的脂肪,也经常有一部分被水解。

（一）脂肪动员

储存在脂肪组织中的甘油三酯在脂肪酶的催化下逐步水解为游离脂肪酸和甘油并释放入血,供

全身各组织细胞氧化分解利用的过程,称为脂肪动员。

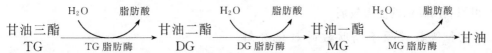

脂肪组织中含有三种脂肪酶:甘油三酯脂肪酶、甘油二酯脂肪酶及甘油一酯脂肪酶。其中甘油三酯脂肪酶的活性最低,是甘油三酯分解的限速酶,该酶的活性受多种激素的调控,故又称为激素敏感性甘油三酯脂肪酶(hormone-sensitive-triglyceride lipase,HSL)。肾上腺素、去甲肾上腺素、胰高血糖素、ACTH 等通过激活细胞膜上的腺苷酸环化酶,进而激活依赖 cAMP 的蛋白激酶 A(protein kinase A,PKA),使 HSL 活化,促进脂肪动员,被称为脂解激素。相反,胰岛素、前列腺素 E2 等能抑制腺苷酸环化酶活性,最终抑制 HSL 活性,抑制脂肪动员,因此称为抗脂解激素(图 7-1)。当机体处于饥饿、禁食或兴奋状态时,胰高血糖素、肾上腺素等分泌增加,脂肪动员增强;当机体处于膳食后或睡眠状态时,胰岛素分泌增加,脂肪动员减弱。

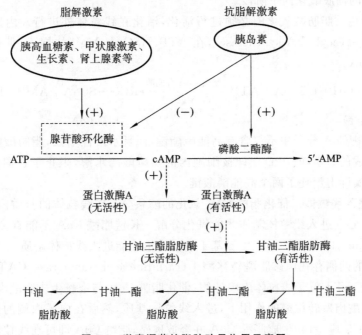

图 7-1 激素调节的脂肪动员作用示意图

激素敏感性甘油三酯脂肪酶催化甘油三酯水解,产生的甘油二酯进一步被甘油二酯脂肪酶水解成脂肪酸和甘油一酯;甘油一酯被甘油一酯脂肪酶水解生成甘油和脂肪酸。脂肪酸不溶于水,不能直接在血浆中运输。血浆清蛋白具有结合脂肪酸的能力(每分子清蛋白可结合 10 分子脂肪酸),能将脂肪酸运送至全身,主要被心、肝、骨骼肌细胞摄取利用。甘油可直接由血液运输至肝、肾、肠等组织细胞利用。

（二）甘油的氧化分解

脂肪动员产生的甘油直接扩散入血,随血液循环运往肝、肾等组织被摄取利用。在细胞内甘油经甘油激酶催化,与 ATP 作用生成 α-磷酸甘油。α-磷酸甘油在 α-磷酸甘油脱氢酶催化下转变为磷酸二羟丙酮,磷酸二羟丙酮是糖酵解途径的中间产物,可沿糖分解代谢途径继续氧化分解,释放能量;也可经糖异生途径转变为糖原或葡萄糖。脂肪组织中产生的甘油主要经血入肝再进行氧化分解。

NOTE

肝、肾、心及小肠黏膜细胞中富含甘油磷酸激酶,而脂肪和肌肉组织中这种酶活性很低,因此脂肪和肌肉组织利用甘油的能力较弱。

(三)饱和偶数碳原子脂肪酸的氧化分解

脂肪酸在体内氧化分解代谢的最主要途径为β-氧化,1904年,努珀(F. Knoop)采用不能被机体分解的苯基标记脂肪酸ω-甲基喂养犬,检测其尿液中的代谢产物。发现无论碳链长短,如果标记脂肪酸碳原子个数是偶数,尿中则排出苯乙酸;如果标记脂肪酸碳原子个数是奇数,尿中则排出苯甲酸。因此他提出脂肪酸在体内氧化分解从羧基端β-碳原子开始,每次断裂2个碳原子,即"β-氧化学说"。

脂肪酸是机体主要的能源物质,在氧供应充足的条件下,可在体内彻底氧化分解成CO_2和H_2O并释放大量能量。除脑组织和成熟红细胞外,体内大多数组织都能通过氧化脂肪酸来获取能量,但以肝和肌肉组织最为活跃。脂肪酸氧化过程包括脂肪酸的活化、脂酰CoA进入线粒体、脂酰CoA的β-氧化和乙酰CoA的彻底氧化四个阶段。

1. 脂肪酸的活化 脂肪酸氧化前必须进行活化,活化在线粒体外进行。内质网及线粒体外膜上的脂酰CoA合成酶(acyl CoA synthetase),在ATP、HSCoA、Mg^{2+}协同下,催化脂肪酸活化生成其活化形式脂酰CoA。

$$RCOOH + HSCoA + ATP \xrightarrow[Mg^{2+}]{\text{脂酰CoA合成酶}} RCO\sim SCoA + AMP + PPi$$

脂肪酸   脂酰CoA

反应生成的脂酰CoA分子中不仅含有高能硫酯键,而且水溶性增强,脂肪酸的代谢活性明显提高。反应过程中生成的焦磷酸(PPi)立即被细胞内的焦磷酸酶水解,阻止了逆向反应的进行。故1分子脂肪酸的活化实际上消耗了两个高能磷酸键。

2. 脂酰CoA进入线粒体 催化脂酰CoA氧化的酶系分布在线粒体的基质内,因此在胞液中活化生成的脂酰CoA必须进入线粒体基质才能氧化分解。长链脂酰CoA不能直接透过线粒体内膜,需借助肉碱(carnitine),即L-β-羟-γ-三甲氨基丁酸的转运才能进入线粒体基质。

在线粒体内膜的两侧存在肉碱脂酰转移酶Ⅰ(carnitine acyl transferase,CATⅠ)和肉碱脂酰转移酶Ⅱ(CATⅡ)。CATⅠ位于线粒体内膜外侧,催化脂酰CoA与肉碱生成脂酰肉碱,后者在位于线粒体内膜的肉碱-脂酰肉碱转位酶的作用下,进入线粒体基质,然后在内膜内侧的CATⅡ的催化下,脂酰肉碱与HSCoA反应,重新生成脂酰CoA并释放肉碱,脂酰CoA即可在线粒体基质中β-氧化酶体系的作用下,进行β-氧化。肉碱则在肉碱-脂酰肉碱转位酶的作用下转运至线粒体内膜外侧(图7-2)。

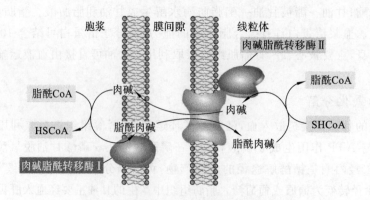

图7-2 脂酰CoA进入线粒体基质示意图

脂肪酸氧化的关键步骤是脂酰CoA进入线粒体,CATⅠ是脂酰CoA进入线粒体的限速酶。其活性直接影响脂肪酸氧化的速度。在饥饿、高脂低糖膳食及糖尿病等某些生理或病理情况下,机体没有充足的糖供应,或不能有效利用糖,需脂肪酸供能,CAT Ⅰ 活性增强,脂肪酸氧化增强。反之,饱食后脂肪酸合成增强,丙二酰 CoA 含量增高,抑制 CAT Ⅰ 的活性,脂肪酸氧化被抑制。

3. 脂酰 CoA 的 β-氧化 脂酰 CoA 进入线粒体后,在脂肪酸 β-氧化酶系的催化下,从脂酰基的 β-碳原子开始,进行脱氢、加水、再脱氢和硫解四步连续反应,脂酰基断裂生成一分子乙酰 CoA 和比原来少两个碳原子的脂酰 CoA,完成一次 β-氧化过程。

脂酰 CoA 的 β-氧化过程如下。

(1) 脱氢:在脂酰 CoA 脱氢酶的催化下,脂酰 CoA 的 α、β 碳原子上各脱去一个氢原子,生成 α、β-烯脂酰 CoA,脱下的 2H 由 FAD 接受,将 FAD 还原为 $FADH_2$。

(2) 加水:在水化酶的催化下,α、β-烯脂酰 CoA 加 1 分子 H_2O,生成 β-羟脂酰 CoA。

(3) 再脱氢:β-羟脂酰 CoA 在 β-羟脂酰 CoA 脱氢酶的催化下,脱去 2H 生成 β-酮脂酰 CoA,脱下的 2H 由 NAD^+ 接受,将 NAD^+ 还原为 $NADH+H^+$。

(4) 硫解:在 β-酮脂酰 CoA 硫解酶的催化下,β-酮脂酰 CoA 与 1 分子 HSCoA 反应,β-酮脂酰 CoA 的 α 与 β 碳原子之间的化学键断裂,生成 1 分子乙酰 CoA 和 1 分子比原来少两个碳原子的脂酰 CoA。

以上生成的比原来少 2 个碳原子的脂酰 CoA 可再次进行脱氢、加水、再脱氢和硫解反应,如此反复进行,直到脂酰 CoA 全部生成乙酰 CoA(图 7-3)。

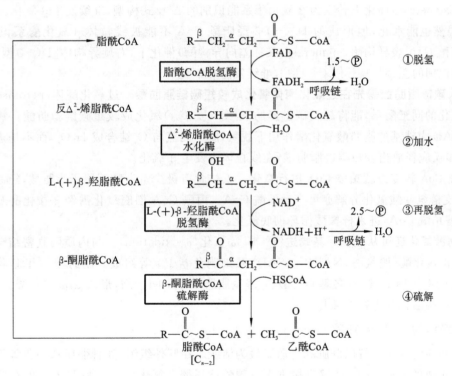

图 7-3 脂酰 CoA 的 β-氧化示意图

脂肪酸 β-氧化生成的乙酰 CoA,一部分在线粒体内通过三羧酸循环彻底氧化成 CO_2 和 H_2O,并释放出能量;一部分可转变为其他代谢中间产物,如在肝细胞线粒体可缩合成酮体,通过血液循环运送至肝外组织氧化利用。

4. 脂肪酸氧化的能量生成 脂肪酸氧化是体内能量的重要来源。以 1 分子 C_{16} 软脂酸为例,其氧化的总反应式如下:

$$CH_3(CH_2)_{14}CO \sim SCoA + 7HSCoA + 7FAD + 7NAD^+ + 7H_2O \longrightarrow 8CH_3CO \sim SCoA + 7FADH_2 + 7NADH + H^+$$

每分子乙酰 CoA 通过三羧酸循环氧化产生 10 分子 ATP,每分子 $FADH_2$ 氧化产生 1.5 分子

ATP,每分子 NADH＋H$^+$通过呼吸链氧化产生 2.5 分子 ATP。因此,1 分子软脂酸彻底氧化生成 ATP 数量计算如下:

$$
\begin{array}{ll}
7\ FADH_2\times1.5ATP/FADH_2 & =10.5\ ATP \\
7\ NAD^++H^+\times2.5\ ATP/NADH+H^+ & =17.5\ ATP \\
8CH_3CO{\sim}SCoA\times10\ ATP/CH_3CO{\sim}SCoA & =80\ ATP \\
\hline
& 108\ ATP
\end{array}
$$

减去脂肪酸活化时消耗的两个高能磷酸键,相当于 2 分子 ATP,净生成 106 分子 ATP。1 mol ATP 水解的自由能为－30.54 kJ,那么 106 mol ATP 水解的自由能为－3237 kJ,1 mol 软脂酸在体外彻底氧化成 CO_2 和 H_2O 时的自由能为－9790 kJ,所以其能量利用率为 33%(3237÷9790×100%),其余以热能释放。

(四) 其他脂肪酸的氧化方式

1. 不饱和脂肪酸 β-氧化需转变构型　不饱和脂肪酸也在线粒体内进行 β-氧化。不同的是,饱和脂肪酸 β-氧化产生的烯脂酰 CoA 是反式 Δ^2 烯脂酰 CoA,而天然不饱和脂肪酸中的双键为顺式。因双键位置不同,不饱和脂肪酸 β-氧化产生的顺式 Δ^3 烯脂酰 CoA 或顺式 Δ^2 烯脂酰 CoA 不能继续发生 β-氧化。顺式 Δ^3 烯脂酰 CoA 在线粒体特异 Δ^3 顺→Δ^2 反烯脂酰 CoA 异构酶(Δ^3-cis→Δ^2-trans enoyl-CoA isomerase)催化下转变为 β-氧化酶系能识别的 Δ^2 反式构型,继续发生 β-氧化。顺式 Δ^2 烯脂酰 CoA 虽然也能水化,但形成的 D-(－)-β-羟脂酰 CoA 不能被线粒体 β-氧化酶系识别。在 D-(－)-β-羟脂酰 CoA 表异构酶(epimerase,又称差向异构酶)催化下,右旋异构体[D(－)型]转变为 β-氧化酶系能识别的左旋异构体[L(＋)型],继续发生 β-氧化。

2. 超长碳链脂肪酸需先在过氧化酶体氧化成较短碳链脂肪酸　过氧化酶体(peroxisomes)存在脂肪酸 β-氧化的同工酶系,能将超长碳链脂肪酸(如 C_{20}、C_{22})氧化成较短碳链脂肪酸。氧化第一步反应在以 FAD 为辅基的脂肪酸氧化酶作用下脱氢,脱下的氢与 O_2 结合成 H_2O_2,而不是进行氧化磷酸化;进一步反应释放出较短碳链脂肪酸,在线粒体内发生 β-氧化。

3. 丙酰 CoA 转变为琥珀酰 CoA 进行氧化　人体含有极少量奇数碳原子脂肪酸,经 β-氧化生成丙酰 CoA;支链氨基酸氧化分解亦可产生丙酰 CoA。丙酰 CoA 彻底氧化需经 β-羧化酶及异构酶作用,转变为琥珀酰 CoA,进入柠檬酸循环彻底氧化。

4. 脂肪酸氧化还可从远侧甲基端进行　即 ω-氧化(ω-oxidation)。与内质网紧密结合的脂肪酸 ω-氧化酶系由羟化酶、脱氢酶、NADP$^+$、NAD$^+$ 及细胞色素 P$_{450}$ 等组成。脂肪酸 ω-甲基碳原子在脂肪酸 ω-氧化酶系作用下,经 ω-羟基脂肪酸、ω-醛基脂肪酸等中间产物,形成 α,ω-二羧酸。这样,脂肪酸就能从任一端活化并进行 β-氧化。

(五) 酮体的生成和利用

体内脂肪酸的氧化分解以肝脏和骨骼肌最为活跃。在肝外组织,如骨骼肌和心肌等组织中脂肪酸经 β-氧化生成的乙酰 CoA,能够直接进入三羧酸循环彻底氧化成 CO_2 和 H_2O。但在肝细胞中 β-氧化生成的乙酰 CoA 则大部分缩合生成乙酰乙酸、β-羟丁酸和丙酮,三者统称为酮体(ketone bodies)。其中 β-羟丁酸约占酮体总量的 70%,乙酰乙酸占 30%,丙酮的量极微。酮体是脂肪酸在肝中氧化分解时所产生的特有中间产物。生成酮体是肝特有的功能,但肝细胞内缺乏氧化利用酮体的酶,酮体必须通过血液循环,运输到肝外组织被氧化利用。

1. 酮体的生成　酮体的生成是在肝细胞的线粒体内,其原料为脂肪酸 β-氧化产生的乙酰 CoA,合成过程的关键酶是羟甲基戊二酸单酰 CoA 合酶(HMG-CoA 合酶)。其合成过程如图 7-4 所示。

(1) 乙酰乙酰 CoA 硫解酶催化 2 分子乙酰 CoA,缩合生成乙酰乙酰 CoA,并释放 1 分子 HSCoA。

(2) HMG-CoA 合酶催化乙酰乙酰 CoA 与 1 分子乙酰 CoA 缩合生成 HMG-CoA(3-hydroxy-3-methyl glutaryl CoA),并释放 1 分子 HSCoA。

(3) HMG-CoA 在 HMG-CoA 裂解酶(HMG-CoA lyase)的催化下,裂解生成乙酰乙酸和乙酰 CoA。乙酰乙酸在 β-羟丁酸脱氢酶(β-hydroxybutyrate dehydrogenase)催化下还原生成 β-羟丁酸,反应所需的氢由 NADH+H⁺ 提供;部分乙酰乙酸在乙酰乙酸脱羧酶催化下脱羧或自发脱羧生成丙酮(图 7-4)。

2. 酮体的利用 肝组织有活性较强的酮体合成酶系,但缺乏利用酮体的酶系。肝外组织,特别是骨骼肌、心肌、脑和肾有活性很强的利用酮体的酶,可将酮体裂解为乙酰 CoA,进入三羧酸循环,彻底氧化分解供能。

(1) β-羟丁酸的氧化:在 β-羟丁酸脱氢酶的催化下,β-羟丁酸脱氢生成乙酰乙酸。

(2) 乙酰乙酸的氧化分解:在心、肾、脑及骨骼肌的线粒体中,琥珀酰 CoA 转硫酶(succinyl CoA thiophorase)活性高,催化乙酰乙酸和琥珀酰 CoA 反应生成乙酰乙酰 CoA;在肾、心、脑的线粒体中还有一种乙酰乙酰硫激酶(acetoacetate thiokinase),也可催化乙酰乙酸生成乙酰乙酰 CoA。然后,乙酰乙酰 CoA 在硫解酶的催化下分解成 2 分子乙酰 CoA,后者进入三羧酸循环彻底氧化。丙酮由于量微在代谢上不占重要地位,当血中酮体显著升高时,丙酮经肺通过呼吸排出,使呼出的气体有烂苹果味(图 7-5)。

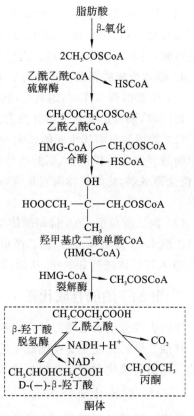

图 7-4 肝中酮体生成的示意图

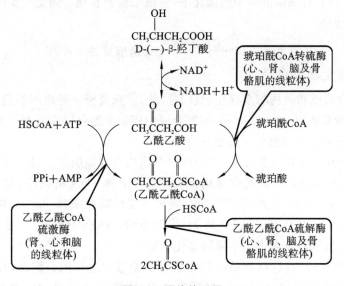

图 7-5 酮体的利用

3. 酮体生成和利用意义 酮体是肝内氧化脂肪酸的一种中间产物,是肝输出脂类能源的一种形式。酮体分子小,易溶于水,能通过血脑屏障及肌肉的毛细血管壁,是肌肉,尤其是脑组织的重要能源。长期饥饿或糖供给不足的情况下,酮体利用的增加可减少糖的消耗,有利于维持血糖浓度的恒定,节省蛋白质的消耗。严重饥饿或糖尿病时可替代葡萄糖成为脑组织的主要能源。

正常情况下,血中酮体含量很少,仅 0.03~0.5 mmol/L,但是在饥饿、低糖高脂膳食及糖尿病时,脂肪动员增强,肝中酮体生成过多,当超过肝外组织的利用能力时,可使血中酮体升高,血中酮体浓度超过肾阈值,则会随尿排出,引起酮尿。由于β-羟丁酸、乙酰乙酸都是较强的有机酸,当血中浓度过高时,可导致酮症酸中毒。丙酮增多时,可从肺呼出,产生特殊的"烂苹果味"。

4. 酮体生成的调节 主要有以下几个方面。

（1）激素的调节作用：饱食后,胰岛素分泌增加,脂解作用受到抑制,脂肪动员减少,酮体生成减少。饥饿时,胰高血糖素等脂解激素分泌增多,脂肪动员增强,脂肪酸β-氧化及酮体生成增多。

（2）糖代谢对酮体生成的影响：当糖供应充足时,肝糖原含量丰富,糖代谢旺盛,此时无须过多的脂肪酸β-氧化提供能量,脂肪酸分解代谢减少,酮体合成亦减少。当糖供应不足时,肝糖原消耗殆尽,糖代谢减弱,此时机体需要加强脂肪酸β-氧化供应能量,使乙酰CoA生成增多,酮体生成也相应增多。

（3）丙二酸单酰CoA抑制酮体生成：机体在糖供应充足时,乙酰CoA及柠檬酸生成增多,变构激活乙酰CoA羧化酶,促进丙二酸单酰CoA的合成,后者竞争性抑制肉碱脂酰转移酶Ⅰ,阻止脂酰CoA进入线粒体进行β-氧化,从而抑制酮体的生成。

二、甘油三酯的合成代谢

体内大部分组织细胞都可合成甘油三酯,但肝脏和脂肪组织最为活跃,其次是小肠黏膜上皮细胞。甘油三酯的合成主要在胞液中进行,原料是α-磷酸甘油和脂酰CoA,主要来源于糖代谢。因此甘油三酯的合成代谢主要介绍α-磷酸甘油的来源及脂肪酸的生物合成。

（一）α-磷酸甘油的来源

体内α-磷酸甘油的来源有两条途径：一是由糖酵解途径产生的磷酸二羟丙酮的还原,这是α-磷酸甘油的主要来源。

$$磷酸二羟丙酮+NADH+H^+ \underset{}{\overset{\alpha\text{-磷酸甘油脱氢酶}}{\rightleftharpoons}} \alpha\text{-磷酸甘油}+NAD^+$$

另一条途径是甘油在甘油磷酸激酶的催化下,生成α-磷酸甘油。脂肪组织因甘油磷酸激酶活性有限,因此不存在此途径。

$$甘油+ATP \overset{甘油磷酸激酶}{\longrightarrow} \alpha\text{-磷酸甘油}+ADP$$

（二）脂肪酸的生物合成

1. 合成部位 合成脂肪酸的酶系存在于肝、肾、脑、乳腺及脂肪等组织的胞液中,其中肝脏合成脂肪酸的能力最强,较脂肪组织大8~9倍,肝脏合成的脂肪酸酯化后主要参与低密度脂蛋白的形成并运出肝脏,故正常情况下肝细胞中无脂肪储存。

2. 合成原料 同位素示踪实验证明,乙酸可以在体内合成脂肪酸。进一步研究证明,合成脂肪酸的直接原料是乙酰CoA,因此,凡是在体内能分解生成乙酰CoA的物质,都能用于合成脂肪酸。糖的分解产物中有大量的乙酰CoA,是脂肪酸合成最主要的原料来源。此外,脂肪酸的合成还需要$NADPH+H^+$供氢及HCO_3^-（CO_2）、ATP及Mn^{2+}等原料,$NADPH+H^+$主要来自磷酸戊糖途径,少量来自柠檬酸-丙酮酸循环反应中的苹果酸氧化脱羧。

乙酰CoA在线粒体内生成,而脂肪酸的合成是在胞液中进行的。因此,线粒体内生成的乙酰CoA需进入胞液才能用于脂肪酸的合成。经研究证明,乙酰CoA不能自由通过线粒体内膜进入胞液,但可通过柠檬酸-丙酮酸循环将乙酰CoA转移到胞液（图7-6）。此循环过程如下：线粒体内的乙酰CoA与草酰乙酸缩合生成柠檬酸,然后柠檬酸经过线粒体内膜上的特异载体转运入胞液,再由胞液中柠檬酸裂解酶催化生成草酰乙酸和乙酰CoA。乙酰CoA用于脂肪酸的合成,而草酰乙酸则在苹果酸脱氢酶作用下还原生成苹果酸,再经线粒体内膜上的载体转运进入线粒体。苹果酸也可经苹果酸酶的作用分解为丙酮酸再经载体转运进入线粒体。进入线粒体的苹果酸和丙酮酸最终均可转变成草酰乙酸,再参与乙酰CoA的转运。

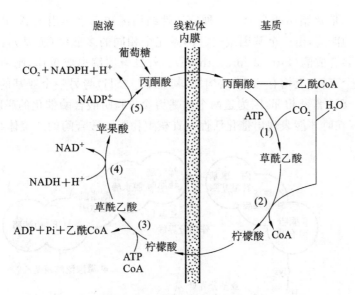

图 7-6　柠檬酸-丙酮酸的循环

3. 合成过程　目前认为,饱和脂肪酸的生物合成有两种途径:①由非线粒体酶系(即细胞质酶系)合成饱和脂肪酸的途径;②在线粒体和微粒体中进行的饱和脂肪酸碳链延长的途径(十六碳以上)。即乙酰 CoA 在细胞质中的脂肪酸合成酶系的催化下,只能合成到十六碳的软脂酸,要得到更长碳链的脂肪酸,需要在线粒体和微粒体内的酶系催化下,进行饱和脂肪酸的碳链延长来实现。

（1）丙二酸单酰 CoA 的合成:在脂肪酸的生物合成中,除 1 分子乙酰 CoA 直接参与反应外,其余乙酰 CoA 需先经乙酰 CoA 羧化酶催化生成丙二酸单酰 CoA,再参与脂肪酸的生物合成。乙酰 CoA 羧化生成丙二酸单酰 CoA 是脂肪酸合成过程的限速反应,乙酰 CoA 羧化酶是脂肪酸合成过程中的限速酶,Mn^{2+} 为激活剂,生物素是乙酰 CoA 羧化酶的辅基,在羧化反应中起转移羧基的作用。其反应方程式如下:

$$CH_3CO\sim SCoA + HCO_3^- + ATP \xrightarrow[\text{生物素、}Mg^{2+}]{\text{乙酰 CoA 羧化酶}} HOOCCH_2CO\sim SCoA + ADP + Pi$$

（2）软脂酸的合成:以乙酰 CoA 和丙二酸单酰 CoA 为原料合成软脂酸,实际上是一个连续的缩合过程,每次经过缩合、还原、脱水、再还原过程,碳链延长 2 个碳原子,经过 7 次循环后,生成十六碳的软脂酸。

各种生物合成软脂酸的过程基本相似,在大肠杆菌中,缩合过程是由 7 种酶蛋白聚合在一起构成的多酶体系催化;除硫酯酶外,其他 6 种酶与 1 个酰基载体蛋白(acyl carrier protein, ACP)分子组成脂肪酸合酶多酶复合体。

ACP 是一种对热稳定的蛋白质,相对分子质量约为 9500,其 36 位的丝氨酸残基的羟基,通过磷酸酯键与其辅基 $4'$-磷酸泛酰巯基乙胺相连,结构式如下:

|　　　巯乙胺　　　　|　　　　　　　　泛酸　　　　　　　　|

$$HS-CH_2-CH_2-\underset{\underset{O}{\|}}{N}-C-CH_2-CH_2-\underset{\underset{O}{\|}}{N}-\overset{\overset{H}{|}}{C}-\overset{\overset{H}{|}}{\underset{\underset{OHCH_3}{|}}{C}}-\overset{\overset{CH_3}{|}}{C}-CH_2-O-\overset{\overset{O}{\|}}{\underset{\underset{O^-}{|}}{P}}-OCH_2-Ser-ACP$$

$4'$-磷酸泛酰巯基乙胺

ACP 辅基的—SH 与 CoA 的—SH 一样,在反应中,作为脂酰基或乙酰基的连接基团,因此,ACP 是脂肪酸合成中脂酰基的载体。ACP 在每个亚基的不同催化部位之间转运底物或中间物,这犹如一个高效的生产线,大大提高了脂肪酸合成的效率。

在哺乳类动物中,催化脂肪酸合成的 7 种酶活性结构区和 1 个相当于 ACP 的结构区均在同一条多肽链上,属于多功能酶,由一个基因编码。两条完全相同的多肽链(亚基)首位相连组成的二聚体,是有活性的脂肪酸合成酶(fatty acid synthase)。若二聚体解离成单体,则酶活性丧失。二聚体的每条多肽链(即每个亚基)上均有 ACP 结构域,其巯基(—SH)与另一个亚基的 β-酮脂酰合酶分子的半胱氨酸残基的—SH 紧密相邻,因为这两个巯基均参与脂肪酸合酶催化的脂肪酸合成作用,所以只有以二聚体形式存在时才能表现出催化活性。真核生物脂肪酸合酶的二聚体结构如图 7-7 所示。

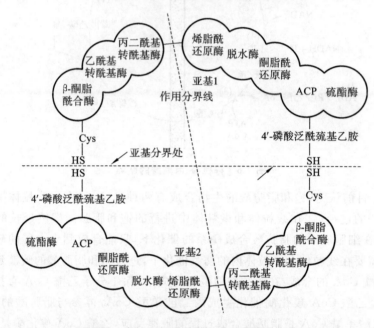

图 7-7　真核生物脂肪酸合酶的结构示意图

软脂酸的合成过程可以概括如下(图 7-8):

(1) 脂肪酸合成的初始反应:在乙酰 CoA-ACP 转移酶催化下,乙酰 CoA 分子的乙酰基,从乙酰 CoA 转移到 ACP 上,形成乙酰 ACP。

$$\underset{\text{乙酰 CoA}}{CH_3CO\sim SCoA} + ACP \xrightleftharpoons{\text{乙酰 CoA-ACP 转移酶}} \underset{\text{乙酰 ACP}}{CH_3CO\sim SACP} + CoA—SH$$

(2) 丙二酸单酰 ACP 的合成:Salih Wakil 发现,用细胞提取液进行脂肪酸生物合成时需要 HCO_3^-,其原因是脂肪酸合成时,乙酰 CoA 是合成脂肪酸的引物。对于软脂酸合成来说,在所需要的 8 个二碳单位中,只有 1 个是在合成初期,以乙酰基的形式参与合成,其余 7 个均以丙二酸单酰基的形式参与合成。也就是说,在脂肪酸的合成中,每次碳链延长,均需要由乙酰基转化成丙二酸单酰基的形式参与,而且丙二酸单酰基以 ACP 作为其载体。丙二酸单酰基由 CoA 转移到 ACP 的反应由丙二酸单酰 CoA-ACP 转移酶催化。

$$\underset{\text{丙二酸单酰 CoA}}{HOOCCH_2CO\sim SCoA} + ACP \xrightleftharpoons{\text{丙二酸单酰 CoA-ACP 转移酶}} \underset{\text{丙二酸单酰 ACP}}{HOOCCH_2CO\sim SACP} + CoA—SH$$

上述两种物质为下一步脂肪酸碳链的延长提供了必要的底物。

(3) 脂肪酸碳链的延长:乙酰 ACP 上的乙酰基与 ACP 携带的丙二酸单酰基上的乙酰基缩合形成乙酰乙酰 ACP。在脂肪酸合酶的作用下,ACP 携带的乙酰乙酰基经过还原、脱水、还原反应,最终形成丁酰基。其反应过程如下。

①缩合反应　乙酰 ACP 上的乙酰基转移到 ACP 上的丙二酸单酰基的第二个碳原子上,反应由 β-酮脂酰合酶催化缩合,生成乙酰乙酰 ACP,同时丙二酸单酰基裂解释放出 CO_2,所以,乙酰 CoA 羧化形成丙二酸单酰 CoA 的 CO_2,实际上可起催化作用。

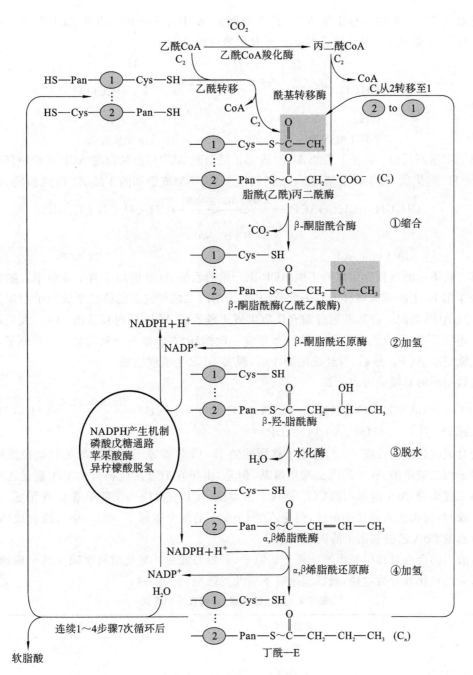

图 7-8 软脂酸的生物合成

$$CH_3CO{\sim}SACP + HOOCCH_2CSACP \xrightarrow[\beta\text{-酮脂酰合酶}]{\overset{H^+ \qquad ACP+CO_2}{}} CH_3COCH_2CO{\sim}SACP$$

乙酰 ACP　　　　丙二酸单酰 ACP　　　　　　　　　　　乙酰乙酰 ACP

②第一次还原反应　乙酰乙酰 ACP 的乙酰乙酰基（或者是 β-酮脂酰 ACP 的 β-酮脂酰基），经 β-酮脂酰 ACP 还原酶催化，由 NADPH＋H⁺ 提供氢，使乙酰乙酰基还原生成 β-羟丁酰基（或 β-羟脂酰基）。

$$CH_3COCH_2COACP \xrightarrow[\underset{NADPH+H^+ \quad NADP^+}{}]{\beta\text{-酮脂酰 ACP 还原酶}} \underset{\underset{OH}{|}}{CH_3CHCH_2COACP}$$

乙酰乙酰 ACP　　　　　　　　　　　　　D-β-羟丁酰 ACP

③脱水反应　生成的 β-羟丁酰 ACP(或 β-羟脂酰 ACP)，再由 β-羟脂酰 ACP 脱水酶催化脱水，生成 α,β-反式-丁烯酰 ACP(或反式的 α,β-不饱和烯脂酰 ACP)。

$$CH_3CHCH_2COACP \xrightarrow[\text{β-羟脂酰 ACP 脱水酶}]{} CH_3C=CCOACP$$

$$\underset{OH}{\qquad} \qquad \downarrow H_2O \qquad \underset{H}{\overset{H}{\qquad}}$$

D-β-羟丁酰 ACP　　　　　　　　　　　　　　　　　α,β-丁烯酰 ACP

④第二次还原反应　α,β-丁烯酰 ACP(或 α,β-烯脂酰 ACP)，由烯脂酰 ACP 还原酶催化，同样由 NADPH＋H⁺ 提供氢，使丁烯酰基(或 α,β-烯脂酰基)被还原成饱和的丁酰 ACP(或脂酰 ACP)。

$$CH_3CH=CHCOACP \xrightarrow[\text{NADPH+H}^+ \quad \text{NADP}^+]{\text{烯脂酰 ACP 还原酶}} CH_3CH_2CH_2COACP$$

　　　　α,β-丁烯酰 ACP　　　　　　　　　　　　　　　　　丁酰 ACP

⑤第二轮碳链的延长　生成的丁酰 ACP 比开始的乙酰 ACP 增加了两个碳原子。随后，在 β-酮脂酰合酶作用下，丁酰基又转移到另一个 ACP 携带的丙二酸单酰基的第二个碳原子上(与第一次的丙二酸单酰 ACP 情况一样)，并通过缩合反应生成丁酰乙酰 ACP，同时释放出 CO_2。此后，再重复还原、脱水、还原反应，形成乙酰 ACP。这样每重复一次循环，在脂酰基上就增加 2 个碳原子，经过 7 次重复合成软脂酰 ACP。最后，再经硫酯酶作用，脱去 ACP 生成软脂酸。

合成软脂酸的总反应可表示如下：

$$CH_3CO{\sim}SCoA + 7HOOCCH_2CO{\sim}SCoA + 14NADPH + 14H^+ \xrightarrow{\text{脂肪酸合成酶系}} CH_3(CH_2)_{14}CO{\sim}$$
$$SCoA + 6H_2O + 7CO_2 + 8HSCoA + 14NADP^+$$

开始合成软脂酸的乙酰 ACP，构成了软脂酸的 15、16 位碳原子。软脂酸的其他位置碳原子，表观上来源于丙二酸单酰 ACP 的丙二酸单酰基，但是，由于在缩合反应释放的 CO_2 就是乙酰 CoA 羧化形成丙二酸单酰 CoA 时加入的 CO_2，而丙二酸单酰 ACP 直接由丙二酸单酰 CoA 形成，因此，脂肪酸生物合成时，每次加入的二碳单位，仍是乙酰 CoA 上的两个碳原子，所以，脂肪酸合成的全部碳原子均来自乙酰 CoA 乙酰基团上的碳原子。

脂肪酸生物合成过程中每次增加两个碳原子，和脂肪酸在 β-氧化时每次减少两个碳原子非常相似。软脂酸的氧化和合成途径，概括起来有下列几点区别，见表 7-4。

表 7-4　脂肪酸合成、分解代谢的异同

区别点	脂肪酸合成	脂肪酸分解
部位	细胞质	线粒体
酰基载体	ACP	CoA
二碳片段加入或断裂方式	丙二酸单酰基	乙酰基
氢载体	NADPH	FAD、NAD⁺
反应过程	缩合、还原、脱水、再还原	脱氢、水化、再脱氢、硫解
转运机制	柠檬酸-丙酮酸循环(转运乙酰 CoA)	肉碱穿梭(转运脂酰 CoA)
能量变化	消耗 ATP 和 NADPH＋H⁺	产生 FADH₂ 和 NADH＋H⁺
16 碳软脂酸	7 次加成	7 次 β-氧化

4. 脂肪酸碳链的延长　细胞质中的脂肪酸合酶只能合成到十六碳的软脂酸，更长碳链脂肪酸的合成则是通过对软脂酸的加工，使碳链延长来完成的。脂肪酸碳链的延长可经过两条途径完成。一条是由线粒体中的酶系，将脂肪酸碳链延长；另一条是由内质网中的酶系，将脂肪酸碳链延长。

NOTE

（1）线粒体脂肪酸碳链延长酶系：在线粒体基质中，有催化脂肪酸延长的酶系，延长碳链时加入的碳源不是丙二酸单酰 CoA，而是乙酰 CoA。首先，软脂酰 CoA 与乙酰 CoA 缩合生成 β-酮硬脂酰 CoA；然后，由 NADPH＋H⁺ 提供氢，使其还原为 β-羟硬脂酰 CoA，又经脱水生成 Δ²-硬脂烯酰 CoA；再由 NADPH＋H⁺ 提供氢还原为硬脂酰 CoA。其反应基本类似 β-氧化的逆过程，但需要 α，β-烯酰还原酶和 NADPH＋H⁺ 作为辅助因子。通过此酶系，饱和脂肪酸碳链每次延长 2 个碳原子，一般可延长到 24 或 28 个碳原子，其中以硬脂酸最多。这一体系也可延长不饱和脂肪酸的碳链。

（2）内质网脂肪酸碳链延长酶系：哺乳动物细胞的内质网膜，能够延长饱和或不饱和脂肪酸碳链，如软脂酰 CoA、硬脂酰 CoA、油酸、亚油酸等。该酶系利用丙二酸单酰 CoA 作为延长二碳单位的供体，NADPH＋H⁺ 为氢的供体，从羧基末端延长。其中间过程与非线粒体脂肪酸合酶相同，只是由辅酶 A 代替 ACP 作为脂酰基载体。

5. 脂肪酸生物合成的调节　在脂肪酸生物合成中，乙酰 CoA 与草酰乙酸合成柠檬酸后再进入细胞质是合成脂肪酸的第一个关键步骤。由乙酰 CoA 催化形成丙二酸单酰 CoA 的反应是脂肪酸合成的第二个关键反应，也是脂肪酸合成的限速步骤，催化该反应的酶即乙酰 CoA 羧化酶是脂肪酸合成的限速酶。它的活性可受变构调节、共价修饰调节以及激素的调节。

（1）变构调节：真核生物中的乙酰 CoA 羧化酶有两种存在形式：一种是无活性的前体，相对分子质量约为 4 万；另一种是有活性的多聚体，相对分子质量为 60 万～80 万，通常由 10～20 个单体构成，呈线性排列后，其催化活性可增加 10～20 倍。它们之间的互变是变构调节。

柠檬酸和异柠檬酸是乙酰 CoA 羧化酶的变构激活剂。其中柠檬酸是关键的变构激活剂，它使平衡点偏向活性的多聚体形式。当细胞处于高能荷状态时，含量丰富的乙酰 CoA 和 ATP 可抑制柠檬酸脱氢酶的活性，使柠檬酸浓度升高，从而激活乙酰 CoA 羧化酶，使丙二酸单酰 CoA 的产量增加，并加速脂肪酸的合成。

脂肪酸合成的终产物棕榈酰 CoA 及其他长链脂酰 CoA 能够抑制乙酰 CoA 羧化酶单体的聚合，是其变构抑制剂，可抑制脂肪酸的合成。棕榈酰 CoA 的抑制作用一方面体现了产物对代谢初始阶段酶活性的反馈抑制，另一方面还通过抑制柠檬酸从线粒体进入细胞质及抑制 NADPH 的产生，从而抑制脂肪酸的合成。

$$\underset{\substack{\text{单体}\\\text{（无活性）}}}{\text{乙酰 CoA 羧化酶}}\underset{\text{棕榈酰 CoA、长链脂酰 CoA}}{\overset{\text{柠檬酸、异柠檬酸}}{\rightleftharpoons}}\underset{\substack{\text{多聚体}\\\text{（有活性）}}}{\text{乙酰 CoA 羧化酶}}$$

外源性糖和脂肪的摄入程度也可以通过变构作用影响乙酰 CoA 羧化酶的活性。进食糖类物质，导致糖代谢加强，脂肪酸合成的原料乙酰 CoA 及 NADPH 供应增多，透出线粒体，可变构激活乙酰 CoA 羧化酶，故促进脂肪酸合成。当机体进食高脂食物或饥饿时、脂肪动员增加，细胞内脂酰 CoA 增多，变构抑制乙酰 CoA 羧化酶的活性，脂肪酸的合成被抑制。

（2）磷酸化/去磷酸化调节：乙酰 CoA 羧化酶可被一种依赖于 AMP（而不是 cAMP）的蛋白激酶磷酸化而失活。每个乙酰 CoA 羧化酶单体上至少存在 6 个可磷酸化部位，但目前认为只有其第 79 位 Ser 的磷酸化与酶活性有关。蛋白质磷酸酶可使无活性的乙酰 CoA 羧化酶的磷酸基移去，从而恢复活性。因此，当细胞的能荷较低时（即 AMP/ATP 数值高时），脂肪酸合成受阻。

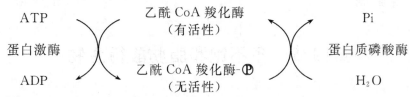

细菌中的乙酰 CoA 羧化酶不受磷酸化/去磷酸化的调节。

（3）激素的调节：乙酰 CoA 羧化酶活性受激素的调控。参与脂肪酸合成调节的激素主要有胰高血糖素、肾上腺素、胰岛素和生长激素等。当机体需要供能时，胰高血糖素、肾上腺素和生长激素等可使细胞内 cAMP 含量升高,激活依赖于 cAMP 的蛋白激酶,促使乙酰 CoA 羧化酶第 79 位的 Ser 发生磷酸化修饰而失活,从而抑制脂肪酸及脂肪的合成。在饱食状态下,当血糖浓度较高时,胰岛素通过活化蛋白质磷酸酶,使磷酸化的乙酰 CoA 羧化酶去磷酸而活化,同时还能诱导乙酰 CoA 羧化酶、脂肪酸合酶、柠檬酸裂解酶等的合成,故胰岛素可促进脂肪酸合成。同时胰岛素还能加强脂肪组织的脂蛋白脂酶(lipoprotein lipase)的活性,增加脂肪组织对血液甘油三酯的摄取,促进脂肪酸在脂肪组织内酯化而储存,因此容易导致肥胖。

（三）甘油三酯的合成

1. 合成部位　肝细胞和脂肪细胞和小肠黏膜的内质网是合成甘油三酯的主要部位,以肝的合成能力最强。

2. 合成原料　α-磷酸甘油和脂酰 CoA 是甘油三酯的合成原料。脂肪酸生成后,必须活化成脂酰 CoA 才能参与甘油三酯的合成。

3. 合成的基本过程　甘油三酯的合成有两条基本途径。

(1) 甘油一酯途径:小肠黏膜上皮细胞主要以此途径合成甘油三酯。该途径主要利用消化吸收的甘油一酯为起始物,再加上 2 分子脂肪酰 CoA,合成甘油三酯。

(2) 甘油二酯途径:肝细胞和脂肪细胞主要由此途径合成甘油三酯。α-磷酸甘油,在脂酰 CoA 转移酶的催化下,依次加上 2 分子脂酰 CoA 生成磷脂酸。磷脂酸在磷脂酸酶的催化下,脱去磷酸基生成 1,2-甘油二酯,然后在脂酰 CoA 转移酶的作用下,再加上 1 分子脂酰 CoA 即生成甘油三酯。

第四节　多不饱和脂肪酸衍生物

多不饱和脂肪酸的衍生物主要为类二十烷酸家族化合物,包括前列腺素(prostaglandins,PG)、血栓素(thromboxanes,TX)和白三烯(leukotrienes,LT)等。近年来发现,这类化合物是化学信号分子中的一个大家族,几乎参与了所有细胞代谢活动,能使机体产生各种生理效应。在哺乳动物体内,绝大多数组织都能以花生四烯酸或其他二十碳多不饱和脂肪酸为原料,合成该类化合物。但它们的半衰期极短,只在产生的器官中及邻近细胞中起作用,不能通过血液循环对远距离靶组织发挥作用。

一、前列腺素和血栓素

(一)前列腺素和血栓素的结构

Von Euler 等人于 20 世纪 30 年代在人、猴和羊等的精液中发现一种能使平滑肌收缩的物质,认为是由前列腺分泌的,因此称为前列腺素。后来发现,前列腺素来源广泛,全身许多组织细胞都能产生。前列腺素以前列腺酸为基本骨架,由一个五元环和两条侧链(R_1、R_2)组成。根据五元环上取代基和双键位置的不同,前列腺素分为 A、B、C、D、E、F、G、H、I 9 种类型,其中以 A、E 和 F 较多。PGI_2 含双环结构,又称前列腺环素。PGF 的第 9 位碳原子的羟基有 α 和 β 两种构型,天然前列腺素都是 α 构型。

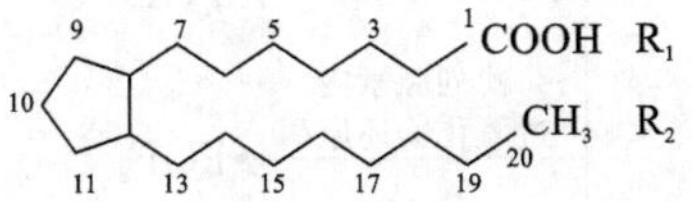

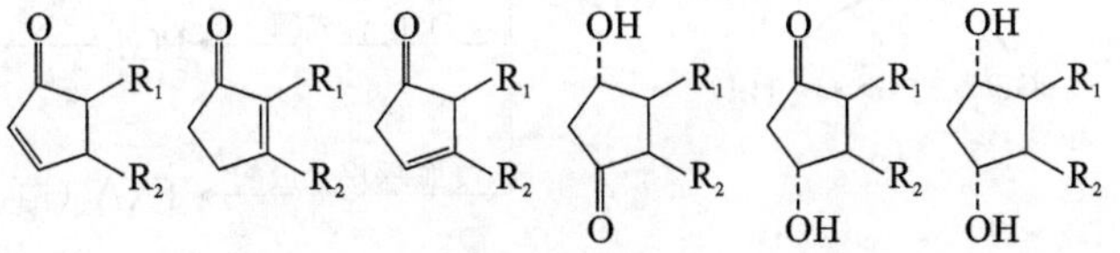

PGA　PGB　PGC　PGD　PGE　PGF

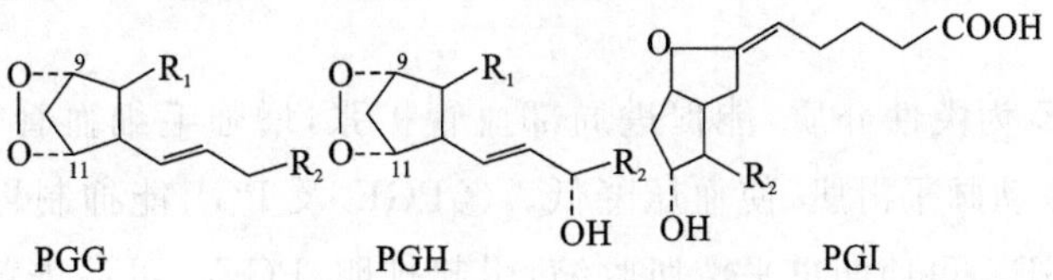

PGG　PGH　PGI

根据前列腺素的 R_1 和 R_2 的差别,又可将其分为 1、2、3 类,在字母右下角标识。

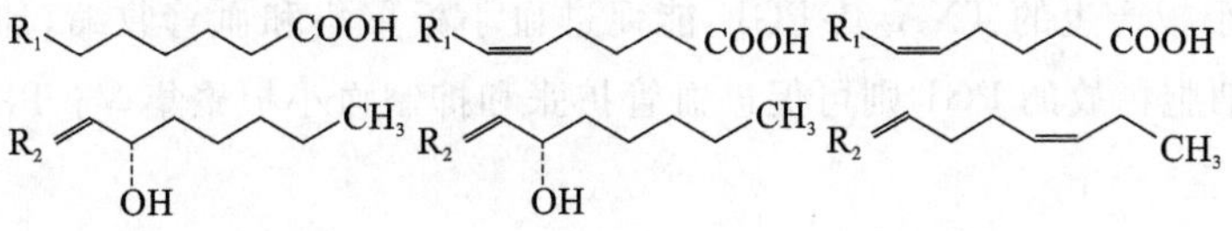

1类　　2类　　3类

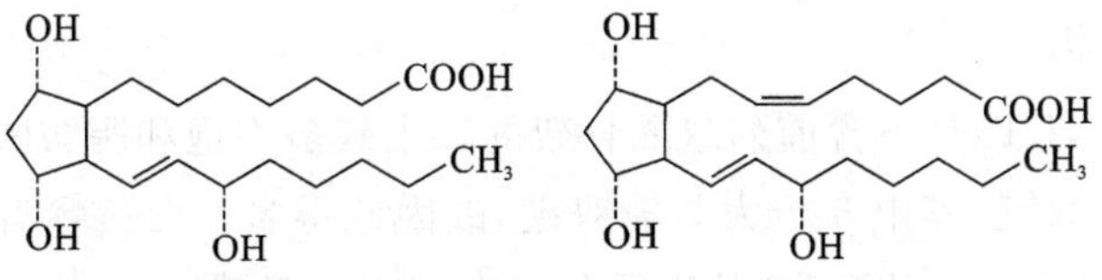

$PGF_{1\alpha}$　　$PGF_{2\alpha}$

血栓素也有前列腺酸骨架,不同的是分子中五元环被环氧乙烷取代。

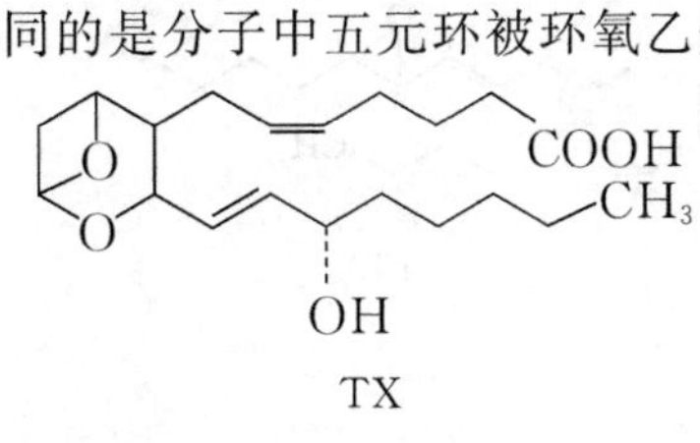

TX

(二)前列腺素和血栓素的合成

类二十烷酸化合物的合成有两条途径。一是环加氧酶途径,产物包括前列腺素和血栓烷等;二是脂加氧酶途径,产物有白三烯类及脂氧素等。

1. 花生四烯酸的产生 花生四烯酸或其他二十碳多不饱和脂肪酸是类二十烷酸化合物合成的前体,主要储存于生物膜的磷脂中。磷脂可经存在于机体各组织细胞膜及线粒体膜上的磷脂酶 A_2 的专一性催化,水解磷脂 2 位酯键,产生溶血磷脂及花生四烯酸。这一步反应是类二十烷酸化合物生物合成途径的限速步骤,受多种因素调节。

花生四烯酸
$(20:\Delta^{5,8,11,14})$

2. 前列腺素和血栓素的合成 前列腺素和血栓素合成的关键步骤,是由环加氧酶(cyclooxygenase)催化花生四烯酸的氧化和成环,依次生成 PGG_2 和 PGH_2,PGH_2 进一步形成 PGE_2、PGF_2、PGI_2 等其他前列腺素。血栓素合成酶催化 PGH_2 生成 TXA_2,TXA_2 水解且分子内环氧结构转化为 2 个羟基,形成 TXB_2。

花生四烯酸 →(环加氧酶 $2O_2$)→ PGG_2 →(过氧化物酶 $2GSH$ → $GSSG+H_2O$)→ PGH_2

PGH_2 →(PGH-PGE 异构酶)→ PGE_2
→(前列腺素内过氧化物还原酶)→ PGF_2
→(PGI_2 合成酶)→ PGI_2 →(H_2O)→ 6-酮 $PGF_{1\alpha}$
→(凝血噁烷合成酶)→ TXA_2(凝血噁烷 A_2)→(H_2O)→ TXB_2

3. 前列腺素和血栓素的功能 细胞内的 PG 和 TX 浓度很低,仅约 10^{-11} mol/L,但具有很高的生物活性。

PG 的功能:①PGE_2 为炎性介质,能促进局部血管扩张,增强毛细血管通透性,引起炎性改变。②PGE_2 及 PGA_2 可舒张动脉平滑肌,使血压降低。③PGE_2 及 PGI_2 能抑制胃酸分泌,促进胃肠平滑肌收缩。④PGE_2 及 $PGF_{2\alpha}$ 可使卵巢平滑肌收缩,引起排卵;$PGF_{2\alpha}$ 可促进黄体溶解;$PGF_{2\alpha}$ 能加强子宫收缩,促进分娩。

TX 的功能:血小板产生的 TXA_2 及 PGE_2 能促进血小板聚集和血管收缩,加速血栓的形成与止血过程。血管内皮细胞释放的 PGI_2 则可促进血管扩张和抑制血小板聚集,与 TXA_2 的作用相抵抗。

二、白三烯

(一) 白三烯的结构

白三烯(leukotrienes,LT)是不含前列腺酸骨架的二十碳多不饱和脂肪酸衍生物,因最早发现于白细胞中,分子中有 4 个双键,其中 3 个为共轭双键,故因此得名。白三烯有 A、B、C、D、E、F 六类,LTA_4 为初合成产物(字母右下角的数字"4"表示分子中有 4 个双键)。

LTA_4

(二) 白三烯的合成

花生四烯酸经脂加氧酶(lipoxygenase)催化,其 5 位碳原子形成过氧基,6、7 位碳原子之间形成双键,生成 5-氢过氧化二十碳四烯酸($20:4,\Delta^{6,8,11,14}$)(5-hydroperoxyeicosatetraenoate,5-HPETE)。5-HPETE 脱水并异构形成 LTA_4,进一步生成 LTC_4、LTD_4 和 LTE_4。

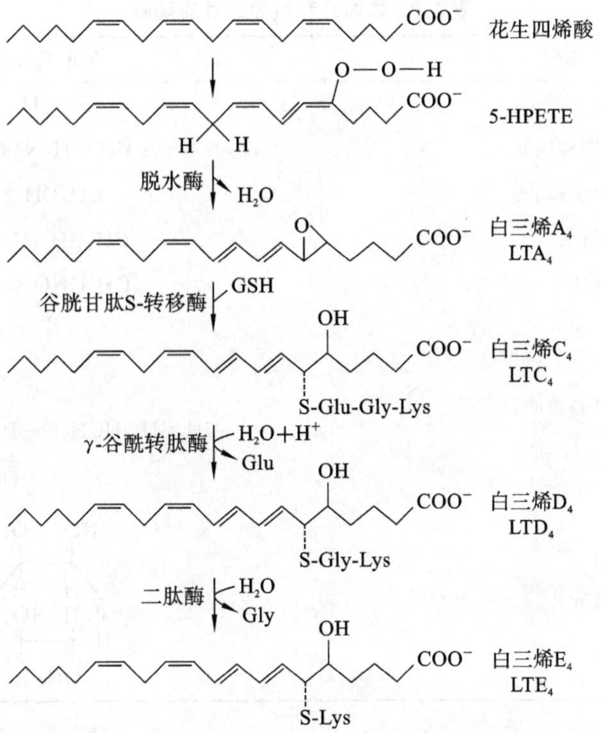

NOTE

（三）白三烯的功能

LTC$_4$、LTD$_4$和LTE$_4$属过敏反应的慢反应物质，它们使支气管平滑肌收缩的作用比组胺强100～1000倍，且作用缓慢而持久。LTB$_4$能增加毛细血管通透性，增强白细胞游走及趋化作用，诱发多形核白细胞脱颗粒，使溶酶体释放水解酶类，促进炎症及过敏反应的发展。

| 第五节 磷脂的代谢 |

一、磷脂的基本结构与分类

磷脂是一类含有磷酸的类脂，按照其化学组成不同可分为甘油磷脂（phosphoglyceride）与鞘磷脂（sphingomyelin）两大类，前者以甘油为基本骨架，后者则以鞘氨醇为基本骨架。甘油磷脂在体内含量多、分布广，而鞘磷脂主要分布于大脑和神经髓鞘中。

（一）甘油磷脂

甘油磷脂分子中含有甘油、脂肪酸、磷酸及含氮化合物等，根据与磷酸相连的取代基团的不同，甘油磷脂又分为五大类（表 7-5）。

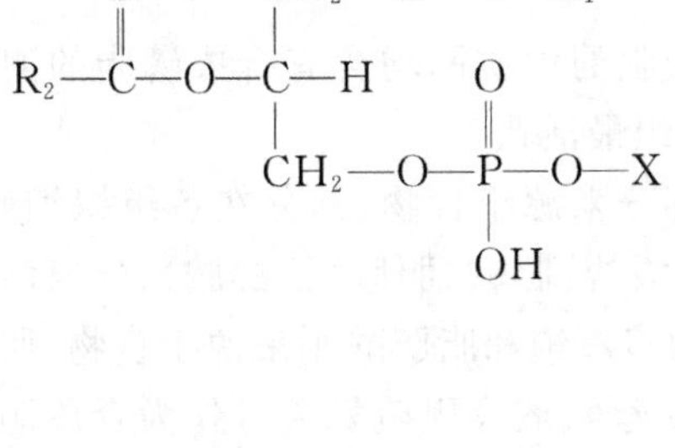

表 7-5　体内几种重要的甘油磷脂

甘油磷脂的名称	X 取代基团
磷脂酸	—H
磷脂酰胆碱(卵磷脂)	—$CH_2CH_2N^+(CH_3)_3$
磷脂酰乙醇胺(脑磷脂)	—$CH_2CH_2NH_3^+$
磷脂酰丝氨酸	—CH_2CHNH_2COOH
磷脂酰甘油	—$CH_2CHOHCH_2OH$
二磷脂酰甘油(心磷脂)	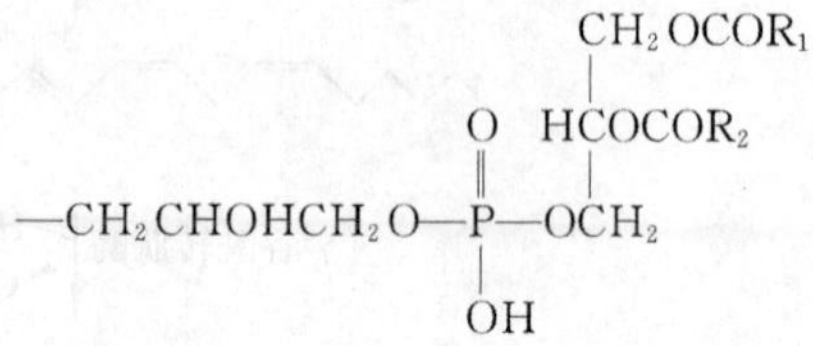
磷脂酰肌醇	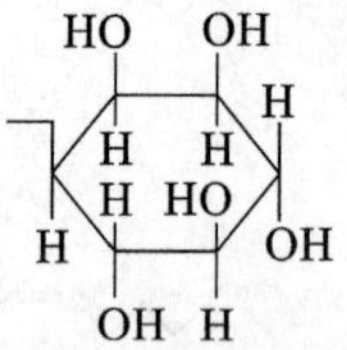

甘油磷脂 C_1 位上 R_1 多为饱和脂肪酸,C_2 位上 R_2 多为不饱和脂肪酸。不同甘油磷脂有不同的生理功能,人体内以卵磷脂含量最多,广泛分布于各器官组织,是构成生物膜磷脂双分子层结构的基本成分;磷脂酰肌醇及其衍生物(IP_3 及 DAG)参与细胞信号的传导;二软脂酰磷脂酰胆碱是肺泡表面活性物质的主要组分,对维持肺泡膨胀起着重要作用,早产儿这种磷脂合成和分泌的缺陷,使得肺泡表面活性物质量减少,诱发新生儿呼吸困难综合征;血小板活化因子为血管内皮细胞、血小板、巨噬细胞等合成并释放的一种甘油磷脂,它有极强的生物活性,能引起血小板聚集和 5-羟色胺释放。

（二）鞘磷脂

鞘磷脂是含鞘氨醇的磷脂,分子中不含甘油,分子中的脂肪酸以酰胺键与鞘氨醇的氨基相连。按其含磷酸或糖基的不同分为鞘磷脂及鞘糖脂。人体内含量最多的鞘磷脂是神经鞘磷脂,是神经髓鞘的主要成分,也是构成生物膜的重要磷脂。

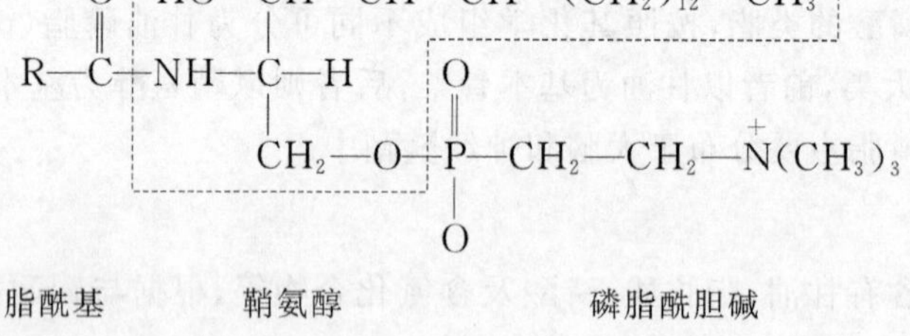

脂酰基　　　鞘氨醇　　　磷脂酰胆碱

二、甘油磷脂的代谢

（一）甘油磷脂的合成

1. 合成部位　全身各组织细胞的内质网均含有合成磷脂的酶系。因此,各组织细胞均能合成甘油磷脂,但以肝、肾及小肠等组织最活跃。

2. 合成原料　体内的磷脂部分来源于食物,部分在各组织细胞内经酶的催化而合成。合成甘油磷脂的原料有甘油、脂肪酸、磷酸盐、胆碱、胆胺(乙醇胺)、丝氨酸及肌醇等物质。其中脂肪酸、甘油主要由葡萄糖转化而来,2 位的多不饱和脂肪酸则来源于食物,胆碱可由食物供给,亦可在体内合成。蛋白质分解所产生的甘氨酸、丝氨酸及甲硫氨酸可作为合成胆碱、胆胺的原料。丝氨酸本身也是合成磷脂酰丝氨酸的原料。甘氨酸在体内能转变成丝氨酸,脱羧后可转变成胆胺,再由甲硫氨酸提供甲基经甲基化形成胆碱。

3. 合成过程

(1) 乙醇胺(胆胺)与胆碱的合成

$$H_2N-CH_2-COOH \xrightarrow{+N^5,N^{10}-甲烯基四氢叶酸} \underset{\underset{OH\quad NH_2}{|\quad\quad|}}{CH_2-CH-COOH} \xrightarrow{-CO_2} HO-CH_2-CH_2-NH_2$$

甘氨酸 　　　　　　　　　　　　丝氨酸 　　　　　　　　胆胺

$$HO-CH_2-CH_2NH_2 \xrightarrow{S-腺苷甲硫氨酸} HO-CH_2CH_2N^+(CH_3)_3OH$$

胆碱

(2) 卵磷脂及脑磷脂的合成:卵磷脂及脑磷脂是体内含量最多的磷脂,占组织及血液中磷脂含量的 75% 以上。甘油二酯是合成卵磷脂及脑磷脂的重要中间产物,胆碱及乙醇胺则由活化的 CDP-胆碱及 CDP-胆胺(CDP-乙醇胺)提供。此途径称为甘油二酯合成途径。

卵磷脂的合成过程如下:

$$HO-CH_2-CH_2N^+(CH_3)_3 \xrightarrow[ATP\quad\quad ADP]{胆碱激酶} P-O-CH_2-CH_2N^+(CH_3)_3 \xrightarrow[CTP\quad\quad PPi]{转胞苷酸酶}$$

磷酸胆碱

$$CDP-CH_2CH_2N^+(CH_3)_3 \xrightarrow[甘油二酯\quad\quad CMP]{脂肪酰甘油转移酶} \begin{matrix} CH_2-O-COR_1 \\ | \\ R_2-CO-O-C-H\quad O \\ |\quad\quad\quad\quad || \\ CH_2-O-P-O-CH_2CH_2-N^+(CH_3)_3 \\ | \\ OH \end{matrix}$$

胞苷二磷酸胆碱 　　　　　　　　　　　　磷脂酰胆碱(卵磷脂)

脑磷脂的合成在内质网膜上进行,与卵磷脂的合成过程类似:

$$胆胺 \xrightarrow[ATP\quad ADP]{} 磷酸胆胺 \xrightarrow[CTP\quad PPi]{} CDP-胆胺 \xrightarrow[甘油二酯\quad CMP]{} 脑磷脂$$

(3) 磷脂酰肌醇、磷脂酰丝氨酸及心磷脂的合成:心肌、骨骼肌等组织在 CTP 参与下,二脂酰甘油转变成 CDP-二脂酰甘油,然后与肌醇、丝氨酸及 α-磷脂酰甘油结合,分别生成磷脂酰肌醇、磷脂酰丝氨酸及心磷脂。此途径又称为 CDP-二脂酰甘油途径。

磷脂生物合成的两条途径,需要一个共同的关键化合物参与,即 CTP。磷脂的生物合成,不仅需要 CTP 供能,而且被活化的化合物(胆碱、胆胺或磷酸甘油二酯)需要 CDP 分子作为载体。

甘油磷脂的合成在内质网膜外侧面进行。细胞液中存在一种磷脂交换蛋白(phospholipid exchange protein),能促进不同种类磷脂在细胞内膜之间进行交换,新合成的磷脂即可转移至不同细胞器膜上,从而更新磷脂。

磷脂酰胆碱是真核生物细胞膜中含量最丰富的磷脂,在细胞的生长、分化过程中具有重要的作用。Ⅱ型肺泡上皮细胞可合成一种特殊的磷脂酰胆碱(二软脂酰胆碱),其 1,2 位均为软脂酰基,是一种较强的乳化剂,能降低肺泡的表面张力,有利于肺泡的伸张。若新生儿肺泡上皮细胞合成出现二软脂酰胆碱障碍,将导致肺不张。科学家们发现,肺癌、脑卒中、阿尔茨海默病等疾病的发生与磷脂酰胆碱代谢异常密切相关,其发病机制可能与磷脂酰胆碱在细胞内增殖、分化及细胞周期中的作用有关。此方面的研究将为相关疾病的预防、诊断及治疗提供新的靶点。

(二) 甘油磷脂的分解

甘油磷脂在体内磷脂酶的催化下逐步水解生成甘油、脂肪酸、磷酸及各种含氮化合物如胆碱、胆胺和丝氨酸等。磷脂酶按其作用的特异性不同可分为 A_1、A_2、B、C 和 D。磷脂酶 A_1 和 A_2 分别作用于甘油磷脂的第 1 位和第 2 位酯键,磷脂酶 B 作用于溶血磷脂的 1 位酯键,磷脂酶 C 作用于 3 位磷酸酯键,而磷脂酶 D 作用于磷酸取代基间的酯键(图 7-9)。

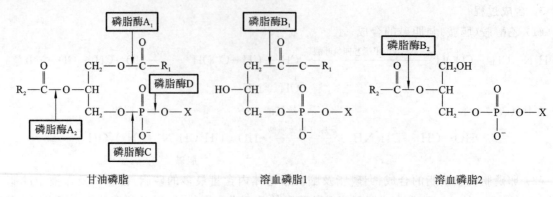

图 7-9　各种磷脂酶的作用位点

磷脂酶 A_2 存在于各组织细胞膜和线粒体膜中,以酶原的形式存在于胰腺组织中,催化甘油磷脂中 2 位酯键水解生成溶血磷脂和多不饱和脂肪酸。溶血磷脂是一种较强的表面活性物质,能使红细胞膜或其他细胞膜破坏引起溶血或细胞坏死。急性胰腺炎的发病过程中,磷脂酶 A_2 的激活,加速了胰腺细胞膜损伤,促进胰腺组织坏死。毒蛇唾液中含有磷脂酶 A_2,因此被毒蛇咬伤后可引起溶血。

(三)甘油磷脂与脂肪肝

正常成人肝中脂类含量约占肝重的 5%,其中以磷脂含量最多,约占 3%,而甘油三酯约占 2%。如果肝中脂类含量超过 10%,且主要是甘油三酯堆积,肝实质细胞脂肪化超过 30% 即为脂肪肝。形成脂肪肝常见的原因如下:①磷脂合成原料如胆碱等不足,卵磷脂是合成血浆 VLDL 的重要成分,VLDL 能将肝脏合成的内源性脂肪转运至全身各组织,若磷脂合成原料不足,会造成肝脏卵磷脂合成减少,从而导致 VLDL 合成减少,使肝中甘油三酯转运出肝受阻,肝中脂肪堆积;②肝细胞内甘油三酯的来源过多,如高脂、高糖饮食或大量酗酒;③肝功能障碍,影响极低密度脂蛋白的合成与释放。上述这些原因都可导致肝细胞内甘油三酯堆积形成脂肪肝,长期脂肪肝可导致肝硬化。磷脂及其合成原料和有关的辅助因子(叶酸、维生素 B_{12}、CTP 等)在临床上常用于防治脂肪肝,就是因为它们能促进肝中磷脂的合成,以促进脂蛋白的合成。

三、鞘磷脂的代谢

鞘氨醇是人体含量最多的鞘磷脂,由鞘氨醇、脂肪酸及磷酸胆碱构成。人体各组织细胞内质网均存在合成鞘氨醇酶系,以脑组织活性最高。合成鞘氨醇的基本原料是软脂酰 CoA、丝氨酸和胆碱,还需磷酸吡哆醛、NADPH 及 FAD 等辅酶参加。在磷酸吡哆醛的参与下,由内质网 3-酮二氢鞘氨醇合成酶催化,软脂酰 CoA 与 L-丝氨酸缩合并脱羧生成 3-酮基二氢鞘氨醇(3-ketodihydrosphingosine),再由 NADPH 供氢、还原酶催化,加氢生成二氢鞘氨醇,然后在脱氢酶的催化下,脱氢生成鞘氨醇。

在脂酰转移酶催化下,鞘氨醇的氨基与脂酰 CoA 进行酰胺缩合,生成 N-神经酰胺,最后由 CDP-胆碱提供磷酸胆碱生成神经鞘氨醇。

神经鞘磷脂在神经鞘磷脂酶催化下降解,神经鞘磷脂酶(sphingomyelinase)存在于脑、肝、脾、肾等组织细胞溶酶体内,属磷脂酶 C 类,能使磷酸酯键水解,产生磷酸胆碱及 N-神经酰胺。若机体先天性缺乏此酶,则鞘磷脂不能降解,在细胞内积存,引起肝、脾肿大及痴呆等鞘磷脂沉积疾病。

第六节　胆固醇代谢

胆固醇是体内重要的脂类之一,最早由动物胆石中分离出来,故称为胆固醇(cholesterol)。胆固醇广泛分布于体内各组织,正常成人体内胆固醇总量约为 140 g,但分布极不均一,大约 1/4 分布于脑及神经组织,约占脑组织的 2%,肾上腺皮质、卵巢等组织中胆固醇含量较高,其次是肝、肾、肠等组织,而肌肉组织中胆固醇的含量较低。

胆固醇 C_3 位上的羟基可与脂肪酸相连形成胆固醇酯(cholesterol ester,CE),未与脂肪酸结合的称为游离胆固醇(free cholesterol,FC)。两者存在于组织和血浆脂蛋白内,其结构如下:

胆固醇　　　　　　　　胆固醇酯

体内的胆固醇有两个来源即内源性胆固醇和外源性胆固醇。内源性胆固醇由机体自身合成,正常成人 50% 以上的胆固醇来自机体自身合成;外源性胆固醇主要来自动物性食物,如蛋黄、肉、肝、脑等。

一、胆固醇的生物合成

(一)合成部位

成人除脑组织及成熟红细胞外,其他组织均可合成胆固醇,肝合成胆固醇的能力最强,占总合成量的 70%～80%;小肠次之,合成量占总量的 10%。胆固醇的合成主要在胞液及内质网中进行。

(二)合成原料

胆固醇合成的原料是乙酰 CoA,此外还需要 ATP 供能和 NADPH＋H⁺ 供氢。乙酰 CoA 和 ATP 主要来自糖的有氧氧化,而 NADPH＋H⁺ 则主要来自糖的磷酸戊糖途径。每合成 1 分子胆固醇需要 18 分子乙酰 CoA、36 分子 ATP 和 16 分子 NADPH＋H⁺。乙酰 CoA 是在线粒体中生成的,由于不能通过线粒体内膜,须经柠檬酸-丙酮酸循环转移到胞液,参与胆固醇的合成。

(三)合成的基本过程

胆固醇的合成过程有近 30 步酶促反应,可分为三个阶段。

1. 甲羟戊酸的生成　在胞液中,2 分子乙酰 CoA 在硫解酶的催化下缩合生成乙酰 CoA,然后在 HMG-CoA 合酶催化下,再与 1 分子乙酰 CoA 缩合生成 HMG-CoA。HMG-CoA 接着由 HMG-CoA 还原酶催化,NADPH＋H⁺ 供氢还原生成甲羟戊酸(mevalonic acid,MVA)。此步反应是合成胆固醇的限速反应,HMG-CoA 还原酶是胆固醇生物合成的限速酶。

2. 鲨烯的合成　C_6 的 MVA 经磷酸化、脱羧、脱羟生成活泼的 C_5 中间产物,再首尾相连缩合成 C_{10}、C_{15} 的产物,2 分子 C_{15} 的中间产物再缩合成含 30 个碳原子的链状中间产物——鲨烯。

3. 胆固醇的合成　鲨烯经单加氧酶、环化酶等酶的催化下,先环化生成羊毛固醇,再经氧化、脱羧和还原等反应,脱去 3 分子 CO_2 生成 C_{27} 的胆固醇(图 7-10)。

(四)胆固醇合成的调节

HMG-CoA 还原酶是胆固醇合成的限速酶,各种因素对胆固醇合成的调节主要是通过影响 HMG-CoA 还原酶的活性来实现的。

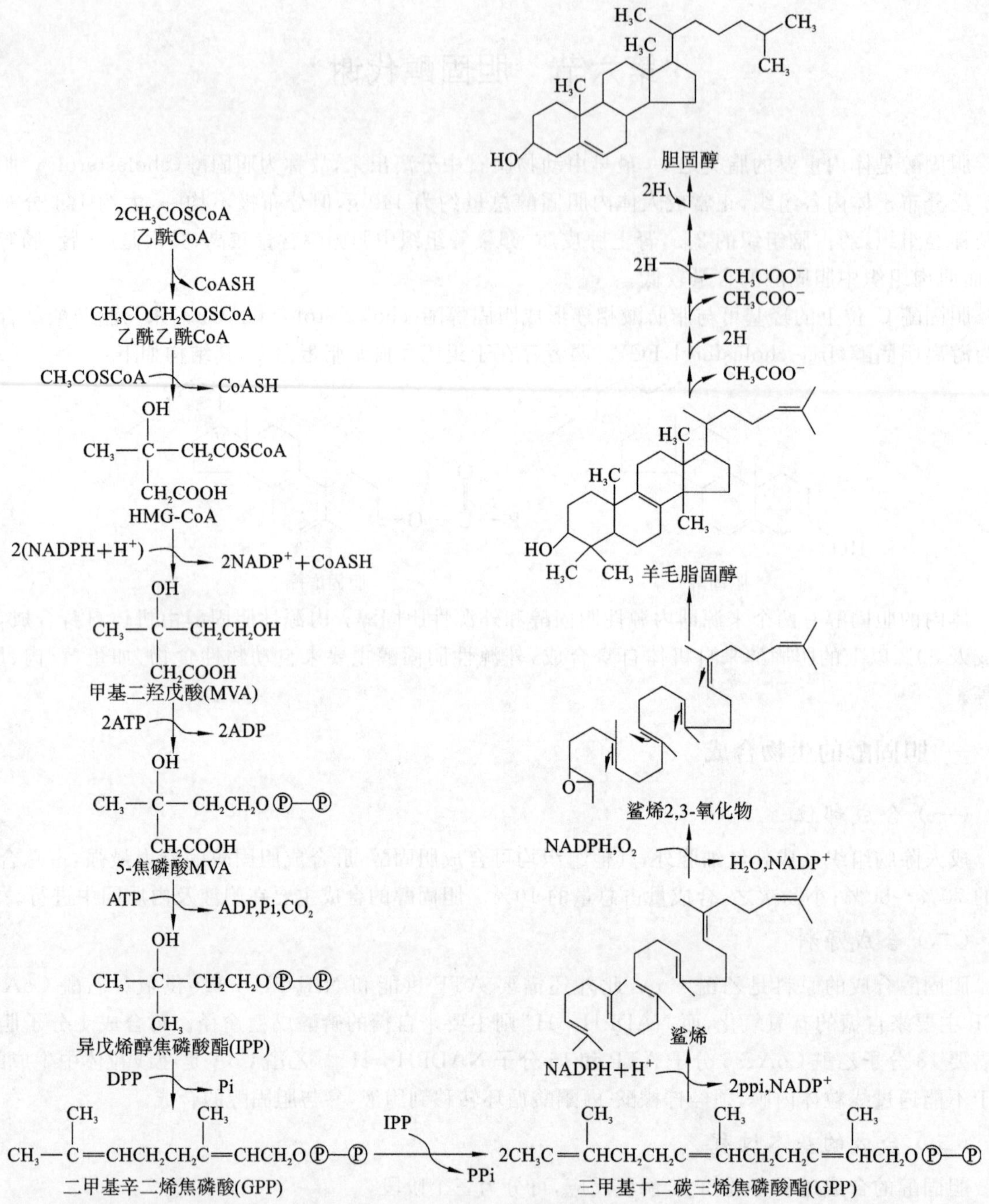

图 7-10 胆固醇的合成过程

1. 胆固醇的负反馈调节 食物胆固醇可反馈抑制 HMG-CoA 还原酶的合成,使内源性胆固醇的合成减少,这种反馈调节主要存在于肝细胞中,小肠黏膜细胞的胆固醇合成则不受这种反馈调节,即使大量进食胆固醇,仍有 60% 胆固醇在体内合成,如果长期不进食胆固醇,血浆胆固醇浓度也只能降低 10%~25%,可见,仅限制食物中胆固醇的含量,并不能使血清胆固醇的含量大幅度降低。

2. 饥饿与饱食 饥饿与禁食不仅可使 HMG-CoA 还原酶活性降低,而且也可引起胆固醇合成原料(乙酰 CoA 和 NADPH+H[+])的不足,从而抑制胆固醇的合成。摄入高糖等食物后,HMG-CoA 还原酶活性增加,胆固醇合成增多。

3. 激素的调节 胰高血糖素和糖皮质激素可抑制 HMG-CoA 还原酶的活性,从而抑制胆固醇的合成。胰岛素可诱导 HMG-CoA 还原酶的合成,从而促进胆固醇的合成。甲状腺激素一方面诱导HMG-CoA 还原酶的合成,另一方面促进胆固醇向胆汁酸的转化,且转化作用大于合成作用,因此,甲状腺功能亢进的病人,血清中胆固醇的含量反而降低。

4. 药物的影响 某些药物如洛伐他汀和辛伐他汀,可竞争性地抑制 HMGCoA 还原酶的活性,使体内胆固醇的合成减少。另外阴离子交换树脂(消胆胺)可通过干扰肠道胆汁酸盐的重吸收,促使体内更多的胆固醇转变为胆汁酸盐,降低血清胆固醇浓度。

二、胆固醇的转化与排泄

胆固醇在体内不能被彻底的氧化为 CO_2 和 H_2O,也不能提供能量,但侧链可以被氧化、还原或降解,转化为某些重要的生理活性物质参与体内的代谢和调节。

(一)胆固醇在体内的转化

1. 转变为胆汁酸 胆固醇在肝内转化为胆汁酸是其主要代谢去路。正常成人每天合成的胆固醇约有 2/5 在肝中转变为胆汁酸,随胆汁排入肠道,促进脂类和脂溶性维生素的消化和吸收。

2. 转变为类固醇激素 胆固醇是合成类固醇激素的前体。胆固醇在肾上腺皮质细胞内可转变为肾上腺皮质激素;在睾丸间质细胞可转变成睾酮等雄性激素;在卵巢可转变成雌二醇及孕酮等雌性激素。

3. 转变为维生素 D_3 胆固醇可在小肠、皮肤等处脱氢生成 7-脱氢胆固醇,7-脱氢胆固醇随血液运至皮下,经紫外光照射后转变成维生素 D_3。

(二)胆固醇的排泄

在体内胆固醇的代谢去路主要是转变成为胆汁酸盐,以胆汁酸盐的形式随胆汁排泄。还有一部分胆固醇可直接随胆汁进入肠道,其中一部分被肠黏膜吸收,另一部分受肠道细菌作用还原生成粪固醇随粪便排出体外。

| 第七节　血脂与血浆脂蛋白的代谢 |

一、血脂

血浆中的脂类统称为血脂,主要包括:甘油三酯、磷脂、胆固醇、胆固醇酯和游离脂肪酸等。血脂的来源如下:①食物脂类经消化吸收入血;②体内自身合成和脂肪动员释放入血。血脂的去路:①氧化供能;②储存在脂肪组织中;③构成生物膜;④转变为其他物质。正常情况下,血脂含量稳定在一定范围内,是其来源和去路保持动态平衡的结果。正常人空腹时血脂的组成及含量见表 7-6。但血脂含量不如血糖水平稳定,正常人空腹血脂受年龄、性别、饮食、职业及代谢等影响。当摄入高脂膳食后,血脂含量明显升高,通常在 12 h 内逐渐趋于正常。因此,临床上做血脂测定要在进食 12 h 后采血。血脂含量测定,可反映体内脂类代谢状况及机体的供能状态,临床上用作高脂血症、动脉硬化、冠心病的辅助诊断。

表 7-6　正常人空腹血脂及含量

成分	正常参考值 mg/dL(mmoL/L)
脂类总量	400~700
甘油三酯	10~150(0.11~1.69)
总胆固醇	100~250(2.59~6.47)
胆固醇酯	70~200(1.81~5.17)
游离胆固醇	40~70(1.03~1.81)

续表

成分	正常参考值 mg/dL(mmoL/L)
磷脂	150~250(48.44~80.73)
游离脂肪酸	5~20(0.195~0.805)

二、血浆脂蛋白的分类、组成及结构

脂类难溶于水,在血浆中主要与载脂蛋白(apolipoprotein,apo)结合形成可溶性血浆脂蛋白(lipoprotein)加以运输。血浆脂蛋白是脂类物质在血浆中的主要运输形式。血浆脂肪酸在血浆中主要与清蛋白结合运输,不列入血浆脂蛋白范围。

(一)血浆脂蛋白的分类

血浆脂蛋白因其所含的脂类和蛋白质种类、比例以及理化性质不同,可分为多种类型(表7-7)。血浆脂蛋白分类的方法有电泳法和超速离心法,这两种方法可将血浆脂蛋白分为四种类型。

表 7-7　各种血浆脂蛋白的分类、性质、组成及功能

分类	电泳法	CM	preβ-LP	β-LP	α-LP
	超速离心法	CM	VLDL	LDL	HDL
性质	密度/(g/mL)	<0.95	0.95~1.006	1.006~1.063	1.063~1.210
	漂浮系数(S_f)	>400	20~400	0~20	—
	颗粒直径/nm	80~500	25~80	20~25	7.5~10
组成/(%)	蛋白质	0.5~2	5~10	20~25	50
	脂类	98~99	90~95	75~80	50
	甘油三酯	80~95	50~70	10	5
	磷脂	5~7	15	20	25
	总胆固醇	4~5	15~19	48~50	20~23
	游离胆固醇	1~2	5~7	8	5~6
	胆固醇酯	3	10~12	40~42	15~17
合成部位		小肠黏膜细胞	肝细胞及小肠黏膜细胞	血中由 VLDL 转化	肝细胞及小肠黏膜细胞
功能		转运外源性甘油三酯	转运内源性甘油三酯	转运胆固醇到肝外组织	逆转运肝外胆固醇回肝

1. 电泳法　电泳是分离血浆脂蛋白最常用的一种方法,由于血浆脂蛋白颗粒大小及其所含蛋白质不同,表面所带电荷数量和种类也不同,因此在电场中迁移速率也不同。按其在电场中泳动的快慢可分为 α-脂蛋白(α-LP)、前 β-脂蛋白(preβ-LP)、β-脂蛋白(β-LP)和乳糜微粒(CM)。α-脂蛋白中蛋白质含量最高,在电场作用下,电荷量大,相对分子质量小,电泳速度最快;乳糜微粒中蛋白质含量很低,98%是不带电荷的脂类,特别是甘油三酯含量最高。在电场中几乎不移动,所以停留在原点不动(图7-11)。分离血浆脂蛋白常用的方法有醋酸纤维薄膜电泳、琼脂糖凝胶电泳和聚丙烯酰胺凝胶电泳。正常人血浆脂蛋白电泳图谱中,β-脂蛋白含量最多,条带最深,约占脂蛋白总量的 55%;其次是 α-脂蛋白(30%)和前 β-脂蛋白(15%)。乳糜微粒仅在进食后才比较明显,空腹 12 h 以上即难以检出。

2. 超速离心法　超速离心法是根据各种脂蛋白在一定密度的介质中离心时,因密度不同而具有漂浮或沉降等不同行为进行分离的方法。各种脂蛋白所含的脂类及蛋白质的数量和种类各不相

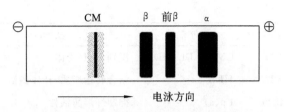

图 7-11 血浆脂蛋白琼脂糖凝胶电泳

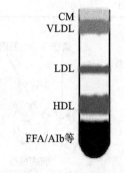

图 7-12 超速离心法分离血浆脂蛋白

同,因此密度也不相同,脂类物质比例高则密度相对较小,蛋白质比例高则密度相对较大。因此,将血浆置于一定密度的盐溶液中进行超速离心时,各种脂蛋白因密度不同会出现不同的沉浮情况,用此方法可将血浆脂蛋白分为:乳糜微粒(chylomicron,CM)、极低密度脂蛋白(very low density lipoprotein, VLDL)、低密度脂蛋白(low density lipoprotein,LDL)和高密度脂蛋白(high density lipoprotein,HDL)四类(图 7-12)。

此外,血浆中还存在中密度脂蛋白(intermediate density lipoprotein,IDL)和脂蛋白(a)[lipoprotein(a),Lp(a)]。IDL 是 VLDL 在血浆中向 LDL 转变过程中的中间产物,也称 VLDL 残粒(VLDL remnant),其密度介于 VLDL 与 LDL 之间。脂蛋白(a)是一类独立的脂蛋白,主要在肝脏合成,其核心部分由甘油三酯、磷脂、胆固醇、胆固醇酯等脂质和 apoB100 组成,结构类似 LDL,并含有 LDL 中没有的载脂蛋白(a),apo(a)与 apoB100 通过二硫键共价连接。

(二)血浆脂蛋白的组成

血浆脂蛋白是脂质和蛋白质的复合体,但不同脂蛋白中蛋白质和脂质的种类及含量有较大差异。血浆脂蛋白中的蛋白质又被称为载脂蛋白。迄今已从人血浆脂蛋白中分离出 20 多种载脂蛋白,主要有 apoA、apoB、apoC、apoD 及 apoE 等五大类(表 7-8)。apoA 可分为 A I、A II、A IV 和 A V;apoB 可分为 B100 和 B48;apoC 可分为 C I、C II、C III 和 C IV。不同脂蛋白具有不同的载脂蛋白组成,如 CM 含 A I、A II、A IV、B48、C I、C II 及 C III 等载脂蛋白,B48 是其特征性蛋白;VLDL 含 B100、C I、C II、C III 和 E 等载脂蛋白;LDL 几乎只含 apoB100;而 HDL 含 A I、A II、A IV、C I、C II、C III 和 E 等载脂蛋白。大部分载脂蛋白的基因和 cDNA 都已得到分离和确定,其一级结构也已阐明。除 apoA IV、B 和 Lp(a)外,所有载脂蛋白均含有 3 个内含子(intron)和 4 个外显子(exon),其内含子插入外显子的位置亦大致相同。这些载脂蛋白基因结构上的相似性,提示它们可能来源于同一祖先——apoC I 基因。

表 7-8 人血浆脂蛋白结构、功能及含量

载脂蛋白	相对分子质量	氨基酸数	分布	功能	血浆含量/(mg/dL)
A I	28300	243	HDL,CM	激活 LCAT,识别 HDL 受体	123.8±4.7
A II	17500	77×2	HDL,CM	稳定 HDL 结构,激活 HL	33±5
A IV	46000	371	HDL,CM	辅助激活 LPL	17±2△
B100	512723	4536	VLDL,LDL	识别 LDL 受体	87.3±14.3
B48	264000	2152	CM	促进 CM 合成	?
C I	6500	57	CM,VLDL,HDL	激活 LCAT	7.8±2.4
C II	8800	79	CM,VLDL,HDL	激活 LPL	5.0±1.8
C III	8900	79	CM,VLDL,HDL	抑制 LPL,抑制肝 apoE 受体	11.8±3.6
D	22000	169	HDL	转运胆固醇酯	10±4△

续表

载脂蛋白	相对分子质量	氨基酸数	分布	功能	血浆含量/(mg/dL)
E	34000	299	CM,VLDL,HDL	识别 LDL 受体	3.5±1.2
J	70000	427	HDL	结合转运脂质,补体激活	10△
(a)	500000	4529	Lp(a)	抑制纤溶酶活性	0~120△
CETP	64000	493	HDL,d>1.21	转运胆固醇酯	0.19±0.05△
PTP	69000	?	HDL,d>1.21	转运磷脂	?

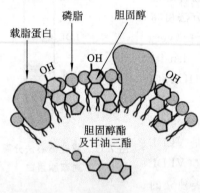

图 7-13 血浆脂蛋白的结构

载脂蛋白的基本功能是运载脂质及稳定脂蛋白的结构,某些载脂蛋白还具有调节脂质代谢关键酶活性、参与脂蛋白与细胞表面脂蛋白受体的识别与结合等功能。

(三)血浆脂蛋白的结构

各种血浆脂蛋白具有大致相似的基本结构。疏水性较强的甘油三酯及胆固醇酯位于脂蛋白的内核,而载脂蛋白、磷脂及游离胆固醇则以单分子层覆盖于脂蛋白表面,其非极性的疏水基团与内部的疏水链相连,极性的亲水基团暴露在脂蛋白表面与水相接触,使脂蛋白能溶于血液中运输。CM 和 VLDL 主要以甘油三酯为内核,LDL 和 HDL 则主要以胆固醇酯为内核(图 7-13)。

三、血浆脂蛋白的代谢与功能

(一)乳糜微粒

乳糜微粒(chylomicron,CM)代谢途径又称外源性脂质转运途径或外源性脂质代谢途径。食物脂肪消化后,小肠黏膜细胞利用摄取的中长链脂肪酸再合成甘油三酯,并与合成及吸收的磷脂和胆固醇,加上 apoB48、AⅠ、AⅡ、AⅣ 等组装成新生 CM,经淋巴入血,从 HDL 获得 apoC 及 E,并将部分 apoAⅠ、AⅡ、AⅣ 转移给 HDL,形成成熟 CM。apoCⅡ激活骨骼肌、心肌及脂肪等组织毛细血管内皮细胞表面脂蛋白脂肪酶(lipoprotein lipase,LPL),使 CM 中 TG 及磷脂逐步水解,产生甘油、脂肪酸及溶血磷脂。

随着 CM 内核 TG 不断被水解,释放出大量脂肪酸被心肌、骨骼肌、脂肪组织及肝组织摄取利用,CM 颗粒不断变小,表面过多的 apoAⅠ、AⅡ、AⅣ、C、磷脂及胆固醇离开 CM 颗粒,形成新生HDL。CM 最后转变成富含胆固醇酯、apoB48 及 apoE 的 CM 残粒,被细胞膜 LDL 受体相关蛋白(LDL receptor related protein,LRP)识别、结合并被肝细胞摄取后彻底降解(图 7-14)。因此乳糜微粒的主要功能是转运外源性甘油三酯和胆固醇。apoCⅡ是 LPL 不可缺少的激活剂,无 apoCⅡ时,LPL 活性很低;加入 apoCⅡ后,LPL 活性可增加 10~50 倍。

乳糜微粒颗粒大,能使光线散射而呈乳浊样外观,这是饭后血浆混浊的原因,正常人 CM 在血浆中代谢迅速,半寿期为 5~15 min,因此正常人空腹 12~14 h 血浆中不含 CM,这种现象称为脂肪廓清。

(二)极低密度脂蛋白

极低密度脂蛋白(VLDL)是运输内源性甘油三酯的主要形式,其血浆代谢产物 LDL 是运输内源性胆固醇的主要形式,VLDL 及 LDL 代谢途径又称内源性脂质转运途径或内源性脂质代谢途径。肝细胞以葡萄糖分解代谢产物为原料合成甘油三酯,也可利用食物来源的脂肪酸和机体脂肪酸库中的脂肪酸合成 TG,再与 apoB100、E 以及磷脂、胆固醇等组装成 VLDL。此外,小肠黏膜细胞亦可合

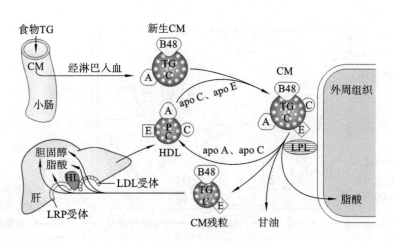

图 7-14 CM 的代谢过程

成少量 VLDL。

VLDL 分泌入血后,从 HDL 获得 apoC,其中 apoCⅡ激活肝外组织毛细血管内皮细胞表面的脂蛋白脂肪酶。和 CM 代谢一样,VLDL 中 TG 在 LPL 作用下,水解释放出脂肪酸和甘油供肝外组织利用。同时,VLDL 表面的 apoC、磷脂及胆固醇向 HDL 转移,而 HDL 胆固醇酯又转移到 VLDL。该过程不断进行,VLDL 中甘油三酯不断减少,胆固醇酯逐渐增加,apoB100 及 E 相对增加,颗粒逐渐变小,密度逐渐增加,转变为 IDL。IDL 中胆固醇及 TG 含量大致相等,载脂蛋白则主要是 apoB100 及 E。肝细胞膜 LRP 可识别和结合 IDL,因此部分 IDL 被肝细胞摄取、降解。未被肝细胞摄取的 IDL(人体中约占总 IDL50%,大鼠中约占 10%),其 TG 被 LPL 及肝脂肪酶(hepatic lipase,HL)进一步水解,表面 apoE 转移至 HDL。这样 IDL 中剩下的脂质主要是 CE,剩下的载脂蛋白只有 apoB100,转变成 LDL(图 7-15)。因此,VLDL 的主要生理功能是把内源性的甘油三酯转运到肝外组织。VLDL 在血液中的半寿期为 6～12 h,正常人空腹血浆中含量较低。

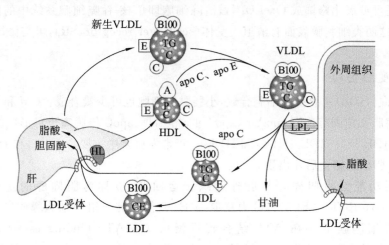

图 7-15 VLDL 的代谢过程

（三）低密度脂蛋白（LDL）

人体多种组织器官能摄取、降解 LDL,肝是主要器官,约 50%LDL 在肝中降解。肾上腺皮质、卵巢、睾丸等组织摄取及降解 LDL 的能力也较强。血浆 LDL 降解既可通过 LDL 受体(LDL receptor)途径(图 7-16)完成,也可通过单核-吞噬细胞系统完成。血浆 LDL 半寿期为 2～4 d。

1974 年,Brown 及 Goldstein 首先在成人纤维细胞膜表面发现了能特异性结合 LDL 的 LDL 受体。他们纯化了该受体,证明它是由 839 个氨基酸残基构成的糖蛋白,相对分子质量为 160000。后来发现,LDL 受体广泛分布于全身,特别是肝、肾上腺皮质、卵巢、睾丸、动脉壁等组织的细胞膜表

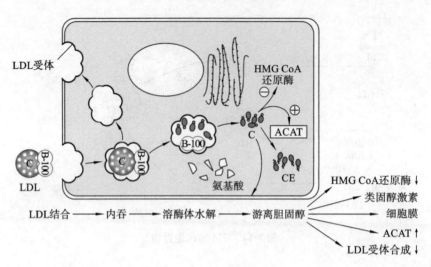

图 7-16 LDL 的代谢过程

面,能特异识别、结合含 apoB100 或 apoE 的脂蛋白,故又称 apoB/E 受体。当血浆 LDL 与 LDL 受体结合后,形成受体-配体复合物在细胞膜表面聚集成簇,经内吞作用进入细胞,与溶酶体融合。在溶酶体蛋白水解酶作用下,apoB100 被水解成氨基酸;胆固醇酯则被胆固醇酯酶水解成游离胆固醇和脂肪酸。所以 LDL 的主要功能是将内源性的胆固醇转运到肝外组织。游离胆固醇在调节细胞胆固醇代谢中具有重要作用:①抑制内质网 HMG CoA 还原酶,从而抑制细胞自身胆固醇合成;②从转录水平抑制 LDL 受体基因表达,抑制受体蛋白合成,减少细胞对 LDL 的进一步摄取;③激活内质网脂酰 CoA:胆固醇脂酰转移酶,将游离胆固醇酯化成胆固醇酯在胞质储存。LDL 被该途径摄取、代谢的量,取决于细胞膜上受体量。肝、肾上腺皮质、性腺等组织 LDL 受体数目较多,故摄取 LDL 也较多。

血浆 LDL 还可被氧化修饰成 Ox-LDL,被清除细胞即单核-吞噬细胞系统中的巨噬细胞及血管内皮细胞清除。这两类细胞膜表面有清道夫受体(scavenger receptor,SR),可与修饰 LDL 结合而清除血浆修饰 LDL。

(四) 高密度脂蛋白

高密度脂蛋白(HDL)主要由肝细胞合成,小肠黏膜细胞也可少量合成。CM 和 VLDL 在代谢过程中,其表面的磷脂和胆固醇连同 apoA I、apoA II、apoA IV、apoC 等脱离也可形成新生 HDL。按密度大小,又可将 HDL 分为 HDL_1、HDL_2 和 HDL_3。正常人血浆中主要含 HDL_2 和 HDL_3,HDL_1 又称为 HDLc,仅在高胆固醇膳食后才出现。

HDL 的主要功能是将胆固醇从肝外组织转运回肝,被称为胆固醇的逆向转运(reverse cholesterol transport,RCT)。RCT 可分为三步:①HDL 接受肝外组织细胞释放出的胆固醇。在巨噬细胞、脑、肾等细胞膜上存在 ATP 结合转运蛋白 A_1(ATP-binding cassette transport A_1,$ABCA_1$),又称为胆固醇流出调节蛋白(cholesterol-efflux regulatory protein,CERP)。该蛋白为跨膜蛋白,其跨膜部分构成胆固醇"通道",伸向胞质的部分为 ATP 结合部位,可为胆固醇跨膜转运提供能量。新生 HDL 随血液流经各组织细胞时,可不断接受它们释放出的胆固醇。②HDL 运载胆固醇的酯化和脂类的交换。在 HDL 表面,卵磷脂胆固醇酰基转移酶(LCAT)催化卵磷脂的脂酰基转移到胆固醇 C_3 羟基上生成溶血磷脂和胆固醇酯,消耗的卵磷脂和胆固醇不断从肝外组织细胞中得到补充。LCAT 是一种血浆酶,apoA I 是它的必需激活剂。胆固醇酯在 HDL 表面生成后,约 20% 由 apoD 移入 HDL 内核,80% 由血浆中胆固醇酯转运蛋白(cholesterol ester transfer protein,CETP)转运到 VLDL 上。同时,HDL 的部分磷脂由血浆的磷脂转运蛋白(phospholipid transfer protein,PTP)转移至 VLDL。新生 HDL 为盘状结构,随着内核胆固醇酯的不断增多,逐步被膨胀成为球状,与此同时,HDL 表面的 apoC 和 apoE 转移给 CM 及 VLDL,结果使新生 HDL 转变为成熟 HDL,首先生成的是 HDL_3,然后再转变成 HDL_2。在高胆固醇膳食后,血浆中的 HDL_2 还可转变为 HDL_1。③HDL 被肝细胞摄取。肝细胞膜上存在 LDL 受体、HDL 受体和 apoE 受体,均可识别结合 HDL,并将其摄入细胞内(图 7-17)。

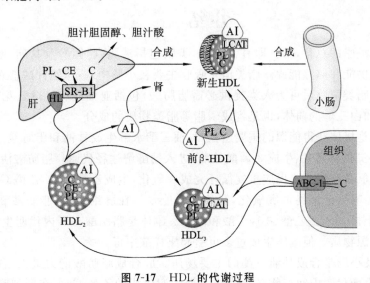

图 7-17　HDL 的代谢过程

四、血浆脂蛋白代谢异常

(一)高脂血症与高脂蛋白血症

血脂高于正常人血脂水平上限称为高脂血症。临床上常见的有高甘油三酯血症和高胆固醇血症。由于血脂在血浆中以脂蛋白的形式运输,故高脂血症也称高脂蛋白血症。一般以成人空腹 12～14 h 血浆甘油三酯超过 2.26 mmol/L,胆固醇超过 6.21 mmol/L,儿童胆固醇超过 4.14 mmol/L 为标准。1970 年世界卫生组织(WTO)建议,将高脂蛋白血症分为六型,各型高脂蛋白血症的血脂与脂蛋白的变化如表 7-9 所示。

表 7-9　高脂蛋白血症的分型

类型	脂蛋白变化	血脂变化	发病率
Ⅰ	CM↑	甘油三酯↑↑↑　胆固醇↑	罕见
Ⅱa	LDL↑	胆固醇↑↑	常见
Ⅱb	VLDL 及 LDL↑	甘油三酯↑↑　胆固醇↑↑	常见
Ⅲ	IDL↑	甘油三酯↑　胆固醇↑	罕见
Ⅳ	VLDL↑	甘油三酯↑↑	常见
Ⅴ	CM 及 VLDL↑	甘油三酯↑↑↑　胆固醇↑	较少

高脂蛋白血症又可分为原发性与继发性两大类。原发性高脂蛋白血症是指原因不明的高脂蛋白血症,可能与脂代谢的酶、脂蛋白受体或载脂蛋白的先天缺陷有关。继发性高脂蛋白血症常继发于其他疾病如糖尿病、肾病、肝病及甲状腺机能减退等。

(二)高脂蛋白血症与动脉粥样硬化

动脉粥样硬化(atherosclerosis,AS)是指由于血浆中的胆固醇沉积在大、中动脉内膜上,形成脂斑层。AS 的形成受多种因素的影响,大量研究证实:在 AS 形成的诸多病因中,脂类代谢紊乱是其重要原因之一,尤其是脂蛋白代谢异常所致的脂蛋白量和质的改变,在 AS 斑块形成中具有极其重要的作用。血浆 LDL 和 VLDL 能增加动脉壁胆固醇内流和脂蛋白的沉积,被称为致 AS 的因素。HDL 能促进胆固醇从血管壁外运,既能清除外周组织的胆固醇、降低动脉壁胆固醇含量;又能抑制 LDL 的氧化作用,保护内膜不受 LDL 的损害,具有抗 AS 的作用,称为抗 AS 的因素。

小结

脂类是脂肪和类脂的总称,脂肪即甘油三酯,类脂包括磷脂、胆固醇及其酯、糖脂等。甘油三酯的主要功能是氧化供能和储存能源。脂类消化吸收主要在小肠中进行,胆汁酸盐在脂类消化中起乳化作用。食物中的脂类消化后可为人类提供必需脂肪酸,包括亚油酸、亚麻酸、花生四烯酸,它们是前列腺素、血栓烷和白三烯的前体,也是构成磷脂等脂类物质的成分。

分解甘油三酯是机体获得能源的重要途径,甘油三酯水解生成甘油和脂肪酸。甘油主要经甘油激酶催化,由 ATP 提供磷酸基,生成 3-磷酸甘油,进入糖酵解途径代谢。脂肪酸活化后进入线粒体,经脱氢、加水、再脱氢及硫解 4 步反应重复循环完成 β-氧化,生成乙酰 CoA,乙酰 CoA 经三羧酸循环产生还原当量,并经呼吸链最终彻底氧化,释放大量能量。在肝细胞内,脂肪酸 β-氧化生成的乙酰 CoA 还可转变成酮体,即乙酰乙酸、β-羟丁酸和丙酮。酮体是脂肪酸在肝内代谢生成的特殊产物,是肝外组织的重要能源物质。但酮体生成过多可引起酮症酸中毒。

肝、脂肪组织及小肠是合成甘油三酯的主要场所。肝合成脂肪酸能力最强,合成基本原料为甘油和脂肪酸,主要由糖代谢中间产物转化生成。糖代谢生成的乙酰 CoA 在肝细胞内需先羧化为丙二酸单酰 CoA。在胞质脂肪酸合成酶系催化下,由 NADPH 提供氢,通过缩合、还原、脱水、再还原 4 步反应的 7 次循环合成 16 碳软脂酸。然后转变成其活化形式软脂酰 CoA,与 3-磷酸甘油在酶的催化下经甘油二酯途径生成甘油三酯。

胆固醇在体内可作为合成类固醇激素、胆汁酸和维生素 D₃ 的原料,但高胆固醇血症也是引起动脉粥样硬化的重要因素。体内胆固醇的合成主要在肝细胞内进行,以乙酰 CoA 为基本原料,先合成 HMGCoA,再逐步合成胆固醇。HMGCoA 还原酶是胆固醇合成的关键酶,是抑制胆固醇合成的关键酶或促进胆固醇的转化能够降低血清胆固醇含量。

血浆中脂类以脂蛋白形式运输和代谢。超速离心法将血浆脂蛋白分为乳糜微粒(CM)、极低密度脂蛋白(VLDL)、低密度脂蛋白(LDL)和高密度脂蛋白(HDL)。CM 主要在小肠黏膜上皮细胞合成,其功能是转运外源性甘油三酯和胆固醇;VLDL 主要在肝细胞合成,其功能是转运内源性甘油三酯;LDL 主要由血浆中 VLDL 转变而来,其主要功能是转运内源性胆固醇;HDL 主要由肝和小肠合成,其主要功能是参与胆固醇的逆向转运。

(王　辉)

第八章　生物氧化

扫码看课件

教学目标

- 掌握两条呼吸链各组分的排列顺序及产生 ATP 的数目
- 掌握氧化磷酸化的基本概念、各种抑制剂的机制、两种穿梭机制
- 熟悉体内能量产生的基本情况及 ATP 的生成机制
- 了解单加氧酶、活性氧的产生和清除

生物体内发生的氧化反应统称为生物氧化（biological oxidation）。通过生物氧化，机体可以产生大量的能量，其中一部分转变成 ATP，ATP 在能量代谢中起着核心作用。在生物氧化过程中，ATP 是通过呼吸链和氧化磷酸化的偶联产生的。体内的氧化磷酸化过程受到多种因素的影响，若呼吸链电子传递受阻或者氧化磷酸化因某种因素丧失偶联，将导致能量无法转变成 ATP。本章将主要介绍生物氧化过程中呼吸链上电子传递和氧化磷酸化的机制。

第一节　生物氧化的特点及其酶类

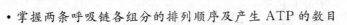

生物氧化是指糖、脂肪、蛋白质等营养物质在体内氧化分解，最终生成 CO_2 和 H_2O，并逐步释放能量的过程。生物氧化实际上是发生在细胞中的一系列氧化还原反应，此过程需耗氧、排出 CO_2，由于在活细胞内进行，所以又称为细胞氧化或细胞呼吸、组织呼吸；在氧化过程中放出的能量一般储存在一些特殊的化合物中，主要是 ATP。

一、生物氧化的特点

生物氧化（biological oxidation）与体外氧化相比，两者具有共同之处：反应的本质都是脱氢、失电子或加氧；被氧化的物质相同，终产物和释放的能量也相同。生物氧化是生物新陈代谢的重要特征，除上述共性之外，也有其自身的特点。

生物氧化的基本特点主要表现在以下几个方面。

（1）生物氧化的主要方式为脱氢。

（2）生物氧化在酶的催化下进行，因此条件比较温和。

（3）生物氧化是在一系列酶、辅酶（辅基）和电子传递体的作用下逐步进行的。以葡萄糖为例，它在细胞内需要经历几十步反应才能最终氧化成 CO_2 和 H_2O；而它在细胞外的化学氧化即燃烧几乎是"一蹴而就"的。

（4）生物氧化的能量是逐步释放的，并主要以 ATP 的形式捕获能量。生物氧化所具有的这一特征的优点在于，既可以防止能量的骤然释放引起体温突升而损害有机体，又可以使能量得到最有效的利用和储存。

（5）生物氧化的速率受体内外多种因素的调节，与 TAC 有关。

二、生物氧化的类型

由于生物体内并不存在游离的电子或氢原子,故生物氧化反应中脱下的电子或氢原子必须被另一物质接受,所以体内的氧化反应总是和还原反应偶联进行,实质上都是电子转移的过程,称为氧化还原反应。在这种反应中,失去电子或氢原子的物质称为电子供体或氢供体;接受电子或氢原子的物质称为电子受体或氢受体。生物体内的氧化还原反应遵循化学上氧化还原反应的一般规律,都有脱电子、脱氢、加氧等类型。

1. 脱电子　从反应物分子中脱下一个电子,从而使其原子或离子的正价增加而被氧化,如细胞色素 b 的脱电子反应:

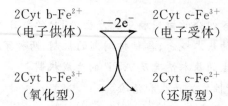

2. 脱氢　从反应物分子中脱去一对氢原子,对有机化合物来说,脱氢也就是被氧化,因为一对氢原子可以分离为一对质子($2H^+$)和一对电子($2e^-$),如乳酸的脱氢反应:

$$
\begin{array}{ccc}
\text{HO} \quad \text{O} & & \text{HO} \quad \text{O} \\
\diagdown \quad \diagup & & \diagdown \quad \diagup \\
\text{C} & & \text{C} \\
| & & | \\
\text{HCOH} & \rightleftharpoons & \text{C=O} \quad + \quad 2\text{H} \\
| & & | \qquad\quad (2H^+ + 2e^-) \\
\text{CH}_3 & & \text{CH}_3 \\
\text{乳酸} & & \text{丙酮酸}
\end{array}
$$

3. 加氧　在反应物分子中直接加入氧原子,如苯丙氨酸的加氧反应:

$$
\text{CH}_2\text{CHNH}_2\text{COOH} \qquad\qquad \text{CH}_2\text{CHNH}_2\text{COOH}
$$

$$
\bigcirc \qquad + \tfrac{1}{2}\text{O}_2 \longrightarrow \bigcirc
$$
$$
\qquad\qquad\qquad\qquad\qquad\qquad\qquad\qquad\qquad \text{OH}
$$

三、生物氧化的酶类

生物体内的氧化还原反应是由一系列酶催化进行的,这类酶统称为氧化还原酶(oxido-reductase)。按照其催化氧化还原反应方式的不同可分为脱氢酶类、氧化酶类、过氧化物酶类和加氧酶类。

1. 氧化酶(oxidase)　氧化酶催化代谢物脱下的氢与 O_2 结合,生成 H_2O_2 或 H_2O。绝大部分氧化酶含铜或铁作为辅基。氰化物及硫化氢对氧化酶皆有抑制作用。常见的氧化酶有抗坏血酸氧化酶、细胞色素氧化酶、酪氨酸酶、多酚氧化酶等。

2. 脱氢酶(dehydrogenase)　由于生物氧化以脱氢为主,所以脱氢酶最为普遍。几乎所有的脱氢酶都需要辅酶或辅基。脱氢酶的主要功能如下:①在氧化还原反应中,催化氢和电子从一种底物转移到另一种底物;②作为呼吸链的组分。根据是否需要氧气作为氢受体,可将脱氢酶分为需氧脱氢酶和不需氧脱氢酶。

(1)需氧脱氢酶(aerobic dehydrogenase)　该酶以 FAD 或 FMN 作为辅基,催化代谢物脱氢并直接将氢转移给 O_2,产物为 H_2O_2。需氧脱氢酶习惯上也称为氧化酶。这类酶包括葡萄糖氧化酶、D-氨基酸氧化酶、L-氨基酸氧化酶、黄嘌呤氧化酶、巯基氧化酶等。

(2)不需氧脱氢酶(anaerobic dehydrogenase)　此类酶是人体内主要的脱氢酶类,所催化的脱

氢反应不以 O_2 作为氢受体,而是以酶的辅酶或辅基作为直接氢受体。以辅酶 Ⅰ(NAD$^+$)、辅酶 Ⅱ(NADP$^+$)作为辅酶,称为 NAD(P)$^+$ 偶联的脱氢酶,如乳酸脱氢酶;以 FAD 或 FMN 作为辅基的,称为黄素偶联的脱氢酶,如琥珀酸脱氢酶。这些辅酶或辅基可接受代谢物脱下的氢生成相应还原型辅酶或辅基(如 NADH、FADH$_2$ 等)。

3. 过氧化物酶类(hydroperoxidase) 细胞中存在的过氧化物酶类一般分为过氧化物酶和过氧化氢酶两类。

(1)过氧化物酶(peroxidase) 此类酶利用 H_2O_2 作为电子受体来催化底物的氧化作用,由过氧化物酶催化的反应为:$H_2O_2 + AH_2 \longrightarrow A + 2H_2O$。其中 AH_2 可能是抗坏血酸、醌或谷胱甘肽(GSH)。

(2)过氧化氢酶(catalase) 该酶以血红素为辅基,能催化 H_2O_2 的歧化作用,直接将细胞内的 H_2O_2 转变成 $2H_2O$ 和 O_2,反应式为:$2H_2O_2 \longrightarrow O_2 + 2H_2O$。

另外在生物体内还广泛存在着一种催化超氧离子(O_2^-)进行歧化反应的酶——超氧化物歧化酶(superoxide dismutase,SOD)。该酶可以在 H^+ 存在的环境中催化超氧离子发生歧化反应,使其一半氧化为 O_2 而另一半还原为 H_2O_2。

4. 加氧酶(oxygenase) 此类酶催化 O_2 直接转移或渗入到一个特定的底物分子中,它们广泛参与体内多种代谢物的降解或合成。整个反应分为两步:①O_2 与酶的活性中心结合;②已结合的 O_2 被还原或转移到底物分子中。根据被转移到底物上的氧原子数目,加氧酶分为双加氧酶(dioxygenase)和单加氧酶(monooxygenase)。此类酶主要存在于微粒体或过氧化物酶体中,大多数属于非线粒体氧化系统。

第二节 呼吸链与氧化磷酸化

一、呼吸链的组成及作用

(一)呼吸链的概念

呼吸链(respiratory chain)是指在细胞线粒体内膜上由一系列电子传递复合体按一定顺序排列成的氧化还原体系。电子传递复合体也称为酶复合体,是由若干蛋白质、酶和辅酶所构成的,其中传递氢的酶或辅酶称为递氢体,传递电子的酶或辅酶称为递电子体。呼吸链在传递氢的同时也需传递电子,故又称为电子传递链(electron transfer chain)。营养物质分解代谢脱下的氢先以 NADH+H^+ 或 FADH$_2$ 等形式存在,再经呼吸链逐步传递,最终传递给氧生成水。在此过程中形成的电化学势能,为 ATP 的合成提供能量。

(二)呼吸链的组成

1. 呼吸链中的递氢体和递电子体

(1)NAD$^+$:尼克酰胺腺嘌呤二核苷酸(NAD$^+$)(图 8-1)又称辅酶 Ⅰ(CoⅠ),是许多不需氧脱氢酶的辅酶,其作用是接受从底物脱下的一对氢(2H$^+$+2e$^-$)。NAD$^+$ 分子中尼克酰胺的吡啶氮为五价,它能可逆接受电子变为三价,与氮处于对位置上的碳能可逆加氢,因此 NAD$^+$ 是递氢体(图 8-2)。反应时,接受 1 个氢和 1 个电子,另 1 个质子留在溶液中。尼克酰胺腺嘌呤二核苷酸磷酸(NADP$^+$)(图 8-1)又称辅酶 Ⅱ(CoⅡ),是 6-磷酸葡萄糖脱氢酶和 6-磷酸葡萄糖酸脱氢酶等的辅酶,它和 NAD$^+$ 一样是体内的一种递氢体,但其主要作用是参与体内的一些合成反应和还原反应,不参与呼吸链的电子传递过程。

(2)FMN 和 FAD:黄素单核苷酸(FMN)是 NADH-泛醌氧化还原酶的辅基,而黄素腺嘌呤二核苷酸(FAD)则是多种氧化还原酶(如琥珀酸脱氢酶、脂酰 CoA 脱氢酶等)的辅基,它们在反应中起递

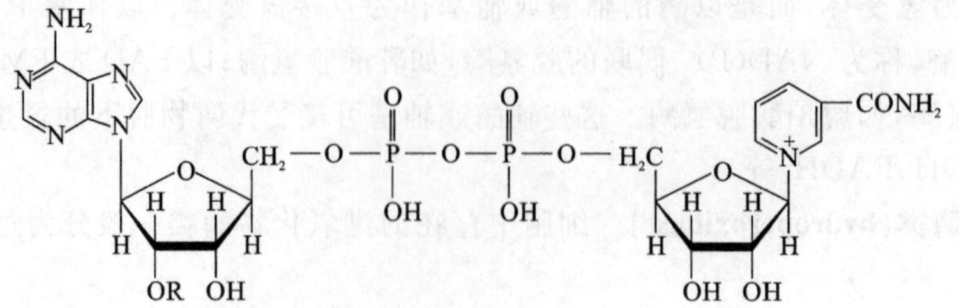

NAD$^+$: R=H; NADP$^+$: R=—H$_2$PO$_3$

图 8-1　NAD(P)$^+$ 的结构式

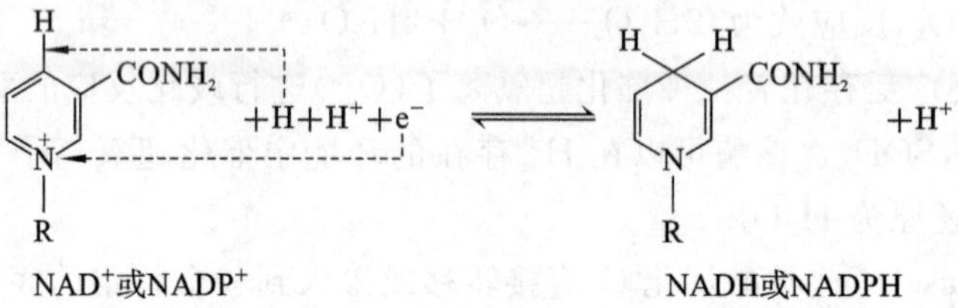

NAD$^+$或NADP$^+$　　　　　　　　　　NADH或NADPH

图 8-2　NAD(P)$^+$ 的加氢和 NAD(P)H 的脱氢反应

氢体的作用。FMN 或 FAD 的异咯嗪能可逆接受 2 个氢原子转变为 FMNH$_2$ 或 FADH$_2$。其过程分两步进行,先接受 1 个[H$^+$＋e$^-$]生成半醌型 FMN 或 FAD(自由基),再接受 1 个[H$^+$＋e$^-$]生成还原型 FMN 或 FAD(即 FMNH$_2$ 或 FADH$_2$)(图 8-3)。

FMN或FAD　　　　　　　　FMNH$^·$或FADH$^·$　　　　　　　　FMNH$_2$或FADH$_2$

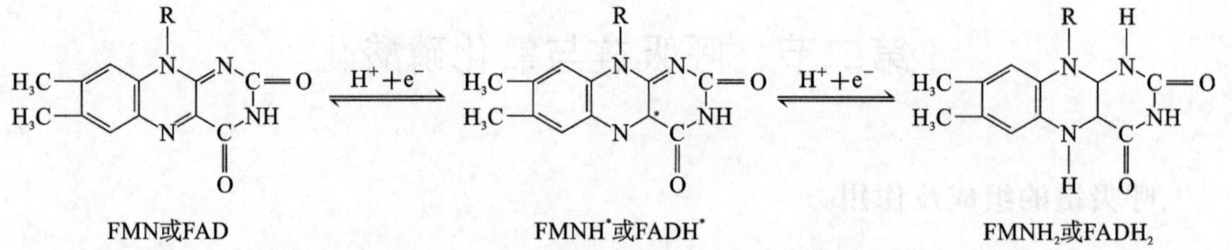

图 8-3　FMN/FAD 的加氢与 FMNH$_2$/FADH$_2$ 的脱氢反应

(3) 细胞色素:细胞色素(cytochrome,Cyt)是一类以铁卟啉为辅基的结合蛋白质,以 Fe^{3+}＋e$^-$
⇌Fe^{2+}方式可逆传递电子,属单电子传递体。

根据光吸收特性,Cyt 分为 a、b、c 三大类(图 8-4)。存在于线粒体内膜的 Cyt 主要有 Cyt a、Cyt a$_3$、Cyt b$_L$、Cyt b$_H$、Cyt c、Cyt c$_1$ 等。大部分 Cyt 与内膜紧密结合,但 Cyt c 结合松弛,水溶性较大,可以在内膜外表面滑动,比较容易分离提纯。Cyt a 和 Cyt a$_3$ 在呼吸链上通常形成紧密的复合物,其中铁离子只形成 5 个配位键,因此还能与 O$_2$ 再形成一个配位键,从而将上游传递来的电子直接交给 O$_2$。但铁离子也可与 CO、氰化物、H$_2$S 或叠氮化物等含有孤对电子的物质形成配位键,因此,如果 Cyt aa$_3$ 与 O$_2$ 以外的物质(如氰化物)结合,就会阻断整个呼吸链的电子传递,引起机体中毒。

(4) 辅酶 Q:辅酶 Q(coenzyme Q,CoQ 或 Q)是一种小分子脂溶性的醌类化合物,广泛存在于自然界,故又称泛醌(ubiquinone)。CoQ 含多异戊二烯侧链[即—CH$_2$—CH ＝CCH$_3$—CH$_2$)$_n$],不同来源的 CoQ 侧链长度不同,人的 n 值为 10,故又名 Q$_{10}$。CoQ 是呼吸链中唯一的非蛋白电子载体,在线粒体内膜上含量丰富,且具有高度的流动性,因此它特别适合作为一种特殊灵活的电子传递体,在两个非流动的电子传递体之间传递电子。

CoQ 具有氧化型和还原型两种形式,在细胞内可以相互转变(图 8-5):氧化型 CoQ 可以接受两个质子和两个电子,形成还原型 CoQH$_2$;而还原型的 CoQH$_2$ 可以失去两个质子和两个电子,重新转变为氧化型的 CoQ。与 FMN 和 FAD 一样,CoQ 的得(失)电子既可以分两步进行,一次得(失)一个电子,也可以一步到位(同时得失两个电子)。

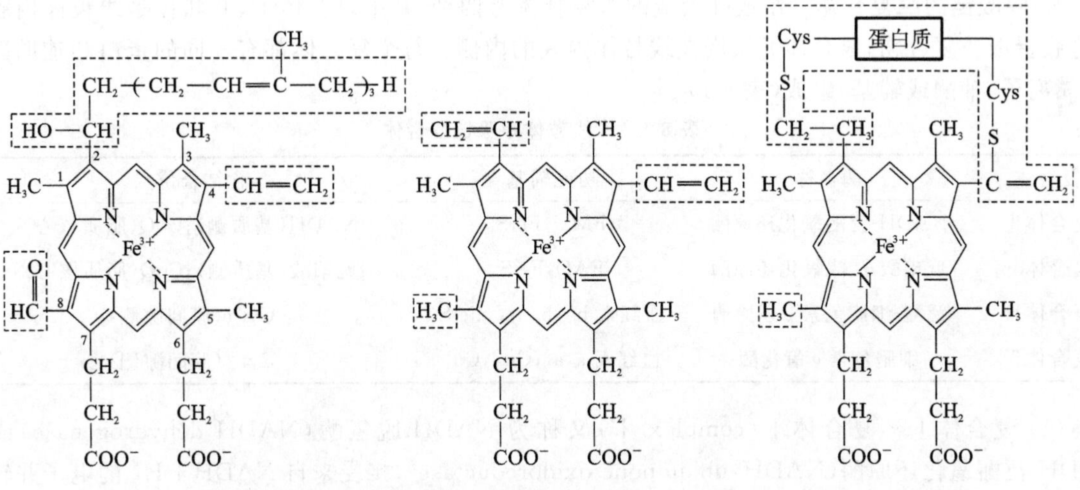

图 8-4 细胞色素的血红素 a 辅基(左)、血红素 b 辅基(中)和血红素 c 辅基(右)的结构

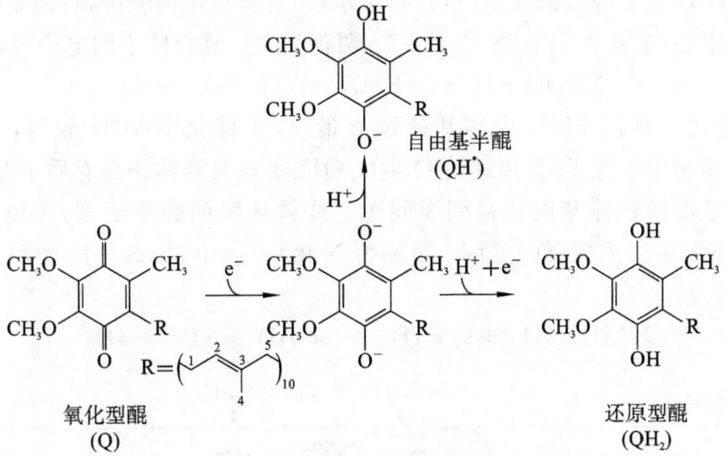

图 8-5 辅酶 Q 的化学结构及其电子传递功能

（5）铁硫蛋白：铁硫蛋白(iron-sulfur protein)是以铁硫簇(iron-sulfur cluster)为辅基的蛋白质。铁硫簇又称铁硫中心(iron-sulfur center)，铁与无机硫原子或蛋白质肽链上半胱氨酸残基的硫相结合，常见的铁硫蛋白有三种组合方式：①单个铁原子与 4 个半胱氨酸残基上的巯基硫相连；②2 个铁原子、2 个无机硫原子组成 2Fe-2S 结构，其中 2 个铁原子还各与 2 个半胱氨酸残基的巯基硫相连；③由 4 个铁原子、4 个无机硫原子组成 4Fe-4S 结构，铁与硫相间排列在一个正六面体的 8 个顶角，此外 4 个铁原子还各与 1 个半胱氨酸残基的巯基硫相连(图 8-6)。各种铁硫中心都以 $Fe^{3+} + e^- \rightleftharpoons Fe^{2+}$ 方式传递电子，故为单电子传递体。与黄素蛋白不同，铁硫蛋白在氧化还原过程中通常不伴随着质子的结合与释放，在呼吸链中多与黄素蛋白或 Cyt b 结合存在。

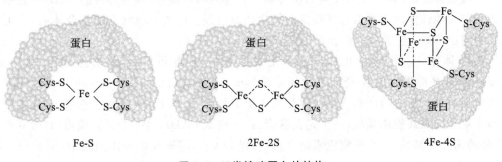

图 8-6 三类铁硫蛋白的结构

NOTE

2. 呼吸链的酶复合体 组成呼吸链的酶复合体有四种,其中复合体Ⅰ、Ⅲ和Ⅳ是线粒体内膜上的跨膜蛋白质复合物,复合体Ⅱ镶嵌在线粒体内膜的内侧。每个复合体都有不同的蛋白和辅助因子(金属离子、辅酶或辅基)组成(表8-1)。

表 8-1　人线粒体呼吸链复合体

复合体	酶名称	功能辅基	含结合位点
复合体Ⅰ	NADH-泛醌氧化还原酶	FMN,Fe-S	NADH(基质侧);CoQ(脂质核心)
复合体Ⅱ	琥珀酸-泛醌氧化还原酶	FAD,Fe-S	琥珀酸(基质侧);CoQ(脂质核心)
复合体Ⅲ	泛醌-细胞色素 c 还原酶	血红素 b_L,b_H,c_1,Fe-S	Cyt c(膜间隙侧)
复合体Ⅳ	细胞色素 c 氧化酶	血红素 a,a_3,Cu_A,Cu_B	Cyt c(膜间隙侧)

(1) 复合体Ⅰ 复合体Ⅰ(complex Ⅰ)又称为 NADH 脱氢酶(NADH dehydrogenase)或者 NADH-泛醌氧化还原酶(NADH:ubiquinone oxidoreductase),接受来自 $NADH+H^+$ 的电子并转移给泛醌。复合体Ⅰ是由 40 多条肽链组成的跨线粒体内膜的蛋白质-酶复合体,呈倒"L"形状,它的竖臂突入基质,含 NADH 脱氢酶和铁硫蛋白,具有亲水性;卧臂位于内膜中,行使质子泵的功能。该复合体中含多个铁硫中心,主要有 2Fe-2S 和 4Fe-4S 两种类型。复合体Ⅰ的电子传递顺序为

$$NADH+H^+ \longrightarrow FMN \longrightarrow (Fe\text{-}S)_n \longrightarrow Q$$

NADH 脱氢酶是一种以 FMN 为辅基的黄素蛋白,它催化 NADH 脱氢,由 FMN 接受生成 $FMNH_2$。$FMNH_2$ 再将电子经 Fe-S 传递给 Q 生成 QH_2。该复合体还具有质子泵的作用,在传递电子的同时将 4 个质子由线粒体基质转移到膜间隙。线粒体膜间隙质子多,正电荷多,故称为 P 侧(positive side);而基质侧质子少,负电荷多,故称为 N 侧(negative side)(图8-7)。复合体Ⅰ参与电子传递的总反应为

$$NADH+H^+ +Q+4H_N^+ \longrightarrow NAD^+ +QH_2+4H_P^+$$

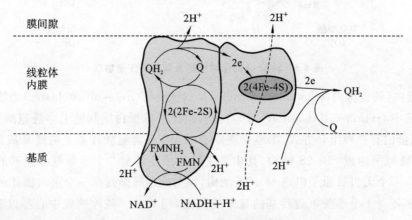

图 8-7　复合体Ⅰ的电子传递模型

存在于线粒体基质内的 NADH 可直接将电子传递入呼吸链,而线粒体外的 NADH 需要通过特殊穿梭机制进入线粒体内方可参与呼吸链的氧化还原过程。泛醌不包含在酶复合体内,它可以在线粒体内膜中自由移动,连接各酶复合体传递电子。

(2) 复合体Ⅱ 复合体Ⅱ(complex Ⅱ)是柠檬酸循环中的琥珀酸脱氢酶(succinate dehydrogenase),又称为琥珀酸-泛醌氧化还原酶(succinate-ubiquinone oxidoreductase,SQR),其功能是将电子从琥珀酸传递给泛醌。复合体Ⅱ由 4 个亚基组成,含 FAD、铁硫蛋白和 $Cytb_{560}$。人复合体Ⅱ有两个亚基突入线粒体基质,一个是黄素蛋白(含辅基 FAD),另一个是铁硫蛋白(含 3 个铁硫中心)。另外的两个亚基是大、小细胞色素结合蛋白,结合 Cyt,镶嵌在线粒体内膜中(图8-8)。电子传递方向为

$$琥珀酸 \rightarrow FAD \rightarrow (Fe\text{-}S)_3 \rightarrow Q$$

此外,一些以 FAD 为辅基的脱氢酶,如脂酰 CoA 脱氢酶、α-磷酸甘油脱氢酶、胆碱脱氢酶,可构成与复合体Ⅱ相似的酶复合体,参与呼吸链的组成,将电子转递给 Q(图 8-8)。复合体Ⅱ的总反应为

$$琥珀酸 + Q \longrightarrow 延胡索酸 + QH_2$$

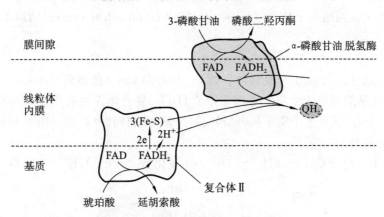

图 8-8 复合体Ⅱ的电子传递模型

(3)复合体Ⅲ 复合体Ⅲ(complex Ⅲ)又称为泛醌-细胞色素氧化还原酶(ubiquinone-cytochrome oxidoreductase)或细胞色素 bc_1 复合体(cytochrome bc_1 complex),复合体Ⅲ接受泛醌从复合体Ⅰ或Ⅱ募集而来的还原当量,并将电子传递给细胞色素 c。人复合体Ⅲ为同二聚体,每个单体含 11 个亚基。含三种细胞色素,即 $Cyt\ b_{562}$(也称 $Cyt\ b_H$)、$Cyt\ b_{566}$(或称 $Cyt\ b_L$)和 $Cyt\ c_1$,以及一种可移动的铁硫蛋白。复合体Ⅲ的电子传递顺序为

$$QH_2 \rightarrow 2(Fe\text{-}S, Cyt\ b_H, Cyt\ b_L) \rightarrow 2Cyt\ c_1 \rightarrow 2Cyt\ c$$

复合体Ⅲ的电子传递过程通过"Q 循环"(Q cycle)实现,Q 循环是 2 分子 QH_2 将 2 个电子传递到 $Cyt\ c$,同时将 4 个质子从线粒体基质转移到膜间隙,生成 1 分子 QH_2 和 1 分子 Q 的过程。在 Q 循环过程中,首先 QH_2 进入 Q_0 位将 2 个电子分别传递给 2Fe-2S 和 $Cyt\ b_L$,同时将 2 个 H^+ 转移到膜间隙。2Fe-2S 将 1 个电子经 $Cyt\ c_1$ 传递到 $Cyt\ c$,另 1 个电子经 $Cyt\ b_L$ 和 $Cyt\ b_H$ 传递给 Q_1 位的 Q,使之生成半醌型泛醌阴离子自由基(Q^-)。QH_2 脱氢后与内膜 Q/QH_2 池的 QH_2 进行交换,第二分子 QH_2 再次进入 Q_0 位,再经上述过程分别将 QH_2 的 2 个电子传递给 $Cyt\ c$ 和 Q_1 位的 Q^-。得到 2 个电子的 Q 从基质摄取 2 个质子形成 QH_2,进入内膜 Q/QH_2 池(图 8-9)。

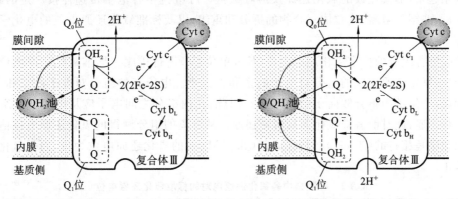

图 8-9 复合体Ⅲ参与的 Q 循环过程示意图

复合体Ⅲ在传递电子的同时将 4 个质子从线粒体基质转移到膜间隙,其中两个质子来自 QH_2,另外两个来自基质,因此具有质子泵的作用。复合体Ⅲ参与的总反应式为

$$2 氧化型 Cyt\ c + QH_2 + 2H_N^+ \longrightarrow 2 还原型 Cyt\ c + Q + 4H_P^+$$

(4)复合体Ⅳ 复合体Ⅳ(complex Ⅳ)又称为细胞色素 c 氧化酶(cytochrome c oxidase),电子

NOTE

传递链的最后一个成员,它的主要功能是将还原型 Cyt c 的电子传递给分子氧,使其还原为 H_2O。复合体Ⅳ是由 13 个亚基组成的跨膜蛋白复合体,其中亚基Ⅰ、Ⅱ、Ⅲ是构成酶复合体的核心部分,负责电子的传递和氧的还原。亚基Ⅰ含 Cyt a、Cyt a_3(辅基分别为血红素 a、a_3)和 Cu_B^{2+},Cyt a_3 与 Cu_B^{2+} 构成一个 Fe-Cu 中心。亚基Ⅱ含 2 个 Cu^{2+},通过 2 个半胱氨酸残基的巯基连接形成 Cu_A 中心。$2Cu_A$ 和 Cyt a_3-Cu_B 两组电子传递单元,称为双核中心(binuclear center)功能单元。复合体Ⅳ的电子传递顺序为

$$\text{Cyt c} \rightarrow Cu_A \rightarrow \text{Cyt a} \rightarrow \text{Cyt } a_3\text{-}Cu_B \rightarrow O_2$$

4 分子 Cyt c 先后把 4 个电子经复合体Ⅳ的 Cu_A 中心和 Cyt a 传递到 Cyt a_3-Cu_B,然后将 O_2 还原为两个负氧离子,从基质摄取 4 个质子生成 2 分子 H_2O。复合体Ⅳ也有质子泵的作用,每传递 1 个电子到 Cyt a_3-Cu_B 中心,就有 1 个质子从基质转移(N 侧)到膜间隙(P 侧)(图 8-10)。复合体Ⅳ参与电子传递的总反应式为

$$4 \text{ 还原型 Cyt c} + 8H_N^+ + O_2 \longrightarrow 4 \text{ 氧化型 Cyt c} + 4H_P^+ + 2H_2O$$

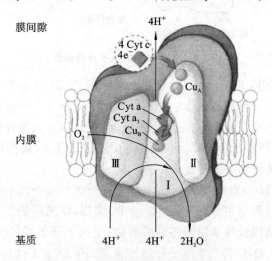

图 8-10 复合体Ⅳ参与的电子传递

(三)呼吸链中传递体的排列顺序

线粒体内膜的各个酶复合体均独立存在,在一定范围内活动。通过 Q/QH_2 和 Cyt c 的移动使各酶复合体联系起来,形成连续的氧化还原反应呼吸链。呼吸链中各电子传递体按一定的顺序排列,采用光谱分析、抑制剂阻断、线粒体复合物的拆分和重组,以及标准氧化还原电位的电化学分析确定其排列顺序。

根据呼吸链各组分的标准氧化还原电位($E^\ominus$,单位:V)进行排序。标准氧化还原电位是指在特定条件下,参与氧化还原反应的组分对电子的亲和力大小。电位高的组分对电子的亲和力强,易接受电子。相反,电位低的组分倾向于给出电子。因此,在两组分之间电子应从电位低的组分向电位高的组分进行传递,此时前者被氧化而后者被还原。从分离的组分测得的氧化还原电位值与呼吸链组分的排列顺序是相符的(表 8-2)。强还原剂(如 NADH)的氧化还原电位为负,而强氧化剂的氧化还原电位为正。

表 8-2 呼吸链中各氧化还原电对的标准氧化还原电位

氧化还原电对	$E^\ominus/V$
O_2/H_2O	0.816
Fe^{3+}/Fe^{2+}	0.771
氧化型 Cyt a_3(Fe^{3+})/还原型 Cyt a_3(Fe^{2+})	0.35

氧化还原电对	$E^{\ominus}/V$
氧化型 Cyt a(Fe^{3+})/还原型 Cyt a(Fe^{2+})	0.29
氧化型 Cyt c(Fe^{3+})/还原型 Cyt c(Fe^{2+})	0.254
氧化型 Cyt c_1(Fe^{3+})/还原型 Cyt c_1(Fe^{2+})	0.22
氧化型 Cyt b(Fe^{3+})/还原型 Cyt b(Fe^{2+})	0.077
Q/QH_2	0.045
延胡索酸/琥珀酸	0.031
游离 FAD/$FADH_2$	−0.219
NADH 脱氢酶（FMN 型）/NADH 脱氢酶（$FMNH_2$型）	−0.3
NAD^+/NADH	−0.32
铁硫蛋白(Fe^{3+})/铁硫蛋白(Fe^{2+})	−0.432

（四）呼吸链的类型

根据电子供体及其传递过程，目前认为体内有两条呼吸链，分别是 NADH 氧化呼吸链和 $FADH_2$ 氧化呼吸链。

1. NADH 氧化呼吸链 该途径以 NADH 为电子供体，从 NADH＋H^+ 开始经复合体 I 到 O_2 生成 H_2O。电子传递顺序为

$$NADH \rightarrow 复合体 I \rightarrow Q \rightarrow 复合体 III \rightarrow Cyt\ c \rightarrow 复合体 IV \rightarrow O_2$$

这是存在于线粒体内膜上的主要呼吸链，凡是线粒体内以 NAD^+ 为辅酶的脱氢酶催化脱下的氢，均可以 NADH＋H^+ 形式进入呼吸链进行电子传递。细胞液中生成的 NADH＋H^+ 可先经苹果酸-天冬氨酸的穿梭作用进入线粒体基质再进入此呼吸链。

2. $FADH_2$ 氧化呼吸链 该呼吸链也称为琥珀酸氧化呼吸链，以 $FADH_2$ 为电子供体，经复合体 II 到 O_2 而生成 H_2O。电子传递顺序为

$$琥珀酸 \rightarrow 复合体 II \rightarrow Q \rightarrow 复合体 III \rightarrow Cyt\ c \rightarrow 复合体 IV \rightarrow O_2$$

该呼吸链的底物有琥珀酸、α-磷酸甘油、脂酰 COA 等，从作用上讲，没有 NADH 氧化呼吸链重要，是一条次要呼吸链。

二、氧化磷酸化及其机制

体内 ADP 磷酸化为 ATP 主要有两种方式，即底物水平磷酸化和氧化磷酸化。与脱氢反应偶联，直接将高能代谢物分子中的能量转移至 ADP（或 GDP），生成 ATP（或 GTP）的过程，称为底物水平磷酸化。氧化磷酸化（oxidative phosphorylation）是指物质代谢脱氢生成的 NADH＋H^+ 或 $FADH_2$，经线粒体呼吸链传递电子的同时，使 ADP 磷酸化生成 ATP 的过程，这是体内生成 ATP 的主要方式。其实质是将呼吸链氧化释能与 ADP 磷酸化储能偶联进行的过程，因此又称为偶联磷酸化。

（一）氧化磷酸化的偶联部位

1. 根据 P/O 的值推测偶联部位 1 个氧原子通过氧化呼吸链传递接受一对电子生成 1 分子 H_2O，其释放的能量使 ADP 磷酸化合成 ATP，此过程需要消耗氧和磷酸。P/O 的值是指氧化磷酸化过程中，每消耗 1/2 mol O_2 所消耗无机磷的物质的量，即合成 ATP 的物质的量。测出呼吸链各组分的 P/O 的值，可大致推测出氧化与磷酸化的偶联部位。

研究发现，丙酮酸、β-羟丁酸等底物脱氢生成 NADH＋H^+，通过 NADH 氧化呼吸链，P/O 的值接近 2.5，说明传递一对电子需要消耗 1 个氧原子和 2.5 分子的磷酸，因此 NADH 氧化呼吸链可能

存在3个ATP生成部位。而琥珀酸脱氢时,P/O的值接近1.5,提示FADH$_2$氧化呼吸链可能存在2个ATP生成部位。比较上述两个底物反应的P/O的值,可以推测第一个ATP生成部位存在于NADH和Q之间。以抗坏血酸为底物,P/O的值接近1,推测Cyt c和O$_2$直接存在一个ATP生成部位,而在Q和Cyt c之间也存在一个ATP生成部位(表8-3)。因此,推测氧化磷酸化的偶联部位:NAD→Q(复合体Ⅰ)、Q→Cyt c(复合体Ⅲ)和Cyt c→O$_2$(复合体Ⅳ)。

表8-3 离体线粒体实验检测几种底物的P/O的值

底物	呼吸链的组成	P/O的值
丙酮酸	NADH→复合体Ⅰ→Q→复合体Ⅲ→Cyt c→复合体Ⅳ→O$_2$	2.5
琥珀酸	FADH$_2$→Q→复合体Ⅲ→Cyt c→复合体Ⅳ→O$_2$	1.5
抗坏血酸	Cyt c→复合体Ⅳ→O$_2$	1

2. 根据自由能变化确定偶联部位 根据热力学公式,pH值为7.0时标准自由能变化(ΔG)与氧化还原电位变化(ΔE)有以下关系:

$$\Delta G = -nF\Delta E$$

式中:n为传递电子数,F为法拉第常数(96.5 kJ·mol^{-1}·V)。

ADP磷酸化生成1 mol ATP需要30.5 kJ(7.3 kcal)的能量,氧化过程中释放能量大于30.5 kJ的部位就可能是偶联部位。根据NAD→Q(复合体Ⅰ)、Q→Cyt c(复合体Ⅲ)和Cyt c→O$_2$(复合体Ⅳ)3个部位的ΔE,计算出对应的ΔG分别为 -69.5 kJ/mol、-36.7 kJ/mol和-112 kJ/mol,这3个部位均能为ATP合成提供足够的能量。

(二)氧化磷酸化的偶联机制

1. 线粒体内膜的跨膜质子浓度梯度的形成 氧化磷酸化的偶联机制曾经有三种假说:"化学偶联"学说、"构象偶联"学说和"化学渗透"学说。其中,"化学渗透"学说(chemiosmotic hypothesis)是由Peter Mitchell于1961年提出,其核心内容:电子在沿着呼吸链向下游传递的过程中,释放的自由能先转化为跨线粒体内膜的质子梯度,随后质子梯度中蕴藏的电化学势能被直接用来驱动ATP的合成(图8-11)。驱动ATP合成的质子梯度通常称为质子驱动力(proton motive force,pmf),是由化学势能(质子的浓度差)和电势能(内负外正)两部分组成。

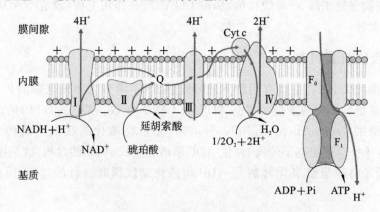

图8-11 化学渗透学说示意图

"化学渗透"学说已经得到广泛的实验支持,例如,氧化磷酸化依赖于完整封闭的线粒体内膜;线粒体内膜对H$^+$,OH$^-$,K$^+$,Cl$^-$是不通透的;跨线粒体内膜的电化学梯度可以通过不同的方法检测;破坏质子驱动力能够抑制ATP合成;人工建立的跨膜质子梯度也可驱动ATP的合成。

尽管"化学渗透"学说已得到许多实验证实,但质子转移的机制目前不完全清楚。经测定,每摩尔质子的跨膜电化学势能平均约为21.92 kJ,一对电子经呼吸链酶复合体Ⅰ、Ⅲ和Ⅳ传递时,分别向线粒体膜间隙泵出4H$^+$、4H$^+$和2H$^+$。因此,一对电子经NADH氧化呼吸链或FADH$_2$氧化呼吸链

传给 O_2，分别产生 $10H^+$ 和 $6H^+$。按照每 $4H^+$ 从膜间隙返回基质产生 1 分子 ATP 计算，1 mol NADH＋H^+ 经呼吸链可生成 2.5 mol ATP，1 mol $FADH_2$ 经呼吸链可生成 1.5 mol ATP。

2. ATP 合酶的结构与功能 呼吸链中三个复合体质子泵作用形成的跨线粒体内膜的质子浓度差和电位差，储存电子传递释放的能量。当质子顺浓度梯度回流至基质时，ATP 合酶充分利用储存的能量，催化 ADP 和 Pi 合成 ATP。ATP 合酶（ATP synthase）也称为复合体 V（complex V），由于在体外或体内特殊条件下，它能够催化 ATP 水解，因此又被称为 ATP 合酶。

（1）ATP 合酶的结构。

ATP 合酶由 F_0 和 F_1（F 为 coupling factor 的缩写）两部分组成，F_0 为嵌入线粒体内膜的疏水基部，F_1 是深入基质的亲水头部，因此 ATP 合酶也称为 F_0F_1-ATP 合酶。

F_1 为 ATP 合酶从线粒体内膜向基质的颗粒突起，含有五种亲水性亚基（$\alpha_3\beta_3\gamma\delta\varepsilon$）。其中，$\alpha$ 亚基与 β 亚基间隔排列形成具有中央孔的六聚体环形结构，直接与 ATP 合成相关。γ 亚基形成一个中央轴，它的上端深入头部的中央孔，中段以下与 ε 亚基结合形成 F_1 的颈部，底端嵌入 F_0 的 C 环并紧密结合。δ 亚基结合在 1 个 β 亚基上。ATP 合酶颈部有一种寡霉素敏感蛋白（oligomycin sensitive conferring protein，OSCP），寡霉素能够直接作用于该蛋白而抑制 ATP 的合成。

F_0 由 3 种亚基组成（$ab_2c_{8\sim15}$），c 亚基是具有发卡样结构的单肽链分子，8～15 个 c 亚基横跨内膜作为一个单位，装配成 C 环，与 a 亚基结合构成一种桶状的质子通道。a 亚基附着在 C 环外，由 5 个跨膜 α-螺旋形成 2 个半穿透线粒体内膜的、不连通的亲水质子半通道，一个开口于基质，另一个开口于膜间隙，两个半通道的另一端分别与两个 c 亚基中部相接。两个 b 亚基与 a 亚基连接，并通过长亲水头部锚定 F_1 的 a 亚基和 δ 亚基。

ATP 合酶由 F_0 和 F_1 组装成可旋转的发动机样结构，F_1 的头部 $\alpha_3\beta_3$、δ 亚基与 F_0 的 a 亚基通过 2 个 b 亚基锚定，组成了稳定的定子部分。F_1 的 γ 和 ε 亚基组成的中央轴与 F_0 的 C 环可逆时针转动，形成"分子发动机"的转子部分（图 8-12）。

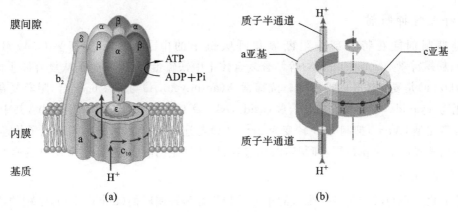

图 8-12 ATP 合酶结构和质子的跨内膜流动机制模式图

（2）ATP 合酶的作用机制。

高浓度的质子从线粒体膜间隙进入 a 亚基的胞液侧质子半通道，将 c 亚基的 61 位必需天冬氨酸残基 Asp61 质子化，Asp61 所带负电荷被中和后，c 亚基疏水性增加。为避开 a 亚基的亲水通道，疏水性 c 亚基开始转动，同时也带动整个 C 环转动。当质子化的 c 亚基 Asp61 移动到与 a 亚基基质侧质子半通道对接时，C 亚基 Asp61 会解离释放出质子，经质子半通道顺梯度扩散进入线粒体基质，从而实现质子回流。C 环的转动带动 γ 及 ε 亚基逆时针转动（图 8-12）。

当质子顺浓度梯度从线粒体膜间隙向基质回流时，转子部分围绕定子部分进行旋转，使 F_1 中的 $\alpha\beta$ 功能单元利用释放的能量结合 ADP 和 Pi 并合成 ATP。β 亚基是 ATP 合酶的催化部位，它与 α 亚基结合才有活性。1989 年 Paul Boyer 提出结合变构模型（binding-change model）来解释 ATP 的合成机制。他认为 β 亚基有 3 种构象，松弛型（L）有从线粒体基质中捕捉 ADP 和 Pi 能力，紧密型

（T）能使结合的 ADP 和 Pi 合成 ATP，开放型（O）可释出 ATP。F_1 的 $\alpha_3\beta_3$ 寡聚体含有 3 个催化部位，在任一时间，每一部位处于不同的构象。γ 亚基在 ATP 合酶头部中央孔内逆时针方向转动，可推动 β 亚基发生规律性构象变化。底物 ADP 和 Pi 结合于 L 型 β 亚基，质子回流驱动 ATP 合酶转子部分转动，β 亚基变构为 T 型，用于 ATP 的合成；随着转子继续转动，β 亚基变构为 O 型，ATP 释放；之后，β 亚基又自动恢复为 L 型构象；如此规律性循环变构，使得 ATP 不断合成（图 8-13）。实验数据表明，合成 1 分子 ATP 需要 $4H^+$，其中 $3\,H^+$ 通过 ATP 合酶直接回流，1 个 H^+ 在 ATP 和 ADP 的交换运输过程中被消耗。

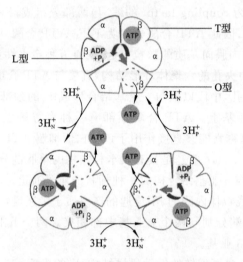

图 8-13　ATP 合酶的结合变构模型

三、影响氧化磷酸化的因素

（一）呼吸链抑制剂

呼吸链抑制剂能在特异部位阻断氧化呼吸链中的电子传递。安密妥（amytal）、鱼藤酮（rotenone）、粉蝶霉素 A（piericidin A）等结合复合体 I 中铁硫蛋白，阻断电子从复合体 I 向 Q 传递。萎锈灵（carboxin）是复合体 II 的抑制剂。抗霉素 A（antimycin A）与 Cyt b_H 结合，阻断复合体 III 的 Q 循环。氰化物（cyanide，CN^-）、叠氮化合物（azide，N_3^-）及 CO、H_2S 能抑制复合体 IV，其中 CN^-、N_3^- 可紧密结合氧化型 Cyt a_3，抑制 Fe^{3+} 转变为 Fe^{2+}，CO 与还原型 Cyt a_3 结合，阻断电子传递给 O_2。这些抑制剂阻断呼吸链的氧化过程，抑制磷酸化过程，导致细胞内呼吸停滞，严重地可迅速引起死亡。

（二）解偶联剂

能够使氧化过程与磷酸化过程脱节的小分子物质称为解偶联剂（uncoupler），常用的解偶联剂有 2,4-二硝基酚（2,4-dinitrophenol，DNP）、缬氨霉素（valinomycin）、双香豆素（dicumarol）、氟羰基氰苯腙（fluoro carbonyl cyanide phenylhydrazone，FCCP）等。当使用解偶联剂时，跨膜的质子梯度快速被消耗，质子难以通过 ATP 合酶上的质子通道合成 ATP，储存在质子梯度中的电化学势能全部转变成热能。解偶联剂作用的本质是增大线粒体内膜对 H^+ 的通透性，消除 H^+ 的跨膜梯度，从而抑制 ATP 的合成，这一现象也称为质子漏。例如，DNP 为脂溶性的质子载体，在线粒体内膜中可自由穿梭，在 pH 值较低的膜间隙侧结合 H^+，在 pH 值较高的基质侧释放 H^+，从而破坏质子的电化学梯度。

呼吸链与氧化磷酸化通常是紧密偶联的，受解偶联剂的作用线粒体可完全解偶联，实际上，机体也存在内源性的解偶联蛋白（uncoupling proteins，UCPs），低水平的质子漏时刻发生在线粒体内膜上。这些蛋白质都属于线粒体阴离子转运蛋白家族，并广泛分布于各类组织中，尤以褐色脂肪组织与骨骼肌组织为多。与化学小分子解偶联剂不同的是，UCPs 可以在线粒体内膜上形成质子通道，使膜间隙质子回流到基质,从而使生物氧化得到的能量以热的形式散发,如此产生的热量可用于保持动物特别是初生动物的体温。新生儿硬肿症是因为缺乏褐色脂肪组织,不能维持正常体温而使皮下脂肪凝固所致。

（三）ATP 合酶抑制剂

ATP 合酶抑制剂对电子传递及 ADP 磷酸化均有抑制作用。例如,寡霉素(oligomycin)可结合 ATP 合酶中 F_1 部分的 OSCP 而抑制 ATP 合酶活性。二环己基碳二亚胺(dicyclohexyl carbodiimide,DCCD)共价结合 F_0 的 c 亚基谷氨酸残基,阻止质子经 F_0 回流,也可抑制 ATP 合酶活性。ATP 合酶活性受到抑制,质子回流受阻,使跨膜质子浓度梯度升高,反馈抑制氧化呼吸链传递电子和质子泵的功能。此外,米酵菌酸(bongkrekic acid)、苍术苷(atractyloside)等通过抑制 ATP/ADP 交换体或转位酶活性,阻止线粒体内外 ATP/ADP 的交换,也可间接抑制氧化磷酸化。体外检测耗氧量可用于分析不同底物和抑制剂对线粒体氧化磷酸化功能的影响(图 8-14)。

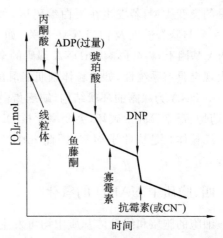

图 8-14 不同底物和抑制剂对线粒体氧化磷酸化功能的影响

（四）ADP 的调节作用

细胞内的氧化磷酸化受到严格调控,调控的主要手段是氧化磷酸化对电子传递的反馈,而关键物质为 ADP,ADP/ATP 值的变化对氧化磷酸化的调节效应称为呼吸控制(respiratory control)。呼吸控制体现在以下三方面。

1. ADP/ATP 的值对氧化磷酸化的直接影响 线粒体内膜上存在 ATP-ADP 转位酶(ATP-ADP translocase),催化线粒体内 ATP 与线粒体外 ADP 的交换,ATP 分子解离后带有 4 个负电荷 ATP^{4-},而 ADP 分子解离后带有 3 个负电荷 ADP^{3-},由于线粒体内膜外侧带正电,内膜内侧带负电,内膜内外存在着跨膜电位,所以 ATP 出线粒体的速率比进线粒体的速率快,而 ADP 进线粒体的速率比出线粒体的速率快。跨膜质子梯度的能量也驱动膜间隙的 H^+ 和 $H_2PO_4^-$ 经磷酸盐转运蛋白同向转运到线粒体基质中。ADP 和 Pi 的不断供给是线粒体内进行氧化磷酸化的保证。当机体耗能增加时,ADP/ATP 的值升高,$NADH+H^+$ 和 $FADH_2$ 经呼吸链的氧化速率加快,使氧化磷酸化速率增大。相反机体耗能减少时,产生 ADP 减少,ATP 相对增多,ADP/ATP 的值下降,使氧化磷酸化速率减缓。

2. ADP/ATP 的值对物质代谢关键酶的影响 ADP/ATP 的值升高时,氧化磷酸化速率减慢,导致 NADH 氧化速率减慢,NADH 浓度增大,从而抑制了丙酮酸脱氢酶系、异柠檬酸脱氢酶、α-酮戊二酸脱氢酶系和柠檬酸合酶活性,使糖的氧化分解和 TCA 循环的速率减慢;ADP/ATP 的值升高会直接影响体内的许多关键酶,如别构抑制磷酸果糖激酶、丙酮酸激酶和异柠檬酸脱氢酶,还能抑制丙酮酸脱氢酶系、α-酮戊二酸脱氢酶系,通过直接反馈作用抑制糖的分解和 TCA 循环。

（五）甲状腺素

体内的甲状腺激素能诱导细胞膜上的 Na^+,K^+-ATP 酶合成,加快 ATP 分解速度,使 ADP/ATP 的值上升,从而促进氧化磷酸化过程。甲状腺激素(T_3)还可以诱导合成解偶联蛋白,使物质氧化所释放能量以热能形式散发的部分增加,ATP 合成减少,又进一步加速了物质代谢,导致机体耗氧量和产热同时增加。因此,甲状腺功能亢进的患者表现为基础代谢率高、低热、乏力、怕热、易出汗等症状。

（六）线粒体 DNA 突变与疾病

线粒体是细胞的能量代谢中心，也是唯一具有自主 DNA 的细胞器。人类线粒体 DNA（mitochondrial DNA，mtDNA）全长约 16 kb，编码了呼吸链复合体中的 13 种蛋白质亚基、22 种线粒体 tRNA 和 2 种线粒体 rRNA，因此 mtDNA 突变可影响氧化磷酸化的进行。人类一些常见的疾病，如氨基糖苷类药物性耳聋、帕金森病以及非胰岛素依赖性糖尿病等，往往都与 mtDNA 的突变有关。

mtDNA 突变的主要类型包括点突变、大片段缺失和 mtDNA 拷贝数降低。mtDNA 点突变是最常见的突变类型，若发生在蛋白编码区，可导致错义突变，严重地会引起氧化呼吸链复合体功能缺陷，主要与脑脊髓性及神经疾病相关，如 Leber 遗传性视神经病和神经肌病；若发生在 tRNA 和 rRNA 基因上，将会影响 mtDNA 编码的全部多肽链的翻译过程，与线粒体肌病相关，这类疾病的临床表现更具有系统性，如线粒体脑肌病乳酸中毒及脑卒中样发作、母系遗传的肌病及心肌病等。

mtDNA 为裸露的环状结构，缺乏蛋白质的保护，损伤修复功能非常有限，易受超氧阴离子自由基、药物、毒素等因素破坏，突变率比核 DNA 高得多。由于受精时精子的线粒体不进入卵子，受精卵中的线粒体只是从卵子而来，因此 mtDNA 只从母亲传递给下一代，线粒体肌病通常表现为母系遗传。

四、胞质中 NADH 的氧化

细胞的胞质和线粒体基质中均可发生生物氧化的脱氢反应，线粒体内的 NADH＋H$^+$ 可直接通过 NADH 氧化呼吸链产能。而细胞质中经糖酵解等产生的 NADH＋H$^+$ 需进入线粒体后，才能参与氧化磷酸化的过程。由于线粒体内膜对物质转运的高度选择性，NADH＋H$^+$ 不能自由出入线粒体内膜，需要通过 α-磷酸甘油穿梭和苹果酸-天冬氨酸穿梭两种机制转运进入线粒体基质。

（一）α-磷酸甘油穿梭

α-磷酸甘油穿梭机制主要存在于脑、骨骼肌细胞中。胞质中的 NADH＋H$^+$ 经 α-磷酸甘油脱氢酶（NAD$^+$）催化，将磷酸二羟丙酮还原为 α-磷酸甘油，后者穿过线粒体外膜，到达线粒体内膜的膜间隙侧。α-磷酸甘油经线粒体内膜胞质侧的 α-磷酸甘油脱氢酶（辅基 FAD）催化生成磷酸二丙酮和 FADH$_2$，FADH$_2$ 即可进入 FADH$_2$ 氧化呼吸链，磷酸二羟丙酮又回到胞质，此为 α-磷酸甘油穿梭。胞质中的 NADH＋H$^+$ 经此种穿梭机制，将还原当量传递给 FADH$_2$，后经氧化磷酸化可生成 1.5 个 ATP（图 8-15）。

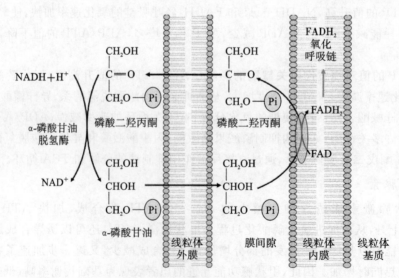

图 8-15　α-磷酸甘油穿梭过程

（二）苹果酸-天冬氨酸穿梭

苹果酸-天冬氨酸穿梭机制主要存在于肝、肾、心肌细胞中，涉及2种内膜转运蛋白和2种酶协同作用。胞质中的 NADH＋H$^+$ 在苹果酸脱氢酶催化下，将草酰乙酸还原为苹果酸，后者通过线粒体内膜上的苹果酸-α-酮戊二酸载体转运进入线粒体基质，并重新生成草酰乙酸和 NADH＋H$^+$。这样，NADH＋H$^+$ 就由胞质转入线粒体，进入 NADH 氧化呼吸链。由于线粒体内膜上没有草酰乙酸的载体，草酰乙酸要经天冬氨酸转氨酶催化，与谷氨酸进行转氨基作用生成天冬氨酸，再经内膜的谷氨酸-天冬氨酸转运体出线粒体，同时生成的 α-酮戊二酸由苹果酸-α-酮戊二酸载体运出线粒体。转运回胞质的天冬氨酸与 α-酮戊二酸经由天冬氨酸转氨酶催化重新生成草酰乙酸和谷氨酸，完成苹果酸-天冬氨酸穿梭。胞质中的 NADH＋H$^+$ 经此种穿梭机制，将还原当量传递给线粒体基质中的 NADH＋H$^+$，经氧化磷酸化可生成2.5个 ATP（图 8-16）。

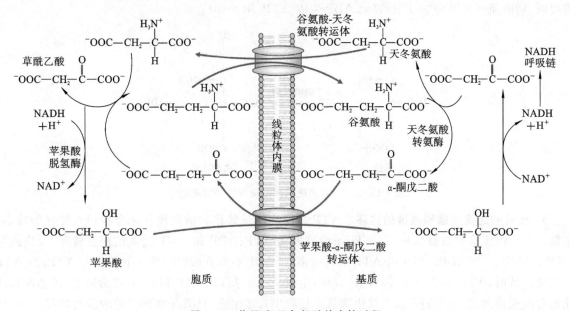

图 8-16　苹果酸-天冬氨酸的穿梭过程

五、ATP 在能量代谢中的核心作用

（一）高能化合物和高能磷酸化合物

通常将水解时释放标准自由能大于 25 kJ/mol 的化学键称为高能键，用"～"表示。含高能键的化合物被称为高能化合物。体内最常见的高能化合物就是高能磷酸化合物，如 1,3-二磷酸甘油酸、磷酸肌酸、磷酸烯醇式丙酮酸、三磷酸核苷和二磷酸核苷等。此类化合物含有磷酸基，水解时释放能量较多的磷酸酯键，称为高能磷酸键，用符号"～P"表示。另外，体内还有高能硫酯化合物，如乙酰CoA、脂酰CoA、琥珀酰CoA 等，以及高能甲硫键型化合物（S-腺苷甲硫氨酸）。其中，ATP 是生物体内最主要的直接能量供给物质，是能量转换的核心物质。水解 ATP 末端磷酸酯键，ΔG 为 －30.5 kJ/mol，ATP 为高能磷酸化合物。

（二）ATP 的生成、储存和利用

1. ATP 循环（ATP Cycle）　ATP 在体内能量代谢中起核心作用。体内 ATP 生成、储存、转移和利用所形成的循环过程，称为 ATP 循环（ATP Cycle）。ADP 经氧化磷酸化和底物水平磷酸化再转变为 ATP。ATP 水解生成 ADP＋Pi，可释放出 30.5 kJ/mol（7.3 kcal/mol）能量供机体各种生命活动利用，如合成代谢、肌肉收缩、物质主动转运、生物电、细胞间信息传递等生命活动。一个体重为 70 kg 的人，体内 ATP 总量约为 100 g，但静息状态下 24 h 需消耗 40 kg 的 ATP，运动或劳动时消耗更多,必须通过 ATP 循环不断产生 ATP,以满足生命活动的需要(图 8-17)。

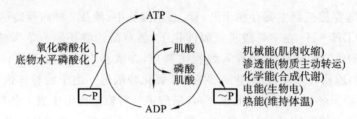

图 8-17　ATP 的生成、储存和利用

2. 高能磷酸键的储存　磷酸肌酸(creatine phosphate,CP)是高能磷酸键的重要储存形式,主要存在于骨骼肌、心肌和脑组织中。ATP 充足时,可将末端"～P"转移给肌酸生成磷酸肌酸。当机体需要时,磷酸肌酸又可将"～P"转移给 ADP 生成 ATP(图 8-18)。

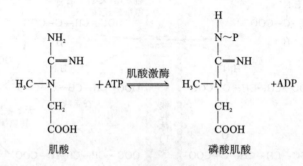

图 8-18　ATP 的高能磷酸键储存在磷酸肌酸中

3. 核苷酸之间高能磷酸键的转移　ATP 是体内能量转移和磷酸核苷化合物相互转变的核心。细胞中存在的腺苷酸激酶(adenylate kinase)可催化 ATP、ADP 和 AMP 之间的相互转变,反应式为 ATP+AMP —→2ADP。当体内 ATP 消耗过多时,ADP 在腺苷酸激酶催化下转变为 ATP;当 ATP 需求量降低时,ATP 可将"～P"转移给 AMP,生成 ADP。UTP、CTP 和 GTP 可为糖原、磷脂和蛋白质的合成提供能量,但它们一般不在生物氧化过程中直接生成,只能在核苷二磷酸激酶的催化下,从 ATP 中获得"～P"产生。此外,ATP 通过转移自身基团提供能量。体内的很多酶促反应由 ATP 分子提供 Pi、PPi 或者 AMP 基团,通过共价键与底物分子或酶分子结合,形成中间产物,为后续反应提供能量。例如,ATP 给葡萄糖提供磷酸基和能量,合成的葡糖-6-磷酸容易进入糖酵解或其他代谢途径。

第三节　其他氧化体系

一、微粒体中的氧化酶类

(一)单加氧酶

人微粒体细胞色素 P450 单加氧酶(cytochrome P450 monooxygenases)催化氧分子中的一个氧原子加到底物分子产生羟基,另一个氧原子被 NADPH＋H⁺ 还原生成水,因此又称为羟化酶(hydroxylase)或混合功能氧化酶(mixed function oxidase)。此酶系在肝脏、肾上腺中含量最多,参与类固醇激素、胆色素、胆汁酸的合成,维生素 D_3 的羟化,以及药物、毒物的生物转化等过程。其反应式如下:

$$RH+NADPH+H^+ +O_2 \longrightarrow R\text{—}OH+NADP^+ +H_2O$$

此酶系由 NADPH＋H⁺、细胞色素 P450(cytochrome P450,Cyt P450)、NADPH-细胞色素

P450 还原酶(辅基 FAD 或 FMN)及铁氧化蛋白(辅基 2Fe-2S,即 Fe_2S_2)组成。NADPH-细胞色素 P450 还原酶催化 $NADPH+H^+$ 先将电子传递给 FAD,再由 FAD 递给铁氧还蛋白,与底物(RH)结合的氧化型 Cyt P450 先后接受 $2e^-$,使氧活化(O_2^{2-})。之后 1 个氧原子使底物(RH)羟化,另一个氧原子与来自 NADPH 的质子结合生成 H_2O(图 8-19)。

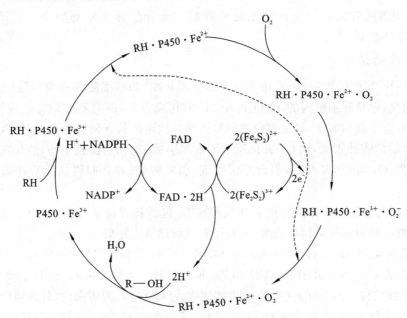

图 8-19 微粒体细胞色素 P450 单加氧酶反应机制

(二)双加氧酶

在由双加氧酶催化的反应中,O_2 的两个氧原子被转移到同一个底物分子上。常见的双加氧酶有尿黑酸(homogentisate)双加氧酶和 L-色氨酸双加氧酶。其反应式如下：

$$R+O_2 \longrightarrow RO_2$$

二、抗氧化酶体系与反应活性氧类的清除

反应活性氧类(reactive oxygen species,ROS)是指 O_2 的单电子还原物及其衍生物,包括超氧阴离子自由基($\cdot O_2^-$)、过氧化氢(H_2O_2)、羟自由基(HO $\cdot$)、氢过氧化物自由基($HO_2 \cdot$)和单线态氧($^1O_2$)等。ROS 具有极强的氧化性,很容易引起酶、DNA、蛋白质、脂类等生物分子的氧化、损伤,造成细胞功能失调,引发疾病。正常情况下,体内有许多抗氧化酶及抗氧化物质,可以及时清除 ROS,防止其对机体的损害作用。

(一)活性氧的产生

O_2 得到单电子生成超氧阴离子(O_2^-),O_2^- 部分还原可以生成过氧化氢(H_2O_2),H_2O_2 可进一步还原成羟自由基($\cdot OH$)。

$$O_2 \xrightarrow{e^-} O_2^- \xrightarrow{e^-+2H^+} H_2O_2 \xrightarrow[H_2O]{e^-+H^+} \cdot OH \xrightarrow{e^-+H^+} H_2O$$

虽然线粒体的电子传递链具有很好的效率,但是呼吸过程中电子传递链仍会"漏出"少量的电子直接与氧结合形成超氧自由基,这一现象被称为线粒体电子漏。通常认为复合物 I 和 III 是电子漏产生的主要部位,超氧自由基由半醌型泛醌($QH \cdot$)或还原性细胞色素自氧化产生。线粒体产生的 ROS 占细胞内 ROS 总量的 95% 左右。因此,线粒体既是 ROS 产生的主要来源部位,也是极易受到攻击的靶点。

微粒体单加氧酶系属于电子传递反应链,在传递电子的氧化还原反应过程中可以将电子泄露给

O_2生成O_2^-。体内有多种需氧脱氢酶,如氨基酸氧化酶、醛脱氢酶、胺氧化酶、黄嘌呤氧化酶等,它们都是以FAD为辅基的黄素蛋白。这些酶能催化底物脱氢直接交给O_2生成H_2O_2和O_2^-。细菌感染、组织缺氧等病理过程,电离辐射、吸烟、药物等外源因素也可诱发O_2^-生成。例如,细菌感染刺激机体发生一系列炎症反应,中性粒细胞、巨噬细胞、单核细胞等吞噬细胞的磷酸戊糖途径产生大量$NADPH+H^+$,细菌同时激活位于这些细胞质膜胞质侧处于休止状态的NADPH氧化酶,催化$NADPH+H^+$与O_2生成O_2^-。

(二)活性氧的清除

生理情况下,ROS产量很少,而且还有一定的生理功能,如粒细胞和吞噬细胞中的H_2O_2和O_2^-可杀伤侵入的细菌;甲状腺细胞内的H_2O_2可使$2I^-$氧化成为I_2,使酪氨酸碘化生成甲状腺激素,近年来的研究表明,电子漏和ROS对细胞内的信号传导与代谢都具有调节作用。但是,ROS产生过多或蓄积时对机体的危害性很大,例如,氧化膜脂不饱和脂酸,造成生物膜损伤;氧化巯基蛋白和巯基酶,使其功能丧失;O_2^-与DNA交联,引起基因突变,引发肿瘤;并有假说认为活性氧是衰老的主要原因。

正常机体存在完整的防御体系对抗活性氧的损害,包括各种抗氧化酶、小分子抗氧化剂等。体内清除ROS的酶主要为超氧化物歧化酶、过氧化氢酶和过氧化物酶。

1. 超氧化物歧化酶(superoxide dismutase,SOD) SOD分布最广泛,SOD同工酶由于活性中心金属离子不同,分为Cu/Zn-SOD、Mn-SOD和Fe-SOD三种。人体Cu/Zn-SOD主要在胞质内,Mn-SOD主要在细胞线粒体。Fe-SOD主要在微生物体内。SOD是人类防御内、外环境中超氧离子损伤的重要酶,可催化1分子O_2^-氧化生成O_2,1分子O_2^-还原生成H_2O_2。其催化的反应如下:

$$2O_2^- + 2H^+ \longrightarrow H_2O_2 + O_2$$

2. 过氧化氢酶(catalase) 过氧化氢酶也称触酶,分子中有4个血红素辅基,广泛分布于各种组织细胞中,主要存在于过氧化酶体、胞质及微粒体中。过氧化氢酶可催化H_2O_2分解为H_2O和O_2,催化活性极强,反应式如下:

$$2 H_2O_2 \longrightarrow 2H_2O + O_2$$

3. 过氧化物酶(hydroperoxidase) 过氧化物酶是以血红素为辅基的蛋白质,主要分布在红细胞、白细胞、血小板、乳腺等细胞中。它催化H_2O_2直接氧化酚类或胺类化合物。体内过氧化物酶主要是谷胱甘肽过氧化物酶(glutathione peroxidase,GPx),硒(Se)代半胱氨酸残基是GPx的活性必需基团。GPx存在于细胞胞质、线粒体以及过氧化酶体中。GPx可去除细胞生长和代谢产生的H_2O_2和过氧化物(R—O—OH),是体内防止ROS损伤主要的酶。GPx通过还原型谷胱甘肽(GSH)将H_2O_2还原为H_2O,将R—O—OH转变为醇(ROH),同时产生氧化性的谷胱甘肽(GS-SG)。催化反应如下:

$$H_2O_2 + 2GSH \longrightarrow 2 H_2O + GS—SG$$
$$2GSH + R—O—OH \longrightarrow GS—SG + H_2O + R—OH$$

此外,维生素C(ASA)及维生素E(Toc-E)和β-胡萝卜素和泛醌(Q)等小分子有机化合物也可消除ROS,这些小分子物质与体内的抗氧化酶共同组成人体抗氧化体系。

(龚莎莎　马灵筠)

第九章　蛋白质的分解代谢

扫码看课件

教学目标

- 氮平衡与蛋白质的营养价值
- 氨基酸的脱氨基作用方式
- 人体内氨的来源与运输形式
- 氨的主要代谢去路——鸟氨酸循环
- 某些氨基酸的特殊代谢——脱羧基作用、一碳单位代谢、含硫氨基酸代谢和芳香族氨基酸代谢

蛋白质是生命的物质基础,蛋白质代谢在生命活动过程中具有十分重要的作用。氨基酸是蛋白质的基本组成单位。氨基酸的重要生理功能之一是作为合成蛋白质的原料。蛋白质代谢包括合成代谢和分解代谢。本章重点论述蛋白质的分解代谢。蛋白质在体内首先分解为氨基酸而后再进一步代谢,所以氨基酸代谢是蛋白质分解代谢的重点。

体内蛋白质的合成和分解需由食物补充才能维持正常的生命活动,为此,在讨论蛋白质分解代谢之前,需要先介绍蛋白质的营养作用及蛋白质的消化和吸收。

第一节　蛋白质的营养作用

蛋白质是构成机体组织细胞的重要组成成分。其生理功能主要包括以下几个方面。

(1) 维持组织细胞的生长、更新及修补;另外催化、运输、代谢调节等过程均需要蛋白质的参与。

(2) 蛋白质的水解产物氨基酸是合成体内多种重要生理活性物质(如含氮类激素、抗体、受体、多肽、神经递质等)的原料。

(3) 氧化供能:蛋白质也是能源物质,每克蛋白质在体内氧化分解可释放约 17.2 kJ 的能量(此作用可由糖或脂肪代替)。一般成人每日约有 18% 的能量由蛋白质提供。

一、蛋白质的需求量与人体内氮的平衡

(一) 氮平衡

氮平衡(nitrogen balance)是指摄入的氮与排出的氮之间的对比关系。机体内蛋白质的代谢概况可根据氮平衡实验来确定。蛋白质的含氮量平均约为 16%,食物中的含氮物质绝大部分是蛋白质,因此测定食物的含氮量可以估算出所含蛋白质的量。蛋白质在体内分解代谢所产生的含氮物质主要由尿、粪排出。测定尿与粪中的含氮量(排出氮)及摄入食物的含氮量(摄入氮)可以反映人体蛋白质的代谢概况。人体内氮的平衡有以下三种情况。

1. 氮的总平衡　每日摄入氮＝排出氮,即每日体内蛋白质合成的量与分解的量大致相当,反映正常成人蛋白质的代谢情况。

2. 氮的正平衡　每日摄入氮＞排出氮,体内蛋白质的合成多于分解,部分摄入的氮用于合成体内蛋白质,多见于儿童、孕妇及恢复期病人。

3. 氮的负平衡　每日摄入氮＜排出氮,体内蛋白质的分解多于合成,常见于蛋白质摄入量不足,例如饥饿、消耗性疾病或长期营养不良人群。

由此可见,摄取足量的蛋白质对维持氮的总平衡和氮的正平衡是必要的。但是,实验证明仅注意蛋白质的数量并不能满足机体对蛋白质的需要,还应重视蛋白质的质量。研究表明,在一定程度上,蛋白质的质量比数量更为重要。

（二）蛋白质的需求量

根据氮平衡实验计算,在不进食蛋白质时,体重 60 kg 的成人每日蛋白质的最低分解量约为 20 g。由于食物蛋白质与人体蛋白质组成的差异,不可能全部被利用,故成人每日蛋白质的最低生理需求量为 30~50 g。为了长期保持氮的总平衡,仍须增量才能满足要求。我国营养学会推荐成人每日蛋白质需要量为 80 g。

二、蛋白质的营养价值

在营养方面,不仅要注意膳食蛋白质的量,还必须注意蛋白质的质。由于各种蛋白质所含氨基酸的种类和数量不同,它们的质不同。有的蛋白质含有体内所需要的各种氨基酸,并且含量充足,则此种蛋白质的营养价值(nutrition value)高;有的蛋白质缺乏体内所需要的某种氨基酸,或含量不足,则其营养价值较低。

1. 营养必需氨基酸　组成蛋白质的氨基酸有 20 多种。实验证明,人体内有 9 种氨基酸不能合成。这些体内需要而又不能自身合成,必须由食物提供的氨基酸,称为营养必需氨基酸(nutritionally essential amino acid)。它们分别是:组氨酸(His)、缬氨酸(Val)、异亮氨酸(Ile)、亮氨酸(Leu)、苯丙氨酸(Phe)、甲硫氨酸(Met)、色氨酸(Trp)、苏氨酸(Thr)和赖氨酸(Lys)。其余 11 种氨基酸体内可以合成,不一定需要由食物供应,在营养学上称为非必需氨基酸(non-essential amino acid)。组氨酸和精氨酸虽能在人体内合成,但合成量不多,若长期缺乏也能造成氮的负平衡,因此有人将这两种氨基酸也归为营养必需氨基酸。

2. 食物蛋白质的互补作用　一般来说,含有营养必需氨基酸种类多和数量足的蛋白质,其营养价值高,反之营养价值低。由于动物性蛋白质所含营养必需氨基酸的种类和比例与人体需要相近,故营养价值高。营养价值较低的蛋白质混合食用,则营养必需氨基酸可以互相补充从而提高营养价值,称为食物蛋白质的互补作用(protein complementary action)。例如,谷类蛋白质含赖氨酸较少而含色氨酸较多,豆类蛋白质含赖氨酸较多而含色氨酸较少,两者混合食用即可提高营养价值。某些疾病情况下,为保证氨基酸的需要,可进行混合氨基酸输液。

第二节　外源蛋白质的消化、吸收与腐败

一、蛋白质的消化

食物蛋白质在胃、小肠及肠黏膜细胞中经一系列酶促反应水解生成氨基酸及小分子肽的过程称为蛋白质的消化。

蛋白质是具有高度种属特异性的大分子化合物,不易被吸收,若未经消化而直接进入体内,常会引起(免疫)反应。食物蛋白质的消化可消除种属特异性或抗原性,避免引起过敏、毒性反应。食物蛋白质的消化从胃开始,主要在小肠中进行,由多种蛋白水解酶的催化,将其水解成以氨基酸为主的消化产物,然后再吸收、利用。

（一）胃部的消化

食物蛋白质进入胃后经胃蛋白酶（pepsin）作用水解生成肽及少量氨基酸。胃蛋白酶由胃黏膜主细胞合成并分泌，开始时是酶原的形式，即胃蛋白酶原（pepsinogen）。胃蛋白酶原的分子质量为40000，在胃酸作用下，从其分子的 N-端水解掉 42 个氨基酸残基，从而激活成胃蛋白酶。已经激活的胃蛋白酶可以激活胃蛋白酶原，称自身激活作用（autocatalysis）。胃蛋白酶的最适 pH 值为 1.5～2.5。此酶对肽键的特异性较差，主要水解由芳香族氨基酸及蛋氨酸和亮氨酸等所形成的肽键。胃蛋白酶对乳液中的酪蛋白有凝乳作用，这对婴儿较为重要，因为乳液凝成乳块后在胃中停留时间延长，有利于蛋白质的充分消化。

（二）小肠中的消化

食物蛋白质在胃中停留时间较短，因此消化很不完全。蛋白质的消化主要在小肠中进行。胃液中的蛋白质消化产物及未被消化的蛋白质进入肠道后，在胰液及肠黏膜细胞分泌的多种蛋白酶及肽酶的共同作用下，进一步水解为氨基酸。

小肠中蛋白质的消化主要靠胰酶来完成，胰液中的蛋白酶基本上分为内肽酶（endopeptidase）和外肽酶（exopeptidase）两大类。其最适 pH 值为 7.0 左右。内肽酶可以水解蛋白质肽链内部的一些肽键，如胰蛋白酶（trypsin）、糜蛋白酶（chymotrypsin）及弹性蛋白酶（elastase）等。这些酶对所水解的肽键羧基端的氨基酸组成有一定的选择性，例如胰蛋白酶主要水解由赖氨酸和精氨酸等碱性氨基酸组成的羧基末端肽键。

外肽酶有羧基肽酶 A（carboxypeptidase A）和羧基肽酶 B（carboxypeptidase B）两类，它们自肽链的羧基末端开始，每次水解掉一个氨基酸残基，对不同氨基酸组成的肽键也有一定的专一性。蛋白质在胰酶的作用下，最终产物为氨基酸和一些寡肽。

食物蛋白质经胃液和胰液中各种酶的水解，得到的产物中仅有 1/3 为氨基酸，其余 2/3 为寡肽。小肠黏膜细胞的刷状缘及胞液中存在着一些寡肽酶（oligopeptidase），例如氨基肽酶（aminopeptidase）及二肽酶（dipeptidase）等。氨基肽酶从肽链的氨基末端逐个水解出氨基酸，最后生成二肽。二肽再经二肽酶水解，最终生成氨基酸（图 9-1）。可见，寡肽水解主要在小肠黏膜细胞内进行。

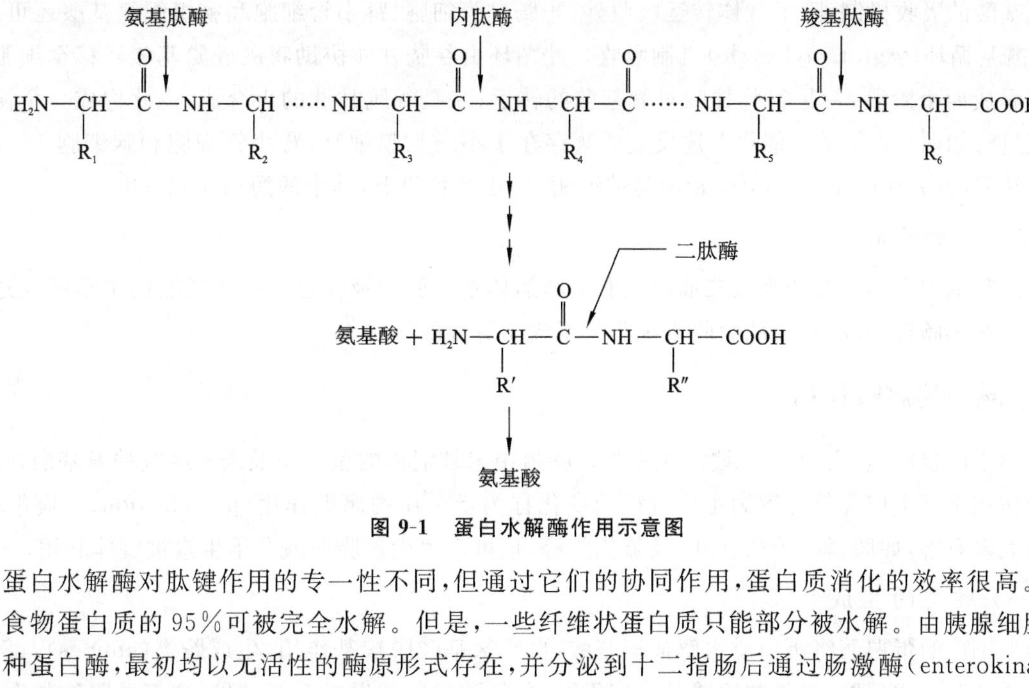

图 9-1 蛋白水解酶作用示意图

蛋白水解酶对肽键作用的专一性不同，但通过它们的协同作用，蛋白质消化的效率很高。正常成人食物蛋白质的 95% 可被完全水解。但是，一些纤维状蛋白质只能部分被水解。由胰腺细胞分泌的各种蛋白酶，最初均以无活性的酶原形式存在，并分泌到十二指肠后通过肠激酶（enterokinase）迅速被激活成为有活性的蛋白水解酶（图 9-2）。且胰蛋白酶的自身激活作用较弱，同时胰液中还存在着胰蛋白酶抑制剂,由于胰液中各种蛋白水解酶最初均以酶原形式存在,可保护胰组织免受蛋白酶的自身消化作用。

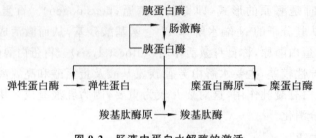

图 9-2　肠液中蛋白水解酶的激活

二、氨基酸的吸收和转运

蛋白质的消化产物主要是氨基酸及一些寡肽。已经证明二肽可以直接被吸收,在被小肠上皮细胞吸收后,再被水解成氨基酸,然后进入门静脉。氨基酸的吸收是一个需要载体的主动转运过程,但吸收的详细机制,目前尚不完全清楚。主要有以下两种方式。

(一)以氨基酸转运载体介导方式吸收氨基酸

肠黏膜细胞上有转运氨基酸的载体蛋白(carrier protein),与氨基酸、Na^+形成三联体,可将氨基酸转运入细胞,Na^+则借钠泵排出细胞外,并消耗 ATP。不同的氨基酸需要不同的转运载体,现已知人体内至少有 7 种转运蛋白(transporter),这些转运蛋白包括中性氨基酸转运蛋白、酸性氨基酸转运蛋白、碱性氨基酸转运蛋白、亚氨基酸转运蛋白、β-氨基酸转运蛋白、二肽转运蛋白及三肽转运蛋白。同一种载体转运的氨基酸在结构上有一定的相似性,当某些氨基酸共用同一种载体时,它们在吸收过程中将彼此竞争。在所有载体中,中性氨基酸载体是主要的载体。氨基酸通过转运蛋白的吸收过程不仅存在于小肠黏膜细胞中,也存在于肾小管细胞和肌细胞等细胞膜上。

(二)以 γ-谷氨酰基循环方式吸收氨基酸

氨基酸的吸收机制,除了载体转运吸收外,小肠黏膜细胞、肾小管细胞和脑组织氨基酸还可通过γ-谷氨酰基循环(γ-glutamyl cycle)机制吸收。此循环由谷胱甘肽协助将肠腔氨基酸转移至细胞内,反应可看成两个阶段:一是谷胱甘肽对氨基酸的转运;二是谷胱甘肽的再合成,由此构成一个循环。其反应过程如图 9-3 所示。催化上述反应的酶存在于小肠黏膜细胞、肾小管细胞和脑细胞中。γ-谷氨酰基转移酶(γ-glutamyl transferase)是关键酶,位于细胞膜上,其余的酶均在胞液中。

(三)肽的吸收

肠黏膜细胞上还存在着吸收二肽或三肽的转运体系。肽的吸收也是一个耗能的主动吸收过程,吸收作用在小肠近端较强,故肽吸收入细胞甚至先于游离氨基酸。

三、肠内的腐败作用

食物中的蛋白质,大约95%被消化吸收。肠道中未被消化的蛋白质及未被吸收的氨基酸在肠道细菌的作用下发生以无氧分解为主要过程的变化称为蛋白质的腐败作用(putrefaction)。腐败作用的产物大多有害,如胺、氨、苯酚、吲哚及硫化氢等,也可产生少量脂肪酸及维生素被机体利用。

(一)胺类的生成

肠道细菌的蛋白酶将蛋白质水解成氨基酸,再经氨基酸脱羧基作用,生成胺类(amines)。例如,赖氨酸脱羧基生成尸胺,组氨酸脱羧基生成组胺,色氨酸脱羧基生成 5-羟色胺,酪氨酸脱羧基生成酪胺等。这些腐败产物大多有毒性,例如组胺和尸胺具有降低血压的作用,酪胺具有升高血压作用。

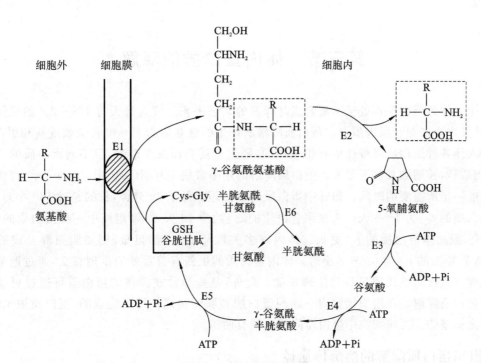

图 9-3　γ-谷氨酰基循环

E1：γ-谷氨酰基转移酶；E2：γ-谷氨酰环化转移酶；E3：5-氧脯氨酸酶；
E4：γ-谷氨酰半胱氨酸合成酶；E5：谷胱甘肽合成酶；E6：二肽酶

这些有毒物质通常经肝代谢转化为无毒形式排出体外。经酪胺和由苯丙氨酸脱羧基生成的苯乙胺，若不能在肝内分解而进入脑组织，则可分别经 β-羟化而生成 β-多巴胺和苯乙醇胺，其结构与儿茶酚胺类似，称为假神经递质（false neurotransmitter）（图 9-4）。假神经递质增多，可取代正常神经递质儿茶酚胺，但它们不能传递神经冲动，可使大脑发生异常抑制，这可能是肝昏迷发生的原因之一。

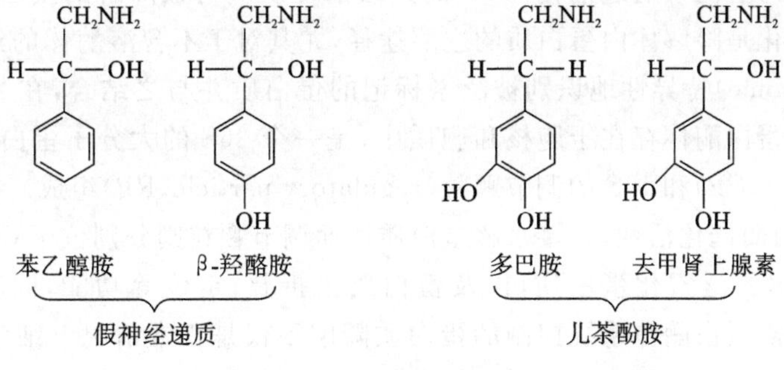

图 9-4　假神经递质和儿茶酚胺

（二）氨的生成

　　人体肠道中氨（ammonia）的来源主要有两个：一是未被吸收的氨基酸在肠道细菌作用下脱氨基而生成；二是血液中的尿素渗入肠道黏膜，受肠道细菌尿素酶的水解而生成。这些氨均可被吸收入血，在肝中合成尿素。降低肠道的 pH 值，可减少氨的吸收。

（三）其他有害物质的生成

　　除了胺类和氨以外，通过腐败作用还可产生其他有害物质，例如酪氨酸形成苯酚、色氨酸转变成吲哚及半胱氨酸形成硫化氢等。正常情况下，上述有害物质大部分随粪便排出，只有小部分被吸收，经肝的代谢转变而解毒，故不会发生中毒现象。

第三节　体内蛋白质的降解

所有生命体的蛋白质都处于不断合成与降解的动态平衡。成人每天有 1%～2% 的机体蛋白质被降解，并且主要来源于肌肉蛋白。蛋白质降解所产生的氨基酸 75%～80% 又被重新利用合成新的蛋白质。人体各种蛋白质降解速率有很大不同，随生理需要而发生改变，且不同蛋白质的寿命差异很大，短则数秒，长则数月甚至更长。蛋白质降解的速率常用半寿期（half-life，$t_{1/2}$）表示，即蛋白质降低其原浓度一半所需要的时间。如肝中蛋白质的 $t_{1/2}$，短的低于 30 分钟，长的超过 150 小时，但肝中大部分蛋白质的 $t_{1/2}$ 为 1～8 天。人血浆蛋白质的 $t_{1/2}$ 约为 10 天，结缔组织中一些蛋白质的 $t_{1/2}$ 可达 180 天以上，眼晶体蛋白质的 $t_{1/2}$ 更长。体内许多关键酶的 $t_{1/2}$ 都很短，例如胆固醇合成的关键酶 HMGCoA 还原酶的 $t_{1/2}$ 为 0.5～2 小时。体内蛋白质的更新有着重要的生理意义，通过调节蛋白质的降解速度可直接影响代谢过程与生理功能。此外，某些异常或损伤的蛋白质可通过更新而被清除。体内蛋白质降解是在组织细胞内一系列蛋白酶和肽酶协同作用下完成的，蛋白质被水解为肽，肽再降解为氨基酸。真核细胞中蛋白质降解途径有两条。

一、组织蛋白质降解的溶酶体途径

该途径主要在溶酶体内降解外源性蛋白质、膜蛋白以及半寿期长的蛋白质。此过程不需要 ATP 参加。溶酶体含多种酸性组织蛋白酶，可将胞吞蛋白质或细胞自身受损蛋白质水解为氨基酸，后者由细胞自噬（autophagy）作用介导。溶酶体对所降解的蛋白质选择性相对较差。

二、组织蛋白质降解的胞液途径

该途径是依赖 ATP 和泛素（ubiquitin）在胞液中降解半寿期较短或异常的蛋白质。泛素是一种分子质量较小（8.5 kDa）的蛋白质，广泛存在于真核细胞内，是许多细胞内蛋白质降解的标志。在蛋白质的降解过程中，首先，泛素通过消耗 ATP 的连续酶促反应与被降解的蛋白质共价结合，称为蛋白质的泛素化。泛素化是降解体内蛋白质的主要途径，尤其对于不含溶酶体的红细胞更为重要。随后，蛋白酶体（proteasome）特异性地识别被泛素标记的蛋白质并与之结合，在 ATP 作用下，将其降解为氨基酸或短肽。蛋白酶体存在于胞核和胞质中，是一个 26S 的大分子蛋白质复合物，由 20S 的核心颗粒（core particle，CP）和 19S 的调节颗粒（regulatory particle，RP）组成。核心颗粒形成空心圆柱形态，内部具有蛋白酶催化活性，直接水解蛋白质。而调节颗粒则分别位于 CP 的两端，形似盖子，参与识别、结合待降解的泛素化蛋白质，以及蛋白质去折叠、定位等功能，同时具有 ATP 酶活性（图 9-5、图 9-6）。泛素-蛋白酶体系统控制的蛋白质降解不仅是正常情况下细胞内特异蛋白质降解的重要途径，而且对细胞生长周期、DNA 复制、染色体结构都有重要调控作用。

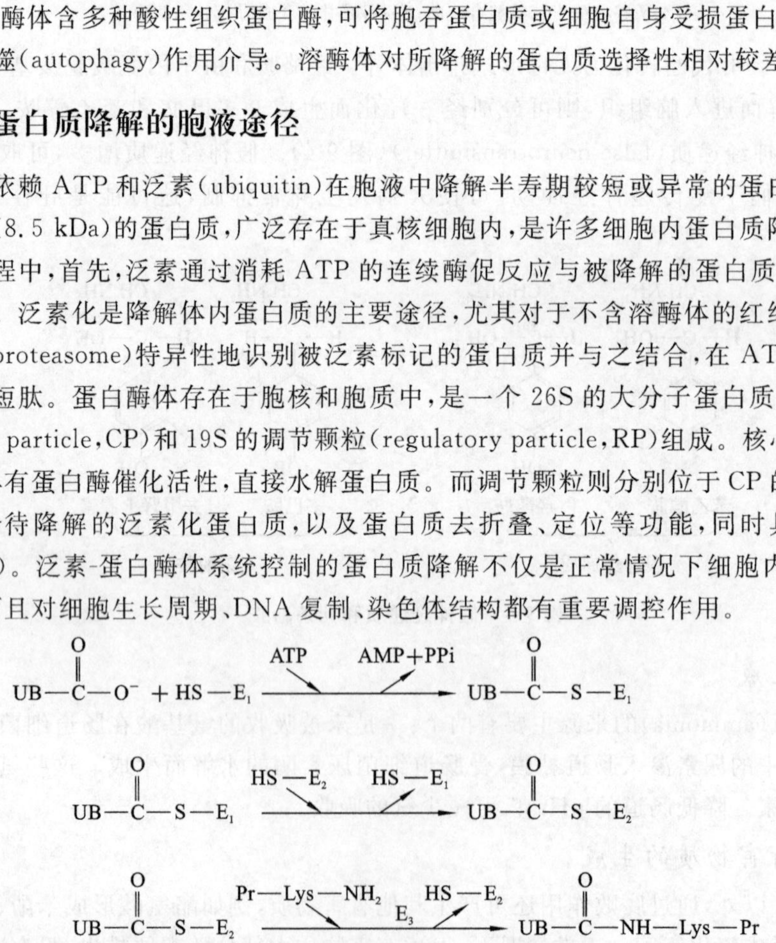

$$UB-\overset{O}{\overset{\|}{C}}-O^- + HS-E_1 \xrightarrow{\text{ATP} \quad \text{AMP+PPi}} UB-\overset{O}{\overset{\|}{C}}-S-E_1$$

$$UB-\overset{O}{\overset{\|}{C}}-S-E_1 \xrightarrow{\text{HS}-E_2 \quad \text{HS}-E_1} UB-\overset{O}{\overset{\|}{C}}-S-E_2$$

$$UB-\overset{O}{\overset{\|}{C}}-S-E_2 \xrightarrow{\text{Pr}-Lys-NH_2 \quad \text{HS}-E_2}_{E_3} UB-\overset{O}{\overset{\|}{C}}-NH-Lys-Pr$$

UB：泛素；E_1：泛素激活酶；E_2：泛素结合酶；E_3：泛素连接酶；Pr-Lys-NH_2：被降解的蛋白质

图 9-5　组织蛋白降解的泛素化反应

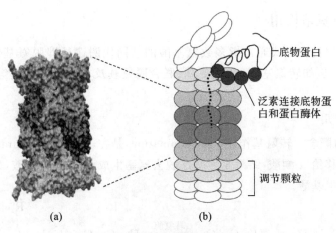

图 9-6　泛素-蛋白酶体系统
(a)核心颗粒；(b)完整的蛋白酶体

第四节　氨基酸的一般代谢

机体组织蛋白质处于动态平衡中，新的蛋白质不断合成，旧的蛋白质也不断降解生成氨基酸。氨基酸在体内有重要作用：①参与蛋白质的组成：20 种编码氨基酸通过肽键相连构成多肽链。②转化为体内重要的生理活性物质：氨基酸在体内代谢可转变为一些具有重要生理功能的衍生物，如儿茶酚胺、γ-氨基丁酸、5-羟色胺等神经递质，均为体内生理活性物质，参与物质代谢与调节。体内氨基酸还参与合成嘌呤、嘧啶等含氮化合物。③氧化供能：氨基酸经脱氨基作用产生 α-酮酸，再进一步分解释放能量。饥饿时，氨基酸还可通过糖异生作用转变成糖。

正常情况下，体内氨基酸的来源和去路处于动态平衡。食物蛋白质经消化后被吸收的氨基酸（外源性氨基酸）与体内组织蛋白质降解产生的氨基酸（内源性氨基酸）混在一起，分布于全身各处，共同参与代谢，称为氨基酸代谢库（aminoacid metabolic pool）。氨基酸代谢库通常以游离氨基酸总量计算。血浆氨基酸是体内各组织之间氨基酸转运的主要形式。虽然正常人血浆氨基酸浓度并不高，但其更新却很迅速，平均半寿期约为 15 分钟，表明一些组织器官不断摄取血浆氨基酸，同时组织器官也不断向血浆释放氨基酸。蛋白质降解所产生的氨基酸，70%～80% 又被重新利用合成新的蛋白质。此外，氨基酸也可以转变成其他含氮物质。正常人尿中排出的氨基酸极少。各种氨基酸具有共同的结构特点，故它们有共同的代谢途径，但不同的氨基酸由于结构上的差异，也存在着特殊的代谢方式。体内氨基酸代谢的概况如图 9-7 所示。

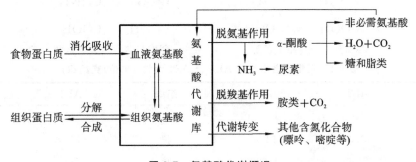

图 9-7　氨基酸代谢概况

NOTE

一、氨基酸的脱氨基作用

氨基酸的一般分解代谢方式通常指多数氨基酸的共同代谢途径即脱氨基作用。氨基酸可以通过多种方式脱去氨基,例如转氨基、氧化脱氨基、联合脱氨基及非氧化脱氨基等,其中以联合脱氨基作用最为重要。

(一)转氨基作用

1. 转氨基作用的概念 转氨基作用(transamination)是在转氨酶(transaminase)的催化下,可逆地把氨基酸的氨基转移给 α-酮酸,结果是氨基酸脱去氨基生成相应的 α-酮酸,而原来的 α-酮酸接受氨基则转变成另一种氨基酸。

$$\underset{\text{COOH}}{\overset{R_1}{\underset{|}{\overset{|}{H-C-NH_2}}}} + \underset{\text{COOH}}{\overset{R_2}{\underset{|}{\overset{|}{H-C=O}}}} \underset{转氨酶}{\rightleftharpoons} \underset{\text{COOH}}{\overset{R_1}{\underset{|}{\overset{|}{H-C=O}}}} + \underset{\text{COOH}}{\overset{R_2}{\underset{|}{\overset{|}{H-C-NH_2}}}}$$

2. 转氨酶 转氨酶亦称氨基转移酶(amino transferase),广泛分布于体内各组织中,其中以肝脏及心肌含量最为丰富。体内也存在着多种转氨酶,不同氨基酸与 α-酮酸之间的转氨基作用只能由专一的转氨酶催化。转氨基作用的平衡常数接近 1.0,所以反应是完全可逆的。不仅可促进氨基酸的脱氨基作用,亦可由 α-酮酸合成相应的氨基酸。这是机体合成非必需氨基酸的重要途径。除赖氨酸、苏氨酸、脯氨酸及羟脯氨酸外,大多数氨基酸都能进行转氨基作用。除 α-氨基外,氨基酸侧链末端的氨基也可通过转氨基作用而脱去,如鸟氨酸的 δ-氨基可通过转氨基作用而脱去。

在各种转氨酶中,以 L-谷氨酸和 α-酮酸的转氨酶最为重要。例如丙氨酸转氨酶(alanine transaminase,ALT)又称谷丙转氨酶(glutamic pyruvic transaminase,GPT),及天冬氨酸转氨酶(aspartate transaminase,AST)又称谷草转氨酶(glutamic oxaloacetic transaminase,GOT)在体内广泛存在,但各组织中的含量不同(表 9-1),ALT 及 AST 催化的反应如下。

$$\underset{\text{谷氨酸}}{\overset{\text{COOH}}{\underset{|}{\overset{|}{\underset{\text{COOH}}{\underset{|}{\overset{|}{(CH_2)_2}}}{CHNH_2}}}}} + \underset{\text{丙酮酸}}{\overset{\text{CH}_3}{\underset{|}{\overset{|}{\underset{\text{COOH}}{C=O}}}}} \underset{ALT}{\rightleftharpoons} \underset{\text{α-酮戊二酸}}{\overset{\text{COOH}}{\underset{|}{\overset{|}{\underset{\text{COOH}}{\underset{|}{\overset{|}{(CH_2)_2}}}{C=O}}}}} + \underset{\text{丙氨酸}}{\overset{\text{CH}_3}{\underset{|}{\overset{|}{\underset{\text{COOH}}{CHNH_2}}}}}$$

$$\underset{\text{谷氨酸}}{\overset{\text{COOH}}{\underset{|}{\overset{|}{\underset{\text{COOH}}{\underset{|}{\overset{|}{(CH_2)_2}}}{CHNH_2}}}}} + \underset{\text{草酰乙酸}}{\overset{\text{COOH}}{\underset{|}{\overset{|}{\underset{\text{COOH}}{\underset{|}{\overset{|}{CH_2}}}{C=O}}}}} \underset{AST}{\rightleftharpoons} \underset{\text{α-酮戊二酸}}{\overset{\text{COOH}}{\underset{|}{\overset{|}{\underset{\text{COOH}}{\underset{|}{\overset{|}{(CH_2)_2}}}{C=O}}}}} + \underset{\text{天冬氨酸}}{\overset{\text{COOH}}{\underset{|}{\overset{|}{\underset{\text{COOH}}{\underset{|}{\overset{|}{CH_2}}}{CHNH_2}}}}}$$

表 9-1 正常人各组织中 ALT 及 AST 活性(单位/克组织)

组织	ALT	AST	组织	ALT	AST
肝	44000	142000	胰腺	2000	28000
肾	19000	91000	脾	1200	14000
心	7100	156000	肺	700	10000
骨骼肌	4800	99000	血清	16	20

肝组织中 ALT 活性最高,心肌组织中 AST 活性最高。正常情况下,转氨酶主要存在于细胞内。

当组织细胞处理缺氧或炎症等状态时,由于细胞膜通透性增加或细胞破坏,转氨酶可大量释放入血,导致血清转氨酶活性明显增强。例如急性肝炎患者血清中 ALT 活性增强,心肌梗死患者血清中 AST 活性明显增强。因此,临床上血清中转氨酶活性的测定可作为对某些疾病的诊断、疗效观察以及预后判断的参考指标之一。

3. 转氨基作用机制 转氨酶的辅酶都是维生素 B_6 的磷酸酯,即磷酸吡哆醛,它结合于转氨酶活性中心赖氨酸的 ε-氨基上。转氨基过程中,磷酸吡哆醛先接受氨基酸的氨基转变成磷酸吡哆胺,同时氨基酸则转变成 α-酮酸。磷酸吡哆胺进一步将氨基转移给另一种 α-酮酸而生成相应氨基酸,同时磷酸吡哆胺又转变成磷酸吡哆醛。在转氨酶催化下,磷酸吡哆醛与磷酸吡哆胺的这种相互转变起着传递氨基的作用,反应过程如下。

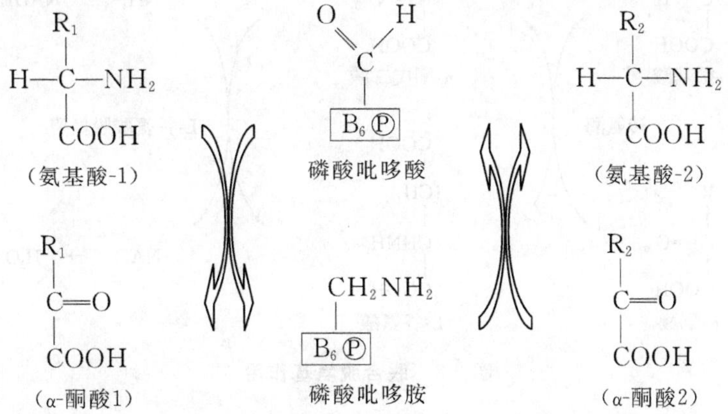

（二）氧化脱氨基作用

催化氨基酸发生氧化脱氨基作用（oxidative deamination）的酶有两类,L-谷氨酸脱氢酶（L-glutamate dehydrogenase）和氨基酸氧化酶。

1. L-谷氨酸脱氢酶 L-谷氨酸脱氢酶在肝、肾、脑等组织中活性较强,是一种不需氧脱氢酶。但骨骼肌和心肌中活性较弱。许多氨基酸的氨基经转氨基作用被密集在 α-酮戊二酸上生成 L-谷氨酸,L-谷氨酸脱氢酶催化 L-谷氨酸氧化脱氨生成 α-酮戊二酸,辅酶是 NAD^+ 或 $NADP^+$。L-谷氨酸脱氢酶是唯一既能利用 NAD^+ 又能利用 $NADP^+$ 接受还原当量的酶,其催化的反应可逆,根据机体的状态决定合成谷氨酸还是分解谷氨酸。

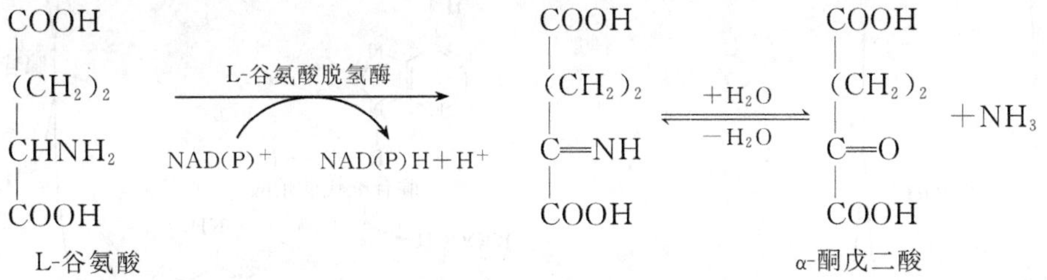

L-谷氨酸脱氢酶是一种变构酶,由 6 个相同的亚基聚合而成,每个亚基的相对分子质量为56000。已知 GTP 和 ATP 是此酶的变构抑制剂,而 GDP 和 ADP 是变构激活剂。因此,当体内GTP 和 ATP 不足时,谷氨酸加速氧化脱氨,这对于氨基酸氧化供能起着重要的调节作用。

2. 氨基酸氧化酶 氨基酸氧化酶在体内分布不广,活性也不高,对脱氨作用并不重要。但在肝肾组织中还存在一种 L-氨基酸氧化酶,属黄素酶类,其辅基是 FMN 或 FAD。这些能够自动氧化的黄素蛋白将氨基酸氧化成 α-亚氨基酸,再加水分解成相应的 α-酮酸,并释放 NH_4^+,氧分子再直接氧化还原型黄素蛋白形成过氧化氢（H_2O_2）,H_2O_2 被过氧化氢酶裂解成 O_2 和 H_2O,过氧化氢酶存在于大多数组织中,尤其是肝。

（三）联合脱氨基作用

1. 转氨基作用与谷氨酸的氧化脱氨基作用偶联 转氨酶与 L-谷氨酸脱氢酶协同作用,即转氨基作用与谷氨酸的氧化脱氨基作用偶联进行,使大多数氨基酸脱去氨基生成 NH_3 及相应的 α-酮酸。转氨基作用与谷氨酸的氢化脱氨基作用的结合称为转氨脱氨作用(transdeamination),又称联合脱氨基作用。由于 L-谷氨酸脱氢酶的组织特异性,此类联合脱氨基作用主要发生在肝、肾等组织中。

其过程如下:氨基酸首先与 α-酮戊二酸在转氨酶作用下生成 α-酮酸和谷氨酸,然后谷氨酸再经 L-谷氨酸脱氢酶作用,脱去氨基而生成 NH_3 和 α-酮戊二酸,后者再继续参与转氨基作用(图 9-8)。联合脱氨基作用的全过程是可逆的,因此这一过程也是体内合成非必需氨基酸的主要途径。

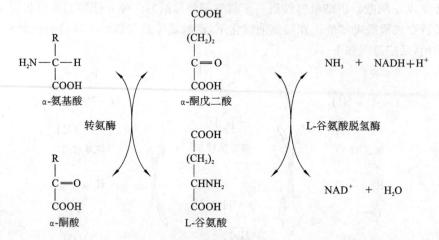

图 9-8　联合脱氨基作用

2. 嘌呤核苷酸循环　由于骨骼肌和心肌中 L-谷氨酸脱氢酶的活性弱,难以通过上述方式的联合脱氨基过程脱去氨基。在肌肉组织中存在着另一种氨基酸脱氨基反应,即通过嘌呤核苷酸循环(purine nucleotide cycle)脱去氨基(图 9-9)。

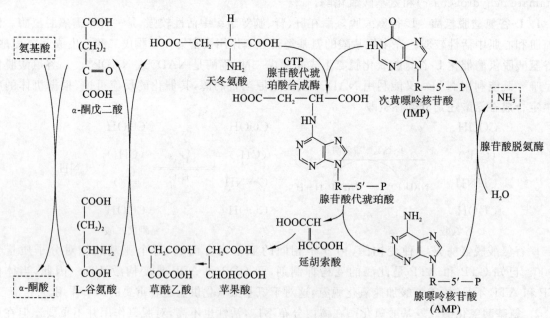

图 9-9　嘌呤核苷酸循环

在嘌呤核苷酸的循环过程中,氨基酸首先通过连续的转氨基作用将氨基转移给草酰乙酸,生成天冬氨酸;天冬氨酸与次黄嘌呤核苷酸(IMP)反应生成腺苷酸代琥珀酸,后者经过裂解,释放出延胡索酸并生成腺嘌呤核苷酸(AMP)。AMP 在腺苷酸脱氨酶(此酶在肌组织中活性较强)催化下脱去氨基,最终完成氨基酸的脱氨基作用。IMP 可以再参与下一循环。由此可见,嘌呤核苷酸循环与转氨基作用相偶联实际上也可以看成是另一种形式的联合脱氨基作用。

（四）非氧化脱氨基作用

1. 脱水脱氨基 丝氨酸在脱水酶催化下，先脱去水，再水解为丙酮酸和氨。

2. 脱硫化氢脱氨基 半胱氨酸经脱硫化氢酶作用，先脱下 H_2S，然后水解生成丙酮酸和氨。

3. 直接脱氨基 天冬氨酸在天冬氨酸酶的催化下，生成延胡索酸和氨。

二、氨的代谢

氨是机体正常代谢的产物，且具有毒性，尤其脑组织对氨的毒性作用特别敏感。家兔血液若每百毫升中氨含量达到 5 mg，即中毒死亡。机体内代谢产生的氨以及消化道吸收的氨进入血液中，形成血氨。哺乳动物体内氨的主要去路是在肝脏合成尿素，再经肾脏排出。一般来说，除门静脉血液外，体内血液中氨的浓度很低。正常人血浆中氨的浓度一般不超过 $47\sim65$ $\mu mol/L$（1 mg/L）。严重肝病患者尿素合成功能降低，血氨水平升高，引起脑功能紊乱，常与肝性脑病的发病有关。

（一）血氨的来源

人体血液中氨的来源主要有三个，即各组织器官中氨基酸及胺分解产生的氨释放入血、肠道吸收的氨以及肾小管上皮细胞分泌的氨。

1. 氨基酸脱氨基作用和胺分解产生的氨 氨基酸脱氨基作用产生的氨是血氨的主要来源，胺类分解也可以产生氨。其反应如下：

$$RCH_2NH_2 \xrightarrow{\text{胺氧化酶}} RCHO + NH_3$$

2. 肠道吸收的氨 凡从肠道吸收入血的氨均称为外源氨，主要有两个来源：①蛋白质和氨基酸在肠道细菌腐败作用下产生氨；②血液中的尿素渗入肠道，受细菌脲酶水解而生成氨。肠道产氨量较多，每天约 4 g，并能吸收入血。在肠道中，NH_3 比 NH_4^+ 更易于穿过细胞膜而被吸收，在碱性环境中，NH_4^+ 倾向于转变成 NH_3。当肠道 pH 值偏碱时，氨的吸收加强。临床上对高血氨患者采用弱酸性透析液做结肠透析。禁止用碱性肥皂水灌肠，就是为了减少肠道氨的吸收。

3. 肾小管上皮细胞分泌的氨 肾小管上皮细胞中的谷氨酰胺在谷氨酰胺酶的催化下水解成谷氨酸和 NH_3，这部分氨分泌到肾小管腔中主要与尿中的 H^+ 结合成 NH_4^+，以铵盐的形式由尿排出体外，这对调节机体的酸碱平衡起着重要作用。酸性尿有利于肾小管细胞中的氨扩散入尿，但碱性尿则可妨碍肾小管细胞中的 NH_3 排泄，而易被重吸收入血，引起血氨水平升高。因此，临床上对肝硬化而产生腹腔积液的患者，为减少肾小管对氨的重吸收，不宜使用碱性利尿药（如氢氯噻嗪），以免血氨水平升高。

（二）氨的转运

氨是有毒物质，各组织中产生的氨如何以无毒的方式经血液运输到肝合成尿素或运输到肾以铵盐的形式排出？现已知，氨在血液中主要是以丙氨酸及谷氨酰胺两种形式转运。

1. 丙氨酸-葡萄糖循环 骨骼肌中的氨基酸经转氨基作用将氨基转给丙酮酸生成丙氨酸，丙氨酸经血液运到肝。在肝中，丙氨酸通过联合脱氨基作用，生成丙酮酸，并释放出氨。在肝脏，氨合成尿素，丙酮酸经糖异生途径生成葡萄糖。葡萄糖由血液输送到肌肉，沿糖酵解途径转变成丙酮酸，后者再接受氨基而生成丙氨酸。丙氨酸和葡萄糖反复地在肌肉和肝脏之间进行氨的转运，故将此途径称为丙氨酸-葡萄糖循环（alanine-glucose cycle）。通过这个循环，既可使骨骼肌中的氨以无毒的丙氨酸形式运输到肝，同时，肝又为骨骼肌提供了生成丙酮酸的葡萄糖（图 9-10）。

2. 谷氨酰胺的运氨作用 谷氨酰胺是氨的另一种转运形式，它主要从脑、肌肉等组织向肝或肾转运氨。在脑和骨骼肌等组织中，氨与谷氨酸在谷氨酰胺合成酶（glutamine synthetase）的催化下合成谷氨酰胺，并由血液输送到肝或肾，再经谷氨酰胺酶（glutaminase）水解成谷氨酸及氨。谷氨酰胺的合成与分解是由不同酶催化的不可逆反应，其合成需要 ATP 参与，并消耗能量。临床上对氨中毒患者可服用或输入谷氨酸盐，以降低氨的浓度。

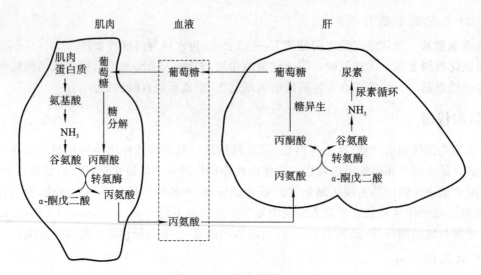

图 9-10 丙氨酸-葡萄糖循环

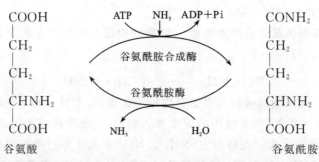

谷氨酰胺既是氨的解毒产物,也是氨的储存及运输形式。谷氨酰胺在肾脏分解生成氨与谷氨酸,氨与原尿中 H^+ 结合形成铵盐随尿排出,这也有利于调节酸碱平衡。

(三)氨的去路

正常情况下,体内生成的氨主要在肝合成尿素;其次氨还与谷氨酸反应生成谷氨酰胺;在肾小管上皮细胞中通过谷氨酰胺酶的作用水解成氨和谷氨酸,前者与尿液中 H^+ 结合生成 NH_4^+ 排出体外。氨还可以通过还原性加氨的方式固定在 α-酮戊二酸上而生成谷氨酸;谷氨酸的氨基又可以通过转氨基作用,转移给其他 α-酮酸,生成相应的氨基酸,从而合成某些非必需氨基酸。其中体内排泄氮中80%～90%以尿素的形式排泄,可见肝在氨解毒中起着重要作用。在这里主要介绍氨的主要代谢去路——合成尿素。

1. 鸟氨酸循环的发现　氨在体内的最主要去路是合成尿素,尿素生成过程又称为鸟氨酸循环。肝是合成尿素的最主要器官,肾及脑等其他组织虽然也能合成尿素,但合成量甚微。

早在 1932 年,德国学者 Krebs 和 Henseleit 首次提出了鸟氨酸循环(ornithine cycle)学说,又称尿素循环(urea cycle)或 Krebs-Henseleit 循环。鸟氨酸循环学说的实验依据如下:将大鼠肝的薄切片放在有氧条件下加铵盐保温数小时后,铵盐的含量减少,而同时尿素增多。另外,在切片中,分别加入不同的化合物,并观察它们对尿素生成的影响。发现鸟氨酸、瓜氨酸或精氨酸能够大大加速尿素的合成。根据以上三种氨基酸的结构推断,它们彼此相关,即鸟氨酸可能是瓜氨酸的前体,而瓜氨酸又是精氨酸的前体。进一步实验发现,当大量鸟氨酸与肝切片及 NH_4^+ 一起保温时,的确有瓜氨酸的积聚。基于这些事实,Krebs 和 Henseleit 提出了一个循环机制,即:鸟氨酸先与氨及 CO_2 结合生成瓜氨酸;然后瓜氨酸再接受 1 分子氨生成精氨酸;接着精氨酸又被水解产生尿素和新的鸟氨酸。此鸟氨酸又参与第二轮循环(图 9-11)。由此可见,在这个循环过程中,鸟氨酸所起的作用与三羧酸循环中草酰乙酸所起的作用类似。后来有人用放射性核素标记的 $^{15}NH_4Cl$ 或含 ^{15}N 的氨基酸饲养犬,发现随尿排出的尿素含有 ^{15}N,但鸟氨酸中不含 ^{15}N;用含 ^{14}C 标记的 $NaH^{14}CO_3$ 饲养犬,随尿排出

的尿素也含有 ^{14}C。由此进一步证实了尿素可由氨及 CO_2 合成。这是第一条被发现的循环代谢途径，比 Krebs 发现三羧酸循环还早 5 年。Krebs 一生提出的两个循环途径为生物化学的发展做出了重要贡献。

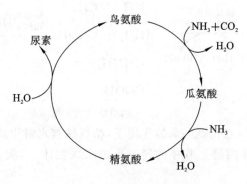

图 9-11　鸟氨酸循环简图

2. 鸟氨酸循环的反应过程　鸟氨酸循环的具体过程较为复杂，其详细反应过程可分为以下五步：

（1）氨基甲酰磷酸的合成：当 ATP、Mg^{2+} 及 N-乙酰谷氨酸（N-acetyl glutamic acid，AGA）存在时，NH_3 与 CO_2 可在氨基甲酰磷酸合成酶 I（carbamoyl phosphate synthetase I，CPS-I）的催化下，合成氨基甲酰磷酸。此反应是不可逆反应，需消耗 2 分子 ATP。

CPS-I 是一种变构酶，AGA 是此酶的变构激活剂，只有 AGA 存在时 CPS-I 才能被激活。AGA 的作用可能是使酶的构象改变，暴露了酶分子中的某些巯基，从而增加了酶与 ATP 的亲和力。CPS-I 和 AGA 都存在于肝细胞线粒体中。氨基甲酰磷酸是高能化合物，性质活泼。在酶的催化下易与鸟氨酸反应生成瓜氨酸。

$$NH_3+CO_2+H_2O+2ATP \xrightarrow[Mg^{2+},N-乙酰谷氨酸]{氨基甲酰磷酸合成酶} H_2N-COO{\sim}PO_3H_2+2ADP+Pi$$

（2）瓜氨酸的合成：在鸟氨酸氨基甲酰转移酶（ornithine carbamyl transferase，OCT）的催化下，氨基甲酰磷酸与鸟氨酸缩合生成瓜氨酸。OCT 也存在于肝细胞的线粒体中，并通常与 CPS-I 结合成酶的复合体。此反应也不可逆。

$$
\begin{array}{c}
NH_2 \\
| \\
(CH_2)_3 \\
| \\
CHNH_2 \\
| \\
COOH
\end{array}
+ H_2N-COO{\sim}\text{℗}
\xrightarrow{\text{鸟氨酸氨基甲酰转移酶}}
\begin{array}{c}
NH_2 \\
| \\
C=O \\
| \\
NH \\
| \\
(CH_2)_3 \\
| \\
CHNH_2 \\
| \\
COOH
\end{array}
+ H_3PO_4
$$

　　　　鸟氨酸　　　　　　　　　　　　　　　　　　　　瓜氨酸

（3）精氨酸代琥珀酸的生成：瓜氨酸在线粒体合成后，即被转运到线粒体外，在胞液中经精氨酸代琥珀酸合成酶（argininosuccinate synthetase）催化，与天冬氨酸反应生成精氨酸代琥珀酸，此反应由 ATP 供能。天冬氨酸为尿素分子提供了第二个氮原子。

（4）精氨酸代琥珀酸裂解成精氨酸与延胡索酸：精氨酸代琥珀酸在精氨酸代琥珀酸裂解酶的催化下，裂解成精氨酸与延胡索酸。反应产物精氨酸分子中保留了来自游离 NH_3 和天冬氨酸分子的氮。上述反应裂解生成的延胡索酸可经三羧酸循环的中间步骤转变成草酰乙酸，后者与谷氨酸进行转氨基反应，又可重新生成天冬氨酸，而谷氨酸的氨基可来自体内的多种氨基酸。由此可见，体内多种氨基酸的氨基可通过天冬氨酸的形式参与尿素的合成。

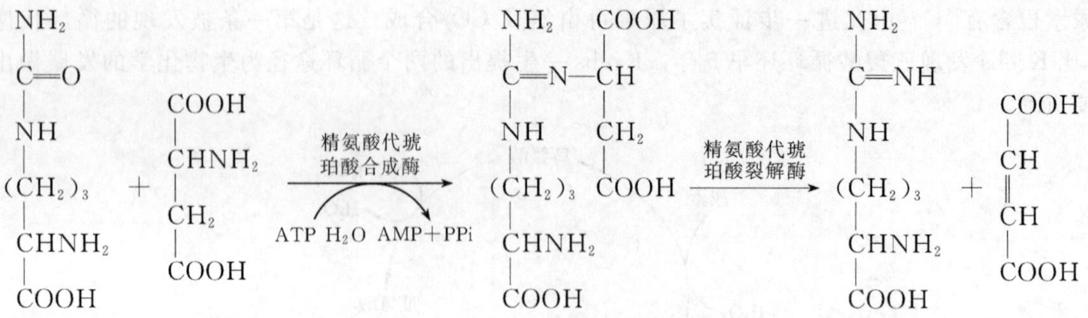

$$\text{瓜氨酸} \quad \text{天冬氨酸} \xrightarrow[\text{ATP H}_2\text{O AMP+PPi}]{\text{精氨酸代琥珀酸合成酶}} \text{精氨酸代琥珀酸} \xrightarrow{\text{精氨酸代琥珀酸裂解酶}} \text{精氨酸} \quad \text{延胡索酸}$$

（5）精氨酸水解生成尿素：在精氨酸酶的作用下，精氨酸被水解生成尿素和鸟氨酸，此反应在胞液中进行。鸟氨酸通过线粒体内膜上载体的转运再进入线粒体，再次参与瓜氨酸的合成。如此反复，尿素不断被合成。

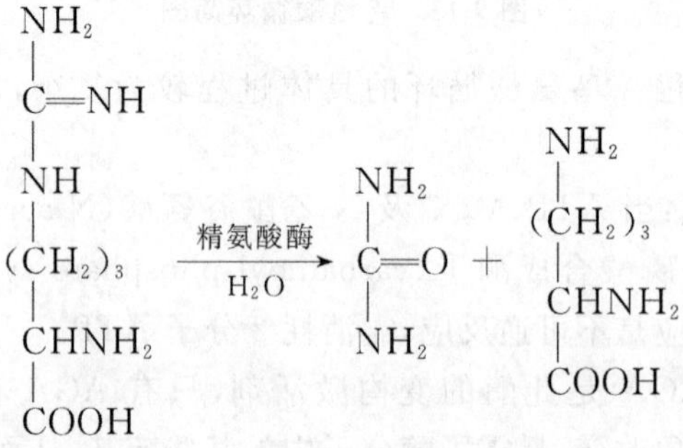

$$\text{精氨酸} \xrightarrow[\text{H}_2\text{O}]{\text{精氨酸酶}} \text{尿素} + \text{鸟氨酸}$$

尿素作为代谢终产物通过肾脏排出体外。综上所述，尿素合成的总反应为：

$$2NH_3 + CO_2 + 3ATP + 3H_2O \longrightarrow H_2N-CO-NH_2 + 2ADP + AMP + 4Pi$$

尿素合成的中间步骤及其在细胞中的定位如图 9-12 所示。

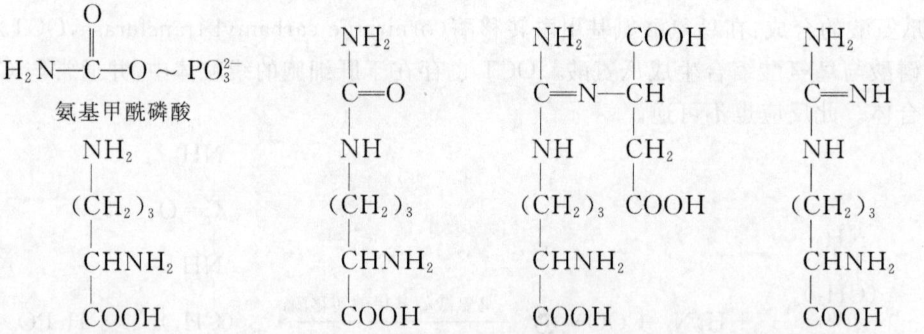

氨基甲酰磷酸 鸟氨酸 瓜氨酸 精氨酸代琥珀酸 精氨酸

从图 9-12 可见，合成尿素的两个氮原子，一个来自氨基酸脱氨基作用生成的氨，另一个则由天冬氨酸提供，而天冬氨酸又可由多种氨基酸通过转氨基反应生成。因此，尿素分子的两个氮原子都是直接或间接来源于氨基酸。另外，尿素的生成是耗能的过程，每合成 1 分子尿素需消耗 3 分子 ATP（4 个高能磷酸键）。

3. 尿素合成的调节 正常情况下，机体通过合适的速度合成尿素，以保证及时、充分地排出有毒的氨。尿素合成的速度可受多种因素的调节。

（1）膳食蛋白质的影响：高蛋白质膳食时尿素的合成速度加快，排出的含氮物中尿素约占 90%；反之，低蛋白质膳食时尿素合成速度减慢，尿素排出量可低于含氮排泄量的 60%。

（2）CPS- I 的调节：氨基甲酰磷酸的生成是尿素合成的一个重要步骤。AGA 是 CPS- I 的变构激活剂，由乙酰辅酶 A 和谷氨酸通过 AGA 合成酶催化而生成。精氨酸是 AGA 合成酶的激活剂，精氨酸浓度升高时，尿素生成量增加。在临床上常用精氨酸治疗高血氨症的患者，以促进尿素的合成。

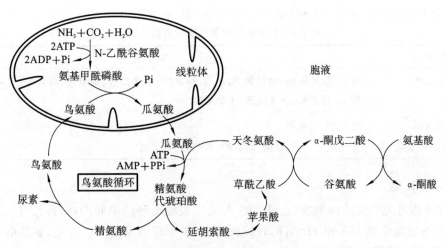

图 9-12　尿素合成的中间代谢途径和细胞定位

（3）尿素合成酶系的调节：在尿素合成的酶系中，以精氨酸代琥珀酸合成酶的活性最低（表 9-2），是尿素合成启动后的关键酶，可调节尿素的合成速度。

表 9-2　正常人肝尿素合成酶的相对活性

酶	相对活性
氨基甲酰磷酸合成酶	4.5
鸟氨酸氨基甲酰转移酶	163.0
精氨酸代琥珀酸合成酶	1.0
精氨酸代琥珀酸裂解酶	3.3
精氨酸酶	149.0

4. 高血氨症和氨中毒　正常情况下，血氨的来源与去路保持动态平衡，血氨浓度处于较低水平。当肝功能严重损伤或尿素合成相关酶遗传性缺陷时，尿素合成出现障碍，血氨浓度升高，称为高血氨症（hyperammonemia）。高血氨症严重者可导致肝性脑病（氨中毒），常见的临床症状包括厌食、呕吐、嗜睡甚至昏迷等。高血氨症的毒性作用机制尚不完全清楚，一般认为，正常时氨在脑组织可与 α-酮戊二酸结合生成谷氨酸，后者可进一步与氨结合生成谷氨酰胺而解毒。高血氨时脑中氨的持续增加，使 α-酮戊二酸减少，导致三羧酸循环减弱，ATP 生成减少，从而引起大脑功能障碍，严重者可发生昏迷。另一种机制可能是谷氨酸、谷氨酰胺增多，渗透压增大引起脑水肿。

三、α-酮酸的代谢

氨基酸脱氨基后生成的 α-酮酸（α-keto acid）可以进一步代谢，主要有生成非必需氨基酸、转变成糖或脂类以及氧化供能三方面的代谢途径。

（一）生成非必需氨基酸

人体内的一些非必需氨基酸可通过相应的 α-酮酸经氨基化而生成。例如，丙酮酸、草酰乙酸、α-酮戊二酸经氨基化可分别转变成丙氨酸、天冬氨酸、谷氨酸。

（二）转变成糖及脂类

在体内 α-酮酸可以转变成糖和脂类化合物。实验发现，用各种不同的氨基酸饲养人工造成糖尿病的犬时，大多数氨基酸可使尿中排出的葡萄糖增加，少数几种则可使葡萄糖及酮体排出同时增加，而亮氨酸和赖氨酸只能使酮体排出量增加。由此，将在体内可以转变成糖的氨基酸称为生糖氨基酸（glucogenic amino acid）；能转变成酮体者称为生酮氨基酸（ketogenic amino acid）；二者兼有者称为

NOTE

生糖兼生酮氨基酸(glucogenic and ketogenic amino acid)(表9-3)。

表 9-3　氨基酸生糖及生酮性质的分类

氨基酸类别	氨基酸
生糖氨基酸	甘氨酸、丝氨酸、缬氨酸、组氨酸、精氨酸、半胱氨酸、脯氨酸、丙氨酸、谷氨酸、谷氨酰胺、天冬氨酸、天冬酰胺、甲硫氨酸
生酮氨基酸	亮氨酸、赖氨酸
生糖兼生酮氨基酸	异亮氨酸、苯丙氨酸、酪氨酸、苏氨酸、色氨酸

(三) 氧化供能

α-酮酸在体内可先转变成丙酮酸、乙酰辅酶 A 或三羧酸循环的中间产物,再经过三羧酸循环与生物氧化体系彻底氧化成 CO_2 和 H_2O,同时释放能量,供生理活动需要。可见,氨基酸也是一类能源物质,但此作用可被糖和脂肪代替。

综上所述,氨基酸代谢和糖、脂肪的代谢密切相关。氨基酸可以转变为糖和脂肪;糖也可以转变为脂肪和一些非必需氨基酸的碳架部分。由此可见,三羧酸循环是物质代谢相互联系的枢纽,通过它可以使糖、脂肪酸及氨基酸完全氧化,也可使其彼此相互转变,构成一个完整的代谢枢纽(图 9-13)。

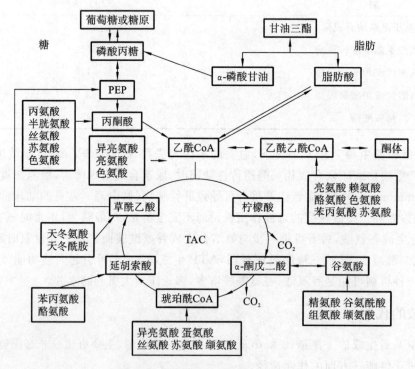

图 9-13　氨基酸、糖与脂肪代谢关系

第五节　一些氨基酸的特殊代谢

氨基酸的分解代谢,除脱氨基作用外,某些氨基酸还有特殊的代谢途径,通过这些代谢途径可以生成生物活性物质。本节首先介绍某些氨基酸的脱羧基作用和一碳单位的代谢,然后介绍含硫氨基酸、芳香族氨基酸及支链氨基酸的代谢。

一、氨基酸的脱羧基作用

体内部分氨基酸也可进行脱羧基作用（decarboxylation）生成相应的胺。催化脱羧反应的酶是氨基酸脱羧酶（amino acid decarboxylase），其辅酶是磷酸吡哆醛。体内胺类含量虽然不高，但具有重要的生理功能，例如，组氨酸脱羧基生成组胺，谷氨酸脱羧基生成 γ-氨基丁酸等，也有的氨基酸先经过羟化等变化后再脱羧基而生成胺。体内广泛存在着胺氧化酶（amine oxidase），能将胺氧化成为相应的醛类，再进一步氧化成羧酸，从而避免胺类在体内蓄积。胺氧化酶属于黄素蛋白酶，在肝中活性最强。下面列举几种氨基酸脱羧基产生的重要胺类物质。

（一）γ-氨基丁酸

谷氨酸经谷氨酸脱羧酶催化脱去羧基生成 γ-氨基丁酸（γ-aminobutyric acid，GABA），谷氨酸脱羧酶在脑、肾组织中活性很高，所以脑中 GABA 的含量较多。GABA 是抑制性神经递质，对中枢神经有抑制作用。临床上对妊娠呕吐和小儿抽搐患者常用维生素 B_6 治疗，加强氨基酸脱羧酶的活性，增加 GABA 的生成，以抑制神经过度兴奋。

$$
\begin{array}{c}
\text{COOH} \\
|\\
\text{CH}_2 \\
|\\
\text{CH}_2 \\
|\\
\text{CHNH}_2 \\
|\\
\text{COOH}
\end{array}
\xrightarrow[\text{CO}_2]{\text{L-谷氨酸脱羧酶}}
\begin{array}{c}
\text{COOH} \\
|\\
\text{CH}_2 \\
|\\
\text{CH}_2 \\
|\\
\text{CH}_2\text{NH}_2
\end{array}
$$

L-谷氨酸　　　　　　　　　　　γ-氨基丁酸

（二）组胺

组氨酸由组氨酸脱羧酶催化脱去羧基生成组胺（histamine）。组胺在体内分布广泛，乳腺、肺、肝、肌及胃黏膜中含量较高，主要存在于肥大细胞中。

组胺是一种强烈的血管扩张剂，并能增加毛细血管的通透性。组胺可使平滑肌收缩，引起支气管痉挛导致哮喘。组胺还能促进胃黏膜细胞分泌胃蛋白酶原及胃酸。创伤性休克或炎症病变部位可有组胺的释放。

$$
\text{组氨酸} \xrightarrow[\text{CO}_2]{\text{组氨酸脱羧酶}} \text{组胺}
$$

组氨酸　　　　　　　　　　　　　　　组胺

（三）牛磺酸

半胱氨酸首先氧化成磺酸丙氨酸，再脱去羧基生成牛磺酸（taurine）。牛磺酸是结合胆汁酸的结合剂。人体内牛磺酸主要来自食物，并且由肾脏排泄。

近年来的研究发现，牛磺酸具有广泛的生物学功能，脑组织中有较多的牛磺酸，它是一种中枢神经抑制性神经递质，有如下作用：①调节中枢神经系统的兴奋性；②维持正常的视觉和视网膜结构；③抗心律失常、降血压和保护心肌；④维持血液、免疫和生殖系统正常功能；⑤促进婴幼儿的生长发育，被认为是婴幼儿的必需营养素。其细胞保护作用表现为维持细胞内外渗透压平衡、直接稳膜作用、调节细胞钙稳态、清除自由基及抗脂质过氧化损伤等。

（四）5-羟色胺

在色氨酸羟化酶催化下，色氨酸先羟化生成 5-羟色氨酸，然后经脱羧酶催化生成 5-羟色胺（5-hydroxytryptamine，5-HT）。

5-羟色胺广泛分布于体内各组织中，除神经组织外，还存在于胃肠、血小板及乳腺细胞中。在脑组织中 5-羟色胺是一种抑制性神经递质,与人的镇静、镇痛和睡眠有关。在外周组织,5-羟色胺有很强的血管收缩作用。5-羟色胺经单胺氧化酶催化生成 5-羟色醛,进一步氧化生成 5-羟吲哚乙酸随尿排出。

$$\text{色氨酸} \xrightarrow{\text{色氨酸羟化酶}} \text{5-羟色氨酸}$$

$$\text{5-羟色氨酸} \xrightarrow[\underset{CO_2}{}]{\text{5-羟色氨酸脱羧酶}} \text{5-羟色胺}$$

(五)多胺

体内某些氨基酸经脱羧基作用可以产生多胺(polyamines),多胺是指含有多个氨基的化合物。例如:鸟氨酸脱羧基生成腐胺,腐胺再转变成精脒(spermidine)和精胺(spermine)。反应如下:

腐胺、精脒与精胺三者统称为多胺,是调节细胞生长的重要物质。鸟氨酸脱羧酶(orinithinedecarboxylase,ODC)是多胺合成的关键酶。凡生长旺盛的组织,如胚胎、再生肝、生长激素作用的细胞及肿瘤组织等,鸟氨酸脱羧酶的活性和多胺的含量都有所升高。多胺促进细胞增殖的机制可能与稳定核酸和细胞结构、促进核酸和蛋白质的合成有关。目前,临床上常把测定肿瘤患者血或尿中多胺的含量作为观察病情的指标之一。

$$L\text{-鸟氨酸} \xrightarrow[-CO_2]{\text{鸟氨酸脱羧酶}} H_2N-(CH_2)_4-NH_2(\text{腐胺})$$

$$S\text{-腺苷甲硫氨酸}(SAM) \xrightarrow[-CO_2]{SAM\text{脱羧酶}} \text{腺苷}-S-(CH_2)_3-NH_2(\text{脱羧基}SAM)$$

$$\text{腐胺}+\text{脱羧基}SAM \xrightarrow[-\text{腺苷}-S-CH_3]{\text{丙胺转移酶}} H_2N-(CH_2)_4-NH-(CH_2)_3-NH_2(\text{精脒})$$

$$\text{精脒}+\text{脱羧基}SAM \xrightarrow[-\text{腺苷}-S-CH_3]{\text{丙胺转移酶}} H_2N-(CH_2)_3-NH-(CH_2)_4-NH-(CH_2)_3-NH_2(\text{精胺})$$

二、一碳单位的代谢

(一)一碳单位与四氢叶酸

某些氨基酸在分解代谢过程中产生的含有一个碳原子的有机基团称为一碳单位(one carbon unit),主要包括甲基(—CH₃,methyl)、甲烯基(亚甲基,—CH₂—,methylene)、甲炔基(次甲基,=CH—,methenyl)、甲酰基(—CHO,formyl)及亚胺甲基(—CH=NH,formimino)等。但 CO_2 不属于一碳单位。

一碳单位主要来源于丝氨酸、甘氨酸、组氨酸和色氨酸的分解代谢,其中色氨酸分解后产生的甲酸直接提供甲酰基作为一碳单位的供体。

$$\text{丝氨酸}+FH_4 \underset{\text{磷酸吡哆醛}}{\overset{\text{丝氨酸羟甲基转移酶}}{\rightleftharpoons}} N^5,N^{10}\text{-甲烯四氢叶酸}+\text{甘氨酸}$$

$$\text{甘氨酸}+FH_4 \underset{NAD^+ \quad NADH+H^+}{\overset{\text{甘氨酸裂解酶}}{\rightleftharpoons}} N^5,N^{10}\text{-甲烯四氢叶酸}+NH_3+CO_2$$

$$组氨酸 \xrightarrow[\substack{H_2O \quad NH_3}]{组氨酸酶} 亚氨甲基谷氨酸 \xrightarrow[FH_4]{亚氨甲基转移酶} N^5\text{-}亚氨甲基四氢叶酸 + 谷氨酸$$

$$\big\updownarrow {}^{+NH_3}_{-NH_3}$$

$$色氨酸 \longrightarrow \longrightarrow HCOOH + 犬尿氨酸 \qquad N^5,N^{10}\text{-}甲炔四氢叶酸$$

$$FH_4 \Big\downarrow 甲酰四氢叶酸合成酶$$

$$N^{10}\text{-}甲酰四氢叶酸$$

一碳单位不能游离存在,常与四氢叶酸结合而进行转运并参与代谢。因此,四氢叶酸(FH_4)是一碳单位的运载体和代谢的辅酶。一般来说,一碳单位通常结合在 FH_4 分子的 N^5、N^{10} 位上。在哺乳类动物体内,四氢叶酸可由叶酸经二氢叶酸还原酶(dihydrofolate reductase)催化,分两步还原反应生成。四氢叶酸的化学结构以及其生成反应如下:

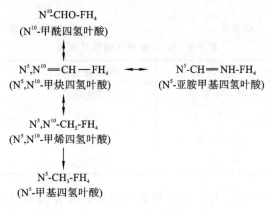

$$5,6,7,8\text{-}四氢叶酸(FH_4)$$

$$F \xrightarrow[\substack{NADPH + H^+ \quad NADP^+}]{FH_2 还原酶} FH_2 \xrightarrow[\substack{NADPH + H^+ \quad NADP^+}]{FH_2 还原酶} FH_4$$

(二) 一碳单位的相互转变

各种不同形式一碳单位中碳原子的氧化状态不同。在适当条件下,它们可以通过氧化还原反应而相互转变(图 9-14)。但在这些反应中,$N^5\text{-}CH_3\text{-}FH_4$ 的生成是不可逆的。

$$N^{10}\text{-}CHO\text{-}FH_4$$
$$(N^{10}\text{-}甲酰四氢叶酸)$$

$$N^5,N^{10}=CH-FH_4 \longleftrightarrow N^5\text{-}CH=NH\text{-}FH_4$$
$$(N^5,N^{10}\text{-}甲炔四氢叶酸) \qquad (N^5\text{-}亚胺甲基四氢叶酸)$$

$$N^5,N^{10}\text{-}CH_2\text{-}FH_4$$
$$(N^5,N^{10}\text{-}甲烯四氢叶酸)$$

$$N^5\text{-}CH_3\text{-}FH_4$$
$$(N^5\text{-}甲基四氢叶酸)$$

图 9-14 一碳单位的相互转变

(三) 一碳单位的生理功能

某些氨基酸代谢产生的一碳单位作为合成嘌呤及嘧啶的原料,故在核酸生物合成中占有重要地位。由此可见,一碳单位将氨基酸代谢与核酸代谢密切联系起来。例如,$N^{10}\text{-}CHO\text{-}FH_4$ 与 $N^5,N^{10}\text{-}CH\text{-}FH_4$ 分别提供嘌呤合成时 C_2 与 C_8 的来源;$N^5,N^{10}\text{-}CH_2\text{-}FH_4$ 提供脱氧胸苷酸(dTMP)合成时甲基的来源(见第十章)。一碳单位的生成和(或)转运障碍,使核酸合成受阻,妨碍细胞增殖,造成某些病理情况,例如巨幼红细胞贫血等。磺胺类药物及某些抗恶性肿瘤药(甲氨蝶呤等)也正是分别通过干扰细菌及恶性肿瘤细胞的叶酸、四氢叶酸合成,进一步影响一碳单位代谢与核酸合成而发挥其药理作用。

三、含硫氨基酸的代谢

体内的含硫氨基酸有三种,甲硫氨酸、半胱氨酸和胱氨酸。这三种氨基酸的代谢是相互联系的,甲硫氨酸(又称蛋氨酸)可以转变为半胱氨酸和胱氨酸,半胱氨酸和胱氨酸也可以互变,但后两者不能转变为甲硫氨酸,所以甲硫氨酸是营养必需氨基酸。

(一)甲硫氨酸的代谢

1. 甲硫氨酸与转甲基作用　甲硫氨酸分子中含有 S-甲基,通过转甲基作用可以生成多种含甲基的重要生理活性物质,如肌酸、肾上腺素、肉碱等。但是,甲硫氨酸在转甲基之前,必须先与 ATP 作用,生成 S-腺苷甲硫氨酸(SAM),此反应由甲硫氨酸腺苷转移酶催化。SAM 中的甲基称为活性甲基,SAM 称为活性甲硫氨酸。活性甲硫氨酸在甲基转移酶(methyl transferase)的作用下,可将甲基转移至另一种物质,使其甲基化(methylation),而活性甲硫氨酸即变成 S-腺苷同型半胱氨酸,后者进一步脱去腺苷,生成同型半胱氨酸(homocysteine)。

甲基化作用是体内重要的代谢反应之一,具有广泛的生理意义(包括 DNA 与 RNA 的甲基化),而 SAM 则是体内最重要的甲基直接供给体。据统计,体内有 50 多种物质需要 SAM 提供甲基,生成甲基化合物,这些化合物是体内重要的生理活性物质。如肾上腺素、肌酸、胆碱、核酸中的稀有碱基等(表 9-4)。

$$
\begin{array}{ccc}
\text{S——CH}_3 & & \text{CH}_3 \\
| & & | \\
\text{CH}_2 & & \overset{+}{\text{S}}\text{——腺苷} \\
| & \xrightarrow{\text{腺苷转移酶}} & | \\
\text{CH}_2 & & \text{CH}_2 \\
| & \text{ATP}\quad\text{Pi+PPi} & | \\
\text{CHNH}_2 & & \text{CH}_2 \\
| & & | \\
\text{COOH} & & \text{CHNH}_2 \\
& & | \\
& & \text{COOH}
\end{array}
$$

甲硫氨酸　　　　　　　　　　　　　S-腺苷甲硫氨酸

表 9-4　SAM 参与的转甲基作用

甲基接受体	甲基化合物	甲基接受体	甲基化合物
去甲肾上腺素	肾上腺素	RNA	甲基化 RNA
胍乙酸	肌酸	DNA	甲基化 DNA
磷脂酰乙醇胺	磷脂酰胆碱	蛋白质	甲基化蛋白质
γ-氨基丁酸	肉毒碱	烟酰胺	N-甲基烟酰胺

2. 甲硫氨酸循环　甲硫氨酸在体内最主要的分解代谢途径是通过转甲基作用提供活性甲基,与此同时产生的 S-腺苷同型半胱氨酸进一步转变成同型半胱氨酸。同型半胱氨酸可以接受 N^5-CH_3-FH_4 提供的甲基,重新生成甲硫氨酸,形成一个循环过程,即甲硫氨酸循环(methionine cycle)(图 9-15)。体内约 50% 的同型半胱氨酸经此途径重新合成甲硫氨酸。

尽管上述循环可以生成甲硫氨酸,但体内不能合成同型半胱氨酸,只能由甲硫氨酸转变而来,所以实际上体内仍然不能合成甲硫氨酸,必须由食物供给。

这个循环的生理意义是由 N^5-CH_3-FH_4 提供甲基合成甲硫氨酸,再通过此循环生成的 SAM 提供甲基,以保证体内广泛存在的甲基化反应的进行。因此,N^5-CH_3-FH_4 可看成是体内甲基的间接供体。

应当注意的是,由 N^5-CH_3-FH_4 提供甲基使同型半胱氨酸转变成甲硫氨酸的反应是目前已知体内能利用 N^5-CH_3-FH_4 的唯一反应。催化此反应的 N^5-甲基四氢叶酸转甲基酶,又称为甲硫氨酸合

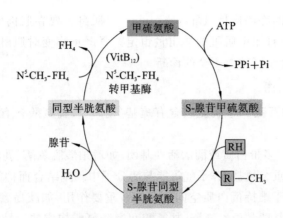

图 9-15 甲硫氨酸循环

成酶(methionine synthase),其辅酶是维生素 B_{12},它参与甲基的转移。维生素 B_{12} 缺乏时,N^5-CH_3-FH_4 上的甲基不能转移,这不仅不利于甲硫氨酸的生成,同时也影响四氢叶酸的再生,使组织中游离的四氢叶酸含量减少,导致核酸合成障碍,影响细胞分裂。可见,维生素 B_{12} 不足时可引起巨幼红细胞性贫血;同时同型半胱氨酸在血中浓度升高,可能是动脉粥样硬化和冠心病的独立危险因子。研究发现同型半胱氨酸作用机制包括刺激心血管细胞增殖等多种作用,从而引起更为广泛的医学问题。如果由于遗传缺陷造成甲硫氨酸代谢障碍,引起血清同型半胱氨酸水平增高,通常死于心肌梗死、脑卒中等,患儿往往由于严重的心血管疾病而早死。

3. 肌酸的合成 肌酸(creatine)和磷酸肌酸(creatine phosphate)是能量储存、利用的重要化合物。肌酸以甘氨酸为骨架,由精氨酸提供脒基,S-腺苷甲硫氨酸供给甲基而合成(图 9-16)。肝是合成肌酸的主要器官。在肌酸激酶(creatine kinase 或 creatine phosphokinase,CPK)的催化下,肌酸转变成磷酸肌酸。磷酸肌酸是高能磷酸化合物。磷酸肌酸在心肌、骨骼肌及大脑中含量丰富。

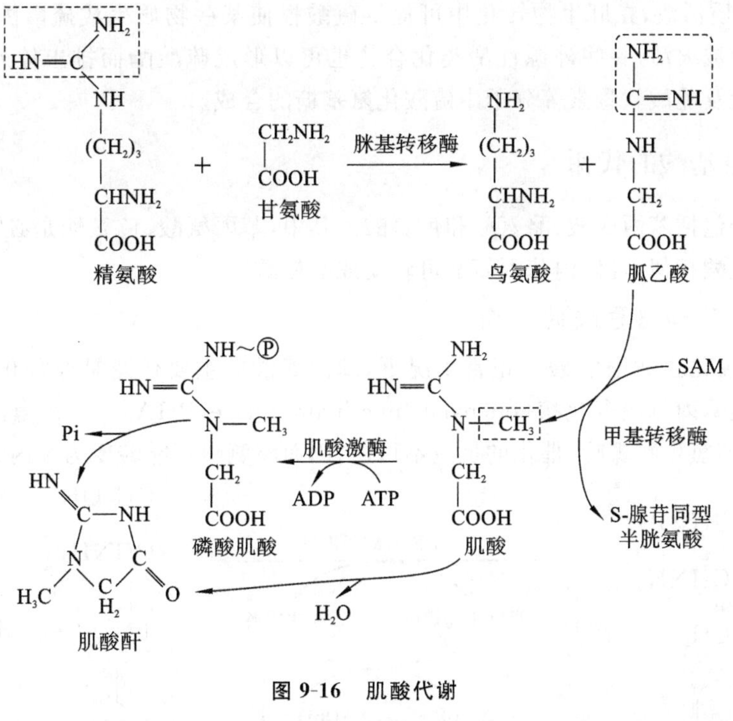

图 9-16 肌酸代谢

肌酸激酶由两种亚基组成,即 M 亚基(肌型)与 B 亚基(脑型),有三种同工酶:MM 型、MB 型及 BB 型。它们在体内各组织中的分布不同,MM 型主要在骨骼肌中,MB 型主要在心肌中,BB 型主要在脑中。心肌梗死时,血中 MB 型肌酸激酶活性增强,可作为辅助诊断的指标之一。

肌酸和磷酸肌酸代谢的终产物是肌酐(creatinine)。肌酐主要在肌肉中通过磷酸肌酸的非酶促反应而生成。正常成人,每日尿中肌酐的排出量恒定。肾严重病变时肌酐排泄受阻,血中肌酐浓度升高,血中肌酐的测定有助于肾功能不全的诊断。

(二) 半胱氨酸的代谢

1. 半胱氨酸与胱氨酸互变　半胱氨酸含有巯基(—SH),胱氨酸含有二硫键(—S—S—),二者可通过氧化还原反应互变。

　　半胱氨酸的—SH 是许多蛋白质或酶的活性基团,如琥珀酸脱氢酶、乳酸脱氢酶等均含有—SH,称为巯基酶。一些毒物如重金属盐、芥子气等能与酶分子中巯基结合而抑制酶活性。两个半胱氨酸残基间所形成的二硫键对于维持蛋白质空间构象起着重要作用,如胰岛素 A、B 链之间的二硫键断裂可失去生物活性。谷胱甘肽是由谷氨酸、甘氨酸和半胱氨酸构成的三肽,还原型谷胱甘肽(GSH)与氧化型谷胱甘肽(GSSH)互变在保护细胞膜和细胞内巯基酶与蛋白质生物活性中起重要作用。

$$2 \begin{array}{c} CH_2SH \\ | \\ CH—NH_2 \\ | \\ COOH \end{array} \underset{+2H}{\overset{-2H}{\rightleftharpoons}} \begin{array}{c} CH_2—S—S—CH_2 \\ | \qquad\qquad | \\ CH—NH_2 \quad CH—NH_2 \\ | \qquad\qquad | \\ COOH \qquad COOH \end{array}$$

2. 硫酸根的代谢　含硫氨基酸氧化分解均可以产生硫酸根,但半胱氨酸是体内硫酸根的主要来源。半胱氨酸直接脱去巯基和氨基,生成丙酮酸、NH_3 和 H_2S。H_2S 再经氧化生成 H_2SO_4。体内的硫酸根一部分以无机盐形式随尿排出,另一部分则经 ATP 活化成活性硫酸根,即 3′-腺苷-5′-磷酸硫酸(3′-phospho-adenosine-5′-phospho-sulfate,PAPS)。反应过程如下:

$$SO_4^{2-} + ATP \xrightarrow{\text{硫酸化酶}} \text{腺苷-5′-磷酰硫酸} \xrightarrow[ATP \quad ADP]{\text{腺苷酰硫酸磷酸激酶}} \text{3′-磷酸腺苷-5′-磷酰硫酸 (PAPS)}$$

　　PAPS 化学性质活泼,在肝生物转化中可提供硫酸根使某些物质生成硫酸酯。例如,类固醇激素可形成硫酸酯而被灭活,一些外源性酚类化合物也可以形成硫酸酯而排出体外。此外,PAPS 还可参与硫酸角质素及硫酸软骨素等分子中硫酸化氨基糖的合成。

四、芳香族氨基酸的代谢

　　芳香族氨基酸包括苯丙氨酸、酪氨酸和色氨酸。其中,苯丙氨酸、色氨酸是必需氨基酸。苯丙氨酸在结构上与酪氨酸相似,且体内苯丙氨酸可转变成酪氨酸。

(一) 苯丙氨酸和酪氨酸的代谢

1. 苯丙氨酸羟化生成酪氨酸　正常情况下,苯丙氨酸的主要代谢是经羟化作用生成酪氨酸。催化此反应的酶是苯丙氨酸羟化酶(phenylalanine hydroxylase,PHA)。苯丙氨酸羟化酶是一种单加氧酶,其辅酶是四氢生物蝶呤,催化的反应不可逆,因而酪氨酸不能转变为苯丙氨酸。

2. 生成苯丙酮酸及苯丙酮酸尿症　正常情况下苯丙氨酸除能转变为酪氨酸外,少量可经转氨基作用生成苯丙酮酸。当苯丙氨酸羟化酶先天性缺乏时,苯丙氨酸不能正常地转变成酪氨酸,体内蓄积的苯丙氨酸就会经转氨基作用生成大量苯丙酮酸,苯丙酮酸及其代谢产物随尿液排出,称为苯丙酮尿症(phenylketonuria,PKU)。

苯丙酮酸可进一步转变成苯乙酸等衍生物。

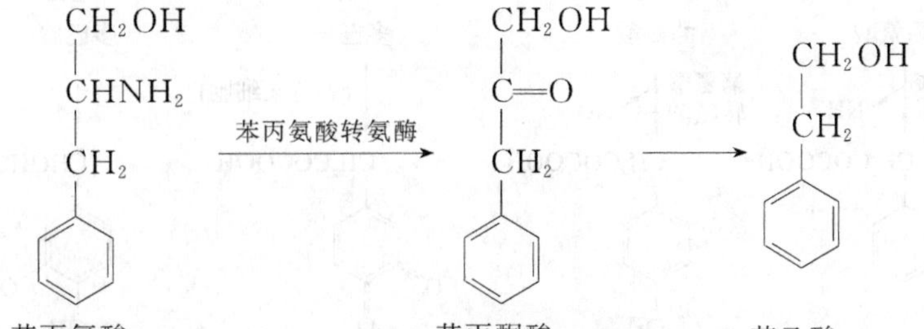

$$\underset{\text{苯丙氨酸}}{\begin{array}{c}CH_2OH\\ |\\ CHNH_2\\ |\\ CH_2\\ |\\ \bigcirc\end{array}} \xrightarrow{\text{苯丙氨酸转氨酶}} \underset{\text{苯丙酮酸}}{\begin{array}{c}CH_2OH\\ |\\ C=O\\ |\\ CH_2\\ |\\ \bigcirc\end{array}} \longrightarrow \underset{\text{苯乙酸}}{\begin{array}{c}CH_2OH\\ |\\ CH_2\\ |\\ \bigcirc\end{array}}$$

苯丙酮尿症为常染色体隐性遗传病,智力低下为本病最突出的表现。按酶缺陷的不同可分为经典型和四氢生物蝶呤(BH₄)缺乏型两种,大多数为经典型。经典型 PKU 是由于患儿肝细胞缺乏苯丙氨酸-4-羟化酶(基因位于 12q-22-24.1)所致。BH₄ 缺乏型 PKU 是由于缺乏鸟苷三磷酸环化水合酶(基因位于 14q22.1-q22.2)、二氢蝶呤还原酶(DHPR)。苯丙酮酸的堆积对中枢神经系统有毒性,故患儿的智力发育障碍。

本病为少数可治的遗传性代谢病之一,对此种患儿的治疗原则是早期发现,并适当控制膳食中的苯丙氨酸含量。我国有些地方正在开展新生儿的 PKU 筛查,旨在及时发现所有可疑的 PKU 婴儿,做出早期诊断,以便得到及时的治疗。

3. 儿茶酚胺和黑色素的合成 酪氨酸经酪氨酸羟化酶作用,生成 3,4-二羟苯丙氨酸(3,4-dihydroxyphenyalanine,dopa 多巴)。与苯丙氨酸羟化酶相似,此酶也是以四氢生物蝶呤为辅酶的单加氧酶。在多巴脱羧酶的作用,多巴转变成多巴胺(dopamine)。多巴胺是脑中的一种神经递质,帕金森病(Parkinsondisease)患者多巴胺生成减少。在肾上腺髓质中,多巴胺侧链的 β-碳原子可再被羟化,生成去甲肾上腺素(norepinephrine),后者经 N-甲基转移酶催化,由 S-腺苷甲硫氨酸提供甲基,转变成肾上腺素(epi-nephrine)。多巴胺、去甲肾上腺素、肾上腺素统称为儿茶酚胺(catecholamine),即含邻苯二酚的胺类。酪氨酸羟化酶是儿茶酚胺合成的关键酶,受终产物的反馈调节。

酪氨酸代谢的另一条途径是合成黑色素(melanin)。在黑色素细胞中酪氨酸酶(tyrosinase)的催化下,酪氨酸羟化生成多巴,后者经氧化、脱羧等反应转变成吲哚-5,6-醌。黑色素即是吲哚醌的聚合物。人体缺乏酪氨酸酶,黑色素合成障碍,导致皮肤、毛发等发白,称为白化病(albinism)。患者对阳光敏感,易患皮肤癌。

除上述代谢途径外,酪氨酸还可在酪氨酸转氨酶的催化下,生成对羟苯丙酮酸,后者经尿黑酸等中间产物进一步转变成延胡索酸和乙酰乙酸,二者分别参与糖和脂肪酸代谢。因此,苯丙氨酸和酪氨酸是生糖兼生酮氨基酸。先天性尿黑酸氧化酶缺陷患者,尿黑酸氧化障碍,可出现尿黑酸尿症(alkaptonuria)。

苯丙氨酸和酪氨酸代谢途径如图 9-17 所示。

(二)色氨酸的代谢

色氨酸除生成 5-羟色胺外,本身还可分解代谢。在肝中,色氨酸通过色氨酸加氧酶(又称吡咯酶)的作用,生成一碳单位。色氨酸分解可产生丙酮酸与乙酰乙酰辅酶 A,所以色氨酸是一种生糖兼生酮氨基酸。此外,色氨酸分解还可产生烟酸,这是体内合成维生素的特例,但其合成量甚少,不能满足机体的需要。

五、支链氨基酸的代谢

支链氨基酸包括亮氨酸、异亮氨酸和缬氨酸三种,它们都是营养必需氨基酸。这三种氨基酸分

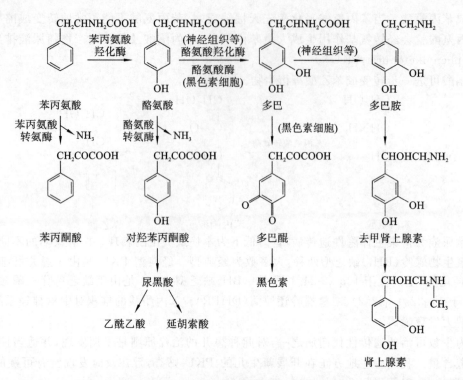

图 9-17　苯丙氨酸和酪氨酸的代谢途径

解代谢的开始阶段基本相同,先经转氨基作用,生成各自相应的 α-酮酸,然后分别进行代谢,经过若干步骤,亮氨酸分解产生乙酰辅酶 A 及乙酰乙酰辅酶 A;异亮氨酸分解产生乙酰辅酶 A 及琥珀酸单酰辅酶 A;缬氨酸分解产生琥珀酸单酰辅酶 A。因此,这三种氨基酸分别是生酮氨基酸、生糖兼生酮氨基酸及生糖氨基酸。支链氨基酸的分解代谢主要在骨骼肌中进行。氨基酸作为组成蛋白质的基本原料,还可以转变成其他多种含氮的生理活性物质,见表 9-5。

表 9-5　氨基酸衍生的重要含氮化合物

氨基酸	衍生的化合物	生理功能
天冬氨酸、谷氨酰胺、甘氨酸	嘌呤碱	含氮碱基、核酸成分
天冬氨酸	嘧啶碱	含氮碱基、核酸成分
甘氨酸	卟啉化合物	血红素、细胞色素
甘氨酸、精氨酸、蛋氨酸	肌酸、磷酸肌酸	能量储存
色氨酸	5-羟色胺、尼克酸	神经递质、维生素
苯丙氨酸、酪氨酸	儿茶酚胺、甲状腺素	神经递质、激素
酪氨酸	黑色素	皮肤色素
谷氨酸	γ-氨基丁酸	神经递质
蛋氨酸、鸟氨酸	精脒、精胺	细胞增殖促进剂
丝氨酸、蛋氨酸	胆碱	卵磷脂成分
半胱氨酸	牛磺酸	结合胆汁酸成分
精氨酸	NO	细胞内信号分子

小结

蛋白质的基本组成单位是氨基酸。氨基酸具有重要的生理功能,除主要作为合成蛋白质的原料外,还可以转变成核苷酸、某些激素、神经递质等含氮物质及氧化分解释放能量。人体内氨基酸来源如下:食物蛋白的消化吸收、组织蛋白质分解和体内合成。

氮平衡试验可反映机体对蛋白质的需要量。人体氮平衡有 3 种情况:氮总平衡、氮正平衡及氮负平衡。为了维持长期氮的总平衡我国营养学会推荐成人每日蛋白质需要量为 80 克。营养必需氨基酸是指体内不能合成必须由食物来供给的氨基酸。共有 8 种,包括苏氨酸、赖氨酸、色氨酸、甲硫氨酸、缬氨酸、亮氨酸、异亮氨酸、苯丙氨酸。蛋白质的营养价值主要取决于必需氨基酸的含量、种类及其比例。两种或两种以上营养价值较低的蛋白质混合食用,相互补充必需氨基酸的缺乏或不足,以提高蛋白质的营养价值称作蛋白质的互补作用。

食物蛋白质的消化主要在小肠内进行,由各种蛋白水解酶协同完成。水解生成的氨基酸通过载体蛋白和 γ-谷氨酰基循环吸收。未被消化的蛋白质和未被吸收的氨基酸在大肠下部发生腐败作用。腐败产物大多对人体有害,主要随粪便排出体外,部分被吸收进入体内,可在肝脏经生物转化后随尿排出。

体内蛋白质总是处于不断降解和合成的动态平衡中,即蛋白质的转换和更新。常用半寿期($t_{1/2}$)表示蛋白质更新的速度。蛋白质降解途径有两条:一条是不依赖 ATP 的溶酶体途径,该途径主要降解外源性蛋白质、膜蛋白以及半寿期长的蛋白质;另一条是依赖 ATP 和泛素的非溶酶体途径,主要降解半寿期较短或异常的蛋白质,被降解的蛋白质与泛素共价结合,蛋白酶体识别泛素化蛋白并将其降解为短肽和氨基酸。

外源性氨基酸与内源性氨基酸共同构成"氨基酸代谢库",参与体内代谢。氨基酸的一般分解代谢包括脱氨基作用和脱羧基作用,主要是脱氨基作用。脱氨基作用方式主要有转氨基作用、氧化脱氨基及联合脱氨基等。其中以联合脱氨基作用方式最重要,此途径是体内大多数氨基酸脱氨基的主要方式。由于该过程可逆,因此也是体内合成非必需氨基酸的重要途径。在骨骼肌等组织中,氨基酸主要通过嘌呤核苷酸循环脱去氨基。氨基酸脱氨基后生成氨及相应的 α-酮酸,这是氨基酸的主要分解途径。

α-酮酸是氨基酸的碳架。α-酮酸的代谢去路主要是部分生成非必需氨基酸,其余有些可转变成丙酮酸和三羧酸循环的中间产物而生成糖,有些可转变成乙酰 CoA 而生成脂类以及氧化分解供能。由此可见,在体内,氨基酸与糖及脂肪代谢有着广泛的联系。

氨对中枢神经系统有毒。血液中的氨主要以谷氨酰胺和丙氨酸两种形式运输。血氨来源有氨基酸脱氨基作用、胺类物质分解;肠道吸收的氨;肾小管分泌的氨。血氨的去路除在肾脏以铵盐形式排出和参与合成非必需氨基酸等外,主要是在肝脏合成尿素,合成机制是鸟氨酸循环,精氨酸代琥珀酸合成酶是尿素合成的限速酶。肝功能严重损伤时,可产生高氨血症及肝性脑病。体内少部分氨在肾以铵盐形式随尿排出。

脱羧基作用是一些氨基酸脱羧基生成的胺类物质和 CO_2,有些胺类在体内具有重要的生理功能,如 γ-氨基丁酸、组胺、5-羟色胺、牛磺酸、多胺等。催化氨基酸脱羧的酶为氨基酸脱羧酶,其辅酶为磷酸吡哆醛。

个别氨基酸的特殊代谢产物对机体也具有重要作用。某些氨基酸在分解代谢过程中产生含有一个碳原子的基团,称为一碳单位。如—CH_3、—CH_2—等,主要来自甘氨酸、丝氨酸、组氨酸和色氨酸。一碳单位的载体为四氢叶酸,通常结合在 FH_4 分子的 N^5、N^{10} 位上。一碳单位的主要生理作用是用于合成嘌呤、嘧啶、肾上腺素等重要物质的原料,同时也是联系氨基酸和核酸代谢的一个枢纽。

含硫氨基酸有甲硫氨酸、半胱氨酸及胱氨酸。甲硫氨酸的主要功能是通过甲硫氨酸循环生成 S-

腺苷甲硫氨酸（SAM），提供活性甲基，是体内甲基的直接供体。此外，还可参与肌酸等代谢。酶蛋白中半胱氨酸的自由巯基和许多酶的活性有关。半胱氨酸可转变成牛磺酸，后者是胆汁酸盐的成分。含硫氨基酸分子中的硫在体内可氧化生成硫酸，进而转变为活性硫酸根（PAPS）。

　　芳香族氨基酸包括苯丙氨酸、酪氨酸。苯丙氨酸羟化生成酪氨酸，进一步代谢可生成儿茶酚胺类及黑色素等。苯丙氨酸或酪氨酸代谢的酶缺陷症有多种，如苯丙氨酸羟化酶缺陷导致苯丙酮尿症，并可出现痴呆；酪氨酸酶缺陷则出现白化病等。

（苑　红）

第十章　核苷酸代谢

扫码看课件

　教学目标

- 核苷酸在代谢中的功能
- 核苷酸分解代谢的产物
- 核苷酸合成的原料、过程与调节
- 核苷酸相关代谢疾病及相关代谢拮抗物的作用机制

核苷酸既是核酸的基本单位,也是重要的新陈代谢中间物。核苷酸代谢包括分解代谢与合成代谢两个方面。核苷酸分解的磷酸与戊糖可以再循环利用,而碱基则一般转换为代谢废产物排出体外。人体细胞内主要以氨基酸等小分子为原料合成核苷酸,最先合成的是核苷一磷酸,核苷二磷酸与三磷酸产物以及脱氧核苷酸都是在此基础上修饰加工而成。核苷酸代谢异常可能导致代谢性疾病的发生。

第一节　核苷酸的功能

核苷酸是核酸的基本结构单位,也是核酸(RNA 与 DNA)合成的原料。实际上,核苷酸的作用远不止于此,核苷酸在细胞内还有多种其他重要作用,主要包括以下几个方面。

(一)腺嘌呤核苷三磷酸是通用的高能化合物

腺嘌呤核苷三磷酸(adenosine triphosphate,ATP)是细胞内的能量"货币",很多消耗能量的反应都以直接或间接水解 ATP 的方式进行。概括起来,消耗的 ATP 用于以下三种过程:一是物质跨膜主动运输,如 Na^+-K^+ ATP 酶,用消耗 ATP 的方式维持细胞膜内外 Na^+、K^+ 梯度;二是肌肉收缩,实际上是以 ATP 水解的能量驱动粗、细肌丝相对滑动;三是物质合成。而 ATP 再通过底物水平磷酸化和氧化磷酸化两种方式补充(图 10-1)。

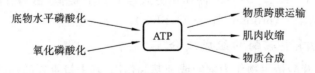

图 10-1　ATP 在能量代谢中的核心作用

(二)GTP、UTP、CTP 参与合成代谢

大多数需要能量的合成反应都直接由 ATP 提供能量,但也有部分物质的合成以其他核苷三磷酸为直接能量供体。消耗的核苷三磷酸再从 ATP 获得磷酸基团使其再生,归根结底都是由 ATP 提供的能量,但也不能忽视其他核苷三磷酸在这些物质合成中的作用。

1. GTP 在合成代谢中的作用　糖异生过程中,磷酸烯醇式丙酮酸羧激酶(phosphoenolpyruvate carboxykinase,PEPCK)催化草酰乙酸生成磷酸烯醇式丙酮酸的反应需要 GTP 提供能量,可见 GTP

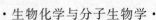

为糖异生所必需。

$$丙酮酸 \longrightarrow 草酰乙酸 \xrightarrow[\text{PEPCK}]{\text{GTP} \quad \text{GDP}} 磷酸烯醇式丙酮酸 \longrightarrow \longrightarrow 葡萄糖$$

嘌呤核苷酸的从头合成途径中,在 IMP 的基础上合成 AMP 也需要 GTP 提供能量。GTP 还参与蛋白质合成的多个过程,肽链的延长反应与核糖体在 mRNA 上的移位都需要 GTP 水解提供能量,每添加一个氨基酸残基需要消耗 2 分子 GTP,这相当于蛋白质合成过程消耗能量的一半。

除此之外,细胞内信号转导过程中的大量分子开关都以结合/水解 GTP 的方式改变其活性。如与 G 蛋白偶联受体协同作用的异三聚体 G 蛋白,其 α 亚基即是一个典型的分子开关,结合 GTP 后与 β、γ 亚基解离而发挥作用,同时它也具有 GTP 酶活性,将 GTP 水解为 GDP 后失活,再次与 β、γ 亚基结合而恢复初始状态。

2. UTP 参与糖原合成　葡萄糖作为糖原的结构单位,在参与糖原合成之前,必须先活化为 UDP-葡萄糖。以 UDP-葡萄糖而不是葡萄糖作为底物,可以使糖原合酶催化的反应在热力学上更利于往糖原合成的方向进行。此外,UTP 在糖脂及糖蛋白合成过程中也有类似的作用,其作用机制也一致,先将糖单位连接到尿嘧啶核苷酸上形成 UDP-糖中间物,再将其中的糖单位装载到糖脂或糖蛋白分子上。

$$葡萄糖 \xrightarrow{\text{UTP} \quad \text{Pi}} UDP\text{-}葡萄糖 \xrightarrow{\text{(糖原)}_n \quad \text{UDP}} \text{(糖原)}_{n+1}$$

3. CTP 参与磷脂的合成　甘油磷脂是生物膜的重要组成部分,磷脂酰胆碱与磷脂酰乙醇胺是含量最多的磷脂,人体细胞内这两种磷脂的合成都离不开 CTP 的作用。以磷脂酰胆碱为例,其原料磷酸胆碱必须首先与 CTP 作用形成 CDP-胆碱中间物,然后才能装载到二酰基甘油(DAG)上形成磷脂酰胆碱。磷脂酰乙醇胺的合成与磷脂酰胆碱类似;其他磷脂的合成也需要 CTP 辅助,只不过形成的胞嘧啶核苷酸中间物是 CDP-二酰基甘油,再与氨基醇结合生成相应磷脂。

$$磷酸胆碱 \xrightarrow{\text{CTP} \quad \text{PPi}} CDP\text{-}胆碱 \xrightarrow{\text{DAG} \quad \text{CMP}} 磷脂酰胆碱$$

(三)cAMP,cGMP 作为第二信使

第二信使是细胞外信号分子作用于靶细胞后在细胞内产生的小分子化合物,它们代谢迅速且移动灵活,便于将获得的信息增强、分化、整合并传递给效应器以发挥特定的生理功能或药理效应。cAMP、cGMP 是两个重要的第二信使。cAMP 由腺苷酸环化酶催化 ATP 水解而来,可以激活蛋白激酶 A(protein kinase A,PKA)。cGMP 的作用方式与 cAMP 类似,由鸟苷酸环化酶催化 GTP 水解而来,可以激活蛋白激酶 G(protein kinase G,PKG)。

(四)腺苷酸作为重要辅酶的组成成分

人体内还有很多核苷酸衍生物作为辅酶或辅基起作用,其中最重要的辅酶主要是 B 族维生素的腺苷酸衍生物,如黄素腺嘌呤二核苷酸(FAD)、尼克酰胺腺嘌呤二核苷酸(NADH)和辅酶 A 等。以 FAD 为例,经吸收的核黄素(维生素 B₂)进入细胞后,在黄素激酶作用下转变为 FMN,FMN 再经 FAD 焦磷酸化酶作用接受 ATP 的腺苷酸部分转变为 FAD。

$$核黄素 \xrightarrow{\text{ATP} \quad \text{ADP}} FMN \xrightarrow{\text{ATP} \quad \text{PPi}} FAD$$

第二节 核苷酸的合成与分解

核酸经各种核酸酶作用之后水解为核苷酸;核苷酸可进一步水解为核苷和磷酸,核苷和磷酸还可在核苷磷酸化酶作用下转变为碱基和戊糖-1-磷酸。核苷酸及其各种降解产物均可被细胞吸收利用。

$$核酸 \xrightarrow{核酸酶} 核苷酸 \xrightarrow{核苷酸酶} 核苷 + 磷酸 \underset{核苷磷酸化酶}{\xrightleftharpoons} 嘌呤或嘧啶 + 戊糖\text{-}1\text{-}磷酸$$

人体细胞内各种失去功能的 RNA 以及死亡细胞内的 DNA 也可被降解为核苷酸之后再利用。核苷酸最终可被分解为磷酸、戊糖与碱基,其中磷酸是重要的无机酸,可用于氧化磷酸化生成 ATP,同时也是糖酵解的原料。戊糖可经转醛,转酮反应生成葡萄糖,也可直接用于合成核苷酸;碱基则主要经适当加工之后作为代谢废产物而排出体外,少部分碱基可再利用于核苷酸的补救合成。

一、嘌呤核苷酸的代谢

(一)嘌呤碱的分解

嘌呤碱的分解首先需要在各种脱氨酶的作用下脱去嘌呤环上的氨基,最终变为黄嘌呤。脱氨反应既可以在碱基水平上进行,也可以在核苷或核苷酸水平进行。人体内腺嘌呤脱氨酶含量极低,而腺嘌呤核苷脱氨酶和腺嘌呤核苷酸脱氨酶的活性很高,因此人体内腺嘌呤的脱氨主要发生在核苷与核苷酸水平,然后再水解为次黄嘌呤进行后续的分解反应(图 10-2)。

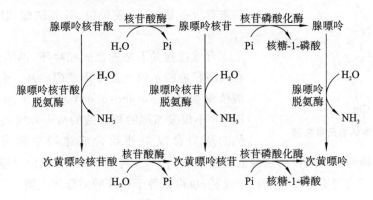

图 10-2 腺嘌呤脱氨

鸟嘌呤脱氨酶分布广泛,因此其脱氨主要发生在碱基水平。

$$鸟嘌呤 + H_2O \xrightarrow{鸟嘌呤脱氨酶} 黄嘌呤 + NH_3$$

次黄嘌呤和黄嘌呤在黄嘌呤氧化酶的作用下转变为尿酸。

$$次黄嘌呤 \xrightarrow[黄嘌呤氧化酶]{O_2 + H_2O \quad H_2O_2} 黄嘌呤 \xrightarrow[黄嘌呤氧化酶]{O_2 + H_2O \quad H_2O_2} 尿酸$$

人体内,尿酸作为嘌呤分解的终产物而排出体外,但其他动物还能将尿酸进一步分解(图 10-3)。

(二)嘌呤核苷酸的合成

细胞内有两种不同的方式合成嘌呤核苷酸。一种是以氨基酸及其他非碱基成分为原料,在磷酸核糖的基础上逐步形成嘌呤环而合成嘌呤核苷酸,称为从头合成途径。另一种方式是利用细胞内现成的嘌呤碱,将其与磷酸、核糖连接而合成嘌呤核苷酸,称为补救合成途径。

1. 从头合成次黄嘌呤核苷酸 人体可以利用氨基酸等小分子物质从头合成嘌呤核苷酸。同位

腺嘌呤

鸟嘌呤

次黄嘌呤 黄嘌呤氧化酶 黄嘌呤 黄嘌呤氧化酶 尿酸

人体内只进行虚线以上代谢

尿酸氧化酶

尿素

乙醛酸 尿囊酸 尿囊素

图 10-3 嘌呤碱的分解代谢

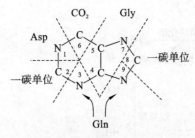

图 10-4 嘌呤环的元素来源

素实验证实，从头合成途径中，嘌呤环上不同位置的元素分别来自天冬氨酸、一碳单位、谷氨酰胺、甘氨酸和二氧化碳（图 10-4）。

合成过程并不是先合成嘌呤环，再结合成核苷酸，而是在磷酸核糖的基础上逐步形成嘌呤环。合成过程始于 5-磷酸核糖焦磷酸（5-phosphoribosyl pyrophosphate，PRPP）。PRPP 不仅参与嘌呤核苷酸的从头合成，它在其他各种核苷酸的从头合成与补救合成途径中都发挥着重要作用。

PRPP 可由 5-磷酸核糖经磷酸核糖焦磷酸激酶催化而来，反应由 ATP 提供两个磷酸基团。而 5-磷酸核糖主要来源于葡萄糖分解的磷酸戊糖途径，也可来源于核苷酸的分解产物。

葡萄糖 ——→ —— 5-磷酸核糖 —— 焦磷酸激酶 —— 5-磷酸核糖焦磷酸（PRPP）

从头合成的第一个重要嘌呤核苷酸产物是次黄嘌呤核苷酸（IMP），IMP 的从头合成途径如图 10-5 所示。

2. 腺嘌呤核苷酸与鸟嘌呤核苷酸的合成 在 IMP 的基础上，嘌呤环上不同位置氨基化即可生成 AMP 或 GMP。在 GTP 提供能量的情况下，IMP 接受天冬氨酸的氨基，先形成腺苷酸代琥珀酸中间物，随即分解为 AMP 与延胡索酸（图 10-6）。

合成 GMP 前先将次黄嘌呤核苷酸氧化为黄嘌呤核苷酸（XMP），后者接受谷氨酰胺的氨基，生成鸟嘌呤核苷酸和谷氨酸。反应需偶联 ATP 分解为 AMP 与焦磷酸提供能量，焦磷酸迅速水解为磷酸使整个反应在热力学上有利于鸟嘌呤核苷酸的合成（图 10-7）。

3. 补救合成 除了从头合成嘌呤核苷酸，人体还能利用细胞内现存的嘌呤碱合成核苷酸，称之为补救合成途径。该途径有两种不同的方式，方式一是碱基在核苷磷酸化酶的作用下转变为相应核苷，然后在特异核苷激酶的作用下，生成嘌呤核苷酸。但是细胞内只发现有腺苷激酶，故这种方式可

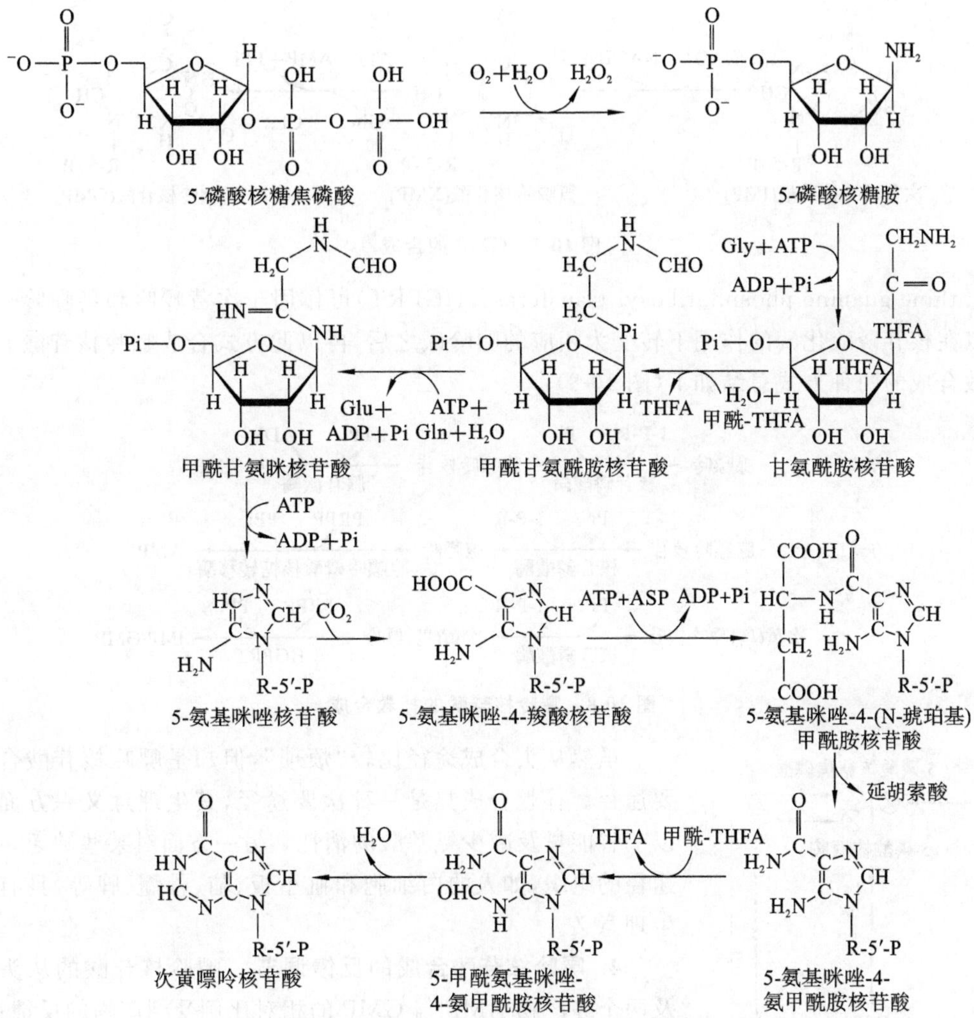

图 10-5 IMP 的合成

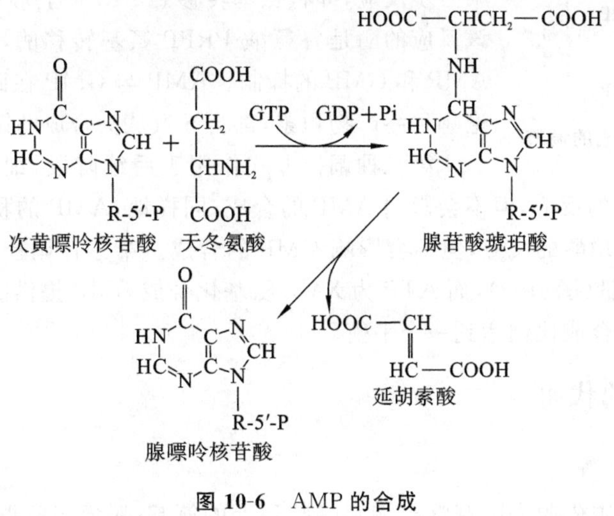

图 10-6 AMP 的合成

能在 AMP 的补救合成途径中发挥一定的作用。

另一种方式是碱基在相应的磷酸核糖转移酶的作用下,与 5-磷酸核糖焦磷酸作用直接生成核苷酸,反应的另一个产物焦磷酸迅速水解驱动整个反应朝核苷酸合成的方向进行。细胞内发现了两种磷酸核糖转移酶,腺嘌呤磷酸核糖转移酶特异地作用于腺嘌呤,次黄嘌呤-鸟嘌呤磷酸核糖转移酶

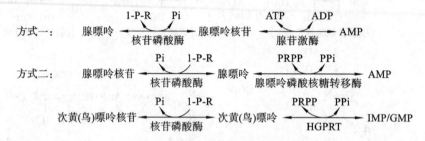

次黄嘌呤核苷酸(IMP)　　黄嘌呤核苷酸(XMP)　　鸟嘌呤核苷酸(GMP)

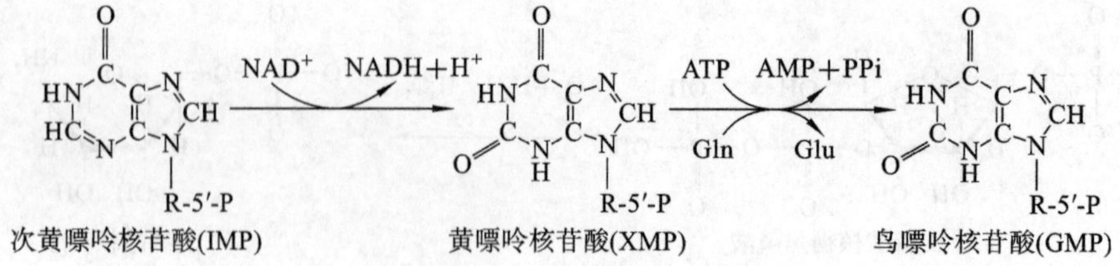

图 10-7　GMP 的合成

(hypoxanthine-guanine phosphoribosyl transferase,HGPRT)可作用于次黄嘌呤和鸟嘌呤。嘌呤核苷则可以在核苷磷酸化酶的作用下转变为相应的嘌呤碱之后,再以此方式合成嘌呤核苷酸。嘌呤核苷酸补救合成的两种方式总结如下(图 10-8):

方式一:　腺嘌呤 ⇌(核苷磷酸酶) 腺嘌呤核苷 ⇌(腺苷激酶) AMP

方式二:　腺嘌呤核苷 ⇌(核苷磷酸酶) 腺嘌呤 ⇌(腺嘌呤磷酸核糖转移酶) AMP

　　次黄(鸟)嘌呤核苷 ⇌(核苷磷酸酶) 次黄(鸟)嘌呤 ⇌(HGPRT) IMP/GMP

图 10-8　嘌呤核苷酸的补救合成

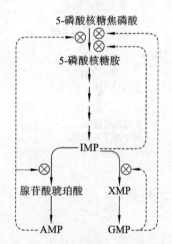

图 10-9　嘌呤核苷酸合成的调节

　　虽然从头合成途径比较"烦琐",但却是嘌呤核苷酸合成的主要途径。补救合成只是一种次要途径,其生理意义一方面在于可以节省能量及减少氨基酸的消耗。另一方面对某些缺乏主要合成途径的组织,如人的白细胞和血小板、脑、骨髓、脾等,具有重要的生理意义。

　　4. 嘌呤核苷酸合成的反馈调节　嘌呤核苷酸的从头合成以及两个终产物 AMP 与 GMP 的相对比例受到产物的反馈调节,调节主要有三种方式(图 10-9)。第一种方式是反馈抑制合成途径的第一步反应,即将氨基转移到 PRPP 上形成 5-磷酸核糖胺。催化该反应的酶是谷氨酸-PRPP 氨基转移酶,该酶受到终产物 IMP、AMP 和 GMP 的抑制。AMP 与 GMP 在此发挥协同抑制作用,不论哪种终产物积累,都会导致从头合成的第一步反应受到抑制。

　　第二种调控方式作用于后续阶段,细胞内 GMP 的积累会抑制 IMP 脱氨形成 XMP 的反应,但不会影响 AMP 的合成;同样地,AMP 的积累会抑制 IMP 与天冬氨酸结合形成腺苷酸琥珀酸的反应,但不会影响 GMP 的合成。第三种调控方式是 GTP 为 IMP 氨基化合成 AMP 提供能量(图 10-6),而 ATP 为 XMP 氨基化合成 GMP 提供能量(图 10-7),这种交互式安排使两种核苷酸的合成比例达到一个平衡。

二、嘧啶核苷酸的代谢

(一)嘧啶碱的分解

　　嘧啶碱的分解代谢须先脱去胞嘧啶与胸腺嘧啶环上的氨基,脱氨过程既可在碱基水平进行,又可在核苷或核苷酸水平进行。

　　胞嘧啶先脱氨生成尿嘧啶,尿嘧啶经还原转变为二氢尿嘧啶,再水解使嘧啶环开裂,并进一步分解为氨、二氧化碳和 β-丙氨酸,β-丙氨酸还可以进一步被人体利用。胸腺嘧啶的分解过程与尿嘧啶类似,但其终产物之一 β-氨基丁酸不能被人体利用,最终随尿液排出体外。现将嘧啶碱的分解代谢

NOTE

过程总结如下(图 10-10)。

NH₂
H₂O NH₃
NAD(P)H+H⁺
NAD(P)⁺
H₂O
H₂O
COOH
胞嘧啶
尿嘧啶
二氢尿嘧啶
β-脲基丙酸
β-丙氨酸
胸腺嘧啶
二氢胸腺嘧啶
β-脲基异丁酸
β-氨基异丁酸

图 10-10 嘧啶碱的分解代谢

（二）嘧啶核苷酸的合成

与嘌呤核苷酸的合成类似，嘧啶核苷酸的合成也有两种途径：利用氨基酸等非碱基原料合成核苷酸的从头合成途径，以及利用细胞内现成嘧啶碱连接磷酸与核糖的补救合成途径。

Gln
CO₂
Asp

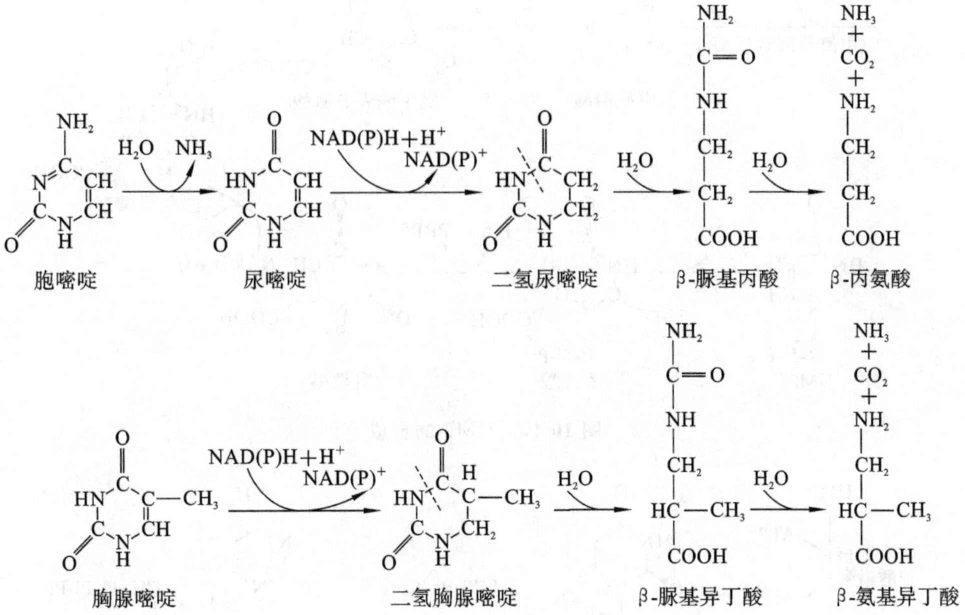

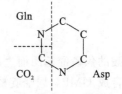

图 10-11 嘧啶环的元素来源

1. 从头合成尿嘧啶核苷酸 根据同位素实验证实，以从头合成途径合成嘧啶核苷酸时，嘧啶环上各原子分别来源于谷氨酰胺、二氧化碳和天冬氨酸(图 10-11)。

合成途径始于氨甲酰磷酸的合成，它以谷氨酰胺和二氧化碳为底物，在氨甲酰磷酸合成酶Ⅱ(carbamoyl phosphate synthetase Ⅱ，CPSⅡ)的作用下形成，反应需 2 分子 ATP 水解提供能量。

$$\text{Gln}+CO_2 \xrightarrow[\text{甲酰磷酸合成酶Ⅱ}]{2ATP \quad 2ADP+Pi} \text{氨甲酰磷酸}+\text{Glu}$$

催化此反应的 CPSⅡ与催化尿素循环第一步反应的 CPSⅠ两者的名称相近，产物相同，却是两个不同的酶。CPSⅠ位于线粒体基质，而 CPSⅡ位于细胞质基质。两者的底物也略有不同，CPSⅠ直接以游离 NH_4^+ 为底物，而 CPSⅡ从谷氨酰胺中获取氨基。

与嘌呤核苷酸的从头合成途径不同，嘧啶核苷酸的从头合成过程中，先形成一个含嘧啶环的乳清酸中间物，再与磷酸核糖结合为乳清苷酸，而后转变为尿嘧啶核苷酸(图 10-12)。

2. 胞嘧啶核苷酸的合成 胞嘧啶核苷酸可以在尿嘧啶核苷酸的基础上氨基化而成，氨基化发生在尿嘧啶核苷的三磷酸水平。UMP 在特异性尿嘧啶核苷酸激酶作用下转变为 UDP，UDP 在特异性较弱的核苷二磷酸激酶作用下转变为 UTP；UTP 在 CTP 合成酶作用下，由谷氨酰胺提供氨基转变为 CTP，反应需 ATP 水解提供能量(图 10-13)。

3. 补救合成 人体也可以利用细胞内现存的嘧啶碱合成嘧啶核苷酸。方式之一是胞嘧啶或尿嘧啶在核苷磷酸化酶作用下转变为核苷，然后在激酶作用下由 ATP 提供磷酸基团，转变为 UMP 或 CMP。催化此反应的酶称为尿苷激酶，其特异性不强，也能作用于胞嘧啶核苷(图 10-14)。

嘧啶核苷酸补救合成的另一种方式是嘧啶碱在特异性磷酸核糖转移酶作用下，替换 5-磷酸核糖

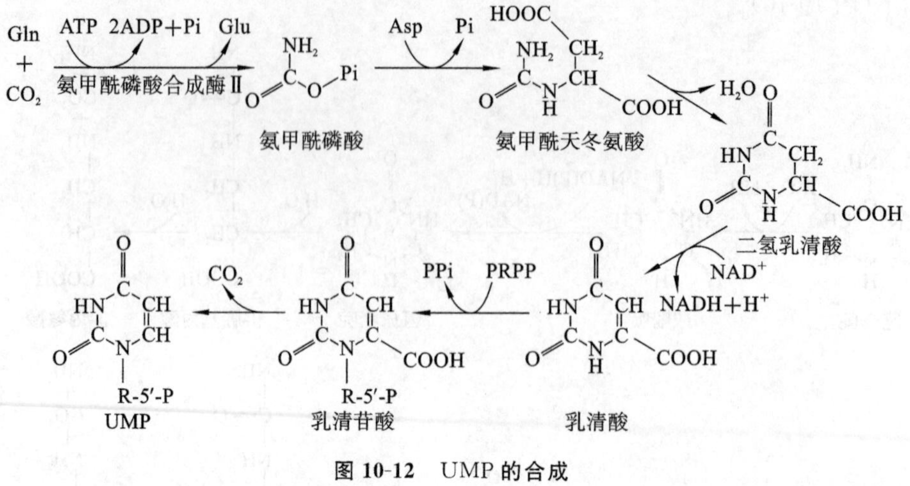

图 10-12 UMP 的合成

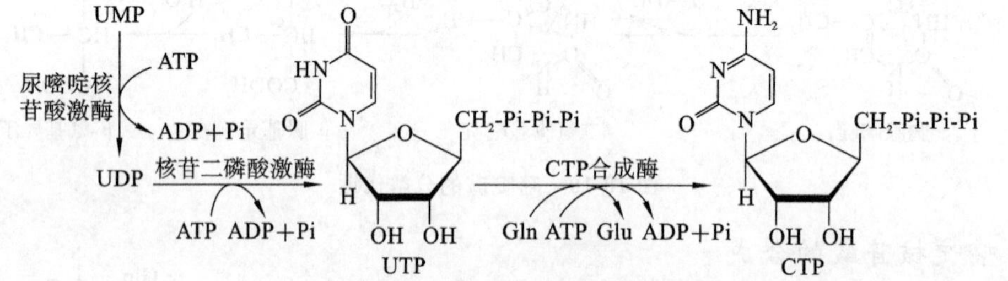

图 10-13 胞嘧啶核苷酸的合成

焦磷酸的焦磷酸基团而生成核苷酸。人体内只发现了尿嘧啶磷酸核糖转移酶,故只能利用这种方式补救合成 UMP。尿嘧啶核苷可以在核苷磷酸化酶作用下转变为尿嘧啶,然后再经上述方式合成尿嘧啶核苷酸(图 10-14)。

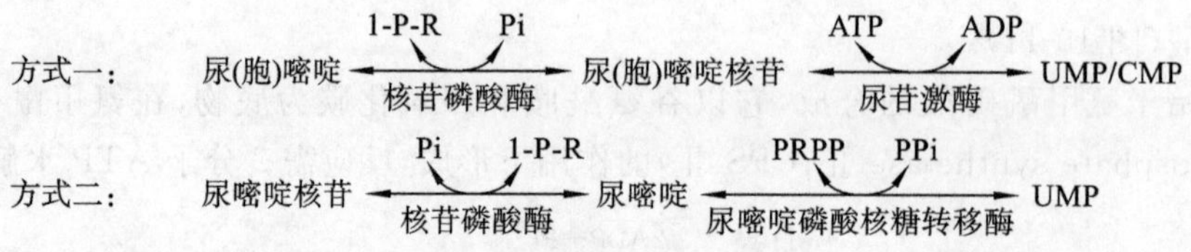

方式一：   尿(胞)嘧啶 ⟶ 尿(胞)嘧啶核苷 ⟶ UMP/CMP
                    1-P-R   Pi   ATP   ADP
                    核苷磷酸酶   尿苷激酶

方式二：   尿嘧啶核苷 ⟶ 尿嘧啶 ⟶ UMP
                    Pi   1-P-R   PRPP   PPi
                    核苷磷酸酶   尿嘧啶磷酸核糖转移酶

图 10-14 嘧啶核苷酸的补救合成

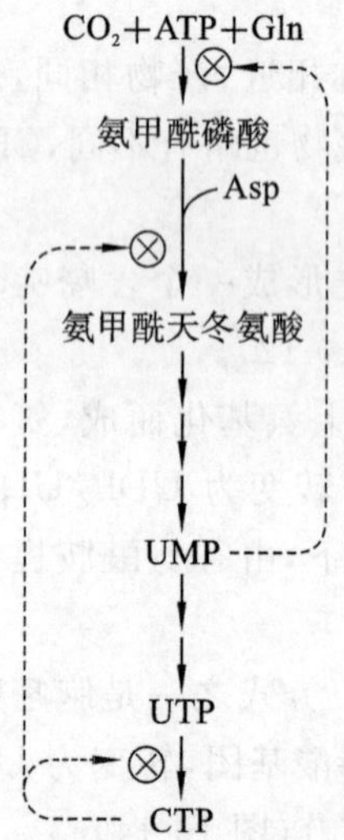

4. 嘧啶核苷酸合成的调节   嘧啶核苷酸的从头合成调控主要发生在由氨甲酰磷酸生成氨甲酰天冬氨酸的反应中,催化此反应的酶为天冬氨酸转氨甲酰酶,该酶受到终产物 CTP 的抑制。大肠杆菌的天冬氨酸转氨甲酰酶由六个催化亚基和六个调节亚基组成,当调节亚基无 CTP 结合时,整个酶处于最佳活性状态;当细胞内 CTP 逐渐积累而结合到酶的调节亚基后,酶的构象发生细微调整并逐步转变为无活性状态。除此之外,合成途径的第一个酶氨甲酰磷酸合成酶 II 受 UMP 的反馈抑制,催化 UTP 甲基化的 CTP 合成酶受其产物 CTP 反馈抑制。所以 UMP 或 CTP 的积累会都同时影响尿嘧啶核苷酸与胞嘧啶核苷酸的合成(图 10-15)。

三、脱氧核苷酸的合成

脱氧核苷酸是 DNA 合成的原料,细胞内脱氧核苷酸由相应的核糖核苷酸还原而成。

图 10-15 嘌呤核苷酸合成的调节

（一）核糖核苷酸的还原

人体细胞内，腺嘌呤、鸟嘌呤、胞嘧啶和尿嘧啶的核糖核苷酸均可被还原为相应的脱氧核糖核苷酸，还原反应发生在二磷酸水平。首先，这四种核苷一磷酸在特异的核苷一磷酸激酶作用下，由ATP提供磷酸基团，转变为核苷二磷酸。核苷二磷酸在核糖核苷酸还原酶的作用下，以NADPH为氢供体，还原为相应的脱氧核糖核苷二磷酸。

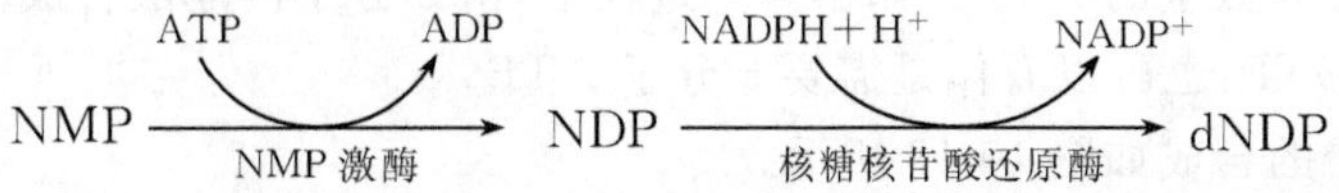

$$NMP \xrightarrow[\text{NMP 激酶}]{\text{ATP} \quad \text{ADP}} NDP \xrightarrow[\text{核糖核苷酸还原酶}]{\text{NADPH+H}^+ \quad \text{NADP}^+} dNDP$$

脱氧核糖核苷酸也能利用碱基和核苷进行补救合成。由于细胞内不存在相当于PRPP的PdRPP，故脱氧核糖核苷酸的补救合成只有一种方式，即碱基与1-磷酸脱氧核糖经核苷磷酸化酶作用转变为脱氧核糖核苷，再由相应的激酶催化，由ATP提供磷酸基团转变为脱氧核糖核苷酸。

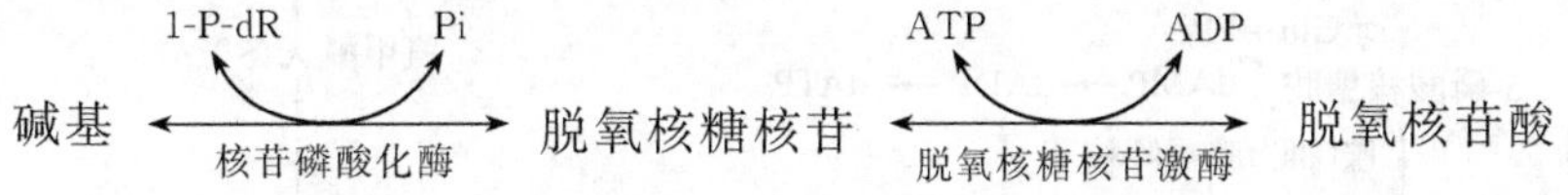

$$碱基 \underset{\text{核苷磷酸化酶}}{\overset{\text{1-P-dR} \quad \text{Pi}}{\rightleftharpoons}} 脱氧核糖核苷 \underset{\text{脱氧核糖核苷激酶}}{\overset{\text{ATP} \quad \text{ADP}}{\rightleftharpoons}} 脱氧核苷酸$$

（二）dTMP的合成

由核糖核苷二磷酸还原而成的dUDP并不是DNA合成的原料，且该方式也未解决脱氧胸腺嘧啶核苷酸的合成问题。实际上，脱氧胸腺嘧啶核苷酸是在脱氧尿嘧啶核苷酸的基础上甲基化而生成的，甲基化发生在脱氧尿嘧啶核苷的一磷酸水平。dUDP先水解脱去一个磷酸基团形成dUMP，后者从甲基供体中获得一个甲基转变为dTMP（图10-16）。

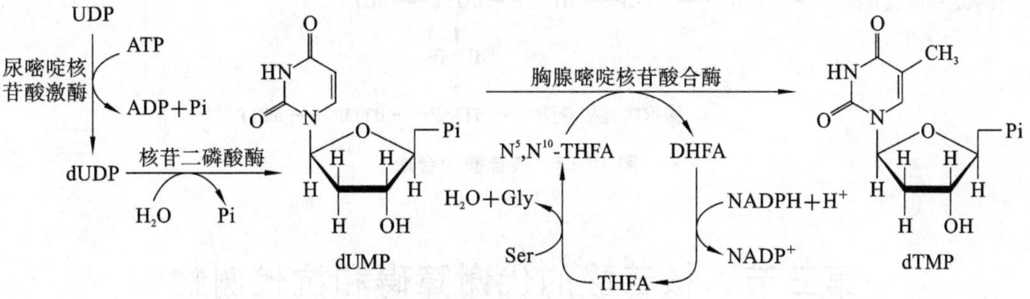

图10-16 dTMP的合成

催化上述反应的酶为胸腺嘧啶核苷酸合酶，反应中甲基的直接供体是N^5,N^{10}-亚甲基四氢叶酸。N^5,N^{10}-亚甲基四氢叶酸提供甲基之后变为二氢叶酸，再经二氢叶酸还原酶催化，由NADPH供氢还原为四氢叶酸，四氢叶酸可以接收某些适当供体（如丝氨酸）的亚甲基再生为N^5,N^{10}-亚甲基四氢叶酸。

四、核苷二、三磷酸的合成

核苷酸作为DNA或RNA合成的原料时，全部以核苷三磷酸的形式参与反应；核苷酸在参与糖异生、糖原合成等其他代谢时，也以三磷酸形式发挥作用。故需要将核苷一磷酸转变为核苷三磷酸才能充分发挥其作用。核糖（或脱氧核糖）核苷一磷酸激酶对核苷酸底物的核糖特异性不高，但是对碱基特异性高，故核苷（或脱氧核糖核苷）一磷酸在四种特异激酶作用下，由ATP提供磷酸基团转变为相应核苷二磷酸。

催化核苷二磷酸转变为核苷三磷酸的激酶特异性不高，它可以催化不同核苷二磷酸与核苷三磷酸相互转变。但细胞内往往只有ATP可以源源不断地补充，故提供磷酸基团的核苷三磷酸往往是ATP。核苷二磷酸与核苷三磷酸的合成途径如下：

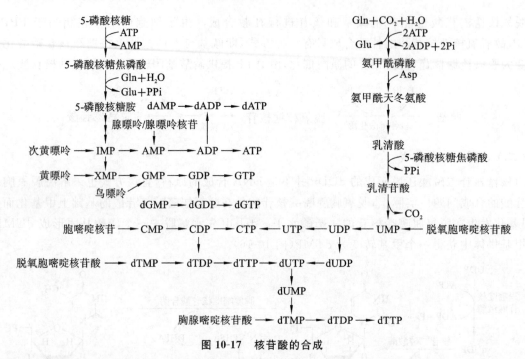

$$NMP \xrightarrow[\text{NMP 激酶}]{ATP \quad ADP} NDP \xrightarrow[\text{核苷二磷酸激酶}]{ATP \quad ADP} NTP$$

核苷二、三磷酸的合成需要 ATP 水解提供能量,消耗的 ATP 可经糖代谢中的底物水平磷酸化或线粒体内的氧化磷酸化再生。在合成代谢中,除 ATP 外,有时还需要其他形式的核苷三磷酸提供能量,往往将其看作相同数量的 ATP。如糖异生过程中,由 2 分子丙酮酸合成 1 分子葡萄糖,需要 4 分子 ATP 和 2 分子 GTP,也可以看作是需要 6 分子 ATP。

综上所述,核苷酸的合成如图 10-17 所示。

图 10-17 核苷酸的合成

第三节 核苷酸的代谢障碍和抗代谢物

一、核苷酸的代谢障碍

(一) 嘌呤代谢障碍

尿酸是嘌呤在人体内的分解代谢终产物,当人体嘌呤代谢紊乱和(或)尿酸排泄减少时易导致高尿酸血症。尿酸的溶解度较低,当血液中尿酸浓度超过 0.47 mmol/L 时,形成的单钠尿酸盐沉积在关节、软骨和肾等部位,引起疼痛症状,称为痛风。

痛风一般分为原发性痛风和继发性痛风。原发性痛风主要是由先天性嘌呤代谢相关的酶缺陷引起的,如次黄嘌呤鸟嘌呤磷酸核糖转移酶(HGPRT)缺乏和 5-磷酸核糖焦磷酸(PRPP)合成酶活性亢进等。HGPRT 是嘌呤核苷酸补救合成途径中的关键酶,对于重复利用嘌呤碱基,减少尿酸形成有重要作用,故 HGPRT 缺乏易导致尿酸增加。继发性痛风指继发于其他疾病过程,也可因某些药物所致。骨髓增生性疾病如白血病、淋巴瘤、多发性骨髓瘤、红细胞计数增多症、溶血性贫血和癌症等可导致细胞的增殖加速,使核酸转换增加,造成尿酸产生增多。恶性肿瘤在肿瘤的放疗和化疗后导致细胞大量破坏,核酸转换也增加,导致尿酸产生增多。

临床上使用别嘌呤醇对痛风可起到缓解和治疗作用。别嘌呤醇的结构与次黄嘌呤很相似,在体内可被黄嘌呤氧化酶氧化为别黄嘌呤(图 10-18),后者牢固结合在酶的活性中心,强烈抑制黄嘌呤氧化酶的活性。经别嘌呤醇治疗的患者排泄次黄嘌呤和黄嘌呤代替尿酸,可减少尿酸盐的沉积作用。

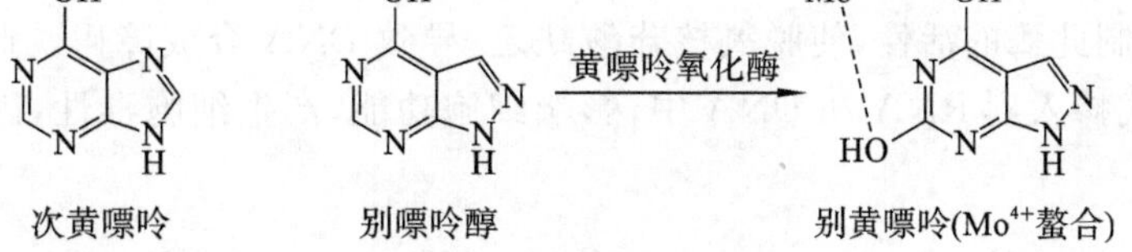

次黄嘌呤　　　　别嘌呤醇　　　　别黄嘌呤(Mo⁴⁺螯合)

图 10-18　别嘌呤醇的结构式

(二)嘧啶代谢障碍

嘧啶代谢异常疾病比较少见,主要有乳清酸尿症、胸腺嘧啶-尿嘧啶尿症和二氢嘧啶酶缺陷症等。乳清酸尿症的病因是乳清酸磷酸核糖转移酶及乳清酸核苷酸脱羧酶缺乏或活性降低,它们是尿嘧啶核苷酸从头合成途径中的两种酶。这两种酶的异常使 UMP 合成受阻,失去终产物对从头合成的反馈抑制作用,导致乳清酸合成过度,尿中乳清酸排出增多,临床表现为乳清酸尿症。

乳清酸尿症患者出生数月内就表现出明显症状,如低色素性贫血以及发育和智力障碍。临床上用尿嘧啶核苷治疗,尿嘧啶核苷经补救合成途径转变为 UMP,抑制 CPS Ⅱ 活性,从而抑制乳清酸的形成。

二、抗代谢物

抗代谢物又称代谢拮抗物,是一类人工合成的或自然存在的化学物质,其化学结构与细胞内重要的代谢中间物结构相似,因此可以干扰某些酶的活性进而发生特异性拮抗作用。核苷酸的抗代谢物是一些碱基、氨基酸或叶酸等的类似物,它们以多种方式干扰或阻断核苷酸的合成代谢,从而进一步阻止核酸及蛋白质的生物合成。由于肿瘤细胞生长、代谢较正常细胞旺盛,核苷酸的抗代谢物对肿瘤的影响较大,因此很多代谢物具有抗肿瘤作用。

(一)嘌呤类似物的拮抗作用

最常用的嘌呤类似物是 6-巯基嘌呤(6-mercaptopurine,6-MP),6-MP 的化学结构与次黄嘌呤相似,唯一不同的是分子中 6 位碳原子上由巯基取代了羟基(图 10-19)。6-MP 通过竞争性抑制次黄嘌呤-鸟嘌呤磷酸核糖转移酶,使 PRPP 分子中的磷酸核糖不能向鸟嘌呤及次黄嘌呤转移,阻断嘌呤核苷酸的补救合成途径。6-MP 可在体内经磷酸核糖化而生成 6-MP 核苷酸,并以这种形式抑制 IMP 转变为 AMP 及 GMP 的反应。由于 6-MP 核苷酸结构与 IMP 相似,还可以反馈抑制 PRPP 酰胺转移酶而干扰磷酸核糖胺的形成,从而阻断嘌呤核苷酸的从头合成。

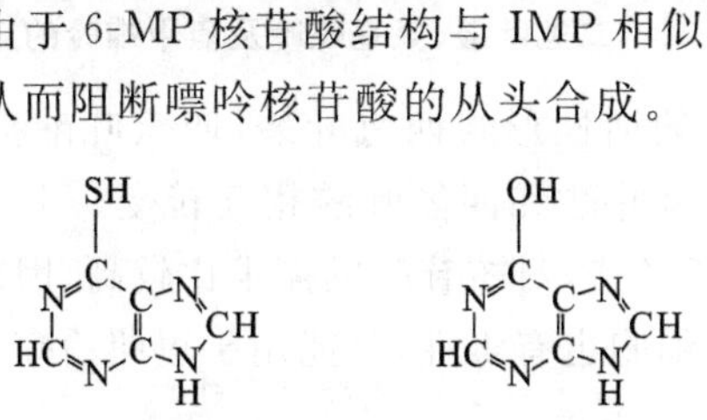

6-巯基嘌呤　　　　　　　　次黄嘌呤

图 10-19　6-巯基嘌呤与次黄嘌呤的结构式

6-MP 是一种抗肿瘤药,用于急性白血病效果较好,对慢性粒细胞白血病也有效;用于绒毛膜上皮癌和恶性葡萄胎。另外,对恶性淋巴瘤、多发性骨髓瘤也有一定疗效。但 6-MP 对肿瘤细胞的选择性较低,也会作用于正常细胞,因此有一定的毒副作用。

(二)嘧啶类似物的拮抗作用

最常用的嘧啶类似抗代谢物是 5-氟尿嘧啶(5-Fluorouracil,5-FU),5-FU 是第一个根据一定设想而合成的抗代谢药,也是目前临床上使用最广的抗嘧啶类药物,它对消化道癌及其他实体瘤有良好疗效,在肿瘤内科治疗中占有重要地位。

5-FU 的结构与胸腺嘧啶相似,只是将嘧啶环 5 位碳原子上的甲基换成了氟原子(图 10-20)。5-FU 在体内经过酶作用转化为 5-氟脱氧尿嘧啶核苷酸(F-dUMP),它可与胸腺嘧啶核苷酸合酶的活性中心共价结合,抑制此酶的活性,使脱氧核苷酸缺乏,导致 DNA 合成障碍。此外,5-FU 的代谢物也可以伪代谢物形式掺入到 RNA 和 DNA 中,影响细胞功能,产生细胞毒性,因此该药物对机体的副作用较大。

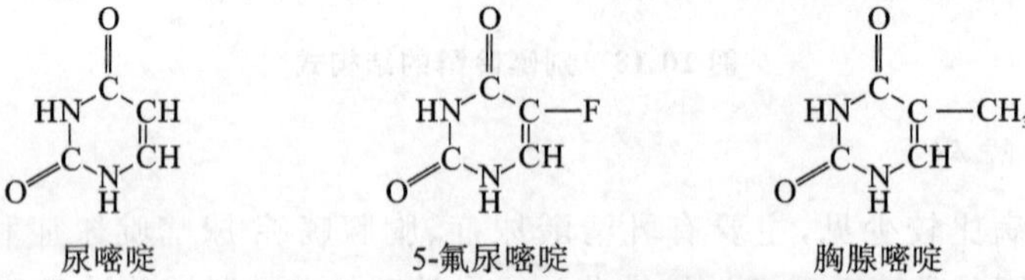

尿嘧啶   5-氟尿嘧啶   胸腺嘧啶

图 10-20　尿嘧啶、5-氟尿嘧啶及胸腺嘧啶的结构式

(三) 叶酸类似物的拮抗作用

叶酸是一碳单位的载体,在嘌呤核苷酸的从头合成及脱氧胸腺嘧啶核苷酸的合成中都有重要作用。目前临床上使用的氨基蝶呤和氨甲蝶呤都是叶酸的类似物(图 10-21)。

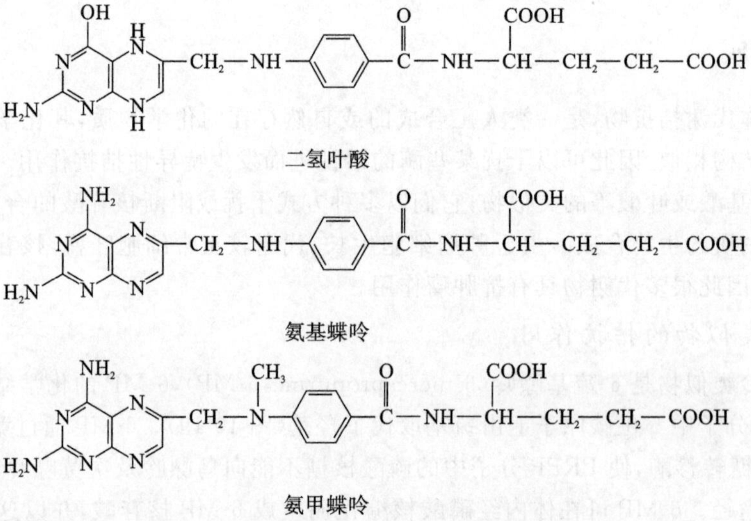

二氢叶酸

氨基蝶呤

氨甲蝶呤

图 10-21　二氢叶酸、氨基蝶呤及氨甲蝶呤的结构式

真正携带一碳单位的是叶酸的活性形式四氢叶酸,四氢叶酸提供一碳单位之后转变为二氢叶酸,二氢叶酸还原酶催化叶酸、二氢叶酸和四氢叶酸相互转变。上述叶酸类似物都是二氢叶酸还原酶的有效抑制剂,因肿瘤细胞生长旺盛,对核苷酸的需求比较高,因此这些叶酸类似物是肿瘤生长的有效阻断剂。但这些药物对正常细胞也有毒性,仅能用于短期治疗。

(四) 氨基酸类似物的拮抗作用

重氮丝氨酸及 6-重氮-5-氧代-L-正亮氨酸属于抗生素类物质,它们都是谷氨酰胺(图 10-22)的类似物,嘌呤核苷酸从头合成中有谷氨酰胺参与的反应都受这两种抗生素的抑制。重氮丝氨酸主要用于治疗急性的白血病和某些肿瘤,可口服。

羽田杀菌素(N-羟-N-甲酰甘氨酸)是天冬氨酸的类似物(图 10-23),可强烈抑制腺苷酸琥珀酸合成酶的活性。该酶是催化 IMP 合成 AMP 的关键酶,因此羽田杀菌素可强烈抑制嘌呤核苷酸的合成,是一种具有抗癌作用的抗生素,但并未用于临床。

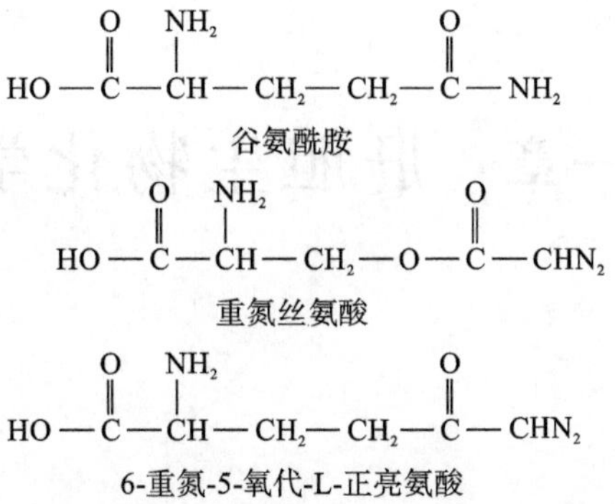

谷氨酰胺

重氮丝氨酸

6-重氮-5-氧代-L-正亮氨酸

图 10-22 谷氨酰胺及其类似物的结构式

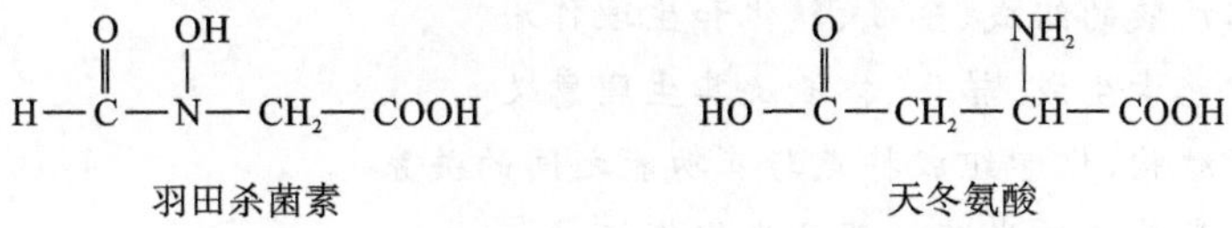

羽田杀菌素　　　　　　　　天冬氨酸

图 10-23 羽田杀菌素及天冬氨酸的结构式

小结

食物中的核酸水解产物核苷酸及其最终水解产物碱基、磷酸与戊糖等都可以被吸收,细胞内自身的核酸被水解后也可进一步被利用。碱基主要经适当加工后作为代谢废产物而排出体外,磷酸与戊糖则有多种用途。核苷酸的原料之一戊糖以及嘧啶的分解产物 β-丙氨酸彻底氧化也能提供一定的能量,但一般不将核酸或核苷酸看作能量性物质。

核苷酸是物质代谢中一类极重要的物质,除作为核酸的原料之外,还有促进物质合成、作为第二信使等多种重要作用。人体细胞既可以利用氨基酸等小分子物质从头合成核苷酸,也可以直接利用碱基补救合成核苷酸。嘌呤核苷酸的从头合成并不是先合成嘌呤环再结合磷酸核糖,而是在磷酸核糖的基础上逐步形成嘌呤环;嘧啶核苷酸的从头合成则恰好相反,是先合成嘧啶环再结合磷酸核糖。从头合成途径步骤多,会消耗更多能量,却是核苷酸合成的主要途径。尽管如此,补救合成对减少排泄,以及在某些从头合成受阻的组织中依然发挥重要的作用。5-磷酸核糖焦磷酸在核苷酸的从头合成与补救合成途径中都发挥重要作用。正是由于从头合成与补救合成途径的双重保障,核苷酸、碱基或核苷不是人体的必需营养物质。

核苷酸合成的"三二一"规律,即胞嘧啶核苷酸是在尿嘧啶核苷的三磷酸水平氨基化而生成的;脱氧核苷酸是在相应核糖核苷的二磷酸水平还原而来的;脱氧胸腺嘧啶核苷酸是在脱氧尿嘧啶核苷的一磷酸水平甲基化而来的。

核苷酸除作为核酸的基本结构单位外,还具有多方面的作用,核苷酸代谢异常会引起相应的疾病。核苷酸的代谢拮抗物有嘌呤、嘧啶、氨基酸及叶酸等类似物,其作用主要是竞争性抑制核苷酸合成过程中的酶活力来干扰或阻断核苷酸的合成。由于肿瘤细胞生长旺盛,对核苷酸的需求较大,因此某些代谢拮抗物可作为抗肿瘤药物或免疫抑制剂而应用于临床。

(陈华波)

第十一章 肝胆生物化学

扫码看课件

 教学目标

- 掌握肝脏生物转化作用的类型和意义
- 掌握胆汁酸的组成、生成、转化和生理作用
- 掌握胆色素生成、转化、排泄及其生理意义
- 了解肝结构、化学组成特点与其功能之间的关系
- 了解三类黄疸的发病机理及生化指标

肝是人体多种代谢的重要器官,它不仅在蛋白质、氨基酸、糖类、脂类、维生素、激素等代谢中起着重要作用,同时还参与体内的分泌、排泄、生物转化等重要过程。肝之所以有诸多复杂的代谢功能,是在形态结构和化学组成上具有以下特点:①肝有门静脉、肝动脉双重的血液供应;②肝具有丰富的血窦;③肝有肝静脉和胆道两条输出通道,有利于非营养物质代谢转变及排泄;④肝含有丰富的线粒体、粗面内质网、滑面内质网、高尔基复合体、微粒体、溶酶体和过氧化物酶体等亚细胞结构,同时肝还含有数百种酶类,是多种代谢功能的物质基础,故肝被称为"物质代谢中枢"。

第一节 肝在物质代谢中的作用

一、肝在糖代谢中的作用

肝在糖代谢中的重要作用主要表现为:维持机体在不同功能状态下血糖浓度的相对恒定,以保证各组织器官的能量供应。肝发挥上述功能主要是通过糖原的合成与分解及糖异生作用三个方面来完成的。

(一)糖原合成

在进食或输入葡萄糖后,血糖浓度增大,大量的葡萄糖在肝细胞内合成糖原而储存,其储存量可达肝重的 $5\%\sim6\%(75\sim100\ g)$。当然,肝储存糖原的量是有限的,合成糖原后多余的一部分葡萄糖,可以在肝中转变成脂肪并以极低密度脂蛋白的形式从肝输出到脂肪组织去储存。过高的血糖由于被肝细胞大量摄取而降至正常水平。

(二)糖原分解

空腹时(餐后 $2\sim12\ h$),血糖不断被全身各组织器官摄取,消耗呈下降趋势。此时,肝糖原在肝内葡糖-6-磷酸酶的作用下,生成葡萄糖补充血糖使之不致过低。

(三)糖异生作用

在长期饥饿状态下(餐后 $12\ h$ 以上),肝糖原几乎被耗尽,肝细胞利用甘油、乳酸、氨基酸等非糖物质在肝内经糖异生途径转化为糖,维持血糖浓度,使血糖水平保持在正常生理范围之内。空腹 $24\sim48\ h$ 后,糖异生可达最大速度。

此外,其他单糖如果糖、半乳糖也可以在肝中转变为葡萄糖供机体利用。肝还能将糖转变为脂肪、胆固醇及磷脂等。

正因为肝是调节血糖浓度的重要器官,因此当肝功能严重受损时,肝糖原的合成、分解及糖异生作用均降低,容易导致血糖含量变化。患者在进食或输入葡萄糖后,常常发生一过性高血糖甚至出现糖尿;相反,空腹或饥饿时,血糖补充不力,易发生低血糖,甚至出现低血糖昏迷。因此,有人形象比喻肝功能严重受损的患者在糖代谢方面的表现为:"饱不得,饿不得。"

二、肝在脂类代谢中的作用

肝在脂类的消化、吸收、分解、合成及运输等代谢过程中均起着重要的作用。

(一) 消化吸收

肝细胞分泌的胆汁酸在肠道中能促进脂类乳化并激活胰脂酶,是脂类物质及脂溶性维生素的消化、吸收所必需。当肝细胞受损和胆道阻塞时,常可导致脂类物质消化吸收不良,出现食欲下降、厌油腻、脂肪泻、脂溶性维生素缺乏等症状。

(二) 分解

肝除了进行脂肪酸 β-氧化外,还是体内产生酮体的主要器官。饥饿时脂肪动员增加,脂肪酸 β-氧化增强,产生酮体供肝外组织氧化利用。在血糖供给不足时,酮体成为心肌、大脑和肾等组织的主要供能物质。

(三) 合成与运输

肝不仅合成磷脂、胆固醇、甘油三酯等非常活跃,并能以 VLDL 的形式分泌入血,通过血液运输到全身各组织器官摄取利用。HDL 及所含的载脂蛋白 C Ⅱ 也由肝合成。此外,肝还是降解 LDL 的主要器官,还可对胃肠道吸收的脂肪进行改造(同化作用)。当肝功能受损时,脂蛋白合成减少,影响肝内脂肪转运,可导致脂肪肝。肝的胆固醇合成量占全身总量的 3/4 以上。肝合成与分泌的 LCAT 催化血浆中的胆固醇酯化,以便运输。出现肝功能障碍时,血浆胆固醇与胆固醇酯比值升高。肝还是转化和排泄胆固醇的主要器官。饱食后,肝合成脂肪酸,并以甘油三酯的形式储存于脂库。

三、肝在蛋白质代谢中的作用

(一) 肝是合成蛋白质的重要器官

肝除了合成其本身的结构蛋白质和 γ-球蛋白外,几乎所有的血浆蛋白质均来自肝,包括全部的清蛋白(A)、部分球蛋白(G)、凝血因子、纤维蛋白原、多种结合蛋白质和某些激素及激素的前体等。通过这些蛋白质的作用,肝在维持血浆胶体渗透压、凝血作用、血压恒定和物质代谢等方面起着重要作用。

由于血浆清蛋白全部由肝合成,当肝功能严重受损时,清蛋白的合成减少,可导致 A/G 的值下降;同时由于凝血蛋白酶的代谢紊乱可引起凝血机制障碍。

(二) 肝是体内氨基酸代谢的主要场所

肝含有丰富的氨基酸代谢酶类,氨基酸在肝内进行转氨基作用、脱氨基作用和脱羧基作用等。肝内丙氨酸氨基转移酶(ALT)的活性显著比其他组织高,所以当肝细胞的细胞膜通透性发生改变或肝细胞坏死时,肝细胞内的酶大量进入外周血液,引起血浆中 ALT 的活性异常升高。临床生化中,血清转氨酶活性测定有助于肝脏疾病的诊断。肝还是芳香族氨基酸和芳香族胺类物质的清除器官。严重肝病时,芳香族胺类物质转变为胺类假性神经递质,取代正常的神经递质(如去甲肾上腺素等),引起中枢神经活动紊乱。

(三) 肝是合成尿素的重要器官

鸟氨酸氨基甲酰转移酶和精氨酸酶主要存在于肝中,故肝是合成尿素的唯一器官。无论是氨基酸分解代谢产生的氨,还是肠道细菌作用产生并吸收入血的氨,均可经肝的鸟氨酸循环合成尿素。当肝功能严重受损时,发生尿素合成障碍,导致血氨浓度升高和氨中毒,也是导致肝性脑病发生的重要的生化机制之一。

四、肝在维生素代谢中的作用

(一)肝促进脂溶性维生素的吸收

肝合成、分泌的胆汁酸盐既能促进脂类的消化吸收,亦能协助脂溶性维生素的吸收。长期肝病或胆道阻塞可引起脂溶性维生素吸收不良并导致某些维生素的缺乏。

(二)肝可储存多种维生素

肝不仅是维生素 A、维生素 K、维生素 B_1、维生素 B_2、维生素 B_6、泛酸和叶酸含量最多的器官,亦是维生素 A、D、E、K 及 B_{12} 的主要储存场所,其中维生素 A 尤为丰富,约占全身总量的 95%。

(三)肝是多种维生素代谢及转化的重要场所

肝直接参与多种维生素的代谢转化过程。例如肝可将维生素 PP 转化为辅酶 I(NAD^+)和辅酶 II($NADP^+$),将维生素 B_1 转化为焦磷酸硫胺素(TPP),将泛酸转化为辅酶 A 的组成成分。从食物中摄入的 β-胡萝卜素转化为维生素 A、维生素 D_3 羟化为 25-羟维生素 D_3 等过程也都是在肝中进行的。此外,肝合成的维生素 D 结合球蛋白及视黄醇结合蛋白,参与运输维生素 D 与维生素 A;维生素 K 参与肝细胞中凝血酶原及凝血因子 VII、IX、X 的合成。

五、肝在激素代谢中的作用

肝是激素灭活的重要器官。多种激素在发挥其调节作用后,主要在肝中进行代谢,从而降低或失去其活性,此过程成为激素的灭活(inactivation)。灭活过程对于激素作用的时间及强度具有调控作用,灭活后的产物大部分随尿排出。

肝细胞膜上存在可与某些水溶性激素特异性结合的受体,并通过内吞作用,将激素吞入细胞内进行代谢转化。在肝内灭活的激素主要有肾上腺皮质激素、性激素和类固醇激素。许多蛋白质、多肽和氨基酸衍生物类的激素也在肝内被灭活,如胰岛素、甲状腺素、抗利尿激素等。

当肝功能受损时,激素灭活作用减弱,血中激素水平增高,导致某些病理变化。如雌激素水平升高,导致表皮毛细血管扩张出现蜘蛛痣;醛固酮水平升高,导致水钠潴留出现组织水肿;胰岛素水平升高导致低血糖等。

第二节 肝的生物转化作用

一、生物转化的概念

人体内存在许多非营养物质,这些物质既不能作为构建组织细胞的成分,又不能作为能源物质,其中还有一些对人体有一定的生物学效应或潜在的毒性作用,长期蓄积则对人体有害。非营养物质根据其来源可以分为两大类。一类是内源性物质:①体内合成的激素、神经递质和其他生物活性物质;氨基酸分解产生的氨、胺以及胆色素等;②肠道吸收的胺、酚、吲哚、硫化氢等。另一类是外源性物质:由外界进入体内的药物、毒物、有机农药、色素及食品添加剂等。机体在排出这些非营养物质之前,需对它们进行代谢转变,使其水溶性提高、极性增强,易于通过胆汁或尿液排出体外,这一过程称为生物转化作用(biotransformation)。

肝、肾、肠、肺等组织都存在生物转化的酶系,但由于肝细胞的微粒体、胞液、线粒体等存在的酶系种类多,含量高,故肝是生物转化的主要器官。

生物转化作用对有毒物质的解毒、药物发挥药效或灭活、生物活性物质的降解、促进水溶性及对有害物质的排泄都有很重要的意义。然而也不能忽略少数物质经生物转化后毒性反而增加或是具有致癌作用,这是对机体不利的方面。

二、生物转化反应的类型

肝的生物转化可分为两相反应。第一相反应包括氧化(oxidation)、还原(reduction)、水解(hydrolysis)反应;第二相反应为结合(conjugation)反应。许多物质经过第一相反应,其分子中的某些非极性基团转变为极性基团,水溶性增加,即可排出体外。但有些物质(如药物或毒物等)经过第一相反应后其水溶性和极性改变不明显,常续以第二相反应,即与某些极性更强的物质(如葡糖醛酸、硫酸等)结合,增加其溶解度,才能排出体外。有些则不经过第一相反应,直接进行结合反应。实际上,许多物质的生物转化反应非常复杂,一种物质有时需要连续进行几种反应类型才能实现生物转化的目的。例如,阿司匹林常先水解成水杨酸后再经过结合反应才能排出体外。肝内参与生物转化作用的主要酶类列于表 11-1 中。

表 11-1　参与生物转化作用的主要酶类

酶　类	辅酶或结合物	细胞内定位
第一相反应		
氧化酶类		
单加氧酶系	$NADPH+H^+$、O_2、细胞色素 P450	内质网
胺氧化酶	黄素辅酶	线粒体
脱氢酶类	NAD^+	胞质或线粒体
还原酶类		
硝基还原酶	$NADH+H^+$ 或 $NADPH+H^+$	内质网
偶氮还原酶	$NADH+H^+$ 或 $NADPH+H^+$	内质网
水解酶类		胞质或内质网
第二相反应		
葡糖醛酸基转移酶	活性葡糖醛酸(UDPGA)	内质网
硫酸基转移酶	活性硫酸(PAPS)	胞质
谷胱甘肽 S-转移酶	谷胱甘肽(GSH)	胞质与内质网
乙酰基转移酶	乙酰 CoA	胞质
酰基转移酶	甘氨酸	线粒体
甲基转移酶	S-腺苷甲硫氨酸(SAM)	胞质与内质网

(一)氧化反应

氧化反应是最常见的生物转化反应,由多种氧化酶系催化,包括单加氧酶系、胺氧化酶系及脱氢酶系等。

1. 单加氧酶系　肝细胞中存在多种氧化酶系,其中最重要的是位于肝细胞微粒体中的依赖细胞色素 P450 的单加氧酶系(cytochrome P450 monooxygenase,CYP)。单加氧酶系是一个复合物,至少包括两种成分:一种是细胞色素 P450(血红素蛋白);另一种是 NADPH-细胞色素 P450 还原酶(以 FAD 为辅基的黄酶)。该酶可催化多种化合物的羟化,与许多活性物质的合成、灭活及药物、毒物的生物转化等过程有密切关系。该酶催化反应的特点是激活分子氧,使其中一个氧原子加到底物分子上形成羟化物或环氧化物,另一个氧原子被 NADPH 还原成水。由于一个氧分子发挥了两种功能,故该酶又称为羟化酶(hydroxylase)或混合功能氧化酶(mixed function oxidase,MFO)。该酶是目前已知底物最广泛的生物转化酶类,其催化的羟化反应是最重要的改变异源物溶解性的反应类型。其催化的基本反应如下:

$$RH + O_2 + NADPH + H^+ \xrightarrow{\text{单加氧酶系}} ROH + H_2O + NADP^+$$

底物   产物

此酶系特异性低,可催化烷烃、烯烃、芳香烃、类固醇、氨基氮等多种物质进行不同类型的氧化反应,最常见的是羟化反应。此种羟化反应不仅可增加药物或毒物的极性,使其水溶性增加,易于排泄,而且是许多代谢过程不可缺少的步骤,如维生素 D_3 的羟化、类固醇激素和胆汁酸的合成过程中的羟化作用等。然而应该指出的是,有些致癌物质经氧化后丧失其活性,而有些本来无活性的物质经氧化后却生成有毒或致癌物质。例如,发霉的谷物、花生等常含有黄曲霉素 B_1,经单加氧酶系作用生成的黄曲霉素-2,3-环氧化物,可与 DNA 分子中的鸟嘌呤结合,引起 DNA 突变,成为导致原发性肝癌发生的重要危险因素。

2. 单胺氧化酶系   单胺氧化酶系(monoamine oxidase,MAO)存在于肝的线粒体中,属于黄素酶类。此类酶可催化胺类物质氧化脱氨基生成相应的醛,后者进一步在胞质中醛脱氢酶催化下氧化为酸。从肠道吸收的腐败产物如组胺、尸胺、酪胺、色胺、腐胺等和体内一些生理活性物质如 5-羟色胺、儿茶酚胺类均可在此类酶催化下氧化为醛和氨,其反应通式如下:

$$RCH_2NH_2 + O_2 + H_2O \xrightarrow{\text{单胺氧化酶}} RCHO + NH_3 + H_2O_2$$

胺   醛

3. 脱氢酶系   醇脱氢酶(alcohol dehydrogenase,ADH)和醛脱氢酶(aldehyde dehydrogenase,ALDH)分别存在于肝细胞的胞液及线粒体中。两者均以 NAD^+ 为辅酶,分别催化醇和醛氧化成相应的醛或酸。如乙醇进入体内后,主要在肝内醇脱氢酶催化下氧化成乙醛,乙醛再经醛脱氢酶催化生成乙酸。

$$CH_3CH_2OH \xrightarrow[NAD^+ \quad NADH+H^+]{\text{醇脱氢酶}} CH_3CHO \xrightarrow[H_2O+NAD^+ \quad NADH+H^+]{\text{醛脱氢酶}} CH_3COOH$$

乙醇   乙醛   乙酸

乙醇(ethanol)作为饮料和调味剂被广为利用。人类摄入的乙醇可被胃(吸收 30%)和小肠上段(吸收 70%)迅速吸收。饮入体内的乙醇约有 2%不经转化便从肺呼出或随尿排出,其余部分在肝内醇脱氢酶和醛脱氢酶作用下最终氧化成乙酸。乙醇在体内的氧化速度约为 2.2 mmol/(kg·h)(100 mg/(kg·h)),相当于 70 kg 体重的人每小时氧化纯乙醇 11 mL。长期饮酒或慢性乙醇中毒除经 ADH 氧化外,还可诱导肝微粒体乙醇氧化系统(microsomal ethanol oxidizing system,MEOS)。MEOS 是乙醇-P450 单加氧酶,作用产物是乙醛,仅在血中乙醇浓度很高时才被诱导而起作用。

$$CH_3CH_2OH + O_2 + NADPH + H^+ \xrightarrow{MEOS} CH_3CHO + NADP^+ + 2H_2O$$

乙醇诱导的 MEOS 不但不能使乙醇氧化产生 ATP,反而增加对氧和 NADPH 的消耗,而且还可催化脂质过氧化产生羟乙基自由基,后者可进一步促进脂质过氧化,产生大量的脂质过氧化物,引发肝细胞氧化损伤。ADH 与 MEOS 的细胞定位及特性列于表 11-2 中。

表 11-2　ADH 与 MEOS 之间的比较

比较项目	ADH	MEOS
肝细胞内定位	胞液	微粒体
底物与辅酶	乙醇、NAD^+	乙醇、NADPH、O_2
对乙醇的 K_m 值	2 mmol/L	8.6 mmol/L
乙醇的诱导作用	无	有
与乙醇氧化相关的能量变化	氧化磷酸化释能	耗能

乙醇经醇脱氢酶和 MEOS 氧化均生成乙醛,后者 90% 以上在醛脱氢酶催化下氧化成乙酸。值得提及的是东方人群有 30%～40% 的人醛脱氢酶活性低下,此乃该人群饮酒后乙醛在体内堆积,引起血管扩张、面部潮红、心跳过速、脉搏加快等反应的主要原因。此外,乙醇在肝内的氧化使肝细胞液中 $NADH/NAD^+$ 的值升高,过多的 NADH 可将胞浆中丙酮酸还原成乳酸。严重酒精中毒导致乳酸和乙酸堆积可引起酸中毒和电解质平衡紊乱,还可使糖异生受阻引起低血糖。

(二)还原反应

肝细胞微粒体中含有还原酶系,主要是硝基还原酶(nitroreductase)和偶氮还原酶(azoreductase),反应时需要 NADPH 供氢,产物是胺类。硝基化合物多见于食品防腐剂、工业试剂、杀虫剂;偶氮化合物常见于食品色素、化妆品、药物、纺织与印刷工业等,有些可能是前致癌物质。这些化合物在肝内硝基还原酶和偶氮还原酶的催化下,从 NADH 或 NADPH 接受氢,还原生成相应的胺类。例如硝基苯和偶氮苯经还原反应均可生成苯胺,后者再经单胺氧化酶作用生成相应的酸。

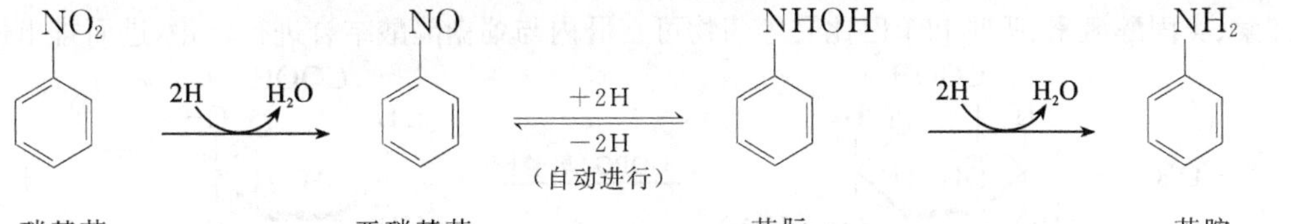

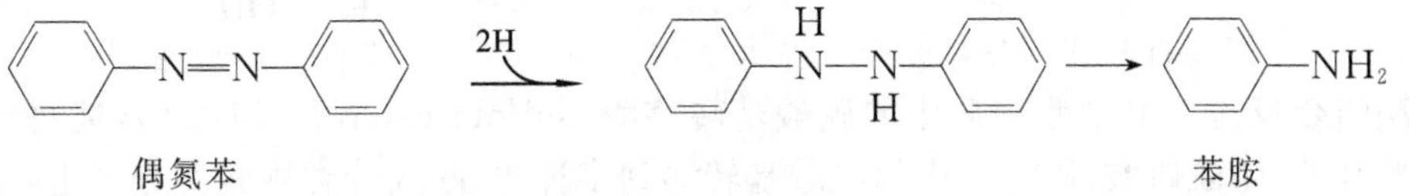

又如,百浪多息是无活性的药物前体,经还原生成具有抗菌活性的氨苯磺胺。

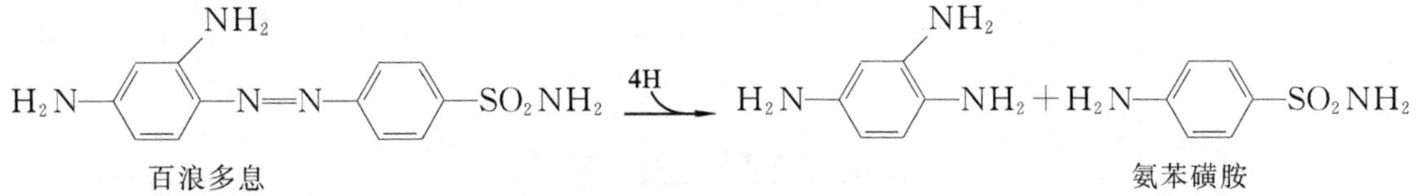

(三)水解反应

肝细胞微粒体和胞液中含有多种水解酶,如酯酶(esterases)、酰胺酶(amidase)和糖苷酶

（glucosidase）等，它们分别催化酯类、酰胺类、糖苷类化合物的水解，以降低或消除其生物活性。例如，阿司匹林（乙酰水杨酸）在酯酶催化下水解成水杨酸和乙酸。

$$\text{阿司匹林} \xrightarrow[\text{酯酶}]{\text{水解}} \text{水杨酸} + CH_3COOH$$

又如，异烟肼经酰胺酶水解生成异烟酸和肼后作用消失。

$$\text{异烟肼} + H_2O \xrightarrow{\text{酰胺酶}} \text{异烟酸} + NH_2NH_2$$

（四）结合反应

结合反应（conjugation reaction）是生物转化的第二相反应，也是体内最重要的生物转化方式。凡含有羟基、羧基或氨基的药物、毒物、激素均可与葡糖醛酸、硫酸、谷胱甘肽、甘氨酸等发生结合反应，或进行酰基化、甲基化等反应，从而增加其水溶性或改变其生物活性，以利于灭活或排出。其中以葡糖醛酸的结合反应最为重要和普遍。

1. 葡糖醛酸结合反应 葡糖醛酸循环代谢途径产生的尿苷二磷酸葡糖（uridine diphosphate glucose，UDPG）在 UDPG 脱氢酶催化下生成尿苷二磷酸葡糖醛酸（uridine diphosphate glucose acid，UDPGA）。

$$\text{尿苷二磷酸葡糖} + NAD^+ \xrightarrow{\text{UDPG脱氢酶}} \text{尿苷二磷酸葡糖醛酸} + NADH + H^+$$

UDPGA 作为葡糖醛酸的活性供体，在肝细胞微粒体的 UDP-葡糖醛酸基转移酶（UDP-glucuronyl transferases，UGT）催化下，可将 UDPGA 中的 α-葡糖醛酸基转移到醇、酚、硫酸、胺及羧酸类化合物的羟基、氨基及羧基上，形成相应的 β-D-葡糖醛酸苷，使其极性增强，易于排出体外。如苯酚、胆红素、类固醇激素、吗啡和苯巴比妥等药物可在肝内与葡糖醛酸结合进行转化，进而排出体外。

$$\text{苯酚} + \alpha\text{-D-UDP-葡糖醛酸} \xrightarrow{\text{UDPGA转移酶}} \text{苯-}\beta\text{-D-葡糖醛酸苷} + UDP$$

2. 硫酸结合反应 肝细胞胞质中的硫酸基转移酶（sulfotransferase，SULT），能将活性硫酸供体 3′-磷酸腺苷-5′-磷酰硫酸（PAPS）中的硫酸基转移到多种醇、酚或芳香族胺类分子上，生成硫酸酯化合物，使其水溶性增强，易于排出体外。如雌酮在肝中与硫酸基结合形成硫酸酯而灭活。

$$\text{雌酮} + PAPS \xrightarrow{\text{硫酸基转移酶}} \text{雌酮硫酸酯} + PAP$$

3. 乙酰基结合反应 肝细胞浆中富含乙酰基转移酶（acetyltransferase）。芳香胺类化合物（如苯胺、异烟肼、磺胺等）在乙酰基转移酶的催化下，与乙酰基结合生成乙酰化合物，乙酰基的直接供体是乙酰辅酶 A。例如抗结核病药物异烟肼在肝内通过乙酰化反应，使其活性丧失。

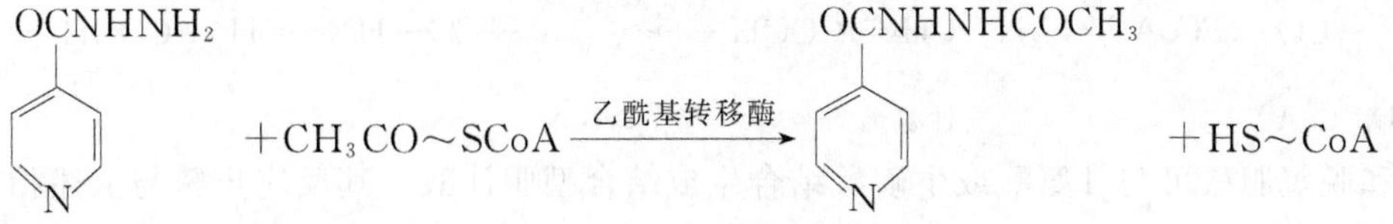

异烟肼　　　　乙酰辅酶 A　　　　　　　乙酰异烟肼　　　　辅酶 A

此外，大部分磺胺类药物也通过这种形式灭活。

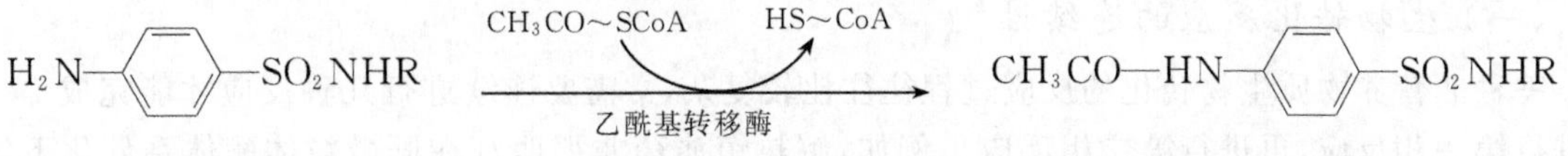

磺胺　　　　　　　　　　　　　　　　　　　　N-乙酰磺胺

应该指出的是磺胺类药物经乙酰化反应后，其溶解度反而降低，在酸性尿中容易析出形成结晶。因此，在服用磺胺药物时可同时加服碱性药物或增加饮水，使其易于随尿液排出。

4. 甲基结合反应 肝细胞浆和微粒体中含有多种甲基转移酶，以 S-腺苷甲硫氨酸（SAM）为活性甲基供体，催化含有氧、氮、硫等亲核基团化合物的甲基化反应。其中，胞浆中可溶性儿茶酚-O-甲基转移酶（catechol-O-methyltransferase，COMT）具有重要的生理意义。COMT 催化儿茶酚和儿茶酚胺的羟基甲基化，生成有活性的儿茶酚化合物。同时，COMT 也参与生物活性胺（如多巴胺类）的灭活等。

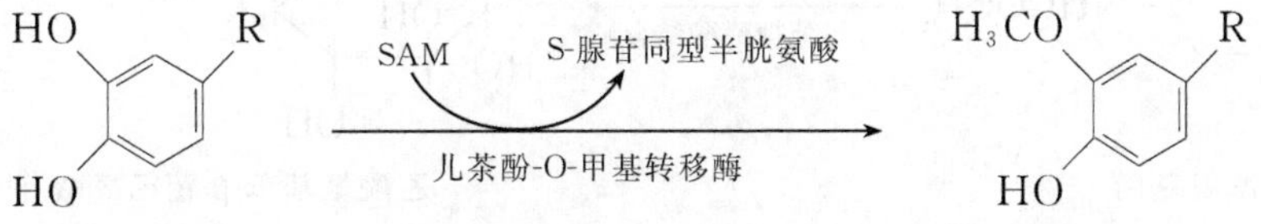

儿茶酚　　　　　　　　　　　　　　　　　　O-甲基儿茶酚

此外，维生素尼克酰胺也可在甲基转移酶催化下甲基化而失活。

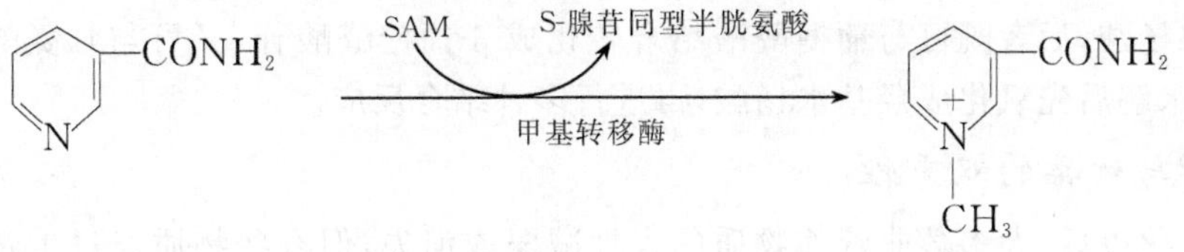

尼克酰胺　　　　　　　　　　　　　　　　N-甲基尼克酰胺

5. 谷胱甘肽结合反应 肝细胞浆中富含谷胱甘肽 S-转移酶（glutathione S-transferase，GST），可催化谷胱甘肽（GSH）与含有亲电子中心的环氧化物和卤代化合物等异源物结合，生成水溶性较强的 GSH 结合产物，然后随胆汁排出体外。GSH 主要参与对致癌物、环境污染物、抗肿瘤药物以及内源性活性物质的生物转化。例如 GSH 对黄曲霉素 B_1-8,9-环氧化物的结合作用。

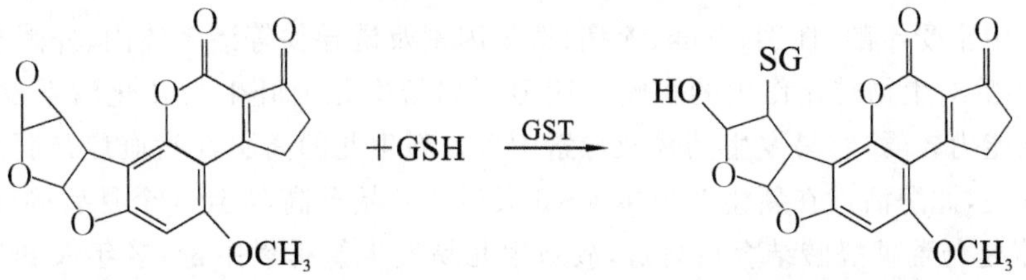

黄曲霉素 B_1-8,9-环氧化物　　　　　　　谷胱甘肽结合产物

6. 甘氨酸结合反应 在肝细胞线粒体基质内，甘氨酸首先与含羧基的药物、毒物等异源物在酰基 CoA 连接酶催化下生成活泼的酰基 CoA，后者在酰基转移酶（acyltransferase）的催化下，将其酰基转移到甘氨酸的氨基上。例如马尿酸的生成等。

$$\text{（苯环）}-COOH + CoASH + ATP \longrightarrow \text{（苯环）}-CO \sim SCoA + ADP + Pi$$

苯甲酸   苯甲酰 CoA

$$\text{（苯环）}-CO \sim SCoA + H_2N-CH_2-COOH \longrightarrow \text{（苯环）}-CO-HN-CH_2-COOH + CoASH$$

苯甲酰 CoA   甘氨酸   马尿酸

胆酸和脱氧胆酸可与甘氨酸或牛磺酸结合生成结合型胆汁酸。其反应步骤与上述相同。

三、生物转化反应的特点

（一）生物转化反应的连续性

一种非营养物质生物转化的反应过程往往比较复杂,常需要连续进行几种反应才能完成。一般先进行第一相反应,再进行第二相反应。例如:解热镇痛药非那西汀在肝微粒体酶体系催化下氧化脱乙基生成对乙酰氨基酚(即扑热息痛),但其在 pH 值为 7.4 的血浆中只有 0.25% 呈解离状态,不易直接排出。乙酰氨基苯酚再与极性很强的葡糖醛酸结合,在血液中 99% 以上解离成离子态,且又有多个羟基,水溶性大,易随尿排出。

$$CH_3CH_2O-\text{（苯环）}-NHCOCH_3 \xrightarrow[\text{（氧化脱乙基）}]{\text{第一相反应}} HO-\text{（苯环）}-NHCOCH_3$$

对乙酰氨基苯乙醚(非那西汀)   对乙酰氨基酚(扑热息痛)

$$HO-\text{（苯环）}-NHCOCH_3 \xrightarrow[\text{（与葡糖醛酸结合）}]{\text{第二相反应}} \text{（葡糖醛酸苷结构）}-NHCOCH_3$$

对乙酰氨基酚   乙酰氨基苯-β-葡糖醛酸苷

（二）生物转化反应类型的多样性

同一种非营养物质可以进行不同类型的生物转化反应,产生不同的转化产物。例如,阿司匹林可先水解生成水杨酸,后者既可与葡糖醛酸结合转化成 β-葡糖醛酸苷,又可与甘氨酸结合生成水杨酰甘氨酸,还可水解后先氧化成羟基水杨酸,再进行多种结合反应。

（三）解毒与致毒的双重性

经过生物转化以后,大多数非营养物质的毒性减弱或消失,但有些物质经过生物转化以后毒性反而增强,生物学活性增强。最典型的例子是化学致癌剂苯并芘,其本身并无致癌作用,但经肝微粒体氧化系统活化形成环氧化物后却能与核酸分子中鸟嘌呤残基结合引发基因突变而具有强烈致癌作用。故生物转化作用不能笼统地称为解毒作用。

四、影响生物转化的因素

生物转化作用常受年龄、性别、营养、疾病、遗传因素及诱导物等诸多体内、外因素的影响。

1. 年龄 年龄对生物转化作用的影响很明显。如新生儿因肝生物转化酶系发育不完善,对药物或毒物的转化能力较弱,容易发生药物及毒素中毒。新生儿的高胆红素血症与肝微粒体葡糖醛酸转移酶的缺乏有关,此酶活性在新生儿出生 5~6 天后才开始升高,1 到 3 个月后接近成人水平;机体内 90% 的氯霉素是与葡糖醛酸结合后解毒,故新生儿易发生氯霉素中毒;老年人肝生物转化能力虽仍属正常,但老年人肝血流量及肾的廓清速率下降,导致血浆药物的清除率降低,药物在体内的半衰期延长。因此,临床上对于新生儿及老年人的药物用量较正常成人偏低,许多药物在使用时都要求儿童、老年人慎用或禁用。

2. 性别 某些生物转化反应有明显的性别差异。例如女性体内醇脱氢酶的活性高于男性,女性对乙醇的代谢能力比男性强；氨基比林在女性体内的半衰期低于男性，说明女性对氨基比林的转化能力比男性强。在妊娠晚期妇女体内，很多生物转化酶的活性下降，导致生物转化能力下降。

3. 营养 营养作用对生物转化作用也会产生影响。蛋白质的摄入可以增加肝细胞生物转化酶的活性，提高生物转化的效率。若机体饥饿数天后，谷胱甘肽 S-转移酶作用受到明显影响，其参加的生物转化反应水平降低。

4. 疾病 肝是生物转化的主要器官。肝实质损伤直接影响肝生物转化酶类的合成，降低肝的生物转化能力，导致药物或毒物的灭活能力减弱，故对肝病患者用药应特别慎重。

5. 遗传 遗传变异可引起个体之间生物转化酶类分子结构的差异或酶合成量的差异。变异产生的低活性酶可因影响药物代谢而造成药物在体内的蓄积。相反，变异导致的高活性酶可缩短药物的作用时间或造成药物代谢毒性产物的增多。目前已知，许多肝生物转化的酶类存在酶活性异常的多态性，如醛脱氢酶、葡糖醛酸转移酶、谷胱甘肽 S-转移酶等。

6. 药物的诱导和抑制 某些药物或毒物可诱导相关酶的合成。如长期服用苯巴比妥可诱导肝微粒体混合功能氧化酶的合成，加速药物代谢过程，使机体对此类催眠药产生耐药性。临床上还可利用其诱导作用来增强对其他药物的代谢以达到解毒的效果，如用苯巴比妥降低地高辛中毒；还可利用其诱导作用来增加机体对游离胆红素的结合转化反应，如用苯巴比妥治疗新生儿黄疸。有些毒物，如烟草中的苯并芘可诱导肺泡吞噬细胞中隶属于单加氧系的芳香烃羟化酶的合成，故吸烟者羟化酶的活性明显高于非吸烟者。

由于多种物质在体内转化常由同一酶系催化，因此同时服用多种药物时可出现药物之间对同一转化酶系的竞争性抑制作用，使多种药物的生物转化作用相互抑制，可导致某些药物药理作用强度的改变。例如保泰松可抑制双香豆素类药物的代谢，二者同时服用时保泰松可增强双香豆素的抗凝作用，易发生出血现象，因此同时服用多种药物时应予以注意。

此外，食物中亦含有诱导或抑制生物转化酶的非营养物质。例如烧烤食物、甘蓝、萝卜等含有肝微粒体单加氧酶系的诱导物，而水田芥则含有该酶的抑制剂。食物中的黄酮类可抑制单加氧酶系的活性。

第三节 胆汁与胆汁酸的代谢

一、胆汁

胆汁（bile）是肝细胞分泌的一种液体，通过胆道系统循胆总管进入十二指肠。正常成人平均每天分泌胆汁 300~700 mL。肝胆汁（hepatic bile）是肝细胞分泌的胆汁，呈金黄色，澄清透明，固体成分含量较少。肝胆汁进入胆囊后，胆囊壁吸收其中水分、无机盐等，并分泌黏液，使胆汁浓缩成为胆囊胆汁（gallbladder bile）。胆囊胆汁呈暗褐色或棕绿色。两种胆汁的部分性质和百分组成列于表11-3 中。

表 11-3 两种胆汁的部分性质和百分组成

项目	肝胆汁	胆囊胆汁
密度	1.009~1.013	1.026~1.032
pH 值	7.1~8.5	5.5~7.7
水	96~97	80~86
固体成分	3~4	14~20
无机盐	0.2~0.9	0.5~1.1

项目	肝胆汁	胆囊胆汁
黏蛋白	0.1~0.9	1~4
胆汁酸盐	0.2~2	1.5~10
胆色素	0.05~0.17	0.2~1.5
总脂类	0.1~0.5	1.8~4.7
胆固醇	0.05~0.17	0.2~0.9
磷脂	0.05~0.08	0.2~0.5

胆汁的主要固体成分是胆汁酸盐（bile salts），约占固体成分的 50%，其余的是胆色素，胆固醇、磷脂、黏蛋白。胆汁中还含有多种酶类，包括脂肪酶、磷脂酶、淀粉酶、磷酸酶等。除胆汁酸盐和某些酶类与脂类的消化有关外，其他成分多属排泄物。进入体内的药物、毒物、食物添加剂及重金属盐等，经过肝生物转化后均可从胆汁排出体外。

二、胆汁酸的代谢

（一）胆汁酸的分类

胆汁酸（bila acid）是胆汁中的主要成分，均为 24 碳胆烷酸的衍生物，按其来源可分为初级胆汁酸（primary bile acid）和次级胆汁酸（secondary bile acid）。初级胆汁酸是肝细胞以胆固醇为原料合成的，包括胆酸（cholic acid）、鹅脱氧胆酸（chenodeoxycholic acid）以及它们和甘氨酸、牛磺酸结合的产物：甘氨胆酸（glycocholic acid）、牛磺胆酸（taurocholic acid）、甘氨鹅脱氧胆酸（glycochenodeoxycholic acid）和牛磺鹅脱氧胆酸（taurochenodeoxycholic acid）；次级胆汁酸是初级胆汁酸在肠道受细菌的作用生成的脱氧胆酸（deoxycholic acid）和石胆酸（lithocholic acid）以及它们和甘氨酸、牛磺酸的结合产物（图 11-1）。

胆汁酸按其结构也可分为两类：一类是游离型胆汁酸（free bile acid），包括胆酸、鹅脱氧胆酸、脱氧胆酸和石胆酸；另一类是结合型胆汁酸（conjugated bile acid），是上述游离胆汁酸分别与甘氨酸、牛磺酸的结合产物。

现将胆汁酸分类总结如下：

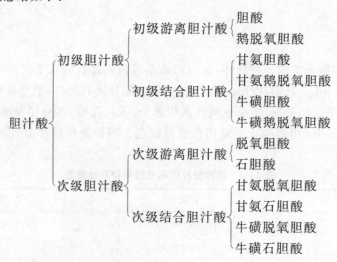

人胆汁中的胆汁酸以结合型为主，均以钠盐或钾盐的形式存在，即胆汁酸盐，简称胆盐。

（二）胆汁酸的生成

胆汁酸是脂类物质消化吸收所必需的一类物质。肝进行胆汁酸的合成和排泄构成了胆固醇降

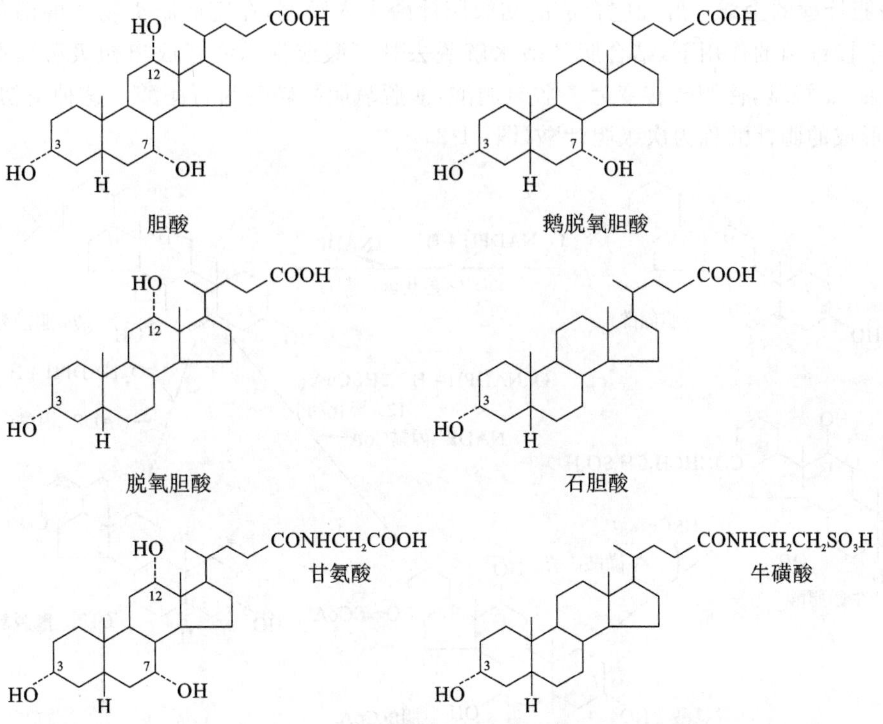

图 11-1 几种胆汁酸的结构式

胆汁酸在结构上系 24 碳的胆烷酸衍生物,初级胆汁酸中的胆酸含有 3 个羟基(3α、7α、12α),
鹅脱氧胆酸含有 2 个羟基(3α、7α);次级胆汁酸的脱氧胆酸和石胆酸均无 7α-羟基

解的主要途径,也是清除胆固醇的主要方式。正常人每天合成胆固醇的总量约有 40%($0.4\sim0.6$ g)在肝内转变为胆汁酸,并随胆汁排入肠道。其代谢包括合成、排泌及肠肝循环三个主要环节。

1. 初级胆汁酸的生成 胆固醇在肝细胞中经一系列酶的催化转变生成的胆汁酸称为初级胆汁酸。此过程较为复杂,需经过多步反应才能完成。

(1) 游离型初级胆汁酸的生成:在肝细胞的微粒体和胞液中,胆固醇在胆固醇 7α-羟化酶(7α-hydroxylase)的催化下,生成 7α-羟胆固醇,然后再经氧化、还原、羟化、侧链氧化及断裂等多步酶促反应生成游离型胆汁酸(free bile acid),主要有胆酸(3α,7α,12α-三羟胆酸)和鹅脱氧胆酸(3α,7α-二羟胆酸)。在肝中,胆汁酸生物合成的主要限速步骤是由 7α-羟化酶催化的反应,该酶是胆汁酸合成的限速酶。此酶属单加氧酶,需要细胞色素 P450、氧及 NADPH 或维生素 C 供氢。7α-羟化酶受胆汁酸浓度的负反馈调节。口服消胆胺或纤维素多的食物促进胆汁酸排泄,减少胆汁酸的重吸收,解除对 7α-羟化酶的抑制,加速胆固醇转化为胆汁酸,可降低血清胆固醇。甲状腺激素对 7α-羟化酶和胆固醇侧链氧化酶的活性均有增强作用,可促进胆汁酸的合成。故甲亢时,血清胆固醇浓度降低,反之亦然。

(2) 结合型初级胆汁酸的生成:胆酸或鹅脱氧胆酸可分别与牛磺酸或甘氨酸结合形成结合型胆汁酸(conjugated bile acid)。在肝细胞的微粒体和胞液中含有催化胆汁酸结合反应酶系。胆汁酸首先在微粒体硫激酶作用下被辅酶 A 活化,再经微粒体的胆汁酸-N-转酰基酶和胞液中的磺酸基移换酶的催化与甘氨酸或牛磺酸结合,分别生成甘氨胆酸、牛磺胆酸、甘氨鹅脱氧胆酸、牛磺鹅脱氧胆酸(图 11-2)。

这种结合作用使其极性增强,亲水性增大,不仅有利于胆汁酸在肠腔内发挥其促进脂质消化吸收的作用,且防止胆汁酸过早地在胆管及小肠内被吸收。它们常与钠、钾等离子结合而形成胆汁酸盐,简称胆盐(bile salt)。甘氨酸结合物与牛磺酸结合物的比值在 2.5:1 左右。胆汁酸主要以结合型为主并以此形式向胆道系统排泌。

NOTE

2. 次级胆汁酸的生成 肝细胞合成的初级胆汁酸进入肠道,在完成脂类物质的消化吸收后,在回肠和结肠上段细菌的作用下,结合胆汁酸水解脱去甘氨酸或牛磺酸释放出初级游离型胆汁酸,后者进一步脱去 7α-羟基,使胆酸转变为 7-脱氧胆酸,鹅脱氧胆酸转变为石胆酸。这种由初级胆汁酸在肠菌作用下形成的胆汁酸称为次级胆汁酸(图 11-2)。

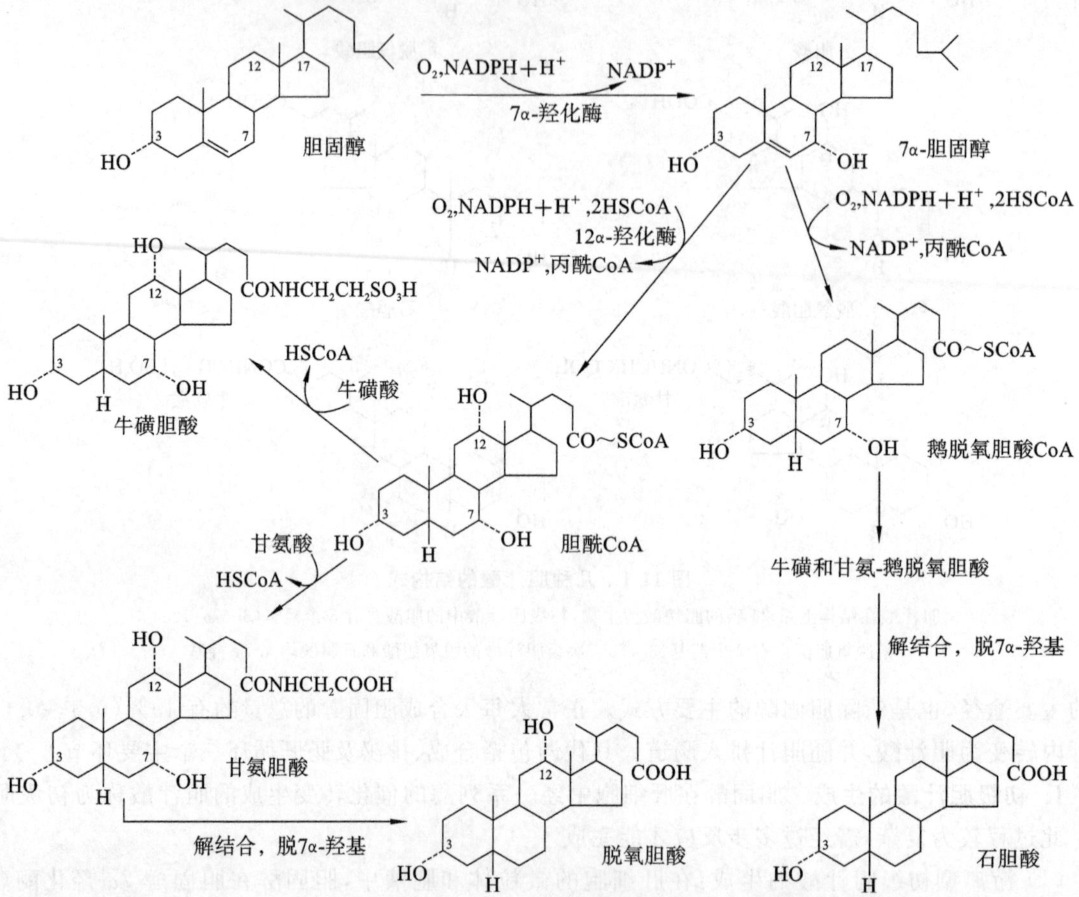

图 11-2 胆汁酸的合成与降解

石胆酸溶解度小,一般不与甘氨酸或牛磺酸结合;脱氧胆酸与甘氨酸或牛磺酸结合,生成结合型次级胆汁酸,即甘氨脱氧胆酸和牛磺脱氧胆酸。

3. 胆汁酸的肠肝循环 随胆汁进入肠道的胆汁酸(包括初级、次级、结合型与游离型)绝大部分(约 95% 以上)被肠壁重吸收,经门静脉入肝,被肝细胞摄取。在肝细胞内,游离型胆汁酸被重新合成结合型胆汁酸,与新合成的结合胆汁酸一起排入肠腔。这一过程称为胆汁酸的"肠肝循环"(enterohepatic circulation)。胆汁酸在肠道的重吸收主要有两种方式:一种是结合型胆汁酸在回肠部位的主动重吸收;另一种是游离型胆汁酸在肠道各部通过扩散作用的被动重吸收。大部分胆汁酸的吸收是主动的重吸收。肠道中的石胆酸(约为 5%)溶解度较小,几乎不能被吸收,大部分随粪便排出体外。正常人每日有 0.4~0.6 g 胆汁酸随粪便排出(图 11-3)。

胆汁酸的肠肝循环具有重要的生理意义。肝每日合成胆汁酸的量仅有 0.4~0.6 g,肝内胆汁酸代谢池总共 3~5 g,即使胆汁酸全部进入小肠也不能满足小肠内脂类乳化的需要。然而,由于每次进餐后可进行 2~4 次肠肝循环,使有限的胆汁酸能够反复利用,发挥其最大限度的乳化作用,保证脂类物质消化、吸收的需要。

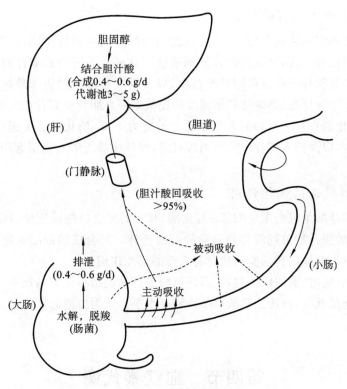

图 11-3　胆汁酸的肠肝循环

三、胆汁酸的功能

（一）促进脂类的消化吸收

胆汁酸分子内既含有亲水性的羟基、羧基、磺酸基等基团，又含有疏水性的烃核和甲基。在立体构型上两类基团恰好位于环戊烷多氢菲核的两侧，构成亲水和疏水两个侧面，故有很强的界面活性，能降低油/水两相的表面张力（图 11-4）。胆汁酸分子的这种结构特性使其成为较强的乳化剂，能与疏水的脂类物质卵磷脂、胆固醇、脂肪或脂溶性维生素等物质形成混合微团（$3\sim10\ \mu m$），使脂类物质能稳定地分散在水溶液中，既有利于酶的作用，又有利于脂类物质通过肠黏膜表面水层，促进脂类物质的消化和吸收。

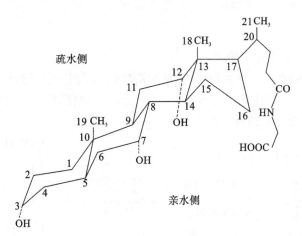

图 11-4　甘氨胆酸的立体构象

（二）抑制胆汁中胆固醇的析出

胆汁酸通过与卵磷脂的协同作用,与脂溶性的胆固醇形成可溶性微团,促进胆固醇溶解于胆汁中,使之不易结晶、析出和沉淀,经胆道转运至肠道排出体外。若肝合成胆汁酸的能力下降,消化道丢失胆汁酸过多或肠肝循环中肝摄取胆汁酸过少,以及排入胆汁中的胆固醇过多(如高胆固醇血症患者),均可造成胆汁中胆汁酸、卵磷脂和胆固醇的比值下降。胆汁中胆汁酸和卵磷脂与胆固醇的正常比值≥10∶1。若比值<10∶1(如肝合成胆汁酸的能力下降,消化道丢失胆汁酸过多或肠肝循环中肝摄取胆汁酸过少,以及排入胆汁中的胆固醇过多,卵磷脂缺乏等),易引起胆固醇析出沉淀,形成结石。

（三）对胆固醇代谢的调控作用

胆汁酸浓度对胆汁酸生成的限速酶(7α-羟化酶)和胆固醇合成的限速酶(HMG-CoA 还原酶)均有抑制作用,进入肝的胆汁酸可同时抑制这两种酶的活性。肝合成胆固醇的速度,可影响胆汁酸的生成。胆汁酸代谢过程对体内胆固醇的代谢有重要的调控作用。

此外,患有某些肝病时,血清胆红素、谷丙转氨酶等肝功能指标正常情况下,血清总胆酸可升高;当肝硬化活性降到最低时,血清总胆酸仍维持较高水平。认为血清总胆酸是反映肝实质损害的灵敏指标。

第四节 血红素代谢

血红素(heme)是一种铁卟啉化合物,它是血红蛋白、肌红蛋白、细胞色素、过氧化物酶、过氧化氢酶等的辅基。体内各种细胞均具有合成血红素的能力,但主要合成器官是肝和骨髓。参与血红蛋白组成的血红素主要在骨髓的幼红细胞和网织红细胞中合成,成熟红细胞因不含线粒体,所以不能合成血红素。

一、血红素的生物合成

（一）合成原料及部位

合成血红素的基本原料是甘氨酸、琥珀酰辅酶 A 和 Fe^{2+},合成的起始和终止阶段均在线粒体内,而中间阶段在胞液中进行。

（二）合成过程

血红素的合成过程可分为四个阶段。

1. δ-氨基-γ-酮戊酸的生成 在线粒体内,琥珀酰辅酶 A 与甘氨酸缩合生成 δ-氨基-γ-酮戊酸(δ-amino levulinic acid,ALA),催化此反应的酶是 ALA 合酶,其辅酶是磷酸吡哆醛。ALA 合酶是血红素生物合成的限速酶,受血红素的反馈调节。

$$
\begin{array}{c}
\text{COOH} \\
| \\
\text{CH}_2 \\
| \\
\text{CH}_2 \\
| \\
\text{COSCoA}
\end{array}
\quad + \quad
\begin{array}{c}
\text{CH}_2\text{NH}_2 \\
| \\
\text{COOH}
\end{array}
\quad
\xrightarrow[\text{ALA 合酶}]{\text{HSCoA+CO}_2}
\quad
\begin{array}{c}
\text{COOH} \\
| \\
\text{CH}_2 \\
| \\
\text{CH}_2 \\
| \\
\text{C=O} \\
| \\
\text{CH}_2\text{NH}_2
\end{array}
$$

琥珀酰 CoA   甘氨酸   δ-氨基-γ-酮戊酸(ALA)

2. 胆色素原的生成 ALA 生成后从线粒体进入胞液,在 ALA 脱水酶(又称胆色素原合酶)的催化下,2分子ALA脱水缩合生成1分子胆色素原(porphobilinogen,PBG)。该酶含有巯基,对铅等重金属的抑制作用十分敏感。

$$2 ALA \xrightarrow[\text{ALA脱水酶}]{2H_2O} 胆色素原$$

3. 尿卟啉原Ⅲ与粪卟啉原Ⅲ的生成 在胞液中4分子胆色素原经尿卟啉原Ⅰ同合酶(又称胆色素原脱氨酶)催化下脱氨生成线状四吡咯,后者在尿卟啉原Ⅲ同合酶催化下,环化生成尿卟啉原Ⅲ(uroporphyrinogen Ⅲ,UPGⅢ)。UPGⅢ经UPGⅢ脱羧酶催化,最终生成粪卟啉原Ⅲ。

4. 血红素的生成 胞液中生成的粪卟啉原Ⅲ扩散进入线粒体,经粪卟啉原Ⅲ氧化脱羧酶和原卟啉原Ⅸ氧化酶的催化,使粪卟啉原Ⅲ的侧链氧化生成原卟啉Ⅸ,后者在亚铁螯合酶的催化下,与Fe^{2+}螯合生成血红素。

血红素生成后从线粒体转运到胞液,在骨髓的有核红细胞及网状红细胞中,与珠蛋白结合成为血红蛋白(图11-5)。

(三)血红素生物合成的调节

1. ALA合酶 该酶是血红素合成体系的限速酶,受血红素的别构抑制调节。若血红素生成过多,可通过氧化生成高铁血红素强烈抑制ALA合酶。

此外,血红素本身作为辅阻遏剂,在体内可与一种阻遏蛋白结合,在ALA合酶的合成中起负调控因子的作用,阻遏ALA合酶的合成;铅可抑制ALA脱水酶和亚铁螯合酶,导致血红素合成的抑制。

2. 促红细胞生成素 促红细胞生成素(erythropoietin,EPO)是一种由肾和肝合成和分泌的调节红细胞生成的主要调节因子。缺氧可诱导EPO基因的表达,是产生EPO的始动因素。EPO促使原始红细胞的繁殖和分化,加速幼红细胞的增殖,促进网织红细胞的成熟与释放,促进血红素和Hb的合成。

3. 某些类固醇激素 雄激素及雌二醇等都是血红素合成的促进剂。如睾酮在体内的5-β还原物,能诱导ALA合酶,从而促进血红素的合成。

4. 杀虫剂、致癌物及药物 这些物质均可诱导肝ALA合酶的合成。因这些物质在肝细胞内进行生物转化时,需要细胞色素P_{450},该酶含有血红素辅基,通过增加肝ALA合酶以适应生物转化的要求。

二、血红素的分解代谢

血红素在体内分解代谢的主要产物是胆色素(bile pigment),包括胆绿素(biliverdin)、胆红素(bilirubin)、胆素原(bilinogen)和胆素(bilin)等,其中最主要的是胆红素。除胆素原族为无色外,其余均有一定颜色,正常时主要随胆汁经肠道排出。

胆红素是胆汁中的主要颜色,呈橙黄色,具有毒性,可引起脑组织不可逆的损害。

(一)胆红素的生成与转运

1. 胆红素的生成 体内80%的胆红素来自衰老的红细胞被破坏后释出的血红蛋白,其余来自肌红蛋白、过氧化氢酶、过氧化物酶、细胞色素等含血红素的化合物。正常成人每天生成250～350

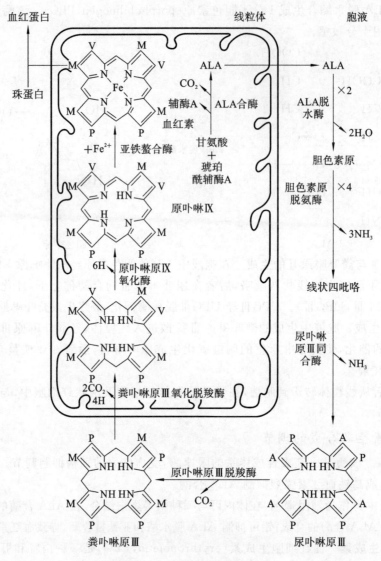

图 11-5　血红素的生物合成过程
A：—CH₂COOH；P：—CH₂CH₂COOH；M：—CH₃；V：—CH＝CH₂

mg 胆红素。

　　正常红细胞的平均寿命为 120 天。衰老的红细胞在肝、脾、骨髓的单核-吞噬细胞的作用下被破坏，释放出血红蛋白，随后血红蛋白分解为珠蛋白和血红素。珠蛋白按一般蛋白质代谢途径分解，血红素在微粒体血红素加氧酶（heme oxygenase，HO）的催化下，铁卟啉环上的 α 甲炔基（—CH＝）桥碳原子的两侧氧化断裂，释放出 CO、Fe^{2+}，并将两端的吡咯环羟化，形成线性四吡咯的水溶性胆绿素。释放的 Fe^{2+} 氧化为 Fe^{3+} 进入铁代谢池，可供机体再利用或以铁蛋白形式储存。释出的 CO 一部分可从呼吸道排出，其排出量可作为体内血红蛋白分解的指标。

　　胆绿素在胞质中胆绿素还原酶（biliverdin reductase）的催化下，由 NADPH 供氢，迅速被还原成胆红素（图 11-6）。人体内胆绿素还原酶活性极高，血液中极少出现胆绿素。

　　胆红素中虽含有羧基、羰基、羟基和亚氨基等极性基团，但由于胆红素分子不是以线性四吡咯结构存在的，而是通过分子内部形成 6 个氢键得以稳定，使胆红素分子形成脊瓦状内旋的刚性折叠结构（图 11-7），极性基团包埋于分子内部，而疏水基团则暴露在分子表面，使胆红素具有疏水亲脂性质，极易自由透过生物膜。当透过血脑屏障进入脑组织后，它能抑制大脑 RNA 和蛋白质的合成作用及糖代谢；与神经核团结合可产生核黄疸，干扰脑细胞的正常代谢及功能，故胆红素是人体的一种内

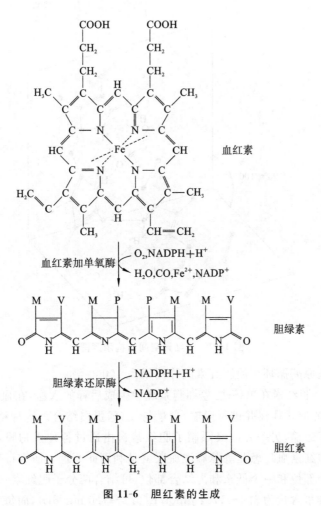

图 11-6 胆红素的生成

P:—CH₂CH₂COOH；M:—CH₃；V:—CH=CH₂
血红素原卟啉原Ⅸ环上的 α 甲炔基（—CH=）桥碳原子被氧化使卟啉环打开,形成胆绿素,
进而还原为胆红素,甲炔桥的碳转变成 CO,螯合的铁离子释出被再利用

源性毒物。

迄今已发现人体内存在 3 种血红素加氧酶同工酶：HO-1、HO-2 和 HO-3。HO-1(32 kD)是一种诱导酶,为热激蛋白 32(HSP32),主要存在于肝、脾和骨髓等降解衰老红细胞的组织器官中。HO-2(36 kD)是组成型酶,仅受糖皮质激素诱导,主要存在于大脑和睾丸组织内,其功能多认为与 CO 的神经信使作用有关。HO-3(33 kD)与 HO-2 有 90% 的同源性,亦属于组成型表达,其功能尚未明晰。HO-1 在血红素代谢中起着重要作用,其生物合成可被其底物血红素迅速激活,以及时清除循环中的血红素。HO-1 亦是迄今所知的诱导物最多的诱导酶,缺氧、高氧、内毒素、重金属、白血病介素-10(IL-10)、一氧化氮(NO)、促红细胞生成素(EPO)、炎症细胞因子等许多能引发细胞氧化应激(oxidative stress)的因素均可诱导此酶的表达,从而增加 CO、胆绿素及胆红素的生成。

许多疾病亦表现为 HO-1 的表达增加,例如肿瘤、动脉粥样硬化、心肌缺血、阿尔茨海默病等。HO-1 作为一种应激蛋白,其诱导因素的多样性是对细胞的一种重要保护机制。HO-1 在上述诸多有害环境刺激和疾病存在条件下所呈现的对机体的保护作用,主要是通过其催化生成的产物来实现的,这些产物主要是 CO 和胆红素。

胆红素过量对人体有害,但适宜水平的胆红素是人体强有力的内源性抗氧化剂,是血清中抗氧化活性的主要成分,可有效地清除超氧化物和过氧化自由基。氧化应激可诱导 HO-1 的表达,从而增加胆红素的量以抵御氧化应激状态。胆红素的这种抗氧化作用通过胆绿素还原酶循环实现:胆红素被氧化成胆绿素,胆绿素在分布广、活性强的胆绿素还原酶催化下,利用 NADH 或 NADPH 再还

知识链接 11-1

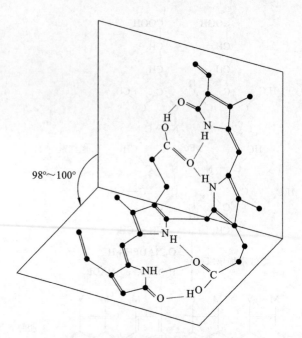

98°~100°

图 11-7　胆红素空间结构示意图

原成胆红素。胆绿素还原酶循环可使胆红素的作用增大 10000 倍。

2. 胆红素的运输　胆红素在单核-巨噬细胞系统中生成后释放入血,在血浆中主要以胆红素-清蛋白(albumin)复合体的形式存在并进行运输,少量与 α_1-球蛋白结合。这种结合既增加了胆红素在血浆中的溶解度有利于运输,另一方面又限制了胆红素自由通过各种生物膜,避免其对组织细胞的毒性作用。临床上高胆红素血症患儿静脉滴注血浆就是利用此原理。研究证明,每一个清蛋白分子具有一个高亲和力结合部位和一个低亲和力结合部位,可结合两分子胆红素。

正常人血浆中胆红素含量为 $3.4 \sim 17.1\ \mu\mathrm{mol/L}(0.2 \sim 1.0\ \mathrm{mg/dL})$,而每 100 mL 血浆清蛋白可结合 $20 \sim 25$ mg 胆红素,故正常情况下血浆清蛋白结合胆红素的潜力很大,不与清蛋白结合的胆红素甚微。但必须提及的是,胆红素与清蛋白的结合是非特异性、非共价且是可逆的。若血浆清蛋白含量明显降低、结合部位被其他物质占据、血浆中胆红素浓度过高或降低胆红素对结合部位的亲和力,均可促使胆红素从血浆向组织细胞转移。

许多药物(如磺胺药、阿司匹林、甲状腺激素、镇痛药、抗炎药等)和某些有机阴离子(如胆汁酸、脂肪酸、利尿剂和造影剂等)都可与胆红素竞争性地结合清蛋白,使胆红素游离。过多的游离胆红素因系脂溶性易透过细胞膜进入细胞,尤其是富含脂类的脑部基底核的神经细胞,使脑基底核神经细胞受胆红素损害,称为胆红素脑病(bilirubin encephalopathy)或核黄疸(kernicterus)。有黄疸倾向的患者或新生儿生理性黄疸期,应慎用上述药物。

血浆清蛋白与胆红素的结合仅起到暂时性的解毒作用,其根本性的解毒主要依赖于肝中与葡糖醛酸结合的生物转化作用。将这种未进入肝进行生物转化的,在血液中与清蛋白结合运输的胆红素称为未结合胆红素(unconjugated bilirubin)或游离胆红素或血胆红素,也称为非酯型胆红素。未结合胆红素因分子内氢键的存在,不能直接与重氮试剂反应,只有在加入乙醇或尿素等破坏氢键后才能与重氮试剂反应,生成紫红色偶氮化合物,故未结合胆红素又称为间接反应胆红素或间接胆红素(indirect bilirubin)。此种胆红素与清蛋白结合后相对分子质量变大,不能经肾小球滤过而随尿排出,故尿中无此胆红素。

（二）胆红素在肝中的转变

胆红素在肝内的代谢,包括肝细胞对胆红素的摄取、结合和排泄三个过程。

1. 肝细胞对胆红素的摄取　血浆中的胆红素以胆红素-清蛋白复合物的形式随血液运输到肝

后,在肝细胞的窦状隙胆红素与清蛋白首先分离,然后迅速被摄入肝细胞内。胆红素可自由双向通透肝血窦侧细胞膜表面而进出入肝细胞。所以,肝细胞对胆红素的摄取量取决于肝细胞对胆红素的进一步处理能力。

胆红素进入肝细胞后,主要与胞浆中的 Y 蛋白或 Z 蛋白两种配体蛋白(ligandin)结合。配体蛋白是胆红素在肝细胞浆中的主要载体,是谷胱甘肽-S-转移酶的家族成员,含量丰富,占肝细胞质总蛋白的 3%～4%,对胆红素有很高的亲和力。两种配体蛋白中又以 Y 蛋白结合为主,Y 蛋白在肝细胞中含量丰富并且对胆红素的亲和力比 Z 蛋白大,只有当 Y 蛋白结合达到饱和时,Z 蛋白的结合量才增加。配体蛋白可与胆红素 1∶1 结合,以胆红素-Y 蛋白或胆红素-Z 蛋白的形式将胆红素携带至肝细胞滑面内质网。许多有机阴离子如类固醇、四溴酚酞磺酸钠、甲状腺激素等具有与 Y 蛋白相同的结合部位,能竞争地抑制肝细胞对胆红素的摄取。

2. 肝细胞对胆红素的转化作用　在滑面内质网,胆红素在尿苷二磷酸-葡糖醛酸基转移酶(UDP-glucuronyl transferase,UGT)的催化下,由 UDP-葡糖醛酸(UDPGA)提供葡糖醛酸基(GA),胆红素分子的丙酸基与葡糖醛酸基结合,生成葡糖醛酸胆红素(bilirubin glucuronide),称结合胆红素(酯型)或肝胆红素。因其能与重氮试剂直接迅速起反应,所以又被称为直接胆红素。由于胆红素分子中含有两个羧基,故可形成单葡糖醛酸胆红素(bilirubin monoglucuronide,BMG)或双葡糖醛酸胆红素(bilirubin diglucuronide,BDG),在人体内双葡糖醛酸胆红素(占 70%～80%)是其主要结合产物,单葡糖醛酸胆红素只有少量生成(图 11-8)。此外,还有小部分胆红素可与硫酸、甲基、乙酰基等结合。

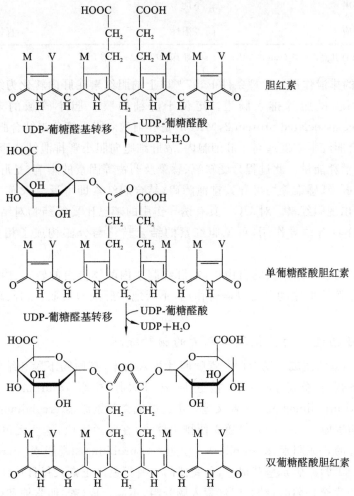

图 11-8　葡糖醛酸胆红素的生成及结构

M:—CH₃;V:—CH =CH₂

结合胆红素因其分子内部氢键被破坏,处于比较伸展的状态,极性和水溶性增强,与血浆清蛋白亲和力减小,既有利于其随胆汁排出或透过肾小球从尿排出,也可防止其透过细胞膜或血脑屏障产生毒性作用。因此,胆红素与葡糖醛酸的结合反应是肝细胞对胆红素进行解毒的重要方式。此外,苯巴比妥可诱导 UGT 的合成,用于治疗新生儿黄疸。结合胆红素与未结合胆红素不同理化性质的比较列于表 11-4 中。

表 11-4　两种胆红素理化性质的比较

比较项目	未结合胆红素	结合胆红素
常见其他名称	游离胆红素、血胆红素 非酯型胆红素、间接胆红素	肝胆红素、酯型胆红素 直接胆红素
结构特点	在血浆中与清蛋白结合 未与葡糖醛酸结合	主要与葡糖醛酸结合
水溶性	小	大
脂溶性	大	小
与清蛋白亲和力	大	小
细胞膜通透性及毒性	大	小
经肾随尿排出	不能	能
与重氮试剂反应*	间接阳性	直接阳性

注:*重氮试剂反应又称凡登白反应(van den Bergh test),临床检验中已停止使用。

3. 肝对胆红素的排泄作用　生理条件下,97%以上的胆红素在肝内转化为结合胆红素,由肝细胞分泌进入胆管系统,随胆汁排入肠道。定位于肝细胞膜上胆小管域的多耐药相关蛋白 2 (multidrug resistance-associated protein 2,MRP2)是肝细胞向胆小管分泌结合胆红素的主要转运蛋白。胆小管内的结合胆红素浓度远高于肝细胞内,故肝细胞向胆小管排泄结合胆红素是逆浓度梯度的主动转运过程,需消耗能量。此过程易受缺氧、感染及药物等因素的影响,是肝代谢胆红素的限速步骤。肝内外堵塞、肝炎、感染等均可导致排泄障碍,结合胆红素即可返流入血,使血液中结合胆红素水平增高,尿中可出现胆红素。对 UGT 具有诱导作用的苯巴比妥等药物对结合胆红素从肝细胞到胆汁的分泌也同样具有诱导作用,可见胆红素的结合转化与分泌构成了相互协调平衡的功能体系。

血浆中的胆红素通过肝细胞膜的自由扩散、肝细胞浆内配体蛋白的转运、内质网的葡糖醛酸基转移酶的催化和肝细胞膜的主动分泌等联合作用,不断地被肝细胞摄取、结合、转化和排泄,从而不断地被清除。

(三)胆红素在肠道中的变化及胆色素的肠肝循环

1. 粪胆素与尿胆素的生成　结合胆红素随胆汁排入肠道,在回肠下段和结肠中肠菌酶(β-葡萄糖苷酶)的作用下脱去葡糖醛酸基,被还原成 d-尿胆素原(d-urobilinogen)和中胆素原(mesobilirubinogen,i-urobilinogen),后者又进一步还原成粪胆素原(stercobilinogen),这些物质统称为胆素原。大部分胆素原(80%~90%)随粪便排出体外,在肠道下段,这些无色的胆素原接触空气后分别被氧化为相应的 d-尿胆素(d-urobilin)、i-尿胆素(i-urobilin)和粪胆素(stercobilin,l-urobilin),三者合称为胆素(图 11-9)。胆素呈黄褐色,是粪便的主要颜色。正常人每日从粪便排出的胆素原为40~280 mg。当胆道完全梗阻时,结合胆红素入肠受阻,不能生成(粪)胆素原和(粪)胆素,因此粪便呈灰白色或白陶土色。婴儿肠道细菌稀少,未被细菌作用的胆红素随粪便排出,可使粪便呈现橘黄色。

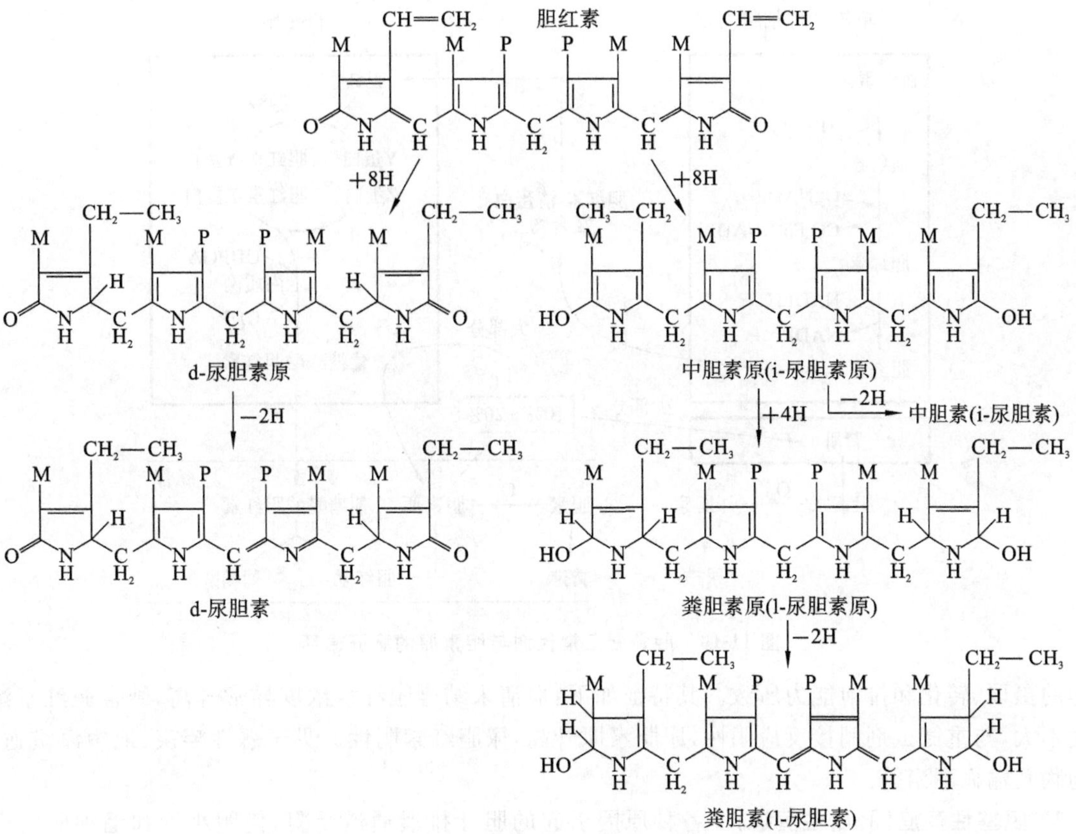

图 11-9 粪胆素和尿胆素的生成

M：—CH₃；P：—CH₂CH₂COOH

2. 胆素原的肠肝循环 肠道中生成的胆素原有 10%～20% 可被肠黏膜细胞重吸收，经门静脉入肝。其中大部分（约 90%）以原形再随胆汁排入肠道，形成胆素原的肠肝循环（bilinogen enterohepatic circulation）。只有小部分（约 10%）进入体循环经肾小球滤出随尿排出，称为尿胆素原。正常人每日随尿排出的尿胆素原为 0.5～4.0 mg。尿胆素原在尿道下段接触空气后被氧化成尿胆素。尿胆素是尿中颜色的主要色素。临床上将尿胆素原、尿胆素和尿胆红素合称为尿三胆，是黄疸类型鉴别诊断的常用指标。尿胆素原排出的多少受胆红素的生成量、肝细胞功能、胆道通畅程度以及尿液 pH 值等多种因素影响。正常人尿中检测不到尿胆红素。胆色素正常代谢与胆素原的肠肝循环如图 11-10 所示。

（四）血清胆红素与黄疸

正常人血清胆红素总量小于 17.1 μmol/L（1 mg/L），其中未结合胆红素约占 4/5，其余为结合胆红素。凡能引起体内胆红素生成过多，或肝细胞对胆红素摄取、转化及排泄过程发生障碍的，均可引起血浆胆红素浓度的升高，当血浆胆红素含量超过 17.1 μmol/L 时称为高胆红素血症（hyperbilirubinemia）。胆红素为橙黄色物质，过量的胆红素可扩散进入组织，造成组织黄染，这一体征称为黄疸（jaundice）。巩膜、皮肤、指甲床下和上腭含有较多弹性蛋白，对胆红素有较强的亲和力，故易被黄染；黏膜中含有能与胆红素结合的血浆清蛋白，因此也易被染黄。黄疸程度取决于血清胆红素的浓度。当血清胆红素浓度在 17.1～34.2 μmol/L（1～2 mg/dL）之间时，肉眼不易观察到巩膜、皮肤及黏膜黄染，称为隐性黄疸（occult jaundice）；当胆红素浓度超过 34.2 μmol/L（2 mg/dL）时，肉眼可观察到巩膜等组织黄染，称为显性黄疸（clinical jaundice）；当血清胆红素达到 120 μmol/L（7 mg/dL）及以上时，皮肤黄染也十分明显。临床上依据黄疸产生的机制，将黄疸分为三类。

1. 溶血性黄疸（肝前性黄疸） 由于红细胞大量破坏，单核-巨噬细胞产生的胆红素过多，超过肝

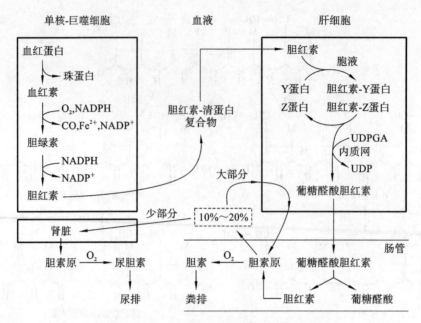

图 11-10　胆色素正常代谢与胆素原的肠肝循环

细胞的摄取、转化和排泄能力所致。其特征如下：血清未结合胆红素浓度异常升高，结合胆红素浓度改变不大，与重氮试剂间接反应阳性，尿胆素原升高，尿胆红素阴性。见于恶性疟疾、地中海贫血、某些药物及输血不当等。

2. 阻塞性黄疸（肝后性黄疸）　各种原因引起的胆汁排泄通道受阻，使胆小管和毛细胆管内压力增大破裂，结合胆红素返流入血，造成血清胆红素升高。其特征如下：血清结合胆红素浓度升高，未结合胆红素浓度无明显改变，与重氮试剂直接反应阳性，尿胆素原减少，尿胆红素强阳性。尿液颜色变浅。常见于胆管炎症、肿瘤、结石或先天性胆道闭塞等疾病。

3. 肝细胞性黄疸　由于肝细胞受损，使其摄取、结合、转化和排泄胆红素的能力降低：一方面肝不能将未结合胆红素全部转化为结合胆红素，使血中未结合胆红素升高；另一方面肝细胞肿胀，毛细胆管阻塞或毛细胆管与肝血窦直接相通，使部分结合胆红素返流入血，血中结合胆红素也升高。经肠肝循环到达肝的胆素原可经损伤的肝细胞进入体循环，并从尿中排出。其特征为：血清胆红素与重氮试剂呈双相反应阳性，尿胆素原升高，尿胆红素阳性。各种黄疸类型血、尿、粪的变化列于表11-5中。

表 11-5　三种黄疸类型血、尿、粪的变化

类型	血液		尿液		粪便
	未结合胆红素	结合胆红素	胆红素	胆素原	颜色
正常	有	无或极微	无	少量	黄色
溶血性黄疸	增加	不变或微增	无	显著增加	加深
阻塞性黄疸	不变或微增	增加	有	减少或无	变浅或陶土色
肝细胞性黄疸	增加	增加	有	不定	变浅

小结

　　肝通过其独特的解剖结构和化学组成，在体内的物质代谢中起着重要作用，包括血糖水平的调节，脂类的消化、吸收、分解、合成、利用及运输，蛋白质合成和氨基酸代谢，尿素合成，以及维生素代谢和激素的灭活等。

生物转化是机体对内、外源性非营养物质通过代谢转化,提高其水溶性和极性,使之易于随胆汁或尿液排出的过程。肝脏是生物转化的最主要器官。生物转化作用包括第一相反应(氧化、还原和水解)和第二相反应(结合)。生物转化反应中以氧化反应最为重要,结合反应中以与葡糖醛酸结合最为普遍。肝生物转化具有连续性、多样性、解毒与致毒双重性的特点。

胆汁酸是胆固醇的主要代谢产物,兼具有促进脂类消化、吸收的功能。肝细胞以胆固醇为原料合成初级胆汁酸,合成过程的关键酶是 7α-羟化酶。初级胆汁酸经肠菌作用生成次级胆汁酸。结合胆汁酸是指初级胆汁酸和次级胆汁酸分别与甘氨酸或牛磺酸在肝内结合的产物。排入肠道内的大部分胆汁酸可被重吸收回肝,再随胆汁排入肠道,构成胆汁酸的肠肝循环,可使有限的胆汁酸库存反复利用。

血红素是血红蛋白的辅基,属铁卟啉化合物,主要在网织红细胞和有核红细胞内合成。琥珀酰 CoA、甘氨酸和 Fe^{2+} 是合成血红素的基本原料。血红素合成的始、末阶段在线粒体内,中间阶段在胞质内进行。血红素合成的关键酶是 ALA 合酶,受血红素的反馈抑制及睾酮、EPO 等的诱导调节。

胆色素是铁卟啉化合物的主要分解代谢产物,主要来自衰老的红细胞。单核巨噬细胞破坏衰老的红细胞后释放出珠蛋白和血红素。血红素在血红素单加氧酶、胆绿素还原酶接连催化下生成亲脂疏水的胆红素。游离胆红素在血液中与清蛋白结合后被运输至肝,被肝细胞摄取后与葡糖醛酸结合转变成极性较强的水溶性的葡糖醛酸胆红素而解毒,后者经胆管随胆汁排入肠腔,在肠道细菌作用下水解、还原为无色的胆素原,大部分随粪便排出;少量则由小肠重吸收入肝并再次排入肠腔,形成胆素原的肠肝循环。被肠壁重吸收的胆素原尚有少量进入体循环经肾由尿排出。

黄疸是胆色素代谢障碍的主要表现,临床上依据其产生的原因分为溶血性、阻塞性和肝细胞性三类黄疸,其血、尿、粪中胆色素的变化可协助鉴别诊断。

(蒋薇薇)

第十二章　物质代谢的整合与调节

扫码看课件

教学目标

- 物质代谢的特点
- 三大营养物质氧化供能的一般规律和相互关系
- 糖、脂、蛋白质、核酸代谢之间的相互联系
- 物质代谢调节的三种方式及意义

物质代谢(metabolism)是生命现象的本质特征,也是生命活动的物质基础。人体物质代谢是由许多连续的和相关的代谢途径所组成的,而代谢途径(如糖的氧化、脂肪酸的合成等)又是由一系列的酶促反应组成的。在正常情况下,各种代谢途径几乎全部按照生理需求,有节奏、有规律地进行,同时,为适应体内外环境的变化,及时调整反应速度,保持整体的动态平衡。可见,体内物质代谢是在严密的调控下进行的。

第一节　物质代谢的特点及相互联系

物质代谢、能量代谢与代谢调节是生命存在的三大要素。生命体都是由糖类、脂类、蛋白质、核酸四大类基本物质和一些小分子物质构成的。虽然这些物质化学性质不同,功能各异,但它们在生物体内的代谢过程并不是彼此孤立、互不影响的,而是互相联系、互相制约、彼此交织在一起的。机体代谢之所以能够顺利进行,生命之所以能够健康延续,并能适应千变万化的体内、外环境,除了具备完整的糖、脂类、氨基酸与蛋白质、核苷酸与核酸代谢和与之偶联的能量代谢以外,机体还存在着复杂完善的代谢调节网络,以保证各种代谢井然有序、有条不紊地进行。

一、物质代谢的特点

(一)体内各种物质代谢相互联系形成统一整体

在体内进行代谢的物质各种各样,不仅有糖、脂、蛋白质这样的大分子营养物质,也有维生素这样的小分子物质,还有无机盐甚至水。它们的代谢不是孤立进行的,同一时间机体有多种物质代谢在进行,需要彼此间相互协调,以确保细胞乃至机体的正常功能。事实上,人类摄取的食物,无论动物性或植物性食物均同时含有蛋白质、脂类、糖类、水、无机盐及维生素等,从消化吸收开始,经过中间代谢到排泄,这些物质的代谢都是同时进行的,且相互联系、相互依存。如糖、脂在体内氧化释放出的能量可用于核酸、蛋白质等的生物合成,各种酶合成后又催化糖、脂、蛋白质等物质代谢按机体的需要顺利进行。

(二)机体物质代谢不断受到精细调节

要保证机体的正常功能,就必须确保糖、脂、蛋白质、水、无机盐、维生素这些营养物质在体内的代谢,能够根据机体的代谢状态和执行功能的需要有条不紊地进行。这就需要对这些物质的代谢方

向、速度和强度进行精细调节。正是有了这种精细的调节机制,机体能够适应各种内外环境的变化,保证机体内外环境的相对恒定及动态平衡,才能顺利完成各种生命活动。这种调节一旦失衡,就会使细胞、机体的功能失常,导致人体疾病发生。

(三)各组织、器官物质代谢各具特色

机体各组织、器官具有各自不同的特定功能,对这些组织、器官的代谢具有特殊的需求。因而在这些组织、器官的细胞中形成了特定的酶谱,即不同的酶系种类和含量,使这些组织、器官除了具有一般的基本代谢外,还具有特点鲜明的代谢途径,以适应相应的功能需要。如肝是人体代谢的中枢器官,在糖、脂、蛋白质代谢中均具有重要的特殊作用。将能量以脂肪形式储存是脂肪组织的重要功能,所以脂肪组织含有脂蛋白脂肪酶及特有的激素敏感甘油三酯脂肪酶,既能将血循环中的脂肪水解,用于合成脂肪而储存在脂肪细胞内,也在机体需要时进行脂肪动员,释放脂肪酸供其他组织利用。

(四)各种代谢物均有共同的代谢池,代谢存在动态平衡

人体主要营养物质如糖、脂、蛋白质,既可以从食物中摄取,多数也可以在体内自身合成。一旦进入体内就与自身合成的内源性营养物质形成共同的代谢池,根据机体的营养状态和需要,同样地进入各种代谢途径进行代谢。如血液中的葡萄糖,无论是从食物中消化吸收的、肝糖原分解产生的、氨基酸转变产生的还是由甘油转化生成的,在机体需要能量时,均可在各组织进行有氧氧化或无氧酵解,释放出能量供机体利用。

(五)ATP 是机体储存能量和消耗能量的共同形式

机体的各种生命活动如生长、发育、繁殖、修复、运动,包括各种生命物质的合成等均需要能量。人体能量的来源是营养物质,但糖、脂、蛋白质中的化学能不能直接用于各种生命活动,机体需氧化分解营养物质,释放化学能,并将其大部分储存在可供各种生命活动直接利用含高能磷酸键的 ATP分子中。ATP 作为机体可直接利用的能量载体,将产能的营养物质分解代谢与耗能的物质合成代谢联系在一起,将物质代谢与其他生命活动联系在一起。

(六)NADPH 提供合成代谢所需的还原当量

体内许多生物合成反应是还原性合成,需要还原当量,这些生物合成反应才能顺利进行。体内这种还原当量的主要提供者是 NADPH,它主要来源于葡萄糖的磷酸戊糖途径。所以,NADPH 能将氧化反应和还原反应联系起来,将物质的氧化分解与还原性合成联系起来,将不同的还原性合成联系起来。如葡萄糖经磷酸戊糖途径生成的 NADPH,既可为乙酰辅酶 A 合成脂肪酸提供还原当量,又可为乙酰辅酶 A 合成胆固醇提供还原当量。

二、物质代谢的相互联系

(一)糖、脂、蛋白质在能量代谢上的相互联系

糖、脂及蛋白质均可在体内氧化供能。尽管三大营养物质在体内氧化分解的代谢途径各不相同,但乙酰辅酶 A 是它们代谢的中间产物,三羧酸循环和氧化磷酸化是它们代谢的共同途径,而且都能生成可利用的化学能 ATP。从能量供给的角度来看,三大营养物质的利用可相互替代,并互相制约。一般情况下,机体利用能源物质的次序是糖(或糖原)、脂肪、蛋白质(主要为肌肉蛋白),糖是机体主要供能物质(占总热量的 50%~70%),脂肪是机体储能的主要形式(可达体重的 20%或更多,肥胖者可多达 30%~40%)。机体以糖、脂供能为主,并尽量节约蛋白质的消耗,因为蛋白质是组织细胞的重要结构成分,通常并无多余储存。由于糖、脂、蛋白质分解代谢有共同的代谢途径,限制了进入该代谢途径的代谢物的总量,因而各营养物质的氧化分解又相互制约,并根据机体的不同状态来调整各营养物质氧化分解的代谢速度以适应机体的需要。若任一种供能物质的分解代谢增强,通

常通过代谢调节抑制和节约其他供能物质的降解,如在正常情况下,机体主要依赖葡萄糖氧化供能,而脂肪动员及蛋白质分解往往受到抑制;在饥饿状态时,由于糖供应不足,则需动员脂肪或动用蛋白质而获取能量。例如,脂肪分解增强,生成的 ATP 增多,ATP/ADP 的值增大,诱导变构降低糖分解代谢中的限速酶(6-磷酸果糖激酶-1)活性,从而抑制糖分解代谢。相反,若供能物质不足,体内能量缺乏,ADP 积存增多,则变构激活 6-磷酸果糖激酶-1,加速体内糖的分解代谢。

(二)糖、脂、蛋白质及核酸代谢之间的相互联系

体内糖、脂、蛋白质及核酸的代谢是相互影响、相互转化的,其中三羧酸循环不仅是三大营养物质代谢的共同途径,也是三大营养物质相互联系、相互转变的枢纽。它们之间是可以互相转变的,乙酰 CoA 是糖、脂、氨基酸代谢共有的重要中间代谢物(图 12-1)。同时,一种代谢途径的改变必然影响其他代谢途径的进程,糖代谢失调会立即影响到脂类和蛋白质的代谢。

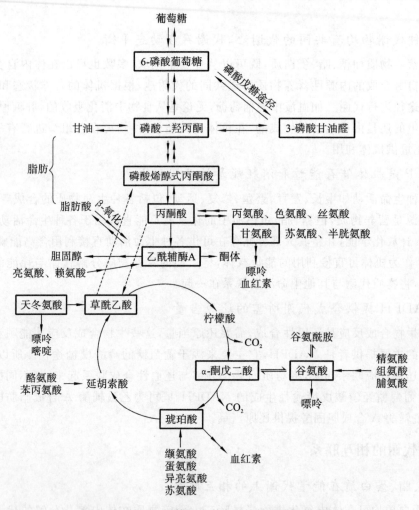

图 12-1 糖、脂、氨基酸代谢途径的相互联系示意图

1. 糖代谢与脂代谢的相互联系　糖和脂都是以碳、氢元素为主的化合物,它们在代谢关系上十分密切。一般来说,机体摄入糖增多而超过体内能量的消耗时,除合成糖原储存在肝和肌肉中外,还可大量转变为脂肪储存起来,导致发胖。糖转变为脂肪的大致步骤如下:糖酵解产生磷酸二羟丙酮和 3-磷酸甘油醛,其中磷酸二羟丙酮可以还原为甘油;而 3-磷酸甘油醛能继续通过糖酵解途径形成丙酮酸,丙酮酸氧化脱羧后转变成乙酰 CoA,乙酰 CoA 可用来合成脂肪酸,最后由甘油和脂肪酸合成脂肪。此外,糖的分解代谢增强不仅为脂肪合成提供了大量的原料,而且其生成的 ATP 及柠檬酸是乙酰 CoA 羧化酶的变构激活剂,促使大量的乙酰 CoA 羧化为丙二酸单酰 CoA 促进合成脂肪酸及

脂肪进而在脂肪组织储存。

　　然而,脂肪绝大部分不能在体内转变为糖。这是因为脂肪酸分解生成的乙酰辅酶 A 不能转变为丙酮酸,即丙酮酸转变成乙酰辅酶 A 这步反应是不可逆的。脂肪分解成甘油和脂肪酸,其中甘油可以在肝、肾、肠等组织中甘油激酶的作用下经磷酸化生成 α-磷酸甘油,再转变为磷酸二羟丙酮,然后经糖异生的途径可变为葡萄糖,但其量和脂肪中大量脂肪酸分解生成的乙酰辅酶 A 相比是微不足道的,而乙酰辅酶 A 在动物体内不能转变为糖。虽然甘油、丙酮和丙酰 CoA 可以转变成糖,但其量更是微乎其微,生成的糖量相当有限,因此,脂肪绝大部分不能在体内转变为糖。

　　脂肪分解代谢的强度及代谢过程能否顺利进行与糖代谢密切相关。三羧酸循环的正常运转有赖于糖代谢产生的中间产物草酰乙酸来维持,当饥饿、糖供给不足或糖尿病糖代谢障碍时,脂肪动员加快,脂肪酸在肝内经 β-氧化生成酮体的量增多,其原因是糖代谢障碍致使草酰乙酸相对不足,生成的酮体不能及时通过三羧酸循环氧化,而造成血酮体升高,产生酮血症。

　　2. 糖代谢与氨基酸代谢的相互联系　糖是生物体内的重要碳源和能源。糖经酵解途径产生的磷酸烯醇式丙酮酸和丙酮酸,丙酮酸羧化生成的草酰乙酸,及草酰乙酸脱羧后经三羧酸循环形成的 α-酮戊二酸,都可以作为氨基酸的碳架,通过氨基化或转氨基作用形成相应的氨基酸。但是必需氨基酸,包括赖氨酸、色氨酸、甲硫氨酸、苯丙氨酸、亮氨酸、苏氨酸、异亮氨酸、缬氨酸 8 种,则必须由食物摄取。组成人体蛋白质的 20 种氨基酸,除亮氨酸和赖氨酸(生酮氨基酸)外,均可通过脱氨基作用生成相应的 α-酮酸,而这些 α-酮酸均可转化为糖代谢的中间产物,如丙酮酸,循糖异生途径转变为糖。通过三羧酸循环部分途径及糖异生作用转变为糖,如精氨酸、组氨酸及脯氨酸均可通过转变成谷氨酸进一步脱氨生成 α-酮戊二酸,经草酰乙酸转变成磷酸烯醇式丙酮酸,再循糖酵解逆行途径转变成糖。由此可见,20 种氨基酸除亮氨酸和赖氨酸外均可转变为糖,而糖代谢中间产物在体内仅能转变为 12 种非必需氨基酸,其余 8 种必需氨基酸必须由食物供给,故食物中的糖是不能替代蛋白质的。这就是为什么食物中的蛋白质不能为糖、脂替代,而蛋白质却能替代糖和脂肪供能的重要原因。

　　3. 脂类代谢与氨基酸代谢的相互联系　脂肪分解产生甘油和脂肪酸,甘油可转变为丙酮酸、草酰乙酸及 α-酮戊二酸,分别接受氨基而转变为丙氨酸、天冬氨酸及谷氨酸。脂肪酸可以通过 β-氧化生成乙酰辅酶 A,乙酰辅酶 A 与草酰乙酸缩合进入三羧酸循环,可产生 α-酮戊二酸和草酰乙酸,进而通过转氨基作用生成相应的谷氨酸和天冬氨酸,但必须消耗三羧酸循环的中间物质而受限制,如无其他来源补充,反应将不能进行下去。因此脂肪酸不易转变为氨基酸。生糖氨基酸可通过丙酮酸转变为磷酸甘油,而生糖氨基酸、生酮氨基酸及生糖兼生酮氨基酸均可转变为乙酰辅酶 A,后者可作为脂肪酸合成的原料,最后合成脂肪。另外,乙酰辅酶 A 也可合成胆固醇以满足机体的需要。此外,氨基酸也可作为合成磷脂的原料,如丝氨酸脱羧可变为乙醇胺,经甲基化可变为胆碱,而丝氨酸、乙醇胺和胆碱分别是合成磷脂酰丝氨酸、脑磷脂及卵磷脂的原料。

　　4. 核酸与氨基酸代谢及糖代谢的相互联系　核酸是遗传物质,在机体的遗传、变异及蛋白质合成中,起着决定性的作用。许多游离核苷酸在代谢中起着重要的作用。如 ATP 是能量生成、利用和储存的中心物质,UTP 参与糖原的合成,CTP 参与卵磷脂的合成,GTP 供给蛋白质肽链合成时所需要的部分能量。此外,许多重要辅酶也是核苷酸的衍生物,如辅酶 A、NAD^+、$NADP^+$、FAD 等。另一方面,核酸或核苷酸本身的合成,又受到其他物质特别是蛋白质的影响。如甘氨酸、天冬氨酸、谷氨酰胺及一碳单位(是由部分氨基酸代谢产生的)是核苷酸合成的原料,参与嘌呤和嘧啶环的合成。另外,核苷酸的合成需要酶和多种蛋白因子的参与,相反地合成核苷酸所需的磷酸核糖来自糖代谢中的磷酸戊糖途径等。

第二节　物质代谢的调节

　　生物体物质代谢是一个完整统一的过程,为适应不断变化的内外环境,使物质代谢有条不紊地

NOTE

进行,生物体对其代谢具有精细的调节机制,生物体内的代谢调节机制十分复杂,是生物在长期进化过程中逐步形成的一种适应能力。进化程度越高的生物其代谢调节方式越复杂。在单细胞的微生物中只能通过细胞内代谢物浓度的改变来调节酶的活性及含量,从而影响某些酶促反应速度,这种调节称为细胞水平的代谢调节,也是最原始的调节方式。随着低等单细胞生物进化到多细胞生物时出现了激素调节,激素能改变靶细胞的某些酶的催化活性或含量,来改变细胞内代谢物的浓度从而实现对代谢途径的调节。而高等生物和人类则有了功能更复杂的神经系统,在神经系统的控制下,机体通过神经递质对效应器发生影响,或者改变某些激素的分泌,再通过各种激素相互协调,对整体代谢进行综合调节。总之,整个生物界代谢的调节,是在细胞(酶)、激素和整体这三个不同水平上进行的。由于这些调节作用点最终均在生命活动的最基本单位——细胞中,所以细胞水平的调节是最基本的调节方式,是激素和神经调节方式的基础。

一、细胞水平的代谢调节

细胞水平的代谢调节主要是通过细胞内代谢物浓度的变化对酶进行调节,主要包括酶的分布、活性和含量等调节。

(一)细胞内酶的区域化分布

细胞是生物体结构和功能的基本单位。细胞内存在由膜系统分开的区域,使各类反应在细胞中有各自的空间分布,称为区域化。尤其是真核生物细胞呈更高度的区域化,由膜包围的多种细胞器分布在细胞质内,如细胞核、线粒体、溶酶体、高尔基复合体等。代谢上相关的酶常常组成一个多酶复合体或多酶体系,分布在细胞的某一特定区域,执行着特定的代谢功能。例如:糖酵解、糖原合成与分解、磷酸戊糖途径和脂肪酸合成的酶系存在于细胞质中;三羧酸循环、脂肪酸 β-氧化和氧化磷酸化的酶系存在于线粒体中;核酸合成的酶系大部分在细胞核中;水解酶系在溶酶体中(表 12-1)。即使在同一细胞器内,酶系分布也有一定的区域化。例如在线粒体内,在外膜、内膜、膜间空间以及内部基质的酶系是不同的:细胞色素和氧化磷酸化的酶分布在内膜上,而三羧酸循环的酶则主要分布在基质中。这样不仅避免各种代谢途径的酶互相干扰,而且有利于它们协调发挥作用。例如脂肪酸的合成是以乙酰辅酶 A 为原料在胞质内进行,而脂肪酸 β-氧化生成乙酰辅酶 A 则是在线粒体内进行,这样,二者不致互相干扰产生乙酰辅酶 A。

表 12-1 主要代谢途径与酶的区域分布

代谢途径(酶或酶系)	细胞内分布	代谢途径(酶或酶系)	细胞内分布
糖酵解	胞液	氧化磷酸化(呼吸链)	线粒体
三羧酸循环	线粒体	尿素合成	胞液、线粒体
磷酸戊糖途径	胞液	蛋白质合成	内质网、胞液
糖异生	胞液	DNA 合成	细胞核
糖原合成与分解	胞液	mRNA 合成	细胞核
脂肪酸 β-氧化	线粒体	tRNA 合成	核质
脂肪酸合成	胞液	rRNA 合成	核仁
呼吸链	线粒体	血红素合成	胞液、线粒体
胆固醇合成	内质网、胞液	胆红素生成	微粒体、胞液
磷脂合成	内质网	多种水解酶	溶酶体

这种细胞内酶的区域化分布对物质代谢及调节有重要的意义:①使得在同一代谢途径中的酶互相联系、密切配合,同时将酶、辅酶和底物高度浓缩,使同一代谢途径一系列酶促反应连续进行,提高反应速度;②使得不同代谢途径隔离分布,各自行使不同功能,互不干扰,使整个细胞的代谢得以高

效进行;③使得某一代谢途径产生的代谢产物在不同细胞器呈区域化分布,而形成局部高浓度代谢物,有利于其对相关代谢途径的特异调节。此外,一些代谢中间产物在亚细胞结构之间还存在着穿梭作用,从而组成生物体内复杂的代谢与调节网络。因此,酶在细胞内的区域化分布也是物质代谢调节的一种重要方式。

(二)代谢调节的作用点是关键酶或限速酶

代谢途径包含一系列催化反应的酶,其中有一个或几个酶能影响整个代谢途径的反应方向和速度,这些具有调节代谢作用的酶称为关键酶或调节酶。在代谢途径的酶系中,关键酶一般具有以下特点:①常催化不可逆的非平衡反应,因此能决定整个代谢途径的方向;②酶的活性较低,其所催化的化学反应速度慢,故又称限速酶,因此它的活性能决定整个代谢途径的总速度;③酶活性受底物、多种代谢产物及效应剂的调节,因此它是细胞水平代谢调节的作用点。

限速酶活性改变不但可以影响整个酶体系催化反应的总速度,甚至还可以改变代谢反应的方向。通过调节限速酶的活性而改变代谢通路的速度与方向是体内代谢快速调节的一种重要方式。例如,己糖激酶、磷酸果糖激酶-1 和丙酮酸激酶均为糖酵解途径的关键酶,它们分别控制着糖酵解途径的速度,其中磷酸果糖激酶-1 的催化活性最低,通过催化果糖-6-磷酸转变为果糖-1,6-二磷酸控制糖酵解途径的速度。而果糖-1,6-二磷酸酶则通过催化果糖-1,6-二磷酸转变为果糖-6-磷酸作为糖异生途径的关键酶之一。因此,这些关键酶的活性决定体内糖的分解或糖异生。当细胞内能量不足时,AMP 含量升高,可激活磷酸果糖激酶-1 而抑制果糖-1,6-二磷酸酶,使葡萄糖分解代谢途径增强而产生能量。相反,当细胞内能量充足,ATP 含量升高时,抑制磷酸果糖激酶-1,则葡萄糖异生途径增强。调节某些关键酶的活性是细胞代谢调节的一种重要方式,表 12-2 列出一些重要代谢途径的关键酶。

表 12-2 一些重要代谢途径的关键酶

代谢途径	限速酶
糖酵解	己糖激酶,磷酸果糖激酶-1,丙酮酸激酶
磷酸戊糖途径	葡糖-6-磷酸脱氢酶
糖异生	丙酮酸羧化酶,磷酸烯醇式丙酮酸羧激酶,果糖-1,6-二磷酸酶,葡糖-6-磷酸酶
三羧酸循环	柠檬酸合酶,异柠檬酸脱氢酶,α-酮戊二酸脱氢酶复合体
糖原合成	糖原合酶
糖原分解	磷酸化酶
脂肪分解	甘油三酯脂肪酶
脂酸合成	乙酰辅酶 A 羧化酶
胆固醇合成	HMG 辅酶 A 还原酶
尿素合成	精氨酸代琥珀酸合成酶
血红素合成	ALA 合酶

细胞水平的代谢调节主要是通过对关键酶活性的调节实现的,而酶活性调节主要是通过改变现有的酶的结构与含量。故关键酶的调节方式可分两类。一类是通过改变酶的分子结构而改变细胞现有酶的活性来调节酶促反应的速度,如酶的“变构调节”与“共价修饰调节”。这种调节一般在数秒或数分钟内即可完成,是一种快速调节。另一类是改变酶的含量,即调节酶的合成或降解来改变细胞内酶的含量,从而调节酶促反应速度。这种调节一般需要数小时才能完成,因此是一种迟缓调节。

(三)酶的变构调节

1. 变构调节的概念 某些小分子化合物能与酶分子活性中心以外的某一部位特异性地非共价可逆结合,引起酶分子的构象发生改变,从而改变酶的催化活性,这种调节称为变构调节或别构调节。受变构调节的酶称为变构酶或别构酶。这种酶的催化活性因变构而称为变构效应。能使变构酶发生变构效应的一些小分子化合物称为变构效应剂,其中能使酶活性增强的称为变构激活剂,而使酶活性降低的称为变构抑制剂。变构调节在生物界普遍存在,它是人体内快速调节酶活性的一种重要方式,代谢途径中的关键酶大多数是变构酶。表12-3列举出糖、脂代谢中一些变构酶及变构效应剂。

表 12-3　一些代谢途径中的变构酶及其变构效应剂

代谢途径	变构酶	变构剂	
		激活	抑制
糖酵解	己糖激酶	AMP、ADP、FDP、Pi	G-6-P
	磷酸果糖激酶-1	FDP	柠檬酸
	丙酮酸激酶	FDP	ATP、乙酰 CoA
三羧酸循环	柠檬酸合酶	AMP	ATP、长链脂酰 CoA
	异柠檬酸脱氢酶	AMP、ADP	ATP
糖异生	丙酮酸羧化酶	乙酰 CoA、ATP	AMP
	果糖-1,6-二磷酸酶	5′-AMP	AMP
糖原分解	磷酸化酶 b	AMP、G-1-P、Pi	ATP、G-6-P
糖原合成	糖原合酶	G-6-P	
脂肪酸合成	乙酰 CoA 羧化酶	柠檬酸、异柠檬酸	长链脂酰 CoA
胆固醇合成	HMG-CoA 还原酶		胆固醇
氨基酸代谢	谷氨酸脱氢酶	ADP、亮氨酸、甲硫氨酸	ATP、GTP、NADH
嘌呤合成	PRPP 酰胺转移酶	PRPP	AMP、ADP、GMP、GDP
嘧啶合成	天冬氨酸氨基甲酰转移酶		CTP、UTP
血红素合成	ALA 合成酶		血红素

2. 变构酶的特点及作用机制

(1) 变构酶常具有四级结构,由多个亚基组成。在变构酶分子中有能与底物结合并催化底物转变为产物的催化亚基,也有能与变构效应剂相结合使酶分子的构象发生改变而影响酶的活性的调节亚基,与变构效应剂结合的部位称为调节部位。有的酶分子的催化部位与调节部位在同一亚基内的不同部位。

(2) 变构效应剂可以是酶的底物、产物或其他小分子中间代谢物。它们在细胞内浓度的改变能灵敏地表现代谢途径的强度及能量供求的关系,并通过变构效应改变某些酶的活性,进而调节代谢的强度、方向以及细胞内能量的供需平衡。如 ATP 是糖酵解途径关键酶磷酸果糖激酶-1 的变构抑制剂,可抑制糖氧化途径,而 ADP、AMP 为该酶的变构激活剂,它们的量增多可以促进糖氧化分解,而使 ATP 产量增加。

(3) 变构酶的酶促反应动力学特征是酶促反应速度和底物浓度的关系曲线呈"S"形,与氧合血红蛋白的解离曲线相似,而不同于一般酶促反应动力学的矩形双曲线。另外,变构调节过程不需要能量。

(4) 变构效应在对限速酶的快速调节中占有特别重要的地位。代谢速度的改变,常常是由于影响了限速酶的活性。

(5) 变构酶往往受到一些代谢产物的抑制或激活,这些抑制或激活作用大多是通过变构效应来实现的。因而,这些酶的活力可以极灵敏地受到代谢产物浓度的调节,这对机体的自身代谢调控具有重要的意义。

变构效应剂引起酶蛋白分子构象的改变,有的表现为酶的紧密构象(T态)和松弛构象(R态)或亚基的聚合和解聚之间的相互转变而改变酶的活性。如大肠杆菌的磷酸果糖激酶-1是由四个相同亚基所构成的一个四聚体,每个亚基均含调节部位及催化部位。变构激活剂 ADP 可与调节部位相结合,使磷酸果糖激酶-1呈现松弛构象(R态)而对底物果糖-6-磷酸具有高亲和力。相反,当变构抑制剂 FDP 与相同的调节部位相结合时,却引起磷酸果糖激酶-1呈现紧密构象(T态)而使酶对底物果糖-6-磷酸的亲和力降低。有的是原聚体与多聚体相互转化而引起酶活性的改变。如乙酰 CoA 羧化酶也是一种变构酶,其原聚体无催化活性,在柠檬酸、异柠檬酸存在时,10~20 个原聚体聚合成线状排列的多聚体,催化活性增加 10~20 倍。而 ATP-Mg^{2+} 和长链脂酰 CoA 能使多聚体解聚成为原聚体而使酶失去活性。

3. 变构调节的意义　在一个合成代谢体系中,其终产物常常是该途径中催化起始反应的限速酶反馈变构抑制,可以防止产物过多堆积而浪费。例如,体内高浓度胆固醇作为变构抑制剂,抑制肝中胆固醇合成的限速酶 HMG-CoA 还原酶活性,而使胆固醇合成减少。此外,变构调节可通过直接影响关键酶活性来调节体内产能与储能代谢反应,使能量得以有效利用,避免浪费。AMP 是糖分解代谢途径中许多关键酶的变构激活剂,如细胞内能量不足,AMP 含量增多时,则可通过激活相应关键酶的活性而使糖分解代谢增强;相反,ATP 是这些关键酶的变构抑制剂,如机体能量充足,ATP 含量增多时,则可通过抑制这些酶的活性而减慢产能的代谢反应。变构调节还可使不同代谢途径相互协调,例如,柠檬酸既可变构抑制磷酸果糖激酶-1,又可变构激活乙酰辅酶 A 羧化酶,使多余的乙酰CoA 合成脂肪酸。

(四)酶的化学修饰调节

1. 化学修饰调节的概念　酶蛋白肽链上的某些基团可在另一种酶的催化下,与某些化学基团发生可逆性共价结合从而引起酶的活性改变,这种调节称为酶的化学修饰或共价修饰。酶的可逆化学修饰主要有磷酸化和脱磷酸化、甲基化和脱甲基化、腺苷化和脱腺苷化及—SH 和—S—S—互变等,其中以磷酸化和脱磷酸化最为多见(表 12-4)。

表 12-4　酶促化学修饰对酶活性的调节

酶类	化学修饰类型	效应
磷酸果糖激酶	磷酸化/脱磷酸	抑制/激活
丙酮酸脱氢酶	磷酸化/脱磷酸	抑制/激活
丙酮酸脱羧酶	磷酸化/脱磷酸	抑制/激活
糖原磷酸化酶	磷酸化/脱磷酸	激活/抑制
磷酸化酶 b 激酶	磷酸化/脱磷酸	激活/抑制
磷酸化酶磷酸酶	磷酸化/脱磷酸	抑制/激活
糖原合酶	磷酸化/脱磷酸	抑制/激活
甘油三酯脂肪酶(脂肪细胞)	磷酸化/脱磷酸	激活/抑制
HMG-CoA 还原酶	磷酸化/脱磷酸	抑制/激活
HMG-CoA 还原酶激酶	磷酸化/脱磷酸	激活/抑制
乙酰 CoA 羧化酶	磷酸化/脱磷酸	抑制/激活
谷氨酰胺合酶(大肠杆菌)	腺苷化/脱腺苷	抑制/激活
黄嘌呤氧化(脱氢)酶	—SH/—S—S—	脱氢/氧化

2. 化学修饰调节的作用机制　由特异酶催化的化学修饰是体内快速调节酶活性的重要方式之一,磷酸化是细胞内最常见的修饰方式。酶蛋白多肽链中的丝氨酸、苏氨酸和酪氨酸的羟基往往是磷酸化的位点。细胞内存在多种蛋白激酶,可催化酶蛋白的磷酸化,将 ATP 分子中的 γ-磷酸基团转

NOTE

移至特定的酶蛋白分子的羟基上,从而改变蛋白酶的活性;细胞内亦存在着多种蛋白磷酸酶,它们可将相应的磷酸基团移去,可逆地改变酶的催化活性。因此,磷酸化与脱磷酸化这对相反过程,分别由蛋白激酶和蛋白磷酸酶催化而完成的。糖原磷酸化酶是酶的化学修饰的典型例子,此酶有两种形式,即有活性的磷酸化酶 a 和无活性的磷酸化酶 b,二者可以互相转变。磷酸化酶 b 在磷酸化酶 b 激酶催化下,接受 ATP 上的磷酸基团转变为磷酸化酶 a 而活化;磷酸化酶 a 也可在磷酸化酶 a 磷酸酶催化下转变为磷酸化酶 b 而失活。该酶被修饰的基团是丝氨酸的羟基(图 12-2)。

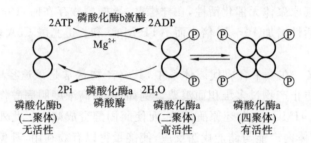

图 12-2　肌肉磷酸化酶的化学修饰

3. 化学修饰调节的特点

(1) 大多数化学修饰的酶都存在有活性(或高活性)与无活性(或低活性)两种形式,且两种形式之间通过两种不同的酶的催化可以相互转变。对于磷酸化与脱磷酸化而言,有些酶脱磷酸化状态有活性,而另一些酶磷酸化状态有活性。催化互变反应的酶在体内受调节因素(如激素)的控制。

(2) 由于化学修饰调节本身是酶促反应,且参与酶促修饰的酶又常常受其他酶或激素的影响,故化学修饰具有瀑布式级联放大效应。少量的调节因素可引起大量酶分子的化学修饰。因此,这类反应的催化效率往往较变构调节高。

(3) 磷酸化和脱磷酸化是最常见的酶促化学修饰反应,其消耗的能量由 ATP 提供,这与合成酶蛋白所消耗的 ATP 相比要少得多,因此,化学修饰是一种经济、快速而有效的调节方式。

(4) 化学修饰调节同变构调节一样,均按生理需要来进行。如在前述的肌糖原磷酸化酶的化学修饰过程中,在餐后,因血糖浓度升高,肝细胞不需要通过糖原的分解来调节血糖浓度,则磷酸化酶 a 在磷酸化酶 a 磷酸酶的催化下即水解脱去磷酸基而转变成无活性的磷酸化酶 b,从而减弱或停止糖原的分解。

变构调节和化学修饰调节是调节酶活性的两种不同方式,对某一种酶来说,它可以同时接受这两种方式的调节,相互补充,使相应代谢途径调节更为精细、有效。例如,二聚体糖原磷酸化酶存在磷酸化位点,且每个亚基都有催化部位和调节部位,因此,在受化学修饰的同时也可由 ATP 变构抑制,并受 AMP 变构激活。细胞中同一种酶受变构和化学修饰双重调节的意义可能在于:变构调节是细胞的一种基本调节机制,对维持代谢物和能量平衡具有重要作用,当效应剂浓度过低,不足以与全部酶蛋白分子的调节部位结合时,就不能动员所有的酶发挥作用,难以发挥应急效应。如在应激状态下,随着肾上腺素的释放,通过 cAMP 启动一系列的级联酶促化学修饰反应,迅速有效地满足机体的需求。

(五) 酶含量的调节

生物体除通过直接改变酶的活性来调节代谢速度以外,还可通过改变细胞内酶的绝对含量来调节代谢速度。酶含量的调节可通过改变酶的合成与降解速度而实现。由于酶的合成或降解耗时较长,故此调节方式为缓慢调节,但所持续的时间较长。

1. 酶蛋白合成的诱导与阻遏　绝大多数酶的化学本质是蛋白质,酶的合成也就是蛋白质的生物合成。诸多因素如酶的底物、产物、激素或药物等都可以影响酶蛋白的合成。一般将增加酶蛋白合成的化合物称为诱导剂,减少酶蛋白合成的化合物称为阻遏剂。诱导剂或阻遏剂可在转录水平和翻译水平影响酶蛋白的合成,但以转录水平较常见。

底物对酶合成的诱导与阻遏是普遍存在的。例如,食物消化吸收后,体内血液中多种氨基酸浓度的增加,可诱导氨基酸分解酶体系中关键酶的合成而降解和转化氨基酸,如苏氨酸脱水酶和酪氨酸转氨酶;若鼠的饲料中酪蛋白含量从8%增至70%,则鼠肝中的精氨酸酶活性可增加2～3倍。这种诱导作用对于维持体内代谢的平衡具有一定的生理意义。对于高等动物而言,体内存在激素的调节作用,底物诱导作用不如微生物体内重要。

代谢产物不仅可变构抑制或反馈抑制关键酶活性,而且还可阻遏这些酶的合成。例如,HMG-CoA还原酶是合成胆固醇的关键酶,高浓度产物胆固醇除了作为变构抑制剂反馈抑制肝中胆固醇合成的限速酶HMG-CoA还原酶活性外,还可阻遏肝中该酶的合成。

激素诱导酶基因表达是常见方式。例如,糖皮质激素能诱导一些氨基酸分解酶和糖异生关键酶的合成,而胰岛素则能诱导糖酵解和脂肪酸合成途径中关键酶的合成。许多药物和毒物可促进肝细胞微粒体中单加氧酶或其他一些与药物代谢有关酶的诱导合成,从而使药物容易失活,具有解毒作用。然而,这也是引起耐药现象的一个原因。

2. 酶蛋白降解的调节 改变酶蛋白的降解速度也能调节细胞内酶的含量,从而达到调节酶活性的作用。细胞内蛋白质的降解目前发现有两条途径:其一,溶酶体中蛋白水解酶进行非特异降解酶蛋白;其二,泛素-蛋白酶体对细胞内酶蛋白的特异降解,且需消耗ATP。若某些因素能改变或影响这两种蛋白质降解体系,即可间接影响酶蛋白的降解速度,而调节代谢。目前认为,通过酶蛋白的降解来调节酶含量远不如酶蛋白合成的诱导和阻遏重要。

二、激素水平的代谢调节

高等动物通过细胞外信号分子激素来调控体内物质代谢,称为激素水平的代谢调节。激素作用于特定的靶组织或靶细胞,与特异受体结合,通过一系列细胞信号转导反应,引起代谢改变,发挥代谢调节作用。通常不同的激素作用于不同的组织或细胞产生不同的生物学效应(也可产生部分相同的生物学效应),表现出较高组织特异性和效应特异性。同一激素可使某些代谢反应加强,而使另一些代谢反应减弱,从而适应整体的需要。对于每一个细胞来说,激素是外源性调控信号,而对于机体整体而言,它仍然属于内环境的一部分。通过激素来控制物质代谢是高等动物体内代谢调节的一种重要方式。由于受体存在的细胞部位和特性不同,激素信号的转导途径和生物学效应也有所不同。

(一)膜受体激素通过跨膜信号转导调节物质代谢

膜受体是存在于细胞质膜上的跨膜蛋白,与膜受体特异性结合发挥作用的激素包括胰岛素、生长激素、促性腺激素、促甲状腺激素、甲状旁腺素等蛋白质类激素,生长因子等肽类及肾上腺素等儿茶酚胺类激素。这些激素亲水,不能透过双层磷脂构成的细胞质膜,而是作为第一信使分子与相应的靶细胞膜受体结合后,通过跨膜传递将所携带的信息传递到细胞内,由第二信使将信号逐级放大,产生代谢调节效应。

(二)胞内受体激素通过激素-胞内受体复合物改变基因表达、调节物质代谢

胞内受体激素包括类固醇激素、甲状腺素、$1,25\text{-}(OH)_2\text{-}D_3$ 及视黄酸等,为疏水激素,可透过细胞质膜进入细胞,与相应的胞内受体结合。大多数胞内受体位于细胞核内,与相应激素特异性结合形成激素-受体复合物后,作用于DNA的特定序列即激素反应元件,改变相应基因的转录,促进(或阻遏)蛋白质或酶的合成,调节细胞内酶的含量,从而调节细胞代谢。

存在于胞质的胞内受体与激素结合后,形成的激素-受体复合物,进入核内,同样作用于激素反应元件,通过改变相应基因的表达发挥代谢调节作用。

三、整体水平的代谢调节

为适应外界环境的变化,生物体可通过神经-体液途径对其物质代谢进行整体调节,使不同组

NOTE

织、器官中物质代谢途径相互协调和整合,以满足机体的能量需求并维持机体内环境的相对稳定。现以应激、饥饿和糖尿病为例简要说明整体物质代谢的调节。

(一)应激状态下的代谢调节

应激是机体在一些特殊情况下,如创伤、感染、寒冷、中毒、缺氧以及剧烈的情绪变化等所做出的应答性反应。在应激状态下,交感神经兴奋,肾上腺皮质及髓质激素分泌增多,血浆胰高血糖素及生长激素水平也升高,而胰岛素分泌减少,引起糖代谢、脂代谢及蛋白质代谢发生相应的改变。总的特点是分解增加,合成减少(图 12-3)。

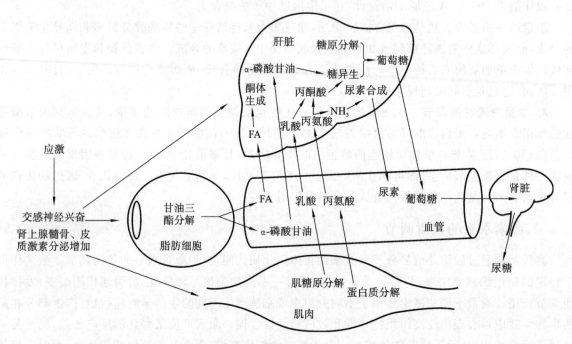

图 12-3 应激情况下机体主要组织间的代谢关系

1. 血糖升高 应激时,糖代谢的变化主要表现为血糖浓度升高。由于交感神经兴奋引起许多激素分泌增加。肾上腺素及胰高血糖素均可激活磷酸化酶而促进肝糖原分解;糖皮质激素和胰高血糖素可诱导磷酸烯醇式丙酮酸羧激酶的表达而促进糖的异生;肾上腺皮质激素生长激素可抑制周围组织对血糖的利用。血糖浓度升高对保证红细胞和脑组织的供能有重要意义。应激时血糖浓度明显升高,如超过肾糖阈 8.96 mmol/L(160 mg/dL)时,部分葡萄糖可随尿液排出而导致应激性糖尿。

2. 脂肪动员增强 应激时,脂代谢变化的主要表现变为脂肪动员增加。由于肾上腺素、胰高血糖素、去甲肾上腺素等脂解激素分泌增多,通过提高甘油三酯脂肪酶的活性而促进脂肪分解。血中游离脂肪酸和酮体增多,成为心肌、骨骼肌和肾等组织主要能量来源,从而减少对血液中葡萄糖的消耗,进一步保证脑组织及红细胞的葡萄糖供应。

3. 蛋白质分解加强 应激时,蛋白质代谢主要表现为蛋白质分解加强。肌肉组织蛋白质分解增加,生糖氨基酸及生糖兼生酮氨基酸增多,为肝细胞糖的异生作用提供了原料。同时蛋白质分解增加,尿素的合成增多,呈现负氮平衡。应激患者蛋白质代谢平衡破坏,分解加强,而也有合成的减弱,直至恢复期才逐渐恢复氮平衡。

总之,应激时,体内三大营养物质代谢的变化均趋向于分解代谢增强,合成代谢受到抑制,最终使血中葡萄糖、脂肪酸、酮体、氨基酸等浓度相应升高,为机体提供足够的能量物质,以帮助机体应付"紧急状态"。若应激状态持续时间较长,可导致机体因消耗过多出现衰竭而危及生命。因此,在严重创伤或大手术后,给患者输入一定比例的胰岛素-葡萄糖-氯化钾溶液,可减少体内蛋白质的分解,防止负氮平衡。

（二）饥饿时的代谢调节

在某些生理（如食物短缺、绝食等）和病理（食道、幽门梗阻和昏迷等）情况下，若不能得到及时治疗或补充食物，则机体物质代谢将发生一系列变化。如果及时补充葡萄糖将得到应有的治疗。

1. 短期饥饿 在不能进食1~3天后，肝糖原显著减少，血糖浓度降低，则引起胰岛素分泌减少和胰高血糖素分泌增加，同时也引起糖皮质激素分泌增加，这些激素的改变可引起一系列的代谢变化，主要表现如下。

（1）肌蛋白分解增加：肌肉蛋白质分解释放出的氨基酸大部分可转变为丙氨酸和谷氨酰胺，经血液转运到肝脏成为糖异生的原料，蛋白质的降解增多可导致氮的负平衡。

（2）糖异生作用增强：饥饿2天后，肝糖异生增强。饥饿初期糖异生的主要场所是肝（约占80%），肝糖异生速度为每天约生成150 g葡萄糖，其中30%来自乳酸，10%来自甘油，40%来自氨基酸，另外小部分在肾皮质（20%）中进行。

（3）脂肪动员加强，酮体生成增多：由于脂解激素分泌增加，脂肪动员增强，血液中的甘油和游离脂肪酸含量增加，分解出的脂肪酸约25%在肝中生成酮体。此时脂肪酸和酮体成为心肌、骨骼肌和肾皮质的重要能源，一部分酮体可被大脑利用。

（4）组织对葡萄糖的利用降低：由于心、骨骼肌、肾皮质摄取和氧化脂肪酸及酮体增加，因而这些组织对葡萄糖的摄取及利用减少。饥饿时脑对葡萄糖的利用亦有所减少，但饥饿初期大脑仍以葡萄糖为主要能源。

总之，饥饿时能量来源主要是储存的蛋白质和脂肪，其中脂肪占能量来源的85%以上。此时若输入葡萄糖，不但可减少酮体的生成，降低酸中毒的发生率，还可防止体内蛋白质的消耗（每输入100 g葡萄糖可减少约50 g蛋白质的消耗）。

2. 长期饥饿 在较长时间的饥饿状态（3天以上），体内的能量代谢将发生进一步变化，此时代谢的变化与短期饥饿的不同之处如下。

（1）脂肪动员进一步加速，酮体在肝及肾细胞中大量生成，其中肾糖异生的作用明显增强，每天约生成40 g葡萄糖。脑组织利用酮体增加，甚至超过葡萄糖，可占总耗氧的60%，这对减少糖的利用、维持血糖以及减少组织蛋白质的消耗有一定意义。

（2）肌肉优先利用脂肪酸作为能源，以保证脑组织的酮体供应。

（3）血中酮体增加直接作用于肌肉，减少肌肉蛋白质的分解，此时肌肉释放氨基酸减少，而乳酸和丙酮酸成为肝中糖异生的主要物质。

（4）肾糖异生的作用明显增强，每天生成约40 g葡萄糖，占饥饿晚期糖异生总量一半，几乎和肝糖异生作用相等。

（5）肌肉蛋白质分解减少，负氮平衡有所改善，此时尿中排出尿素减少而尿氨增加。其原因在于谷氨酰胺脱下的酰胺氮和氨基氮，可以氨的形式排入管腔，有利于促进体内H^+的排出，从而改善酮症引起的酸中毒。

三、糖尿病患者体内代谢调节

糖尿病是由多种病因引起以慢性高血糖为特征的代谢紊乱性疾病。其确切病因尚不清楚，目前公认与遗传、自身免疫和环境因素等有关。临床医学将其分为1型糖尿病（胰岛素绝对不足）和2型糖尿病（胰岛素相对不足）。胰岛素绝对或相对不足可引起机体多种酶活性的变化或诱导、阻遏某些酶的生物合成，导致糖、脂、蛋白质等代谢异常。

（一）糖代谢紊乱

肠道中单糖被吸收后有2/3~3/4入肝，其余被肝外组织利用。此时，血糖浓度上升，以及肠道中胃泌素、胰泌素等刺激胰岛素分泌增多。胰岛素通过对代谢的调节作用，使血糖保持在正常水平。

当胰岛素不足时,参与糖代谢的相关酶活性发生变化(表 12-5),糖酵解、磷酸戊糖、糖原合成和三羧酸循环途径减弱,表现为葡萄糖的利用减少,而糖原的分解和糖异生途径增强,肝糖生成与输出增多,最终导致血糖水平升高,当超过肾糖阈时,肾小管不能将通过肾小球过滤到原尿中的葡萄糖全部吸收而出现糖尿。

表 12-5　糖尿病引起的相关酶活性的变化

抑制的酶	激活的酶
己糖激酶(葡萄糖激酶)	磷酸化酶
糖原合酶	果糖-1,6-二磷酸酶
磷酸果糖激酶	丙酮酸羧化酶
丙酮酸激酶	磷酸烯醇式丙酮酸羧化酶
葡萄糖-6-磷酸脱氢酶	
6-磷酸葡萄糖酸脱氢酶	
丙酮酸脱氢酶复合体	
柠檬酸合酶	

(二)脂肪代谢紊乱

糖尿病严重者未经适当控制时常有下列脂代谢紊乱:①由于磷酸戊糖途径减弱,还原型辅酶Ⅱ(NADPH)减少,脂肪合成常减少,患者多消瘦;但早期轻症Ⅱ型糖尿病患者则由于多食而肥胖。②由于肝糖原合成及储存减少,在垂体及肾上腺等激素调节下,脂肪入肝沉积、肝细胞变性、肝肿大为脂肪肝。③重症时,脂肪动员增加,大量脂肪酸入肝,在肉毒碱脂酰转移酶催化下入线粒体氧化生成乙酰 CoA,又因糖酵解减弱,草酰乙酸减少,乙酰 CoA 不能完全被氧化而转化生成大量酮体。酮体的不断积累最终发展为酮血症和酮尿。临床上出现酮症、酮症酸中毒,严重时发生糖尿病性昏迷。另外,严重糖尿病患者还出现脂蛋白代谢紊乱,出现 VLDL、LDL 升高,形成高脂血症和高脂蛋白血症,为动脉粥样硬化的发生提供重要的物质基础。

(三)蛋白质代谢紊乱

未控制的糖尿病患者,特别在酮症时,肌肉和肝中蛋白质合成减少而分解增多,呈负氮平衡。胰岛素不足时糖异生旺盛,血浆中生糖氨基酸被肝细胞摄取后经糖异生转化为葡萄糖,使血糖水平进一步升高;生酮氨基酸升高,在肝细胞中被转化为酮体,使血酮升高。由于蛋白质呈负氮平衡,患者消瘦、乏力、抵抗力差、易感染、伤口不易愈合,小儿生长发育受阻。

综上所述,血糖升高后,因渗透性利尿引起多尿,并刺激晶体渗透压感受器引起口渴而多饮水;患者体内葡萄糖不能被利用,脂肪分解增多,蛋白质代谢呈负氮平衡,肌肉渐见消瘦而致体重减轻;为补偿损失的糖分、维持机体的正常活动,患者易感饥饿而多食,这就是常常提及的糖尿病"三多一少"的临床表现,即多尿、多饮、多食和体重减轻。

小结

体内各种物质代谢是相互联系、相互制约的。体内物质代谢的特点:①整体性;②在精细调节下进行;③动态平衡;④有共同的代谢池;⑤ATP 是共同能量形式;⑥NADPH 是代谢所需的还原当量。各代谢途径之间可通过共同枢纽性中间产物互相联系和转变。糖、脂类、蛋白质等营养素在供应能量上可互相代替、互相制约,但不能完全互相转变,因为有些代谢反应是不可逆的。各组织、器官有独特的代谢方式。

代谢调节可分为三级水平,即细胞水平调节、激素水平调节和以中枢神经系统为主导的整体调节。细胞水平调节主要通过改变关键酶的活性来实现。酶活性的调节既可通过改变现有酶分子的结构，又可通过改变酶的含量完成，前者较快，后者缓慢而持久。酶结构调节包括酶的变构调节与酶蛋白的化学共价修饰调节。变构调节系变构剂与酶的调节亚基结合引起酶分子构象改变，导致其催化活性改变，不涉及共价键与组成的变化。而酶的化学修饰调节是酶催化的化学反应，涉及酶蛋白的化学结构共价键与组成的变化，有磷酸化、甲基化、乙酸化等方式，以磷酸化为主。化学修饰调节具有放大效应，以调节代谢强度为主。变构调节与化学修饰调节二者相辅相成，其调节作用不可截然划分。激素的代谢调节通过与靶细胞受体特异性结合，将激素信号转化为细胞内一系列化学反应，最终表现出激素的生物学效应。根据受体在细胞内的部位不同，激素可分为膜受体激素及胞内受体激素；前者为蛋白质、多肽及儿茶酚胺类激素，具亲水性，通过与膜受体结合可将信号跨膜传递入细胞内；后者为疏水性激素，可通过细胞膜进入细胞内与胞内受体（大多在核内）结合，形成二聚体，作为转录因子与 DNA 上特定核苷酸序列即激素反应元件（HRE）结合，以调控该元件所辖特定基因的表达。神经系统可通过内分泌腺间接调节代谢，也可直接对组织、器官施加影响，进行整体调节，从而使机体代谢处于相对稳定状态。糖、脂和蛋白质在不同饥饿状态有不同改变，应激增加糖、脂和蛋白质分解的能源供应都是整体代谢调节的结果。物质代谢的三个水平调节不是孤立存在的，而是彼此相互联系、相互依存。当机体内外环境改变时，必须以细胞水平代谢调节为基础，激素水平代谢调节为桥梁，经过整体水平进行综合调节才能实现对物质代谢的调节，使机体适应内外环境的改变。

（李华玲）

· 第三篇 ·
遗传信息的传递

　　本篇重点讨论遗传信息的储存及传递。包括基因与基因组、DNA 的生物合成（复制）、RNA 的生物合成（转录）、蛋白质的生物合成（翻译）、基因表达调控，共五章内容。

　　从生物化学角度上看，基因（gene）是为生物活性产物编码的 DNA 功能片段，产物是蛋白质或 RNA。通过转录和翻译，DNA 决定蛋白质的一级结构，从而决定蛋白质的功能。DNA 还通过复制，将遗传信息传递给子代。1970 年，H. Temin 等发现逆转录现象，表明 RNA 也可以是遗传信息的携带者。综上所述，我们可把遗传信息的传递方式归纳为中心法则（central dogma）：

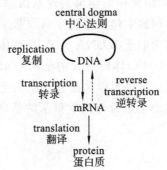

　　本篇以中心法则为基本线索，依次分章讲述复制（replication）、转录（transcription）和翻译（translation）。每章都先介绍基本概念和所需的酶及各种作用因素。复制、转录、翻译都可按起始、延长和终止三个阶段论述。然后各章均讨论一些相关的生化、医学问题。原核生物和真核生物在基因信息传递中各有特点，但现有知识大多数是原核生物研究的结果。

　　本篇还介绍基因表达调控内容。基因表达指通过转录和翻译，将 DNA 分子上的 4 种碱基序列信息，转变为蛋白质分子上 20 种氨基酸的序列信息。细胞内有一套复杂、精细的调控机制控制着基因表达的时空特性。这是生命科学重要的研究课题。目前基因表达调控在原核生物转录水平上了解得相当透彻，真核生物基因表达调控研究尚处于资料积累的阶段。

　　在学习本篇内容时，要重点掌握基因信息传递各过程的基本特性、参与的成分及重要酶、原核生物与真核生物特点的比较、基因表达的基本原理等。本篇的各章内容之间前后相互关联，因此学习时要善于对比、联系。

第十三章 基因与基因组

教学目标

- 基因与基因组的概念
- 病毒基因、基因组的特点与功能
- 原核生物基因与基因组的特点
- 真核生物基因与基因组的特点和功能

基因(遗传因子,gene)是编码一条多肽链或功能 RNA 所需的全部核苷酸序列。基因支持着生命的基本构造和性能,储存着生命的种族、血型、孕育、生长、凋亡等过程的全部信息。环境和遗传的互相依赖,演绎着生命的繁衍、细胞分裂和蛋白质合成等重要生理过程。生物体的生、长、衰、病、老、死等一切生命现象都与基因有关。它也是决定生命健康的内在因素。因此,基因具有双重属性:物质性(存在方式)和信息性(根本属性)。

基因组(genome),一般的定义是单倍体细胞中的全套染色体为一个基因组,或是单倍体细胞中的全部基因为一个基因组。可是基因组测序的结果发现基因编码序列只占整个基因组序列的很小一部分。因此,基因组应该指单倍体细胞中包括编码序列和非编码序列在内的全部 DNA 分子。更确切地说,核基因组是单倍体细胞核内的全部 DNA 分子;线粒体基因组则是一个线粒体所包含的全部 DNA 分子;叶绿体基因组则是一个叶绿体所包含的全部 DNA 分子。人类基因组是全人类的共同财富。国内外专家普遍认为,基因组序列图首次在分子层面上为人类提供了一份生命"说明书",不仅奠定了人类认识自我的基石,推动了生命与医学科学的革命性进展,而且为全人类的健康带来了福音。

第一节 病毒基因的特点与功能

一、病毒基因的基本结构

遗传物质为 RNA 的病毒称为 RNA 病毒。DNA 病毒核酸多为双股,RNA 病毒核酸多为单股。

病毒核酸也称基因组(genome),最大的痘病毒(poxvirus)含有数百个基因,最小的微小病毒(parvovirus)仅有 3~4 个基因。根据核酸形状及极性可分为环状、线状、分节段以及正链、负链等不同类型,对进一步阐明病毒的复制机理和病毒分类有重要意义。

核酸蕴藏着病毒遗传信息,若用酚或其他蛋白酶降解剂去除病毒的蛋白质衣壳,提取核酸并转染或导入宿主细胞,可产生与亲代病毒生物学性质一致的子代病毒,从而证实核酸的功能是遗传信息的储藏所,主导病毒的生命活动、形态发生、遗传变异和感染性。

二、病毒基因的特点及功能

（一）复制

病毒复制指病毒颗粒入侵宿主细胞到最后细胞释放子代病毒颗粒的全过程,包括吸附、进入与脱壳、病毒早期基因表达、核酸复制、晚期基因表达、装配和释放等步骤。各步的细节因病毒不同而异。

（二）吸附与进入

T4 噬菌体先以其尾丝与大肠杆菌表面受体结合,随后尾鞘收缩,裸露出的尾轴穿入细菌外壁,把头部内储存的 DNA 注射到细菌体内。动物病毒也是先与细胞受体结合,以后或是靠细胞的吞噬作用进入,或是病毒包膜与细胞质膜融合后使核壳进入。植物病毒则是通过伤口侵入或通过媒介昆虫直接注入。一般情况下,病毒均须经脱壳,即脱去外被的蛋白质释放核酸,才能进行下一步复制。

（三）基因表达

将其核酸上的遗传信息转录成信使核糖核酸(mRNA),然后再翻译成蛋白质。一般在核酸复制以前的称早期基因表达,所产生的早期蛋白质,有的是核酸复制所需的酶,有的能抑制细胞核酸和蛋白质的合成;在核酸复制开始以后的称为晚期基因表达,所产生的晚期蛋白质主要是构成毒粒的结构蛋白质。早期和晚期蛋白质中都包括一些对病毒复制起调控作用的蛋白质。

（四）转录

因病毒核酸的类型而异,共有 6 种方式:双链 DNA(double-stranded DNA,dsDNA)的病毒如SV40,其转录方式与宿主细胞相同;含单链 DNA(single-stranded DNA,ssDNA)的病毒如小 DNA病毒科,需要通过双链阶段后再转录出 mRNA;含单链正链 RNA(ss＋RNA)的病毒如脊髓灰质炎病毒、烟草花叶病毒和 Qβ 噬菌体,其 RNA 可直接作为信使,利用宿主的蛋白质合成结构合成它所编码的蛋白质;含单链负链 RNA(ss－RNA)的病毒,如水疱性口炎病毒和流感病毒,需先转录成互补的正链作为其 mRNA;ssRNA 的反转录病毒,如鸡肉瘤病毒和白血病病毒,需先经反转录成dsDNA 而整合到宿主染色体中,于表达时再转录成 mRNA;含 dsRNA 的呼肠孤病毒,则以保守型复制方式转录出与原来双链中的正链相同的 mRNA。

有些病毒(如腺病毒和 SV40)的基因是不连续的,有外显子与内含子之分,转录后有剪接过程,把内含子剪除而把外显子连接起来,才有 mRNA 的功能。多数病毒的 mRNA 还需经过其他加工,如在 5′-端加上"帽子"结构和在 3′-端加上多聚腺嘌呤核苷酸。

病毒基因转录所需酶的来源也不相同,如小 DNA 病毒科、乳多泡病毒科所需依赖于 DNA 的RNA 聚合酶,都是利用宿主原有的酶;而弹状病毒科、正黏病毒科、副黏病毒科和呼肠孤病毒科所需的依赖于 RNA 的 RNA 聚合酶,以及反转录病毒科所需的反转录酶,都是病毒粒自备的。

（五）翻译

不同病毒 mRNA 翻译的方式是不同的。一般认为噬菌体的翻译是多顺反子的,如 Qβ 的 RNA上有 3 个顺反子(为单个肽链编码的基因功能单位),可沿着 1 条 mRNA 独立地翻译出 3 种多肽。动物病毒的翻译是单顺反子的,即由其基因组转录成不同的 mRNA,每种 mRNA 翻译成一种多肽。分节段基因组病毒如流感病毒和呼肠孤病毒,每 1 节段 RNA 构成 1 个顺反子,多分体基因组的植物病毒也是如此。脊髓灰质炎病毒的 mRNA 先被翻译成 1 个相对分子质量为 20 万的巨肽,再经裂解成为衣壳蛋白和酶。

有些病毒如 ΦX174、Qβ 噬菌体和 SV40 等,存在基因重叠现象,即按读码位相不同而从同一核苷酸序列可以表达出一种以上的蛋白质。这是病毒经济地利用其有限的遗传信息的一种方式。

三、病毒基因组的特点

（1）病毒基因组大小相差较大,与细菌或真核细胞相比,病毒的基因组很小,但是不同的病毒之间其基因组相差甚大。如乙肝病毒 DNA 只有 3 kb 大小,所含信息量也较小,只能编码 4 种蛋白质,而痘病毒的基因组有 300 kb,可以编码几百种蛋白质,不但为病毒复制所涉及的酶类编码,甚至为核苷酸代谢的酶类编码,因此,痘病毒对宿主的依赖性较乙肝病毒小得多。

(2) 病毒基因组可以由 DNA 组成,也可以由 RNA 组成,每种病毒颗粒中只含有一种核酸,或为 DNA 或为 RNA,两者一般不共存于同一病毒颗粒中。组成病毒基因组的 DNA 或 RNA 可以是单链的,也可以是双链的,可以是闭环分子,也可以是线性分子。如乳头瘤病毒是一种闭环的双链 DNA 病毒,而腺病毒的基因组则是线性的双链 DNA,脊髓灰质炎病毒是一种单链的 RNA 病毒,而呼肠孤病毒的基因组是双链的 RNA 分子。一般来说,大多数 DNA 病毒的基因组是双链 DNA 分子,而大多数 RNA 病毒的基因组是单链 RNA 分子。

(3) 多数 RNA 病毒的基因组是由连续的核糖核酸链组成的,但也有些病毒的基因组由不连续的几条核酸链组成,如流感病毒的基因组 RNA 分子是节段性的,由 8 条 RNA 分子构成,每条 RNA 分子都含有编码蛋白质分子的信息;而呼肠孤病毒的基因组由双链的节段性的 RNA 分子构成,共有 10 个双链 RNA 片段,同样每段 RNA 分子都编码 1 种蛋白质。目前,还没有发现有节段性的 DNA 分子构成的病毒基因组。

(4) 基因重叠即同一段 DNA 片段能够编码 2 种甚至 3 种蛋白质分子,这种现象在其他的生物细胞中仅见于线粒体和质粒 DNA,所以也可以认为是病毒基因组的结构特点。这种结构使较小的基因组能够携带较多的遗传信息。重叠基因是 1977 年 Sanger 在研究 ΦX174 时发现的。ΦX174 是一种单链 DNA 病毒,宿主为大肠杆菌,因此,又是噬菌体。它感染大肠杆菌后共合成 11 个蛋白质分子,总相对分子质量为 25 万左右,相当于 6078 个核苷酸所容纳的信息量。而该病毒 DNA 本身只有 5375 个核苷酸,最多能编码总相对分子质量为 20 万的蛋白质分子,Sanger 在弄清 ΦX174 的 11 个基因中有些重叠之前,这样一个矛盾长时间无法解决。重叠基因有以下几种情况。

①一个基因完全在另一个基因里面。如基因 A 和 B 是两个不同基因,而基因 B 包含在基因 A 内。同样,基因 E 在基因 D 内。

②部分重叠。如基因 K 与基因 A 及基因 C 的一部分基因重叠。

③两个基因只有一个碱基重叠。如基因 D 的终止密码子的最后一个碱基是 J 基因起始密码子的第一个碱基(如 TAATG)。这些重叠基因尽管它们的 DNA 大部分相同,但是由于将 mRNA 翻译成蛋白质时的读框不一样,产生的蛋白质分子往往并不相同。有些重叠基因读框相同,只是起始部位不同,如 SV40 基因组中,编码三个外壳蛋白 VP1、VP2、VP3 基因之间有 122 个碱基的重叠,但密码子的读框不一样。而小 t 抗原完全在大 T 抗原基因里面,它们有共同的起始密码子。

④病毒基因组的大部分是用来编码蛋白质的,只有非常小的部分不被翻译,这与真核细胞 DNA 的冗余现象不同。如在 ΦX174 中不翻译的部分只占 217/5375,G4 DNA 中占 282/5577,都不到 5%。不翻译的 DNA 序列通常是基因表达的控制序列。如 ΦX174 的基因 H 和基因 A 之间的序列 (3906~3973),共 68 个碱基,包括 RNA 聚合酶结合位点,转录的终止信号及核糖体结合位点等基因表达的控制区。乳头瘤病毒是一类感染人和动物的病毒,基因组约 8.0 kb,其中不翻译的部分约为 1.0 kb,该区同样也是其他基因表达的调控区。

⑤病毒基因组 DNA 序列中功能上相关的蛋白质的基因或 rRNA 的基因往往丛集在基因组的一个或几个特定的部位,形成一个功能单位或转录单元。它们可被一起转录成为含有多个 mRNA 的分子,称为多顺反子 mRNA(polycistronic mRNA),然后再加工成各种蛋白质的模板 mRNA。例如:腺病毒晚期基因编码病毒的 12 种外壳蛋白,在晚期基因转录时是在一个启动子的作用下生成多顺反子 mRNA,然后再加工成各种 mRNA,编码病毒的各种外壳蛋白,它们在功能上都是相关的;ΦX174 基因组中的基因 D、E、J、F、G、H 也转录在同一 mRNA 中,然后再翻译成各种蛋白质,其中基因 J、F、G 及 H 都是编码外壳蛋白的,蛋白 D 与病毒的装配有关,蛋白 E 负责细菌的裂解,它们在功能上也是相关的。

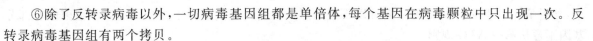

⑥除了反转录病毒以外,一切病毒基因组都是单倍体,每个基因在病毒颗粒中只出现一次。反转录病毒基因组有两个拷贝。

⑦噬菌体(细胞病毒)的基因是连续的,而真核细胞病毒的基因是不连续的,具有内含子,除了正链 RNA 病毒之外,真核细胞病毒的基因都是先转录成 mRNA 前体,再经加工才能切除内含子成为成熟的 mRNA。更为有趣的是,有些真核病毒的内含子或其中的一部分,对某一个基因来说是内含子,而对另一个基因却是外显子。如 SV40 和多瘤病毒(polyomavirus)的早期基因。SV40 的早期基因即大 T 和小 t 抗原的基因都是从 5146 开始逆时针方向进行,大 T 抗原基因到 2676 位终止,而小 t 抗原到 4624 位即终止了,但是,从 4900 到 4555 之间一段 346 bp 的片段是大 T 抗原基因的内含子,而该内含子中从 4900～4624 之间的 DNA 序列则是小 t 抗原的编码基因。同样,在多瘤病毒中,大 T 抗原基因中的内含子则是中 T 和 t 抗原的编码基因。

第二节 原核生物基因的特点与功能

一、原核生物基因的基本结构

原核生物的基因结构多数以操纵子形式存在,即完成同类功能的多个基因聚集在一起,处于同一个启动子的调控之下,下游同时具有一个终止子。两个基因之间存在长度不等的间隔序列,如与乳糖代谢有关酶的基因,在距转录起始点-35 和-10 附近的序列都有 RNA 聚合酶识别的信号。RNA 聚合酶先与-35 附近的序列(称为 Sextama 盒)结合,然后才与-10 附近的序列(称为 Pribnow 盒)结合。RNA 聚合酶一旦与-10 附近序列结合,就立即从识别位点上脱离下来,DNA 双链解开,转录开始。除启动子外,往往还有一些调控转录的其他因子,如调节基因和操纵基因。

原核生物基因转录终止之前同样有一段回文序列结构,称为终止子,它的特殊的碱基排列顺序能够阻碍 RNA 聚合酶的移动,并使其从 DNA 模板链上脱离下来。相比真核细胞,原核细胞也有编码区与非编码区,但无内含子,仅有外显子。

二、原核生物基因的特点及功能

(1)染色体不与组蛋白结合。

(2)不同生活习性下原核生物基因组大小与 GC 含量的关系。基因组 GC 含量是基因组成的标志性指标。有两种观点来解释不同生物之间 GC 含量的差异:中性说和选择说。中性说主要强调不同生物之间 GC 含量的差异是由碱基的随机突变和漂移造成的,而选择说则认为 GC 含量的差异是环境及生物的生活习性等因素综合作用的结果。原核生物基因组大小与 GC 含量的总体相关性实验证明,当所分析的原核生物基因组大小大部分都在 1～6 Mb 范围内,而 GC 含量则一般在 20%～75%之间,回归分析显示,基因组大小与 GC 含量总体上存在着具有统计学意义的正相关。寄生生活习性对维持或增强基因组大小与基因组 GC 含量的相关性有较大的作用。

(3)原核生物中有些基因(如大肠杆菌和枯草杆菌基因)不是从第一个 ATG 起始的原因:首先,原核生物(包括病毒)的 mRNA 可以是多顺反子,即可以有几个基因同时被转录成一个 mRNA,共同使用一个启动调控区;真核生物的 mRNA 都是单顺反子,一个 mRNA 只携带一个基因。真核生物的核糖体从 mRNA 的 5′-端向 3′-端滑动时,把所碰到的第一个 AUG 作为蛋白质合成的起始。而原核生物的核糖体从 mRNA 的 5′-端向 3′-端滑动时,碰到第一个 AUG 能够起始蛋白质的合成,遇到第二个 AUG 时也能顺利完成蛋白质的合成。这是造成这两种细菌中有一些基因从第二个或更靠后的 AUG 起始的原因之一。其次,根据真核生物蛋白质合成起始的机制,我们认为:无论原核还是真核生物,其 mRNA 5′-端的第一个基因的起始遵从第一 ATG 规则;原核生物多顺反子的 mRNA

中,除了第一个基因外,后面的基因可以不遵从这一规则。这就解释了为什么这两种细菌中有部分基因不遵从第一 ATG 规则。

三、原核生物基因组的特点

(1)原核生物的染色体是由一个核酸分子(DNA 或 RNA)组成的,DNA(RNA)呈环状或线性,而且它的染色体相对分子质量较小。

(2)功能相关的基因大多以操纵子形式出现,如大肠杆菌的乳糖操纵子等。操纵子是细菌基因表达和调控的一个完整单位,包括结构基因、调控基因和被调控基因产物所识别的 DNA 调控元件(启动子等)。

(3)蛋白质基因通常以单拷贝的形式存在。一般而言,编码蛋白质的核苷酸序列是连续的,中间不被非编码序列打断。

(4)基因组较小,只含有一个染色体,呈环状,只有一个复制起点,一个基因组就是一个复制子。

(5)重复序列和非编码序列很少。越简单的生物,其基因数目越接近用 DNA 相对分子质量所估计的基因数。如 MS 2 和 λ 噬菌体,它们每一个基因的平均碱基对数目大约是 1300。如果扣除基因中的不编码功能区,如噬菌体附着位点(attP)、复制起始点、黏着末端、启动区、操纵基因等,几乎就没有不编码的序列了。这点与真核生物明显不同。

(6)功能密切相关的基因常高度集中,越简单的生物,集中程度越高。例如,除已知的操纵子外,λ 噬菌体 7 个头部基因和 11 个尾部基因都各自相互邻接。头部和尾部基因又相互邻接。又如,有关 DNA 复制基因 O、P,整合和切离基因 int、xis,重组基因 redα、redβ,调控基因 N、C Ⅰ、C Ⅱ、C Ⅲ、cro 也集中在一个区域,而且和有关的结构基因又相邻近。

(7)DNA 绝大部分用于编码蛋白质,编码序列约占 50%。

(8)结构基因中无重叠现象(一段 DNA 序列编码几种蛋白质多肽链)。

(9)基因组中存在可移动的 DNA 序列,如转座子和质粒等。

| 第三节　真核生物的特点与功能 |

一、真核生物基因的基本结构

真核生物的基因结构包括编码区和非编码区。编码区其实是断裂基因结构,也就是不连续基因。具有蛋白编码功能的不连续 DNA 序列称为外显子,外显子之间的非编码序列为内含子。每个外显子和内含子接头区都有一段高度保守的一致序列,即内含子 5'-端大多是 GT 开始,3'-端大多是 AG 结束,称为 GT-AG 法则,是普遍存在于真核基因中 RNA 剪接的识别信号。第一个外显子首端和最后一个外显子末端,分别为翻译蛋白的起始密码子和终止密码子。首位和末位外显子两侧的区域为非编码区,也可以称为侧翼序列,侧翼序列中包含一些调控元件,比如启动子、终止子,还可能有增强子。上游侧翼序列包含启动子区域,启动子区域包含 5'-端 TSS 上游 20～30 个核苷酸的位置,有 TATA 框(TATA box),碱基序列为 TATAATAAT,是 RNA 聚合酶的重要的接触点,它能够使酶准确地识别转录的起始点并开始转录,影响着转录开始的位点。

5'-端 TSS 上游 70～80 个核苷酸的位置,有 CAAT 框(CAAT box),碱基序列为 GGCTCAATCT,是 RNA 聚合酶的另一个结合点,它控制着转录的起始频率,而不影响转录的起始点。GC 框(GC box),位于 CAAT 框的两侧,由 GGCGGG 组成,是一个转录调节区,有激活转录的功能。增强子可位于转录起始位点上游或下游,一般在 5'-端转录起始位点上游约 100 个核苷酸以外的位置,它不能启动一个基因的转录,但有增强转录的作用。终止子:AATAAA 序列和其下游的反向重复序列。终止子区域包含在 3′-端终止密码子下游的 AATAAA 短序列,可对 mRNA 的多聚腺苷酸(polyA)化有重要作用:在 polyA 化之前,mRNA 的 3′-端会水解掉 10～15 个碱基。AATAAA 作为 RNA 裂解信号,指导核酸内切酶在此信号下游 10～15 碱基处裂解 mRNA;在聚合酶作用下,在成熟 mRNA 的 3′-端加 150～250 个 A 的 polyA。

AATAAA 序列的下游是一个反向重复序列(7～20 核苷酸对),位于转录终止位点之前,经转录后可形成一个发卡结构。发卡结构阻碍 RNA 聚合酶移动,转录终止。从转录起始位点到终止位点转录出来的 RNA 便是前体 RNA 分子,经过内含子的剪切,以及 5′加帽子结构和 3′加 polyA 的修饰,形成成熟的 mRNA。5′UTR 和 3′UTR,5′-端帽子结构与起始密码子之间的区域,3′的 polyA 和终止密码子之间区域,不编码蛋白质。miRNA 经常结合于 3′UTR,从而引起 mRNA 降解。mRNA 的 5′-端帽子结构是 mRNA 翻译起始的必要结构,对核糖体识别 mRNA 提供了信号,协助核糖体与 mRNA 结合,使翻译从 AUG 开始。帽子结构可增加 mRNA 的稳定性,保护 mRNA 免遭 5′→3′核酸外切酶的攻击。

二、真核生物基因的特点及功能

在遗传学上通常将能编码蛋白质的基因称为结构基因。真核生物的结构基因是断裂的基因。一个断裂基因能够含有若干段编码序列,这些可以编码的序列称为外显子。两个外显子之间被一段不编码的间隔序列隔开,这些间隔序列称为内含子。每个断裂基因在第一个和最后一个外显子的外侧各有一段非编码区,有人称其为侧翼序列。在侧翼序列上有一系列调控序列。

调控序列主要有以下几种:①在 5′-端转录起始点上游 20～30 个核苷酸的地方,有 TATA 盒(TATA box)。TATA 盒是一个短的核苷酸序列,其碱基序列为 TATAATAAT。TATA 盒是启动子中的一个顺序,它是 RNA 聚合酶的重要接触点,它能够使酶准确地识别转录的起始点并开始转录。当 TATA 盒中的碱基顺序有所改变时,mRNA 的转录就会从不正常的位置开始。②在 5′-端转录起始点上游 70～80 个核苷酸的地方,有 CAAT 盒(CAAT box)。CAAT 盒是启动子中另一个短的核苷酸序列,其碱基序列为 GGCTCAATCT。CAAT 盒是 RNA 聚合酶的另一个结合点,它的作用还不很肯定,但一般认为它控制着转录的起始频率,而不影响转录的起始点。当这段顺序被改变后,mRNA 的形成量会明显减少。③在 5′-端转录起始点上游约 100 个核苷酸的位置,有些顺序可以起到增强转录活性的作用,它能使转录活性增强上百倍,因此被称为增强子。当这些顺序不存在时,可大大降低转录水平。研究表明,增强子通常有组织特异性,这是因为不同细胞核有不同的特异因子与增强子结合,从而对不同组织、器官的基因表达有不同的调控作用。例如,人类胰岛素(insulin)基因 5′-端上游约 250 个核苷酸处有一组织特异性增强子,在胰岛 β 细胞中有一种特异性蛋白因子,可以作用于这个区域以增强胰岛素(insulin)基因的转录。在其他组织细胞中没有这种蛋白因子,所以也就没有此作用。这就是为什么胰岛素基因只有在胰岛 β 细胞中才能很好表达的重要原因。④在 3′-端终止密码的下游有一个核苷酸序列为 AATAAA,这一顺序可能对 mRNA 的加尾(mRNA 尾部添加多聚 A)有重要作用。这个顺序的下游是一个反向重复顺序。这个顺序经转录后可形成一个发卡结构。发卡结构阻碍了 RNA 聚合酶的移动。发卡结构末尾的一串 U 与转录模板 DNA 中的一串 A 之间,因形成的氢键结合力较弱,使 mRNA 与 DNA 杂交部分的结合不稳定,mRNA 就会从模板上脱落下来,同时,RNA 聚合酶也从 DNA 上解离下来,转录终止。AATAAA 序列和它下游的反向重复顺序合称为终止子,是转录终止的信号(图 13-1)。

人类结构基因 4 个区域:①断裂基因区,CDS 只包括氨基酸编码区域;②前导区,位于编码区上游,相当于 RNA 5′-端非编码区(非翻译区);③尾部区,位于 RNA 3′编码区下游,相当于末端非编码区(非翻译区);④调控区,包括启动子和增强子等。基因编码区的两侧也称为侧翼顺序。

1. 外显子和内含子 大多数真核生物的基因为不连续基因(discontinuous gene)。所谓不连续基因就是基因的编码顺序在 DNA 分子上是不连续的,被非编码顺序所隔开。编码的序列称为外显

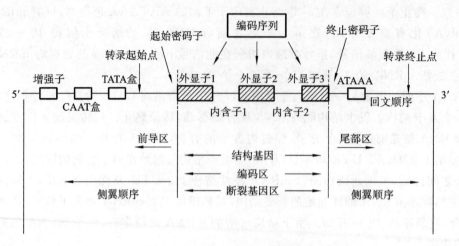

图 13-1 真核细胞基因结构示意图

子(exon),是一个基因表达为多肽链的部分;非编码序列称为内含子(intron),又称插入序列(intervening sequence,IVS)。内含子只转录,在转录形成前 mRNA(pre-mNRA)时被剪切掉。如果一个基因有几个内含子,一般总是把基因的外显子分隔成 $n+1$ 部分。内含子的核苷酸数量可比外显子多许多倍。exon 一般包括了 CDS,但是也一般包括了上下游的 UTR。

2. 外显子-内含子接头 每个外显子和内含子接头区都有一段高度保守的一致序列(consensus sequence),即内含了 5′末端大多数是 GT 开始,3′末端大多是 AG 结束,称为 GT-AG 法则,是普遍存在于真核基因中 RNA 剪接的识别信号。

3. 侧翼序列 在第一个外显子和最末一个外显子的外侧是一段不被翻译的非编码区,称为侧翼序列(flanking sequence)。侧翼序列含有基因调控序列,对该基因的活性有重要影响。

4. 启动子 启动子(promoter)包括下列几种不同序列,能促进转录过程。

(1) TATA 盒(TATA box):其一致序列为 TATAATAAT。它在基因转录起始点上游 $-30\sim$ 50 bp 处,基本上由 A-T 碱基对组成,是决定基因转录起始的选择,为 RNA 聚合酶的结合处之一,RNA 聚合酶与 TATA 盒牢固结合之后才能开始转录。

(2) CAAT 盒(CAAT box):其一致序列为 GGGTCAATCT,是真核生物基因常有的调节区,位于转录起始点上游 $-80\sim100$ bp 处,可能也是 RNA 聚合酶的一个结合处,控制着转录起始的频率。

(3) GC 盒(GC box):有两个拷贝,位于 CAAT 盒的两侧,由 GGCGGG 组成,是一个转录调节区,有激活转录的功能。

此外,RNA 聚合酶Ⅲ负责转录 tRNA 的 DNA 和 5SrDNA,其启动子位于转录的 DNA 序列中,称为下游启动子。

5. 增强子 在真核基因转录起始点的上游或下游,一般都有增强子(enhancer),它不能启动一个基因的转录,但有增强转录的作用。此外,增强子序列可与特异性细胞因子结合而促进转录的进行。研究表明,增强子通常有组织特异性,这是因为不同细胞核有不同的特异因子与增强子结合,从而对基因表达有组织、器官、时间不同的调节作用。

例如,人类单拷贝胰岛素(insulin)基因 5′末端上游约 250 bp 处有一组织特异性增强子,在胰岛 β 细胞中有一特异因子可作用于该区以增强胰岛素(insulin)基因的转录和翻译,其他组织中无此因子,这是为何胰岛素(insulin)基因只有在胰岛 β 细胞中才能很好表达的原因。

6. 终止子 在一个基因的末端往往有一段特定顺序,它具有转录终止的功能,这段终止信号的顺序称为终止子(terminator)。终止子的共同序列特征是在转录终止点之前有一段回文序列,7~20个核苷酸对。回文序列的两个重复部分由几个不重复碱基对的不重复节段隔开,回文序列的对称轴一般距转录终止点 16~24 bp。

在回文序列的下游有 6～8 个 A-T 对,因此,这段终止子转录后形成的 RNA 具有发夹结构,并具有与 A 互补的一串 U,因为 A-U 之间氢键结合较弱,因而 RNA/DNA 杂交部分易于拆开,这样对转录物从 DNA 模板上释放出来是有利的,也可使 RNA 聚合酶从 DNA 上解离下来,实现转录的终止。

三、真核生物基因组的特点

(1) 真核生物基因组 DNA 与蛋白质结合形成染色体,储存于细胞核内,除配子细胞(精子和卵子)外,体细胞内的基因的基因组是双份的(即双倍体,diploid),即有两份同源的基因组。

(2) 真核细胞基因转录产物为单顺反子。一个结构基因经过转录和翻译生成一个 mRNA 分子和一条多肽链。

(3) 存在大量重复序列,重复次数可达百万次以上。

(4) 基因组中非编码的区域多于编码区域,非编码序列占 95% 以上。

(5) 大部分基因含有内含子,因此,基因是不连续的。

(6) 基因组远大于原核生物的基因组,具有许多复制起点,而每个复制子的长度较小且大小不一。

小结

现代遗传学家认为,基因是 DNA(脱氧核糖核酸)分子上具有遗传效应的特定核苷酸序列的总称,是具有遗传效应的 DNA 分子片段。基因位于染色体上,并在染色体上呈线性排列。基因不仅可以通过复制把遗传信息传递给下一代,还可以使遗传信息得到表达。不同人种之间头发、肤色、眼睛、鼻子等不同,是基因差异所致。

基因是生命遗传的基本单位,由 30 亿个碱基对组成的人类基因组,蕴藏着生命的奥秘,始于 1990 年的国际人类基因组计划,被誉为生命科学的"登月"计划,原计划于 2005 年完成。各国所承担工作比例约为美国 54%,英国 33%,日本 7%,法国 2.8%,德国 2.2%,中国 1%。此前,人类基因组"工作框架图"已于 2000 年 6 月完成,科学家发现人类基因数目约为 2.5 万个,远少于原先 10 万个基因的估计。

人类基因组是全人类的共同财富。国内外专家普遍认为,基因组序列图首次在分子层面上为人类提供了一份生命"说明书",不仅奠定了人类认识自我的基石,推动了生命与医学科学的革命性进展,而且为全人类的健康带来了福音。

(赵　亮)

第十四章　DNA 的生物合成

 教学目标

- 复制的概念、方式及特点
- 参与原核生物与真核生物 DNA 复制所需要的酶及因子
- 原核生物与真核生物 DNA 复制的基本过程
- 逆转录及其他复制方式
- DNA 的损伤与修复

生物体内或细胞内进行的 DNA 合成主要包括 DNA 复制、DNA 修复和逆转录合成 DNA。

大多数生物体的遗传物质储存于 DNA 分子的核苷酸序列中。以亲代 DNA 为模板、四种 dNTP 为原料，按碱基配对原则合成子代 DNA 分子的过程称为 DNA 复制（DNA replication），这是生物体内 DNA 合成的主要方式，其化学本质是酶促脱氧核苷酸聚合反应。通过 DNA 复制将亲代的遗传信息准确地传递给子代。在 DNA 复制过程中可能出现的错误以及各种因素导致的 DNA 损伤，生物体可利用其特殊的修复机制进行 DNA 的修补合成来保持 DNA 结构与功能的稳定。此外，某些 RNA 病毒可利用亲代 RNA 作为模板，通过逆转录的特殊方式合成 DNA。原核生物与真核生物 DNA 复制的规律和过程非常相似，但具体细节上仍有许多差别，真核生物 DNA 复制参与的分子更多、过程更为复杂和精细。

第一节　DNA 复制的基本特征与体系

一、DNA 复制的基本特征

DNA 复制的主要特征包括半保留复制（semi-conservative replication）、双向复制（bidirectional replication）和半不连续复制（semi-discontinuous replication）。

（一）半保留复制

DNA 复制时，亲代 DNA 双链解开为两股单链，各自作为模板，依据碱基配对规律，合成序列互补的子代 DNA 双链。亲代 DNA 模板在子代 DNA 中的存留有三种可能性，即全保留式、半保留式和混合式（图 14-1）。

1953 年 James Watson 和 Francis Crick 在提出 DNA 双螺旋结构时就已推测，在 DNA 复制过程中，DNA 双螺旋的两条多核苷酸链之间的氢键断裂，然后以每条链各自作为模板合成新的互补链。这样新形成的两个子代 DNA 分子与原来 DNA 分子的碱基序列完全一样。DNA 分子复制之后，生成两个子代 DNA 分子，后者各有一条链来自母链，另一条链是新合成的链，这种复制方式称为半保留复制。

1958 年，M. Meselson 与 F. W. Stahl 用实验证实了自然界的 DNA 复制方式是半保留复制。他

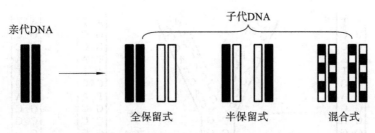

亲代DNA

子代DNA

全保留式 半保留式 混合式

图 14-1 DNA 复制的三种可能性

们将大肠杆菌培养在以 $^{15}NH_4Cl$ 为唯一氮源的培养基中,经多代(每一代约 20 min)培养之后,此时的细菌 DNA 全部是含 ^{15}N 的"重"DNA;再将细菌放回普通的 $^{14}NH_4Cl$ 培养液中培养,新合成的 DNA 则由 ^{14}N 掺入。提取不同培养代数的细菌 DNA,使用 CsCl 密度梯度离心法离心进行分析,因 ^{15}N-DNA 与 ^{14}N-DNA 的密度不同,不同的 DNA 将形成不同的致密带。结果表明,细菌在 $^{15}NH_4Cl$ 培养基中生长繁殖时合成的 ^{15}N-DNA 是一条高密度带,靠近离心管底部;转入 $^{14}NH_4Cl$ 培养基中进行培养,子一代 DNA 分子出现 1 条中密度带,提示其为 ^{15}N-DNA 一条链(亲代 DNA 链)与 ^{14}N-DNA 一条链(子代 DNA 链)的杂交分子;子二代 DNA 分子在离心管中出现 2 条致密带,一条与子一代 DNA 的位置相同,另一条带密度较低(普通带),表明它们一个是 ^{15}N-DNA 链与 ^{14}N-DNA 链杂交分子、一个是 ^{14}N-DNA 双链分子。子三代、子四代……的结果与子二代相同,在离心管中只出现 2 条致密带,但每条致密带所含 DNA 量不同。这种现象说明,子二代、子三代、子四代等 DNA 中与子一代 DNA 相同位置的部分,其 DNA 两条链与子一代的相同;位于普通带位置的 DNA 分子两条链均为 ^{14}N-DNA(图 14-2)。这一结果充分证明了 DNA 以半保留方式进行复制。

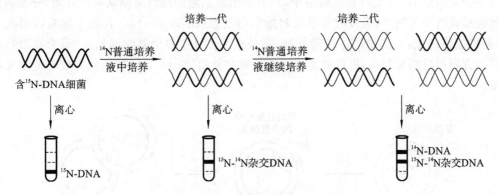

培养一代 培养二代

含 ^{15}N-DNA 细菌
^{14}N 普通培养液中培养
^{14}N 普通培养液继续培养

离心 离心 离心

^{15}N-DNA ^{15}N-^{14}N 杂交DNA ^{14}N-DNA ^{15}N-^{14}N 杂交DNA

图 14-2 DNA 半保留复制的实验证明

半保留复制规律的阐明,对了解 DNA 的功能和物种的延续性有重大意义。半保留复制使两个子代细胞的 DNA 和亲代 DNA 的碱基序列一致,保留了亲代 DNA 的全部遗传信息,体现了遗传的保守性(图 14-3)。

遗传的保守性是相对的,自然界还存在着普遍的变异现象。遗传信息的相对稳定是物种稳定的分子基础,但并不意味着同一物种个体与个体之间没有区别。例如,病毒是简单的生物,流感病毒就有很多不同的病毒株,不同病毒株的感染方式、毒性差别可能很大,在预防上有相当大的难度。又如,过去的人和现在的几十亿人,除了单卵双胞胎外,两个人之间不可能有完全一样的 DNA 分子组成(基因型)。在强调遗传保守性的同时,不应忽视其遗传的变异性。

(二)双向复制

无论是真核生物的线性染色体还是原核生物的环状 DNA,大多采用双向复制。DNA 复制从固定的复制起始点开始,分别向两个方向进行解链,形成两个延伸方向相反的复制叉(replication fork),称为双向复制。所谓复制叉是指 DNA 双链解开分成两股,各自作为模板,子链沿模板延长所形成的 Y 字形结构(图 14-3),其中已解旋的两条模板链以及正在进行合成的新链构成了 Y 字形的

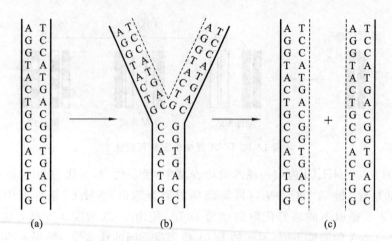

图 14-3 半保留复制保证子代和亲代 DNA 碱基序列一致
(a)母链 DNA;(b)复制过程中形成的复制叉;(c)两个子代 DNA
实线链来自母链,虚线链是新合成的子链

头部,尚未解旋的 DNA 模板双链构成了 Y 字形的尾部。

DNA 复制都有固定复制起始点,不同生物(如 *E.coli*、酵母和 SV40 病毒染色体)其复制起始点有所不同,但它们都具有一些共同特征:①由多个独特的短重复序列组成;②这些短重复序列能被多亚基的复制起始因子所识别并结合;③一般富含 A-T 碱基对。A-T 配对多的复制起始点部位易发生解链(因 A-T 配对形成两个氢键,G-C 配对形成三个氢键)。

原核生物基因组 DNA 是环状双链分子,只有一个复制起始点。复制从起点开始,分别向两个方向进行解链形成两个复制叉,进行的是单点起始双向复制(图 14-4(a))。真核生物基因组庞大而复杂,由多条染色体组成,全部染色体均需复制,每条染色体又有多个复制起始点,每个复制起始点产生两个移动方向相反的复制叉,进行的是多点起始双向复制(图 14-4(b)),复制完成时复制叉相遇并汇合连接。

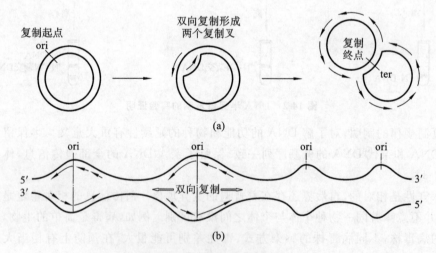

图 14-4 DNA 复制的起点和方向
(a)原核生物环状 DNA 的单点起始双向复制;(b)真核生物 DNA 的多点起始双向复制

习惯上把含有一个起始点的独立完成复制的功能单位称为一个复制子(replicon)。原核生物 DNA 为单复制子复制;高等生物 DNA 是多复制子的复制,且复制子之间长度差别很大,在 13~900 kb 之间。

值得注意的是:①大多数复制是双向的,形成两个复制叉;但也有一些复制是单向的,只形成一个复制叉。②大多数复制是对称的,两条链同时进行复制;但也有一些复制是不对称的,一条链复制后再进行另一条链的复制,称为单点单向复制,如少数环形 DNA 的复制。

（三）半不连续复制

DNA 双螺旋的两股单链是反向平行的,一条链的走向为 $5'\to3'$,其互补链为 $3'\to5'$,两条链都能作为模板合成新的互补链。但生物体内所有 DNA 聚合酶只能催化 DNA 链从 $5'\to3'$ 方向合成,所以子链沿模板进行复制时,只能从 $5'\to3'$ 方向进行复制延伸。在同一个复制叉上,解链方向只有一个,此时一条子链的合成方向与解链方向相同,可一边解链,一边合成新链。然而另一条子链的合成方向则与解链方向相反,只能等待 DNA 全部解链后,方可开始合成,这样的等待在细胞内显然是不现实的。

1968 年在美国的日本科学家冈崎（R. Okazaki）通过电子显微镜结合放射自显影技术,观察到复制过程中会出现一些较短的新 DNA 片段,存在不连续复制现象,因此提出了不连续复制模式,后人证实这些片段只出现于同一复制叉的一股链上。由此证实,子代 DNA 的合成是以半不连续的方式完成的,从而解释了 DNA 空间结构对 DNA 新链合成的制约。

目前认为,DNA 复制时,首先合成一小段 $5'\to3'$ 的 RNA 引物,然后在此引物的基础上再进行子链的复制。在子代 DNA 的两股链中,一条子链的合成方向与解链方向相同且连续合成,这股链称为前导链（leading strand）或称领头链;另一条子链的合成方向因与解链方向相反,不能连续延伸,只能分段合成（模板被打开一段,起始合成一段子链;再打开一段,再起始合成另一段子链）,最后才连接成完整的长链,该股不连续复制的链称为后随链（lagging strand）或称随从链。这种前导链连续复制、后随链不连续复制的方式称为半不连续复制（图 14-5）。在引物生成和子链延长上,后随链都比前导链滞后,因此两条互补链的合成是不对称的。

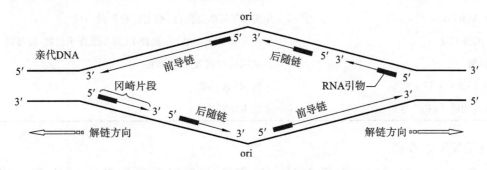

图 14-5　复制叉及 DNA 半不连续复制示意图

后随链合成过程中出现的 DNA 片段被命名为冈崎片段（Okazaki fragments）。真核生物冈崎片段长度只有 100～200 个核苷酸残基,相当于一个核小体 DNA 的大小;原核生物冈崎片段长度在 1000～2000 个核苷酸残基。冈崎片段经过去除引物,填补空隙,再由 DNA 连接酶连接成完整的 DNA 链。

二、DNA 复制体系

DNA 复制是一个复杂的酶促核苷酸聚合过程,需要多种物质共同参与。参与复制的物质主要有:①模板:解开成单链的 DNA 母链。②底物:dATP、dGTP、dCTP 和 dTTP 四种脱氧核苷三磷酸,总称 dNTP（N 代表 4 种碱基的任一种）。③RNA 引物（primer）:提供 $3'$-OH 末端使 dNTP 可以依次聚合。④酶和蛋白质因子:现已发现原核生物 DNA 复制过程中有 30 多种酶和蛋白质因子参与（表 14-1）,而参与真核生物 DNA 复制的酶和蛋白质因子更多（表 14-2）。在此将重点介绍 DNA 聚合酶、解（螺）旋酶、单链 DNA 结合蛋白、引物酶、拓扑异构酶和 DNA 连接酶等。

表 14-1　参与原核生物 DNA 复制的主要酶类及蛋白因子

蛋白质（基因）	通用名	主要功能
DNA-Pol Ⅲ		合成的主要酶
DnaA(*dnaA*)		辨认复制起始点
DnaB(*dnaB*)	解（螺）旋酶	解开 DNA 双链
DnaC(*dnaC*)	解链酶	运送和协同 DnaB
DnaG(*dnaG*)	引物酶	催化 RNA 引物生成
SSB	单链 DNA 结合蛋白	稳定已解开的单链 DNA
拓扑异构酶	拓扑异构酶Ⅱ，又称促旋酶	解开超螺旋，理顺 DNA 链
DNA-Pol Ⅰ		去除 RNA 引物，填补复制中的 DNA 空隙
DNA 连接酶		连接冈崎片段及参与修复

表 14-2　参与真核生物 DNA 复制的主要酶类及蛋白因子

蛋白质（英文代号）	主要功能
DNA 聚合酶 α/引物酶（DNA pol α/primase）	催化合成 RNA-DNA 引物
DNA 聚合酶 δ（DNA pol δ）	DNA 复制主要酶（兼有解旋酶活性和校正功能）
增殖细胞核抗原（PCNA）	滑动夹。激活 DNA 聚合酶和复制因子 C 的 ATPase 活性
拓扑异构酶Ⅰ、Ⅱ（TopoⅠ,TopoⅡ）	去除超螺旋，理顺 DNA 链
DNA 解（螺）旋酶（DNA Helicase）	解开 DNA 双螺旋
复制蛋白 A（RPA）	单链 DNA 结合蛋白,稳定已解开的单链
复制因子 C（RFC）	参与滑动夹子的装配,促使 PCNA 结合于引物-模板链
DNA 连接酶	连接冈崎片段及参与修复
核酸酶 HⅠ（RNaseHⅠ）	去除 RNA 引物
侧翼核酸内切酶Ⅰ（FENⅠ）	去除 RNA 引物

（一）DNA 聚合酶

1958 年 Arthur Kornberg 在研究 *E. coli* DNA 复制时首先发现了 DNA 聚合酶（DNA polymerase,DNA-pol），当时命名为复制酶（replicase），十年后又发现了其他种类的 DNA-pol，就将最早发现的复制酶称为 DNA-pol Ⅰ。

DNA-pol 可以单链 DNA 为模板、四种 dNTP 为原料催化脱氧多核苷酸链的 3′-端羟基与另一个脱氧核苷三磷酸的 5′-α 磷酸反应生成 3′,5′-磷酸二酯键，从而延长多核苷酸链（图 14-6）。因此，DNA-pol 又称为依赖 DNA 的 DNA 聚合酶（DNA-dependent DNA polymerase,DDDP）。此核苷酸之间的聚合反应需要 Mg^{2+}，新链的延长方向为 5′→3′。图 14-6 的反应可简示为 $(dNMP)_n + dNTP \rightarrow (dNMP)_{n+1} + PPi$。

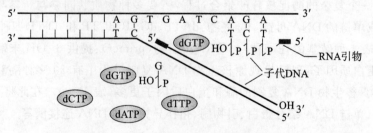

图 14-6　复制过程中脱氧核苷酸的聚合

1. 原核生物 DNA 聚合酶　　*E. coli* 基因组编码三种 DNA 聚合酶,根据发现时间先后分别命名为 DNA-pol Ⅰ、Ⅱ和Ⅲ,这三种酶的特性及作用列于表 14-3 中。

表 14-3　原核生物三种 DNA 聚合酶的特性及作用

项目	DNA-pol Ⅰ	DNA-pol Ⅱ	DNA-pol Ⅲ
分子质量/kD	109	120	250
组成	单肽链	?	多亚基不对称二聚体
分子数/细胞	400	17～100	20
聚合速率(个/分)	600	30	约 60000
$5'→3'$聚合酶活性	有	有	有
$5'→3'$核酸外切酶活性	有	无	无
$3'→5'$核酸外切酶活性	有	有	有
基因突变后的致死性	可能	不可能	可能
主要功能	切除引物、填补空缺,校读修复	DNA 损伤的修复校读作用	主要复制酶,参与前导链及后随链的合成;校读作用

(1) DNA-pol Ⅰ:DNA-pol Ⅰ 为单链多肽,二级结构以 α-螺旋为主,可划分为从 A 至 R 共 18 个 α-螺旋肽段,螺旋肽段之间由非螺旋结构连接(图 14-7)。DNA-pol Ⅰ 有 3 个酶促活性结构域,从 N 端到 C 端依次为 $5'→3'$外切酶、$3'→5'$外切酶和 DNA 聚合酶活性结构域。用特异的蛋白酶可将 DNA-pol Ⅰ 在 F 和 G 螺旋之间水解断裂为两个片段,N 末端小片段共 323 个氨基酸残基,具有 $5'→3'$外切酶活性;C 末端大片段共 604 个氨基酸残基,被称 Klenow 片段,具有 $3'→5'$外切酶活性和 DNA 聚合酶活性。Klenow 片段是实验室合成 DNA 和进行分子生物学研究常用的工具酶。

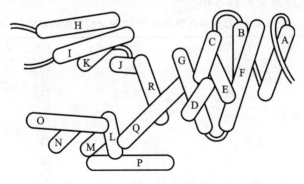

图 14-7　*E. coli* DNA-pol Ⅰ 分子结构示意图

DNA-pol Ⅰ 不是细胞中 DNA 复制的主要聚合酶,原因如下:①DNA-pol Ⅰ 催化核苷酸聚合的速率只有 600 个/分,而 *E. coli* DNA 复制叉的移动速度是它的 20 倍以上;②DNA-pol Ⅰ 的复制连续性相当低,其聚合不到 50 个核苷酸就和模板解离。DNA-pol Ⅰ 的主要功能有:①具有 $5'→3'$外切酶活性,可在 DNA 复制终止阶段除去引物,还可切除错配的核苷酸,起到修复作用;②具有 $3'→5'$外切酶活性,可切除复制中碱基错配的核苷酸,进行即时校读;③利用其 $5'→3'$聚合酶活性,对复制和修复中出现的空隙进行填补。

(2) DNA-pol Ⅱ:DNA-pol Ⅱ 也不是原核生物 DNA 复制的主要聚合酶,因为 DNA-pol Ⅱ 基因发生突变,细菌依然能存活,推测它是在 DNA-pol Ⅰ 和 DNA-pol Ⅲ 缺失情况下暂时起作用的酶。DNA-pol Ⅱ 对模板的特异性不高,即使在已发生损伤的 DNA 模板上,它也能催化核苷酸聚合。因此认为,它参与 DNA 损伤的应急状态修复。

(3) DNA-pol Ⅲ:DNA-pol Ⅲ 的聚合反应活性远高于 DNA-pol Ⅰ,每分钟可催化多至 10^5 次核

苷酸聚合反应,因此 DNA-pol Ⅲ是原核生物复制延长中真正起催化作用的聚合酶。DNA-pol Ⅲ是由 10 种亚基组成的不对称聚合体(图 14-8),全酶由 2 个核心酶、1 个 γ-复合物和 1 对 β 亚基二聚体构成。核心酶由 α、ε、θ 亚基组成,其中 α 亚基具有 $5'→3'$ 聚合酶活性,可催化合成 DNA,ε 亚基具有 $3'→5'$ 核酸外切酶活性(即时校读功能),θ 亚基可能起维系二聚体的作用;底端两侧的 β 亚基二聚体组成可滑动的 DNA 夹子,夹稳 DNA 模板链,使酶沿模板滑动;其余 6 种亚基(γ、δ、δ'、Ψ、χ、τ)组成 γ-复合物,具有促进全酶组装至模板上及增强核心酶活性的作用。其中,τ 亚基具有促使核心酶二聚化的作用,此柔性连接区可使复制叉处 1 个全酶分子的 2 个核心酶能够相对独立运动,分别负责合成前导链和后随链。

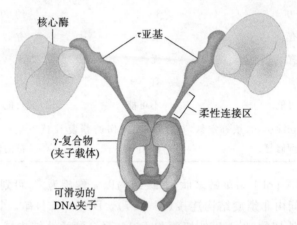

图 14-8 *E. coli* DNA-pol Ⅲ全酶分子结构示意图

2. 真核生物 DNA 聚合酶 在真核生物细胞中至少发现了 15 种 DNA-pol,按其发现的先后顺序分别命名,主要有 5 种:DNA-pol α、β、γ、δ、ε,其主要性质及功能列于表 14-4 中。真核生物和原核生物 DNA 聚合酶功能比较列于表 14-5 中。

表 14-4 真核生物几种主要 DNA 聚合酶的性质及功能

	DNA-pol α	DNA-pol β	DNA-pol γ	DNA-pol δ	DNA-pol ε
分子质量/kD	>250	36~38	160~300	170	256
细胞定位	核	核	线粒体	核	核
$5'→3'$ 聚合酶活性	中	?	高	高	高
$3'→5'$ 外切酶活性	无	无	有	有	有
引物酶	有	无	无	无	无
功能	起始引发,合成引物及部分新链	参与低保真度的复制,碱基切除修复	催化线粒体 DNA 复制	主要复制酶,延长子链,有解(螺)旋酶活性	填补引物空隙;校读,切除修复,重组

表 14-5 真核生物和原核生物主要 DNA 聚合酶功能的比较

E. coli	真核生物	功能
Ⅰ		填补空隙,切除引物,校读修复
Ⅱ		复制中的校读,DNA 修复
	β	DNA 修复,参与低保真度的复制
	γ	催化线粒体 DNA 复制
Ⅲ	ε	填补引物空隙;校读,切除修复,重组
DnaG	α	起始引发,有引物酶活性
	δ	主要复制酶,延长子链,有解(螺)旋酶活性

DNA-pol α 具有引物酶活性并参与部分 DNA 新链的合成,但催化新链延长的长度有限。DNA-pol δ 是 DNA 复制的主要酶,它参与冈崎片段的延伸及前导链的合成,相当于原核生物的 DNA-pol Ⅲ,此外它还有解旋酶的活性。至于高等生物中是否还有独立的解旋酶和引物酶,目前还未能确定。但是,在病毒感染培养细胞(Hela/SV40)的复制体系中,发现 SV40 病毒的 T 抗原有解旋酶活性。DNA-pol β 复制的保真度低,可能是参与 DNA 损伤的应急修复。DNA-pol γ 参与线粒体 DNA 的复制。DNA-pol ε 与原核生物的 DNA-pol Ⅰ 类似,在 DNA 复制中的作用是校读修复、填补引物去除后的裂口。

3. 复制的高保真性 DNA 复制的保真性是遗传信息稳定传代的保证。生物体至少有以下 3 种机制来实现保真性:①遵守严格的碱基配对规律;②聚合酶在复制延长中对碱基的选择功能;③复制出错有即时的校读功能。

(1) 遵守严格的碱基配对规律:A-T 以 2 个氢键、C-G 以 3 个氢键配对,错配碱基之间难以形成氢键。

(2) 聚合酶对原料 dNTP 具有选择功能:复制除严格按照碱基配对规律进行外,还依赖于酶学机制来保证复制的保真性。DNA 聚合酶对模板的依赖性,是子链与母链能准确配对,使遗传信息延续和传代的保证。碱基配对的关键在于氢键的形成。DNA 聚合酶具有监控进入的 dNTP 形成 A-T 或 C-G 配对的能力,只有在碱基配对正确的情况下,DNA 聚合酶才能催化引物 3′-OH 和引入核苷三磷酸的 α-磷酸反应,形成 3′,5′-磷酸二酯键。不正确的碱基配对因底物处于不利于催化的排列,使得核苷酸的添加效率显著降低。据此推想:复制中核苷酸之间生成 3′,5′-磷酸二酯键,应在氢键准确配对之后发生。DNA 聚合酶靠其大分子结构协调氢键和 3′,5′-磷酸二酯键的有序形成。

原核生物的 DNA-pol Ⅲ 是复制延长中主要起催化作用的酶,对其深入研究后还发现该酶的 ε 亚基对核苷酸的掺入有选择功能,并且是在核苷酸聚合之前或在聚合当时就控制了碱基的正确选择。例如,母链是 T,聚合酶选择 A,而不是 T、C、G 进入子链的相应位置。另外,DNA-pol Ⅲ 对反式嘌呤核苷酸的亲和力较顺式大,该酶即利用此特性选择反式构型的嘌呤与相应的嘧啶配对(图 14-9)。

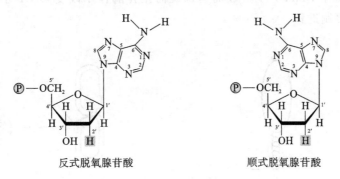

反式脱氧腺苷酸   顺式脱氧腺苷酸

图 14-9 反式与顺式脱氧腺苷酸

(3) 复制出错时有即时校读功能:原核生物的 DNA-pol Ⅰ、真核生物的 DNA-pol δ 和 DNA-pol ε 的 3′→5′ 核酸外切酶活性都很强,可以在复制过程中辨认并切除错配的碱基,对复制错误进行即时校正,此过程又称错配修复(mismatch repair)。

以 DNA-pol Ⅰ 为例来说明(图 14-10)。图中的模板链是 G,新链错配成 A 而不是 C。首先 DNA-pol Ⅰ 利用其 3′→5′ 的核酸外切酶活性将错配的 A 水解下来,紧接着利用其 5′→3′ 聚合酶活性补回正确配对的 C,复制将继续进行下去,这种纠错功能称为校读(proofreading)。实验也证明:如果碱基配对正确,3′→5′ 核酸外切酶不表现活性。DNA-pol Ⅰ 还有 5′→3′ 核酸外切酶活性,实施切除引物、切除突变片段的功能。

(二)引物酶

引物酶(primase)又称引发酶。DNA 复制时,首先要合成一小段 RNA 引物(primer)。此 RNA

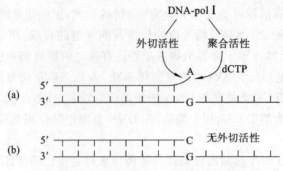

图 14-10　DNA-pol I 的即时校读功能

(a)DNA-pol I 的外切酶活性切除错配碱基,并利用其聚合活性掺入正确配对的底物;

(b)碱基配对正确,DNA-pol I 并不表现外切酶活性

引物的碱基与 DNA 模板是互补的,并为 DNA 的合成提供游离的 3'-OH 末端。催化此引物合成的酶称引发酶,它以核苷三磷酸(NTP)为底物。在真核生物,引发酶与 DNA-pol α 形成一个复合体,这个复合体首先合成大约 10 个核苷酸长的 RNA 引物,然后由引发酶活性转换为 DNA 聚合酶活性,以 dNTP 为底物合成 15~30 个脱氧核苷酸以延长引物。

(三) 拓扑异构酶

DNA 拓扑异构酶(topoisomerase),简称拓扑酶,广泛存在于原核及真核生物,分为 I 型和 II 型两种,最近还发现了拓扑酶 III 和 IV。拓扑酶 I 又称为缺口-关闭酶(nicking-closing enzyme),原核生物拓扑酶 II 又称促旋酶(gyrase),真核生物的拓扑酶 II 还有几种不同的亚型。

拓扑在物理学上是指物体或图像做弹性移位而保持物体原有的性质。DNA 双螺旋沿中心轴旋绕,复制解链也沿同一轴反向旋转(旋转达 100 次/秒)。因复制速度很快,将会导致复制叉前方的 DNA 分子双链旋紧、打结、缠绕或连环,闭合环状 DNA 分子也会按一定方向扭转形成超螺旋(图 14-11)。复制过程中 DNA 分子形成的超螺旋需拓扑酶作用改变 DNA 分子的拓扑构象,理顺 DNA 链结构来配合复制进程。

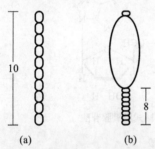

图 14-11　复制过程中正超螺旋的形成

(a)DNA 双螺旋解开前;

(b)双螺旋打开后,其下方 8 个螺旋被压缩成正超螺旋

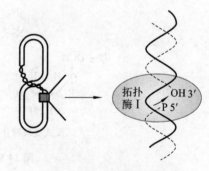

图 14-12　拓扑酶的作用

拓扑酶既能水解 3',5'-磷酸二酯键,又能催化 3',5'-磷酸二酯键的形成,拓扑酶在将要打结或已打结处切开 DNA 链,下游的 DNA 链穿越切口并做一定程度的旋转,使结打开、解松,然后旋转复位连接。在复制过程中,主要有两类拓扑酶(I 和 II)用于松解 DNA 超螺旋结构。拓扑酶 I 可切断 DNA 双链中的一股链,使 DNA 在解链旋转中不致打结,适当时候再将切口封闭,使 DNA 分子处于松弛状态,这一过程不需要消耗 ATP。拓扑酶 II 在一定位置上能切断处于正超螺旋状态的 DNA 双链,使超螺旋松弛,然后利用 ATP 供能,再将松弛状态的 DNA 断端连接恢复。人的 II 型拓扑异构酶不是旋转酶,它不能诱导负超螺旋生成。母链 DNA 与新合成链也会互相缠绕,形成打结或连环,也

需拓扑酶Ⅱ的作用。DNA 分子一边解链,一边复制,所以复制全过程都需要拓扑酶。

（四）解（螺）旋酶

DNA 复制以单链 DNA 为模板合成子代 DNA。解（螺）旋酶(helicase)的作用是解开 DNA 的双螺旋,在复制叉前解开一小段 DNA。

（五）单链 DNA 结合蛋白

单链 DNA 结合蛋白(single-strand DNA binding protein,SSB)对单链 DNA 有很高的亲和力,能特异性地结合到被解开的单链 DNA 上,稳定 DNA 复制区的单链 DNA。在真核生物中,一种单链 DNA 结合蛋白称为复制蛋白 A(replication protein A,RPA)结合到暴露的单链上。

（六）DNA 连接酶

DNA 连接酶(ligase)催化两个 DNA 片段通过 $3',5'$-磷酸二酯键连接在一起,形成更大的 DNA 片段。这一反应需要 ATP 供能。实验证明:①连接酶只能连接碱基互补基础上双链中的单链缺口,不能连接空隙或称裂口。缺口指 DNA 某一条链上两个相邻核苷酸之间的磷酸二酯键破坏所形成的单链断裂（图 14-13（a））;裂口指 DNA 某一条链上失去一个或数个核苷酸所形成的单链断裂（图 14-13(b)）。②不能连接单独存在的 DNA 单链或 RNA 单链。③如果 DNA 两股链都有单链缺口,只要缺口前后的碱基互补,连接酶也可以连接。

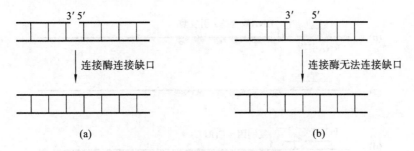

图 14-13 DNA 连接酶的作用

(a)失去磷酸二酯键的缺口;(b)缺失核苷酸的裂口

DNA 连接酶不仅在复制中起最后接合缺口的作用,在 DNA 修复、重组及剪接中也起缝合缺口作用。

（七）增殖细胞核抗原

增殖细胞核抗原(proliferating cell nuclear antigen,PCNA)是真核生物 DNA-pol δ 的辅助蛋白质,包含在引物的识别复合物中。PCNA 是在复制的细胞中发现的第一个核抗原,因此而命名。PCNA 为同源三聚体,三个亚基绕着模板 DNA 形成一个环状的滑动夹子(sliding clamp),类似于 *E. coli* DNA 聚合酶Ⅲ的 β 亚基,DNA-pol δ 附着于滑动夹子上。这样 PCNA 沿着 DNA 模板链不断前进,DNA-pol δ 就可以不断催化新链的合成（图 14-14）。因此,催化 DNA 合成反应的连续性主要是由 PCNA 来承担的。

（八）复制因子 C

复制因子 C(replication factor C,RFC)是滑动夹子装载因子(clamp-loading factor)。RFC 首先与 DNA 结合,然后 PCNA 结合在 RFC 上完成滑动夹子的装配（图 14-14）。RFC 作为 DNA-pol α 和 DNA-pol δ 之间的连系物或纽带,有助于前导链和后随链的同时合成。

（九）核酸酶 H 和侧翼内切核酸酶

核酸酶 H(RNase hybrid,RNase H)和侧翼内切核酸酶(flap endonuclease 1,FEN1)参与去除 RNA 引物的作用。核酸酶 H 降解 RNA 引物,留下一个核苷酸连在冈崎片段的末端,由 FEN1 完成去除最后一个核苷酸。

NOTE

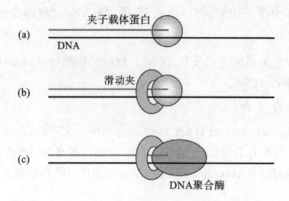

图 14-14 滑动夹子

(a)夹子载体蛋白如 RFC 与 DNA 结合;

(b)夹子载体蛋白与 PCNA 装配成滑动夹子,DNA 从 PCNA 孔中间自由通过;

(c)DNA 聚合酶与滑动夹子相结合,开始沿模板前进

有关真核生物 DNA 复制的酶及蛋白因子的作用如图 14-15 所示。

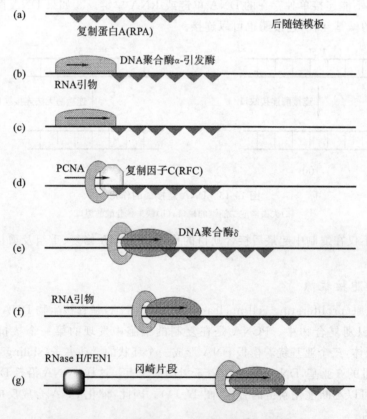

图 14-15 参与真核 DNA 复制后随链的酶及因子

(a)RPA,一种单链 DNA 结合蛋白,结合到单链模板上,使连续的复制叉解开双链;(b)在 DNA 聚合酶 α-引发酶复合物作用下开始合成 RNA 引物;(c)引物合成达到 8~10 个核苷酸后,复合物的 DNA 聚合酶 α 活性起作用,合成 15~30 个脱氧核苷酸以延长引物。然后,DNA 聚合酶 α-引发酶复合物从模板上解离;(d)RFC 结合到这个部分的冈崎片段的末端,催化装配由 PCNA 构成的滑动夹子;(e)DNA 聚合酶 δ 复合物结合到滑动夹子上,并延长冈崎片段;(f)当复制复合物达到 RNA 引物时,引物在 RNase H 和 FEN1 共同作用下水解;(g)留下的间隙由连续延长的冈崎片段所填补,存在的缺口由 DNA 连接酶封闭

DNA 聚合酶、拓扑异构酶和 DNA 连接酶三者均可催化 $3',5'$-磷酸二酯键的生成,但它们又有区别(表 14-6)。

表 14-6 DNA 聚合酶、拓扑异构酶和 DNA 连接酶三者催化生成 3′,5′-磷酸二酯键的比较

酶	提供核糖 3′-OH	提供 5′-P	结果
DNA 聚合酶	引物或延长中的新链	游离 dNTP 去 PPi	$(dNMP)_{n+1}$
DNA 连接酶	复制中不连续的两条单链		不连续链→连续链
拓扑异构酶	切断、整理后的两链		改变拓扑状态

第二节 原核生物 DNA 的复制过程

原核生物染色体 DNA 和质粒 DNA 等都是共价环状闭合的 DNA 分子,基因组相对简单,为单复制子复制,复制速度快,便于研究,复制过程既具有共同的特点,又有一些区别。下面以大肠杆菌 DNA 复制为例,阐述原核生物 DNA 复制的过程和特点。

DNA 复制是一个连续的过程,根据其特点,可人为分成起始、延长和终止三个阶段。

一、DNA 复制的起始

起始是复制中较为复杂的环节,主要包括 DNA 复制起始点的辨认、解链、引发体的形成及 RNA 引物的合成。

(一)DNA 复制起始点的辨认与解链

1. 复制有固定起始点 复制不是在基因组上任何部位都可以开始的。*E. coli* 染色体有一个固定的复制起始点,称为 oriC(origin of chromosome replication),由 245 bp 组成,富含 A、T。碱基序列分析发现这段 DNA 上有 3 组串连重复序列和 2 对反向重复序列(图 14-16)。

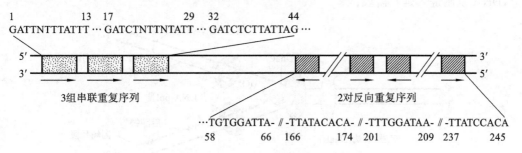

图 14-16 *E. coli* 染色体的复制起始点 oriC

2. DNA 解链 复制起始时,需要辨认 oriC 并解开 DNA 双链,主要由 DnaA、DnaB、DnaC 三种蛋白质共同参与完成。DnaA 蛋白是由相同亚基组成的四聚体,它首先辨认 oriC 下游反向重复序列并通过正协同效应结合 20～40 个 DnaA 蛋白,形成 DNA-蛋白质复合体结构。接着,DnaA 蛋白作用于 oriC 的 3 个串连重复序列,在此 3 个位点解开 DNA 双链,形成开放复合物。DnaB 在 DnaC 的协同下结合于解链区,沿解链方向移动并逐步置换 DnaA 蛋白,再进一步利用其解(螺)旋酶活性,使解链部分延长,此时复制叉已初步形成。

随后,SSB 结合于 DNA 单链区,使模板 DNA 维持单链状态并保护单链的完整。每个复制叉大约有 60 个 SSB 四聚体正协同性结合在 DNA 单链上,但 SSB 不覆盖碱基,不影响单链 DNA 的模板功能(图 14-17)。

3. 拓扑酶理顺 DNA 链 解链是一种高速的反向旋转,其解链下游势必发生打结现象。拓扑酶通过切断、旋转和再连接作用,实现 DNA 超螺旋的转型,即把正超螺旋变为负超螺旋。实验证明:复制起始时要求 DNA 呈负超螺旋,这是因为 DnaA 只能与负超螺旋的 DNA 相结合,且负超螺旋比正

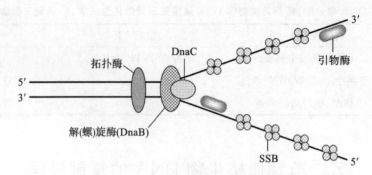

图 14-17　复制叉和引发体形成示意图

超螺旋有更好的模板作用。

（二）引发体的形成和引物的合成

母链 DNA 解成单链后，不会立即按照模板序列将 dNTP 聚合为 DNA 子链。这是因为 DNA 聚合酶不具备催化两个游离 dNTP 之间形成 $3',5'$-磷酸二酯键的能力，只能催化核酸片段的 $3'$-OH 末端与 dNTP 间的聚合。所以，复制过程需要先合成引物（primer），由引物提供 $3'$-OH 末端。引物是由引物酶（DnaG）催化合成的短链 RNA 分子。引物酶不同于催化转录的 RNA 聚合酶。利福平（rifampicin）是转录用 RNA 聚合酶的特异性抑制剂，而引物酶对利福平不敏感。

在 DNA 解链形成的 DnaB、DnaC 蛋白与 oriC 结合的复合体基础上，引物酶（DnaG）进入，此时形成含有 DnaB、DnaC、DnaG 和 DNA 的起始复制区域的复合结构称为引发体（primosome）（图 14-17）。引发体的蛋白质组分在 DNA 链上的移动需由 ATP 供给能量。DnaB 激活引物酶，根据模板的碱基序列，从 $5' \rightarrow 3'$ 方向催化 NTP 的聚合，生成短链 RNA 引物，为下一阶段 DNA 链的延长提供 $3'$-OH 端（图 14-18）。引物的长度为十几个至几十个核苷酸不等。在引物提供 $3'$-OH 端的基础上，DNA 复制进入延长阶段。

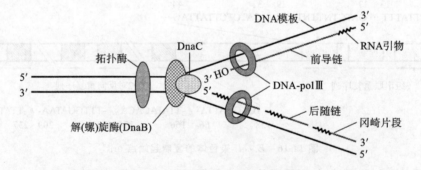

图 14-18　RNA 引物和子链生成示意图

原核生物 DNA 复制的起始过程简要归纳如下：DnaA 蛋白辨认结合于 oriC 下游反向重复序列，继而 DnaA 作用于 oriC 上游 3 组串连重复序列的 AT 区，在 ATP 的存在下，DNA 双链在此解开并形成开放复合物。DnaB 在 DnaC 的协同下结合于解链区，置换 DnaA 蛋白，延长解链部分，形成复制叉。拓扑酶改变 DNA 超螺旋状态，SSB 蛋白结合并稳定解旋后的单链 DNA。随后形成由 DnaB、DnaC、DnaG 和 DNA 起始复制区域组成的引发体，再由 DnaB 激活的 DnaG 合成 RNA 引物。

二、DNA 链的延长

原核生物催化延长反应的酶是 DNA-pol Ⅲ。在引物的 $3'$-OH 端，以亲代 DNA 作模板按碱基配对原则掺入 dNTP，其 α-磷酸基团与引物的 $3'$-OH 端反应以 $3',5'$-磷酸二酯键相连。连接在引物上的 dNTP 的 $3'$-OH 端又成为链的末端，可使下一个底物 dNTP 依次掺入。复制沿 $5' \rightarrow 3'$ 方向延长，指的是子链合成的方向。前导链沿着 $5' \rightarrow 3'$ 方向连续延长；后随链沿着 $5' \rightarrow 3'$ 方向呈不连续延长,形成一个个冈崎片段(图 14-18)。

在同一复制叉上,前导链的复制先于后随链,但两条链是在同一 DNA-pol Ⅲ 催化下进行延长的。因为后随链的模板 DNA 可以折叠或绕成环状,进而与前导链正在延长的区域对齐(图 14-19)。图中可见,由于后随链做 360°的旋转,前导链与后随链的延长方向和延长点都处在 DNA-pol Ⅲ 的两个核心酶的催化位点上。

DNA 复制延长速度相当快,以 *E. coli* 为例,在营养充足、生长条件适宜的培养基中,20 min 就可繁殖一代。*E. coli* 基因组 DNA 全长约 3000 kb,依此计算,每秒钟能掺入的核苷酸达 2500 bp。

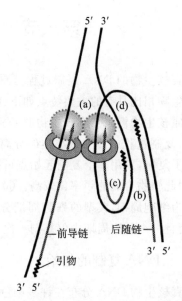

三、复制的终止

复制的终止过程包括切除引物、填补空隙和连接缺口。原核生物基因是环状 DNA,其复制形式多为双向复制。从起点开始,两个复制叉朝相反方向各进行 180°,同时在终止点(termination region,ter)处汇合。

由于复制的半不连续性,在后随链上出现许多冈崎片段。每个冈崎片段上都有引物 RNA。要完成 DNA 复制,必须除去 RNA 引物并用 DNA 取代,最后将 DNA 片段连接成完整的子链。

图 14-19 同一复制叉上前导链和后随链由相同的 DNA-pol Ⅲ 催化延长示意图

(a)DNA-pol Ⅲ 的核心酶和 β 亚基形成的滑动夹子;
(b)后随链的先复制片段;
(c)后随链的正在复制片段;
(d)后随链的未复制片段

冈崎片段的连接过程(图 14-20):先由 RNase H 识别冈崎片段中的 RNA 引物并水解除去其大部分。由于 RNase H 只能水解两个核苷酸之间的 $3',5'$-磷酸二酯键,不能水解脱氧核苷酸与核苷酸之间的 $3',5'$-磷酸二酯键,最后一个引物核苷酸由 DNA-pol Ⅰ 的 $5'\rightarrow3'$ 外切酶活性除去,并由 DNA-pol Ⅰ(注意:不是 DNA-pol Ⅲ)催化前一个复制片段的 $3'$-OH 延长以填补留下的空隙。最后片段间的缺口由 DNA 连接酶连接。这样所有冈崎片段的 RNA 引物都被替代并连接成完整的 DNA 子链。实际上此过程在子链延长中已陆续开始进行,不必等到最后的终止才连接。

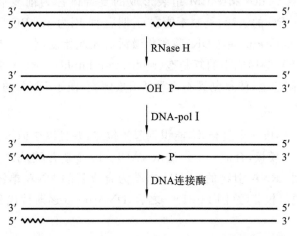

图 14-20 子链中的 RNA 引物被取代(锯齿状代表引物)

前导链 $5'$-末端也有引物水解后的空隙,环状 DNA 最后复制的 $3'$-OH 端继续延长,即可填补该空隙及连接,完成基因组 DNA 的复制过程。

第三节　真核生物 DNA 的复制过程

真核生物的 DNA 复制过程与原核生物基本相似,但参与复制的酶种类、数量更多更复杂,其与原核生物相比具有的主要特点如下:①真核生物 DNA 分子较原核生物大,DNA 聚合酶的催化速率远比原核生物慢。②真核生物的 DNA 不是裸露的,而是与组蛋白紧密结合,以染色质核小体的形式存在,复制过程中涉及核小体的分离与重新组装,因而减慢了复制叉行进的速度。③真核生物是多复制子复制,利用多个复制起始点可提高整体复制速度。④真核生物的冈崎片段比原核生物的短得多,因此引物合成的频率比较高。⑤真核生物 DNA 复制与细胞周期密切相关。细胞分裂的时相变化称为细胞周期,典型的细胞周期分为 4 期,即 G_1、S、G_2、M 期。真核生物 DNA 复制仅发生在 S 期,而且一个细胞周期中仅复制一次。⑥真核生物的复制终止具有特殊性(端粒 DNA 的合成)。

一、DNA 复制的起始

真核生物 DNA 分布在许多染色体上,各自进行复制。每个染色体有上千个复制子,复制的起始点很多。复制子以分组方式激活而不是同步启动,说明复制有时序性。转录活性高的 DNA 在 S 期早期即开始复制,而高度重复序列如卫星 DNA、染色体中心体(centrosome)和线性染色体两端即端粒(telomere)等都是在 S 期的最后才复制。

真核生物复制起始点比 E.coli 的 oriC 短,如酵母 DNA 的复制起始点为含 11 bp 富含 AT 的核心序列 A(T) TTTATA(G) TTTA(T),称为自主复制序列(autonomous replication sequence,ARS)。与 E.coli 一样,复制起始也是打开 DNA 双链形成复制叉,形成引发体和合成 RNA 引物。但详细机制尚未完全明了,下面介绍其简要过程。

(一) DNA 复制起始过程

真核生物复制的起始分两步进行,即 ARS 的选择和复制起始点的激活。①前复制复合物的形成:首先,在 G_1 期,复制起始辨认复合物(origin recognition complex,ORC)六聚体蛋白识别并结合在 ARS 处,接着 G_1 期合成的细胞分裂周期蛋白 6(Cdc6)和 ORC 结合,随后小染色体维系蛋白(mini chromosome maintenance protein,MCM)也结合在此处,围绕 DNA 形成环状复合体。MCM 有较弱的解旋酶的活性。由 ORC、Cdc6 和 MCM 组装形成的复合体称为前复制复合物(pre-replicative complex,pre-RC)。②pre-RC 的激活:复制不能在 G_1 期启动,因为 pre-RC 只能在 S 期细胞周期蛋白依赖性激酶(cyclin-dependent kinase,CDK)磷酸化激活后才起始复制。一旦 pre-RC 在复制起始点被激活,它催化 DNA 母链解链形成小的复制泡(replication bubble),RPA 结合到暴露的单链上固定单链,解旋酶也组装到复制泡上,使复制叉不再重新形成螺旋,便于 DNA 的合成(图 14-21)。

(二) RNA 引物的合成

引发酶与 DNA-pol α 形成一个复合体,能识别起始位点,并且以核糖核苷三磷酸为底物(NTP),以解开的一段单链 DNA 为模板,合成一个短链 RNA(8～10 个核苷酸)引物。然后从引发酶的活性转变为 DNA-pol α 的活性,RNA 引物的 3'-OH 末端为合成新的 DNA 单链的起点,以 dNTP 为原料,延长引物 15～30 个脱氧核苷酸(图 14-21)。之后,DNA-pol δ 逐渐替代 DNA-pol α,DNA 合成进入延长阶段。

真核生物复制的起始分两步进行,即复制基因的选择和复制起始点的激活。复制基因是指 DNA 复制起始所必需的全部 DNA 序列。真核生物复制基因的选择出现在 G_1 期,复制起始点的激活出现在 S 期。由于这两个阶段相分离,所以真核生物染色体 DNA 在每个细胞周期中只能复制一次。

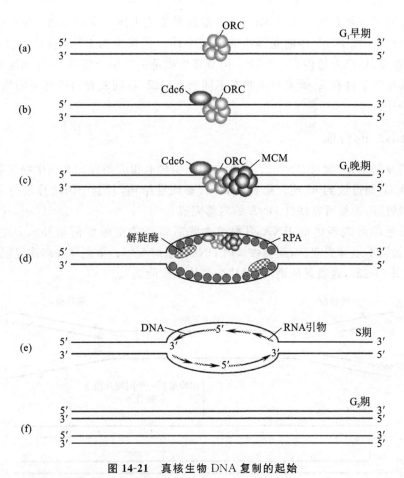

图 14-21　真核生物 DNA 复制的起始

(a)ORC 结合到起始位点上；(b)Cdc6 结合到 ORC 上；(c)MCM 结合在 ORC、Cdc6 周围，围绕 DNA 形成环状复合体；(d)在细胞周期的调节信号作用下，pre-RC 被激活，解旋酶打开亲代双链，形成一个复制小泡。RPA 结合到暴露的单链上。解旋酶附着于 DNA 上，小泡被扩大。(e)DNA-pol α-引发酶复合物合成第一个 RNA 引物和短的 DNA，随后 DNA-pol δ 逐渐替代 DNA-pol α，DNA 合成进入延长阶段

二、DNA 链的延长

DNA-pol α 和 DNA-pol δ 均参与 DNA 链的延长，但 DNA-pol α 与模板链的亲和力较低，不具备连续合成 DNA 的能力。在起始点处，DNA-pol α-引发酶催化合成一段 RNA-DNA 后就从模板上解离，然后 RFC 结合到这个部分的冈崎片段的末端。在 RFC 的作用下 PCNA 结合于引物-模板链处，形成闭合环形的可滑动的 DNA 夹子。紧接着 DNA-pol δ 结合到滑动夹子上获得持续合成 DNA 的能力，催化延长冈崎片段（图 14-15）。DNA-pol δ 对模板的亲和力高，其连续催化合成新链（前导链和后随链）的延伸能力主要来自 PCNA，因此 PCNA 的蛋白质水平检测可作为细胞增殖能力的重要指标。

在后随链的合成中，当复制复合物到达前一个冈崎片段的 RNA 引物时，大部分 RNA 引物被 RNase H 切除，留下最后一个核苷酸由 FEN1 水解去除。去除 RNA 引物后的空隙由 DNA-pol δ 催化的连续延长的冈崎片段进行填补，缺口由 DNA 连接酶连接（图 14-15）。

真核生物以复制子为单位进行复制，故引物和后随链的冈崎片段都比原核生物的短，其冈崎片段长度大致与一个核小体所含 DNA 的量（135 bp）或其若干倍相等（原核冈崎片段长为 1000～2000 bp）。在后随链合成至核小体单位之末时，DNA-pol δ 会脱落，DNA-pol α 再引发新的引物合成，DNA-pol α 和 DNA-pol δ 不断转换，PCNA 在全过程中也多次发挥作用，说明真核生物复制子内后随链的起始和延长交错进行。前导链的连续复制，亦只限于半个复制子的长度。

真核生物复制时需解开核小体,复制后又需重新组装核小体。真核生物 DNA 复制与核小体装配同步进行,即合成一段 DNA 伴随立即组装成核小体。真核生物 DNA 合成,就酶的催化速率而言,远比原核生物慢,估算为每秒 50 dNTP。但真核生物是多复制子复制,总体速度并不慢。原核生物复制速度与其培养条件有关,而真核生物在不同器官组织、不同发育时期和不同生理状态下,其复制速度也大不一样。

三、端粒 DNA 的合成

真核生物的复制终止(端粒 DNA 的合成)与原核生物有很大差异。真核生物复制完成后随即组装成染色体并从 G_2 期过渡到 M 期。染色体 DNA 是线性结构,复制中冈崎片段的连接及复制子之间的连接都易理解,因为都可在线性 DNA 的内部完成。

但问题是染色体两端新链的 RNA 引物被去除后留下的空隙如何填补。去除引物后剩下的 DNA 单链母链如果不填补成双链,就会被核内 DNase 水解变短。染色体经多次复制会使子代 DNA 变得越来越短(图 14-22),这就是所谓的"线性染色体末端问题"。

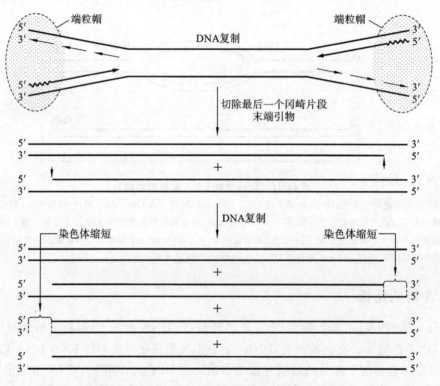

图 14-22 线性 DNA 复制的末端与端粒帽示意图

除少数低等生物外,大多数真核生物染色体在正常生理状态下复制可保持其应有的长度,这是因为染色体的末端有一特殊结构可维持染色体的稳定性,将这种真核生物染色体线性 DNA 分子末端的特殊结构称为端粒(telomere)。形态学上,染色体末端膨大成粒状,这是因为 DNA 和它的结合蛋白紧密结合,像两顶帽子盖在染色体两端,故有时又称之为端粒帽(图 14-22)。端粒可防止染色体间末端连接,并可补偿 DNA 5′-端去除 RNA 引物后造成的空缺,可见端粒对维持染色体的稳定性及 DNA 复制的完整性起重要作用。DNA 测序发现端粒的共同结构是富含 T、G 的重复短序列,即 $(T_nG_n)_x$(注意:T 和 G 的 n 值可不一致)。例如,人的端粒 DNA 所含的重复序列是 TTAGGG。端粒重复序列的重复次数由几十到数千不等,并能反折成二级结构。

端粒是如何进行复制的? 直到 20 世纪 80 年代中期发现了端粒酶(telomerase),这个问题才得到了回答。原来,水解引物后每个染色体的 3′-OH 末端比 5′-磷酸基末端长,伸出 12～16 个单核苷酸链,这一特殊结构可募集端粒酶,端粒酶可催化端粒的复制,从而解决了线性染色体末端复制的问题。

1997 年,人类端粒酶基因被克隆成功并鉴定了酶由三部分组成:①人端粒酶 RNA(human telomerase RNA,hTR):约 150 个核苷酸,富含 C、A。②人端粒酶协同蛋白 1(human telomerase associated protein 1,hTP1)。③人端粒酶逆转录酶(human telomerase reverse transcriptase,hTRT)。可见端粒酶兼有提供内在 RNA 模板和催化逆转录的功能。

端粒酶通过一种称为爬行模型(inchworm model)的机制合成端粒以维持染色体的完整,其合成过程大致如图 14-23 所示:①hTR(A_nC_n)$_x$ 辨认并结合于母链 3'-端单链 DNA(ssDNA)的重复序列 $(T_nG_n)_x$ 上。②端粒酶以母链 3'-端 ssDNA 作引物,自身内在 RNA 为模板,使母链 3'-端 ssDNA 以逆转录的方式复制延伸。③复制一段后,hTR(A_nC_n)$_x$ 爬行移位至新合成的母链 3'-端,再以逆转录方式继续复制延伸母链。经过多次移位、复制的重复循环,直到母链 3'-端延伸至足够长度。④母链 3'-端延伸至足够长度后,端粒酶脱离母链,代之以 DNA 聚合酶,此时母链形成非标准的 G-G 发夹结构并允许其 3'-OH 端反折起引物作用,同时以该母链为模板,在 DNA 聚合酶催化下完成末端双链的复制。

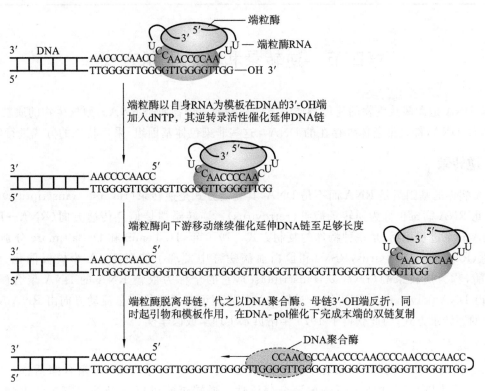

图 14-23 端粒酶催化作用的爬行模型

研究发现,培养的人成纤维细胞随着培养传代次数增加,端粒长度逐渐缩短。生殖细胞端粒长于体细胞,成人端粒比胚胎细胞端粒短。根据上述实验结果,至少可以认为在细胞水平,老化与端粒酶的活性下降是有关的。当然,个体的老化受多种环境因素和体内生理条件的影响,不能简单地归结为某单一因素的作用。

此外,在增殖活跃的肿瘤细胞中发现端粒酶活性增高。但在临床研究中也发现某些肿瘤细胞的端粒比正常同类细胞显著缩短。可见,端粒酶活性不一定与端粒的长度成正比。端粒和端粒酶的研究,在肿瘤学发病机制、寻找治疗靶点上,已经成为一个重要领域。

真核生物与原核生物的 DNA 复制过程基本相似,但也有不同,它们的主要区别总结于表 14-7 中。

表 14-7 原核生物和真核生物复制的主要区别

区别项目	原核生物	真核生物
复制子	单复制子复制	多复制子复制
冈崎片段	长	短
复制叉前进速度	快	慢
复制时期	一个复制过程没结束，第二个复制过程就可开始	仅发生在 S 期，一个细胞周期中仅复制一次
核小体的分离与重新组装	无	有
引物	RNA 小片段	除 RNA 外还有 DNA 片段
引物酶	特殊的 RNA 聚合酶	DNA-pol α
链延长的主要 DNA 聚合酶	DNA-pol Ⅲ	DNA-pol δ
末端空隙的填补方式	环状 DNA 最后复制的 3′-OH 端继续延长	端粒酶合成端粒

第四节 逆转录和其他复制方式

双链 DNA 是大多数生物的遗传物质。某些病毒的遗传物质是 RNA。原核生物的质粒，真核生物的线粒体 DNA，都是染色体外存在的 DNA。这些非染色体基因组，采用特殊的方式进行复制。

一、逆转录

RNA 病毒的基因组是 RNA 而不是 DNA，其复制方式是逆转录（reverse transcription），也称反转录，因此 RNA 病毒也称为逆转录病毒（retrovirus）。逆转录遗传信息传递方向（RNA→DNA）与双链 DNA 转录过程相反，是一种特殊的复制方式。1970 年，H. Temin 和 D. Baltimore 分别从 Rous 肉瘤病毒（Rous sarcoma virus, RSV）和鼠白血病病毒中发现了能以 RNA 为模板催化合成双链 DNA 的酶，称为逆转录酶（reverse transcriptase），它的全称为依赖 RNA 的 DNA 聚合酶（RNA-dependent DNA polymerase, RDDP）。逆转录酶的发现证实了遗传信息流动方向由 RNA 反向传递给 DNA 的逆转录方式，为此获得了 1975 年诺贝尔生理学或医学奖。

（一）逆转录过程

逆转录酶是一种多功能酶，兼有 3 种酶的活性，即 RNA 指导的 DNA 聚合酶活性（逆转录活性）、RNase 活性和 DNA 指导的 DNA 聚合酶活性。逆转录酶可以自身的 tRNA 为引物，以单链 RNA 为模板催化合成双链 DNA。整个过程可分三步进行（图 14-24(a)）：①首先逆转录酶以病毒基因组 RNA 为模板，催化 dNTP 聚合生成一条与 RNA 模板互补的 DNA 单链，将这条 DNA 单链称为互补 DNA（complementary DNA, cDNA），它与 RNA 模板形成 RNA-DNA 杂化双链；②杂化双链中的 RNA 被逆转录酶中的 RNase 活性组分水解，被感染细胞内的 RNase H 也可水解 RNA 链；③逆转录酶发挥 DNA 指导的 DNA 聚合酶活性，以剩下的单链 cDNA 为模板、dNTP 为底物，合成第二条 DNA 互补链，继而产生双链 cDNA。这种双链 cDNA 分子就是前病毒。逆转录酶没有 3′→5′外切酶活性，因此没有即时校读功能，合成的错误率相对较高。

前病毒保留了 RNA 病毒的全部遗传信息，并可在细胞内独立繁殖。在某些情况下，前病毒基因组通过基因重组，可插入细胞基因组内，并随宿主基因一起复制和表达，这种重组方式称为整合（integration）。前病毒的独立繁殖或整合，都可成为致病的原因。

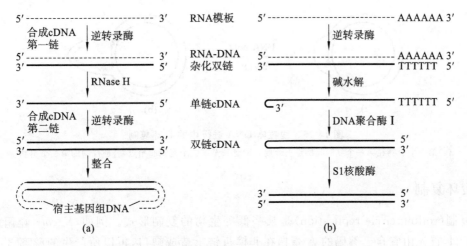

图 14-24 逆转录酶催化的双链 cDNA 合成

(a)逆转录病毒的细胞内复制,病毒的 tRNA 可作为 cDNA 合成的引物;

(b)试管内合成 cDNA,单链 cDNA 的 3'-端能够形成发夹结构作为引物,在大肠杆菌 DNA 聚合酶 Ⅰ(Klenow 片段)

作用下,合成 cDNA 的第二链

(二) 逆转录研究的意义

逆转录酶和逆转录现象是分子生物学研究中的重大发现。中心法则认为:DNA 的功能兼有遗传信息的传代和表达,因此 DNA 处于生命活动的中心位置。逆转录现象说明:至少在某些生物,RNA 同样兼有遗传信息传代与表达的功能。逆转录现象扩展了中心法则,使人们对遗传信息的流向有了新的认识。

对逆转录病毒的研究,拓宽了 20 世纪初已注意到的病毒致癌理论,至 20 世纪 70 年代初,从逆转录病毒中发现了癌基因。至今,癌基因研究仍是病毒学、肿瘤学和分子生物学的重大课题。艾滋病病源人类免疫缺陷病毒(human immunodeficiency virus,HIV)也是一种 RNA 逆转录病毒。

逆转录酶应用到分子生物学研究,是基因工程中获取目的基因的重要方法之一,是一种不可替代、不可缺少的工具酶。在人类庞大的基因组 DNA(3×10^9 bp)中,要获取某一目的基因,绝非易事。但对 RNA 进行提取、纯化,相对较为可行。获取 RNA 后,可以通过逆转录方式在试管内操作,用逆转录酶催化 dNTP 在 RNA 模板指引下生成 RNA-DNA 杂化双链,然后用酶或碱水解除去杂化双链上的 RNA,再以剩下的单链 DNA 为模板,使用 DNA 聚合酶 Ⅰ 的大片段(Klenow 片段)催化合成双链 cDNA。这种获取目的基因的方法称为 cDNA 法(图 14-24(b))。现已利用该方法建立了多种不同种属和细胞来源的含所有表达基因的 cDNA 文库,方便人们从中获取目的基因。

逆转录及逆转录酶已广泛地应用在疾病的诊断、治疗、药物的生产等诸多领域。如 DNA 序列测定是基因突变检测的最直接、最准确的诊断方法;利用逆转录病毒载体,进行基因治疗;通过 DNA 重组技术大量生产某些在正常细胞代谢产量很低的多肽,如激素、抗生素、酶类及抗体等。

二、D 环复制

D 环复制(D-loop replication)是一些简单的低等生物及染色体外 DNA 的复制形式,如线粒体 DNA(mtDNA)。mtDNA 为闭合环状双链结构,两条链的复制不是同时进行的。

在真核生物线粒体中,催化 mtDNA 进行复制的 DNA 聚合酶是 DNA-pol γ。其复制过程如下:在复制起始点处解开 DNA 双链,合成第一个引物,以内环为模板延伸;当复制到第二个复制起始点时,又合成另一个反向引物,以外环为模板进行反向复制延伸。最后完成两个双链环状 DNA 的复制(图 14-25)。复制过程中呈字母 D 形状而得名。D 环复制的特点是复制起始点不在双链 DNA 同一位点,内、外环复制有时序差别。两条链的合成都是连续的,没有冈崎片段生成。

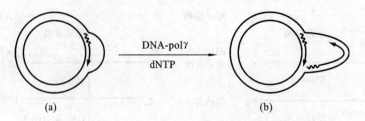

图 14-25 线粒体 DNA 进行中的 D 环复制

(a)第一个引物在第一个复制起始点上合成;(b)延长至第二个复制起始点,合成反向的第二个引物

三、滚环复制

滚环复制(rolling circle replication)是某些低等生物的复制形式。例如,*E. coli* 噬菌体 ΦX174 的 DNA 复制,首先由它自己编码的 A 蛋白在非模板链上造成缺口,再以所产生的游离 3′-OH 作引物,在宿主细胞的 DNA 聚合酶、解旋酶和 SSB 蛋白等作用下合成新链。新链和模板链互补并取代原来的非模板链。这种复制方式称为滚环复制(图 14-26),因为它的复制延伸的运动轨迹是围绕环形模板链而滚动的环。理论上,滚环复制可以连续无限复制,一个拷贝基因组能够扩增为多个拷贝,A 蛋白再将多拷贝的复制产物切割成一个个单拷贝基因组,并将其 5′-端和 3′-端连接起来,再通过合成互补链成为双螺旋环形 DNA。

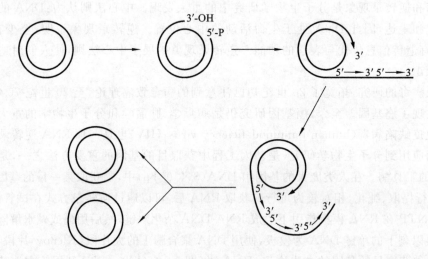

图 14-26 滚环复制

滚环复制是噬菌体(如 λ、M13 和 ΦX174)DNA 复制的共同方式。此外,爪蟾卵 rDNA 也利用滚环复制大量扩增,以满足卵发育阶段对 rRNA 的大量需求。线性 rDNA 通过滚环复制产生的多拷贝,既可以保持线性状态,也能够连接成闭合环形。经过若干次滚环复制,能迅速产生数以千计的 rRNA 拷贝。

滚环复制和 D 环不对称复制的存在说明,双螺旋 DNA 在复制起始点解链不一定导致两条链同时复制,也可能利用一条链作为模板起始 DNA 合成。另外,双螺旋 DNA 的两条链的复制起始点也可能处于不同的位置。

| 第五节 DNA 的损伤与修复 |

DNA 的损伤与修复,是细胞内同时并存的两个过程。DNA 分子中碱基序列的改变称为 DNA 损伤(DNA damage)或 DNA 突变(DNA mutation)。一些理化因素和外源 DNA 整合导致的 DNA

突变称为诱发突变(induced mutation),DNA 复制过程中发生错误或一些不明原因导致的 DNA 突变称为自发突变(spontaneous mutation)。纠正突变所致 DNA 分子中碱基及其结构改变的过程,称为 DNA 损伤的修复。

一、引发 DNA 损伤的因素

(一)自发因素

1. DNA 复制错误 DNA 复制的保真性,保证了遗传的稳定性。但由于复制速度非常快、碱基的异构互变、4 种 dNTP 之间浓度的不平衡等都可引起碱基的错配。尽管绝大多数错配的碱基会被 DNA 聚合酶的校读功能所纠正,但依然不可避免地有极少数的错配被保留下来,DNA 复制的错配率约为 10^{-10}。此外,复制错误还表现为片段的缺失或插入。

2. DNA 结构自身的不稳定性 DNA 结构自身的不稳定性是 DNA 自发性损伤中最频繁和最重要的因素。当 DNA 受热或所处环境的 pH 值发生改变时,DNA 分子上连接碱基和核糖之间的糖苷键可自发水解,导致碱基的丢失或脱落,其中以脱嘌呤最为普遍。另外,含有氨基的碱基还可能自发脱氨基,转变为另一种碱基,如 C 转变为 U,A 转变为 I(次黄嘌呤)等。

3. 机体代谢过程中产生的活性氧 机体代谢过程中产生的活性氧(ROS)可直接作用于碱基,如 ROS 作用于鸟嘌呤产生 8-羟基鸟嘌呤等。

(二)诱发因素

由外界因素导致的 DNA 突变,称为诱变。导致诱变的常见因素有物理因素、化学因素和生物因素三大类。这些因素导致 DNA 损伤的机制各有特点。

1. 物理因素 物理因素中最常见的是电磁辐射。根据作用原理的不同,通常分为电离辐射和非电离辐射。α粒子、β粒子、X 射线、γ 射线等,能直接或间接引起被穿透组织发生电离,属于电离辐射;紫外线和波长长于紫外线的电磁辐射属于非电离辐射。

(1)电离辐射:其作用主要有两个方面。①直接对作用于 DNA 等生物大分子中的原子产生电离效应,破坏分子结构,如断裂化学键等;②通过水在电离时所形成的自由基起间接破坏作用。这些作用最终导致 DNA 分子发生碱基氧化修饰、碱基环结构的破坏与脱落、DNA 链交联与断裂等多种变化。

(2)紫外线:按波长的不同,紫外线(ultraviolet,UV)可分为 UVA(400～320 nm)、UVB(320～290 nm)和 UVC(290～100 nm)三种。UVA 的能量较低,一般不会造成 DNA 等生物大分子损伤。260 nm 左右的紫外线,其波长正好在 DNA 和蛋白质的吸收峰附近,容易导致 DNA 等生物大分子损伤。大气臭氧层可吸收 320 nm 以下的大部分紫外线,一般不会造成地球上生物的损害。但近年来,由于环境污染,臭氧层的破坏日趋严重,UV 对生物的影响越来越被公众所关注。

大剂量低波长的紫外线可使 DNA 分子中同一条链相邻嘧啶之间的双链打开并发生共价结合,形成嘧啶二聚体,如 T-T、C-T、C-C,其中以 T-T 最为常见(图 14-27)。二聚体的形成导致不能再与互补链上的嘌呤碱基形成氢键,DNA 产生弯曲和扭结,影响 DNA 的双链结构,进而使 DNA 的复制以及转录受到影响。另外,紫外线还可导致 DNA 链间的其他交联或链的断裂等损伤。

2. 化学因素 能引起 DNA 损伤的化学因素非常多,通常为化学诱变剂或致癌剂,主要有以下几类:①烷化剂:如氮芥类,通过与生物大分子的亲核位点起反应,可使碱基、核糖或磷酸基烷基化,导致 DNA 发生碱基脱落、断链、交联等损伤。②脱氨剂:如亚硝酸盐、亚硝胺类,通过脱氨基作用使 C→U,A→I,G→X。③碱基类似物:如 5-溴尿嘧啶(5-BU)、5-氟尿嘧啶(5-FU)、6-巯基腺呤(6-MP)等,其结构与正常碱基相似,可替代正常碱基干扰 DNA 的复制。④嵌入性染料:如溴化乙锭、吖啶橙等,可嵌入到 DNA 碱基对中,引起核苷酸的缺失、移码或插入。⑤DNA 加合剂:如苯并芘,可使 DNA 中的嘌呤碱共价交联。⑥自由基:体内外因素产生的自由基可与 DNA 分子发生作用,导致碱基、核糖、磷酸基的损伤,引发 DNA 结构与功能异常。⑦抗生素及其类似物:如放线菌素 D、阿霉素

图 14-27　胸腺嘧啶二聚体的形成与解聚

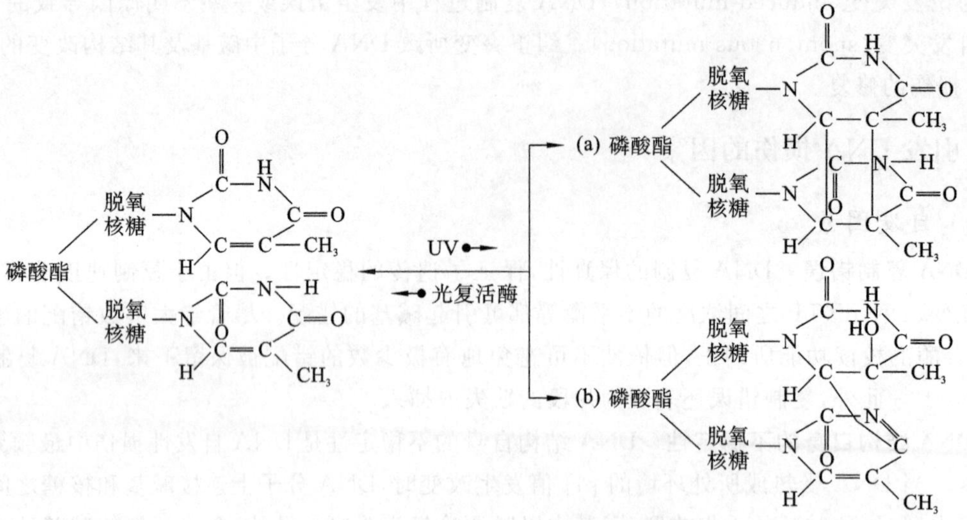

等,可嵌入 DNA 双螺旋的碱基对之间,干扰 DNA 的复制及转录。

3. 生物因素　如病毒、真菌等。逆转录病毒感染过程中产生的 cDNA 可整合到宿主细胞染色体 DNA 中,导致宿主细胞 DNA 碱基序列改变;风疹病毒、疱疹病毒、黄曲霉菌等,它们产生的毒素和代谢产物,如黄曲霉素等有诱变作用。

二、DNA 损伤的后果及类型

(一)DNA 损伤的后果

DNA 突变在生物界普遍存在,大部分突变对生物具有积极意义,只有少数突变对生物有害,其后果可分为四种类型。

1. 分化与进化　没有突变,就没有细胞的分化与生物的进化。基因突变在环境有利于机体新特性表达的情况下,被选择性地保留下来,成为分化与进化的分子基础。没有突变就不可能有五彩缤纷的生物世界,研究基因突变的诱因对于改造生命具有现实意义。

2. 基因多态性　有的突变常发生在简并密码子第三位碱基或非功能区段编码序列,导致个体之间基因型出现差别,这种突变可能没有可察觉的表型变化,但基因结构已改变,称为基因多态性(polymorphism)。基因多态性是个体识别、亲子鉴定、器官移植配型、个体对某些疾病的易患性分析等的分子基础。

3. 致病　突变发生在功能性蛋白质的基因上,使生物体某些功能改变或者丧失,这是导致基因病的分子基础。基因病分三类:①单基因病,如单基因遗传病;②多基因病,如心血管疾病、糖尿病、肿瘤等;③获得性基因病,如病毒感染。

4. 致死　突变发生在对生命至关重要的基因上,可导致细胞乃至个体的死亡。利用这一特性可消灭有害的病原体。

(二)DNA 损伤的类型

根据 DNA 分子结构的改变,可将突变分为点突变(point mutation)、缺失(deletion)、插入(insertion)和重排(rearrangement)等几种类型。

1. 点突变　点突变又称为错配(mismatch),指 DNA 分子中一个碱基的变异。点突变分为两类:转换(transition)和颠换(transversion)。①转换:发生在同型碱基之间,即嘌呤代替另一嘌呤,或嘧啶代替另一嘧啶,如 A→G 或 C→T 等。②颠换:发生在异型碱基之间,即嘌呤变嘧啶或嘧啶变嘌呤,如 A→C 或 C→A,G→T 或 T→G 等。图 14-28 是典型的与疾病有关的点突变例子。

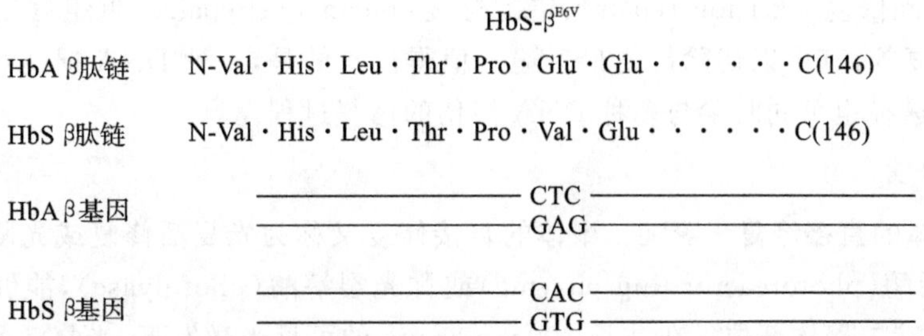

HbS-β^E6V
HbA β肽链 N-Val · His · Leu · Thr · Pro · Glu · Glu · · · · · · C(146)
HbS β肽链 N-Val · His · Leu · Thr · Pro · Val · Glu · · · · · · C(146)
HbA β基因
CTC
GAG
HbS β基因
CAC
GTG

图 14-28 镰状红细胞贫血患者 Hb(HbS)与正常成人 Hb(HbA)的比较

HbA 的 β 链上第六位氨基酸为谷氨酸，HbS 的 β 链上第六位氨基酸为缬氨酸；基因上的改变仅是编码第六位氨基酸的密码子上的一个点突变

需要指出的是，由于密码子的简并性，转换和颠换（碱基置换）并不一定发生氨基酸编码的改变。碱基置换可以造成改变氨基酸编码的错义突变（missense mutation）、变为终止密码子的无义突变（nonsense mutation）和不改变氨基酸编码的同义突变（same sense mutation）。教科书和文献中对于错义突变用氨基酸的单字母（或三字母）符号和位置共同注明，如图 14-28 中 HbS 的第 6 位的谷氨酸突变为缬氨酸则写为 E6V，表示为 HbS-β^{E6V}。

2. 缺失 缺失指 DNA 分子中一个碱基或一段核苷酸链的丢失。

3. 插入 插入指 DNA 分子中原来没有的一个碱基或一段核苷酸链插入 DNA 分子中间。缺失或插入的核苷酸数目若不是 3 的倍数，都可导致框移突变。框移突变是指三联体密码的阅读方式改变，导致蛋白质氨基酸排列顺序发生改变，其后果是翻译出来的蛋白质可能完全不同（图 14-29）。

正常	5′……	GCA	GUA	CAU	GUC	…… 3′
		丙	缬	组	缬	
缺失C	5′……	GAC	UAC	AUG	UC…	…… 3′
		谷	酪	蛋	丝	

图 14-29 缺失引起的框移突变

4. 重排 DNA 分子内发生较大核苷酸片段的交换、内迁或序列颠倒，称为 DNA 分子内部重排或重组。移位的 DNA 也可在染色体之间发生交换重组。图 14-30 表示由于血红蛋白 β 链和 δ 链两种类型的基因重排而引起的地中海贫血。

ε
γ1
γ2
δ
β
位于11号染色体上的Hbβ基因家族
Hb Anti-Lepore
Hb Lepore

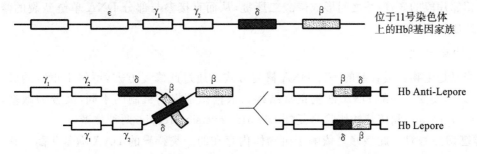

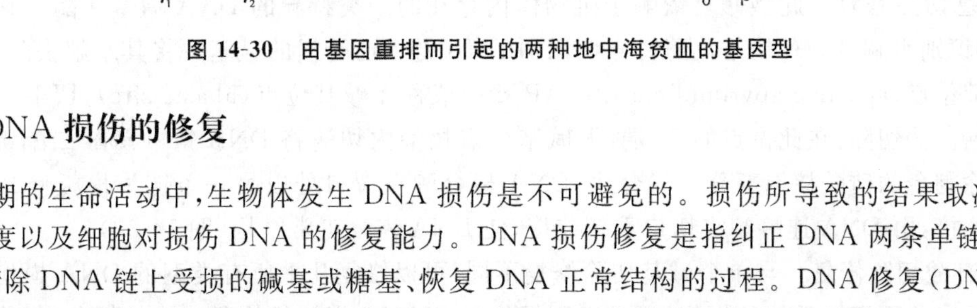

图 14-30 由基因重排而引起的两种地中海贫血的基因型

三、DNA 损伤的修复

在长期的生命活动中，生物体发生 DNA 损伤是不可避免的。损伤所导致的结果取决于 DNA 损伤的程度以及细胞对损伤 DNA 的修复能力。DNA 损伤修复是指纠正 DNA 两条单链之间错配的碱基、清除 DNA 链上受损的碱基或糖基、恢复 DNA 正常结构的过程。DNA 修复（DNA repair）是机体维持 DNA 结构的完整性与稳定性，保证生命延续和物种稳定的重要环节。

细胞内存在多种修复 DNA 损伤的途径或系统。常见的 DNA 修复途径或系统包括直接修复

NOTE

(direct repair)、切除修复(excision repair)、错配修复(mismatch repair)、重组修复(recombinational repair)和 SOS 修复等,其中以切除修复最普遍。值得注意的是,一种 DNA 损伤可通过多种途径来修复,而一种修复途径也可同时参与多种 DNA 损伤的修复过程。

（一）直接修复

1. 嘧啶二聚体的直接修复 嘧啶二聚体的直接修复又称为光复活修复或光复活作用。生物体内存在一种光复活酶(photoreactivating enzyme)或称光裂解酶(photolyase),能够直接识别和结合于 DNA 链上的嘧啶二聚体部位。在波长 $300\sim600$ nm 的可见光激发下,光复活酶可将嘧啶二聚体解聚为原来的单体核苷酸形式,完成修复(图 14-27)。光复活酶专一性强,只作用于因紫外线照射形成的 DNA 嘧啶二聚体。光复活酶最初在低等生物中发现。高等生物虽然也存在光复活酶,但是光复活修复并不是高等生物修复嘧啶二聚体的主要方式。

2. 烷基化碱基的直接修复 催化此类直接修复的酶类是一类特异的烷基转移酶,可以将烷基从核苷酸转移到自身肽链上,修复 DNA 的同时自身发生不可逆转的失活。例如,人类 O^6-甲基鸟嘌呤-DNA 甲基转移酶,能够将 O^6 位的甲基转移到自身的半胱氨酸残基上,使甲基化的鸟嘌呤恢复正常结构(图 14-31)。

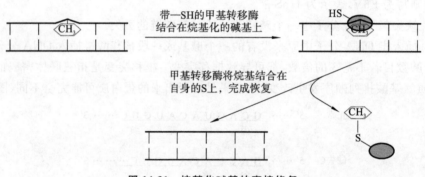

图 14-31 烷基化碱基的直接修复

3. 无嘌呤位点的直接修复 DNA 链上的嘌呤碱基受损时,可能被糖基化酶水解而脱落,生成无嘌呤位点。DNA 嘌呤插入酶能催化游离嘌呤碱基或脱氧核苷与 DNA 嘌呤缺如部位重新生成糖苷共价键,导致嘌呤碱基的直接插入,这种作用具有很强的专一性。

4. 单链断裂的直接修复 DNA 连接酶能够催化 DNA 双螺旋结构中一条链上缺口处的 $5'$-磷酸基团与相邻片段的 $3'$-羟基之间形成磷酸二酯键,从而直接参与部分 DNA 单链断裂的修复,如电离辐射所造成的切口。

（二）切除修复

切除修复是生物界最普遍的一种 DNA 修复方式。通过此修复方式,可将不正常的碱基或核苷酸切除并修补,使受损伤的 DNA 恢复正常结构。依据识别损伤机制的不同,又分为碱基切除修复(base excision repair)和核苷酸切除修复(nucleotide excision repair)两种类型。

1. 碱基切除修复 此型修复依赖于生物体内存在的一类特异的 DNA 糖基化酶。整个修复过程包括:①识别水解:DNA 糖基化酶特异性识别 DNA 链中已受损的碱基并将其水解去除,产生一个无嘌呤嘧啶位点(apurinic-apyrimidinic site,AP site)或称无碱基位点(abasic site),留下一个无碱基的脱氧核糖。②切除:在此位点的 $5'$-端,无碱基位点核酸内切酶将 DNA 链的磷酸二酯键切开,AP 裂解酶去除剩余的磷酸核糖部分。③合成:DNA 聚合酶在裂口处以另一条链为模板修补合成互补序列。④连接:由 DNA 连接酶将切口重新连接,使 DNA 恢复正常结构(图 14-32)。

2. 核苷酸切除修复 与单个碱基切除修复不同,可以修复几乎所有类型的 DNA 损伤。核苷酸切除修复系统并不识别具体的损伤,而是识别损伤对 DNA 双螺旋结构所造成的扭曲,但修复过程与碱基切除修复相似。修复过程:①首先,由一个酶系统结合于正常 DNA 双螺旋区,并沿着 DNA 链

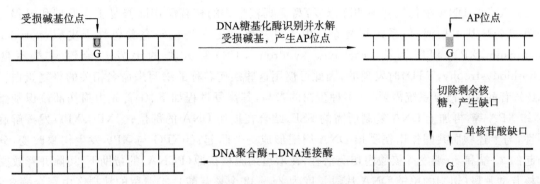

图 14-32 单个碱基的切除修复

移动,直到发现 DNA 损伤部位;②接着,核酸内切酶结合到损伤部位,并在损伤部位 5′-端和 3′-端分别切断磷酸二酯键(5′-端若干个核苷酸处,3′-端 3~5 个核苷酸处),再由解旋酶去除两个切口之间的一段受损的单链寡核苷酸片段;③再次,在 DNA 聚合酶作用下,以另一条链为模板合成一段新的 DNA,填补缺损区;④最后,由 DNA 连接酶连接,完成损伤修复。

(1) 大肠杆菌 *E.coli* 的核苷酸切除修复:大肠杆菌 *E.coli* 中的核苷酸切除修复研究得最详细,参与修复的蛋白主要有 UvrA(ultar-voilet resistant,Uvr)、UvrB、UvrC 和 UvrD 四种。修复过程(图 14-33):①识别:2 个 UvrA 和 1 个 UvrB 组成的蛋白复合物结合于 DNA,利用 ATP 水解供能沿着 DNA 链移动,UvrA 能够发现损伤造成的 DNA 双螺旋结构变形,UvrB 使 DNA 解链,在损伤部位形成一个单链区。②置换:UvrB 募集核酸内切酶 UvrC 置换 UvrA,结合到 DNA 链损伤处。③切除:UvrC 在 DNA 链损伤处两侧(5′-端 8 个核苷酸处,3′-端 4~5 个核苷酸处)切断 DNA 单链,在 UvrD 解旋酶帮助下除去两切口间的 DNA 片段。④填补:在 DNA-pol I 催化下填补空隙。⑤连接:最后由 DNA 连接酶连接,完成损伤修复。

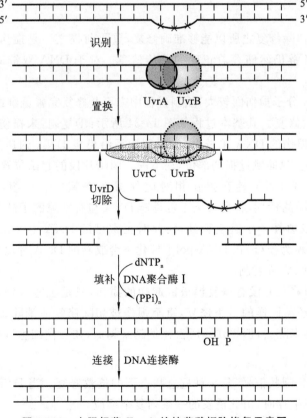

图 14-33 大肠杆菌 *E.coli* 的核苷酸切除修复示意图

NOTE

（2）人类的 DNA 损伤核苷酸切除修复：高等真核生物的核苷酸切除修复工作原理和过程与大肠杆菌 E.coli 基本相似，但系统更复杂。由于许多修复蛋白是在研究着色性干皮病（xeroderma pigmentosum，XP）、柯凯因症（cockayne syndrome，CS）和人类的毛发二硫键营养不良症（trichothiodystrophy，TTD）时发现的，因此习惯用这些疾病名称的缩写来命名相关的修复蛋白。人类 XP 核苷酸切除修复系统需要 30 多种蛋白的参与，其修复过程如下：①首先由损伤部位识别蛋白 XPC 和 XPA 等，再加上 DNA 复制所需的 SSB，结合在损伤 DNA 的部位；②XPB、XPD 发挥解旋酶的活性，与上述物质共同作用在受损 DNA 周围形成一个凸起；③XPG 与 XPF 发生构象改变，分别在凸起的 3′-端和 5′-端发挥核酸内切酶活性，在增殖细胞核抗原（PCNA）的帮助下，切除并释放受损的寡核苷酸片段（切割的单链 DNA 片段长度为 24～32 个核苷酸）；④遗留的缺损区由聚合酶 δ 或 ε 进行修补合成；⑤最后，由连接酶完成连接。

核苷酸切除修复不仅能够修复整个基因组中的损伤，而且能够修复那些正在转录的基因模板链上的损伤，后者又称为转录偶联修复（transcription-coupled repair）。在此修复中，所不同的是由 RNA 聚合酶承担起识别损伤部位的任务。

知识链接 14-2

（三）碱基错配修复

错配是指非 Watson-Crick 碱基配对。碱基错配修复可被看作是碱基切除修复的一种特殊形式，主要负责纠正如下问题：①复制与重组中出现的碱基配对错误；②因碱基损伤所致的碱基配对错误；③碱基插入；④碱基缺失。例如，DNA 复制过程中的碱基错配（图 14-10），DNA 聚合酶利用其核酸外切酶和聚合酶两方面的功能，在复制过程中辨认切除错配核苷酸并加以校正。

继细菌错配修复机制研究之后，真核生物细胞的错配修复机制的研究，近年来也取得了很大进展。如参与大肠杆菌错配修复系统的 MutS 蛋白，人类的 MSH2（MutS Homolog 2）、MSH6、MSH3 等与其高度同源。MSH2 和 MSH6 组成的复合物可识别碱基错配、插入、缺失等 DNA 损伤，而由 MSH2 和 MSH3 组成的复合物主要识别碱基的插入与缺失。

（四）重组修复

又称复制后修复。切除修复之所以能够准确修复，重要前提之一是损伤通常发生在 DNA 双螺旋中的一条链，而另一条链仍然储存着正确的遗传信息。对于 DNA 双链断裂的损伤则需要重组修复。

重组修复见于 DNA 分子损伤面较大，复制过程中来不及修复完善就继续进行复制，而后进行同源重组修复，即先复制后修复。其基本过程如图 14-34 所示：①复制：未损伤的 DNA 单链复制成正常的子代双链 DNA；有损伤的 DNA 单链，由于复制酶系沿模板 DNA 到达损伤部位时无法通过碱基配对合成子代 DNA 链，只能跳过损伤部位，在下一个冈崎片段的起始位置或前导链的相应位置上重新启动复制，于是子代 DNA 链在损伤相对应处留下空隙。②重组：利用重组蛋白 Rec A（recombination A）的核酸酶活性，将另一条正常母链 DNA 与有空隙的子链 DNA 进行重组交换，使母链 DNA 上相应的片段填补于子链空隙处，而此时正常母链 DNA 上又出现了空隙。③填补、连接：以另一正常子链 DNA 为模板，在 DNA-pol I 催化下合成新的 DNA 片段填补母链 DNA 的空隙，最后由 DNA 连接酶连接，完成复制。

值得注意的是，重组修复并没有修复模板链起初的损伤，只是子链被修复。当再次复制经过损伤部位时所产生的空隙还需同样的重组修复，直至损伤被切除修复所消除。随着复制的不断进行，若干代后，即使损伤始终未除去，但损伤链所占比例越来越低，在后代细胞群中被"稀释"掉。

（五）SOS 修复

SOS 是国际海空紧急呼救信号，是一种危急状态下的抢救修复。当 DNA 受到广泛损伤以至于难以进行复制、危及细胞生存时，由此诱发的一系列复杂反应。

在原核细胞中，DNA 的广泛损伤可促发 SOS 应答。SOS 应答是由近 30 个与 DNA 损伤修复有

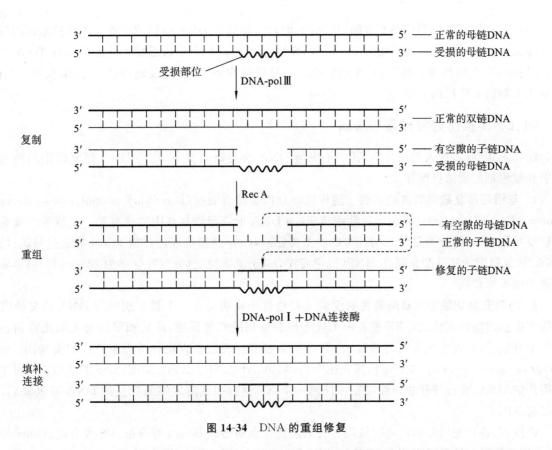

图 14-34 DNA 的重组修复

关基因(如 *uvr*、*rec*、*lex* 等)的协同诱导,它们的转录至少部分地被共同阻遏物 LexA 所调节。LexA 蛋白是一种调节蛋白,可抑制与 SOS 修复有关基因(*rec*、*uvr* 等)的表达。被共同阻遏物控制的一组操纵子(operon)称为调节子(regulon)。LexA 的自动调节是基于简单的反馈调节。在正常细胞里存在着低水平的 RecA 蛋白,RecA 蛋白除具有重组酶的功能外还具有蛋白水解酶的活性。SOS 修复的可能机制(图 14-35):①当 DNA 受到严重损伤时,RecA 蛋白的蛋白酶活性被活化并结合 LexA,促使 LexA 蛋白水解成无活性片段,正常被 LexA 抑制的基因开放,表达一系列的修复蛋白(如 UvrA、UvrB、UvrC、RecA 等)完成 SOS 修复;②当 DNA 损伤被修复后,活化的 RecA 减少,LexA 的分解也减少。细胞中 LexA 水平提高,逐渐关闭 SOS 应答。

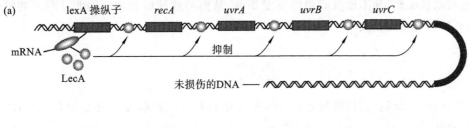

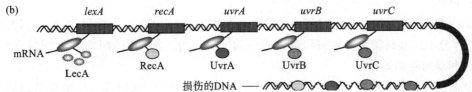

图 14-35 SOS 修复中 LexA 操纵子的作用机制

(a)DNA 未损伤时,LexA 极大地抑制 RecA、UvrA、UvrB、UvrC 及 LexA 自身和其他参与 SOS 应答蛋白质的合成;

(b)当 DNA 受到严重损伤时,RecA 被激活,结合到 LexA 上降解 LexA,解除抑制,使 SOS 应答蛋白质合成,结合于损伤处,使 DNA 损伤得到修复

调节子调控系统的调节是有效的、快速的,但也是瞬间对 DNA 损伤的应答。此调控系统的反应特异性低,对碱基的识别、选择能力差。另外,SOS 反应还诱导产生缺乏校读功能的特殊 DNA 聚合酶,它能在 DNA 损伤部位催化 DNA 的合成。可见通过 SOS 修复,使复制得以进行,细胞能够生存,但带给细胞的是广泛的突变。

四、DNA 损伤修复异常与疾病

已发现 4000 多种人类遗传病,其中不少与 DNA 修复缺陷有关,这些 DNA 修复缺陷的细胞对辐射和致癌剂的敏感性增加。

1. 与错配修复缺陷有关的疾病 遗传性非息肉型结直肠癌(hereditary nonpolyposis colorectal cancer,HNPCC)是一种常染色体显性遗传病,与 DNA 的错配修复基因突变有关。已发现干细胞错配修复基因 *mmr* 的突变是导致 HNPCC 的主要原因,*mmr* 基因的表达产物 MMR 能通过辨认、切断DNA,修复错配的核苷酸。但在 HNPCC 患者中,*mmr* 基因突变(突变发生率为 22%~86%)导致核苷酸的错配率较高。

2. 与核苷酸切除修复缺陷有关的疾病 着色性干皮病是第一个被发现的与 DNA 修复缺陷相关的常染色体隐性遗传病。XP 患者由于缺乏核苷酸切除修复系统,皮肤和眼睛对太阳光特别是紫外线十分敏感,易发生色素沉着或脱失、萎缩甚至癌变。现已发现机体有一套 XP 相关基因(*xpa*、*xpb*、*xpc*、*xpd*、*xpe*、*xpf* 和 *xpg*),其表达产物(XPA、XPB、XPC、XPD、XPE、XPF 和 XPG)共同作用于损伤的 DNA,进行核苷酸切除修复。任何一个 XP 基因突变造成细胞受损的 DNA 修复缺陷,都可引起 XP。

此外,与核苷酸切除修复基因缺陷有关的遗传性疾病还有 Bioom 综合征、CS 综合征、Fanconi 贫血、毛细血管扩张性运动失调症、遗传性非腺瘤性结肠癌、Werner's 综合征等。

3. DNA 损伤修复与衰老 从 DNA 修复功能的比较研究中发现,寿命长的动物如大象、牛等 DNA 损伤的修复能力较强;寿命短的动物如小鼠、仓鼠等 DNA 损伤的修复能力较弱。人的 DNA 修复能力也很强,但到一定年龄后逐渐减弱,突变细胞数、染色体畸变率也相应增加。如人类常染色体隐性遗传的早老症和韦尔纳综合征患者一般早年死于心血管疾病或恶性肿瘤,患者的体细胞极易衰老。

4. DNA 损伤修复缺陷与免疫性疾病 DNA 修复功能先天性缺陷的患者的免疫系统亦常有缺陷,主要是 T 淋巴细胞功能的缺陷。随着年龄的增长,细胞中的 DNA 修复功能逐渐减退,如果同时发生免疫监视功能障碍,便不能及时清除突变细胞,从而导致肿瘤发生。因此,DNA 的损伤修复与衰老、免疫和肿瘤等密切相关。

小结

DNA 生物合成(复制)包括两种方式:DNA 指导的 DNA 合成(复制和修复合成)、RNA 指导的 DNA 合成(逆转录)。

复制是指 DNA 基因组的扩增过程。在这个过程中,以亲代 DNA 为模板,按照碱基配对原则合成子代 DNA 分子。复制需要多种酶和蛋白质辅助因子参与。细胞内的 DNA 复制具有半保留性、半不连续性和双向复制等特征。

参与复制的主要物质有模板、底物、引物、多种酶和蛋白质因子(如:DNA 聚合酶、解螺旋酶、单链 DNA 结合蛋白、引物酶、拓扑异构酶和 DNA 连接酶等)。

原核生物的复制过程分为三个阶段:起始、延长和终止。复制的起始是将双链 DNA 解开形成复制叉;复制的延长是在引物或延长中的子链上提供 3'-OH,掺入 dNTP 生成磷酸二酯键,延长中的子链有前导链和后随链之分,复制产生的不连续片段称为冈崎片段;复制的终止需要去除引物、填补空隙并连接片段之间的缺口使之成为连续的子链。

　　真核生物 DNA 复制发生在细胞周期的 S 期,其过程与原核生物相似,但更为复杂和精细。复制的延长和核小体组蛋白的分离和重新组装有关。复制的终止需要端粒酶延伸端粒 DNA。

　　非染色体基因组采用特殊的方式进行复制。逆转录是 RNA 病毒的复制方式。逆转录现象的发现,加深了人们对中心法则的认识,拓宽了 RNA 病毒致癌、致病的研究。在基因工程操作上,还可用逆转录酶制备 cDNA。D 环复制是一些简单的低等生物及染色体外 DNA 的复制方式,如真核生物线粒体 DNA 的复制。滚环复制是噬菌体 DNA 复制的共同方式。

　　DNA 损伤(突变)是指各种体内外因素导致的 DNA 组成与结构上的变化。引起 DNA 损伤的因素主要有自身 DNA 复制误差和体外环境中的物理因素、化学因素与生物因素等。突变的 DNA 分子改变从化学本质上可分为错配、缺失、插入和重排等类型。DNA 损伤的修复主要有错配修复、直接修复、切除修复、重组修复和 SOS 修复等方式,其中,切除修复较普遍。DNA 的损伤修复与一些遗传病的发生有关,也与衰老、免疫和肿瘤等密切相关。

(马灵筠)

第十五章 RNA 的生物合成

扫码看课件

教学目标

- 转录的概念
- RNA 链的合成特点
- 原核生物转录的基本过程
- 真核生物转录的基本过程
- 真核生物转录产物的加工与修饰

在遗传信息传递过程中,转录和复制是两种不同的生物学过程,两者既有不同的地方,也有诸多相似之处。如:都以 DNA 为模板;都需依赖相应的聚合酶;聚合过程都是核苷酸之间缩合生成磷酸二酯键;都是从 5′向 3′方向延长聚核苷酸链;都遵从碱基配对规律。但也有很多不同的地方,如不对称转录,原料是核糖核苷酸,配对是 A 配 U 等(表 15-1)。

表 15-1 DNA 复制与转录的区别

	复制	转录
模板	DNA 分子两条链均复制	仅模板链转录,部分序列转录
原料	dNTP	NTP
酶	DNA 聚合酶,需要 RNA 引物	RNA 聚合酶,不需要引物
产物	子代双链 DNA 分子	各类单链 RNA 分子,包括 mRNA、tRNA、rRNA
配对	A-T,G-C	A-U,G-C

最早在 1955 年 S. Ochoa 研究提出 RNA 的转录机制,并因此获得 1959 年诺贝尔生理学或医学奖。但真正是 1961 年 S. B. Weiss 和 J. Hurwitz 等研究大肠杆菌裂解液发现了 DNA 依赖的 RNA 聚合酶(DNA-dependent RNA polymerase,RNA-pol)。实际上 RNA 的生物合成有两种方式,即转录(transcription)和 RNA 复制(RNA replication)。转录是以 DNA 为模板,在 DNA 依赖的 RNA 聚合酶(DNA-dependent RNA polymerase)催化下,以四种三磷酸核苷(ATP、GTP、CTP、UTP)为原料,合成 RNA 的过程,是生物体内 RNA 合成的主要方式。RNA 复制(RNA replication)是 RNA 指导 RNA 合成过程,由 RNA 依赖的 RNA 聚合酶(RNA-dependent RNA polymerase)催化,常见于病毒,是逆转录以外的 RNA 病毒在宿主细胞以病毒的单链 RNA 为模板合成 RNA 的方式。各类 RNA 合成的过程基本相同,不同之处主要在参与合成的 RNA 聚合酶的种类、转录调节方式及转录后加工过程等方面。

本章主要介绍转录。转录是基因表达为蛋白质产物的首要关键步骤,转录的产物 RNA 包括 mRNA、tRNA 和 rRNA 等。其中 mRNA 把遗传信息从细胞核内转移至胞质,作为蛋白质合成的直接模板,而 tRNA 和 rRNA 不用作蛋白质合成的模板,但参与蛋白质的生物合成。

第一节 原核生物转录的模板和酶

RNA 的生物合成属于酶促反应,反应体系中需要 DNA 模板、NTP、RNA pol、其他蛋白因子及 Mg^{2+} 和 Mn^{2+} 等。原核生物 RNA 聚合酶能直接与模板 DNA 的启动序列结合而启动转录。为了研究方便,人为地将整个转录过程划分为起始、延长和终止三个阶段,原核生物转录的起始过程需 RNA 聚合酶全酶,延长过程仅需核心酶催化,终止过程包括依赖 ρ 因子的转录终止和非依赖 ρ 因子的转录终止两种机制,合成方向 $5' \rightarrow 3'$,核苷酸间的连接方式为 $3',5'$-磷酸二酯键。

一、转录的模板

虽然复制和转录的模板都是 DNA,但两者的目的截然不同,在模板的利用方式上也存在显著差异。复制为了保留物种的全部遗传信息,所以基因组 DNA 全长均需复制,以确保将一份完整的遗传信息传递给子代。而转录为了表达遗传信息,所以转录是不连续的,具有选择性地抄录基因组 DNA 的特定部分。另外,DNA 双股链分子只以基因组 DNA 中编码 RNA(mRNA、tRNA、rRNA 及小RNA)的区段为模板转录成 RNA,并且不同基因的模板链与编码链,在 DNA 分子上并不是固定在某一股链,这种现象称为不对称转录(asymmetric transcription)。作为一个基因载体的一段 DNA 双链,转录时作为 RNA 合成模板的一股单链称为模板链(template strand)。相对的另一条 DNA 单链虽不作为转录的直接模板,但因其序列与模板链序列互补,其碱基序列与新合成的 RNA 链是一致的(只是 T 被 U 取代),即新合成的 RNA 链实际上抄录了这条链的碱基序列,若转录产物是mRNA,则可用作蛋白质翻译的模板,按照遗传密码规则决定蛋白质氨基酸序列,故将这条链称为编码链(coding strand),也称正义链或有义链(sense strand),或称 Crick 链,相应地,模板链则称为负义链或反义链(antisense strand),或称 Watson 链(图 15-1)。

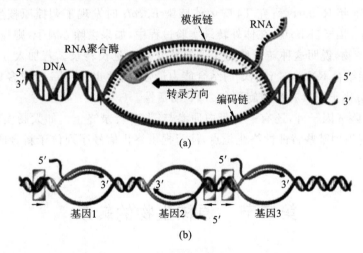

(a)

(b)

图 15-1 不对称转录 DNA 模板及其产物

二、RNA 聚合酶催化 RNA 的合成

(一)原核生物只有一种 RNA 聚合酶

在原核生物中迄今发现一种 RNA 聚合酶,负责所有 RNA(mRNA、tRNA、rRNA 等)的合成。目前结构与功能研究得比较清楚的是大肠杆菌的 RNA 聚合酶,相对分子质量接近 500000,是一个由 5 种亚基组成的复合酶,5 种亚基分别是 α、β、β′、ω 和 σ,其中 2 分子 α 亚基和各 1 分子 β、β′、ω 构成核心酶(core enzyme),核心酶($\alpha_2\beta\beta'\omega$)和 σ 亚基(σ subunit)结合在一起构成全酶(holoenzyme)。

大肠杆菌的 RNA 聚合酶 σ 亚基负责识别启动子,并启动转录,而核心酶负责 RNA 链的延伸。核心酶中的 β 和 β′ 构成酶的催化活性中心,α 亚基参与转录速度的调控,而 ω 亚基的功能尚不清楚(表 15-2)。

表 15-2　大肠杆菌 RNA 聚合酶各亚基的性质和功能

亚基	基因	分子质量(Da)	亚基数目	功能
α	rpoA	36512	2	决定哪些基因被转录,调控转录速度
β	rpoB	150618	1	催化聚合反应
β′	rpoC	155613	1	结合 DNA 模板,双螺旋解链
ω	rpoD	3200~9200	1	辨认起始点,结合启动子
σ	rpoE	9000	1	尚不完全清楚

(二)RNA 聚合酶能从头启动 RNA 链的合成

RNA 合成机制有些地方与 DNA 复制合成过程相似,均以 DNA 为模板,也需要 Mg^{2+} 和 Mn^{2+} 作为聚合酶辅基,但原料是 ATP、GTP、UTP 和 CTP。RNA 聚合酶催化聚合反应通过在前一个核苷酸的 3′-端游离 OH 端加入核苷酸延长 RNA 链。3′-OH 在反应中是一个亲核基团,攻击进入聚合酶活性中心核苷三磷酸的 α-磷酸,并释放出焦磷酸,总的反应可以表示为 $(NMP)_n + NTP \longrightarrow (NMP)_{n+1} + PPi$。DNA 聚合酶在启动 DNA 链延长时需要 RNA 引物,而 RNA 聚合酶能够直接启动转录起始点的两个核苷酸间形成磷酸二酯键而不需要引物。

其他原核生物 RNA 聚合酶的结构和功能均与大肠杆菌 RNA 聚合酶相似。如抗生素——利福平或利福霉素可特异性结合 RNA 聚合酶的 β 亚基而发挥抗结核杆菌作用。若在转录开始后才加入利福平,仍能发挥其抑制转录的作用,这同样说明 β 亚基是转录全过程都发挥作用。

(三)原核生物转录相关因子

1. ρ 因子　1969 年 Roberts 研究 T4 噬菌体感染 *E. coli* 时发现了调控原核生物转录终止的一种蛋白质,并命名为 ρ 因子(Rho)。在体外转录实验过程中,如果去除 ρ 因子,则噬菌体 DNA 转录出比细胞内转录长的产物,说明这种转录跨越了原来终止点而延长转录。若加入 ρ 因子,则转录产物恢复正常。ρ 因子能结合 RNA,对 polyC 的结合能力最强,但对 dC 或 dG 组成多聚物的结合能力低很多。后来还发现 ρ 因子还具有解螺旋酶和 ATP 酶活性。

2. 其他因子　除 ρ 因子外,还有一些蛋白质参与、调节转录终止。如大肠埃希菌的 nusA 蛋白能协助 RNA 聚合酶识别某些特征性终止位点,注意提供终止信号序列位于新合成的 RNA 分子中,而并非 DNA 模板上。

| 第二节　原核生物的转录 |

一、转录的起始

(一)启动子的概念

转录是不连续、分区段进行的,每一个区段可以视为一个转录单位。因此,RNA 聚合酶如何寻找到每个待转录区段的起始位点是启动转录的关键。

DNA 模板上转录开始的位点称为转录起始位点(transcription start site,TSS),为方便起见,通常将转录起始位点的核苷酸或碱基位置设定为 +1,上游和下游的核苷酸或碱基序数则相应地分别用负数和正数标示,0 不用于标记转录位点。

启动子(promoter)是指通常位于基因转录起始位点上游、能够与 RNA 聚合酶和其他转录因子结合进而调节其下游目的基因转录起始和转录效率的一段 DNA 序列。因此,启动子也是转录调控的关键部位。对启动子的研究,常采用一种巧妙的方法即 RNA 聚合酶保护法,即先把一段基因分离出来,然后和提纯的 RNA 聚合酶混合,然后再加一定的核酸外切酶作用一定时间后,DNA 链受核酸外切酶水解,生成游离核苷酸。但是有一段 40～60 bp 的 DNA 片段是完整的。这表明这段 DNA 因与 RNA 聚合酶结合而受到保护,受保护的 DNA 位于结构基因的上游。所以这一被保护的 DNA 片段就是被 RNA 聚合酶辨认和识别的区域,并在这里准备开始转录,该区域就是核心启动子区域(图 15-2)。

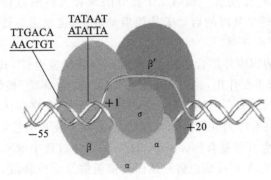

图 15-2　RNA 聚合酶全酶结合在转录起始区

(二) 原核生物基因启动子的特征

原核生物的绝大多数基因按照功能相关性成簇地串联排列于染色体上组成一个转录单位,即操纵子(operon)。也就是说,一个操纵子通常包括多个编码蛋白的结构基因及其上游的启动子等调控序列(原核生物启动子隶属于操纵子,常被译为启动序列)。对大量原核生物操纵子的启动序列进行序列分析,发现具有明显的特征,如含有位于转录起始位点(即+1)上游−35 bp 处的 TTGACA 和−10 bp 处 TATAAT 高度保守的共有序列(consensus sequence)。−10 区的共有序列是 1975 年由 David Pribnow 首次发现的,故称为 Pribnow 盒(Pribnow box)。转录起始位点即转录的第一个核苷酸通常为嘌呤核苷酸,即 A 或 G,其中 G 更为多见。从序列碱基组成来看,A/T 含量相对较高,因为 A-T 配对只有两个氢键维系,故该区段的 DNA 的 T_m 值较低,容易解链。同时,比较 RNA 聚合酶结合不同区段的平衡常数,也发现 RNA 聚合酶结合−10 区比结合−35 区相对牢固些。由此推测−35 区是 RNA 聚合酶辨认转录起始的识别位点,辨认结合后,酶向下游移动到达 Pribnow 盒,与 DNA 结合形成相对稳定的酶-DNA 复合物,从而启动转录。通常−35 与−10 区相隔 16～18 个核苷酸,−10 区与转录起点相距 6 或 7 个核苷酸(图 15-3)。

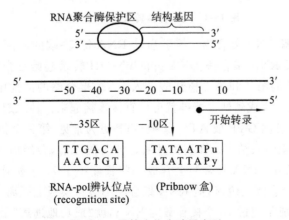

图 15-3　原核生物启动子序列

另外,不同结构基因启动子的相应序列与共有序列越接近就越容易结合,启动子活性越高,转录效率越高,基因的转录产物也就越多。在一些转录水平非常高的 rRNA 基因的启动子中,往往在其上游的较远处−60～−40 bp 还存在一种额外的能够与 RNA 聚合酶的 α 亚基结合的 UP(upstream promoter)元件,从而能进一步增强 RNA 聚合酶与启动子的结合而确保高水平的转录。

（三）原核生物转录的基本过程

转录过程均需 RNA-pol 催化,起始过程需全酶参与,由 σ 亚基辨认起始点,延长过程的核苷酸聚合仅需核心酶催化。简言之,转录起始就是 RNA-pol 在 DNA 模板的转录起始区装备形成转录起始复合体,打开 DNA 双链,并完成第一和第二个核苷酸聚合反应的过程。转录起始阶段的关键是 RNA 聚合酶识别并结合待转录基因的启动子从而启动转录,这也正是转录调控的关键步骤。同样起始阶段人为划分为以下三个步骤。

第一步,由 RNA 聚合酶识别并结合启动子,形成闭合转录复合体,其中 DNA 分子仍保持双螺旋结构。该步骤中 σ 因子起重要作用,σ 因子通过其"螺旋-转角-螺旋"模体直接与启动子区−35 区共有序列结合,从而介导 RNA 聚合全酶与启动子−35 区结合,在这一区段,酶与模板的结合松弛,紧接着酶转移向−10 区的共有序列并跨入转录起始点,形成与模板的稳定结合。

第二步,闭合复合体变为开放复合体(open complex)。该过程中 RNA 聚合酶的结构发生改变,接着转录起始位点附近的 DNA 双螺旋也解开从而使模板链暴露或释放,在启动序列的−10 区局部解链,闭合转录复合体转变成开放转录复合体(open transcription complex)。无论在转录起始还是转录延长中,DNA 双链解开的范围通常在 17 bp 左右,DNA 双链解开后形似泡状,故被形象地称为转录泡(transcription bubble)(图 15-4)。

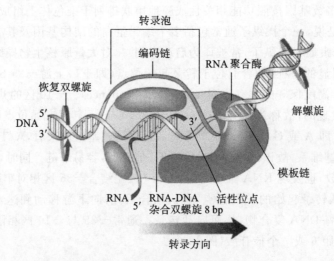

图 15-4　大肠杆菌转录泡结构示意图

第三步,形成稳定的酶-DNA 复合物。接着启动 RNA 链 5′-端的前两个核苷酸聚合,产生第一个 3′,5′-磷酸二酯键,形成 RNA 聚合酶-DNA-pppGpN-OH 转录起始复合物。与复制起始不同,转录起始不需要引物。起始的第一和第二核苷酸进入 RNA 聚合酶的活性中心与模板配对,在 RNA 聚合酶催化下发生聚合反应生成磷酸二酯键就可以直接连接起来。转录起点配对生成的 RNA 的第一位核苷酸通常是嘌呤核苷酸 GTP 或 ATP,其中 GTP 更为常见,第一个核苷酸的 5′-三磷酸基团会一直保留在 RNA 分子中至转录结束。在真正进入延伸阶段之前,会经历一个流产性起始(abortive initiation)过程。在该过程中,RNA 聚合酶会合成一些长度小于 10 个核苷酸的 RNA 分子,这些短的 RNA 分子会从 RNA 聚合酶上脱落,但 RNA 聚合酶不会从模板上脱离,而是重新合成 RNA。一旦 RNA 聚合酶成功地合成了超过 10 个核苷酸的 RNA,就"成功地逃离"了启动子,形成一个稳定的包括 RNA 聚合酶、DNA 模板和延长的 RNA 链的三元复合体。此时转录起始才算真正完成,并转入延伸阶段。

起始阶段完成后,σ因子从 RNA 聚合酶上脱落,留下核心酶。脱落后的 σ 因子又可再形成另一全酶,反复使用。

二、转录延长

转录起始后,σ因子从转录起始复合物上的脱落,导致 RNA 聚合酶核心酶的构象随之发生改变,使核心酶沿着模板链 3′→5′方向滑行。核心酶与 DNA 模板是非特异性结合,且结合较为松弛,有利于酶向下游移动。核心酶向下游滑动时,双链 DNA 边解旋边解链,按照碱基配对规律,核心酶不断使 NTPs 在 5′-pppGpN-OH 的 3′-羟基端上逐个聚合使 RNA 链不断延长。当遇到模板为 A 时,转录产物加入的是 U 而不是 T。

在转录过程中,转录泡前方 DNA 不断进入转录复合体并被解链,而转录复合体通过后,DNA 双链会重新形成双螺旋。RNA 链延长过程中的解链和再聚合可视为一17 bp 左右的开链区在 DNA 上的动态移动,新合成的 RNA 链与模板链配对形成长 8~9 bp 的 RNA-DNA 杂化双链。随着 RNA 链的不断合成延长,RNA 的 5′-端部分则不断脱离模板链并向转录复合体外伸展。从化学结构看,DNA-DNA 双链结构是 B 型双螺旋,比 DNA-RNA 形成的 A 型双螺旋稳定。核酸的碱基之间有 3 种配对稳定性最低的。所以已转录完毕的局部 DNA 双链,很容易恢复成双螺旋结构。因此,可以很好地理解转录空泡的形成,进而转录产物又不断释放的过程。

转录延长阶段的特点如下:①核心酶负责 RNA 链延长反应;②RNA 链从 5′-端向 3′-端延长,新的核苷酸都是加到 3′-OH 上;③对 DNA 模板链的阅读方向是 3′-端向 5′-端,合成的 RNA 链与之呈反向互补,即酶是沿着模板链的 3′向 5′方向;④合成区域存在着动态变化的 8~9 bp 的 RNA-DNA 杂合双链;⑤模板 DNA 的双螺旋结构随着核心酶的移动发生解链和再复合的动态变化。

三、原核生物转录延长与蛋白质的翻译同时进行

在电子显微镜下观察原核生物转录产物,可看到羽毛状图形(图 15-5)。进一步分析表明,在同一 DNA 模板分子上,有多个转录复合体同时进行着 RNA 的合成;在新合成的 mRNA 链上还可观察到结合在上面的多个核糖体,即多聚核糖体。总之,在原核生物中 RNA 链的转录合成尚未完成,已经将其作为模板开始进行翻译合成蛋白质了。转录和翻译的同步进行在原核生物是较为普遍的现象,保证了转录和翻译都以高效率运行,满足它们快速增殖的需要。真核生物有核膜转录和翻译过程分割在细胞内的不同区域,因此没有这种转录和翻译同步的现象。

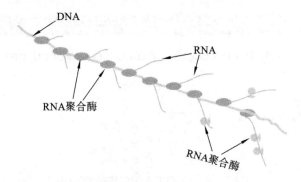

图 15-5 原核生物转录与翻译同步现象示意图

四、转录的终止

RNA-pol 在 DNA 模板上停顿下来不再前进,转录产物 RNA 链从转录复合物上脱落下来,即为转录终止。依据是否需要蛋白质因子的参与,原核生物的转录终止分为依赖 ρ 因子(Rho)与非依赖

ρ因子两大类。

（一）依赖ρ因子的转录终止

用T4噬菌体DNA做体外转录实验,发现其转录产物比在细胞内转录出的产物要长。这一方面说明转录终止点被跨越而继续转录;还有细胞内的某些因子有执行转录终止的功能,如前所述的ρ因子。当体外转录体系中加入ρ因子后,转录产物长于细胞内的现象不复存在。ρ因子是由相同亚基组成的六聚体蛋白质,亚基相对分子质量为46000。ρ因子能结合RNA,ρ因子对poly C的结合力最强,但对poly dC/dG组成的DNA的结合能力低很多,可选择性结合poly C。

在依赖ρ因子转录终止过程中,产物RNA的3'-端会依照DNA模板,产生较丰富而且有规律的C碱基。ρ因子正是识别产物RNA上的这一终止信号,并与之结合。结合RNA后的ρ因子和RNA聚合酶都可发生构象变化,从而使RNA聚合酶的移动停顿,另外,ρ因子具有ATP酶活性和解旋酶活性使DNA/RNA杂化双联拆离,利于转录产物从转录复合体中释放出来(图15-6)。

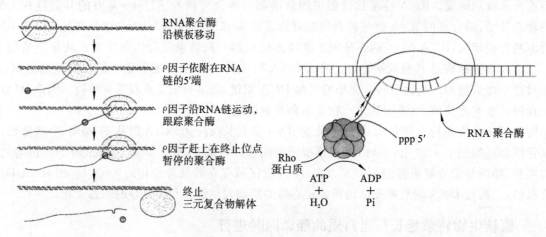

图15-6 依赖于ρ因子转录终止过程

（二）非依赖ρ因子的转录终止

DNA模板上靠近转录终止处有些特殊碱基序列,转录出RNA后,RNA产物可以形成特殊的结构来终止转录,这就是非依赖ρ因子的转录终止。可导致终止的转录产物的3'-端常有多个连续的U,其上游的一段特殊碱基序列又可形成鼓槌状的茎环或发夹形式的二级结构,这些结构的形成是非依赖ρ因子终止的信号(图15-7)。

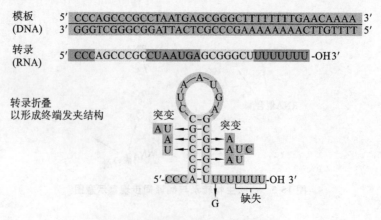

图15-7 非依赖ρ因子形成茎环结构

RNA链延长至接近终止区时,转录出碱基序列随即形成茎环结构。这种二级结构是阻止转录继续向下游推进的关键。其机制可从两方面理解:一是RNA分子形成的茎环结构可能改变RNA

聚合酶构象。由于 RNA 聚合酶的分子质量大，它不但覆盖转录延长区，也覆盖部分 3'-端新合成的 RNA 链，包括 RNA 的茎环结构，酶的构象改变导致酶-模板结合方式的改变，使酶不再向下游移动，于是转录停止。其二，转录复合物（酶-DNA-RNA）上形成的局部 RNA/DNA 杂化断链的碱基配对是最不稳定的，随着单链 DNA 复原为双链，转录泡关闭，转录终止。RNA 链上的多聚 U 也是促使 RNA 链从模板上脱落的重要因素（图 15-8）。

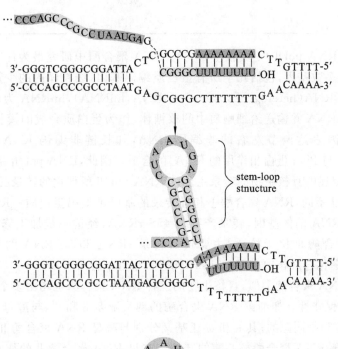

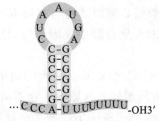

图 15-8 非依赖于 ρ 因子转录终止过程

第三节 真核生物的转录

一、真核生物有三种 DNA 依赖的 RNA 聚合酶

真核生物中已发现主要有三种 RNA 聚合酶，分别称为 RNA 聚合酶 I、RNA 聚合酶 II、RNA 聚合酶III，三者的亚细胞定位、结构、理化性质和功能均有所不同。真核细胞的三种 RNA 聚合酶不仅在功能和理化性质上不同，而且对一种毒蘑菇含有的环八肽毒素——α-鹅膏蕈碱（α-amanitine）的敏感性也不同（表 15-3）。α-鹅膏蕈碱是真核生物 RNA 聚合酶的特异性抑制剂。

表 15-3　真核生物 RNA 聚合酶

种类	I	II	III
转录产物	rRNA 前体 45SrRNA	mRNA 前体 hnRNA,lnRNA,miRNA,piRNA	tRNA,5SrRNA,snRNA
对鹅膏蕈碱反应	耐受	敏感	高浓度下敏感
细胞定位	核仁	核内	核内

　　RNA 聚合酶 II（RNA pol II）是真核生物三种 RNA 聚合酶中研究最为深入的酶,它位于核质,负责转录细胞内的大多数基因,包括几乎所有蛋白质编码基因（线粒体内的少量蛋白除外）,转录产物主要为核内不均一 RNA（heterogeneous nuclear RNA,hnRNA）,hnRNA 为成熟 mRNA 的前体,将前一步加工修饰 mRNA 并输送给细胞质中的核糖体,作为蛋白质合成的模板。RNA pol II 还合成一些具有重要基因表达调节左右的非编码 RNA,如长链非编码 RNA（lncRNA）、微 RNA（miRNA）和 PiRNA（与 Piwi 蛋白相作用的 RNA）的合成。因此,RNA pol II 是真核生物中最活跃、最重要的酶,故本章叙述的真核生物的转录主要以 RNA pol II 所催化的转录反应为例。

　　与 RNA 聚合酶 II 不同,RNA 聚合酶 I 和 III 转录的基因不编码蛋白质。RNA 聚合酶 I 位于核仁,负责转录核糖体 RNA 前体基因,转录产物为 45S rRNA,经进一步加工修饰生成 28S、5.8S 和 18S rRNA。RNA 聚合酶 III 位于核质,主要负责转录 tRNA 和 5S RNA 的基因,转录产物包括 tRNA、5S rRNA,还催化合成核内小 RNA（snRNA）等小分子转录产物。

　　与原核生物的 RNA 聚合酶类似,真核生物的三种 RNA 聚合酶也均由多个亚基组成,且其序列具有一定的同源性或保守性。如细菌 RNA 聚合酶的两大亚基 β 和 β',与酵母 RNA 聚合酶 II 的两大亚基（RPB1 和 RBP2）是同源的;其 α 和 ω 亚基又分别与酵母 RNA 聚合酶 II 的亚基 RBP3/11 和 RPB6 是同源的。细菌 RNA 聚合酶核心酶的结构与酵母 RNA 聚合酶 II 的核心酶也很相似。但真核生物 RNA 聚合酶中没有细菌 RNA 聚合酶中 σ 因子的对应物,因此必须借助各种转录因子参与启动转录起始。

　　真核生物的 RNA 聚合酶 II 含有 12 个亚基。最大的两个亚基分子质量分别为 150 kDa 和 190 kDa,与细菌的 β 亚基和 β' 亚基具有同源性。与原核生物不同,真核生物为 RNA 聚合酶 II 的最大亚基的羟基末端有一段由 Tyr-Ser-Pro-Thr-Ser-Pro-Ser 7 个氨基酸组成的共有序列重复片段,称为羟基末端结构域（carboxyl terminal domain,CTD）。所有真核生物的 RNA pol II 都具有 CTD,只是 7 个氨基酸共有序列的重复程度不同。如酵母 RNA pol II 的 CTD 有 27 个重复共有序列,其中 18 个与上述 7 个氨基酸共有序列完全一致;哺乳类动物 RNA pol II 的 CTD 有 52 个重复共有序列,其中 21 个与上述 7 个氨基酸共有序列完全一致。CTD 对于维持细胞的活性必需的。体内外实验均证明,CTD 的可逆磷酸化在真核生物转录起始和延长阶段发挥重要作用。当 RNA pol II 完成转录启动,离开启动子时,CTD 的许多 Ser 和一些 Tyr 残基必须被磷酸化。RNA 聚合酶 I 和 RNA 聚合酶 III 没有 CTD。另外,真核生物（如人的线粒体）还存在有一种特殊的单亚基的 RNA 聚合酶,主要负责线粒体 DNA 的转录。

二、真核生物转录

　　真核生物的基因转录过程,同样可以分为三个阶段:起始阶段（RNA pol 和通用转录因子形成转录起始复合体）、延长阶段和转录终止。与原核生物显著不同的是,起始和延长过程都需要众多相关的蛋白质因子参与,这些因子被称为转录因子（transcriptional factors,TF）或反式作用因子（trans-acting factors）。

（一）转录因子

　　在真核细胞核中,能够协助 RNA 聚合酶转录 RNA 的蛋白质被统称为转录因子（transcriptional

factor,TF)。人类基因组约编码 2000 种转录因子。真核生物转录因子种类很多,有很多分类方式:
①根据顺反作用方式分为反式作用因子和顺式作用蛋白。绝大多数真核转录因子由它的编码基因表达后,通过与特异的顺式作用元件识别、结合(即 DNA-蛋白质相互作用),反式激活另一基因的转录,故称为反式作用蛋白或反式作用因子(trans-acting factor);而有些基因产物可特异识别、结合自身基因的调节序列,调节自身基因的开启或关闭,称为顺式作用蛋白。②根据与 DNA 序列结合方式的不同可分为 DNA 直接结合型和 DNA 间接结合型。大多数转录因子是 DNA 结合蛋白,还有一些不能直接结合 DNA,而是通过蛋白质-蛋白质相互作用参与 DNA-蛋白质的形成,影响 RNA 聚合酶的活性,调节基因转录。③根据功能特性分为基本转录因子和特异转录因子。基本转录因子是 RNA 聚合酶结合启动子所必需的一组蛋白质因子,决定三种 RNA(mRNA、tRNA、rRNA)转录的类别。有人将其视为 RNA 聚合酶的组成成分或亚基。对应于 RNA 聚合酶 Ⅰ、Ⅱ、Ⅲ 的 TF,分别称为 TFⅠ、TFⅡ 和 TFⅢ。TFⅡ 又可分为 TFⅡA、TFⅡB 等(表 15-4)。特异转录因子为个别基因转录所必需,决定该基因的时空特异性表达。此类特异因子中起转录激活作用的称转录激活因子,起转录抑制作用的称转录抑制因子。转录激活因子通常是一些增强结合蛋白(enhancer binding protein,EBP);多数转录抑制因子是沉默子结合蛋白,但也有抑制因子以不依赖 DNA 的方式起作用,而是通过蛋白质-蛋白质相互作用"中和"转录激活因子或 TFⅡD,降低它们在细胞中的有效浓度,抑制基因转录。因为在不同的组织或细胞中各种特异转录因子分布不同,所以基因表达状态、方式也不同。

表 15-4 参与 RNA 聚合酶Ⅱ的 TFⅡ的作用

转录因子	功 能
TFⅡD	TBP 亚基结合 TATA 盒
TFⅡA	辅助 TBP-DNA 结合
TFⅡB	稳定 TFⅡD-DNA 复合物,结合 RNA polⅡ
TFⅡE	解螺旋酶,结合 TFⅡH
TFⅡF	促进 RNA polⅡ结合及作为其他因子结合的桥梁
TFⅡH	解螺旋酶,作为蛋白激酶催化 CTD 磷酸化

转录因子 TFⅡD 不是一种单一蛋白质。它实际上是由 TATA 结合蛋白质(TATA-binding protein,TBP)和 8~10 个 TBP 相关因子(TBP-associated factors,TAFs)共同组成的复合物。TBP 结合一个 10 bp 长度 DNA 片段,刚好覆盖 TATA 盒,而含有 TAFs 的 TFⅡD 则可覆盖一个 35 bp 或者更长的区域。人类细胞至少有 12 种不同的 TAF。一些不同的 TAF 与 TBP 的组合可与不同基因的启动子结合,这可以解释这些因子在各种启动子中的选择性活化作用,以及对特定启动子存在不同的亲和力。转录因子大多含有如锌指、螺旋-环-螺旋等模体(motif),这些模体之间可以相互识别结合,或与 RNA 聚合酶及 DNA 结合,组成 RNA 聚合酶-蛋白质-DNA 复合物而启动转录。随着对不同基因转录特性的研究,不同基因的转录需不同的转录因子。拼板理论认为:一个真核生物基因的转录需要 3~5 个不同的转录因子,它们之间相互作用与结合,形成专一性的活性复合物,再与 RNA 聚合酶搭配而特异性地结合并转录相应的基因。此外,上游因子、可诱导因子及它们相应的反式作用因子也有相类似的作用规律。目前有不少实验都支持这一理论。

(二)其他因子

除转录因子外,真核生物还有启动子上游元件结合的蛋白质,成为上游因子(upstream factor),如 Sp1 可以结合在 GC 盒上。上游因子可协助调节转录的效率。

(三)真核生物基因启动子的特征

真核生物的转录起始上游区段序列与原核生物相比更加多样化。不同物种、不同细胞或不同的基因,转录起始点上游都有不同的特异 DNA 序列,包括启动子、增强子等,统称为顺式作用元件。

RNA 聚合酶Ⅰ和 RNA 聚合酶Ⅲ主要分别介导 rRNA 基因和 tRNA 基因的转录,涉及基因种类很少,其转录过程相对较为简单。RNA 聚合酶Ⅱ则负责几乎所有蛋白质编码基因的转录,涉及基因种类繁多且其转录水平在细胞内受到精确的控制,故其转录过程非常复杂。此处仅介绍 RNA 聚合酶Ⅱ介导的转录过程。它和原核的启动子不同之处如下(图 15-9):①有多种元件:TATA 框 TATA 又称 Hogness 框,是一段一致序列 TATAAAA,常在起始位点的上游-25 左右,相当于原核生物的-10 序列;GC 框,其保守序列是 GTGGGCGGGGCAAT,常以多拷贝形式存在-90 处;CATT 框,其保守序列是 GGCTCAATCT,一般位于上游-75 bp 左右紧靠-80,控制转录起始活性,能和 CTF(识别 CATT 的转录因子)相结合;OCT-1(保守序列是 ATTTGCAT)等;②结构不恒定。有的有多种框盒如组蛋白 H_2B;有的只有 TATA 框和 GC 框,如 SV40 早期转录蛋白;③它们的位置、序列、距离和方向都不完全相同;④有的有远距离的调控元件存在,如增强子;⑤这些元件常常起到控制转录效率和选择起始位点的作用;⑥不直接和 RNA-pol 结合。转录时先和其他转录激活因子相结合,再和聚合酶结合。

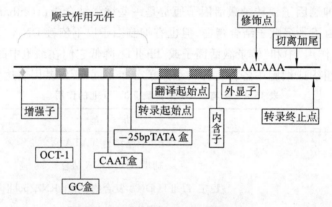

图 15-9　真核生物启动子序列

(四)真核生物转录基本过程

1. 转录起始过程　真核生物的转录起始上游区段序列与原核生物相比更加多样化。真核生物 RNA 聚合酶不与 DNA 分子直接结合,而需要依靠众多的转录因子。通用转录因子的作用与原核生物的 σ 因子类似,它们帮助 RNA 聚合酶结合到启动子并解开 DNA 双链,帮助 RNA 聚合酶从启动子上逃离而开始延长阶段。

首先,TFⅡD 中的 TBP 识别并结合于核心启动子区的 TATA 盒,TFⅡD 中的 TAF 有多种,在不同基因或不同状态下与 TBP 作不同搭配以辅助 TBP-DNA 结合。然后,TFⅡB 与 TBP 结合,TFⅡB 也能与 DNA 结合,TFⅡA 能够稳定的与 DNA 结合 TFⅡB-TBP 复合体。TFⅡB-TBP 再与由 RNA 聚合酶Ⅱ和 TFⅡF 组成的复合体结合,TFⅡF 的作用是通过与 RNA 聚合酶Ⅱ一起与 TFⅡB 相互作用,降低 RNA 聚合酶Ⅱ和 DNA 非特异性部位的结合,协助 RNA 聚合酶Ⅱ靶向结合启动子。最后,TFⅡE 和 TFⅡH 加入,形成闭合复合体,装配完成,这就是转录起始前复合体(pre-initiation complex,PIC)(图 15-10)。

TFⅡH 具有解旋酶活性,能使转录起始位点附近的 DNA 双螺旋解开,是闭合复合体成为开放复合体,启动转录。TFⅡH 还具有激酶活性,它的一个亚基能使 RNA 聚合酶Ⅱ的 CTD 磷酸化。CTD 磷酸化能使开放复合体的构象发生变化,启动转录。CTD 磷酸化在转录延长期也很重要,而且影响转录后加工过程中转录复合体和参与加工的酶之间的相互作用。当合成一段含有 60~70 个核苷酸的 RNA 时,TFⅡE 和 TFⅡH 释放,RNA 聚合酶Ⅱ逃离启动子,进入转录延长期。此后,大多数的 TF 就会脱离转录起始复合物。

需要注意的是,上述主要描述的是在体外条件下 RNA 聚合酶Ⅱ从一条裸露的 DNA 模板起始转录所需的条件。但实际上,细胞内的真实情况要更为复杂,细胞内高水平的、受调节的转录还额外

NOTE

需要其他大量转录调节蛋白尤其是特异性转录因子以及中介蛋白复合体(mediator complex)的参与。特异性转录因子主要结合核心启动子上游或远距离的近端启动子以及增强子中的 DNA 调控组件而发挥作用。而中介蛋白复合体则是介于基本转录因子与 RNA 聚合酶Ⅱ之间的连接桥梁,它是由大约 30 个蛋白质组成的多蛋白复合体。此外,真核细胞的基因组 DNA 高度包装压缩在核小体和染色质内部,因此还需要一些染色质或核小体修饰因子参与。

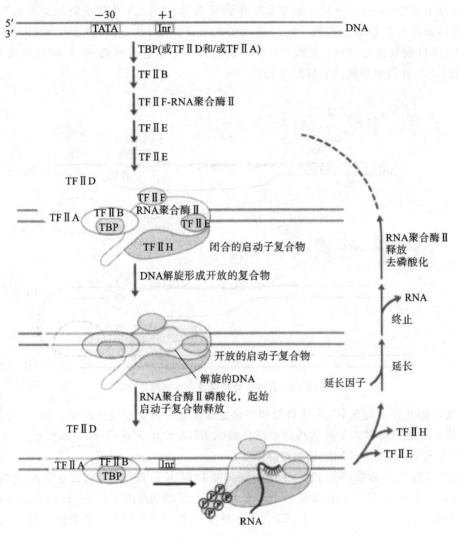

图 15-10 真核生物 RNA 聚合酶及通用转录因子的作用过程

2. 延长阶段 进入延长阶段后,RNA 聚合酶Ⅱ脱落其大部分起始因子,如通用转录因子和中介蛋白。取而代之的是一些延长因子(如 TFⅡS 和 hSPT5)被募集到 RNA 聚合酶Ⅱ大亚基的羟基端的 CTD 上。其中,TFⅡS 不仅能够促进延长的总体速度,而且还能够激发 RNA 聚合酶Ⅱ(非活性位点的部分)固有的 RNA 酶活性,通过局部的有限的 RNA 降解而去除错误加入的碱基,即促进 RNA 聚合酶Ⅱ的校读作用。此外,由于真核生物基因组 DNA 在双螺旋结构的基础上与组蛋白组成核小体高级结构,所以转录延长过程可以观察到核小体的移位和解聚现象(图 15-11)。

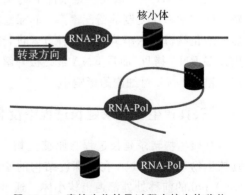

图 15-11 真核生物转录过程中核小体移位

3. 终止阶段 真核生物的转录终止与转录后加工修饰密切相关。真核生物 mRNA 有多聚腺苷酸(poly A)尾结构,是转录后加进去的,因为在模板链上没有相应的多聚胸苷酸[poly(dT)]。一旦 RNA 聚合酶Ⅱ到达一个基因的末端,会遇到一段特殊的保守性序列,此序列在被转录进 RNA(多为 AAUAAA)后会引发一些酶和蛋白因子向该 RNA 的转移,从而导致三个事件的发生:mRNA 切割、许多聚嘌呤碱基被添加到其 3′-端以及随后的转录终止。AAUAAA 也被称为加尾信号,通常出现在被切割点上游的 10～30 nt 处。这个信号序列常为 AATAAA 及其下游的富含 GT 的序列,这些序列称为转录终止的修饰点序列。转录越过修饰点序列后,在 hnRNA 的 3′-端产生 AAUAAA ……GUGUGUG 剪切信号序列。核酸内切酶识别此信号序列进行剪切,3′-端随机修饰点序列下游产生的多余 RNA 片段很快被降解(图 15-12)。

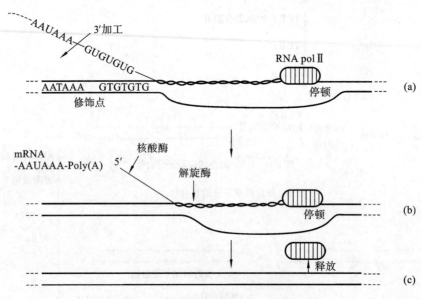

图 15-12 真核生物转录终止及加尾修饰

RNA 聚合酶Ⅱ并不是在 RNA 被切割和多聚腺苷酸化时就立刻终止转录。相反,它继续沿着模板移动,在终止前继续转录产生长达几百个核苷酸的 RNA 片段。然后,酶才从模板上分离,释放新的 RNA,但此 RNA 还没离开细胞核就被降解了。

现在已经发现参与转录终止相关过程的酶和蛋白质因子有:切割和聚核苷酸化特异性因子(cleavage and polyadenylation specificity factor,CPSF)、切割刺激因子(cleavage stimulatory factor,CStF)、切割因子Ⅰ(cleavage factorⅠ,CFⅠ)切割因子Ⅱ(CFⅡ)以及多聚腺苷酸聚合酶(pol A polymerase,PAP)等。

虽然 RNA 聚合酶在一定条件下具有一定的校读功能,但因其缺乏 3′→5′核酸外切酶活性,因此转录的错配率比复制的错配率高。转录忠实性仅靠 RNA 聚合酶对底物的高度选择性,还可以通过焦磷酸化编辑和水解编辑这两种方式进行转录校读。因为对大多数基因而言,一个基因可以转录产生许多 RNA 拷贝,而且 RNA 最终被降解和替代,所以转录产生错误 RNA 对细胞的影响远比复制产生错误 DNA 对细胞的影响小。

三、真核生物转录延长过程中没有转录与翻译同步的现象

真核生物转录延长过程与原核生物大致相似,但因有核膜相隔,没有转录与翻译同步的现象。真核生物基因组 DNA 在双螺旋结构的基础上,与多种组蛋白组成核小体(nucleosome)高级结构。RNA pol 的前移处处都遇上核小体。通过体外转录实验可以观察到转录延长中核小体移位和解聚的现象。用含核小体结构的 DNA 片段做模板,进行体外转录分析。从 DNA 电泳图像观察,DNA 能保持约 200 bp 及其倍数的阶梯形电泳条带,进一步验证了以上结果。

第四节　真核生物转录后的加工与修饰

在细胞内,以 DNA 为模板合成的 RNA 分子必须经历一系列转录后的加工和修饰方可成为有功能的终产物。刚刚转录生成的 RNA 产物即初级转录产物(primary transcript)往往还需经过进一步的加工修饰,称为转录后加工(post-transcriptional processing)。各种 RNA 转录后加工有自己的特点,常见的加工类型主要如下。①剪切(cleavage)及剪接(splicing):剪切是指剪去部分序列;剪接是指剪切后又将某些片段连接起来。②末端添加:例如 tRNA 的 3′-端添加-CCA 三个核苷酸。③碱基修饰:在碱基上发生化学修饰反应,例如 tRNA 分子中稀有碱基的形成(尿苷变成假尿苷)。

在原核生物和真核生物中,不同的 RNA 分子,其加工过程有所不同。原核生物 mRNA 一经转录通常立即进行翻译(除少数例外),一般不进行转录后加工。但 rRNA 与 tRNA 要经过一系列加工修饰才能成为成熟的分子。真核生物 rRNA 和 tRNA 的加工过程与原核生物有些相似,但 mRNA前体则需经过复杂的加工过程才能成为有活性的成熟 mRNA。加工主要在细胞核内进行,也有少数反应在细胞质中进行。

一、tRNA 的转录后加工

(一)原核生物 tRNA 的加工

原核生物不同 tRNA 的加工过程基本相同,主要由酶切除 tRNA 前体分子 5′和 3′-端的一些核苷酸序列。原核生物 tRNA 前体分子没有内含子,当一个 tRNA 前体分子中包含两个以上的不同 tRNA 时,通过酶的切割将它们分离。tRNA 加工包括:①由核酸内切酶 RNase D 从 3′-端逐个切去附加序列,即修剪(trimming);在核苷酰基转移酶催化下,tRNA3′-端加上-CCA-OH,这是 tRNA 前体加工过程的特有反应;②核苷酸碱基的异构化修饰,包括甲基化、脱氨、转位及还原反应等,均由特定的酶催化。

核酸内切酶 RNas P 在所有生物中广泛存在,由蛋白质和 RNA 组成,其中 RNA 组分为酶活性所必需,并且在细菌中不需要蛋白质组分参与即可进行精确的加工。因此 RNaes P 被看成是一种催化性 RNA。

细菌 tRNA 前体存在两类不同的 3′-端序列。一类其自身具有-CCA-OH,位于成熟 tRNA 序列与 3′-端附加序列之间,当附加序列被切除后即显露出该末端结构。另一类其自身并无-CCA-OH 序列,当切除前体 3′-端附加序列后,必须另外加入-CCA-OH。

(二)真核生物 tRNA 的加工

真核生物 tRNA 基因由 RNA 聚合酶Ⅲ催化转录,转录产物为 4.5S 或稍大的 tRNA 前体,相当于 100 个左右的核苷酸。成熟的 tRNA 分子为 4S,70~80 个核苷酸。

与原核生物类似,真核生物 tRNA 前体的 5′-端附加序列由 RNas P 切除,3′-端附加序列的切除需要多种核酸内切酶和核酸外切酶的作用。真核生物 tRNA 前体的 3′-端不含-CCA-OH 序列,由 tRNA 核苷酸转移酶催化加入。

以酵母前体 tRNA Tyr 分子为例,加工主要包括以下变化:①酵母前体 tRNA Tyr 分子 5′-端的 16 个核苷酸前导序列由 RNase D 切除;②由核苷酸转移酶在 3′-端加上特有的 CCA 末端;③茎环结构中的一些核苷酸碱基经化学修饰为稀有碱基,包括某些嘌呤甲基化生成甲基嘌呤、某些尿嘧啶还原为二氢尿嘧啶(DHU)、尿嘧啶核苷酸转变为尿嘧啶核苷(φ)、某些腺苷酸脱氨成为次黄嘌呤核苷酸(I)等;④剪接切除茎环结构中部 14 个核苷酸的内含子。前体 tRNA 分子必须折叠成特殊的二级结构,剪接反应才能发生,内含子一般都位于前体 tRNA 分子的反密码子环(图 15-13)。

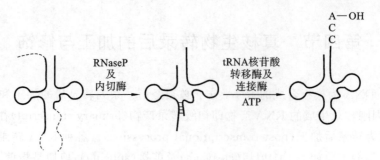

图 15-13　前体 tRNA 的剪接

二、rRNA 的转录后加工

（一）原核生物 rRNA 的加工

原核生物的 rRNA 来自更长的前体，前核糖体 RNA(pre-ribosomal RNAs,pre-rRNAs)，经过剪切加工形成 rRNA。具有代表性的大肠杆菌基因组共有 7 个 rRNA 的转录单位，它们分散在基因组各处。每个转录单位由 16S、23S 及 5S 三种 rRNA 以及一个或几个 tRNA 的基因组成。该基因原初转录产物是 30S 的 rRNA 前体，分子质量为 2.1×10^6 Da，约含 6500 个核苷酸，5'-端为 pppA。30SrRNA 前体分子两端的序列以及 rRNA 之间的内含子序列在加工中去除。原核生物基因组中编码 rRNA 的区域是相同的，它们之间的内含子间隔区域则不同，在 16S rRNA 和 23S rRNA 之间有 1 个或 2 个编码 rRNA 的序列。不同的 rRNA 前体分子所含的 rRNA 也不同。不同细菌 rRNA 前体的加工过程并不完全相同，但基本过程类似。

原核生物 rRNA 含有多个甲基化修饰成分，包括甲基化碱基和甲基化核糖，尤其常见的是核糖 2'-OH 甲基化。16S rRNA 含有约 10 个甲基，23S rRNA 含有约 20 个甲基，5S rRNA 中无修饰成分。

（二）真核生物 rRNA 的加工

真核生物 rRNA 的加工过程与原核生物类似。真核生物的核糖体中有 18S、28S、5.8S 和 5S 四种 rRNA。5S rRNA 来源于 RNA 聚合酶Ⅲ催化合成的单独的转录产物，独立成体系，在成熟过程中加工甚少，不进行修饰和剪切。18S、28S、5.8S 来自一个前体 rRNA 基因（rDNA）编码。真核生物 rDNA 成簇串联排列在一起，彼此被不能转录的基因间隔（gene spacer）分开（注意该间隔不是内含子）。每个 rDNA 各自为一个转录单位，可转录片段为 7～13 kb，间隔区也有若干 kb 大小。不同物种 rRNA 前体大小不同，哺乳动物转录产生 45S rRNA 前体，果蝇转录产生 38S rRNA 前体，酵母转录产生 37S rRNA 前体。rRNA 前体由 RNA 聚合酶Ⅰ转录产生，经过剪接分出 18S rRNA，余下的部分再剪接成 5.8S rRNA 和 28S rRNA。

真核细胞的核仁是 rRNA 合成、加工和装配成核糖体的场所。细胞的基因组中具有大量拷贝的 rDNA，转录出足够 rRNA 来满足合成约 10^7 个核糖体。与原核生物类似，真核生物 rRNA 前体需要先甲基化，然后再被切割。rRNA 前体的甲基化、假尿苷酸化（pseudouridylation）和切割反应都需要小核仁 RNA(small nucleolar RNAs,snoRNAs)的参与，snoRNAs 和蛋白质形成小核仁核糖核蛋白颗粒（small nucleolar ribonucleo-protein particles,snoRNPs）。45S rRNA 通过一种所谓"自剪接"机制，在核仁小 rRNA(snoRNAs)以及多种蛋白质分子组成的核仁小核糖核蛋白（snoRNAs）的参与下，通过逐步剪切成为成熟的 18S、5.8S 及 28S 的 rRNA（图 15-14）。前体 rRNA 的加工除自剪接外，通常还涉及核糖 2'-OH 的甲基化修饰。rRNA 成熟后，在核仁上装配，与核糖蛋白质一起形成核糖体，输送到胞质。生长中的细胞，其 rRNA 较稳定；静止状态的细胞，其 rRNA 的寿命较短。

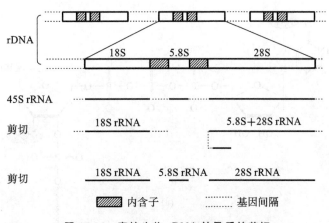

图 15-14 真核生物 rRNA 转录后的剪切

三、mRNA 的转录加工

（一）原核生物 mRNA 的加工

原核生物 mRNA 一般很少进行加工。原核生物细胞内没有核膜，染色质存在于细胞质中，转录与翻译的场所没有明显的屏障。转录尚未完成，翻译已开始。mRNA 半衰期仅为数分钟。

原核生物转录生成的 mRNA 属于多顺反子 mRNA，即几个结构基因利用共同的启动子及共同的终止信号，经转录生成的 mRNA 分子可编码几种不同的蛋白质。细菌中用于指导蛋白质合成的 mRNA 大多不需要加工，一经转录即可直接进行翻译。但也有少数多顺反子 mRNA 需通过核酸内切酶切成较小的单位，然后再进行翻译，其意义在于可对各种 mRNA 的翻译进行调控。

（二）真核生物 mRNA 的加工

真核生物编码蛋白质的基因大多以单个作为转录单位，其转录产物为单顺反子 mRNA（monocistron mRNA），即一个 mRNA 仅包含一种蛋白质的编码信息。真核生物首先转录出初级转录物称为 mRNA 前体（precursor mRNA，pre-mRNA），存在于细胞核内，不稳定、大小不均一的一类分子质量很大的 RNA，称为核不均一 RNA（heterogeneous nuclear RNA，hnRNA）。mRNA 前体需要经过复杂的加工过程才能生成成熟 mRNA，然后从细胞核运到细胞质，作为翻译生成蛋白质的模板。

1. 前体 mRNA 在 5′-端加入"帽"结构　大多数真核 mRNA 的 5′-端具有特殊的帽子结构。这种帽子结构并不是整条 mRNA 生成后再加上去，而在 RNA 聚合酶 Ⅱ 催化合成新生 RNA 长度达 25～30 个核苷酸时，其 5′-端核苷酸与 7-甲基鸟嘌呤核苷通过不常见的 5′-三磷酸连接键相连。首先，转录产物第一个核苷酸往往是 5′-三磷酸鸟苷（5′-pppG），经磷酸酶催化水解脱去 γ-磷酸，生成 5′-ppG。其次，在鸟苷酸转移酶催化下，与另一分子 GTP 反应，以不常见的 5′,5′-三磷酸连接键相连，在新生 RNA 的 5′-端形成 GpppGp。最后，在甲基转移酶催化下，由 S-腺苷甲硫氨酸提供甲基，使新加入的 GMP 中鸟嘌呤的 N7 形成帽子结构 7-甲基鸟苷三磷酸（m^7GpppGp）（图 15-15）。

5′帽子结构常出现核内 hnRNA，说明 5′帽子结构是在核内修饰完成，而且先于 mRNA 的剪接过程。5′帽子结构可以使 mRNA 免遭核酸酶的攻击，也能与帽结合蛋白复合体（cap-binding complex of protein，CBP）结合，并参与 mRNA 和核糖体的结合、启动子蛋白质的生物合成。

2. 前体 mRNA 在 3′-端特异位点断裂并加上多聚腺苷酸尾结构　真核生物的 mRNA，除组蛋白 mRNA 外，真核生物 mRNA 在 3′-端都有一个 80～250 个腺苷酸残基构成的多聚腺苷酸即 poly(A) 尾结构。在研究过的基因中，均未发现 mRNA 分子 3′-端相应的多聚胸苷酸序列，说明 poly(A) 尾不是模板转录而来。转录最初生成的 3′-端也长于成熟 mRNA。现在已经知道，前体 mRNA 生成后，在核酸内切酶、多聚胸苷酸聚合酶（PAP）以及 CPSF 等若干多亚基蛋白质的参与下，由核酸内切酶在 3′-端的特异性位点切割、由多聚腺苷酸聚合酶（PAP）催化在断裂点末端加上多聚腺苷酸尾，这一

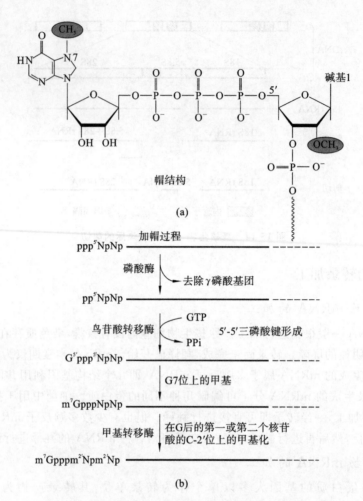

帽结构

(a)

加帽过程

ppp⁵NpNp

磷酸酶　→ 去除γ磷酸基团

pp⁵NpNp

鸟苷酸转移酶　GTP / PPi　5′-5′三磷酸酸键形成

G⁵pppp⁵NpNp

G7位上的甲基

m⁷GpppNpNp

甲基转移酶　在G后的第一或第二个核苷酸的C-2′位上的甲基化

m⁷Gpppm²Npm²Np

(b)

图 15-15　真核生物 mRNA5′的帽子结构及加帽过程

过程与转录终止几乎同时进行(图 15-16)。

PolyA 尾的长度很难确定,一方面细胞内 mRNA 的 polyA 尾会随着时间不断缩短;另一方面 RNA 提取操作过程中会持续存在降解。随着 polyA 缩短,翻译的活性也下降。因此推测,polyA 的长短和有无是维持 mRNA 作为模板的活性以及增加 mRNA 本身稳定性的重要因素。一般真核生物在细胞质出现的 mRNA,其 polyA 长度为 100～200 个核苷酸之间,但也有例外,如组蛋白的转录产物,无论是初级产物还是成熟产物,都没有 polyA 尾巴结构。

3. 前体 mRNA 的剪接　mRNA 剪接是指去除 mRNA 前体即 hnRNA 初级转录产物上和内含子对应的序列,把外显子对应的序列连接为成熟 mRNA 的过程。真核生物基因大多具有明显的断裂性特点,由若干外显子和内含子序列交替排列组成,因此称为断裂基因(split gene)。核内出现的初级转录产物 hnRNA 分子质量往往比在细胞质出现的成熟 mRNA 大几倍,甚至数十倍。核酸杂交实验表明,hnRNA 与 DNA 模板可以完全配对;而成熟的 mRNA 与模板 DNA 杂交出现部分配对双链区域和相当多的中间鼓泡状突出的单链区。通过比较真核生物基因的 DNA 序列、初级转录物 hnRNA 的序列以及经过转录后成熟 mRNA 序列,发现 DNA 模板序列虽然可以被完整转录并出现于 hnRNA 中,但在加工后一些区段序列被剪切除去,而另一些区段序列保留连接成熟 mRNA 的完整序列,而这两类序列区段在真核生物基因中间隔地交互排列,分别被称为外显子(exon)和内含子(intron)。外显子是指真核生物断裂基因中被转录的、在转录后加工剪接时被保留并最终呈现于成熟 RNA 中的 DNA 片段。内含子是指真核生物断裂基因中被转录的、在转录后加工剪接时被除去的 DNA 片段。hnRNA 并不能作为蛋白质合成的直接模板,只有成熟 mRNA 序列才真正作为模板指导蛋白质合成。

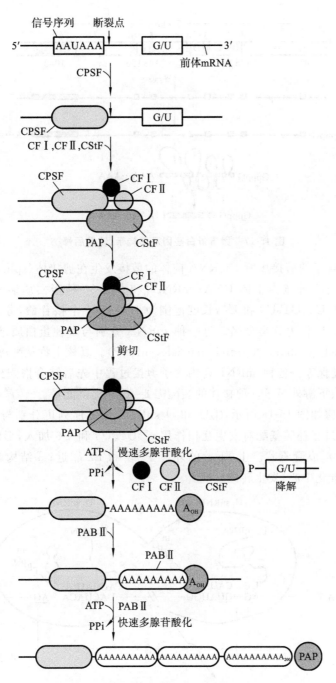

图 15-16 真核生物 mRNA5′多聚腺苷的酸化过程

以鸡的卵清蛋白基因为例说明 mRNA 的剪接:卵清蛋白基因全长为 7.7 kb,有 8 个外显子和 7 个内含子。图中用数字表示的部分是外显子,其中 L 是前导序列;用字母表示的白色部分是内含子。初级转录物即 hnRNA 和相应的基因等长,说明内含子也存在于初级转录物中。成熟的 mRNA 分子仅为 1.2 kb,编码 386 个氨基酸(图 15-17)。

(1) 内含子形成套索 RNA 被剪除 剪接首先涉及套索 RNA(lariat RNA)的形成,即内含子区段弯曲,使相邻的外显子相互靠近而利于剪接。

(2) 初级转录物一级结构分析及 hnRNA 特性的研究表明,目前对剪接已有较深了解。hnRNA 中内含子序列与外显子序列的连接区域的序列非常保守,大部分内含子以 GU 为开始,以 AG 结束,此即所谓"GU-AG 剪接规则"。5′GU……AG-OH-3′称为剪接接口(splicing junction)或边界序列。剪接后,GU 或 AG 不一定被剪除。

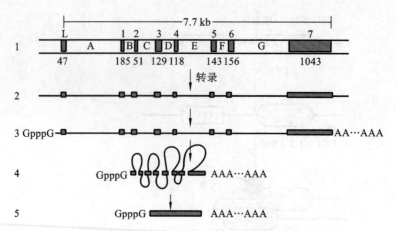

图 15-17 卵清蛋白基因及其转录、转录后修饰

(3) 剪接体是内含子的剪接场所 mRNA 前体的剪接发生在剪接体(spliceosome),剪接体是一种超大分子复合体,由 5 种核内小体 RNA(snRNA)和大约 50 种蛋白质装配而成。其中的 5 种 snRNA,分别称为 U1、U2、U4、U5 和 U6,长度范围为 100~300 个核苷酸,分子中的碱基以尿嘧啶含量最为丰富,因而以 U 作为分类命名。每一种 snRNA 分别与多种蛋白质结合,形成 5 种核小核糖蛋白颗粒(small nuclear ribonucleprotein particle,snRNP)。真核生物从酵母到人类,snRNP 中的 RNA 和蛋白质都高度保守。各种 snRNP 在内含子剪接过程中先后结合搭配到 hnRNA 上,使内含子形成套索并拉近上、下游外显子。剪接体的装配需要 ATP 提供能量。

剪接体的形成步骤如图 15-18 所示:①U$_1$ 和 U$_2$ snRNA 中的序列可分别与 hnRNA 中 5′剪接位点和分支点的序列通过互补碱基配对发生互相作用;②U4、U5 和 U6 加入,形成完整的剪接体。此时内含子发生弯曲而形成套索状。上、下游的外显子 E1 和 E2 靠近;③结构调整,释放 U1、U4 和 U5。U2 和 U6 形成催化中心,发生转酯反应。

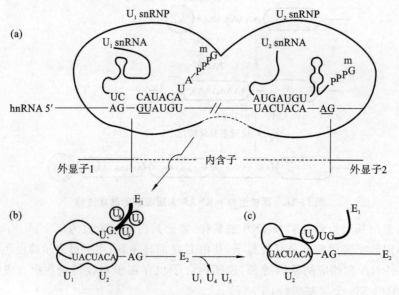

图 15-18 snRNA 介导 hnRNA 形成套索结构并构成剪接体

(4) 剪接过程需两次转酯反应 如图 15-19 所示,在剪接体内外显子 E1 和 E2 之间的内含子 I 因变构弯曲。5′-端与 3′-端互相靠近。内含子可因小部分碱基与外显子互补而互相依附。第一次转酯反应(transesterification)需要细胞核内的含鸟苷酸的 pG、ppG 或 pppG 的辅酶,以 3′-OH 基对 E1/I 之间的磷酸二酯键进行亲电子攻击,使 E1/ I 之间的共价键断开,pG 则取代 E1 成为 5′-端,E1 的 3′-OH 游离出来,所以称为转酯反应。第二次转酯反应由 E1 的 3′-OH 对 I /E2 之间的磷酸二酯键进行亲电子攻击,使 I 与 E2 断开,由 E1 取代 I。这样,内含子被除掉而两个外显子被连接起来。在这两步反应中磷酸酯键的数目并没有改变,因此也没有能量的消耗。

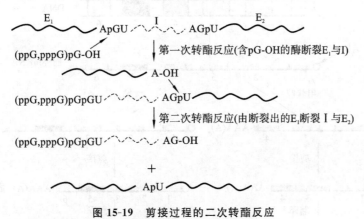

图 15-19 剪接过程的二次转酯反应

(5) 前体 mRNA 分子有剪切和剪接两种模式　前体 mRNA 分子的加工除上述剪接外,还有一种剪切(cleavage)模式。剪切指的是剪去某些内含子后,在上游的外显子 3′-端直接进行多聚腺苷酸化,不进行相邻外显子之间的连接反应。剪接是指剪切后又将相邻的外显子片段连接起来,然后进行多聚腺苷酸化(图 15-20)。

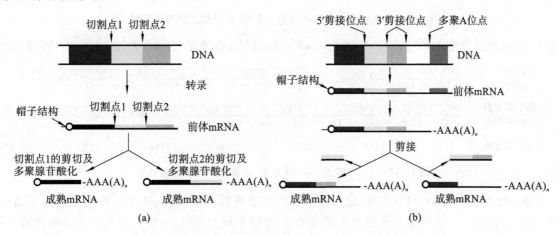

图 15-20 真核生物基因的前体 mRNA 交替加工的两种机制

(6) mRNA 的选择性剪接　选择性剪接(alternative splicing)或称可变剪接,是指从一个 mRNA 剪接体变体(splicing variants)的过程。据估计,人类基因组中 90% 以上的蛋白质编码基因可通过选择性剪接产生多种不同的 mRNA 剪接变体,从而编码产生不同的多肽链或蛋白质。因此,mRNA 前体的选择性剪接极大地增加了 mRNA 和蛋白质的多样性以及基因表达的复杂程度。例如降钙素基因,同一前体 mRNA 分子在大鼠甲状腺中经过剪接产生降钙素;而在大鼠脑中剪接产生降钙素-基因相关肽(calcitonin-gene related peptide,CGRP)(图 15-21)。

(7) mRNA 编辑是对基因的编码序列进行转录后加工　有些基因蛋白质的氨基酸序列与基因的初级转录物序列并不完全对应,mRNA 上的一些序列在转录后发生了改变,称为 RNA 编辑(RNA editing)。

例如,人类基因组上只有一个载脂蛋白 B(apolipoprotein B,ApoB)的基因,转录后发生 RNA 编辑,编码产生的 ApoB 蛋白却有 2 种,一种是 ApoB100,由 4536 个氨基酸残基构成,在肝细胞中合成;另一种是 ApoB48,含有 2152 个氨基酸残基,在小肠黏膜细胞中合成。这两种 ApoB 都是由同一个基因 APOB 产生的 mRNA 编码,然而小肠黏膜细胞存在一种胞嘧啶核苷脱氨酶(cytosine deaminase),能将 APOB 基因转录生成的 mRNA 的第 2153 位氨基酸的密码子 CAA(编码 Gln)中的 C

NOTE

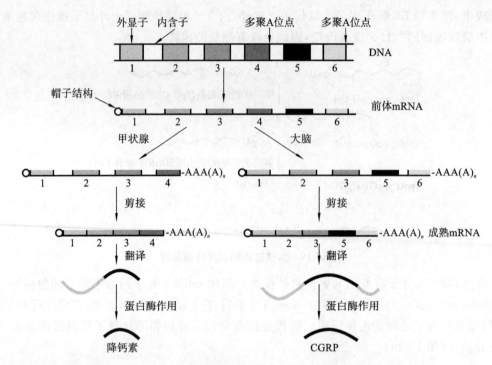

图 15-21 真核生物基因的前体 mRNA 交替加工的两种机制

转变为 U,使其变成终止密码子 UAA,因此 ApoB48demRNA 翻译在 2153 个密码子处终止(图 15-22)。

人肝细胞 (ApoB100)	5'----	C A A C U G	C A G A C A	U A U	A U G	A U A	C A A	U U U	G A U	C A G	U A U	-3'
		- Gln -	Leu -	Gln -	Thr -	Tyr -	Met -	Ile -	Gln -	Phe -	Asp - Gln - Yyr	

人肠上皮细胞 (ApoB48)	----	C A A C U G	C A G A C A	U A U	A U G	A U A	U A A	U U U	G A U	C A G	U A U	
		- Gln -	Leu -	Gln -	Thr -	Tyr -	Met -	Ile -	Stop			

氨基酸残基数	2146	2148	2150	2152	2154	2156

图 15-22 *ApoB* 基因 mRNA 在肝、肠黏膜编码不同多肽链

又如,脑细胞谷氨酸受体(GluR)是一种重要的离子通道。编码 GluR 是一种重要的离子通道。编码 GluR 的 mRNA 在转录后还可发生脱氨基使 A 转变尾 G,导致一个关键点上的谷氨酰胺密码子 CAG 变为 CGG(精氨酸),含精氨酸的 GluR 不能使 Ca^{2+} 通过。不同功能的脑细胞可以选择产生不同的受体。

人类基因组计划执行中曾估计人类基因总数在 5 万以上。至 2001 年测序完成后,认为人类只有约 2.8 万个基因。RNA 编辑作用说明,基因的编码序列经过转录后加工,是可以进行多用途分化的,因此也称为分化加工(differential RNA processing)。

四、RNA 在细胞内的降解有多种途径

真核细胞 mRNA 的寿命从数分钟到数小时不等,其降解是保持 mRNA 发挥正常功能所必需的,此外,在 mRNA 合成过程中产生的异常转录物也需要及时降解清除,以保证机体的正常生理状态。

正常转录物和异常转录物的降解途径有一定差异。前者包括依赖于脱腺苷酸化的 mRNA 降解和不依赖于脱腺苷酸化的 mRNA 降解;后者包括无意介导的 mRNA 降解、无终止降解、无停滞降解和核糖体延伸介导的降解等。这里重点介绍依赖于腺苷酸化的正常 mRNA 降解和无义介导的异常 mRNA 降解。

(一)依赖于腺苷酸化的 mRNA 降解是最重要的 mRNA 代谢途径

mRNA 的 5'-端帽和 3'-端帽的 poly(A)尾结构对于 mRNA 的稳定性具有重要作用。当细胞以

mRNA 为模板指导蛋白质合成时，翻译起始因子 eIF4E、eIF4G 和 3′-polyA 结合的 PABP 等相互作用形成封闭的环状结构，防止来自脱腺苷酸化酶（deadenylation enzyme）和脱帽酶（decapping enzyme）的攻击，以保证 mRNA 的稳定。因此，mRNA 的降解必须首先解除这些稳定因素，脱腺苷酸化及帽结构的水解是其中的重要步骤，故称依赖于脱腺苷酸化的 mRNA 降解。该过程可分为三步：①脱腺苷酸化酶进入环状结构，进行脱腺苷酸化反应；②脱腺苷酸化酶脱离帽子结构，使脱帽酶能够对帽结构进行水解；③mRNA 被 5′→3′核酸外切酶识别并水解。

除依赖于脱腺苷酸化的 mRNA 降解外，大部分真核细胞内还存在着其他不依赖于脱腺苷酸化的 mRNA 降解途径。例如一些 mRNA 可在核酸内切酶和核酸外切酶共同作用下降解。此外，还有 miRNA 或 siRNA 诱导的 mRNA 降解，以及蛋白质产物对 mRNA 降解等。

（二）无义介导的 mRNA 降解是最重要的真核细胞 mRNA 质量监控机制

真核细胞 mRNA 的异常剪接可能会产生无义（nonsense）终止密码子，由此产生的 mRNA 降解称为无义介导的 mRNA 降解（nonsense-mediated mRNA decay，NMD），是广泛存在的 mRNA 质量监控的重要机制。那些含有提前终止密码子（premature translational-termination codon，PTC）的 mRNA 会被选择性清除（图 15-23）。

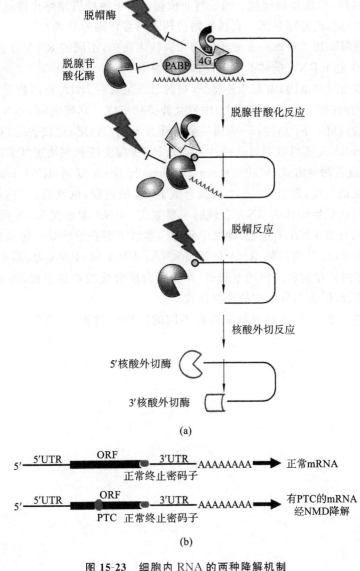

图 15-23　细胞内 RNA 的两种降解机制

(a)依赖于脱腺苷酸化的 mRNA 降解机制；(b)无义介导的 mRNA 降解机制

小结

转录是以 DNA 双链中的一股单链作为转录模板,以四种 NTP 为原料,按照碱基配对原则,由依赖 DNA 的 RNA 聚合酶催化合成 RNA 的过程。转录的反应体系包括 DNA 模板、4 种 NTP 原料、RNA 聚合酶和一些蛋白质因子等。与 DNA 复制不同,转录是分段不连续、有选择性的,是不对称转录。DNA 双链中作为转录模板的链称模板链或反义链,与其互补的另一条链称编码链或有义链。原核生物的 RNA 聚合酶只有一种,全酶形式由 5 种亚基组成($\alpha\beta\beta'\sigma\omega$),$\sigma$ 亚基负责辨认转录起始点,核心酶($\alpha\beta\beta'\omega$)负责合成 RNA。真核生物的 RNA 聚合酶主要有三种:RNA-Pol Ⅰ 合成大部分 rRNA 前体,RNA-pol Ⅱ 合成 mRNA 前体,RNA-pol Ⅲ 合成 tRNA 和 5SrRNA 前体。RNA 聚合酶通过结合到基因的启动子上启动转录,原核基因启动子区有典型的共有序列,如 -35 bp 处的 Pribnow 盒。

转录过程分三个阶段:起始、延长和终止。各类 RNA 合成的生物化学过程基本相同。原核生物和真核生物的转录过程因 DNA 结构特点、酶的种类等不同而存在差别。原核生物的 RNA 聚合酶以全酶结合到模板启动子上起始转录,起始阶段完成后 σ 因子脱落;在延长阶段,核心酶按照 $5' \rightarrow 3'$ 方向延长 RNA 链;最后,原核生物通过 ρ 因子与非依赖 ρ 因子两种机制终止转录。原核生物转录与翻译同步,转录尚未结束,就开始翻译。真核生物的转录与翻译则分开进行。

转录的初级产物需要加工修饰。在原核生物和真核生物中,不同的 RNA 分子,其加工过程有所不同,其中尤以真核生物 mRNA 前体的加工修饰较为复杂。

真核生物基因多为断裂基因,由若干外显子(被转录并呈现在 RNA 终产物上)和内含子(仅呈现在 RNA 初级产物上并在加工修饰时被除去)序列交替排列组成。真核生物 mRNA 前体的加工修饰主要包括:$5'$-端形成特殊的帽子结构;$3'$-端加多聚腺苷酸 poly(A) 尾;剪接去除内含子相应序列,拼接外显子相应序列;mRNA 还可以通过选择性剪接和 RNA 编辑等机制增加其多样性。

RNA 的生物合成有两种方式,即转录(transcription)与 RNA 复制(RNA replication)。转录是 DNA 指导 RNA 合成的过程,即以 DNA 为模板合成 RNA 的过程,也就是把 DNA 的碱基序列转抄为 RNA 的碱基序列,这是生物体内 RNA 合成的主要方式。RNA 复制是 RNA 指导 RNA 合成的过程,即以 RNA 为模板合成 RNA 的过程,常见于病毒。本章主要介绍转录。转录是基因表达为蛋白质产物的首要关键步骤,转录的产物 RNA 包括 mRNA、tRNA 和 rRNA 等,其中真核生物 mRNA 将遗传信息从染色体内储存的状态转送至胞质,作为蛋白质合成的直接模板,而 tRNA 和 rRNA 不用作蛋白质合成的模板,但参与蛋白质的生物合成。

在遗传信息传递过程中,转录和复制是两种不同的生物学过程,两者既有不同之处,也有相似之处。

(苏振宏)

第十六章　蛋白质的生物合成

教学目标

- 蛋白质的生物合成体系
- 遗传密码的概念及作用
- 蛋白质生物合成过程
- 蛋白质折叠加工及其他翻译后加工方式
- 抗生素对蛋白质合成的影响

扫码看课件

　　蛋白质是生命活动的物质基础。构成人体的各种蛋白质只能由人体自行合成,并且这些蛋白质在体内不断更新。可以认为,没有蛋白质的更新就没有生命。人体内几乎所有细胞都要合成与自身结构和功能相适应的各种蛋白质,有些细胞还需要合成一些分泌性蛋白,如肝细胞需要合成血浆清蛋白,胰岛 β 细胞需合成胰岛素等,只有个别细胞如成熟红细胞不具备蛋白质的合成能力。

　　根据遗传信息传递的"中心法则"可知,蛋白质生物合成是遗传信息表达的最终阶段,而蛋白质是遗传信息表现的功能形式。DNA 基因中储存的遗传信息,通过转录生成 mRNA,再指导多肽链合成。mRNA 的全部信息来自 DNA 的基因,可作为指导蛋白质生物合成的直接模板,转换为蛋白质中氨基酸序列,这一过程称为翻译(translation)。因为该过程的本质是将 mRNA 分子中 4 种核苷酸序列编码的遗传信息,解读为蛋白质一级结构中 20 种氨基酸的排列顺序。即由 tRNA 携带并转运相应氨基酸,识别 mRNA 上的密码子,在核糖体上合成具有特定序列多肽链的过程。

　　翻译是包含起始、延长和终止 3 个阶段的连续过程。蛋白质适当的空间构象是发挥生物学功能的结构基础。蛋白质前体合成后,还必须经过翻译后的修饰,包括形成天然蛋白质的三维构象、对一级结构的修饰、空间结构的修饰等,才能成为有生物学功能的天然蛋白质。多种蛋白质在胞液合成后还需要定向运输到适当细胞部位发挥作用。很多药物可通过干扰、抑制病原微生物的翻译过程发挥药效,因此,对蛋白质生物合成的深入研究,将为揭示生命奥秘、解决某些医学难题,提供新的线索。

第一节　蛋白质生物合成体系

　　蛋白质生物合成是细胞最为复杂的活动之一。一般而言,蛋白质合成是指氨基酸通过肽键缩合而形成多肽链一级结构的过程。蛋白质合成的原料是 20 种基本氨基酸。蛋白质分子的不同主要是指蛋白质一级结构的不同,即氨基酸排列顺序的不同,这种顺序不是任意的,而是严格由基因遗传信息决定的,mRNA 就是传递基因遗传信息的"模板"。由于模板 mRNA 不能直接结合氨基酸,因此在细胞质中还存在既能转运氨基酸,又能识别模板 mRNA 信息的中间分子,即转运 RNA(tRNA)。通过 tRNA 将特定的氨基酸运输到蛋白质的合成场所——核糖体(由 rRNA 和蛋白质组成),按照模板 mRNA 要求"装配"成指定的多肽链。由此可见,3 类 RNA 即 mRNA、tRNA 及 rRNA 在蛋白质合成过程中均起着重要的作用。除此之外,有关的酶及蛋白质因子、供能物质 ATP 与 GTP,以及必要的无机离子等也是蛋白质合成所不可缺少的重要成分。以上成分统一构成蛋白质的生物合成体系。蛋白质生物合成的概况如图 16-1 所示,下面重点讨论 3 类 RNA 在蛋白质合成过程中的作用。

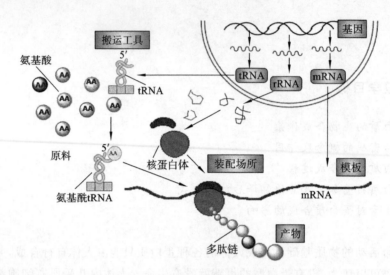

图 16-1　蛋白质生物合成概况

一、mRNA 与遗传密码

(一)遗传密码与开放阅读框

从遗传信息传递的中心法则可知,由 DNA 传递来的遗传信息储存在 mRNA 分子的核苷酸序列中。以 mRNA 的核苷酸序列为"模板"合成相应氨基酸序列的多肽链,实质上是将核苷酸序列(一种语言)转换成氨基酸序列(另一种语言)的"翻译"过程。应当指出的是,并不是"模板"mRNA 的整个分子都具有"模板"指令作用,其中有"模板"作用的那部分编码序列称为开放阅读框(open reading frame,ORF),位于开放阅读框两侧的结构分别称为 5′-端非翻译区(5′untranslated region,5′UTR)和 3′-端非翻译区((3′untranslated region,3′UTR),(图 16-2)。mRNA 分子的编码区(开放阅读框)中的核苷酸序列作为遗传密码(genetic codes),在蛋白质合成过程中被翻译成蛋白质中氨基酸序列。

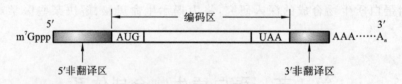

图 16-2　mRNA 结构示意图

(二)起始密码和终止密码

生物体内蛋白质合成共需要 20 种氨基酸,而 mRNA 中仅含 A、U、C、G 4 种核苷酸。如果每 3 个相邻核苷酸进行任意组合,则可以构成 64 种不同的密码,这样才能够满足对 20 种氨基酸编码的需要。现已证明,在 mRNA 的开放阅读框内,按 5′→3′的方向,每 3 个相邻的核苷酸代表一种氨基酸或肽链合成起始/终止的信号,称为密码子(codon)或三联体密码(triplet codon)。密码子与各种氨基酸的对应关系如表 16-1 所示。

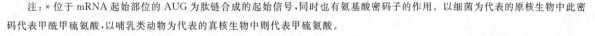
表 16-1 哺乳类动物细胞 mRNA 遗传密码表

第一位核苷酸 (5′-端)	第二位核苷酸				第三位核苷酸 (3′-端)
	U	C	A	G	
U	UUU 苯丙 UUC 苯丙 UUA 亮 UUG 亮	UCU 丝 UCC 丝 UCA 丝 UCG 丝	UAU 酪 UAC 酪 UAA 终止 UAG 终止	UGU 半胱 UGC 半胱 UGA 终止 UGG 色	U C A G
C	CUU 亮 CUC 亮 CUA 亮 CUG 亮	CCU 脯 CCC 脯 CCA 脯 CCG 脯	CAU 组 CAC 组 CAA 谷酰 CAG 谷酰	CGU 精 CGC 精 CGA 精 CGG 精	U C A G
A	AUU 异亮 AUC 异亮 AUA 异亮 AUG * 甲硫	ACU 苏 ACC 苏 ACA 苏 ACG 苏	AAU 天酰 AAC 天酰 AAA 赖 AAG 赖	AGU 丝 AGC 丝 AGA 精 AGG 精	U C A G
G	GUU 缬 GUC 缬 GUA 缬 GUG 缬	GCU 丙 GCC 丙 GCA 丙 GCG 丙	GAU 天冬 GAC 天冬 GAA 谷 GAG 谷	GGU 甘 GGC 甘 GGA 甘 GGG 甘	U C A G

注：* 位于 mRNA 起始部位的 AUG 为肽链合成的起始信号，同时也有氨基酸密码子的作用。以细菌为代表的原核生物中此密码代表甲酰甲硫氨酸，以哺乳类动物为代表的真核生物中则代表甲硫氨酸。

AUG 代表甲硫氨酸或兼作起始密码，UAA、UAG 和 UGA 代表终止密码在 64 个密码子中，有 61 个密码子可以编码氨基酸。密码子 AUG 除在开放阅读框内部代表甲硫氨酸外，当它存在于 mRNA 的起始部位时，还兼作肽链合成的起始信号，故 AUG 又被称为起始密码子。另外，UAA、UAG 和 UGA 三个密码子不代表任何氨基酸，只代表肽链合成的终止信号，即当多肽链合成到一定程度而在 mRNA 中出现这三个密码子中任何一个时，多肽链的延长随即终止，故称其为终止密码。实际上，开放阅读框是指 mRNA 分子中，从 5′-端起始密码子开始至 3′-端终止密码子为止的核苷酸序列，可以连续编码并翻译出具有一定氨基酸序列的多肽链。

（三）遗传密码的特点

1. 方向性（direction） 组成密码子的各碱基在 mRNA 序列中的排列具有方向性。翻译时的阅读方向只能从 5′→3′，即从 mRNA 的起始密码子开始，按 5′→3′ 的方向逐一阅读，直至终止密码子，mRNA 阅读框架中从 5′-端到 3′-端排列的核苷酸顺序决定了肽链中从 N-端到 C-端的氨基酸排列顺序。

2. 连续性（commaless） mRNA 的密码子之间没有间隔核苷酸。从起始密码子开始，密码子被连续阅读，直至终止密码子出现（图 16-3）。由于密码子的连续性，在开放阅读框中发生插入或缺失 1 或 2 个碱基的基因突变，都会引起 mRNA 阅读框移动，称为移码（frame shift），使后续氨基酸序列大部分被改变（图 16-4），其编码的蛋白质丧失功能，称之为移码突变（frameshift mutation）。如同时连续插入或缺失 3 个碱基，则只会在蛋白质产物中增加 1 个或缺失 1 个氨基酸，但不会导致阅读框移位，对蛋白质的功能影响较少。

3. 简并性（degeneracy） 64 个密码子中有 61 个编码氨基酸，而氨基酸只有 20 种，因此有的氨基酸可由多个密码子编码，这种现象被称为简并性（degeneracy）。例如 UUU 和 UUC 都是苯丙氨酸的密码子，UCU、UCC、UCA、UCG、AGU、AGC 都是丝氨酸的密码子。除甲硫氨酸和色氨酸只有

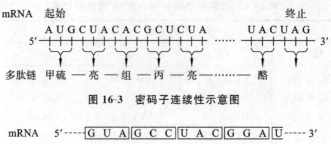

图 16-3 密码子连续性示意图

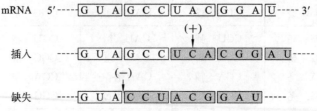

图 16-4 密码子移码突变示意图

唯一的 1 个密码子外,其余的氨基酸都有 2~6 个数目不等的密码子(表 16-2)。

为同一种氨基酸编码的密码子称同义密码子。多数情况下,同义密码子的前两位碱基相同,仅第三位碱基有差异,即密码子的特异性主要由前两位核苷酸决定,如苏氨酸的密码子是 ACU、ACC、ACA、ACG。这意味着第三位碱基的改变往往不改变其密码子编码的氨基酸,合成的蛋白质具有相同的一级结构。因此,遗传密码的简并性可降低基因突变的生物学效应。

表 16-2 氨基酸对应的密码子数量

氨基酸	密码子数目	氨基酸	密码子数目
Met	1	Tyr	2
Trp	1	Ile	3
Asn	2	Ala	4
Asp	2	Val	4
Cys	2	Pro	4
Gln	2	Gly	4
Glu	2	Thr	4
Lys	2	Ser	6
His	2	Leu	6
Phe	2	Arg	6

4. 摆动性(wobble) 密码子的翻译通过与 tRNA 的反密码子配对而实现。这种配对有时并不严格遵循 Watson-Crick 碱基配对原则,出现摆动(wobble)。此时 mRNA 密码子的第 1 位和第 2 位碱基($5' \rightarrow 3'$)与 tRNA 反密码子的第 3 位和第 2 位碱基($5' \rightarrow 3'$)之间仍为 Watson-Crick 配对,而反密码子的第 1 位与密码子的第 3 位碱基配对存在着摆动现象。

例如某种 tRNA 上的反密码子中第 1 位碱基常出现次黄嘌呤(I),则可分别与 mRNA 分子中的密码子第 3 位的 A、C 或 U 配对;反密码子第 1 位的 U 可分别与密码子第 3 位的 A 或 G 配对。由此可见,摆动配对能使一种 tRNA 识别 mRNA 序列中的多种简并性密码子。

5. 通用性(universal) 从细菌到人类都使用同一套遗传密码,这为地球上的生物来自同一起源的进化论提供了有力证据,另外它使我们有可能利用细菌等生物来制造人类蛋白质。但后来发现在哺乳动物线粒体的蛋白质合成体系中,除 AUG 外,AUA 和 AUU 也可作为起始密码子,UAG 不代表终止信号而代表色氨酸,CUA、AUA 不代表亮氨酸,却分别代表苏氨酸和甲硫氨酸,AGA 与 AGG 不代表精氨酸,却代表终止信号。故密码子的通用性也有例外。

知识链接 16-2

二、tRNA 与氨基酸

氨基酸由各自特异的 tRNA"搬运"到核糖体,才能"组装"成多肽链。一种氨基酸通常可由 2~6 种特异 tRNA 转运,但每一种 tRNA 只能特异地转运某一种氨基酸。几乎所有 tRNA 结构都十分相似,即具有 3′-CCA-OH 臂、DHU 环、反密码环和 TψC 环等基本结构,其中 3′-CCA 的羟基用于与氨基酸羧基之间形成酯键,携带转运氨基酸;反密码环的反密码子用于与 mRNA 密码子配对识别(图 16-5)。

```
            3 2 1        3 2 1        3 2 1
反密码子 (3′) G—C—I      G—C—I        G—C—I (5′)
             ⋮ ⋮ ⋮       ⋮ ⋮ ⋮        ⋮ ⋮ ⋮
密码子  (5′) C—G—A      C—G—U        C—G—C (3′)
            1 2 3        1 2 3        1 2 3
```

图 16-5 密码子与反密码子的配对

各种 tRNA 分子都不能与相应氨基酸直接结合,都是在特异氨基酰 tRNA 合成酶作用下,分别与对应的氨基酸结合而转运。每种 tRNA 通过其反密码子与 mRNA 分子中相应密码子的碱基互补结合,使 tRNA 所携带的氨基酸准确地在 mRNA 上"对号入座",从而使氨基酸按一定顺序排列。

三、rRNA 与核糖体

核糖体(ribosome)亦称核蛋白体,由 rRNA 和多种蛋白质组成。核糖体的结构包括大小不同的两个亚基,分别称为大亚基和小亚基。原核细胞的大亚基(50S)由 23S、5S 和 36 种蛋白质组成;小亚基(30S)由 16S rRNA 和 21 种蛋白质组成,大、小亚基结合形成 70S 的核糖体。真核细胞的大亚基(60S)由 28S、5.8S、5S 和 49 种蛋白质组成;小亚基(40S)由 18S rRNA 和 49 种蛋白质组成,大、小亚基结合形成 80S 的核糖体。

核糖体的小亚基是一个扁平不对称的颗粒,外形类似哺乳类动物的胚胎,长轴上有一个凹陷的颈沟,将其分为头部和体部,分别占小亚基的 1/3 和 2/3。颈部有 1~2 个突起,称为叶或平台。大亚基呈半对称性皇冠状(quasi-symmetric crown)或对称性肾状,由半球形主体和三个大小与形状不同的突起组成。中间的突起称为"鼻",呈杆状;两侧的突起分别称为柄(stalk)和脊(ridge)。大、小亚基缔合时,其间形成一个腔,像隧道一样贯穿整个核糖体(图 16-6)。蛋白质的合成过程就在其中进行。

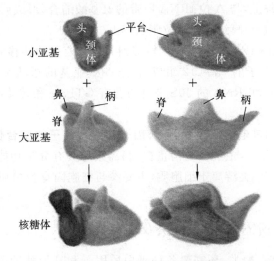

图 16-6 核糖体的三维结构模式图

核糖体相当于"装配机",能够促进 tRNA 所携带的氨基酸缩合成肽。其中,核糖体小亚基上包含有 mRNA 的结合位点,主要负责对模板 mRNA 进行序列特异性识别,如起始部分的识别、密码子与反密码子的相互作用等。大亚基主要负责肽键的形成、AA-tRNA 和肽基-tRNA 的结合等(图 16-7)。核糖体的主要功能部位如下。

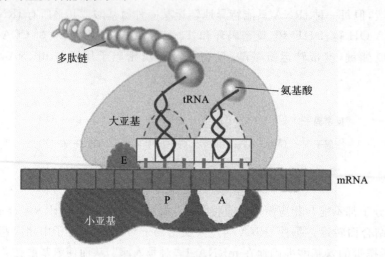

图 16-7　核糖体的主要功能位点

1. mRNA 结合部位　位于核糖体的小亚基上,负责对模板 mRNA 进行序列特异性识别与结合。原核生物中,mRNA 结合部位和 16S rRNA 的 3′末端定位于 30S 亚基与 50S 亚基接触的平台区。起始因子也结合在此部位。

2. 受位(acceptor site)或氨基酰(aminoacyl site,A 位)　A 位是氨基酰-tRNA 的结合部位,供携有氨基酸的 tRNA 所附着。

3. 给位(donor site)或肽位(peptidyl site,P 位)　P 位是肽酰 tRNA 的结合部位,供携有新生肽链的 tRNA 及携有起始氨基酸的 tRNA 所附着。原核生物中,P 位点与 A 位点均由 30S 亚基与 50S 亚基的特异位点共同组成,位于 30S 亚基平台区形成的裂缝处。

4. 排出位(exit site,E 位)　E 位可与肽酰转移后空载的 tRNA 特异性结合。在 A 位进入新的氨基酰 tRNA 后,E 位上空载的 tRNA 随之脱落。原核生物中,E 位主要位于 50S 大亚基中。真核生物的核糖体上没有 E 位。

5. 转肽酶(transpeptidase)活性部位　位于中心突(鼻)和脊之间形成的沟中。可使附着于 P 位上的肽酰 tRNA 转移到 A 位上,与 A 位 tRNA 所带的氨基酸缩合,形成肽键。新生肽链的出口正好位于转肽酶的对面。50S 亚基与膜结合的部位距肽链出口非常近。

6. GTPase 位点　与肽酰 tRNA 从 A 位点转移到 P 位点有关的转移酶(即延伸因子 EF-G)的结合位点。GTPase 中心由四分子的 L7/L12 组成,位于 50S 亚基的指状突起,即柄上。核糖体大小亚基结合后,结合有 mRNA 和 tRNA 的 30S 平台与含有 GTPase 和转肽酶活性的 50S 表面非常靠近。

7. 与蛋白质合成有关的其他起始因子、延长因子和终止因子的结合位点　细胞中的核糖体分为两类,一类附着于粗面内质网,主要参与清蛋白、胰岛素等具有分泌功能的蛋白质的合成,这类核糖体在肝细胞内约占 3/4;另一类游离于细胞质,主要参与细胞固有蛋白质的合成,在肝细胞内约占1/4。

四、蛋白质生物合成所需的原料、酶类及蛋白因子等

蛋白质生物合成不仅需要酶类,还需要各种蛋白质因子和其他辅助因子。表 16-3 列出的是大肠杆菌(*E. coli*)蛋白质生物合成的不同阶段所需的各种物质。

表 16-3　大肠杆菌蛋白质生物合成的不同阶段所需的物质

阶段	化合物和/复合物	酶和蛋白质因子	能源和无机离子
氨基酸的活化	20 种氨基酸、多种 tRNA	氨基酰-tRNA 合成酶	ATP、Mg^{2+}
起始	mRNA 上的起始密码子（AUG 或 GUG），N-甲酰甲硫氨酸 tRNA$_i^{fMet}$（fMet-tRNA$_i^{fMet}$）、30S 核糖体亚基、50S 核糖体亚基	起始因子(IF-1、IF-2 和 IF-3)	GTP、Mg^{2+}
延长	70S 核糖体与 mRNA(起始复合物)、密码子特异的氨基酰-tRNA	延长因子(EE-Tu、EF-Ts 和 EF-G)	GTP、Mg^{2+}
终止	mRNA 上的终止密码子（UAG 或 UGA 或 UAA）	释放因子(RF-1 或 RF-2 和 RF-3)	
翻译后加工	结合到蛋白质上的磷酸、甲基、羧基、糖类等基团或辅基	用于蛋白质加工修饰和折叠的特异酶、辅助因子和伴侣分子等	

　　参与蛋白质生物合成的重要酶如下：①氨基酰-tRNA 合成酶，存在于胞液中，催化氨基酸和 tRNA 生成形成氨基酰-tRNA；②转肽酶是核糖体大亚基的组成成分，催化核糖体 P 位上的肽酰基转移至 A 位氨基酰-tRNA 的氨基上，使酰基和氨基结合形成肽键，该酶在释放因子的诱导下发生变构，表现出酯酶的水解活性，使 P 位上的肽链与 tRNA 分离；③移位酶，其活性存在于延长因子 G（原核生物）或延长因子 2（真核生物）中，催化核糖体向 mRNA 的 3'-端移动一个密码子距离，使下一个密码子定位在 A 位。

　　在蛋白质生物合成的各阶段有很重要的非核糖体蛋白质因子参与反应，翻译时它们仅临时性地与核糖体发生作用，之后便从核糖体复合物中解离出来，主要有：①起始因子（initiation factor，IF），原核生物（prokaryote）和真核生物（eukaryote）的起始因子分别用 IF 和 eIF 表示；②延长因子（elongation factor，EF），原核生物和真核生物的延长因子分别用 EF 和 eEF 表示；③释放因子（release factor，RF），又称终止因子（termination factor），原核生物和真核生物的延长因子分别用 RF 和 eRF 表示。

　　蛋白质生物合成的能源物质为 ATP 和 GTP。无机离子 Mg^{2+} 和 K^+ 等也参与蛋白质的生物合成。

第二节　蛋白质生物合成的过程

　　蛋白质生物合成过程可以分为四步反应：①氨基酸的活化；②肽链合成的起始；③肽链的延长；④肽链合成的终止。其中，氨基酸的活化在细胞质中进行，而肽链合成的起始、延长和终止阶段均发生在核糖体上，并伴随核糖体大、小亚基的聚合和分离。因此，氨基酸活化后，在核糖体上缩合形成多肽链的过程称为核糖体循环（ribosomal cycle），包括肽链合成的起始、肽链的延长、肽链合成的终止三个阶段。

一、氨基酸的活化

　　参与肽链合成的氨基酸需要与相应的 tRNA 结合。

（一）氨基酰-tRNA 的活化与氨基酰 tRNA 合成酶

　　氨基酸是蛋白质生物合成的基本原料，在蛋白质生物合成的第一阶段，由氨基酰-tRNA 合成酶

NOTE

(aminoacyl-tRNA synthetase)催化，ATP 提供能量，氨基酸与其对应的 tRNA 结合，生成氨基酰-tRNA。其总反应步骤如下：

$$tRNA+氨基酸+ATP \xrightarrow{\text{氨基酰-tRNA 合成酶}} 氨基酰\text{-}tRNA+AMP+PPi$$

　　氨基酰-tRNA 合成酶分布在细胞质中，具有高度特异性，既能识别特异的氨基酸，又能辨认特异的 tRNA 分子，从而保证某种氨基酸只能与携带该氨基酸的特异 tRNA 分子连接。氨基酰-tRNA 合成酶对氨基酸和 tRNA 的高度特异性，是保证遗传信息准确翻译的要点之一。氨基酰-tRNA 合成酶催化的氨基酸活化和转运过程分两步进行。

　　第一步是氨基酰-tRNA 合成酶识别它所催化的氨基酸及另一底物 ATP，并在酶的催化下，氨基酸的羧基与 AMP 上磷酸之间形成一个酯键，生成氨基酰-AMP-E(酶)的中间复合体(图 16-8)，同时释放一分子 PPi。

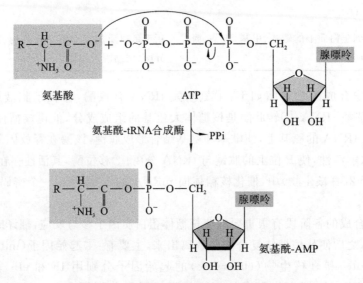

图 16-8　氨基酰-AMP 中间复合物的形成

　　第二步是氨基酰-tRNA 合成酶将氨基酸从氨基酰-AMP 上转移至 tRNA 分子上，生成氨基酰-tRNA，同时释放 AMP(图 16-9)。反密码子是氨基酰-tRNA 合成酶识别 tRNA 的主要特征，但并非必需特征。

　　氨基酰-tRNA 合成酶还有校读活性(proofreading activity)，也称编辑(editing activity)，即该酶可将反应任一步骤中出现的错配加以改正。所谓校正活性实际上是水解酯键的催化活性，氨基酰-tRNA 合成酶的酯酶活性能把错配的氨基酸水解下来，再换上与反密码子相对应的氨基酸。综上所述，tRNA 和氨基酸的结合反应的误差小于 10^{-4}。

　　氨基酰-tRNA 合成酶不耐热，其活性中心含有巯基，对破坏巯基的试剂甚为敏感，其作用需要 Mg^{2+} 和 Mn^{2+} 的参与。不同酶的分子质量不完全相等，一般以 100 kD 左右为多。真核生物中这类酶常以多聚体形式存在。

(二) 氨基酰-tRNA 的表示方法

　　tRNA 前面加氨基酸的 3 个字母缩写表示结合的氨基酸，在 tRNA 的右上角加氨基酸的 3 个字母缩写表示 tRNA 的特异性。如甘氨酰-tRNA 表示为 Gly-tRNA^{Gly}。

　　密码子 AUG 可编码甲硫氨酸(Met)，同时作为起始密码子。真核生物肽链合成的起始氨基酰-tRNA 为甲硫基酰-tRNA，表示为 Met-tRNA$_i^{Met}$，下标"i"代表起始 tRNA；上标"Met"表示该 tRNA 可携带甲硫氨酸，肽链合成延长阶段携带甲硫氨酸的 tRNA 为 Met-tRNA^{Met}。

　　原核生物的起始密码子只能辨认甲酰化的甲硫氨酸，可表示为 fMet-tRNA$_i^{fMet}$，其中 Met 被甲酰化，表示为"fMet-"，而普通的甲硫氨酰 tRNA 表示为 Met-tRNA^{Met}。

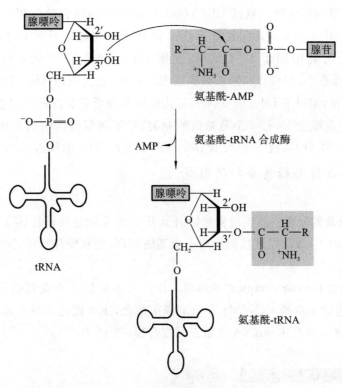

图 16-9　氨基酰-tRNA 的生成

二、肽链合成的起始

在蛋白质生物合成的起始阶段中,核糖体的大、小亚基,mRNA 与携带起始氨基酸的氨基酰-tRNA 共同构成起始复合体。这一过程需要一些称为起始因子(initiation factors,简称 IF)的蛋白质以及 GTP 与镁离子的参与。

已知原核生物中的起始因子有 3 种,真核生物的起始因子有 9～10 种(表 16-4)。IF-3 可与小亚基结合,阻止核糖体 30S 小亚基与 50S 大亚基的结合,并促进 fMet-tRNA$_i^{Met}$结合至核糖体的 P 位。

表 16-4　原核和真核生物肽链合成的起始需要的蛋白质因子

	因子名称	功能
原核生物	IF-1	阻止 tRNA 与 A 位结合
	IF-2	促使 fMet-tRNA$_i^{Met}$与小亚基结合,并具有 GTP 酶的活性
	IF-3	与小亚基结合;促进 fMet-tRNA$_i^{Met}$结合至 P 位;阻止大亚基与小亚基结合
真核生物	eIF-1	促进 40S 亚基与 mRNA 结合并稳定之
	eIF-2	与 Met-tRNA^{Met}及 GTP 形成三元复合物,促进 Met-tRNA^{Met}与 40S 亚基结合
	eIF-3	促进起始 tRNA 与 mRNA 结合,使 80S 核糖体保持解离状态
	eIF-4A	具有解链酶活性,可解开 RNA 分子中的部分双螺旋,促进 mRNA 与 40S 亚基结合
	eIF-4B	与 mRNA 结合并定位于起始 AUG 区域
	eIF-4C	使 80S 核糖体解离为亚基,使起始 tRNA 与小亚基稳定结合
	eI F-4D	促进甲硫氨酰-嘌呤霉素合成,正常功能不清楚
	eIF-4E	与 mRNA 帽结合,又称帽结合蛋白 I
	eIF-4F	与 mRNA 帽结合,使 mRNA 5′-端解旋,具有 ATP 酶活性,又称帽结合蛋白 II
	eIF-5	形成 80S 起始复合体所必需,促使 GTP 水解

IF-2 具有促进 30S 亚基与甲酰甲硫氨酰 tRNA（fMet-tRNA$_i^{fMet}$）结合的作用，并且在核糖体存在时具有 GTP 酶的活性。IF-1 主要辅助起始因子 IF-2 和 IF-3，并可阻止 tRNA 过早与 A 位结合。

fMet-tRNA$_i^{Met}$ 能与起始因子 IF-2 反应，促使 fMet-tRNA$_i^{fMet}$ 与起始密码子结合；而 Met-tRNA^{Met} 只能与延长因子 Tu 反应。在原核细胞如 *E. coli* 中，已发现以 Met-tRNA$_i^{fMet}$ 为底物的转甲酰酶。该甲酰基的存在，阻碍了 fMet 以 α-NH$_2$ 与其他氨基酸形成肽键的可能性，故 fMet 必然位于肽链的 N-端。当肽链合成达 15～30 个氨基酸残基时，经甲硫氨酸肽酶的作用，N-端的 fMet 被水解。因此肽链合成后，70％的肽链 N-端没有 fMet，而 N-端为 fMet 的仅占 30％。

（一）原核生物翻译起始复合物的形成

其主要步骤如下：

1. 核糖体大小亚基的分离　原核生物起始因子 IF-3 首先结合到核糖体 30S 小亚基上，可能在其与 50S 大亚基的界面上，故能促进核糖体大小亚基的解离，使核糖体 30S 小亚基从不具活性的核糖体（70S）释放。

2. 起始三元复合物（trimer complex）的形成　IF-1 与小亚基的 A 位结合则能加速核糖体大小亚基的解离，并避免起始氨基酰-tRNA 与 A 位的提前结合，IF-3 促进 30S 亚基附着于 mRNA 的起始信号部位，形成 IF-3-30S 亚基-mRNA 起始三元复合物（图 16-10）。

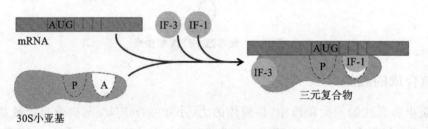

图 16-10　起始三元复合物的形成

原核生物中，在 mRNA 起始密码子的上游 8～13 个核苷酸处有一段 4～9 个核苷酸组成的富含嘌呤核苷酸的序列，以-AGGAGG 为核心，它可与 30S 亚基中的 16SrRNA3′-端富含嘧啶的尾部互补，因而有助于 mRNA 从起始密码子处开始指导翻译（图 16-11）。mRNA 分子的这一序列特征由 J. Shine 和 L. Dalgarno 发现，故称为 SD 序列（Shine-Dalgarno），也称核糖体结合位点（ribosomal binding site，RBS）。真核生物的 mRNA 无 SD 序列。

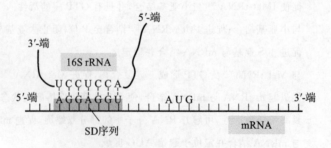

图 16-11　原核生物 mRNA 中的 SD 序列

3. 30S 前起始复合体（30S pre-initiation complex）的形成　在 IF-2 的促进与 IF-1 辅助下，起始三元复合物与 fMet-tRNA$_i^{fMet}$ 及 GTP 结合，形成 30S 前起始复合体（图 16-12）。其中 fMet-tRNA$_i^{fMet}$ 进入 30S 小亚基的 P 位，其反密码子与 mRNA 的起始密码子互补配对。30S 前起始复合体由 30S 亚基、mRNA、fMet-tRNA^{fMet} 及 IF-1、IF-2、IF-3 与 GTP 共同构成。

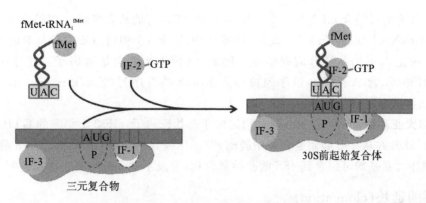

图 16-12 30S 前起始复合体的形成

4. 70S 起始复合体(70S initiation complex)的形成 30S 前起始复合体一经形成,IF3 即行脱落,同时 50S 亚基随之与前起始复合体结合,形成了大、小亚基,mRNA,fMet-tRNA^{fMet} 及 IF-1、IF-2 与 GTP 共同构成的 70S 前起始复合体(preinitiator complex)。随后,GTP 水解释出 GDP 与磷酸,同时 IF-2 与 IF-1 脱落,形成了起始复合体(图 16-13)。起始复合体中,fMet-tRNA^{fMet} 的反密码子 CAU 恰好与 mRNA 中的起始信号 AUG 互补结合,位于核糖体的 P 位。至此,已为肽链延长做好了准备。

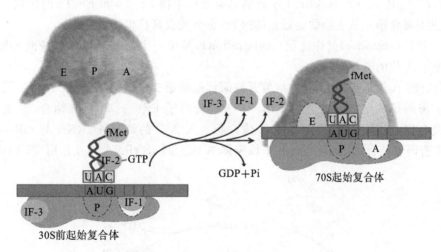

图 16-13 原核生物蛋白质合成的起始过程

(二)真核生物翻译起始复合物的形成

真核生物 80S 翻译起始复合物的装配过程与原核生物基本相同,但所需起始因子的种类更多更复杂,mRNA 的 5′-帽和 3′-多聚 A 尾都是正确起始所依赖的。而且,起始 tRNA 先于 mRNA 结合在小亚基上,与原核生物的装配顺序不同。

1. 核糖体大小亚基的分离 起始因子 eIF-2B、eIF-3 与核糖体小亚基结合,在 eIF-6 作用下,促进真核生物 80S 核糖体的大、小亚基解离。

2. Met-tRNA$_i^{Met}$ 定位结合于小亚基 P 位 在 eIF-2B 的作用下,eIF-2 与 GTP 结合后,再与 Met-tRNA$_i^{Met}$ 共同结合于小亚基上,经水解 GTP 而释放出 GDP-eIF-2,从而使 Met-tRNA$_i^{Met}$ 结合于小亚基的 P 位,形成 43S 前起始复合物。

3. mRNA 与核糖体小亚基定位结合 Met-tRNA$_i^{Met}$-小亚基沿 mRNA 完成从 5′-端向 3′-端起始密码子的扫描定位,Met-tRNA$_i^{Met}$ 与 AUG 配对结合,形成 48S 前起始复合物。

小亚基-Met-tRNA$_i^{Met}$ 复合物不会将阅读框内部的 AUG 错认为起始密码子,这是由于 eIF-4F 复合物,亦称帽结合蛋白复合物的特殊作用。eIF-4F 复合物包括了 eIF-4E、eIF-4G、eIF-4A 等各组分。这些组分有的负责结合 mRNA 的 5'-帽结构(eIF-4E),有的结合多聚 A 尾结合蛋白 PABP(eIF-4G),帮助 Met-tRNA$_i^{Met}$ 识别密码子。此外,核糖体中的 rRNA 和蛋白质亦参与对起始密码子周围序列的识别以决定真正的肽链合成起始点。例如,真核生物的起始密码子常位于一段共有序列 CCRCCAUGG 中(R 为 A 或 G),该序列被称为 Kozak 共有序列(Kozak consensus sequence),为 18S RNA 提供识别和结合位点。

4. 核糖体大亚基结合 一旦 48S 复合物定位于起始密码子,eIF-2 上结合的 GTP 即在 eIF-5 的作用下水解为 GDP 并从 48S 起始复合物中脱离,继而导致其他起始因子的离开 48S 前起始复合物,此时 60S 核糖体大亚基即可结合到 48S 前起始复合物,完成了 80S 起始复合物的装配。

三、肽链的延长(elongation)

翻译起始复合物形成后,核糖体沿 mRNA 5'→3'的方向移动,按密码子的顺序,从 N-端→C-端合成多肽链。延长反应在核糖体上循环进行,每一次循环包括进位、成肽、转位 3 步。每完成一次循环,在肽链的 C-端可加上 1 个氨基酸残基,故肽链的延长是一个上述三个步骤反复循环的过程,此过程称为核糖体循环(ribosomal cycle)。这一过程需要 mRNA、tRNA、核糖体、GTP 及二种延长因子(elongation factors,简写为 EF)的参与。

肽链延长因子在原核生物中分别称为 EFT 与 EFG,在真核细胞中一般称为 eEF-1 与 eEF-2。eEF-1 相当于 EFT,其中 eEF-1α,eEF-1βγ 分别具有原核生物 EF-Tu 和 EF-Ts 的作用。eEF-2 相当于 EFG。这里主要介绍原核生物肽链延长的过程,也会涉及真核生物的特点。

1. 进位 进位(entrance)又称注册(registration),是指一个氨基酰 tRNA 按照 mRNA 模板的指令进入核糖体 A 位的过程。

起始复合物的 A 位是空闲的,并对应着开放阅读框的第二个密码子,进入 A 位的氨基酰-tRNA 的种类即由该密码子决定。第二个 AA-tRNA 与延伸因子 EF-Tu 及 GTP 结合,生成 AA-tRNA-EFTu-GTP 复合物,然后结合到核糖体的 A 位。新进入 A 位的氨基酰-tRNA 与 mRNA 起始密码子后的第二个密码子结合,TψC 环与存在于核糖体 A 位上的 5S rRNA 相互作用(图 16-14)。

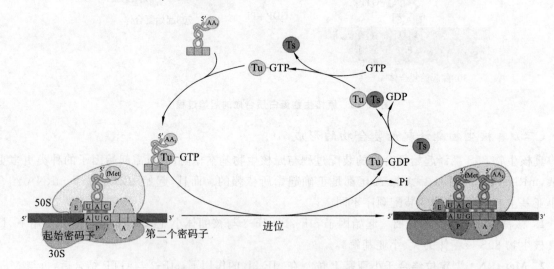

图 16-14 氨基酰-tRNA 进入核糖体的 A 位

原核生物的延长因子 EFT 包括 Tu 与 Ts 两种。Tu 为相对分子质量为 48000 的蛋白质,很不稳定,常温下易失活;Ts 为相对分子质量为 38000 的蛋白质,比较稳定。在肽链延长时,Tu 与 GTP 及氨基酰-tRNA 结合为"氨基酰-tRNA-Tu-GTP"复合物,其中氨基酰-tRNA 再与核糖体复合物结合,EF-Tu 则以"Tu-GDP"形式脱落。EF-Ts 可使"Tu-GDP"中的 GDP 释出,使 Tu 再被利用。

真核生物氨基酰-tRNA 进位时需要先形成 GTP 复合物,这一三元复合物(氨基酰-tRNA-GTP)

的形成需要 eEF-1α,eEF-1βγ 的参与。

2. 成肽 氨基酰-tRNA 进位后,核糖体的 A 位和 P 位上各结合了一个氨基酰-tRNA(或肽酰基 tRNA),在转肽酶的催化下,P 位点上 tRNA 所携带的甲酰甲硫氨酰(或肽酰基)转移给 A 位上新进入的氨基酰-tRNA 的氨基酸上,甲酰甲硫氨酰基的 α-羧基与 A 位氨基酸的 α-氨基形成肽键,此过程称为转肽反应(transpeptidation)。此后,在 P 位点上的 tRNA 成为无负载的 tRNA,而 A 位上的 tRNA 负载的是二肽酰基或多肽酰基(图 16-15)。

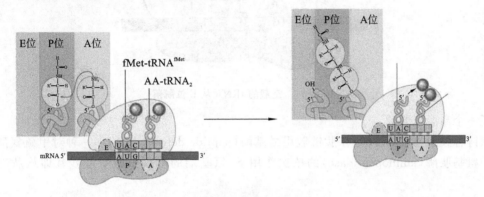

图 16-15 肽键的形成

原核生物的转肽酶位于核糖体大亚基,其中心含有 23S rRNA,该 rRNA 在转肽酶活性中起主要作用。此步反应还需 Mg^{2+} 及 K^+ 的参与。在真核生物中,该酶的活性位于大亚基的 28S rRNA 中。

3. 转位 延长因子 EFG 在结构上与 EFTu-tRNA 类似,可竞争结合核糖体的 A 位,替换肽酰 tRNA。在 EFG 和 GTP 的作用下,核糖体沿 mRNA 链 5′-端→3′-端做相对移动。每次移动一次相当于一个密码子的距离,使得下一个密码子准确定位于 A 位上。与此同时,原来处于 A 位上的二肽酰 tRNA 转移到 P 位,空出 A 位(图 16-16)。而 P 位上空载的 tRNA 进入 E 位,随后从 E 位脱落(图 16-17)。

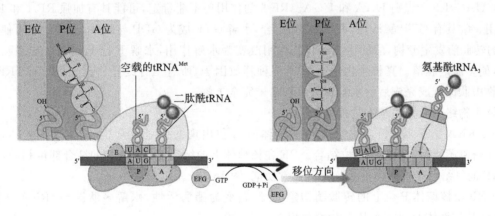

图 16-16 核糖体沿 mRNA 相对移位

真核生物的转位过程需要延长因子 eEF-2。该延长因子的含量和活性直接影响蛋白质的合成速度,因此在细胞适应环境变化过程中是一个重要的调控靶点。

原核生物的延长机制与真核生物不同之处除了延长因子不同外,还有真核生物核糖体大亚基上没有 E 位,成肽反应后位于 P 位的空载 tRNA 从核糖体上直接脱落(图 16-17)。

依次重复上述的进位、肽键形成和移位脱落的循环步骤,每循环一次,肽链就延伸一个氨基酸残基。经过多次重复,肽链不断由 N 端→C 端延长,直到增长到必要的长度。

氨基酸活化生成氨基酰 tRNA 时,需消耗 2 个高能磷酸键。在肽链延长阶段,每生成一个肽键,需要从 2 分子 GTP 获得能量,消耗 2 个高能磷酸键。所以在蛋白质合成过程中,每生成一个肽键,

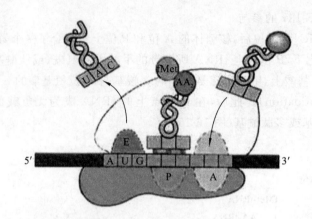

图 16-17 空载的 tRNA 从 E 位脱落

共需消耗 4 个高能磷酸键。

当肽链合成到一定长度时,在肽链脱甲酰基酶(peptide deformylase)和一种对甲硫氨酸残基比较特异的氨基肽酶(aminopeptidase)的依次作用下,氨基端的甲酰甲硫氨酸残基即从肽链上水解脱落。

四、肽链合成的终止(termination)

随着 mRNA 与核糖体的相对移位,肽链不断延长。当肽链延伸至终止密码子 UAA、UAG 或 UGA 出现在核糖体的 A 位时,由于没有相应的 AA-tRNA 与之结合,肽链无法继续延伸。此时,有一类称为终止因子(Termination factor)或称为释放因子(release factor,RF)的蛋白质参与进来,识别终止密码子,并促进 P 位的肽酰-tRNA 的酯键水解。新生的肽链和 tRNA 从核糖体上释放,核糖体大、小亚基解体,蛋白质合成结束。

释放因子 RF 的功能如下:①识别终止密码子:原核生物的 RF 因子有 3 种,其中 RF-1 可识别 UAA 和 UAG,RF-2 识别 UAA 和 UGA。RF-3 的作用还不能肯定,可能具有加强 RF-1 和 RF-2 的终止作用。②具有 GTP 酶活性,可与 GTP 结合,水解 GTP 成为 GDP 与磷酸。③RF 还可使核糖体 P 位上的转肽酶发生变构,酶的活性从转肽作用改变为水解作用,水解 P 位上 tRNA 与多肽链之间的酯键,使多肽链脱落。真核生物仅有 eRF 一种释放因子,所有三种终止密码子均可被 eRF 识别。真核生物中肽链合成完成后的水解释放过程尚未完全了解。

原核生物终止阶段的基本过程如下:

(1)mRNA 指导多肽链合成完毕,在核糖体的 A 位出现终止密码子 UAA,UAG 或 UGA。RF 识别终止密码子,与核糖体的 A 位结合。RF 在核糖体上的结合部位与 EF 的结合部位相同,可防止 EF 与 RF 同时结合于核糖体上而扰乱其正常功能(图 16-18)。

(2)RF 使核糖体 P 位上的转肽酶构象改变,转变为酯酶活性,水解多肽链与 tRNA 之间的酯键,多肽链从核糖体及 tRNA 从 P 位释放出来。

(3)核糖体与 mRNA 分离,核糖体 P 位上的 tRNA 和 A 位上的 RF 脱落。在起始因子 IF-3 的作用下,核糖体解离为大小亚基,重新进入核糖体循环。

以上是单个核糖体合成多肽链的情况。实际上,无论是原核细胞还是真核细胞,一条 mRNA 模板链上可同时结合 10~100 个核糖体进行蛋白质合成,这样的复合体称为多聚核糖体(polyribosome,or polysome)(图 16-19)。这些核糖体依次结合起始密码子并沿 $5' \rightarrow 3'$ 方向读码移动,同时进行肽链合成。多核糖体中的核糖体数目,视其所附着的 mRNA 大小而不同。例如,血红蛋白多肽链的 mRNA 分子较小,只能附着 5~6 个核糖体,而合成肌球蛋白肽链(重链)的 mRNA 较大,可以附着 60 个左右核糖体(表 16-5)。

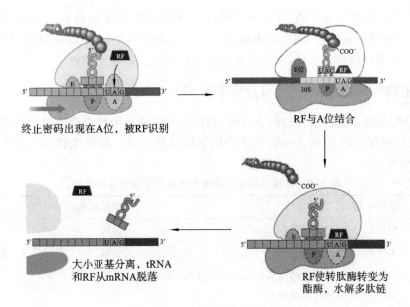

终止密码出现在A位，被RF识别

RF与A位结合

大小亚基分离，tRNA
和RF从mRNA脱落

RF使转肽酶转变为
酯酶，水解多肽链

图 16-18 肽链的终止与释放

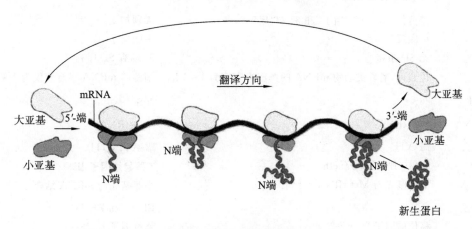

图 16-19 多聚核糖体

表 16-5 多肽链的相对分子质量与多核糖体上核糖体数的关系

多肽链	多肽链的相对分子质量	多核糖体上核糖体数	mRNA的相对分子质量
珠蛋白	16500	5～6	170000～220000
肌红蛋白	17000	5～6	—
肌球蛋白轻链	17000	5～9	—
原肌球蛋白	30000～50000	5～9	—
免疫球蛋白轻链	22500	6～8	410000
免疫球蛋白重链	55000	16～25	700000
肌纤蛋白	60000～70000	15～25	—
原胶原	100000	30	
β-半乳糖苷酶	135000	50	
肌球蛋白重链	200000	60～80	—

每一个核糖体每秒钟可翻译约 40 个密码子，即每秒钟可以合成相当于一个由 40 个左右氨基酸残基组成的，相对分子质量约为 4000 的多肽链。多个核糖体利用同一条 mRNA 模板，按照不同进程各自同时合成多条相同的多肽链，从而大大提高了肽链合成的速度和效率。

五、真核生物与原核生物蛋白质合成的异同

以哺乳类动物为代表的真核生物的蛋白质的合成，与以细菌为代表的原核生物的蛋白质的合成有很多共同点，但亦有差别，这些差别有些已应用于医药学方面。原核生物与真核生物蛋白质合成的异同如表 16-6 所示。

表 16-6 真核生物与原核生物蛋白质生物合成的异同

	真核生物	原核生物
遗传密码	相同	相同
翻译体系	相似	相似
转录与翻译	不偶联，转录和翻译的间隔约 15 min；mRNA 前体需加工，从细胞核运至细胞质	偶联
起始因子	多、起始复杂	少
mRNA	需剪接，加 5′-端"帽子"和 3′-端"尾巴" 单顺反子 无 SD 序列 代谢慢，哺乳类动物 mRNA 的典型半衰期为 4~6 h	无须加工 多顺反子 5′-端有 SD 序列 细菌的 mRNA 半衰期仅为 1~3 min
核糖体	80S	70S
起始 tRNA	Met-tRNA$_i^{Met}$	fmet-tRNA$_i^{fMet}$
起始阶段	需 ATP 9~10 种起始因子 eIF 小亚基先与 Met-tRNA$_i^{met}$ 结合	需 ATP,GTP 3 种起始因子 IF 小亚基先与 mRNA 结合
延长阶段	eEF-1 移位的因子为 eEF-2 没有 E 位，空载 tRNA 直接从 P 位脱离	EF-Tu 和 EF-Ts 移位因子为 EFG 空载 tRNA 从 E 位释放
终止阶段	1 种 RF 识别 3 种终止密码子	3 种 RF

第三节 肽链生物合成后的加工和靶向输送

一、新生多肽链的加工修饰

从核糖体上释放出来的新生多肽链不具备生物学活性，必须经过复杂的加工修饰和正确折叠才能转变为具有天然构象的功能蛋白质，该过程称为翻译后加工（post-translational processing），主要包括多肽链折叠为天然的三维构象、肽链一级结构的修饰、肽链空间结构的修饰等。新生多肽链在空间上形成正确折叠的信息储存在其一级结构的氨基酸排列顺序中，并且需要其他蛋白质的参与。另外，在细胞质的核糖体上合成的蛋白质还需要靶向运送至特定的亚细胞部位，如线粒体、溶酶体、细胞核，有的分泌到细胞外，并在靶位点发挥各自的生物学功能。

（一）羧基端的修饰

真核生物中，新合成肽链的第一个氨基酸残基是甲硫氨酸（在原核生物中是甲酰甲硫氨酸），当

肽链合成达15～30个氨基酸残基时,起始的甲硫氨酸在氨基肽酶的作用下被水解去除,而原核生物起始的甲酰甲硫氨酸则在脱甲酰基酶的作用下先去除甲酰基,再水解脱去甲硫氨酸。真核生物分泌蛋白 N-端的信号肽在成熟过程中也会被切除。

此外。在真核细胞中约有 50% 的蛋白质在翻译后会发生 N-端乙酰化。还有些蛋白质分子的羧基端也需要进行修饰。

(二)多肽链的水解修饰

分泌性蛋白质(secretory protein)如白蛋白、免疫球蛋白与催乳素(prolactin)等,合成时带有一段称为"信号肽(signal peptide)"的肽段。信号肽段由15～30个氨基酸残基构成,其氨基端为亲水区段,常为1～7个氨基酸;中心区以疏水氨基酸为主,由15～19个氨基酸残基构成,在分泌时起决定作用。分泌蛋白合成后进入内质网腔,由内质网腔面的信号肽酶催化,切除信号肽段,并进一步在内质网和高尔基体中进行加工。多数蛋白质由没有生物学功能的前体构象转变为有生物学功能的成熟蛋白质,如胰岛素原是由 84 个氨基酸组成的肽链,其 N-端为 23 个氨基酸残基的信号肽,在转运至高尔基体的过程中被切除。最后形成由 A 链、B 链组成的活性胰岛素(图 16-20)。也有一些蛋白质以酶原或蛋白质前体的形式分泌,在细胞外进一步加工剪切。如胰蛋白酶原,胃蛋白酶原,糜蛋白酶原的激活。

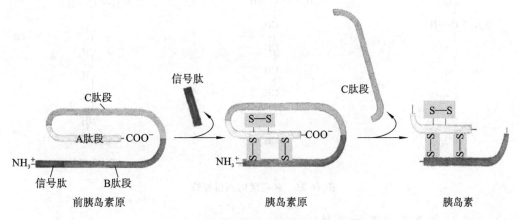

C肽段 A肽段 —COO⁻ 信号肽 B肽段 NH₃⁺
前胰岛素原

信号肽 S—S —COO⁻ NH₃⁺
胰岛素原

C肽段 S—S S—S S—S
胰岛素

图 16-20 前胰岛素原的剪切加工

(三)氨基酸侧链的化学修饰

在特异性酶的催化下,蛋白质多肽链中的某些氨基酸侧链进行化学修饰,类型包括磷酸化、羟基化、糖基化、甲基化、乙酰化和亲脂性修饰等(图 16-21)。

已发现蛋白质中存在 100 多种修饰氨基酸,这些修饰氨基酸对蛋白质的生物学特性或代谢至关重要。这些修饰可进一步改变蛋白质的溶解度、稳定性、亚细胞定位及与其他细胞蛋白质的相互作用等,使蛋白质的功能具有多样性

1. 磷酸化修饰 某些蛋白质分子中的丝氨酸、苏氨酸、酪氨酸残基的羟基,在酶催化下被 ATP 磷酸化。磷酸化在酶的活性调节中有重要意义。

2. 羟基化修饰 胶原中羟脯氨酸和羟赖氨酸是脯氨酸和赖氨酸经羟化反应形成的。

3. 羧基化修饰 某些蛋白质,如凝血酶等凝血因子,含有多个 γ-羧基 Glu,该羧基是在 Vit K 酶催化下进行的。

4. 甲基化修饰 某些蛋白质中的赖氨酸残基需要甲基化,某些谷氨酸残基的羧基也要甲基化,以除去负电荷。

5. 糖基化修饰 游离的核糖体合成的多肽链一般不带糖链,膜结合的核糖体所合成的多肽链通常带有糖链。糖蛋白(glycoprotein)是一类含糖的结合蛋白质,由共价键相连的蛋白质和糖两部分组成。糖蛋白中的糖链与多肽链之间的连接方式可分为 N-连接和 O-连接两种类型。N-连接糖蛋

NOTE

白的寡糖链通过 N-乙酰葡糖胺与多肽链中天冬酰胺残基的酰胺氮以 N-糖苷键连接,O-连接糖蛋白的寡糖链通过 N-乙酰半乳糖胺与多肽链中丝氨酸或苏氨酸残基的羟基以 O-糖苷键连接,由糖基转移酶催化。糖链在内质网和高尔基体中合成及加工,从内质网开始,至高尔基体内完成。

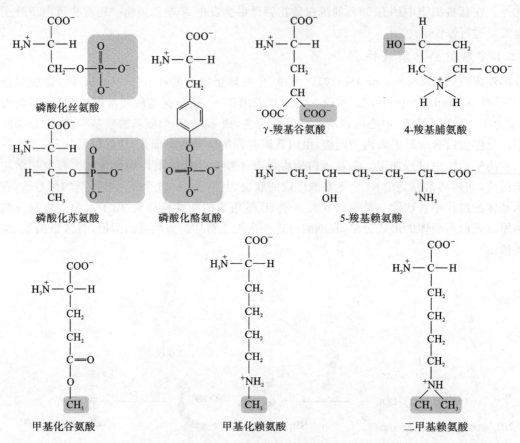

图 16-21　氨基酸的侧链修饰

（四）亚基的聚合及辅基的连接

有些多肽链合成后,除了正确折叠成天然空间构象之外,还需要经过某些其他的空间结构的修饰,才能成为有完整天然构象和全部生物学功能的蛋白质。

1. 亚基的聚合　寡聚蛋白质则由多个亚基组成,各个亚基相互聚合时所需要的信息,蕴藏在每条肽链的氨基酸序列之中,而且这种聚合过程往往又有一定的先后顺序,前一步聚合常可促进后一聚合步骤的进行。如成人血红蛋白 HbA 由两条 α 链、两条 β 链及 4 个血红素辅基组成。从多核糖体合成释放的游离 α 链可与尚未从多核糖体释放的 β 链相连,然后一起从多核糖体上脱落,再与线粒体内生成的两分子血红素结合,形成 αβ 二聚体。然后,两个 αβ 二聚体聚合形成完整的血红蛋白分子（图 16-22）。

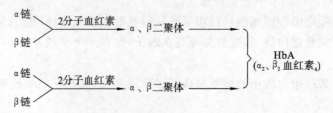

图 16-22　血红蛋白的辅基结合及亚基聚合过程

2. 辅基的连接　结合蛋白质除多肽链外,还含有各种辅基组成。故其蛋白质多肽链合成后,还需要经过一定的方式与特定的辅基结合。如糖蛋白、脂蛋白、色素蛋白、金属蛋白、各种带辅基的酶类等,其非蛋白部分(辅基)都是合成后连接上去的,这类蛋白质只有结合了相应的辅基,才能成为天然有活性的蛋白质。辅基(辅酶)与肽链的结合过程十分复杂,很多细节尚在研究中。

(五) 多肽链的正确折叠及天然构象的形成

新生肽链只有正确折叠形成三维构象才能实现其生物学功能。体内蛋白质的折叠与肽链合成同步进行,新生肽链 N-端在核糖体上一出现,肽链的折叠即开始;随着序列的不断延伸,肽链逐步折叠,产生正确的二级结构、模序、结构域直至形成完整的空间构象。

细胞中大多数天然蛋白质的折叠都不能自发完成,多肽链准确折叠和组装需要两类蛋白质:分子伴侣和折叠酶。

帮助新生多肽链按特定方式实现正确折叠的蛋白质分子被称为分子伴侣(molecular chaperone)。它广泛存在于从细菌到人的细胞中,是蛋白质合成过程中形成空间结构的控制因子,在新生肽链的折叠和穿膜进入细胞器的转位过程中起关键作用。有些分子伴侣可以与未折叠的肽段(疏水部分)进行可逆结合,防止肽链降解或侧链非特异聚集,辅助二硫键的正确形成;有些则可引导某些肽链正确折叠并集合多条肽链成为较大的结构。常见的分子伴侣包括热休克蛋白(heat shock protein,HSP)和伴侣素(chaperonins)。热休克蛋白因在加热时可被诱导表达而得名。分子伴侣的作用机理如图 16-23。

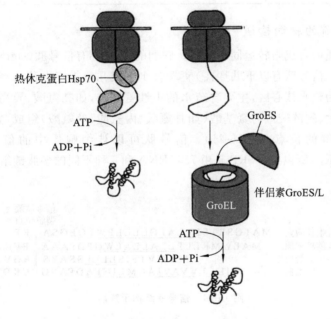

图 16-23　热休克蛋白及伴侣素 GroES/L 的作用机理

折叠酶包括蛋白质二硫键异构酶(protein disulfide isomerase,PDI)和肽-脯氨酰顺反异构酶(peptide prolyl cis-trans isomerase,PPI)。二硫键异构酶在内质网腔活性很高,可以识别和水解错配的二硫键,重新形成正确的二硫键,辅助蛋白质形成热力学最稳定的天然构象。

多肽链中肽酰-脯氨酸间的肽键存在顺反两种异构体,两者在空间构象上存在明显差别。肽-脯氨酰顺反异构酶可促进这两种顺反异构体之间的转换。在肽链合成需形成顺式构型时,此酶可在各脯氨酸弯折处形成准确折叠。肽酰-脯氨酰顺反异构酶是蛋白质三维构象形成的限速酶。

二、蛋白质的靶向输送

蛋白质合成后在细胞内被定向输送到其发挥作用部位的过程称为蛋白质的靶向输送(protein targeting)或蛋白质分选。所有靶向输送的蛋白质一级结构中都存在分选信号,可引导蛋白质转移

知识链接 16-3

到特定靶部位。这类序列称为信号序列,是决定蛋白靶向输送特性的最重要原件。这些序列在肽链中可位于 N-端、C-端或肽链内部,有的输送完被切除,有的保留。转运方式为翻译转运同步和翻译后转运。

所有靶向输送的蛋白质在其一级结构中均存在分选信号,其中大多数为 N-端特异氨基酸序列,它们可引导蛋白质运送到细胞的特定靶部位,称为信号序列(signal sequence)。信号序列是决定蛋白靶向输送特性的最重要原件,通常位于被转运多肽链的 N-端,由 10~40 个氨基酸残基组成,富含高度疏水性的氨基酸(表 16-7)。这些序列有的输送完被切除,有的保留。转运方式为翻译转运同步和翻译后转运。

表 16-7 靶向输送蛋白的信号序列

细胞器蛋白	信号序列
内质网腔蛋白	N-端信号肽,C-端 KDEL 序列(-Lys-Asp-Glu-Leu-COO-)
线粒体蛋白	N-端 20~35 个氨基酸残基
核蛋白	核定位序列(-Pro-Pro-Lys-Lys-Lys-Arg-Lys-Val-,SV40 T 抗原)
过氧化体蛋白	PST 序列(-Ser-Lys-Leu-)
溶酶体蛋白	甘露糖-6-磷酸

(一)分泌蛋白质的靶向输送

细胞内分泌蛋白质的合成与转运同时发生。它们的 N-端都有信号肽(signal peptide)结构,由数十个氨基酸残基组成。信号肽有以下共性:①N-端含 1 个或几个带正电荷的碱性氨基酸残基,如赖氨酸、精氨酸;②中段为疏水核心区,主要含疏水的中性氨基酸,如亮氨酸、异亮氨酸等;③C-端加工区由一些极性相对较大、侧链较短的氨基酸(如甘氨酸、丙氨酸、丝氨酸)组成,紧接着是被信号肽酶(signal peptidase)裂解的位点(图 16-24)。信号肽可以被细胞质中的信号识别颗粒(signal recognition particle,SRP)所识别。SRP 是由 7SL-RNA 和 6 种不同的多肽链组成的 RNA-蛋白质复合体。

```
                                          信号肽酶
                                          裂解位点
人生长激素    MATGSRTSLLLAFGLLCLPWLQEGSA    FPT
人胰岛素原    MALWMRLLPLLALLALWGPDPAAA      FVN
牛血清蛋白原        MKWVTFISLLLFSSAYS      RGV
果蝇胶蛋白     MKLLVVAVIACMLIGFADPASG       CKD
```

图 16-24 信号肽结构示意图

分泌蛋白质翻译同步转运的主要过程包括:①信号肽部分位于 N 端在核糖体上首先被合成,并被 SRP 所捕捉,SRP 与信号肽、GTP 及核糖体结合;②SRP 引导核糖体-多肽-SRP 复合物,识别结合内质网膜上的 SRP 受体;③在内质网膜上,肽转位复合物(peptide translocation complex)形成跨内质网膜的蛋白质通道,正在合成的肽链穿过内质网孔进入内质网;④SRP 脱离信号肽和核糖体,肽链继续延长直至完成;⑤信号肽在内质网内被信号肽酶切除;⑥肽链在内质网中折叠形成最终构象,随内质网膜"出芽"形成的囊泡转移至高尔基体,并在此继续加工后储于分泌小泡,转运至细胞膜,最后将分泌蛋白质排出细胞外(图 16-25、图 16-26)。⑦蛋白质合成结束,核糖体等各成分解聚并恢复到翻译起始前的状态,再循环利用。

(二)线粒体蛋白的跨膜转运

线粒体蛋白的输送属于翻译后转运。90%以上线粒体蛋白前体在胞液游离核糖体合成后输送到线粒体,其中大部分定位于基质,其他定位内、外膜或膜间隙。线粒体蛋白 N-末端都有相应信号

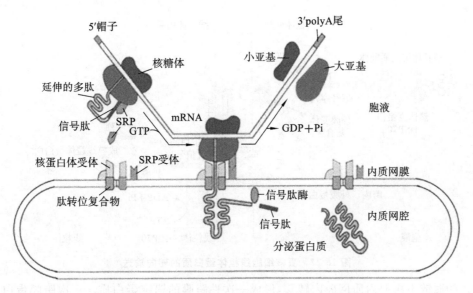

图 16-25 信号肽引导翻译中的多肽链转运至内质网

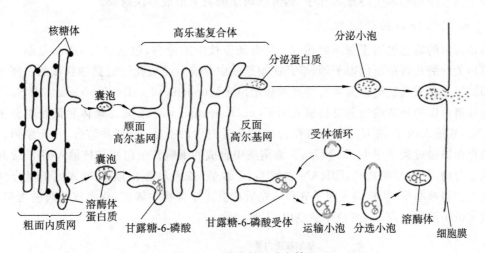

图 16-26 囊泡的形成和转运

序列,如线粒体蛋白前体的 N-末端含有保守的 12～30 个氨基酸残基构成的信号序列,称为前导肽。前导肽一般具有如下特性:富含丝氨酸和苏氨酸和带正电荷的碱性氨基酸(主要是 Arg 和 Lys),不含酸性氨基酸;有形成两性(亲水和疏水)α-螺旋的能力。

线粒体蛋白翻译后转运过程:①新合成的线粒体蛋白与热激蛋白或线粒体输入刺激因子结合,以稳定的未折叠形式转运至线粒体外膜;②通过信号序列识别,结合线粒体外膜的受体复合物;③在热激蛋白水解 ATP 和跨内膜电化学梯度的动力共同作用下,蛋白质穿过由外膜转运体和内膜转运体共同构成的跨膜蛋白质通道,进入线粒体基质;④蛋白质前体被蛋白酶切除信号序列,在分子伴侣作用下折叠成有功能构象的蛋白质(图 16-27)。

(三)质膜蛋白质向细胞膜的转运

定位于细胞质膜的蛋白质的靶向跨膜机制与分泌蛋白质相似。不过,质膜蛋白质的肽链并不完全进入内质网腔,而是锚定在内质网膜上,通过内质网膜"出芽"而形成囊泡。随后,跨膜蛋白质随囊泡转移到高尔基体加工,再随囊泡转运至细胞膜,最终于细胞膜融合而构成新的质膜。

不同类型的跨膜蛋白质以不同的形式锚定于膜上。例如,单跨膜蛋白质的肽链中除 N-端的信号序列外,还有一段由疏水性氨基酸残基构成的跨膜序列,即终止转移序列,是跨膜蛋白质在膜上的嵌入区域。当合成中的肽链向内质网腔导入时,疏水的终止转移序列可与内质网膜的脂双层结合,

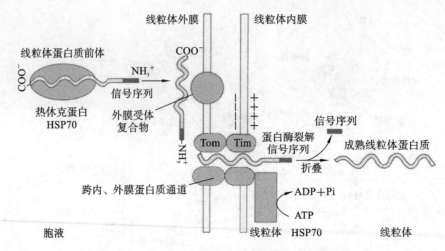

图 16-27　真核细胞线粒体蛋白质的靶向输送

从而使导入的肽链不再向内质网腔内转移,形成一次性跨膜的锚定蛋白质。多次跨膜蛋白质的肽链中因有多个信号序列和多个终止转移序列,可在内质网膜上形成多次跨膜。

(四)核定位蛋白的转运机制

细胞核蛋白的输送也属于翻译后转运。所有细胞核中的蛋白,包括参与 DNA 复制、转录、基因表达调控相关的酶及各种蛋白因子等,都是在细胞质中合成后经核孔转运到细胞核的。所有被靶向输送的细胞核蛋白质其肽链内都含有特异的核定位序列(nuclear localization signal,NLS)。

细胞核蛋白质的靶向输送需要核输入因子(nuclear importin)αβ 异二聚体和低相对分子质量 G 蛋白 RAN。核输入因子 αβ 异二聚体可作为细胞核蛋白质的受体,识别并结合 NLS 序列。细胞核蛋白质的靶向输送过程如图 16-28 所示:①细胞质中合成的细胞核蛋白质与核输入因子 αβ 异二聚体结合形成复合物,并被导向核孔;②RAN 水解 GTP 释能,细胞核蛋白质-核输入因子复合物通过耗能机制进入细胞核基质;③核输入因子 β 和 α 先后从上述复合物中解离,移出核孔而被再利用,细胞核蛋白质定位于细胞核内,NLS 位于肽链内,不被切除。

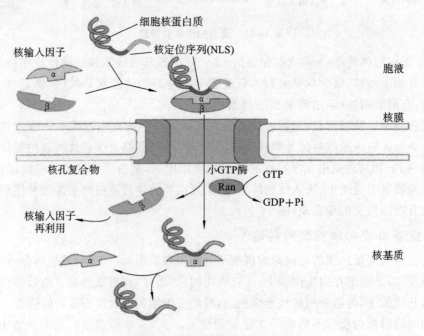

图 16-28　细胞核蛋白的靶向输送

第四节 蛋白质生物合成干扰和抑制

蛋白质的生物合成是许多药物和毒素的作用靶点。这些药物或毒素可以通过阻断真核或原核生物蛋白质合成体系中某组分的功能,从而干扰和抑制翻译过程。

一、抗生素对蛋白质生物合成的影响

抗生素(antibiotics)是一类由某些真菌、细菌等微生物产生的药物,有抑制其他微生物生长或杀死其他微生物的能力。某些抗生素可抑制细胞的蛋白质合成,仅仅作用于原核细胞蛋白质合成的抗生素可作为抗菌药,抑制细菌生长和繁殖、预防和治疗感染性疾病。作用于真核细胞的蛋白质合成的抗生素可以作为抗肿瘤药(表 16-8)。

表 16-8 抗生素对蛋白质生物合成的抑制作用

抗生素	作用点	作用原理
四环素族	30S 亚基、40S 亚基	阻碍氨基酰-tRNA 与小亚基结合;易进入菌体,但不易透入哺乳类动物细胞
链霉素、卡那霉素、新霉素	30S 亚基	抑制起始,造成误译等
氯霉素	50S 亚基	抑制转肽酶,干扰 mRNA 与核糖体结合等
红霉素	50S 亚基	抑制转肽酶,妨碍移位等
嘌呤霉素	50S 亚基、60S 亚基	使核糖体上肽链过早脱落
环己酰亚胺	60S 亚基	抑制转肽酶,妨碍肽链延长
链梭孢酸(fusidic acid)	EFG eEF-2	妨碍肽链延长,阻止 GTP 水解后,延长因子 EFG(或 eEF-2)与 GDP 的复合物由核糖体上释下

(一)抑制肽链合成起始的抗生素

伊短菌素(edeine)引起 mRNA 在核糖体上错位,从而阻碍翻译起始复合物的形成,对所有生物的蛋白质合成均有抑制作用。伊短菌素还可以影响起始 tRNA 的就位和 IF-3 的功能。晚霉素(evernimicin)结合于 23S rRNA,阻止 fMet-tRNA$_i^{fMet}$ 的结合。

(二)抑制肽链延长的抗生素

1. 干扰进位的抗生素 四环素(tetracycline)特异性结合 30S 小亚基的 A 位,抑制氨基酰-tRNA 的进位。粉霉素(pulvomycin)可降低 EF-Tu 的 GTP 酶活性,从而抑制 EF-Tu 与氨基酰-tRNA 结合,黄色霉素(kirromycin)阻止 EF-Tu 从核糖体释放。

2. 引起读码错误的抗生素 氨基糖苷(aminoglycoside)类抗生素能与 30S 小亚基结合,影响翻译的准确性。例如,链霉素(streptomycin)与 30S 亚基结合,改变 A 位上氨基酰-tRNA 与其对应的密码子配对的准确性和效率,使氨基酰-tRNA 与 mRNA 错配;潮霉素(hygromycin)和新霉素(neomycin)能与 16S rRNA 及 rpS12 结合,干扰 30S 亚基的解码错误,引起读码错误。这些抗生素均能使延长中的肽链引入错误的氨基酸残基,改变细菌蛋白质的忠实性。

3. 影响成肽的抗生素 氯霉素(chloramphenicol)可结合核糖体 50S 亚基、阻止由转肽酶催化的肽键形成;林可霉素(lincomycin)作用于 A 位和 P 位,阻止 tRNA 在这两个位置就位而抑制肽键形成;大环内酯类(macrolide)抗生素如红霉素(erythromycin)能与核糖体 50S 亚基中肽链排出通道结合,阻止新生肽链从核糖体大亚基中排出,从而阻止肽键的进一步形成;嘌呤霉素(puromycin)的结构与酪氨酰-tRNA 相似,在翻译中取代酪氨酰-tRNA 而进入核糖体 A 位,中断肽链合成;放线菌

酮(cycloheximide)特异性抑制真核生物核糖体转肽酶的活性。

4. 影响转位的抗生素 夫西地酸(fusidic acid)、硫链丝菌肽(thiostrepton)和微球菌素(microccocin)抑制 EF-G 的活性,阻止核糖体转位。大观霉素(spectinomycin)结合核糖体 30S 亚基,阻碍小亚基变构,抑制 EF-G 催化的转位反应。

二、其他干扰蛋白质合成的物质

(一)毒素

常见的抑制人体蛋白质生物合成的毒素蛋白包括细菌毒素与植物毒蛋白。

1. 细菌毒素 细菌毒素与细菌的致病性密切相关,可以分为两种:外毒素(exotoxin)和内毒素(endotoxin)。菌体外毒素大多是蛋白质,如白喉杆菌、破伤风杆菌、肉毒杆菌等分泌的毒素。而菌体内毒素是脂多糖和蛋白质的复合体,如赤痢杆菌、霍乱弧菌及绿脓杆菌等产生的毒素。

白喉毒素是白喉杆菌产生的毒蛋白,由 A、B 两链组成。A 链有催化作用;B 链可与细胞表面特异受体结合,帮助 A 链进入细胞。进入胞质的 A 链可催化延长因子 eEF-2 进行化学修饰,使 eEF-2 添加 ADP-核糖而失活:

$$NAD^+ + eEF\text{-}2(有活性) \xrightarrow{\text{白喉毒素 A 链}} eEF\text{-}2\text{-}核糖\text{-}ADP(无活性) + 尼克酰胺$$

延长因子 eEF-2 在生物合成后,多肽链中的特异组氨酸经加工修饰,形成一种称为白喉酰胺(diphthamide)的衍生物。在白喉毒素 A 链催化下,白喉酰胺可与 NAD^+ 核糖的 $1'C$ 结合生成 eEF-2-核糖-ADP。后者虽仍可附着于核糖体,并与 GTP 结合,但不能促进核糖体移位,从而抑制真核生物的蛋白质合成。白喉毒素的毒性很大,$0.05\ \mu g$ 白喉毒素可使一只豚鼠致命。

绿脓杆菌也是毒力很强的细菌,它的外毒素 A(exotoxin A)与白喉毒素相似,通过分子中的糖链与细胞表面相作用而进入细胞,裂解为 A、B 两链。A 链具有酶活性,以白喉毒素 A 链同样的作用方式抑制蛋白质的生物合成。

志贺杆菌可引起肠伤寒,其毒素也可抑制脊椎动物的肽链延长,其作用机制与白喉毒素有所不同。志贺毒素(Shigella toxin)不含糖,由一条 A 链与 6 条 B 链构成。B 链介导毒素与靶细胞受体结合,帮助 A 链进入细胞。A 链进入细胞后裂解为 A1 与 A2。A1 具有酶活性,使 60S 亚基灭活,tRNA 进位或移位发生障碍。

2. 植物毒蛋白(phytotoxic protein) 某些植物毒蛋白也是肽链延长的抑制剂。如红豆所含的红豆碱(abrin)与蓖麻籽所含的蓖麻蛋白(ricin)都可与真核生物核糖体的 60S 亚基结合,抑制其肽链延伸阶段。

蓖麻蛋白毒力很强,对某些动物每公斤仅 $0.1\ \mu g$,即足以致死。该蛋白质亦由 A、B 两条链组成,两者以二硫键相连。B 链具有凝集素的功能,可与细胞膜上含乳糖苷的糖蛋白(或糖脂)结合,还原二硫键;A 链具有核糖苷酶的活性,可与 60S 亚基结合,切除 28S rRNA 的 4,324 位腺苷酸,间接抑制 eEF-2 的作用,阻断肽链延长。A 链在无细胞蛋白质合成体系中可单独起作用,但在完整细胞中必须有 B 链存在才能进入细胞,抑制蛋白质的生物合成。

蓖麻蛋白与白喉毒素两条链相互配合的作用模式给予人们启示,提出可以抗肿瘤抗体起引导作用,与这类毒素的毒性肽结合,然后引入人体,定向附着于癌细胞而起抗肿瘤的作用。这种经人工改造的毒素称为免疫毒素(immunotoxin)。然而,由于对传染病的预防注射,人体内常具有白喉毒素的抗毒素,所以用白喉毒素制备免疫毒素的使用效果时,可因人体内白喉抗毒素的存在而削弱。由于人体内通常没有无对蓖麻蛋白的抗毒素,所以使用蓖麻蛋白制备免疫毒素优于白喉毒素。

除蓖麻蛋白等由两条肽链组成的植物毒素外,还有一类单肽链、相对分子质量为 30000 左右的碱性植物蛋白质,也起到核糖体灭活蛋白(ribosome-inactivating protein)的作用,如天花粉蛋白(trichosanthin)、肥皂草素(saponin)、苦瓜素(momorcharin)等。这类毒素具有 RNA 糖苷酶的活性,可使真核生物核糖体的 60S 亚基失活,其原理与蓖麻蛋白 A 链相同。

(二)干扰素

干扰素(interferon)是细胞感染病毒后产生的一类特殊蛋白质,它可抑制病毒繁殖,保护宿主。干扰素在双股 RNA(如某些病毒 RNA)存在时,可抑制细胞内蛋白质的生物合成,从而阻止病毒的繁殖,其机制如图 16-29 所示。

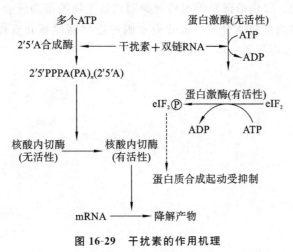

图 16-29 干扰素的作用机理

(1)干扰素可活化一种蛋白激酶,而这种激酶可使哺乳类动物的起始因子 eIF-2 磷酸化,由此抑制蛋白质的生物合成。

(2)干扰素与双链 RNA 可共同活化 $2',5'$-A 合成酶,催化多个 ATP 转变为一种特殊的多聚腺苷酸。这种多聚腺苷酸与一般的多核苷酸不同,核苷酸之间不是以 $3',5'$-磷酸二酯键连接,而是以 $2',5'$-磷酸二酯键相连,简称为 $2',5'$-A。$2',5'$-A 则可活化核酸内切酶,使 mRNA 降解。

小结

蛋白质的生物合成也称为翻译,是基因表达的最终环节。其合成体系由氨基酸、mRNA、tRNA、核糖体、某些酶与蛋白质因子、供能物质(ATP、GTP)、无机离子(Mg^{2+}、K^+)等共同组成。mRNA 上每 3 个核苷酸一组,在蛋白质生物合成中代表某种特定的氨基酸或蛋白质合成/终止的信号,称为遗传密码。由此 mRNA 开放阅读框的核苷酸序列决定着蛋白质合成的氨基酸序列。其中的单个遗传密码称为密码子。密码子共有 64 个,除 UAA、UGA、UAG 代表终止信号外,其他 61 种密码子都代表相应的氨基酸,其中位于 mRNA5′-端的 AUG 不仅代表甲硫氨酸,而且代表翻译的起始信号。遗传密码具有方向性、连续性、简并性、摆动性、通用性等特点。核糖体是蛋白质合成的“装配机”,其主要功能部位包括 P 位,A 位,E 位,转肽酶活性部位等。真核生物的核糖体没有 E 位。

蛋白质的生物合成过程包括氨基酸的活化与转运,肽链合成的起始,肽链延长和肽链合成的终止。氨基酸的活化是指特异氨基酸与特异 tRNA 在氨基酰-tRNA 合成酶的催化下生成氨基酰-tRNA 的过程。肽链合成的起始是形成由 mRNA、核糖体和起始氨基酰-tRNA 组成的起始复合物,需要消耗 GTP。延长阶段是包括进位、成肽和移位三个步骤的核糖体循环过程,每循环一次,多肽链由 N-端→C-端延长一个氨基酸残基。在终止阶段,核糖体 A 位出现终止密码子,在终止因子作用下,转肽酶转变为水解酶活性,将合成完毕的肽链水解释出,核糖体随之从 mRNA 上脱落,解离为大、小亚基。每生成一个肽键,共需消耗四个高能磷酸键。多个核糖体可以同时利用一条 mRNA 分子,合成多条相同的多肽链,从而提高翻译的效率。真核生物的蛋白质生物合成与原核生物基本相似,但体系及过程更为复杂。

新生多肽链合成后需要折叠成天然的空间构象并经过多种加工修饰过程,才能转变为具有生物学功能的蛋白质。二硫键异构酶、肽-脯氨酰顺反异构酶、分子伴侣等参与了新生多肽链的正确折叠。常见的加工方式包括：N-端起始的氨基酸的切除、肽链的水解切除、氨基酸残基侧链的修饰、亚基的聚合及辅基的连接等。加工后的蛋白质在自身信号的指引下被靶向输送到特定部位发挥生物学作用。

蛋白质合成的阻断剂与医学有密切关系，某些抗生素、细菌毒素、植物毒蛋白，以及干扰素等都对蛋白质合成有阻断作用。如白喉毒素等可特异抑制真核生物的蛋白质合成，氯霉素、链霉素、四环素等可特异抑制原核生物的蛋白质合成。嘌呤霉素则可以抑制原核和真核生物的肽链延长。多种抗生素的抗菌、抗肿瘤作用均与蛋白质合成过程有关。

（扈瑞平）

第十七章　基因表达的调控

 　教学目标

- 基因表达的方式和特异性
- 乳糖操纵子和色氨酸操纵子的结构和功能
- 真核生物基因表达调控的结构基础及特点
- 真核生物转录水平的调控特点

扫码看课件

　　所有生物在生长发育和分化过程中,为适应环境变化,选择性、程序性地适度表达各种相关基因,是生命现象中至关重要的过程。长期进化过程中,生物体学会了对基因表达的开启、关闭以及活跃强度进行准确而细致的调控。基因表达的调控赋予了生物面对生物圈复杂纷繁的环境,拥有高超和灵敏的生存能力和应变能力。具体来说,在原核生物中,一些酶基因的表达表现出对环境变化的适应性调整;在真核生物中,复杂的调控表现在基因活化、转录及后加工、信使 RNA 的转移、翻译及后加工等多道环节上。

第一节　概　　述

一、基因表达与调控的概念

　　基因(gene)是遗传的基本单元,负责编码 RNA 或者一条多肽的 DNA 片段。该片段包括编码序列、插入片段和侧翼序列。当然在某些病毒或者类病毒中,RNA 也可以携带遗传信息。1961 年 Francis Jacob 和 Jacques Monod 提出了经典的调节蛋白质合成的操纵子学说,由此开启了基因表达调控研究的大门。2001 年,人类基因组(human genome)序列草图全部完成,并在 *Nature* 和 *Science* 杂志上同时宣布,由此探索基因开关、蛋白质的活性和作用等成为下一个分子生物学研究的热点。

　　基因组(genome)则是携带生物整套遗传信息的遗传物质。原核生物和噬菌体中,单个环状 DNA 就是包括了全部基因的基因组;真核生物的基因组是所有染色体包含的 DNA,称为染色体基因组。因为真核细胞含有线粒体和叶绿体,所以各自称为线粒体基因组和叶绿体基因组。

　　基因表达(gene expression)是基因转录及翻译的过程,也是基因所携带的遗传信息表现为表型的过程,包括:基因转录成互补的 RNA 序列;对于蛋白质编码基因,mRNA 继而翻译成多肽链,并装配加工成最终的蛋白质产物。典型的基因表达是基因经过转录、翻译,产生有生物活性蛋白质的过程。

　　从微生物到人体,生物基因组遗传信息的表达强度有各种差异性。大肠杆菌基因组有约 1000 个基因,一般也只有 5％的基因处于高水平转录状态;真核生物细胞含有的基因数以万计,也只有 2％～15％的基因是转录活化状态;人体器官中基因开放比例较高的肝细胞,一般最多 20％的基因处于表达状态。位于基因组内的基因如何被表达成为有功能的蛋白质(或 RNA),在什么组织表达,什么时候表达,表达多少等,即为基因表达调控(regulation of gene expression)。其本质是细胞或生物体在接受内外环境信号刺激时或适应环境变化的过程中在基因表达水平上做出应答的分子机制。可以说,基因表达调控是生物个体适应环境、维系生长、发育、分化的需要。

二、基因表达调控的特异性

无论是病毒、细菌,还是多细胞生物,乃至高等哺乳类动物,基因表达表现为严格的规律性,即时间、空间特异性。生物物种越高级,基因表达规律越复杂、越精细。基因表达的时间、空间特异性由特异基因的启动子(序列)和(或)增强子与调节蛋白相互作用而决定。

1. 时间特异性 细胞分化发育的不同时期,按功能需要,某一特定基因的表达严格按一定的时间顺序发生,称之为基因表达的时间特异性(temporal specificity)。多细胞生物基因表达的时间特异性又称阶段特异性(stage specificity)。

一个受精卵含有发育成一个成熟个体的全部遗传信息,在个体发育分化的各个阶段,各种基因极为有序地表达,一般在胚胎时期基因开放的数量最多。例如,在海胆卵母细胞中约有 28500 种不同的 mRNA 分子,而在海胆分化组织细胞中仅有 6000 种 mRNA。随着分化发展,细胞中某些基因关闭(turn off)、某些基因转向开放(turn on)。如人类血红蛋白的珠蛋白基因分为 α 类和 β 类两大基因簇,分别编码 α 类和 β 类珠蛋白。α 类珠蛋白基因簇位于第 16 号染色体,包括 4 个功能基因——ζ、α1、α2 和 θ 及两个假基因 ψζ 和 ψα。它们的排列顺序为 $5'ζ$-$ψζ$-$ψα$-$α2$-$α1$-$θ3'$。其中 ζ 是胚胎期的功能基因,α1、α2 和 θ 是成年期的功能基因。β 类珠蛋白基因簇位于第 11 号染色体,包括 5 个功能基因和 1 个假基因,它们的排列顺序为 $5'ε$-$Gγ$-$Aγ$-$ψβ$-$δ$-$β3'$。ε 为胚胎期功能基因,Gγ 和 Aγ 为胎儿期功能基因,δ 和 β 为成年期功能基因。每个大类的珠蛋白基因可在个体发育的不同阶段,分别从各自基因簇的 $5'$-端开始向 $3'$-端依次表达。这种表达上的时差,致使不同发育期表现为不同类型的血红蛋白分子。例如,胚胎发育早期有 3 种 Hb,即 $ζ_2ε_2$(42%)、$α_2ε_2$(24%)和 $ζ_2γ_2$(21%),妊娠 8 周后,这 3 种 Hb 迅速减少,胎儿 Hb(HbF)$α_2γ_2$ 迅速增多,出生后又很快被成人型 HbA_1($α_2β_2$)所取代,成人含微量(约占 3%)HbA_2($α_2δ_2$)。

2. 空间特异性 在个体生长、发育过程中,一种基因产物在个体的不同组织或器官表达,即在个体的不同空间出现,这就是基因表达的空间特异性(spatial specificity)。基因表达伴随时间或阶段顺序所表现出的这种分布差异,实际上是由细胞在器官的分布所决定的,因此基因表达的空间特异性又称细胞特异性(cell specificity)或组织特异性(tissue specificity)。例如:肝细胞中涉及编码鸟氨酸循环酶类的基因表达水平高于其他组织细胞,合成的精氨酸酶为肝脏所特有;胰岛 β 细胞合成胰岛素;甲状腺滤泡旁细胞(C 细胞)专一分泌降血钙素。最好的例子是乳酸脱氢酶不同亚基的编码基因在不同组织器官差异化表达,使不同组织出现不同的同工酶谱。

三、基因表达的方式

基因表达的特异性是生物适应环境进化的结果。以大肠杆菌为例,当环境中有充足的葡萄糖时,葡萄糖就被利用作为能源和碳源,不会去合成利用其他糖类的酶类;当外界没有葡萄糖时,细菌就表达能利用其他糖(乳糖、半乳糖、阿拉伯糖等)的酶类基因,以满足生长的需要。即使是内环境保持稳定的高等生物哺乳类动物,也经常要改变基因的表达来适应环境,例如,在冷或热环境下适应生活的动物,其肝脏合成的蛋白质图谱就明显不同于在适宜温度下生活的动物。

基因表达的特异性更是生物生长发育、分化的要求。多细胞生物在发育过程中,细胞表型的变化落实在基因表达的调节上。例如,果蝇幼虫(蛹)最早期只有一组"母亲效应基因"表达,它可以使受精卵发生头层轴和背腹轴固定。以后三组"分节基因"顺序表达,控制蛹的"分节"发育过程,最后分别发育为成虫的头、胸、翅膀、肢体、腹及尾等。按对刺激的反应性,基因表达的方式分为以下几种。

(1) 组成性表达(constitutive expression)是指不太受环境变动而变化的一类基因表达。某些基因在一个生物个体的几乎所有细胞中持续表达,不易受环境条件的影响,通常被称为管家基因(housekeeping gene)。管家基因的表达水平受环境因素影响较小,而是在生物体各个生长阶段的大多数,或几乎全部组织中持续表达,或变化很小。这类基因表达被视为基本(或组成性)基因表达(constitutive gene expression)。例如,三羧酸循环是生命活动不可缺少的代谢过程,这个过程中涉及的各种酶的基因就属于管家基因。基本基因表达一般与转录的启动相关,其转录启动取决于启动子和 RNA 聚合酶的结合。组成性基因表达也不是一成不变的,其表达强弱也是受一定机制调控的,所谓不变也是相对的。

（2）适应性表达(adaptive expression)是指环境的变化容易使其表达水平变动的一类基因的表达。因环境条件变化使基因表达水平增高的现象称为诱导(induction),这类基因被称为可诱导基因(inducible gene);相反,随环境条件变化而基因表达水平降低的现象称为阻遏(repression),相应的基因被称为可阻遏基因(repressible gene)。诱导和阻遏是同一事物的两种表现形式,在生物界普遍存在,也是生物体适应环境的基本途径。

生物体内的代谢途径通常是由一系列化学反应组成的,需要多种酶的参与;此外,还需要很多其他蛋白质参与作用在细胞不同区域之间或者细胞内外间的转运。这些蛋白质和酶分子无论在活性上还是在质量、数量上,都需要受到时空上的精确一致的调节。在一定机制控制下,功能上相关的一组基因,无论其为何种表达方式,均需协调一致,共同表达,即为协同表达(coordinate expression),这种调节称为协同调节(coordinate regulation)。

第二节 原核生物基因的表达调控

原核生物是单细胞生物,细胞内缺乏复杂的内膜结构,其基因组结构相对简单一些,由一条环状双链 DNA 构成,转录和翻译是偶联进行的。原核基因组中很少有重复序列;编码蛋白质的结构基因为连续编码,且多为单拷贝基因,但编码 rRNA 的基因仍然是多拷贝基因;结构基因在基因组中所占的比例(约占 50%)远远大于真核基因组;原核基因以多顺反子形式转录,调控中普遍存在操纵子机制。所谓操纵子(operon),就是指原核生物几个功能相关的结构基因和上游的调控成分构成的一个转录单位或单元。上游的调控成分包括 1 个启动子(promotor)和 1 个操纵基因(operator)。功能相关的几个基因成簇地串联排列在染色体上,共同组成一个转录单位,转录出一段多顺反子 mRNA,然后分别翻译出几种蛋白质。常见的操纵子包括乳糖操纵子(lac operon)、色氨酸操纵子(trp operon)和阿拉伯糖操纵子(ara operon)、苯丙氨酸操纵子、组氨酸操纵子等。一个操纵子只含有一个启动子,是 RNA 聚合酶和各种调控蛋白作用的部位,是决定基因表达效率的关键元件(图 17-1)。各种原核基因启动序列在特定区域内,通常在转录起始点上游-10 及-35 区域存在一些相似序列,称为共有序列。大肠杆菌和一些细菌启动序列的共有序列在-10 区域是 TATAAT,在-35 区域为TTGACA(图 17-2)。

一、乳糖操纵子

大肠杆菌可以利用葡萄糖、乳糖、麦芽糖、阿拉伯糖等作为碳源供应能量。当培养基中有葡萄糖和乳糖时,细菌优先利用葡萄糖;当葡萄糖耗尽时,细菌暂时停止生长,经过短时间的适应后利用乳糖供应能量,继续繁殖。当培养基中只含有葡萄糖时,细菌不产生 β-半乳糖苷酶、β-半乳糖苷通透酶和 β-半乳糖苷乙酰转移酶;而当培养基中只含有乳糖时,细菌产生这三种催化酶。β-半乳糖苷通透酶促使乳糖进入细胞;催化乳糖分解第一步反应需要 β-半乳糖苷酶;乳糖的乙酰化作用需要 β-半乳糖苷乙酰转移酶(图 17-3)。

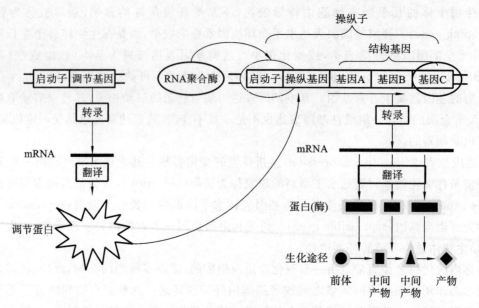

图 17-1　操纵子的结构和调节

	−35区		−10区		RNA转录起点
trp	TTGACA	N17	TTAACT	N7	A
tRNA^{trp}	TTTACA	N16	TATGAT	N7	A
lac	TTTACA	N17	TATGTT	N6	A
recA	TTGATA	N16	TATAAT	N7	A
AraBAD	CTGACG	N16	TACTGT	N6	A
共有序列	TTGACA		TATAAT		

图 17-2　5 种 *E.coli* 启动序列的共有序列

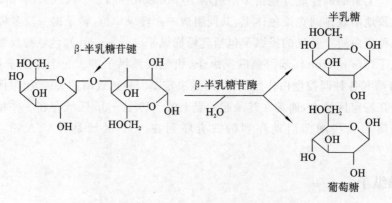

图 17-3　β-半乳糖苷酶的作用

（一）乳糖操纵子的结构及功能

大肠杆菌乳糖操纵子（lac operon）的基本结构为 3 个结构基因（structural gene）、1 个启动子 P、1 个操纵序列 O 和 1 个调节基因 I（图 17-4）。

3 个结构基因 Z、Y 和 A 分别编码 β-半乳糖苷酶、β-半乳糖苷通透酶和 β-半乳糖苷乙酰转移酶。

调节基因 I 大小约为 1 kb，其编码一种分子质量为 155 kD 的四聚体阻遏蛋白。后者和操纵基

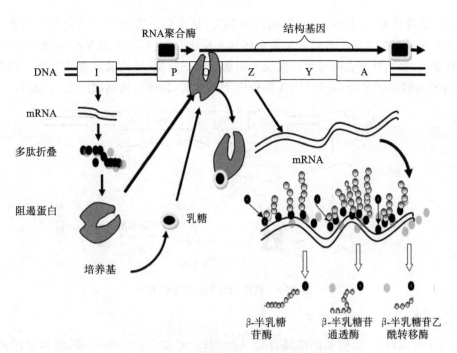

图 17-4　大肠杆菌乳糖操纵子的结构和负调控

因结合，使操纵子受到阻遏而处于关闭状态。

操纵序列（操纵基因）O 位于启动子（lac P）和结构基因（lac Z、Y、A）之间。当阻遏物结合在操纵基因上时就阻碍了启动子上的转录起始。操纵基因 lac O 从 mRNA 转录起始点的上游－5 处延伸到转录单位＋21 处。这样它和启动子的末端发生重叠。

启动子 P 是结合 RNA 聚合酶的 DNA 序列，其覆盖区域约为 70 bp。原核生物多数启动子一级结构具有－35 区 TTGACA 共有序列和－10 区 TATAAT Pribnow 盒序列。在 P 的上游还有分解代谢物基因激活蛋白（CAP）结合的位点。

原核生物仅含有一种 RNA 聚合酶。转录起始时，由 σ 亚基（σ 因子）识别启动，不同的 σ 因子决定 mRNA 或 rRNA 或 tRNA 基因的转录。

（二）酶的诱导现象

大肠杆菌的 β-半乳糖苷酶是一种可诱导酶（inductive enzyme），可催化乳糖和其他 β-半乳糖苷化合物的水解。当乳糖成为环境中唯一的碳源时，这种酶就被诱导产生出来；而当培养基中不存在乳糖时，该酶随之消失；β-半乳糖苷的含硫类似物，甲基硫代半乳糖甘和异丙基硫代半乳糖苷（isopropyl-β-D-thiogalactoside，IPTG）是该酶的高效诱导物，常用来诱导含有 lac 启动子的基因的表达。

（三）乳糖操纵子的负性调节

负性调节（negative regulation）是指当调节蛋白不存在时，结构基因是表达的，一旦加入调节蛋白后，结构基因的表达就消失了。

当无乳糖时，乳糖操纵子中调节基因 I 编码的阻遏蛋白与操纵序列结合，阻碍 RNA 聚合酶与启动子 P 结合，关闭了结构基因。此即为负性调节。当基因 I 发生突变，无法合成有活性的阻遏蛋白时，或者当操纵序列 O 基因突变无法与阻遏蛋白结合时，都会导致大肠杆菌乳糖操纵子（lac operon）表达结构基因。当然在正常状况下，阻遏蛋白对操纵序列的结合作用也并非绝对，阻遏蛋白偶尔会自发从 DNA 上脱落，引起细胞合成极少量的 β-半乳糖苷酶、β-半乳糖苷通透酶。

除了罕见的突变，阻遏蛋白还可以和某些小分子化合物结合后，因别构作用而从操纵基因上脱落下来。这些小分子化合物称为效应物（effectors）。乳糖操纵子的效应物是诱导物。当诱导物与阻

NOTE

过蛋白结合时,能降低阻遏蛋白与操纵基因的亲和力,从而促进操纵子中结构基因的表达。当有乳糖存在时,细胞中原本存在的少量通透酶催化转运乳糖进入细胞,经少量 β-半乳糖苷酶水解,转变为半乳糖(别乳糖)。半乳糖结合阻遏蛋白改变了阻遏蛋白的构象,导致其从操纵基因上脱落下来。于是 RNA 聚合酶与启动子结合,沿着 DNA 模板向下游移动,促成结构基因的表达(图 17-5)。

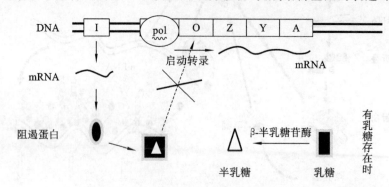

图 17-5　乳糖操纵子的负性调节

(四)乳糖操纵子的正性调节

没有加入调节蛋白时,结构基因的活性是关闭的;一旦加入调节蛋白后,结构基因的表达才出现,这种控制系统就是正性调节(positive regulation)。

乳糖操纵子的正性调节是由 CAP 蛋白执行的。当培养基中的葡萄糖被耗尽时,大肠杆菌生长发生停滞。这时培养基中的乳糖开始诱导产生相关代谢的酶,降解乳糖总是与 cAMP 浓度呈正相关。CAP 蛋白是一种相对分子质量为 44000 的二聚体蛋白质。能同时结合 DNA 片段和 cAMP。当 cAMP 与 CAP 蛋白结合后,会发生别构效应,使 CAP 活化。cAMP-CAP 复合物结合到启动子上特定位点,激活 RNA 聚合酶,促进结构基因表达。

cAMP-CAP 复合物是所有对葡萄糖代谢敏感的操纵子的一个正调控因子,在 lac(乳糖操纵子)、gal(半乳糖操纵子)、ara(阿拉伯糖操纵子)等操纵子中有正调控作用,促进这些与分解代谢有关酶系的合成。

当有葡萄糖时,cAMP 的浓度较低,CAP 的活性也低;相反,没有葡萄糖时,cAMP 的浓度较高,而 CAP 的活性也高(图 17-6)。

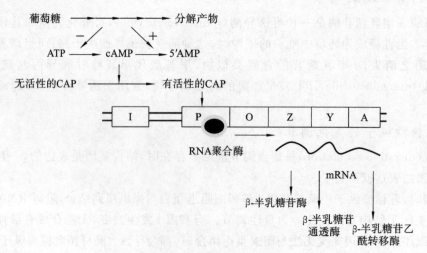

图 17-6　CAP 的正性调控

(五)乳糖操纵子的协同调节

乳糖操纵子的 CAP 的正性调节和阻遏蛋白的负性调节,都是以操纵子为表达单位,包括若干个结构基因和调控元件一起协同地运转。有没有葡萄糖和(或)乳糖,乳糖操纵子的调控可以出现四种情况(图 17-7)。

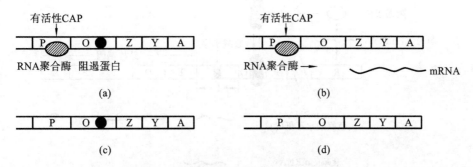

图 17-7 乳糖操纵子正负调节的协同调节

(a)低葡萄糖和低乳糖时,结构基因无表达;(b)低葡萄糖和高乳糖时,结构基因有表达;
(c)高葡萄糖和低乳糖时,结构基因无表达;(d)高葡萄糖和高乳糖时,结构基因无表达

其中,当葡萄糖和乳糖同时存在时,因为利用葡萄糖最节能,所以细菌优先利用葡萄糖。这时阻遏蛋白结合于 lac 操纵子的操纵基因上。只有乳糖单独存在时,细菌才利用乳糖作碳源。葡萄糖对 lac 操纵子的阻遏作用称分解代谢阻遏(catabolic repression)。

总结乳糖操纵子的协同调节机制:当阻遏蛋白封闭转录时,CAP 对该系统不能发挥作用;如无 CAP 存在,即使没有阻遏蛋白与操纵序列结合,操纵子仍无转录活性。

二、色氨酸操纵子

细菌的色氨酸操纵子(trp operon)是编码合成色氨酸的一系列酶的结构基因加上上游调控序列而组成的一个转录单位。它受培养基中色氨酸调控。当有色氨酸时,操纵子处于关闭状态;当无色氨酸时,操纵子被开启。调节基因的产物使色氨酸操纵子关闭,这种作用称为可阻遏型的负调控。可阻遏型的负调控是某些细菌氨基酸合成代谢酶类有关基因表达的基本调控形式。与这种形式不同,分解代谢酶类有关基因表达调控称为可合成诱导型的负调控,如乳糖操纵子。

(一)色氨酸操纵子的结构及功能

trp 操纵子内编码有色氨酸合成代谢所需的 5 种酶的结构基因,即 $trp\ E$、D、C、B、A。这些酶可以催化分支酸使其变成 L-色氨酸。在 $trp\ E$ 的 $5'$-端上游有 3 个区段:启动子(P)、操纵序列(O)和前导序列(leader sequence,L)。启动子 P 具有 -10 和 -35 序列,其 -10 序列完全位于操纵序列 O 之内;操纵序列结合活化后的阻遏蛋白四聚体;前导序列 L 长度为 162 bp,内含衰减子序列(attenuator)和编码 14 个氨基酸残基大小的前导肽(leader peptide)序列,它们参与衰减子系统的调控作用。还有一个远端的 $trp\ R$ 是调节基因,远离操纵子(图 17-8)。此外,还有色氨酰-tRNA 合成酶的基因 $trp\ S$ 和 tRNA^{trp} 基因,参与操纵子调控。

(二)色氨酸操纵子的负调控

大肠杆菌具有合成全部氨基酸的能力。一旦环境缺乏某种氨基酸时,操纵子开启表达,转录出氨基酸合成代谢相应的酶。而当细胞不缺乏某种氨基酸时,相关操纵子关闭表达。这属于负调控。$trp\ R$ 作为调节基因,产生的阻遏蛋白是无活性的,不能结合于操纵序列 $trp\ O$ 位点,因此称为辅阻遏蛋白。此时,操纵子中 5 个结构基因会转录出一个顺反子 mRNA。

当存在大肠杆菌或细胞内含有色氨酸时,色氨酸作为一种辅阻遏物,活化原本无活性的阻遏蛋白。后者结合到操纵序列 $trp\ O$ 位点,阻止操纵子的转录。当细胞内色氨酸不足时,辅阻遏蛋白游离于操纵子外。色氨酸操纵子开放,转录进行,源源不断地生产出各种酶,催化合成色氨酸。因此,色氨酸操纵子是负性调节的操纵子。

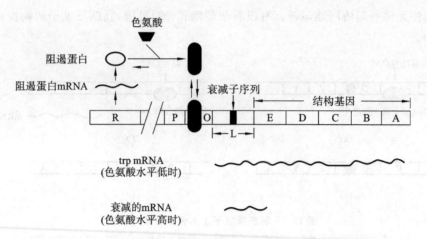

图 17-8　色氨酸操纵子的结构

（三）色氨酸操纵子的转录衰减

色氨酸操纵子受到两种机制的调控：一种是阻遏蛋白负调控系统，它是操纵子的粗调；另一种是操纵子的衰减子系统，是转录的细调。衰减是转录-翻译的偶联调控。衰减子系统的关键是位于第一个结构基因和启动子 P 之间，可以转录出 162 bp 大小的 mRNA 的衰减子序列。它含有 139 个核苷酸的前导区、编码 14 个氨基酸的前导肽、4 个互补的 RNA 区段和 1 个衰减结构等（图 17-9）。

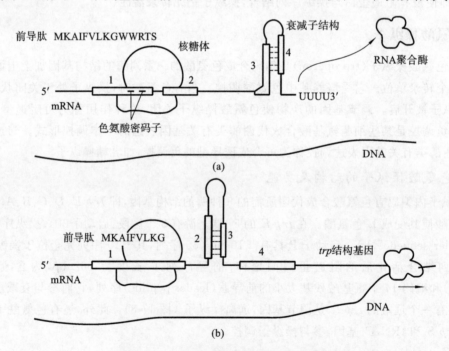

图 17-9　色氨酸操纵子的转录衰减机制

（a）有色氨酸时，核糖体合成前导肽，使 mRNA 的 3 区和 4 区配对，RNA 聚合酶变构，转录终止；

（b）无色氨酸时，核糖体合成前导肽停顿在 1 区的色氨酸密码子上，使 mRNA 的 2 区与 3 区配对，RNA 聚合酶继续向前，转录产生合成色氨酸的酶类

1. 前导区　色氨酸操纵子转录生成的 mRNA 前导序列含有 4 个富含 GC 的片段。而这些片段之间容易形成茎环结构。在 4 个互补区段之后，接着有 8 个 U 区段，构成一个不依赖于 ρ 因子的终止信号，能使 mRNA 合成提前终止，结果产生一定长度的前导 mRNA。

2. 前导肽区　编码 14 个氨基酸前导肽的序列处于 1 区段之中。

3. 互补区段　1 区段可与 2 区段互补形成配对的茎环结构，2 区也可以与 3 区互补形成茎环结

构。一旦 2 区和 3 区形成二级结构,就会阻碍 3 区和 4 区段配对形成茎环结构,即不能形成终止信号的结构,转录将继续进行下去。

原核生物没有核膜结构,转录与翻译紧密偶联。衰减效应是以翻译进程控制基因转录进程的一种方式。色氨酸操纵子通过前导肽的翻译控制转录是否进入结构基因中。当 RNA 聚合酶刚转录出前导序列,核糖体紧跟着开始翻译前导肽。核糖体由于受到氨基酸、氨基酰-tRNA 等供应量的影响,在前导序列上出现顺利通过或停顿的不同状况,决定了衰减子区域的二级结构,继而决定了 RNA 聚合酶是否提前中止或继续转录反应。

当色氨酸缺乏时,色氨酰-tRNA^{trp}也出现不足,核糖体停顿在 1 区色氨酸密码子前,2 区与 3 区配对,导致 3 区无法与 4 区配对,于是 RNA 聚合酶越过衰减子区域,完成转录。

当色氨酸足够多时,核糖体能顺利地合成前导肽,直到终止密码子。这时,核糖体可以延伸到 2 区,结果 3 区与 4 区配对,产生不依赖于 ρ 因子的终止结构——衰减子,使前方的 RNA 聚合酶脱离 DNA 模板,转录终止(图 17-9)。

第三节 真核生物基因表达的调控

一、真核生物细胞基因结构的特点

真核生物基因及基因组十分庞大,结构比原核生物基因复杂得多。人类基因组约有 3×10^9 个碱基对,2 万~2.5 万个编码蛋白的基因。编码蛋白质的 DNA 序列只占总 DNA 的 6% 左右。DNA 还和组蛋白结合,形成复杂的染色质结构,使基因表达调控更为复杂。

在真核生物基因组中,重复序列普遍存在。重复序列短的少于 10 个核苷酸,长的可达上千个核苷酸,重复频率可以只重复一次,也可达几十万次(高度重复序列),更有许多百千次的中度重复序列。原核、真核 DNA 在转录上的不同点是许多原核 mRNA 是多顺反子,如乳糖 mRNA 是 3 个多肽链的模板,而真核基因转录产物为单顺反子(monocistron),一个编码基因转录生成一个 mRNA 分子,翻译成一条多肽链。许多功能相关的蛋白质,即使是一种蛋白质的不同亚基也涉及多个基因的协调表达。

真核生物基因组内部结构更为复杂,结构基因两侧有长短不一的非编码序列,往往是基因表达的调控区。在编码基因内部也有内含子和外显子之分,具有不连续性。外显子真正编码多肽,内含子在转录后被剪接(splicing)切除。信使 RNA 由巨大的核 RNA 前体(hnRNA)选择性地产生。不同的剪接方式可以形成不同的 mRNA,得到不同的蛋白质,转录后剪接是真核基因表达调控的一种重要方式。

真核生物 DNA 在细胞核内与多种蛋白质结合构成染色质,这种复杂的结构直接影响基因表达;真核生物的遗传信息不仅存在于核 DNA 上,还存在线粒体 DNA 上,核内基因与线粒体基因的表达调控既相互独立而又需要协调。

因此,真核生物基因表达调控环节除了和原核生物一样,都出现在转录环节,还包括染色质活化转录激活、转录后加工、翻译和翻译后加工等(图 17-10)。

二、真核生物基因表达调控的特点

真核生物基因表达的转录起始调节和原核生物基因的起始调节有着明显差别。

(一)RNA 聚合酶的多样化

原核生物细胞中所有的 RNA 都是由一种 RNA 聚合酶所合成的,而真核生物的 RNA 聚合酶则有三种,即 RNA 聚合酶Ⅰ、RNA 聚合酶Ⅱ、RNA 聚合酶Ⅲ。RNA 聚合酶Ⅰ存在于核仁,转录 18S、

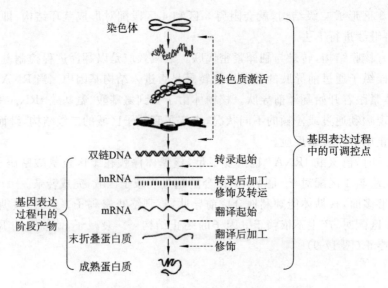

图 17-10　真核生物基因表达的多层次复杂调控

5.8S 和 28S rRNA；RNA 聚合酶 II 存在于核质，转录 mRNA 前体核不均一 RNA 和一些具有重要基因表达调节作用的非编码的 snRNA。RNA 聚合酶 II 是真核生物中最活跃、最重要的酶。RNA 聚合酶 III 也存在于核质，转录 tRNA 和 5s rRNA。每种 RNA 聚合酶由 2 个不同的大亚基和十几个小亚基组成。最大亚基（160～220 kD）和另外一个大亚基（128～150 kD）分别与大肠杆菌 RNA 聚合酶的 β' 和 β 亚基相似。三种 RNA 聚合酶之间有共性，也有特性。譬如，它们都具有 TATA 盒结合蛋白（TATA box binding protein，TBP）；除了两个核心亚基外，三种真核生物 RNA 聚合酶都有 5 个共同小亚基，其中 2 个是相同的；每种 RNA 聚合酶各自还有 5～7 个特有小亚基，是发挥功能所必需的。

　　RNA 聚合酶 II 最大亚基的羧基端有一段独有的 Tyr-Ser-Pro-Thr-Ser-Pro-Ser 7 个氨基酸共有重复序列，称为羧基末端结构域（C-terminal domain，CTD）。所有真核生物 RNA 聚合酶 II 都有 CTD，区别只在于 7 个氨基酸共有序列的重复程度不同。CTD 对于维持细胞活性是必需的，CTD 的可逆磷酸化在真核生物转录起始和延长阶段发挥重要作用。去磷酸化的 CTD 发挥促进转录起始作用，而 CTD 的丝氨酸和酪氨酸一旦被磷酸化，则推动 RNA 聚合酶 II 离开启动子向下游移动。

（二）染色体结构、DNA 修饰对转录的影响

　　与原核生物的环状裸露 DNA 不同，真核生物的 DNA 与组蛋白形成核小体，再进行多步折叠后与非组蛋白形成高级结构，成为染色质。巨大的 DNA 分子紧紧地压缩到细胞核内，对于基因的表达是不利的。因此转录前染色质结构发生的一系列变化是基因转录的前提。这些变化发生在 DNA 的修饰、组蛋白（非组蛋白）与核酸结合等环节上。

　　哺乳动物 DNA 最重要的一种修饰方式是 CpG 双核苷酸中胞嘧啶环第 5 位碳原子的甲基化。基因组约 2% 的 DNA 中，低甲基化的 CpG 约每隔 10 bp 出现一个。这部分长度在 300～3000 bp 的 DNA 的片段散布在基因组中，称为 CpG 岛。CpG 岛的甲基化会抑制转录的进行，引起基因关闭。处于转录活性状态的基因，其 CpG 序列一般是低甲基化的。DNA 的甲基化，会关闭基因的表达；而非甲基化和低甲基化的 DNA 则有较高的基因表达活性。

　　组蛋白上发生的乙酰化、磷酸化、甲基化、泛素化等化学修饰，会影响核小体和染色质的结构（表 17-1）。譬如，组蛋白带正电是介导组蛋白-DNA 相互作用从而形成核小体的结构基础。组蛋白乙酰转移酶（histone acetyltransferase，HAT）催化组蛋白 N-末端赖氨酸残基乙酰化，乙酰化导致组蛋白上的正电荷被中和，组蛋白-DNA 相互作用被松解，有利于转录因子与核小体 DNA 结合。环磷腺苷效应元件结合蛋白（CBP）和其相连的蛋白具有 HAT 活性，通过蛋白质-蛋白质相互作用或内在的 HAT 活性，CBP 可促进即刻早期基因启动子部位的启动复合物集合，有利于转录启动。

表 17-1　组蛋白修饰对染色质结构与功能的影响

组蛋白	氨基酸残基位点	修饰类型	功能
H3	Lys-4	甲基化	激活
H3	Lys-9	甲基化	染色质浓缩
H3	Lys-9	甲基化	DNA 甲基化所必需
H3	Lys-9	乙酰化	激活
H3	Ser-10	磷酸化	激活
H3	Lys-14	乙酰化	防止 Lys-9 的甲基化
H3	Lys-79	甲基化	端粒沉默
H3	Lys-79	甲基化	端粒沉默
H4	Arg-3	甲基化	
H4	Lys-5	乙酰化	装配
H4	Lys-12	乙酰化	装配
H4	Lys-16	乙酰化	核小体装配

天然状态下,几乎所有的双链 DNA 均以负超螺旋构象存在。在基因被活化后,RNA 聚合酶前方的转录区 DNA 拓扑结构为正超螺旋构象,而其后方的则为负超螺旋构象。DNA 结构的这种双元变化,称为"双元结构模型"。正超螺旋构象有利于核小体的解构,组蛋白 H2A·H2B 二聚体的释放,促进 RNA 聚合酶向前移动和催化 RNA 的合成;负超螺旋构象有利于核小体重新形成。

实验证明,常染色体上结构疏松的 DNA 片段是基因表达的活跃区;而高度浓缩的异染色质上很少有 RNA 转录。DNA 开放的松散结构上缺乏核小体结构,便于 RNA 聚合酶和蛋白因子靠近该区域,也有利于核酸酶降解活化的基因转录区。这些区域对 DNA 酶 Ⅰ(DNase Ⅰ)敏感,称为 DNase Ⅰ高敏感区。高敏感区域多数位于被转录基因的 5′-端旁 1000 bp 范围内,长为 100～200 bp,也有位于基因的 3′-端或者基因中间,可能与转录调控区有关。对 DNase Ⅰ高敏感区域结合的组蛋白进行乙酰化、泛素化修饰,可能改变该区域对 DNase Ⅰ的高敏感性。

(三)正性调节

原核基因以负调控为主,正调控为辅,其中阻遏蛋白发挥了很大作用。真核基因组中广泛存在正性调节机制。真核基因结构庞大,调节复杂,远远超出了单单使用阻遏蛋白所能调节的范围。真核基因转录表达的调控蛋白总是以激活蛋白为主,也就是说,多数真核基因在没有调控蛋白的时候是不转录的。因为调节蛋白与 DNA 特异序列作用特异性强,而多种激活蛋白与 DNA 间同时特异相互作用,使得非特异作用更加降低,可以保证大批真核基因的调控更加特异而准确。而且正性调控无须合成对每个基因特异的大量阻遏蛋白,也表现出了巨大的经济效益。

三、真核基因转录水平的调节

真核细胞的 3 种 RNA 聚合酶(Ⅰ、Ⅱ和Ⅲ)中,只有 RNA 聚合酶Ⅱ能催化转录生成 mRNA。所以,RNA 聚合酶Ⅱ参与转录的调控是最重要的。转录水平上主要的调控因素有顺式作用元件和反式作用因子。

(一)参与转录调控的 DNA 序列——顺式作用元件

真核基因的顺式作用元件是基因周围能与特异转录因子结合且影响转录活性的 DNA 序列,主要有起正性调控作用的启动子(promoter)和增强子(enhancer);另外还有起负性调控作用的沉默子(silencer)。

1. 启动子　启动子是指 DNA 聚合酶结合并启动转录的 DNA 序列。真核启动子间没有明显的共同序列,单靠 RNA 聚合酶也难以结合 DNA 而启动转录,需要多种蛋白质因子的相互协调作用才能启动转录。不同的蛋白质因子能与不同的 DNA 序列相互作用,不同的基因转录起始及其调控所需的蛋白因子也不完全相同。真核启动子一般包括转录起始点及其上游 $100 \sim 200$ bp 序列。启动子可分为近端的核心启动子(core promoter)和上游启动子元件(upstream promoter element, UPE)。

(1)核心启动子:指保证 RNA 聚合酶Ⅱ转录正常起始所必需的、最少的 DNA 序列,包括转录起始位点及转录起始位点上游 TATA 盒。典型的基因在上游 -25 bp 处有 TATA 盒,它是决定转录方向和精确起始位点所必需的。如基因缺乏 TATA 盒,其转录水平一般很低。TATA 盒具有保守的共有序列 TATAAT,是基本转录因子 TFⅡD 的结合位点。

(2)上游启动子元件:最常见的上游启动子元件(UPE)有 CAAT 盒、GC 盒和 oct(八聚体)等,它们都是不小于 10 bp 的短序列(表 17-2)。UPE 元件的功能是影响转录起始的频率。它们通过各自的调控因子直接作用于基本转录因子的靶位点,以增强转录起始前复合物(PIC)组装的能力,但不具有组织特异性调控的性能。启动子的 CAAT 盒对提高转录效率十分重要。GC 盒经常出现在一些看家基因的启动子内,片段长为 $1 \sim 2$ kb 富含 GC,常以多拷贝出现,含有数个分离的转录起始点,甚至其功能与序列的方向性无关。八聚体元件 oct(octamer)是组蛋白 H2H、U 系列 snRNA 基因和免疫相关基因等组成性表达基因内的元件。

表 17-2 哺乳类动物 RNA 聚合酶Ⅱ启动子中常见的颠式作用元件

元件	共同序列	结合 DNA 的长度/bp	结合的转录因子
TATA 盒	TATAAT	约 10	TBP
CAAT 盒	GGCCAATCC	约 22	CTF/NF1
GC 盒	GGGCGG	约 20	Spl
八聚体	ATTTGCAT	约 20	Oct-1
八聚体	ATTTGCAT	23	Oct-2
κB	GGGACTTTCC	约 10	NF-κB
ATF	GTGATGC	约 20	ATF

2. 增强子 指远离转录起始点($1 \sim 30$ kb),但能增强启动子的转录活性的 DNA 序列。增强子由约 200 bp 的 DNA 序列组成,其中含两组 72 bp 顺向重复序列。多种增强子的重复序列中有一段 TGTGGAATTAG 序列。增强子可以远距离地增强启动转录,这种增强作用和距离无关。用基因工程方法将增强子迁移到其他位置,它仍起作用,这种增强作用和方向无关。增强子影响启动子但无专一性,同一增强子可以影响不同的启动子。

增强子的特性归纳如下:①功能普遍性。增强子对同源或异源基因都有效。②位置灵活性。增强子的 $5' \rightarrow 3'$ 方向倒置不影响其作用。可以位于基因的 $5'$-端上游、基因内部或 $3'$-端下游序列中,还可以远离基因的转录起始位点起作用。③作用方向呈双向性。增强子的作用与其序列的正反方向无关,将增强子方向倒置依然能起作用,但将启动子颠倒就不能起作用。可见增强子与启动子是不相同的。④细胞特异性。许多增强子只在某些细胞或组织中表现活性,这是由这些细胞或组织中具有特异性蛋白质因子所决定的。例如,胰腺内分泌性 β 细胞的胰岛素基因 $5'$ 上游 $-103 \sim -35$ bp 有一个强的组织特异性增强子。这类增强子只针对特定的细胞中与特定调控因子结合,使相关基因在特定细胞内的转录效率大大提高。

增强子和启动子结构常交错覆盖,无法完全区分。这种情况下,增强子和启动子样结构统称为启动子。通常来说,增强子不存在时,启动子往往不表现活性;而没有启动子时,增强子形同虚设。

3. 沉默子 沉默子是基因表达的负性调控元件。当沉默子结合特异蛋白时,附近的启动子失去活性。真核细胞中沉默子的数量远远少于增强子的数量。沉默子可不受序列方向的影响,也能远距离发挥作用,并对异源基因的表达起作用。在 T 淋巴细胞的分化中,α-沉默子对于调节基因的选择性表达和基因的重排有重要作用。

(二)参与转录调控的蛋白因子——反式作用因子

由某一基因表达产生的蛋白质因子,通过与另一基因特异的顺式作用元件相互作用,调节其表达,这种调节作用称为反式作用。真核基因的转录调节蛋白又称转录调节因子或转录因子(transcription factor,TF)。在真核细胞中 RNA 聚合酶通常不能单独发挥转录作用,而需要与转录因子协作。与 RNA 聚合酶Ⅰ、Ⅱ、Ⅲ相应的转录因子分别称为 TFⅠ、TFⅡ和 TFⅢ,其中对 TFⅡ的研究最多。转录因子也被称为反式作用蛋白或反式作用因子。

1. 反式作用因子的结构 转录因子以基因调控元件为靶点,直接或间接地结合在调控区上。它们具有共同的结构特点,它们的基本结构有 3 类功能域:DNA 结合域(DNA binding domain)、转录激活域(activation domain)和蛋白质-蛋白质相互作用的结构域。

(1) DNA 结合域:DNA 结合域是识别和结合 DNA 元件所必需的结构域,有 3 类主要的模体(motif)。

①碱性螺旋-环-螺旋(basic helix-turn-helix,bHTH),是一段近 60 个氨基酸的片段,因其上游富含碱性氨基酸而得名。一个 HTH 结构由一个短的 α-螺旋通过一个环与另一个长的 α-螺旋组成,2 个 α-螺旋经过短肽转折形成120°。它可与相应的基因片段结合,对基因的转录发挥调控作用。2 个这样的结构以二聚体形式相连,距离正好相当于一个 DNA 螺距(3.4 nm),其中一个近 C 端的螺旋与靶序列 DNA 的大沟结合(图 17-11)。真核 HTH 蛋白通常结合于非旋转对称的序列元件上。

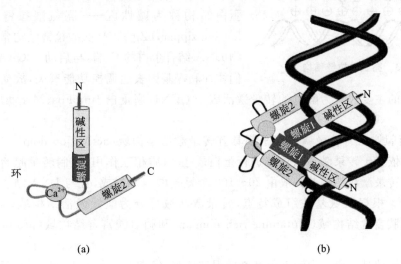

图 17-11 碱性螺旋-环-螺旋结构

(a)独立的碱性螺旋-环-螺旋模体结构示意图;(b)bHTH 模体二聚体与 DNA 结合的示意图

②锌指(zinc finger)结构。含 Zn 的蛋白因子可能是真核细胞中最大的一类 DNA 结合蛋白,锌指蛋白最初在非洲爪蟾的卵母细胞中发现,已知广泛分布在动物、植物和微生物中,人类基因组中可能有将近 1% 的序列编码的是含有锌指结构的蛋白质,目前人们已经清楚地知道锌指结构是识别特定碱基序列的一种普遍性的转录基因结构,但大多数含有锌指结构蛋白质的确切功能以及他们是否具有其他方面的功能尚不清楚。锌指是一种常出现在 DNA 结合蛋白质中的一种模体结构,锌螯合在氨基酸链中形成含锌的指状结构。每个重复的指状结构含有 12～13 个氨基酸残基,Zn 以 4 个配位键与 4 个半胱氨酸残基,或 2 个半胱氨酸残基和 2 个组氨酸残基相结合,称为 Cys_2/His_2 型和 Cys_2/Cys_2 型(图 17-12)。整个蛋白质分子可有 2～9 个锌指重复单位。每一个单位可以其指部伸入 DNA 双螺旋的大沟,接触 5 个核苷酸。例如与 GC 盒结合的转录因子 SP1 中就有连续的 3 个锌指重复结构。

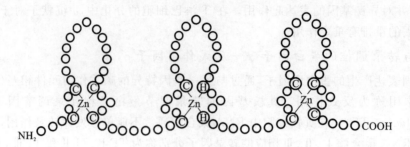

图 17-12　锌指结构

亮氨酸残基位于
螺旋区的疏水面

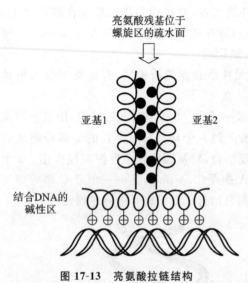

亚基1　　亚基2

结合DNA的
碱性区

图 17-13　亮氨酸拉链结构

③亮氨酸拉链。该结构的特点是蛋白质分子的肽链上每隔 6 个氨基酸残基就有一个亮氨酸残基,这些亮氨酸残基都在 α-螺旋的同一个方向出现。这段肽链形成的 α-螺旋的一侧每两圈出现一个 Leu 残基,是高度保守的,它们在螺旋的一侧排成一列,形成一个疏水面。两个蛋白质的 α-螺旋之间依靠亮氨酸残基的周期性侧链交错相插,在疏水作用下形成一个稳定的非共价结合的拉链结构,两个蛋白质亚基以反向形式形成二聚体。该二聚体另一端的肽段富含碱性氨基酸残基,借其正电荷与 DNA 双螺旋链上带负电荷的磷酸基团结合(图 17-13)。这一蛋白结构称为碱性区——亮氨酸拉链结构域(basic leucine zipper,bZip)。亮氨酸拉链结构常出现在真核生物 DNA 结合蛋白的 C-端,与启动子 CAAT 盒结合。它们往往和癌基因表达调控功能有关,故受到研究者的重视。这类蛋白质的主要代表为酵母的转录激活因子 GCN4,癌蛋白 Jun、Fos、Myc,增强子结合蛋白 C/EBP 等。

(2) 转录激活域:所有转录调控因子都具有转录激活结构域(activation domain)。转录调控因子的主要功能是依赖于转录激活结构域进行蛋白质-蛋白质相互作用,控制转录起始复合物的形成和调控其活性。转录激活结构域一般由 20～100 个氨基酸残基组成,且与 DNA 结合的结构域在空间上是分隔开的。根据其氨基酸组成特点,转录激活域可分为酸性激活结构域(acidic activation domain)、谷氨酰胺富含结构域(glutamine-rich domain)和脯氨酸富含结构域(proline-rich domain)等三类。

酸性激活结构域是一段富含酸性氨基酸的保守序列,经常形成 β-折叠,通过与 TFⅡD 的相互作用协助转录起始复合物的组装,促进转录。谷氨酰胺富含结构域的 N-末端的谷氨酰胺残基含量可高达 25％左右,与 GC 盒结合,激活转录作用。脯氨酸富含结构域的 C-末端的脯氨酸含量高达 20％～30％,可以结合 CAAT 盒以促进转录。

(3) 蛋白质-蛋白质相互作用的结构域:最常见的为二聚体结构域。只要具有适当的结构,两个相同或不同的分子均可形成二聚体。一般说来,异二聚体比同二聚体具有更强的结合 DNA 的能力。蛋白质间相互结合后通过上述的 HTH 和 bZip 结合 DNA。

2. 反式作用因子的分类　按照功能可将反式作用因子分为基本转录因子、特异转录因子和可诱导转录因子等三种类型。

(1) 基本转录因子(general transcription factor):广泛存在于各类细胞中的 DNA 结合蛋白,为 RNA 聚合酶Ⅱ催化的转录反应所必需的。它们是构成转录复合物的基本组分,属于组成性的转录因子(表 17-3)。其中 TFⅡD 不仅是 RNA 聚合酶Ⅱ的基本转录因子,还与其他两种 RNA 聚合酶通用。

表 17-3 哺乳动物Ⅱ类基因的基本转录因子

基本转录因子	功能
TFⅡA	稳定 TFⅡD 结合 TATA 盒
TFⅡB	促进 RNA 聚合酶Ⅱ结合启动子
TFⅡD	辨认与结合 TATA 盒
TFⅡE	ATP 酶
TFⅡF	解旋酶
TFⅡG	类似 TFⅡA 的作用
TFⅡH	解旋酶
TFⅡI	促进 TFⅡD 结合 TATA 盒

（2）特异转录因子（special transcription factor）：为个别基因转录所必需，决定该基因表达的时空特异性。这些因子通过与基础的转录起始复合物的相互作用，提高或降低基因的转录水平。它们结合在Ⅱ类基因的启动子 UPE 或远端调控区，使得很多真核基因的表达具有组织和细胞特异性。特异转录因子有转录激活因子（transcription activators）和转录抑制因子（transcription inhibitors）之分。前者通常为增强子结合蛋白（enhancer binding protein，EBP），后者多数为沉默子结合蛋白，也有通过蛋白质-蛋白质相互作用抑制激活因子或 TFⅡD 的转录因子。组织和细胞特异性的转录中，调控因子可以有不同的组合，进一步增加了调控的多样性和组织细胞的特异性。

（3）可诱导转录因子（induced transcription factor）：细胞内某些调控因子，其活性可以受诱导。当它们被激活后结合于某些基因的调控元件上，与组成性转录因子相互作用，促进靶基因的表达。热激因子、甾体激素受体和 NF-κB 等都是可诱导的转录因子。

细胞受到高温等不良因素刺激后，诱导了一些称为热激基因的转录活性。热诱导基因由一共同的 DNA 序列作为调控元件，称为热激元件（heat shock element，HSE）。结合于热激基因基础调控区元件 HSE 上的蛋白因子称为热激因子（heat shock factor，HSF）。它和基础转录因子 TFⅡD 及其他组分相互作用，造成热激基因的转录激活。HSF 以非活化状态存在于细胞内。HSF 的 C-端通过亮氨酸拉链结构在分子内进行折叠和相互作用、掩盖了 DNA 结合域，成为非活化的单体形式。热处理后，HSF 被磷酸化，破坏了分子内的亮氨酸拉链结构，形成有活性的三聚体结构，结合到 HSE 元件上。磷酸化的 HSF 具有高度负电荷的区域，容易脱离 DNA，从而激活细胞内基因的表达。HSF 结合的 HSE 序列是热激基因内缺乏核小体的启动子元件，在热激之前就对 DNase Ⅰ高度敏感。

3. mRNA 转录激活和调节 真核 RNA 聚合酶Ⅱ无法与 DNA 模板直接相互结合。因此基因表达需要转录因子 TFⅡD 启动。TFⅡD 亚类的组成成分 TBP（TABA box binding protein）识别并结合 TATA 盒或启动子，其他转录因子亚类接着参与进来。TFⅡA 起稳定 TFⅡD 的作用，TFⅡB促进 RNA 聚合酶结合启动子。以上转录因子亚类的功能类似于原核生物的 σ 因子，其决定 RNA 聚合酶的识别特异性，只是真核转录因子种类众多，作用方式也更复杂。转录因子和 σ 因子进化上相关，具有同源的氨基酸序列。TATA 盒与 TFⅡD、TFⅡA、TFⅡB、RNA 聚合酶依次结合后，并和 TBP 相关因子（TBP-associated factors，TAF）共同形成了 TFⅡD-启动子复合物。随后 TFⅡF 作为解旋酶、TFⅡE 作为 ATPase 也加入进来。总之，在 TFⅡA-TFⅡF 参与下，RNA 聚合酶Ⅱ和 TFⅡD、TFⅡB 聚合，形成转录前起始复合物（pre-initiation complex，PIC）。转录前起始复合物较不稳定，和结合有增强子的转录激活因子或 TAF 联系后，才形成稳定的转录起始复合物，然后在蛋白激酶 TFⅡH 的作用下，RNA 聚合酶Ⅱ被磷酸化，并和除 TBP 外的 TF 复合物分开，RNA 聚合酶Ⅱ开始启动 mRNA 转录（图 17-14）。

真核基因在不同的基因转录中，有许多大量不同的反式作用因子。例如免疫球蛋白基因表达调

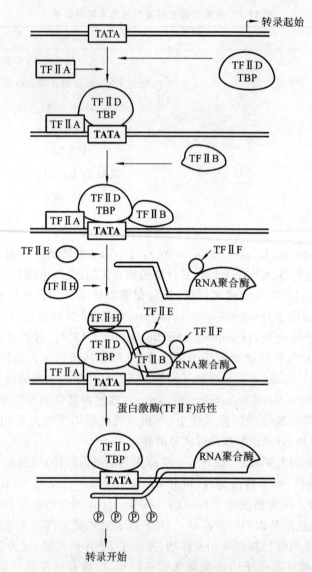

图 17-14 RNA 聚合酶 II 介导的基本转录

控中就包含有核内蛋白质因子 NF,包括 NFA、NF-2A、NFB、NFB₄、NFⅢ等。顺式作用元件和反式作用因子协同进行多样化和特异性的调控程序。相同的顺式作用元件或其他 DNA 序列,可以被不同的反式作用因子所识别。相同的反式作用因子,可以通过直接结合或蛋白质-蛋白质相互作用影响多种不同的顺式作用元件或其他 DNA 序列。DNA-蛋白质、蛋白质-蛋白质的相互作用,将导致构象的改变,使得基因的表达发生变化。综上所述,不同的细胞中不同种类、性质和数量的顺式作用元件与反式作用因子,不同的 DNA-蛋白质和蛋白质-蛋白质的相互作用,不同的构象改变,产生不同的协同、竞争或拮抗作用,使真核基因转录调控成为一个精确的复杂的多样化的网络。

(三) 特录终止的调节

RNA 聚合酶 II 转录终止于 poly A 添加点下游 3′-端 0.5~2 kb 范围内的多处可能位点,现有的研究发现,转录终止的调节通过抗终止方式来进行。

1. HIV 病毒基因的抗转录终止调节   抗终止蛋白 Tat 在其中起了重要作用。Tat 蛋白与转录产物 5′-端 RNA 序列特异性地结合,并和 RNA 聚合酶 II 相互作用,使新生成的 RNA 形成一定的二级结构,防止转录过程过早地结束。

2. 热激蛋白(heat shock protein)基因的转录终止调节   热激蛋白基因的应激表达介导了大多

数基因的转录终止调控。在环境温度升高(热激)或其他应激状态下,在数秒钟内,热激转录因子迅速从无活性状态转变为活性状态,结合到热激反应序列上,促使热激基因转录,将热激蛋白的转录从极低数量提高到最高水平。与此同时,其他大多数基因的转录和翻译暂时停止。也就是说,在特殊条件下,结合转录终止调节,热激蛋白对细胞起稳定作用,提高了细胞的生存能力。

四、真核基因转录后的调节

真核基因转录后调控主要影响真核 mRNA 的结构与功能。真核 mRNA 前体转录后,还需要在核内进行转录后加工,包括加帽、加尾、剪接、碱基修饰和编辑(editing)等,形成 mRNA,从细胞核转运至胞液,然后进行翻译。在剪接、编辑和 mRNA 的运输中,都存在着对基因表达的调控,包括内含子的去除、mRNA 运输过程的降解等。

真核基因所转录出的 mRNA 前体含有交替连接的内含子和外显子。通常状态下,mRNA 前体经过剔除内含子序列后成为一个成熟的 mRNA,并被翻译成为一条相应的多肽链。但是,参与拼接的外显子可以不按照其在基因组内的线性分布次序拼接,内含子也可以不完全被切除,由此产生了选择性剪接。mRNA 前体的选择性剪接可以调节真核生物基因表达。

真核 mRNA 半衰期一般为几小时,所以在翻译合成蛋白质之前,维持 mRNA 的稳定对基因的正确表达尤为重要。mRNA 可以通过 $5'$-端的帽子结构和 $3'$-端的 poly(A)尾结构以增加 mRNA 的稳定性和抗降解能力。实验证明,$3'$-端的 poly(A)尾长度和 mRNA 的半衰期相关;而帽子结构有抗 $5'$-核酸外切酶的降解作用。在蛋白质合成过程中,它有助于核糖体对 mRNA 的识别和结合,使翻译得以正确起始。RNA 无论是在核内进行加工、细胞核内外的转运,还是在胞浆内停留(至降解),都是通过与蛋白质结合形成核蛋白颗粒(ribonucleo protein,RNP)进行的。核蛋白颗粒决定了 mRNA 的稳定性。

mRNA 的稳定性和 mRNA 自身分子中特定的序列、金属离子、胞质内的某些蛋白质等因素密切相关。例如,铁转运蛋白受体 mRNA 的降解,涉及其自身铁反应元件重复序列、铁以及铁反应元件结合蛋白。当细胞内含有足够的铁时,铁反应元件促使铁转运蛋白受体 mRNA 快速降解;而铁含量不足时,铁反应元件结合蛋白和铁反应元件结合,使铁反应元件的降解作用下降,mRNA 的完整性得以保存,寿命得以延续,其翻译合成的铁转运蛋白受体的量也增多。

mRNA 的降解调控还存在 RNA 干扰(RNA interference,RNAi)机制。与原核基因表达调节一样,某些小分子 RNA 也可调节真核基因的表达。这些 RNA 都是非编码 RNA(noncoding RNA,ncRNA)。如具有催化活性的 RNA(核酶)、细胞核小分子 RNA (snRNA)以及核仁小分子 RNA (snoRNA)。目前人们广泛关注的非编码 RNA 有 miRNA 和 siRNA。

RNAi 是由双链 RNA 所引起的序列特异性基因沉默。双链 dsRNA(double strands RNA)被核酸酶 Dicer 降解成 $20\sim23$ 核苷酸的小 RNA 干扰分子片段(small interference RNA,siRNA)。siRNA 解链后,通过碱基互补配对识别具有同源序列的 mRNA,并介导其降解。RNAi 过程中有新的 dsRNA 分子的合成,使得 RNAi 干扰高效、持久。

┃第四节 翻译及翻译后水平的调控┃

一、原核生物的转录后及翻译水平的调控

原核生物基因的表达除了发生在转录层次上的调节外,在转录后及翻译水平上也存在一定的调节作用。翻译水平的调节主要通过一些有调节功能的蛋白质或 RNA 分子在翻译的起始阶段发挥作用。

1. 自我控制　调节蛋白一般作用于自身 mRNA,抑制自身的合成,这种调节方式称为自我控制(autogenous control)。原核生物 mRNA 上有调节蛋白结合的靶位点,可以阻止核蛋白体识别翻译起始区,从而阻断翻译。原核 mRNA 起始密码子上游的 SD 序列与 16SrRNA 序列互补程度以及从起始密码子到嘌呤片段的距离,也都对翻译起始效率有显著的影响。不同的 mRNA 携带的不同 SD 序列,与 16SrRNA 序列结合能力有明显差异,导致生成起始复合物的速度快慢不同,从而影响了翻译的速度。

2. 翻译阻遏　原核生物的一些调节蛋白可以通过结合 mRNA 的调控元件,阻止核蛋白体识别、结合翻译起始区,从而阻断翻译。例如 S8 蛋白可以与 16SrRNA 上的茎环结构结合;L5 蛋白的 mRNA 的 5′-端也有 16SrRNA 上的茎环结构。16SrRNA 含量充足时,可与所有 S8 蛋白结合,不影响 L5 蛋白的合成;而 16SrRNA 含量不够时,多余的 S8 就会和 L5 的 mRNA 结合,阻断 L5 蛋白的合成。

3. 反义控制　某些病毒和细菌,含有与特定 mRNA 翻译起始部位互补的 RNA,通过与 mRNA 杂交阻断 30S 小亚基对起始密码子的识别及与 SD 序列的结合,抑制翻译起始。这种调节称为反义控制(antisense control)。

4. mRNA 密码子的编码频率影响翻译速度　当基因中的密码子是常用密码子时,mRNA 的翻译速度快;反之,mRNA 的翻译速度慢。例如,大肠杆菌 *dnaC* 基因是引物酶的编码基因,因为含有较多的稀有密码子,导致 mRNA 的翻译速度远比一般结构基因的翻译速度缓慢,如此可以防止引物酶合成过多,造成浪费。

二、真核生物的翻译及翻译后水平的调控

在真核细胞中,基因的表达也可以通过翻译水平进行调节。由于蛋白质合成的速率往往取决于起始水平,所以翻译起始阶段的调节是翻译水平主要的调节点。

(一) RNA 结合蛋白对翻译起始的影响

所谓 RNA 结合蛋白(RNA binding protein,RBP)是一些能够与 mRNA 特异序列结合的蛋白质。在真核生物的细胞质中有一些 RNA 结合蛋白,可以参与基因表达的多个环节,包括转录终止、RNA 剪接、RNA 转运、RNA 稳定性控制和翻译起始。

如铁蛋白是一种铁结合蛋白,是体内铁的储存形式。铁蛋白的 mRNA 5′-端非翻译区存在铁反应元件(iron response element,IRE),IRE 结合蛋白(IRE-BP)是一种特异性 RNA 结合蛋白,能与 IRE 相互作用。当细胞内铁离子浓度较低时,IRE 结合蛋白处于活化状态,与 IRE 结合而阻碍 40S 小亚基与 mRNA 5′-端起始部位结合,抑制翻译的起始;当细胞内铁离子浓度较高时,铁离子与 IRE 结合蛋白结合,使之不能与 IRE 结合,从而解除了对翻译的抑制。

(二) 磷酸化修饰对翻译起始因子活性的调节

蛋白质合成速率的快速变化在很大程度上取决于起始水平,通过磷酸化调节翻译起始因子(eukaryotic initiation factor,eIF)的活性,对起始阶段有重要的控制作用。

eIF-2 主要参与起始 Met-tRNAi 进位过程,其 α-亚基可以被磷酸化修饰而失活,引起蛋白质翻译的抑制。如血红素对珠蛋白合成的调节,就是依赖血红素对 cAMP 依赖性蛋白激酶活性的抑制,防止了 eIF-2 被磷酸化而失活,促进了蛋白质的合成。

帽结合蛋白 eIF-4E 与 mRNA 帽结构的结合是翻译起始的限速步骤,磷酸化修饰及与抑制物蛋白的结合均可调节 eIF-4E 的活性。磷酸化的 eIF-4E 与帽结合蛋白的结合力是非磷酸化 eIF-4E 的 4 倍,可以显著提高翻译效率。已知胰岛素促进细胞生长的机制就是通过增加 eIF-4E 的磷酸化而加快翻译过程。另外胰岛素也可以激活相应的蛋白激酶,使一些结合 eIF-4E 的抑制蛋白磷酸化,从而脱离 eIF-4E,激活 eIF-4E。

（三）对翻译产物水平及活性的调节

新合成蛋白质的半衰期长短是决定蛋白质生物学功能的重要影响因素。因此，通过对新生肽链的水解和运输，可以控制蛋白质的浓度在特定的部位或亚细胞器保持在合适的水平。另外。许多蛋白质需要在合成后经过特定的修饰才具有功能活性。通过对蛋白质的可逆的磷酸化、甲基化、酰基化修饰，可以达到调节蛋白质功能的作用，是基因表达的快速调节方式。

（四）小分子 RNA 对基因表达的调节

1. 微小 RNA（microRNA，miRNA）　是一大家族小分子非编码单链 RNA，长度为 20～25 个碱基，由一段具有发夹环结构，长度为 70～90 个碱基的单链 RNA 前体（pre-miRNA）经 Dicer 酶剪切后形成。

这些成熟的 miRNA 与其他蛋白质一起组成 RNA 诱导的沉默复合体（RNA-induced silencing complex，RISC），通过与其靶 mRNA 分子的 3′-端非翻译区域（3′-UTR）互补匹配从而抑制该mRNA 分子的翻译。

微小 RNA 有一些鲜明的特点：其长度一般为 20～25 个碱基；在不同生物体（果蝇、线虫、家鼠、人类、拟南芥等）中普遍存在；其序列在不同生物中具有一定的保守性；具有明显的表达阶段特异性和组织特异性；miRNA 基因以单拷贝、多拷贝或基因簇等多种形式存在于基因组中，大多位于基因间隔区。这些提示 miRNA 具有非常重要的生物学功能。

2. 小干扰 RNA（small interfering RNA，siRNA）　这是细胞内一类双链 RNA（double-stranded RNA，dsRNA），在特定情况下通过一定酶切机制，转变为具有特定长度（21～23 个碱基）和特定序列的小片段 RNA。双链 siRNA 参与 RNA 诱导的沉默复合体（RISC）组成，与特异的靶 mRNA 完全互补结合，导致靶 mRNA 降解，阻断翻译过程。

由 siRNA 介导的基因表达抑制作用被称为 RNA 干涉（RNA interference，RNAi）（图 17-15）。RNAi 是一种通过识别外源性 dsRNA，降解特异性 mRNA，对抗外源性基因入侵的自我保护机制。RNAi 作为一种新技术而广泛应用于功能基因组的研究。

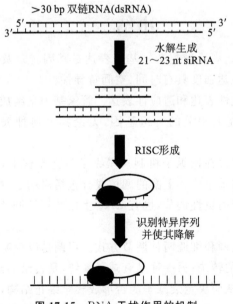

图 17-15　RNA 干扰作用的机制

siRNA 和 miRNA 都是非编码的小 RNA，大小接近，都是由 Dicre 切割产生的，都与 RISC 形成复合体，引起基因沉默。其差异见表 17-4。

表 17-4　siRNA 和 miRNA 的差异比较

	siRNA	miRNA
前体	内源或外源长双链 RNA 诱导产生	内源发夹环结构的转录产物
结构	双链分子	单链分子
功能	降解 mRNA	阻遏其翻译
靶 mRNA 结合	需完全互补	不需完全互补
生物学效应	抑制转座子活性和病毒感染	发育过程的调节

（五）长链非编码 RNA 在基因表达调控中的作用

长链非编码 RNA(lncRNA)是一类转录本长度超过 200 个核苷酸的 RNA 分子,起初被认为是基因组转录的"噪音",是 RNA 聚合酶Ⅱ转录的副产物,不直接参与基因编码和蛋白质合成,不具有生物学功能。然而,近年来的研究表明,lncRNA 参与了 X 染色体沉默,基因组印记以及染色质修饰,转录激活,转录干扰,核内运输等多种重要的调控过程,lncRNA 的这些调控作用也开始引起人们广泛的关注。哺乳动物基因组序列中 4%~9% 的序列产生的转录本是 lncRNA(相应的蛋白编码RNA 的比例是 1%)。一般来说,lncRNA 主要从以下三个层面实现对基因表达的调控:①表观遗传学调控:lncRNA 招募染色质重构复合体到特定位点进而介导相关基因的表达沉默。②转录调控:lncRNA 能够通过多种机制在转录水平实现对基因表达的沉默。③转录后调控:lncRNA 能够在转录后水平通过与 mRNA 形成双链的形式调控基因的表达。大量研究表明,在肿瘤细胞中,某些特定的 lncRNA 的表达水平会发生改变。这种表达水平的变化能够作为癌症诊断的标志物和潜在的药物靶点。

综上所述,蛋白质有对基因表达的显著性影响,虽然其机制还有待深入研究;编码 RNA 对遗传信息的流动至关重要,但是非编码 RNA 也举足轻重。只有对核酸和蛋白质进行深入研究后,才有破解生命之谜的可能。

小结

生物物种越高级,基因表达规律越复杂。基因表达是基因转录及翻译,使遗传信息表现为表型的过程。各种生物基因组的表达强度具有时间、空间特异性。

基因表达的方式分为组成性表达和适应性表达。管家基因是组成性表达,可诱导的基因和可阻遏的基因是适应性表达。功能上相关的一组基因,无论其为何种表达方式,均需协调一致、共同表达。

原核基因表达的调控普遍存在操纵子机制。操纵子是指原核生物几个功能相关的结构基因和上游的调控成分构成的一个转录单位。上游的调控成分包括启动子、操纵基因和调节基因。大肠杆菌乳糖操纵子中既有阻遏蛋白的负性调节,也有 CAP 蛋白的正性调节,如此保证大肠杆菌对葡萄糖的优先利用。

细菌的色氨酸操纵子有粗调和细调两种调节方式。粗调是以色氨酸作为辅阻遏物,活化原本无活性的阻遏蛋白,阻止操纵子的转录;另一种是衰减子系统,是转录的细调。色氨酸的存在与否会影响翻译时核糖体的运行状况,从而决定衰减子能否形成转录终止结构,使转录提前终止。

真核基因及基因组十分庞大,DNA 和组蛋白结合,形成复杂的染色质结构;蛋白表达涉及多个基因的协调表达;真核基因组内部结构更为复杂,结构基因两侧有调控区,在编码基因内部也有内含子和外显子之分;转录后剪接是真核基因表达调控的一种重要方式;真核生物核内基因与线粒体基因的表达调控既相互独立而又需要协调。

真核基因的转录起始调节特点如下:①RNA 聚合酶的多样化;②转录前染色质结构的变化如

CpG 岛的可逆甲基化、组蛋白上的乙酰化等化学修饰;③转录区前后的正超螺旋和负超螺旋并存现象;④常染色体上表达活跃的 DNase I 高敏感区;⑤真核基因表达的正性调控为主。

真核生物转录水平上主要的调控因素有顺式作用元件和反式作用因子。顺式作用元件是基因周围能与特异转录因子结合且影响转录活性的 DNA 序列,主要有启动子和增强子、沉默子。启动子是指 DNA 聚合酶结合并启动转录的 DNA 序列,可分为近端的核心启动子和上游启动子元件(UPE)。典型核心启动子是 TATA 盒。上游启动子元件有 CAAT 盒、GC 盒和 oct(八聚体)等,功能是影响转录起始的频率,但不具有组织特异性调控的性能。增强子是指远离转录起始点,但能增强启动子的转录活性的 DNA 序列。增强子可以远距离非专一性地增强启动转录,而且和距离、方向无关;沉默子是基因表达的负性调控元件,能使附近的启动子失去活性。沉默子可不受序列方向的影响,也能远距离发挥作用,并对异源基因的表达起作用。

反式作用因子是指由某一基因表达产生的蛋白质因子,与另一基因的特异的顺式作用元件相互作用,调节其表达。在真核细胞中,RNA 聚合酶不能单独启动转录作用,需要与转录因子协作。转录因子也被称为反式作用蛋白或反式作用因子。

转录因子基本结构有 3 类功能域:DNA 结合域、转录激活域和蛋白质-蛋白质相互作用的结构域。DNA 结合域是识别和结合 DNA 元件所必需的结构域,有 3 类主要的模体(motif):①碱性螺旋-环-螺旋(bHTH);②锌指(zinc finger)结构;③亮氨酸拉链。转录激活结构域在转录因子中主要控制转录起始复合物的形成和调控其活性,可分为酸性激活结构域、谷氨酰胺富含结构域和脯氨酸富含结构域等三类。最常见的蛋白质-蛋白质相互作用的结构域为二聚化结构域。

反式作用因子按照功能分为基本转录因子、特异转录因子和可诱导转录因子等三种类型。基本转录因子是 RNA 聚合酶Ⅱ催化的转录反应所必需的,属于组成性的转录因子。特异转录因子为个别基因转求所必需,可分为转录激活因子和转录抑制因子。可诱导转录因子是其活性可以受诱导的调控因子。

真核基因转录启动首先需要多个转录因子和 RNA 聚合酶依次结合,形成 TFⅡD-启动子复合物;随后再加入转录因子形成转录前起始复合物(PIC);最后使 RNA 聚合酶Ⅱ磷酸化,开启转录。RNA 聚合酶Ⅱ转录终止的调节通过抗终止方式来进行。

真核基因转录后调控主要影响真核 mRNA 的结构与功能。通过选择性剪接可以调节真核生物基因表达;5′-端的帽子结构和 3′-端的 poly(A)尾结构可以增加 mRNA 的稳定性和抗降解能力;还可以与蛋白质结合形成核蛋白颗粒(RNP)以增加 mRNA 的稳定性。

mRNA 的稳定性和 mRNA 自身分子中特定的序列、金属离子、胞浆内的某些蛋白质等因素密切相关。mRNA 的降解调控还存在 RNA 干扰(RNAi)机制。微小 RNA(miRNA)和小干扰 RNA(siRNA)都可以参与 RNA 诱导的沉默复合体(RISC)形成,导致靶 mRNA 降解,阻断翻译过程。

原核生物基因的表达除了发生在转录层次上的调节外,在转录后及翻译水平也存在一定的调节作用。如自我控制、翻译阻遏、反义控制、密码子的编码频率影响。

在真核生物的细胞质中有一些 RNA 结合蛋白,可以参与基因表达的多个环节;通过对翻译起始因子(eIF)的可逆磷酸化,可控制翻译起始阶段;通过对新生肽链的水解和运输,可以控制蛋白质的浓度在特定的部位或亚细胞器保持在合适的水平。另外,蛋白质在翻译后的磷酸化、甲基化、酰基化修饰,也是翻译后的重要调节方式。

长链非编码 RNA(lncRNA)是一类转录本长度超过 200 个核苷酸的 RNA 分子,参与了 X 染色体沉默、基因组印记以及染色质修饰、转录激活、转录干扰、核内运输等多种重要的调控过程。

(翟立红)

·第四篇·

专题篇

本篇包括"细胞信号转导""癌基因、抑癌基因与生长因子""常用分子生物学技术的原理及其应用""基因诊断与基因治疗"四章内容。

前三篇内容从分子水平阐述了构成机体主要的生物大分子的结构与功能,重要的物质代谢以及遗传信息的传递。由于生物化学与分子生物学的迅速发展,各种生理活动必须依赖的细胞信号转导,正常细胞活动中癌基因、抑癌基因、生长因子的作用以及常用分子生物学技术在诊断和治疗中的应用等方面也取得了长足进步,所以将这些医学必备的生化知识,归入专题篇加以叙述。

高等生物可由几亿个细胞构成一个机体。众多的细胞必须依赖细胞间的信息联系才能构成一个有生命活动的整体。机体各种信息的传递主要有神经和体液两条途径,只有在高级中枢的调节下彼此协调,才能维持机体的恒稳状态,适应各种生理活动的需要。癌基因和抑癌基因是一类主要调节细胞增殖分化的基因,在正常情况下对维持正常细胞功能具有重要的作用。若这些基因结构和表达异常,有可能发生细胞癌变或导致其他疾病。绝大部分癌基因表达产物为具有调控细胞增殖、分化的生长因子及其受体,而生长因子受体所介导的信息传递途径是细胞间信息传递的重要途径之一。

本篇后两章内容则侧重介绍医学工作和科学文献所涉及的常用分子生物学技术原理和应用,同时介绍在医学上的应用,即基因诊断和基因治疗的相关内容,它涉及诸多分子生物学技术。

本篇各章内容多为进展性专题,各院校可根据实际情况选用,部分内容可作为对本科生的基本要求进行讲授,其余内容可供学生自学或作为专题讲座。

第十八章　细胞信号转导

扫码看课件

教学目标

- 细胞外信号分子、受体的种类和作用特点
- 第二信使、参与细胞信号转导的酶类
- 主要的细胞信号转导途径
- 细胞信号转导的规律和复杂性
- 细胞信号转导异常与疾病

细胞信号转导(cellular signal transduction)是指特定的化学信息在靶细胞内的传递过程。细胞信号转导主要包括三个过程:信息分子的识别与接受、信号的放大与传递以及特定生理效应的产生。信息分子通过与存在于靶细胞膜上或细胞内的受体特异性识别并且结合,激活特定的信号放大系统,引起蛋白质分子构象、酶活性、膜通透性以及基因表达等方面的改变,从而产生一系列生理效应。

细胞信号转导的异常与人类许多常见疾病相关,其中包括肿瘤、内分泌代谢性疾病、心血管疾病以及某些精神疾病等。某些感染性疾病的发病机制,如霍乱等也与细胞信号转导紊乱有密切关系。因此,掌握细胞信号转导机制,将有助于提高临床诊疗水平。

第一节　概　　述

外界刺激(如神经递质、激素、生长因子、光、机械刺激等)可诱发细胞内数千种信号分子的浓度或活性变化,进而调节物质代谢、基因表达以及细胞的生物学行为。这些存在于生物体内、外具有调节细胞生命活动功能的化学物质称为信号分子(signaling molecule)。信号分子可以携带各种生物信息,通过细胞之间的交流,调节细胞的生长、发育、分化、代谢及学习记忆等生命过程。按照信号分子的存在位置及功能,可分为细胞外信号分子和细胞内信号分子两类。

一、细胞外信号分子

由细胞分泌的,能够调节细胞生命活动的信息传递物质称为细胞外信号分子,或称为第一信使(first messenger)。根据信号分子的作用方式可将细胞外信号分子分为如下三类。

(一)激素

激素(hormone)是由特殊分化细胞(内分泌腺或内分泌细胞)合成并分泌的化学信号分子,通常借助血液循环而传递至远处,与靶细胞的受体特异性结合,从而调节靶细胞的代谢和生理功能。激素的种类繁多,功能各异。按照化学本质的不同,可将激素分为四大类:①多肽与蛋白质类,如胰岛素、胰高血糖素、下丘脑激素、垂体激素等;②氨基酸衍生物类,如甲状腺激素,儿茶酚胺类激素;③类固醇衍生物类,如肾上腺皮质激素、性激素等;④脂肪酸衍生物类,如前列腺素。按照受体位置及作用机制不同,又可将激素分为两大类:①细胞膜受体激素,如胰岛素、儿茶酚胺类激素、生长因子等,

这些激素多是水溶性物质,不能通过细胞膜,经膜受体传递信息;②细胞内受体激素,如类固醇衍生物类激素、脂肪酸衍生物类激素、甲状腺激素、维生素 D 等,这些激素为脂溶性,可透过细胞膜进入细胞,与胞内受体结合。

(二)神经递质

神经递质(neurotransmitter)又称突触分泌信号,是神经突触所释放的化学信号分子,它们只在突触间隙将信号传递给突触后膜的靶细胞。按化学本质的不同,神经递质可分为以下三类:①有机胺类,如乙酰胆碱、多巴胺、5-羟色胺等;②氨基酸类,如 γ-氨基丁酸、谷氨酸等;③神经肽类,如脑啡肽、内啡肽、强啡肽等。

(三)局部化学物质(细胞因子和生长因子)

局部化学物质又称旁分泌信号,机体内一些细胞可分泌一种或数种化学物质,如细胞因子、前列腺素、NO 等,它们通过组织液或细胞间液的运输及扩散,作用到邻近的靶细胞,产生效应。细胞因子(cytokine)是由普通细胞合成并分泌的多肽或蛋白质类化学信号分子,可将其与生长因子一起归于一类多肽调节分子功能家族,但在生理功能上,细胞因子与机体的防御介质有关,主要介导和调节免疫功能,并刺激造血。常见的细胞因子包括白介素(IL)、干扰素(IFN)、淋巴毒素(LT)、集落刺激因子(CSF)、肿瘤坏死因子(TNF)、转化生长因子(TGF)、趋化因子等。

生长因子(growth factor)是由普通细胞合成并分泌的化学信号分子,通常只作用于邻近的靶细胞,调节靶细胞的增殖与分化。迄今已发现的生长因子均为多肽或蛋白质,主要有表皮生长因子(EGF)、成纤维细胞生长因子(FGF)、血小板衍生生长因子(PDGF)等。

二、受体的种类和作用特点

受体(receptor)是指存在于靶细胞膜上或细胞内的一类特殊蛋白质分子,它们能够特异识别并结合信息分子,并触发靶细胞产生特异的生理效应。已经证明,受体的化学本质是蛋白质,多数为糖蛋白,少数为糖脂。信息分子之所以能对特定的组织或细胞发挥调节作用,就是因为靶细胞膜表面或细胞内存在能识别并结合信息分子的受体。特定信息分子与其相应受体的结合,是触发靶细胞产生特异生理效应的必要条件。由于信息分子与其受体之间存在特异的结合作用,所以通常也将这些信息分子称为配体(ligand)。

(一)受体的种类、结构与功能

按照受体存在的亚细胞部位不同,可将其分为细胞膜受体和细胞内受体两大类。其中,细胞膜受体又可以按照其分子结构与功能的不同,分为跨膜离子通道型、G 蛋白偶联型和催化形受体三类,其配体结合部位均位于质膜表面。大部分的信息分子都具有亲水性,不能直接进入细胞,因而只能结合于靶细胞膜表面的受体,然后触发细胞内的信号转导途径,产生特异的生理效应。细胞内受体则位于胞浆或胞核中,脂溶性的信息分子与载体蛋白结合而转运到达靶细胞,再与载体蛋白解离,通过扩散穿过质膜,与靶细胞内的受体结合而使之活化,调控特异基因的表达。因此,细胞内受体兼有转录因子的作用,又被称为转录因子型受体。

1. 跨膜离子通道型受体 此类受体本身就是位于细胞膜上的配体门控离子通道,其共同特点是由相同的或不同的亚基构成寡聚体,这些亚基围成一跨膜通道,故又称为环状受体。受体通过能否与配体的结合来控制通道的开关,选择性地允许离子进出细胞,引起细胞内某种离子浓度的改变,从而触发生理效应。此类受体的配体主要是神经递质、神经肽等。例如,烟碱型乙酰胆碱受体(N-AChR)就是由五个亚基构成的跨膜的寡聚体($\alpha_2\beta\gamma\delta$),对 Na^+、K^+ 及 Ca^{2+} 的通透具有选择性(图 18-1)。

2. G 蛋白偶联型受体 此类受体通常为单体或相同亚基组成的寡聚体,其多肽链可分为细胞外区、跨膜区和细胞内区三部分。多肽链在细胞内外往返跨膜后形成七段 α-螺旋的跨膜区(故又称七

跨膜 α-螺旋形受体),其氨基酸序列具有高度保守性。多肽链的 N-端位于细胞外区,而 C-端位于细胞内区,不同的受体其 N-端、C-端以及 N-端第三内环区的氨基酸序列变化较大。此型受体的第三内环区与 C-端序列构成与 G 蛋白偶联的结构域(图 18-2),并通过 G 蛋白传递信号。大多数激素受体都属于 G 蛋白偶联型受体(GPCR)。

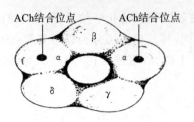

图 18-1 N-AChR 结构示意图

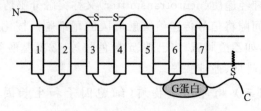

图 18-2 G 蛋白偶联型受体的结构

3. 催化型受体 此类受体一般为单体或寡聚体跨膜蛋白,可分为细胞外区、跨膜区和细胞内区三部分,每个单体或亚基的跨膜只有一段 α-螺旋区(故又称单跨膜 α-螺旋形受体),具有高度疏水性。受体的细胞外区较大,为配体结合区;细胞内区则带有受体型蛋白酪氨酸激酶(protein tyrosine kinase,PTK)结构域,或者带有与非受体型 PTK 作用的结构域(图 18-3)。此类受体与配体结合后,通常引起受体构象改变,然后激活受体或非受体的 PTK 活性,催化底物蛋白中酪氨酸残基的磷酸化,触发细胞信号转导过程。胰岛素受体(InsR)、表皮生长因子受体(EGFR)、血小板衍生生长因子受体(PDGFR)等都属于此类受体。

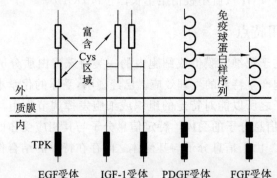

EGF:表皮生长因子;IGF-1:胰岛素样生长因子;PDGF:血小板衍生生长因子;FGF:成纤维细胞生长因子

图 18-3 催化型受体的分子结构示意图

4. 胞内受体 此类受体分布于胞浆或胞核,类固醇激素、甲状腺激素、维 A 酸等通过此类受体传递信号。胞内受体一般是由 400～1000 个氨基酸残基构成的多肽链,主要包括四个区域(图 18-4)。

图 18-4 胞内受体结构示意图

(1)高度可变区 位于 N-端,一级结构变化较大,含 25～603 个氨基酸残基,有转录激活作用,与调控特异基因表达有关。该区还是多数核受体抗体的结合部位。

(2)DNA 结合区 位于受体分子的中部,一级结构具有同源性,主要由 66～68 个氨基酸残基构成的核心结构和后续的羧基延伸组成,富含半胱氨酸及锌指结构,其功能是可与特异的 DNA 序列结合,调节基因转录。能够与激素受体结合的特异 DNA 序列称为激素反应元件(hormone response element，HRE)，也是一种顺式作用元件，通常具有回文顺序。

（3）激素结合区 位于多肽链C-端，由220～250个氨基酸残基构成，该区可与配体（如激素）结合，使配体二聚化，与热休克蛋白结合，激活转录。另外，该区还具有核定位信号，存在NLS相似的氨基酸序列，但该核定位具有激素依赖性。

（4）铰链区 位于DNA结合区和激素结合区之间，可能与转录因子相互作用及受体向核内运动有关。

（二）受体与信号分子的结合特点

1. 高度的特异性 高度的特异性指受体只能选择性地与相应的配体相结合的性质。其原因在于受体分子上存在具有一定空间构象的配体结合部位，即配体结合结构域，该结构域只能选择性地与具有特定分子结构的配体相结合。这一性质使靶细胞只能对其周围环境中特定的信息分子产生反应。

2. 高度的亲和力 受体与相应配体的结合反应在极低的浓度下即可发生，表明两者之间存在高度的亲和力。通常用解离常数来表示亲和力的大小，大多数受体的解离常数为10^{-11}～10^{-9} mol/L，解离常数越小，则受体与配体结合时所需浓度越低，两者的亲和力越高。

3. 结合可逆性 受体与其配体通常通过非共价键可逆地结合在一起，这些化学键的键能均较低，当环境中的配体浓度进一步降低时，受体-配体复合物也容易发生解离，从而导致信号转导的终止。

4. 可饱和性 在一定条件下，存在于靶细胞表面或细胞内的受体数目是一定的。因此，受体与其配体的结合反应也是可饱和的。即随着配体浓度的增大，结合配体的受体数目也会增多，当全部受体被配体占据时，其生理效应达到最大。

5. 可调节性 存在于靶细胞表面或细胞内的受体数目以及受体对配体的亲和力都是可以调节的。如果某种因素引起靶细胞受体数目增加或亲和力增大，称为向上调节（up regulation）；反之，则称为向下调节（down regulation）。向上调节可增强靶细胞对信息分子的反应敏感性（超敏），而向下调节则降低靶细胞对信息分子的反应敏感性（脱敏）。一般来说，基因表达增强可使靶细胞受体数目增加；而结合配体后的膜受体常发生内化作用而被溶酶体酶所降解，则会导致膜表面受体数目减少。受体的磷酸化、脱磷酸化修饰，或者受体构象的改变，都会导致受体与配体亲和力的增大或减小。

三、细胞内信号转导形成网络调控

细胞内存在多种信号转导分子，这些分子依次相互识别、相互作用，有序地转换和传递信号。由一组信号转导分子形成的有序信号传递过程称为信号转导途径或信号转导通路（signal transduction pathway）。每一条信号转导通路都是由多种信号转导分子组成的，不同分子间依次相互作用，上游分子引起下游分子的数量、结构、分布或活性状态改变，从而使信号向下游传递。信号转导分子相互作用的机制，构成了信号转导的基本机制。

由一种受体分子转换的信号，可通过一条或多条信号转导通路进行传递。而不同类型受体分子转换的信号，也可通过相同的信号转导通路进行传递。不同的信号转导通路之间也可发生交叉调控，从而形成复杂的信号转导网络。此外，信号转导通路和网络的形成是动态过程，随着信号的种类和强度而不断变化。

在高等动物体内，细胞外信号分子的作用都具有网络调控的特点。例如，一种激素或细胞因子的作用，会受到其他激素或细胞因子的影响，或促进或抑制。分泌信号的细胞又可受到其他细胞分泌的信号的调节，从而使得细胞外信号分子的产生及其调控在另一个层次上也形成了复杂的网络系统。机体内的复杂网络调控使得信号分子的作用都具有一定程度的代偿性，某种信号分子的单一缺陷不会导致对机体的严重损害。

|第二节 细胞内信号转导分子|

细胞内信号转导分子是细胞内传递生物信息的蛋白质分子或小分子活性物质。细胞内信号转导分子可分为两类：一类是细胞内小分子信使，又称第二信使；另一类则是细胞内蛋白质信号分子，包括信号转导酶类（如蛋白激酶、蛋白磷酸酶）和信号转导蛋白（如 G 蛋白、衔接蛋白和支架蛋白等）等。

一、第二信使

第一信使与靶细胞膜上特异受体结合后，在胞浆内产生的信号转导分子，称为第二信使（second messenger）。它们能在靶细胞内传导、放大细胞外信号，并诱导靶细胞特异应答而产生一系列生物学效应。根据化学性质不同，第二信使可分为以下几类：①环核苷酸类：环磷酸腺苷（cAMP）、环磷酸鸟苷（cGMP）。②脂类分子：甘油二酯（DAG）、肌醇三磷酸（IP$_3$）、神经酰胺、花生四烯酸等。③离子：Ca^{2+}、Na$^+$、K$^+$、Cl$^-$ 等。④气体分子：一氧化氮（NO）、一氧化碳（CO）等。

二、参与细胞信号转导的酶类

（一）蛋白激酶

蛋白激酶（protein kinase，PK）催化 ATP 的 γ-磷酸基团转移到蛋白质特定氨基酸残基上。蛋白丝/苏氨酸激酶、蛋白酪氨酸激酶是细胞内最主要的蛋白激酶。

1. 蛋白丝/苏氨酸激酶 蛋白丝/苏氨酸激酶可以是细胞内第二信使的靶蛋白，如 PKA、PKG、PKC、CaM-PK 等蛋白激酶，参与传递细胞内信息，调节物质代谢或调控基因表达。蛋白丝/苏氨酸激酶也可以是酶偶联受体分子，如丝裂原激活蛋白激酶（mitogen-activated protein kinase，MAPK）家族的分子。MAPK 家族中最重要的有 ERK（extracellular regulated kinase）、JNK/SAPK（c-jun N-terminal kinase/stress-activated protein kinase）和 P38-MAPK 等 3 个亚家族。MAPK 受上游分子 MAPKK（MAP kinase kinase）活化激活，MAPKK 又受 MAPKKK（MAP kinase kinase kinase）活化激活，构成 MAPK 酶级联反应系统，使酶逐级磷酸化。MAPK 和 MAPKKK 是蛋白丝/苏氨酸激酶，MAPKK 是丝/苏氨酸和酪氨酸双功能激酶，能够同时催化底物分子 Thr 和 Tyr 的磷酸化。MAPK 激活后转移到细胞核内，使一些转录因子发生磷酸化，调控基因表达。

2. 蛋白酪氨酸激酶 蛋白酪氨酸激酶（protein tyrosine kinases，PTK）主要作为酶偶联受体的信息传递分子，大部分与细胞增殖信号传递相关。PTK 可以直接与受体结合或与激活的受体结合，也可与其他细胞内信号分子结合传递信息。细胞内主要的 PTK 存在于以下家族蛋白：Src 家族、JAK 家族、ZAP70 家族、Tec 家族等。JAK 家族蛋白与蛋白酪氨酸激酶偶联受体（TKCRs）的作用相联系。

（二）蛋白磷酸酶

蛋白磷酸酶催化蛋白质特定氨基酸残基上的磷酸水解。蛋白磷酸酶对蛋白激酶的变化信号起衰减作用。蛋白磷酸酶也具有氨基酸特异性，目前已知的有蛋白丝/苏氨酸磷酸酶和蛋白酪氨酸磷酸酶，个别也具有丝/苏氨酸、酪氨酸磷酸酶的双重作用。

三、细胞内信号转导蛋白

1. G 蛋白及其信号转导机制 鸟苷酸结合蛋白（guanine nucleotide-binding protein，G protein）简称 G 蛋白，是一类存在于靶细胞质膜内侧面或胞浆中的特殊信号转导蛋白，其分子中均带有 1 分子的鸟苷酸（GDP 或 GTP），通过与不同形式鸟苷酸结合来实现激活与失活状态的转变，从而完成信号的传递过程。按照分子结构的不同,通常将G蛋白分为两大类。一类是由α、β和γ三种不同亚基构成的异三聚体;另一类则为单体蛋白质,该单体与异三聚体G蛋白的α亚基高度同源,通常也称为小分子G蛋白,其超家族的成员至少有50种,包括Ras、Rap、Rac、Rho等。

cAMP信号转导途径涉及的G蛋白通常为异三聚体型(图18-5),其α亚基结合1分子GDP时呈失活状态。信息分子作用于G蛋白偶联型受体后,导致受体的构象改变,其G蛋白偶联结构域即与质膜上的G蛋白相互作用,使α亚基与βγ亚基解离,且α亚基发生鸟苷酸交换与1分子GTP相结合(α-GTP),转变为激活状态,

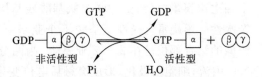

图18-5 G蛋白活性型与非活性型的互变

α-GTP继续参与下一步的信号转导过程(激活或抑制)。G蛋白的α亚基本身具有GTPase的活性,可将该亚基上结合的GTP水解为GDP,使该亚基失活而重新与βγ亚基结合成为异三聚体,从而终止信号转导。

在哺乳动物中,目前已经克隆的异三聚体型G蛋白α亚基达21种,按照其功能的不同可分为四大类,即G_s、G_i、G_q和G_t。解聚后的不同α亚基的效应物和(或)功能也不相同,有的作用于腺苷酸环化酶(adenylate cyclase,AC)使之激活(如$α_s$)或者抑制(如$α_i$);有的可激活磷脂酰肌醇磷脂酶Cβ(PI-PLCβ)(如$α_q$等);有的则兼有激活或抑制离子通道蛋白的作用。

不同的G蛋白偶联型受体所激活的G蛋白也不尽相同。例如,β-肾上腺素能受体、加压素受体、胰高血糖素受体、促肾上腺皮质激素受体等能够通过激活G_s蛋白,进而激活AC传递兴奋性信号,故属于激动型受体;而α-肾上腺素能受体、阿片肽受体、生长激素抑制素受体等则能激活G_i蛋白,进而导致AC活性的降低传递抑制性信号,故属于抑制型受体。

2. 低分子量G蛋白 低分子量G蛋白是一种信息传递调节蛋白,因为与Ras癌基因高度同源,又称为Ras蛋白。Ras蛋白与GTP结合活性增强,与GDP结合活性降低。Ras蛋白本身含有GTP酶活性,可受GTP酶活化蛋白(GTPase activating protein,GAP)激活,使Ras蛋白活性降低;细胞内的鸟嘌呤核苷酸交换因子(guanine nucleotide exchange factor,GNEF)促进GTP结合,使Ras蛋白活性加强。目前已发现50多种Ras蛋白,参与细胞内信号传递。

3. 衔接蛋白和支架蛋白 衔接蛋白(adaptor protein)是信号传递途径中连接上、下游信号分子的接头蛋白。多数衔接蛋白含有2个或2个以上蛋白质相互作用结构域。Src蛋白同源结构域(Src homology region,SH)是指与Src基因表达的Src蛋白同源的蛋白相互作用结构域。SH_2与原癌基因Src编码的结构域2同源的蛋白质相互作用结构域,能与含酪氨酸残基磷酸化的多肽链结合;SH_3与原癌基因Src编码的结构域3同源的蛋白质相互作用结构域,能与含有脯氨酸的肽段结合;PH结构域(pleckstrin homology,PH)是指与血小板蛋白同源的蛋白质相互作用结构域,能与带电荷的磷脂衍生物结合。

支架蛋白(scaffolding proteins)是相对分子质量较大的蛋白质,可同时结合多个位于同一信号传递途径的信号分子。

第三节 细胞信号转导途径

一、离子通道型受体介导的细胞信号转导途径

配体依赖型离子通道常见于神经细胞和神经肌肉接头处,属于此类受体的有烟碱型乙酰胆碱受体(N-AChR)、γ-氨基丁酸受体(GABAR)、甘氨酸受体等。受体除含有配体结合部位外,本身就是离子通道,借此将信号传入胞内。依赖于神经递质的离子通道型受体通常位于突触后膜上,接受神经

递质刺激后,通道开放,导致离子跨膜流动,引起突触后膜去极化或超极化,继而产生生物学效应。

N-AChR 是典型的离子通道型受体。N-AChR 是由 5 个同源性很高的亚基组成的寡聚体蛋白质,包括 2 个 α 亚基,1 个 β 亚基,1 个 γ 亚基的和 1 个 δ 亚基,中间为离子通道。每一个亚基都是一个四次跨膜蛋白(约由 500 个氨基酸残基构成),且推测跨膜部分由 4 个 α 螺旋结构组成,其中 1 个亲水性 α 螺旋富含极性氨基酸,5 个亚基中亲水性 α 螺旋共同在膜中形成 1 个亲水性的通道。乙酰胆碱的结合部位是在 2 个 α 亚基上,当两分子乙酰胆碱与受体结合后,使通道处于开放构象,大量 Na^+ 内流,细胞去极化,形成突触后电位变化。即使有乙酰胆碱的结合,该受体通道处于开放构象状态的时限十分短暂,在几十毫微秒内又回到关闭状态。然后乙酰胆碱与之解离,受体恢复到初始状态,做好重新接受配体的准备(图 18-6)。

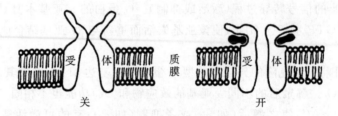

图 18-6 离子通道型受体作用模式图

二、G 蛋白偶联受体介导的细胞信号转导途径

(一)cAMP-依赖性蛋白激酶 A 途径

这是一条经典的信号转导途径,信息分子通常与 G 蛋白偶联型受体相结合而激活此途径。一般来说,构成 cAMP-蛋白激酶 A 途径的级联反应为信息分子→膜受体→G 蛋白→AC→cAMP→PKA→底物蛋白(酶)→生理效应(图 18-7)。

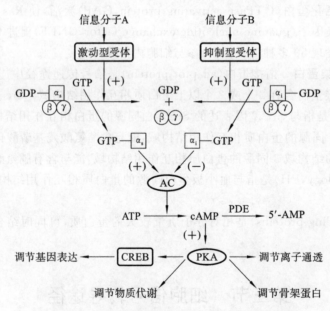

图 18-7 cAMP-依赖性蛋白激酶 A 途径的级联反应

1. AC 与 cAMP 的生成 腺苷酸环化酶(AC)存在于除成熟红细胞外的几乎所有组织细胞中。AC 的主要作用是催化胞浆中的 ATP 生成 cAMP,使胞浆中第二信使 cAMP 的浓度升高。正常细胞内 cAMP 平均浓度为 10^{-6} mol/L,在激素作用下可升高 100 倍以上。胞浆中 cAMP 的浓度受 AC 活性和磷酸二酯酶(phosphodiesterase,PDE)活性的双重调节。PDE 可将 cAMP 水解为 5'-AMP,使胞浆中 cAMP 的浓度降低,从而终止信号的转导。

ATP

cAMP

2. 蛋白激酶 A 及其生理作用　胞浆中 cAMP 浓度升高,激活依赖 cAMP 的酶或蛋白,使信号进一步在细胞内传递。cAMP 的生物学效应主要是通过激活胞浆中蛋白激酶 A(protein kinase A,PKA)而实现的。

PKA 是一种变构酶,其分子结构是由两个催化亚基(C)和两个调节亚基(R)构成的四聚体(C₂R₂),每个调节亚基上都有两个 cAMP 结合位点。当 PKA 的两个调节亚基与 4 分子 cAMP 结合后,调节亚基发生变构并与催化亚基解离,消除调节亚基对催化亚基的抑制作用;游离的催化亚基二聚体(C₂)具有 Ser/Thr 蛋白激酶活性,可催化特异的底物蛋白/酶的磷酸化修饰并导致其生理功能或活性的改变,从而产生特定的生理效应(图 18-8)。

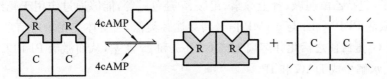

图 18-8　蛋白激酶 A 的激活

PKA 的作用非常广泛,底物蛋白/酶多达数十种,其生理作用主要包括以下几点。①对物质代谢的调节。PKA 通过对代谢途径中关键酶的磷酸化修饰,使酶活性增强或减弱,从而调节物质代谢的速度、方向以及能量的生成。如 PKA 可使糖原合酶 I 磷酸化,转变成无活性的糖原合酶 D,抑制糖原合成;PKA 还可磷酸化糖原磷酸化酶 b 激酶使其活性增加,进而激活磷酸化酶,促进糖原分解。②对基因表达的调节。PKA 激活后进入核内,磷酸化一些转录因子,调节转录因子的活性,诱导基因表达。细胞核内受 cAMP、PKA 调节的基因转录调控区都存在一个由 8 个碱基构成的 DNA 序列,即 TGACGTCA,称为 cAMP 反应元件(cAMP response element,CRE)。能与 CRE 结合的蛋白质称为 CRE 结合蛋白(CRE binding protein,CREB),属于反式作用因子。PKA 可使 CREB 的 133 位 Ser 残基磷酸化而使其活性增强,激活的 CREB 与 CRE 结合,促进基因表达。③对离子通透性的调节。PKA 可催化 Ca^{2+} 通道蛋白的磷酸化修饰,从而增加其对 Ca^{2+} 的通透性,使 Ca^{2+} 内流增加。④对细胞骨架蛋白功能的调节。PKA 也可催化微管蛋白、微丝蛋白等细胞骨架蛋白的磷酸化修饰,引发细胞收缩反应。

(二)Ca^{2+}-依赖性蛋白激酶途径

Ca^{2+} 是机体内一个重要的第二信使,参与许多生命活动如收缩、运动、细胞分泌、分裂等。正常情况下,细胞内质网/肌浆网是细胞内 Ca^{2+} 储存库,约 $2×10^{-5}$ mol/L,胞质内游离 Ca^{2+} 在 0.1 μmol/L 左右(10^{-7}～10^{-8} mol/L),而细胞外液游离 Ca^{2+} 浓度为 0.1～10 mmol/L,两者相差近 10000 倍。但胞质游离 Ca^{2+} 浓度的改变却是调节细胞生理活动的关键环节。当刺激使胞外 Ca^{2+} 内流或胞内钙库释放 Ca^{2+},胞浆 Ca^{2+} 浓度高于 10^{-6} mol/L 时,就可将信息传递给细胞中各种酶及功能蛋白,引发特定的生理效应。依赖 Ca^{2+} 的信息传递途径有两种:DAG-依赖性蛋白激酶 C 途径以及 IP_3-Ca^{2+}-钙调蛋白依赖性蛋白激酶途径。

1. DAG、IP_3 的生成 磷脂酰肌醇磷脂酶 C(phosphatidylinositol phospholipase C,PI-PLC)能特异水解位于质膜内侧面磷脂酰肌醇-4,5-二磷酸(PIP_2)C_3 上的磷酸酯键,产生 DAG 和 IP_3 两种重要的第二信使。生成的 DAG 仍然嵌于质膜中;而水溶性的 IP_3 则释放到胞浆中,通过扩散作用于内质网膜上的 IP_3 受体,调控胞浆 Ca^{2+} 浓度。所以 PLC 是双信使(DAG、IP_3)系统的一个关键酶(图 18-9)。

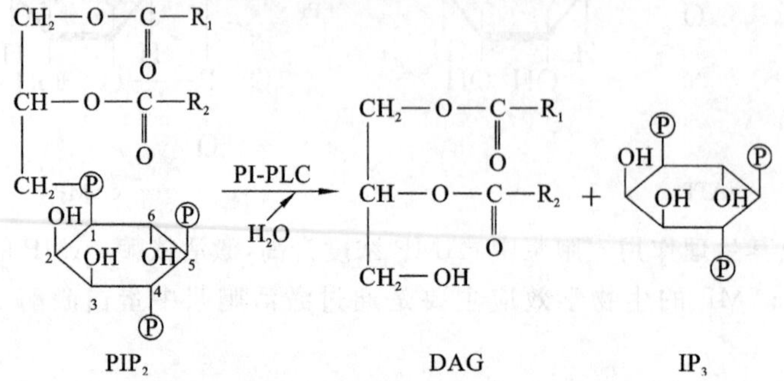

图 18-9 磷脂酰肌醇磷脂酶(PI-PLC)的作用

PI-PLC 广泛分布于哺乳动物细胞内,有多种同工酶,目前比较确定的有 β、γ 和 δ 三种亚型。不同亚型 PI-PLC 的激活机制不同,PI-PLCβ 通过 G_q 蛋白来激活,PI-PLCγ 则由受体型或非受体型蛋白酪氨酸激酶调控,而 PI-PLCδ 对 Ca^{2+} 敏感,由 Ca^{2+} 浓度来调节其活性。

许多信息分子,包括乙酰胆碱、肾上腺素、组胺、5-羟色胺等,能够通过作用于靶细胞膜上的 G 蛋白偶联型受体而激活 PI-PLCβ。与 cAMP 信号转导途径类似,当受体与相应的信息分子结合后发生构象改变,作用于 G_q 蛋白使之活化并解离生成 GTP-α_q 和 βγ 亚基,从而激活 PI-PLCβ,作用于质膜内侧面的 PIP_2,使之水解生成 DAG 和 IP_3。

与其他亚型不同,PI-PLCγ 的分子结构中含有 SH_2 结构域,该结构域中的特异酪氨酸残基磷酸化后被激活。许多生长因子或细胞因子等信息分子就是通过激活受体型蛋白酪氨酸激酶(如 PDGF 受体、EGF 受体等)或非受体型蛋白酪氨酸激酶(如 Src 等)而使 PI-PLCγ 活化。

因此,DAG、IP_3 两种重要的第二信使生成的信号转导反应为信息分子→膜受体→G_q 蛋白/蛋白酪氨酸激酶→PI-PLC→DAG 和 IP_3。

2. DAG-依赖性蛋白激酶 C 途径 此信号转导途径以生成脂类衍生物第二信使 DAG 为特征,其信号转导的级联反应包括信息分子→膜受体→G_q 蛋白/蛋白酪氨酸激酶→PI-PLC→DAG(IP_3)→PKC→底物蛋白(酶)→生理效应。

(1) DAG 激活蛋白激酶 C(protein kinase C,PKC) DAG 主要与 PKC 调节结构域中的富含 Cys 的模体-2 结合,使 PKC 构象改变而被激活。DAG 激活 PKC 还需要 Ca^{2+} 及磷脂酰丝氨酸(PS)等物质。佛波酯(phorbol ester)是一种肿瘤促进剂,可激活 PKC,激活后使 PKC 由胞质转至质膜。

(2) PKC 及其生理作用 PKC 是相对分子质量为 77000～87000 的单聚体蛋白,属于 Ser/Thr 蛋白激酶,广泛分布于哺乳动物的组织细胞胞浆中,当受到刺激时才可逆地发生膜转位并被激活。迄今为止已发现 PKC 多达 12 种,按其分子结构和对激活剂依赖的不同而分为三组亚型。第一组称为常规型 PKC(conventional PKC,cPKC),激活时需 DAG 和 Ca^{2+};第二组称为新型 PKC(novel PKC,nPKC),仅需 DAG 就可激活;第三组称为非典型 PKC(atypical PKC,aPKC),激活时需 IP_3。除此之外,所有 PKC 的激活都需要磷脂酰丝氨酸(PS)的参与。

PKC 可以催化几十种特异的底物蛋白(酶)的磷酸化修饰,可分为四大类:①信号转导受体或酶,如 EGF 受体、胰岛素受体、α-肾上腺素能受体、GC、Raf1 等;②膜蛋白和核蛋白,如组蛋白、核糖体 S_6 蛋白、Na^+、K^+-ATP 酶、钙泵等;③细胞收缩或骨架蛋白,如肌球蛋白轻链、肌球蛋白轻链激酶、肌钙蛋白、微管蛋白等;④代谢酶或其他蛋白,如糖原合酶、糖原磷酸化酶、起始因子等。由于 PKC 可作用于各信号途径中若干参与信号转导的受体或酶,使 DAG/IP$_3$ 信号转导途径与其他信号途径之间产生广泛的信号交流,因此,PKC 除了可以通过磷酸化底物蛋白/酶而产生短暂的早期效应以外,还可以通过信号途径间的相互交流,使 PKC 持续激活,从而产生基因表达、细胞增殖和分化等晚期效应。

3. IP$_3$-Ca^{2+}-钙调蛋白依赖性蛋白激酶途径 细胞内许多生物大分子,如酶、蛋白因子、结构蛋白等对 Ca^{2+} 有依赖性,胞浆 Ca^{2+} 浓度的改变将会引发细胞若干生理功能的变化,Ca^{2+} 信号转导途径以胞浆 Ca^{2+} 的升高为特征,其级联反应包括 IP$_3$→IP$_3$R→胞浆 Ca^{2+} 升高→CaM→CaM-PK→底物蛋白/酶→生理效应(图 18-10)。

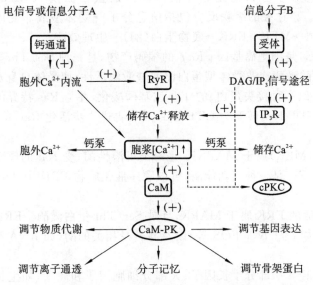

图 18-10 Ca^{2+} 信号转导途径的级联反应

(1) IP$_3$ 的第二信使作用 IP$_3$ 与内质网或肌浆网膜表面的 IP$_3$ 受体(IP$_3$R)结合,使内质网内的 Ca^{2+} 释放至胞浆中,从而使胞浆中 Ca^{2+} 浓度升高。Ca^{2+} 与钙调蛋白(calmodulin,CaM)形成 Ca^{2+}-CaM 复合物,后者可激活 Ca^{2+}-钙调蛋白依赖性蛋白激酶(CaM dependent protein kinase,CaM-PK),继而使一些酶及蛋白质发生磷酸化,如激活色氨酸羟化酶、酪氨酸羟化酶,从而促进 5-羟色胺、儿茶酚胺等神经递质的合成。另外,CaM-PK 还可使平滑肌的肌球蛋白轻链磷酸化,引起平滑肌收缩或张力增加。细胞微管蛋白、微丝蛋白磷酸化后可调节细胞的形态和运动。胞浆内 Ca^{2+} 浓度改变是短暂的,而 CaM-PK 的活性可维持较长时间。

(2) CaM 及 CaM-PK CaM 是一种钙结合蛋白,广泛分布于真核细胞中,由 148 个氨基酸残基组成的单链多肽。CaM 分子中有 4 个 Ca^{2+} 的结合位点,当 CaM 与 Ca^{2+} 结合形成 4Ca^{2+}-CaM 时,其分子构象发生改变,疏水区暴露,易于与 CaM-PK(靶酶-钙调蛋白依赖性蛋白激酶)相结合,导致 CaM-PK 激活,从而表现其生理作用。CaM-PK 是一种 Ser 蛋白激酶,它的靶蛋白非常广泛,如糖原合酶、磷酸化酶激酶、腺苷酸环化酶、Mg^{2+}-ATP 酶、丙酮酸羧化酶、磷脂酶 A$_2$、丙酮酸脱氢酶、3-磷酸甘油醛脱氢酶及 α-酮戊二酸脱氢酶等。另外,该途径还与学习、记忆等高级神经活动有关。

三、酶偶联受体介导的细胞信号转导途径

(一)酪氨酸蛋白激酶途径

1. 激活酪氨酸蛋白激酶受体的信息分子 蛋白酪氨酸激酶(PTK)活性最早见于 *Src* 癌基因产物,进一步研究发现生长因子、细胞因子及癌基因产物的受体也具有酪氨酸蛋白激酶活性。生长因子是一个大家族,既有影响细胞生长、分化增殖的生长因子,如表皮生长因子(EGF)、血小板衍生生长因子(PDGF)、胰岛素样生长因子(IGF)等;也有造血细胞因子(EPO),免疫相关因子如干扰素、淋

巴因子、单核因子等；还有与神经系统有关的神经营养因子（NGF、FGF）等。

2. 蛋白酪氨酸激酶介导的细胞信号转导途径　蛋白酪氨酸激酶信号转导途径的特征是通过信息分子激活受体型或非受体型蛋白酪氨酸激酶，以蛋白酪氨酸激酶作为胞内信号转导的第二信使，催化受体自身及转导蛋白的 Tyr 残基磷酸化，从而触发胞内一系列级联反应过程。此类信号转导途径主要与细胞生长、增殖及分化信号的传递有关，主要包括有丝分裂原激活蛋白激酶（mitogen-activated protein kinase，MAPK）途径、JAK-STAT 途径等。

（1）MAPK 途径　MAPK 途径是一类至少涉及 MAPK 激酶激酶（MAPKKK）、MAPK 激酶（MAPKK）和 MAPK 的三种蛋白激酶所构成的级联反应信号转导系统。哺乳动物中，生长因子、细胞因子及胰岛素等信息分子激活的是胞外信号调节的蛋白激酶（extracellular signal-regulated kinase，ERK）转导途径。该途径的级联反应包括信息分子→受体型或非受体型蛋白酪氨酸激酶→GRB2→SOS→Ras→Raf→MEK→ERK→底物蛋白（酶）→生理效应。

Raf 属于 MAPKKK，是细胞癌基因 *c-Raf* 的编码产物，是一种 Ser/Thr 蛋白激酶。信息分子通过激活受体型蛋白酪氨酸激酶或非受体型蛋白酪氨酸激酶活性，使受体自身及 GRB2（growth factor receptor bound protein 2，一种接头蛋白）的 Tyr 残基磷酸化，并与 Ras 特异的鸟苷酸交换因子 SOS 形成活性复合物，促进 GDP-Ras 转变为 GTP-Ras，后者再进一步活化 Raf，从而触发 ERK 信号转导途径。

MAPK/ERK 激酶（MEK）属于 MAPKK，是一类可溶性酶，受 Raf 的磷酸化修饰而被激活。与其他的蛋白激酶不同，MEK 是一种双功能酶，可以顺序催化底物 ERK 中 Thr 和 Tyr 残基发生磷酸化修饰并使之激活。

被 MEK 磷酸化激活的 ERK 属于 MAPK，且是 Ser/Thr 蛋白激酶。ERK 被活化后可转位到核内，催化多种转录因子（如 *c-JUN*、*c-FOS* 等）以及与转录相关的酶（如 RNA 聚合酶Ⅱ）的磷酸化，从而调控基因表达。

（2）JAK-STAT 途径　一部分生长因子、大部分细胞因子和激素，如生长激素、干扰素、红细胞生成素（EPO）、粒细胞集落刺激因子（G-CSF）及一些白细胞介素等，其受体分子缺乏蛋白酪氨酸激酶活性。但它们能协助细胞内一类具有激酶结构的连接蛋白 JAKs 完成信息转导。配体与非催化型受体结合后，能活化各自的 JAKs，JAKs 再通过激活信号转导子和转录激动子（signal transductors and activator of transcription，STAT）而最终影响到基因的转录调节，故将此途径称为 JAK-STAT 途径。

（二）cGMP-依赖性蛋白激酶 G 途径

该信号转导途径以鸟苷酸环化酶（guanylate cyclase，GC）催化 GTP 生成第二信使 cGMP 为特征，即通过胞浆中 cGMP 浓度的改变来完成信号转导过程。其信号转导的级联反应包括信息分子→膜受体/GC→cGMP→PKG→底物蛋白（酶）→生理效应。

1. GC 与 cGMP 的生成　鸟苷酸环化酶（GC）催化 GTP 生成 cGMP 和 PPi。同 cAMP 一样，cGMP 可经磷酸二酯酶（PDE）水解，生成 5′-GMP 而失活。

GTP $\xrightarrow[\text{PPi}]{\text{GC}}$ cGMP $\xrightarrow[\text{H}_2\text{O}]{\text{PDE}}$ 5′-GMP

GTP　　　　　　　　　cGMP

GC 广泛存在于动物各组织细胞中,按其存在的亚细胞部位及分子结构的不同而分为两类。一类为具有受体作用的跨膜蛋白质,分子结构与催化型受体类似,其细胞外区带有与特异信息分子结合的结构域,而细胞内区则带有 GC 结构域,因而也称为膜结合型 GC。心钠素(ANP)等信息分子可以特异性地与膜结合型 GC 结合,而激活其 GC 活性,导致胞浆 cGMP 浓度增高。另一类为胞浆可溶性 GC,由 α 和 β 两个亚基组成的二聚体。可溶性 GC 可被气体信息分子一氧化氮(NO)特异性地激活,使胞浆中 cGMP 浓度升高。

两类 GC 的组织细胞分布有所不同,膜结合型 GC 主要分布于心血管组织、小肠黏膜、精子和视网膜杆状细胞,而可溶性 GC 则主要分布于脑、肝、肾、肺等组织中,这种分布将导致不同组织细胞对同一信号产生不同的反应。

2. 蛋白激酶 G 及其生理作用 cGMP 的生理效应几乎都是通过激活蛋白激酶 G(protein kinase G,PKG)来实现的,该酶也是一种 Ser/Thr 蛋白激酶,可催化特异的底物蛋白(酶)的 Ser/Thr 发生磷酸化修饰而使其生理功能或活性改变。PKG 在细胞中的活性较低,仅占细胞总蛋白激酶活性的 2%。

四、细胞内受体信号途径

知识链接 18-1

细胞内受体介导的信息分子通常具有脂溶性,包括类固醇激素(糖皮质激素、盐皮质激素、雄激素、雌激素、孕激素)、甲状腺激素(T_3、T_4)、1,25-$(OH)_2$-D_3 以及视黄酸等。这些信号分子的特异受体都分布于胞质和(或)细胞核中,但其分布存在差异。糖皮质激素受体(GR)和盐皮质激素受体(MR)主要存在于胞浆中,T_3 受体(T_3R)、1,25-$(OH)_2$-D_3 受体(VDR)和视黄酸受体(RAR 和 RXR)则主要存在于细胞核中,其他受体在胞浆和细胞核中均有分布。

一般情况下,激素进入细胞内,与核内特异受体结合,导致受体构象改变形成激素-受体复合物,作为转录因子与 DNA 上特异基因邻近的激素反应元件(hormone response element,HRE)相结合,进而激活或抑制这些基因的转录(图 18-11)。HRE 作为短 DNA 序列的顺式作用元件,位于靶基因启动子上游约 200 bp 处。受体的 DNA 结合域与顺式作用元件 HRE 结合后,调控特异基因的表达以产生生理效应。在调控特异基因表达之后,转录复合物发生解离而使其转录活性终止。现已发现,这一过程与伴侣蛋白有关,细胞核中的伴侣蛋白 HSP90 等可导致转录复合物的解聚,从而终止胞内受体介导的基因表达。

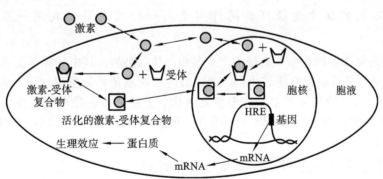

图 18-11 胞内受体介导的信号转导途径

| 第四节 细胞信号转导的规律和复杂性 |

一、细胞信号转导的基本规律

(一)信号的传递和终止涉及许多双向反应

信号的传递和终止实际上就是信号转导分子的数量、分布、活性等转换的双向反应。如 AC 催化生成 cAMP 传递信号,磷酸二酯酶则将 cAMP 迅速水解为 5'-AMP 而终止信号传递。以 Ca^{2+} 为细胞内信使时,Ca^{2+} 可以从其储存部位迅速释放,然后又通过细胞膜上钙泵的作用迅速恢复初始状态。PLC 催化 PIP_2 分解成 DAG 和 IP_3 而传递信号,DAG 激酶和磷酸酶分别催化 DAG 和 IP_3 转化而重新合成 PIP_2。对于蛋白质信号转导分子而言,则是通过与上、下游分子的迅速结合与解离而传递信号或终止信号传递,或者通过磷酸化作用和去磷酸化作用在活性状态和无活性状态之间转换而传递信号或终止信号传递。

(二)细胞信号在转导过程中被逐级放大

细胞在对外源信号进行转换和传递时,大都具有信号逐级放大的效应。例如,G 蛋白偶联受体介导的信号转导过程和蛋白激酶偶联受体介导的 MAPK 信号通路等都是典型的级联反应过程。

(三)细胞信号转导通路既有通用性又有专一性

细胞内许多信号转导分子和信号转导通路常常被不同的受体共用,而不是每一个受体都有专用的分子和通路。换言之,细胞的信号转导系统对不同的受体具有通用性。信号转导通路的通用性使得细胞内有限的信号转导分子可以满足多种受体信号转导的需求。另一方面,不同的细胞具有不同的受体,而同样的受体在不同的细胞又可利用不同的信号转导通路,同一信号转导通路在不同细胞中的最终效应蛋白也有所不同。因此,配体-受体-信号转导通路效应蛋白可以有多种不同组合,而一种特定组合决定了一种细胞对特定的细胞外信号分子产生专一性应答。

二、细胞信号转导的多样性

配体-受体-信号转导分子-效应蛋白并不是以一成不变的固定组合构成信号转导通路,细胞信号转导是复杂的且具有多样性。这种复杂性和多样性反映在以下几个方面。

(一)一条信号途径的成员,可参与激活或抑制另一条信号途径

例如,促甲状腺素释放激素与靶细胞膜的特异性受体结合后,通过 Ca^{2+}-磷脂依赖性蛋白激酶系统可激活 PKC,同时细胞内 Ca^{2+} 浓度增大还可激活腺苷酸环化酶,cAMP 生成增多进而激活 PKA。又如 EGF 受体是 PTK 活性的催化型受体。佛波酯能激活 PKC,活化的 PKC 能催化 EGF 受体第 654 位苏氨酸残基磷酸化,磷酸化的受体降低了 EGF 受体对 EGF 的亲和力和它的 PTK 活性。

(二)两种不同的信号途径可共同作用于同一种效应蛋白或同一基因调控区而协同发挥作用

例如,肌细胞的糖原磷酸化酶 b 激酶为多亚基蛋白质$(αβγδ)_4$,其中 α 和 β 亚基是 PKA 的底物,PKA 通过催化 α、β 亚基磷酸化而使其活化。而该酶的 δ 亚基是钙调蛋白,Ca^{2+}-磷脂依赖性蛋白激酶系统的第二信使 Ca^{2+} 能与 δ 亚基结合而使之活化。上述两条途径在细胞核内都可使转录因子 CREB 的 133 位丝氨酸残基磷酸化而激活,活化的 CREB 可与 DNA 的顺式作用元件 CRE 结合而启动多种基因的转录。

(三)一种信号分子可作用于几条信号传递途径

例如,胰岛素与细胞膜上的受体结合后,可通过胰岛素受体底物(insulin receptor substrate)激活磷脂酰肌醇-3-激酶(PI3K),亦可激活 PLCγ 水解 PIP_2 生成 IP_3 和 DAG,增加细胞内 Ca^{2+} 浓度,进一步激活 PKC;另外胰岛素还可激活 Ras/MAPK 信号途径。

| 第五节 细胞信号转导异常与疾病 |

细胞信号转导是靶细胞对特异信息分子做出相应反应的复杂的生物化学过程,涉及若干环节中的许多信号转导分子,这些信号转导分子的结构或数量的异常均可导致疾病的发生,临床上常常通过使用药物对这些信号转导分子的活性进行调节来治疗疾病。

一、G 蛋白异常与疾病

霍乱引起严重的水及电解质紊乱的症状是由霍乱弧菌分泌的霍乱毒素所致,霍乱毒素通过对小肠上皮细胞中 G_s 蛋白 α 亚基的 ADP 核糖基化共价修饰,使 α 亚基的 GTPase 活性丧失,不能水解 GTP,G_s 蛋白处于持续活化状态而使 AC 持续性激活,导致小肠上皮细胞内 cAMP 浓度大大升高,通过下游信号传递最终将 Cl^-、HCO_3^- 与水不断分泌入肠腔,造成严重脱水和电解质紊乱。

二、信号转导障碍与肿瘤

已经证实,多数肿瘤的发生与肿瘤细胞过度表达生长因子样物质或生长因子样受体及相关的信号转导分子有关,这些物质的过度表达导致了细胞生长失控、分化异常。这些信号转导分子包括生长因子(如 c-sis)、生长因子受体(如 EGFR)、胞内信号转导蛋白(如 Src、Ras、c-Fos、c-Jun)等,它们结构和功能的改变常与肿瘤的发生密切相关。

三、受体异常与疾病

由于基因突变,使靶细胞激素受体缺失、减少或结构异常所引起的内分泌代谢性疾病称为受体病,常导致靶细胞对相应的激素产生抵抗。迄今已报道的有胰岛素、雄激素、糖皮质激素、盐皮质激素、1,25-$(OH)_2$-D_3 及甲状腺激素抵抗症等。这类疾病通常有明显的家族史,其特征为血中相应激素浓度正常或增大,但临床上却表现出相应激素缺乏的症状和体征,用相应激素治疗效果不佳。

小结

细胞信号转导是多细胞生物对信息分子应答引起相应生物学效应的重要生理生化过程。细胞外的信息分子有激素、神经递质、局部化学物质等,细胞内的信息分子有 G 蛋白、细胞内第二信使(cAMP、cGMP、IP_3、DAG、Ca^{2+})以及一些蛋白质信息分子(如蛋白激酶)等。受体在信息传递过程中起识别并结合配体,转导信息引起相应的生物学效应等重要作用。受体可分为细胞膜受体和细胞内受体。与膜受体结合的细胞间信息分子是水溶性的,不能通过细胞膜。而与细胞内受体结合的信息分子是脂溶性的。信号转导的基本途径:信息分子→与特异的靶细胞受体结合→信息转换并激活细胞内信使系统→靶细胞产生相应的生物学效应。

细胞膜受体介导的常见信号转导途径如下:①cAMP-依赖性蛋白激酶 A 途径,该途径以 cAMP 为第二信使,经蛋白激酶 A 使靶蛋白(酶)Ser/Thr 残基磷酸化,发挥物质代谢和基因表达等调节作用;②DAG-依赖性蛋白激酶 C 途径,该途径以 DAG 为第二信使,激活蛋白激酶 C,后者使靶蛋白(酶)磷酸化,发挥调节代谢和基因表达的作用;③IP_3-Ca^{2+}-钙调蛋白依赖性蛋白激酶途径,该途径以 IP_3 和 Ca^{2+} 为第二信使,激活钙调蛋白依赖性蛋白激酶,参与体内多种代谢的调节,并与学习记忆等高级神经活动有关;④cGMP-依赖性蛋白激酶 G 途径,该途径以 cGMP 为第二信使,经蛋白激酶 G 使靶蛋白(酶)磷酸化,引起相应的生物学效应,心钠素、NO 是该途径的主要信息分子;⑤蛋白酪氨酸激酶途径,包括受体型蛋白酪氨酸激酶和非受体型蛋白酪氨酸激酶,以 PTK 作为胞内信号转导的第二信使,受体活化后可使靶蛋白(酶)的 Tyr 残基磷酸化,与细胞增殖分化过程有关。

细胞内受体包括胞浆受体和核内受体,经胞浆受体介导的信息分子包括类固醇激素、甲状腺激素、1,25-$(OH)_2$-D_3 以及视黄酸等。它们与受体结合形成激素-受体复合物,通过与特定基因的激素反应元件(HRE)结合来调节基因表达,引起生物学效应。

正常的信号转导是机体正常代谢与功能的基础,转导途径的任何一环出现异常都可导致疾病的发生。

(徐世明)

第十九章 癌基因、抑癌基因与生长因子

扫码看课件

 教学目标

- 掌握癌基因的概念、抑癌基因的概念及生长因子的概念
- 熟悉癌基因家族的分类及作用、熟悉癌基因的活化机制
- 熟悉抑癌基因的作用机制
- 熟悉生长因子的作用机制
- 了解癌基因、抑癌基因与肿瘤的关系，生长因子与临床的关系

细胞的增殖、分化是生命过程的重要特征。正常情况下，机体细胞的生长、增殖和分化在多种因素的调控下有条不紊地进行。细胞的正常生长与增殖是由两大类基因调控，一类是正调节信号，促进细胞生长和增殖，并阻止其发生终末分化，现已知多数细胞癌基因具有这方面的作用；另一类为负调节信号，抑制细胞增殖，促进分化、成熟和衰老，最后凋亡，抑癌基因在这方面发挥作用。这两类信号在细胞内产生的效应相互拮抗，维持平衡，对正常细胞的生长、增殖和衰老精确地进行调控。当两类基因中的任何一种或它们共同变化时，都可引起细胞增殖失去控制而导致肿瘤的发生。肿瘤的发生是一个复杂的多基因改变过程，对癌基因与抑癌基因的研究，为从根本上阐明肿瘤的发生机制及有效的治疗奠定重要的基础。目前，癌基因与抑癌基因已成为细胞生物学、分子生物学、分子遗传学和肿瘤发生学等学科的研究热点，越来越多的实验研究和临床资料表明，癌基因、抑癌基因与生长因子等在肿瘤发生、发展、转移及转归的过程中起着重要的作用。

第一节 癌 基 因

癌基因（oncogene，onc）是细胞内控制细胞生长、增殖和分化，并具有潜在诱导细胞恶性转化作用的基因，其表达产物是细胞正常生理功能的重要组成部分，正常条件下并不具致癌活性，当其异常表达时，其产物可使细胞无限制增殖，导致细胞癌变。癌基因可分为两大类：一类是反转录病毒基因组中带有的可使受病毒感染的宿主细胞发生癌变的基因，即病毒癌基因（viral oncogene，v-onc）；另一类是存在于细胞基因组中、正常情况下处于静止或低水平（限制性）表达状态，当受到致癌因素作用被激活而导致细胞恶变的基因，即原癌基因（protooncogene，pro-onc）或称细胞癌基因（cellular oncogene，c-onc）。

根据癌基因结构与表达产物的特点可分为以下几个基因家族。

（1）Src 家族：包括 Src、Abl、Fgr、Fes、Yes、Fps 等，Src 基因最早是在引起鸡肉瘤（sarcoma）的病毒中发现的，是第一个鉴定的病毒癌基因，Src 家族也是了解最多的癌基因家族。它们含有相似的基因编码结构，产物多具有使酪氨酸磷酸化的蛋白激酶活性，定位于质膜内侧或跨膜分布。Src 蛋白的表达和活性异常是某些肿瘤发生、发展的原因之一。

（2）Ras 家族：包括 H-Ras、K-Ras、N-Ras。H-Ras 和 K-Ras 分别存在于 Harvey 和 Kirsten 大鼠肉瘤病毒中，N-Ras 是在人神经母细胞瘤 DNA 感染 NIH3T3 细胞时发现的、与 Ras 基因类似的

基因,K-Ras突变是恶性肿瘤中最常见的基因突变之一,虽然它们之间核苷酸序列相差很大,但所编码的蛋白质的相对分子质量均为21000,即P21蛋白,位于细胞质膜内侧,P21蛋白多属于信息传递蛋白,能与GTP结合,具有GTP酶活性,可使GTP水解,并参与cAMP水平的调节。

（3）Myc家族:包括C-myc、N-myc、L-myc、Fos等数种基因。Myc最初是在禽类骨髓细胞瘤病毒(Avian Myelocytomatosis virus)中被发现的,Myc家族成员的核苷酸序列的同源性很高,但其编码的蛋白质中氨基酸序列却相差很远。此类基因所表达的蛋白质产物定位在细胞核内,属于核内转录因子,参与多种基因的转录调控,可使细胞无限增殖。

（4）Sis家族:只有Sis基因一个成员,其编码产物P28蛋白与人血小板衍生生长因子(PDGFβ)有很高的同源性,能刺激间叶组织的细胞分裂繁殖。

（5）Myb家族:包括Myb和Myb-ets两个成员,该基因所表达的蛋白质定位在细胞核内,是一类核内转录因子,具有调控细胞增殖和分化的作用。

（6）Erb家族:包括Erb-A、Erb-B、Fms、Mas、Trk等基因,其表达产物是细胞骨架蛋白。

一、病毒癌基因和细胞癌基因

（一）病毒癌基因

肿瘤病毒是一类能使敏感宿主产生肿瘤或使培养细胞转化成癌细胞的动物病毒,根据其核酸组成可分为DNA肿瘤病毒和RNA肿瘤病毒(逆转录病毒)。癌基因最初发现于逆转录病毒,1911年美国洛克菲勒医学研究所的P Rous发现,将制备的鸡肉瘤无细胞滤液注射于健康鸡,可使鸡产生肉瘤,Rous首次提出了病毒可引起肿瘤。当时他的发现并没有得到人们的普遍接受,直到20世纪50年代才得到实验证实。Rous发现的致癌因子是病毒,将此病毒命名为Rous肉瘤病毒(Rous sarcoma virus,RSV)。这是一种逆转录病毒,其中所含与致癌有关的Src基因称为癌基因,这一发现得到了学术界的公认,1966年P Rous因此项首创性研究而获得诺贝尔奖。1976年Bishop和Varmas用核酸分子杂交技术证明RSV中的Src基因并非逆转录病毒所固有,而是来源于宿主基因组的Src基因。

1. 逆转录病毒的基本结构　RSV病毒基因组除了含有3个基本结构基因(Gag、Pol、Env)及$5'$、$3'$-端长末端重复序列(long terminal repeat sequence,LTR)外,还有一个Src基因。其中Gag基因编码病毒核心蛋白、Pol基因编码逆转录酶、Env基因编码病毒表面的糖蛋白;Src基因不编码病毒的结构成分,但编码蛋白酪氨酸激酶可以使细胞持续增殖诱导癌变(图19-1)。

知识链接 19-1

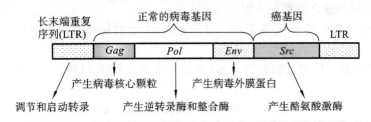

图 19-1　鸡肉瘤病毒(RSV)基因组结构图

2. 逆转录病毒与宿主细胞基因组整合　当病毒感染宿主细胞时,病毒颗粒表面的Env蛋白与靶细胞受体结合后,进入细胞内先以病毒RNA为模板,在逆转录酶催化下合成双链DNA前病毒(provirus)。此DNA两端长末端重复序列LTR中含有整合信号、启动子和增强子。前病毒在整合酶的作用下,通过整合信号,随机整合到宿主细胞基因组DNA中,在宿主细胞中可以代代传递下去,形成纵向传播;另外,前病毒可以用自身的LTR为启动子进行转录和表达,或随着宿主细胞内相邻基因的表达而表达,合成出相应的结构蛋白,再组装成新的病毒颗粒,通过出芽释放到细胞外,去感染其他邻近细胞,实现横向传播。病毒DNA整合于细胞基因组通过重排或重组将细胞的原癌基因转导至病毒基因组中(图19-2),使原来的野生型病毒转变成携带有转导基因的病毒,从而使病毒获得癌基因。

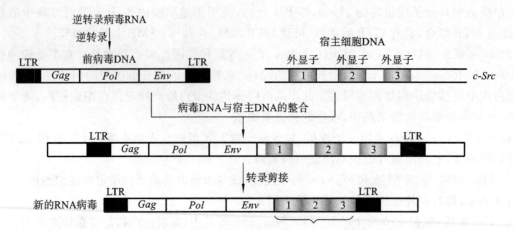

图 19-2 RNA 病毒与宿主细胞基因组整合过程示意图

3. 病毒癌基因的命名 癌基因的命名通常源于它们的首次发现,以逆转录病毒株结合其转化的宿主细胞命名,如 *Erb* 癌基因源于它首次发现于成红细胞增多症(erythroblastosis)病毒;*Abl* 癌基因是由 Abelson 鼠白血病病毒转化的小鼠中提出,故以 3 个字母符号代表,癌基因的名称一般用三个斜体字母表示,如 *Myc*、*Ras*、*Src* 等。

(二)细胞癌基因

正常细胞中存在与病毒癌基因的同源序列。同类功能的细胞癌基因进化上高度保守,结构上高度同源,提示它们是生命活动所必需的。由于这些序列存在于正常细胞基因组中,故称为细胞癌基因(cellular oncogene,*c-onc*)。细胞癌基因具有调控细胞生长、增殖、发育和分化的作用,当其结构或调控区发生异常或表达失控时,可导致细胞生长增殖和分化异常,使细胞恶变而形成肿瘤。为了与被激活后能使细胞恶性转化的癌基因区分开,将正常细胞内未激活的癌基因称为原癌基因(proto-oncogene,*pro-onc*)。目前已发现的细胞癌基因有 100 多种。

1. 原癌基因的特点 根据现有的研究结果,原癌基因的特点可概括如下。

(1)原癌基因广泛分布于生物界,从单细胞酵母到高等动物及人的正常细胞普遍存在。

(2)在进化过程中,原癌基因的核苷酸序列表现出高度保守性。

(3)它的作用通过表达产物蛋白质来体现。原癌基因的表达产物对维持细胞正常生理功能、调控细胞正常增殖、发育和分化起重要作用。

(4)在某些理化因素作用下,原癌基因一旦被激活,发生数量或结构上的变化时,就可能导致正常细胞癌变。

2. 原癌基因的分类 原癌基因种类繁多,根据其表达产物的功能及定位可将原癌基因分为以下几类(表 19-1)。

表 19-1 细胞癌基因的分类和功能举例

类别	癌基因	作用
生长因子类	*Sis*、*Int-2*	PDGF-2
		FGF 同类物
生长因子受体类		
1. 蛋白激酶受体	*Neu*(*Erb-B*、*Her-2*)	EGF 受体相似物
	Fms、*Kit*	M-SCF 受体、SCF 受体
2. 非蛋白激酶受体	*Mpl*	血小板生长素受体
	Mas	血管紧张素受体

续表

类别	癌基因	作用
蛋白激酶类		
1. 膜结合的酪氨酸蛋白激酶	*Src*、*Abl*	与受体结合转导信号
2. 可溶性酪氨酸蛋白激酶	*Trk*	在细胞内转导信号
3. 胞浆丝氨酸/苏氨酸蛋白激酶	*Raf*	MAPK 通路的信号分子
信息传递蛋白类		
1. 与膜结合的 GTP 结合蛋白	*H-ras*、*K-ras*、*N-ras*	MAPK 通路的信号分子
2. 核内转录因子	*c-myc*、*N-myc*、*L-myc*、*Fos*、*Jun*	促进增殖相关基因表达

注：EGF—表皮生长因子；M-CSF—巨噬细胞集落因子；PDGF-2—血小板衍生生长因子-2；FGF—成纤维细胞生长因子。

3. 病毒癌基因和对应原癌基因的比较 用标记的病毒癌基因为探针，可在人、哺乳类等脊椎动物基因组中检测到与病毒癌基因同源的序列，即原癌基因。这些原癌基因的限制性表达产物具有促进细胞生长、增殖、分化和发育等生理功能，属于正常的调节基因。细胞原癌基因外显子序列在进化上极为保守，被称为看家基因（house keeping gene），说明这类基因的表达产物在生命活动中是必需的。在受到某些化学、物理或生物等因素作用时，原癌基因因结构、数量等改变而被激活后才能使细胞发生恶性转化。

病毒癌基因和对应原癌基因具有序列的同源性和相似表达产物，但病毒癌基因经过病毒自身改变修饰，和对应的原癌基因比较，主要存在以下差别。

（1）病毒癌基因无内含子，而原癌基因通常有内含子或插入序列。

（2）病毒癌基因较原癌基因有较强的转化细胞功能，其原因在于病毒癌基因与同源的原癌基因在外显子序列中存在着微小的差别。

（3）病毒癌基因常会出现碱基取代或碱基缺失等突变，而原癌基因则较少发现这类突变。

（4）病毒癌基因通常丢失了原癌基因两端的某些调控序列，而在病毒高效启动子作用下有较高的转录活性。

二、癌基因产物的功能

原癌基因表达产物的主要生理功能是调节细胞的生长、增殖、分化，并在细胞内信息转导过程中起十分重要的作用。这些功能均与正常细胞的增殖密切相关。细胞增殖需胞外信号的刺激，当刺激信号（如生长因子）与细胞膜受体结合后，引起细胞内一系列蛋白因子的活化，刺激信号经转导途径传入细胞内，通过转录因子的作用使多种与细胞增殖有关的基因表达，最终导致细胞进行有丝分裂。原癌基因编码产物多种多样，如生长因子、生长因子受体、信号转导途径中的各种蛋白质、各种反式作用因子等，可作用于细胞增殖的各个环节，主要包括以下类型。

（一）生长因子及其类似物

已知细胞可自分泌（autocrine）生长因子（growth factor，GF），该生长因子又可促进细胞自身的增殖作用而发生转化。H Antoniades 等人在研究已报道的 PDGF 氨基酸序列时，发现其序列与 Sis 基因的编码蛋白序列同源性较高，*c-Sis* 基因的编码蛋白与 PDGF β 链的同源性达 87%，因而可与细胞膜表面 PDGF 的受体结合，对细胞的生长、分裂和分化有重要的调节作用。*Sis* 基因在含 PDGF 受体的细胞中过度表达，自分泌并引起细胞 PDGF 类似效应增强，可导致细胞发生转化。人们从分子水平上证实了癌基因的表达产物可通过促进细胞的增殖而诱发癌变，同时也证实了某些癌基因表达产物的自分泌可不断刺激细胞，造成大量生长信号的持续输入，使细胞增殖失控而导致细胞转化。属于生长因子类癌基因的还有成纤维细胞生长因子（fibroblast growth factor，FGF）家族成员的 *Int-2*、*Hst* 和 *Fgf-5*；表皮生长因子（epidermal growth factor，EGF）与转化生长因子（transformation growth factor,TGF)家族成员的 *erB*；Wnt 家族的 *Int-1* 和 *Int-3*；类胰岛素生长因子 1（insulin-like growth factor 1,IGF1）等。并发现某些造血生长因子也具有使细胞转化的潜能，如白细胞介素-2（interleukin-2,IL-2）、白细胞介素-3（IL-3）、粒细胞巨噬细胞集落刺激因子（granulocyte-macrophage colony stimulating factor, GM-CSF）和巨噬细胞集落刺激因子（macrophage-colony stimulating factor,M-CSF）等，它们均在逆转录病毒整合试验中被发现。

（二）生长因子受体类

某些原癌基因的表达产物为跨膜受体，主要有两类：一为酪氨酸蛋白激酶类受体，另一类为非酪氨酸蛋白激酶受体。酪氨酸蛋白激酶类受体在接受胞外生长信号刺激后发生变构，并激活其胞内区的酪氨酸蛋白激酶活性，加速生长信号在胞内的传递而促进细胞的生长。非酪氨酸蛋白激酶受体在接受胞外信号刺激后，可与胞内的非受体型酪氨酸蛋白激酶结合，从而发挥其促进细胞转化的作用。编码具有酪氨酸蛋白激酶活性的跨膜生长因子受体的原癌基因有 *Erb B*（编码 EGF 受体）、*K-sam*（编码 FGF 受体）、*Fms*（编码 PDGF 受体）、*Trk*（编码 NGF 受体）、*Met*（编码 HGF 受体类似物）；编码非蛋白激酶受体的原癌基因有 *Mpl*（编码血小板生成素受体）和 *Mas*（编码血管紧张素受体）等。

（三）胞内信号转导蛋白类

当胞外生长因子与膜受体结合时，通过胞内一系列转导体（transducer）将生长信号传递到胞内、核内，而引起一系列相关基因的表达而促进细胞增殖。某些癌基因编码参与信号转导激酶级联反应过程的信号传递蛋白，如 *Ras*（*H-Ras*、*K-Ras*、*N-Ras* 等）基因表达产物是小 G 蛋白，参与细胞增殖信号在细胞内转导过程；另一些原癌基因表达与细胞增殖信号转导相关的胞内蛋白激酶，如 *Mos*、*Ros* 及 Raf 等编码丝氨酸/苏氨酸蛋白激酶，*Abl*、*Src* 编码非受体性酪氨酸蛋白激酶，*Crk* 则编码磷脂酶等。

（四）核内转录因子

某些癌基因表达蛋白定位于细胞核内，与靶基因的顺式调控元件结合直接调节靶基因的转录活性。当细胞外生长信号传入胞内，将导致一系列相关基因的表达，这些基因的表达将由信号转导过程中所活化的转录因子决定，而部分转录因子为癌基因的表达蛋白，它们在生长因子调控细胞增殖的过程中起重要的作用。这些癌基因主要包括 Fos 家族（*C-Fos*、*Fs-B*、*Fa-1*、*Fra-2*）、Jun 家族（*C-Jun*、*Jun-B*、*Jun-C*）、Myc 家族（*C-Myc*、*N-Myc*、*L-Myc*）、Myb 家族、NF-κB 家族（*Rel*、*Lyt*-10、*Bcl*-3）等。

（五）细胞周期调控蛋白

生长因子促进细胞的增殖，是通过调节细胞周期来实现的。细胞周期调控系统由细胞周期蛋白（cyclin）、细胞周期蛋白依赖激酶（cyclin-dependent kinase,CDK）和 CDK 抑制因子（cdk inhibitor,CDKI）三大类蛋白家族组成。有些原癌基因本身就是细胞周期蛋白的成员，如甲状旁腺腺瘤 1 基因（*PRAD1*）就是 cyclin D1 的基因。有的原癌基因产物可直接诱导 cyclin 的表达，如适量的 *C-Myc* 可诱导 cyclin D1 的表达。

（六）调控细胞凋亡的蛋白

Bcl-2 是 1984 年从 B-细胞淋巴瘤中鉴定出的癌基因，该基因往往是通过染色体易位而激活。*Bcl-2* 基因编码的蛋白质相对分子质量约为 25000，位于核膜、部分内质网及线粒体外膜上，与抑制细胞程序化死亡相关。*Bcl-2* 的表达产物能够阻止细胞凋亡，延长细胞生命期。但作用机制不是十分清楚，一些学者认为 *Bcl-2* 的表达产物是一个抗氧化剂，能抑制细胞内源性氧族的产生而抑制细胞凋亡。另有人提出它是通过影响内质网中 Ca^{2+} 的释放而抑制细胞凋亡。在肿瘤形成过程中，细胞增殖的过度或细胞死亡的减少以及这两种状况的叠加均可导致细胞数的过度积累，这可能是肿瘤形成的重要原因之一。绝大多数结节非霍奇金淋巴瘤中均能见到易位活化的 *Bcl-2* 基因表达。

三、原癌基因的激活机制

正常情况下，大部分细胞原癌基因处于相对静止状态，表达水平较低或无表达，其表达水平或表达产物及其活性在细胞内受到严格的调控,不但无致癌作用,还在正常细胞的分裂、增殖、成熟、分化等过程中,特别是在个体发育早期具有重要作用。大量的研究资料表明,原癌基因结构与有活性的癌基因及相应的病毒癌基因均非常相似。当这些原癌基因在受到物理(如射线)、化学(如致癌剂)和(或)生物(如 DNA 整合、病毒感染)等因素的作用时,可部分或全部被激活,表达异常使细胞生长脱离正常信号控制而引起细胞转化或肿瘤发生,此过程被称为原癌基因的激活。激活可通过以下几条途径实现。

(一)原癌基因点突变

在射线或化学诱变剂的作用下,某些原癌基因的单个碱基发生变异,导致 DNA 复制过程中错配(碱基替换),即点突变(point mutation)。碱基替换,尤其是密码子第一、二位碱基,往往会导致氨基酸的替换,蛋白质肽链中重要氨基酸的替换会严重影响其空间结构的形成。原癌基因的表达产物多具有促进细胞增殖的功能,当点突变发生后,可出现如下变化:①该蛋白质的活性可能大大增强,对细胞增殖的刺激作用也增强;②可能使该蛋白质的稳定性增加,导致其在胞内的浓度增加,对增殖刺激的时间和强度也随之增加;③可能会引起 RNA 的错误剪接而改变蛋白质的结构和功能。原癌基因 Ras 的活化就是一个典型的例子。$H\text{-}Ras$ 基因由 356 个碱基组成,它的第一个外显子中第 12 个密码子(第 35 位碱基)在正常细胞中为 GGC,而在肿瘤细胞中突变为 GTC,其编码的 P21 蛋白的第 12 位氨基酸由正常细胞的甘氨酸残基突变为肿瘤细胞的缬氨酸残基(表 19-2)。另外,Ras 基因的点突变还可以发生在密码子 13、59~69。突变引起其编码的蛋白质之间微小结构改变能造成功能上极大的差别,导致 GTP 酶活性的下降,使 P21 失去结合、水解 GTP 的作用,从而使 Ras 维持于活化状态,引起信号转导的持续效应,不断激活靶分子导致细胞大量增殖而发生恶性转化。大约三分之一的人类恶性肿瘤中发现了 Ras 基因突变。

表 19-2　$H\text{-}Ras$ 基因的点突变

项目	突变点
正常细胞 $H\text{-}Ras$ 基因碱基序列	ATG ACG GAA TAT AAG CTG GTG GTG GTG GGC GCC <u>GGC</u> GGT GTG
肿瘤 $H\text{-}Ras$ 碱基序列	ATG ACG GAA TAT AAG CTG GTG GTG GTG GGC GCC <u>GTC</u> GGT GTG
正常细胞 P21 蛋白的氨基酸序列	Met Thr Glu Tyr Lys Leu Val Val Val Gly Ala <u>Gly</u> Ala Val
肿瘤 $H\text{-}Ras$ 编码 P21 蛋白的氨基酸序列	Met Thr Glu Tyr Lys Leu Val Val Val Gly Ala <u>Val</u> Ala Val

(二)原癌基因获得启动子与增强子

有些细胞癌变是由其细胞癌基因表达增强,使基因表达产物增加所致。在多种人源性肿瘤的细胞株中可见 $C\text{-}Myb$ 和 $C\text{-}Myc$ 基因所转录出的 mRNA 显著增多,而在人骨肉瘤 u-20S 细胞中可检测到多种形式的 $C\text{-}Sis$ 转录产物以及各种 PDGF 样多肽。造成上述原癌基因转录及表达水平增加的原因之一可能是这些基因获得了强的启动子(promoter)。某些不含 v-onc 的弱转化逆转录病毒,而其前病毒含有强启动子和增强子的长末端重复序列(long terminal repeated sequence,LTR),若插入(insertion)细胞癌基因邻近位置,便会使该细胞癌基因过度表达,导致肿瘤的发生。如禽类白细胞增生病毒(avian leukocytosis virus,ALV)并不含 v-onc,但 ALV 前病毒整合到宿主正常细胞的 $C\text{-}Myc$ 基因的上游,而 ALV 两侧的 LTR 同时整合,其 $5'$-端的 LTR 所含的强启动子致使 $C\text{-}Myc$ 癌基因活化而转录出 $C\text{-}Myc$ mRNA,使 C-Myc 的表达比正常时增高几十甚至上百倍。有资料表明 $C\text{-}Myc$ 基因还会因获得上游远端的增强子被激活。此外,$C\text{-}ErbB$、$RasH$、$C\text{-}Fos$ 和 $C\text{-}Nou$ 都可因此类启动子或增强子(enhancer)的插入而激活。

NOTE

（三）原癌基因甲基化程度降低

原癌基因 DNA 分子中的甲基化（methylation）对于保持其双螺旋结构的稳定,阻抑基因的转录具有重要作用。某些原癌基因（*H-Ras*、*C-Myc*）低甲基化和抑癌基因的高甲基化是细胞癌变的重要特征。有科学家发现在结肠腺癌和小细胞肺癌细胞中 *C-Ras* 基因比其邻近的正常细胞的 *C-Ras* 甲基化水平明显偏低,提示某些原癌基因因甲基化程度降低而激活。

（四）原癌基因的扩增

原癌基因的扩增是指基因结构本身正常,原癌基因通过某些机制在原染色体上复制出多个拷贝,导致表达过量蛋白而加速细胞增殖。在人类恶性肿瘤中,癌基因扩增（amplification）现象比较常见。如在人类急性粒细胞白血病的 HL60 细胞株、结肠癌、乳腺癌及小细胞肺癌等多种肿瘤细胞中均证实有 *C-Myc* 基因扩增；神经母细胞瘤中有 *N-Myc* 扩增等。在某些肿瘤中相应癌基因表达蛋白量增加几十倍到上千倍。这些现象在临床肿瘤病例或实验性动物肿瘤中都能发现,说明原癌基因扩增是其激活的方式之一。

（五）原癌基因的易位或重排

癌基因从所在染色体的正常位置上易位（translocation）至另一染色体的某一位置上,使其调控环境发生改变,从相对静止状态转为激活状态。在很多肿瘤细胞中均可见异常染色体的存在,通过基因分布定位（gene walking）的研究,证明在这些异常的染色体中某些部位发生了基因的易位和重排（rearrangement）。如早幼粒细胞白血病患者有（15：17）染色体的易位,而慢性粒细胞白血病患者费城（Philadelphia）染色体为 9：22 染色体易位形成的。目前受到普遍承认的是人 Burkitt 淋巴瘤细胞中,位于 8 号染色体上的 *C-Myc* 移到 14 号染色体上免疫球蛋白重链基因（immunoglobulin heavy chain gene）的调节区附近,与该区的活性很高的启动子连接而受到激活。此外,慢性髓细胞性白血病细胞的 *C-Abl* 基因可从 9 号染色体易位到 22 号染色体上的 *Bcr* 基因旁,组成一个含 *Bcr* 基因调节区和 *Abl* 基因酪氨酸激酶活性区的融合基因（fusion gene）,表达的融合蛋白质为结构功能改变的蛋白激酶（protein kinase）,此酶具有较高的酪氨酸蛋白激酶活性,很可能与 *Abl* 基因所具有的转化活性有关。目前检测染色体的形态异常已成为某些肿瘤的临床辅助诊断指标。

不同的癌基因有不同的激活方式,一种癌基因可有几种激活方式。如 *Ras* 基因的激活方式主要为点突变,*C-Myc* 的激活方式主要有基因扩增和基因重排两种,而突变少见。也就是说,一种肿瘤可能有多种癌基因的表达异常,这一推论被 D J Slamon 等人所证实。1983 年,他们以 15 种 v-onc 基因为探针,用斑点杂交法（Dot blotting）和 Northern 印迹法（Northern blotting）等方法分析细胞癌基因在人恶性肿瘤中表达时发现,在被检的 20 种 54 例恶性肿瘤中均有两种或两种以上细胞癌基因表达的明显增加。

第二节　抑癌基因

一、抑癌基因的概念

抑癌基因的发现最早来自细胞融合实验,当一个肿瘤细胞和一个正常细胞融合为一个杂交细胞时,该杂交细胞往往不具有肿瘤的表型,将杂交细胞在体外进行培养,由于杂交细胞的核型不稳定,在传代过程中,容易发生染色体丢失,当丢失了某些来自正常细胞的染色体时,又恢复了恶性表型；如果将两种肿瘤细胞融合,可形成非肿瘤型杂交细胞。实验提示,在正常细胞的染色体上存在有抑制细胞恶性表型或阻止肿瘤形成的基因,它的缺失或失活可以导致细胞癌变。目前已被克隆的抑癌基因和未被克隆的候选抑癌基因达 20 余种（表 19-3）,而且新的抑癌基因还在不断被发现。

表 19-3　常见的抑癌基因及其作用

基因名称	染色体定位	主要相关肿瘤	基因产物及作用
P53	17p13	多种肿瘤	编码 P53 蛋白（转录因子）
RB	13q14	视网膜母细胞瘤、骨肉瘤、肺癌	P105-Rb 蛋白（转录因子）
P16	9p21	黑色素瘤等多种肿瘤	P16 蛋白（CDK4、CDK6 抑制剂）
APC	5q21	结肠癌	可能编码 G 蛋白
DCC	18q21	结直肠瘤	编码表面糖蛋白（细胞黏附分子）
P21	6q21	前列腺癌	P21 蛋白（CDK4、CDK6 抑制剂）
NF-1	17q11	神经纤维瘤、嗜铬细胞瘤	GTP 酶激活剂
NF2	22q12	神经鞘膜瘤、脑膜瘤	连接膜与细胞骨架
VHL	3p25	小细胞肺癌、宫颈癌	转录调节蛋白
PTEN	10q23	胶质母细胞瘤	细胞骨架蛋白和磷酸酯酶
WT-1	11p13	肾母细胞瘤、肺癌、膀胱癌、乳癌	编码锌指蛋白（转录因子）

抑癌基因（tumor suppressor gene）又称抗癌基因（anti-oncogene）或肿瘤抑制基因（tumor suppressor gene），是指存在于正常细胞内的一大类可抑制细胞生长、增殖并具有潜在抑癌作用的基因。当这类基因发生突变、缺失或失活时可引起细胞恶性转化而导致肿瘤的发生。抑癌基因在控制细胞生长、增殖及分化过程中起着十分重要的负调节作用，在正常细胞中抑制细胞的增殖，诱导细胞分化。它与原癌基因相互制约，协调表达，维持正负调节信号的相对稳定。

一般认为，确定一种抑癌基因在理论上应符合三个基本条件：①该基因在恶性肿瘤相应的正常组织中必须正常表达；②在恶性肿瘤中该基因出现功能失活、结构改变或表达缺陷；③该基因的野生型导入该基因异常的肿瘤细胞内，可部分或全部改变其恶性表型。

二、重要的抑癌基因及其生物学功能

抑癌基因在调控细胞增殖和分化方面与原癌基因同等重要，大多编码与细胞周期调控有关的抑制蛋白，涉及许多不同的调控细胞分裂和分化过程。抑癌基因对细胞生长的负调节主要表现在抑制细胞周期和原癌基因的表达，使癌基因表达产物失活，控制细胞生长和分化过程。抑癌基因丢失、失活或变异会促使细胞恶性生长，导致细胞癌变。

抑癌基因的表达产物主要包括跨膜受体、胞质调节因子或结构蛋白、转录因子及转录调节因子、细胞周期因子、DNA 损伤修复因子以及其他一些功能蛋白。抑癌基因的分离、鉴定和研究均晚于癌基因，虽然对部分抑癌基因的结构和功能做了大量的研究，但其表达产物的具体作用机制尚不完全清楚，大量的工作仍需深入研究。

（一）视网膜母细胞瘤基因

视网膜母细胞瘤（retinoblastoma，Rb）基因是最早发现的抑癌基因，也是 1986 年世界上第一个被克隆并完成序列测定的抑癌基因。最初被发现于儿童的视网膜母细胞瘤，因此称 Rb 基因。在正常情况下，视网膜细胞含活性 Rb 基因，控制着成视网膜细胞的生长发育以及视觉细胞的分化。当 Rb 基因丧失功能或先天性缺失，视网膜细胞出现异常增殖，形成视网膜细胞瘤。Rb 基因失活还见于骨肉瘤、小细胞肺癌、乳腺癌等，表明 Rb 基因的抑癌作用具有一定的广泛性。

1. Rb 基因的结构与表达产物　Rb 基因位于人染色体 13q14，全部序列约 200 kb，含 27 个外显子，可转录出 4.7 kb 的 mRNA，该 mRNA 编码含有 928 个氨基酸、分子质量为 105 kD 的蛋白

（P105-Rb），定位于细胞核内，主要起信号传递作用，将细胞周期的时控与转录机制联系起来。Rb 蛋白有磷酸化和去磷酸化（低磷酸化）两种形式，去磷酸化形式为活性型，能促进细胞分化，抑制细胞增殖。哺乳动物的细胞周期分为 4 个时期（G_1、S、G_2 和 M 期），Rb 蛋白的磷酸化作用随着细胞周期发生改变。在 G_1 期 Rb 蛋白磷酸化程度最低，而在 S 期 Rb 蛋白磷酸化程度增加。

2. Rb 蛋白的抑癌机制　主要有以下三点。

（1）阻止细胞从 G_1 期进入 S 期（参与细胞周期调控）。Rb 蛋白的磷酸化程度参与细胞周期调控，低磷酸化的 Rb 使得细胞不能通过 G_1/S 控制点（R），从而抑制细胞分裂增殖；高磷酸化的 Rb 可使细胞通过 G_1/S 控制点。而 Rb 蛋白的磷酸化程度则受细胞周期蛋白（cyclin）和细胞周期蛋白依赖性激酶（cyclin-dependent kinase，CDK）两者共同调控。在细胞增殖信号作用下，cyclin D 通过激活 CDK4 和 CDK6 对 G_1 期的 Rb 蛋白进行磷酸化，导致细胞通过 G_1/S 控制点；cyclin A 和 E 通过激活 CDK2 可能对 S 期的 Rb 蛋白进一步磷酸化，从而导致细胞通过 G_2/M 期控制点。

Rb 蛋白阻止细胞从 G_1 期进入 S 期的作用与转录因子 E-2F 有关（图 19-3），E-2F 是一类激活转录作用的活性蛋白。E-2F 可与 DP1（辅抑制因子）结合形成二聚体，而低磷酸化的 Rb 蛋白的口袋域又与 E-2F 结合成复合物，使 E-2F 失去转录激活功能，导致 S 期必需的基因产物如 DNA 聚合酶 α、胸苷激酶和二氢叶酸还原酶等的合成因而受限，细胞周期的进展受到抑制。高磷酸化的 Rb 蛋白不能与 E-2F 结合，将导致 DNA 聚合酶 α、胸苷激酶和二氢叶酸还原酶等基因的开放，促进细胞通过 G_1-S 关卡。*Rb* 基因缺失或突变，丧失结合、抑制 E-2F 的能力，则会丧失该关卡的"守卫"，必将导致细胞进程失控，细胞异常增生。

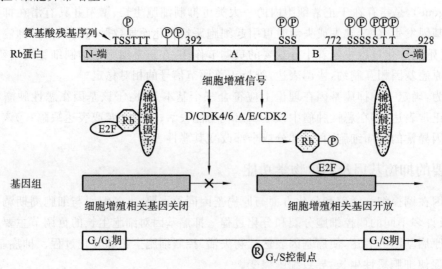

图 19-3　Rb 磷酸化与细胞周期控制

另外在病毒转化的宿主细胞中，某些 DNA 肿瘤病毒蛋白与 Rb 蛋白形成复合物后则可使细胞摆脱 Rb 蛋白的负调节控制，使细胞表型发生变化，这可能是病毒致癌机制之一。

（2）*Rb* 基因抑制多种原癌基因的表达　如 *C-Myc*、*C-Fos* 的表达而抑制细胞分裂、增殖。因为 *C-Myc* 和 *C-Fos* 基因的表达产物对细胞由 G_0 期进入 G_1 期是必需的，而 *C-Myc* 的表达产物还是维持细胞继续生长、分化的关键因素。

（3）Rb 蛋白可调控三种 RNA 聚合酶的活性，影响 rRNA 和 tRNA 基因转录。

3. *Rb* 基因的异常主要表现为基因缺失和突变　在骨肉瘤、小细胞肺癌、非小细胞肺癌、膀胱癌、乳腺癌、肝癌等肿瘤中有 *Rb* 基因缺失。除了等位基因丢失外，*Rb* 基因的突变也在多种人体肿瘤中存在。

（二）*P53* 基因

P53 基因于 1979 年由 Lane 等发现，它是一种与 SV40 病毒主要转化蛋白——大 T 抗原相结合

的蛋白。最初被认为是一种癌基因,直至 1989 年才知道起癌基因作用的为突变型 *P53*,而野生型的 *P53* 是一种抑癌基因。*P53* 基因变异与肿瘤发生关系的研究较多,在人类肿瘤中 50% 以上与 *P53* 基因突变有关。因此它是迄今为止发现的与人类肿瘤相关性最高的基因。*P53* 基因的缺失或突变是许多肿瘤发生的原因之一。*P53* 基因突变后,其空间构象发生改变,失去了对细胞生长、凋亡和 DNA 修复的调控作用,*P53* 基因由抑癌基因转变为癌基因。

1. *P53* 基因的结构与表达产物 人类 *P53* 基因定位于 17p13,全长约 20 kb,含 11 个外显子,转录 2.8 kb 的 mRNA,编码的产物是一个相对分子质量为 53000 的蛋白质(P53 蛋白),故称为 *P53* 基因。P53 蛋白由 393 个氨基酸残基组成,在体内以四聚体形式存在,半衰期仅 10～20 min。P53 蛋白的一级结构已基本清楚,含有三个结构区(图 19-4)。

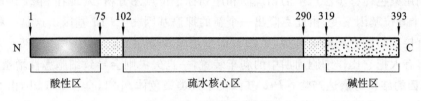

图 19-4 P53 蛋白的结构

(1) 酸性区:由 N-端 1～75 位氨基酸残基组成。有转录激活作用,易被蛋白酶水解,含有一些特殊的磷酸化位点。

(2) 核心区:由第 102～290 位氨基酸残基组成。在进化上高度保守,在功能上十分重要,包含有结合 DNA 的特异性氨基酸序列。

(3) 碱性区:由 C-端 319～393 位氨基酸残基组成。通过这一片段可形成四聚体。C-端单独具备转化活性,起癌基因作用,有多个磷酸化位点,被多种蛋白激酶识别。

2. P53 蛋白的抑癌机制 野生型 P53 蛋白作为转录因子在细胞生长增殖调控中发挥重要作用,因而被称为"基因卫士"。受 P53 蛋白调节的基因包括细胞周期调节、血管生成、DNA 修复、分化、信号转导和凋亡等基本生命过程的众多基因。P53 蛋白的主要生物学功能是引起细胞周期阻滞(G_0、G_1 期)、诱导凋亡和促进分化。

P53 蛋白在维持细胞正常生长、抑制恶性增殖的机制是多方面的。

(1) 参与细胞周期调控、促进 DNA 损伤的修复 在理化因素的作用下,细胞 DNA 受到损伤时,P53 蛋白活化,作为转录因子与 *P21* 基因的特异部位结合,激活 *P21* 基因的转录,P21 蛋白水平增加。P21 与 cyclin E-CDK2 复合物结合时,抑制其蛋白激酶活性,导致 cyclin-CDK 无法磷酸化 Rb,非磷酸化状态的 Rb 保持与 E-2F 的结合,使 E-2F 这一转录调节因子不能活化,引起细胞周期 G_1 期阻滞;P21 与 cyclin A-CDK2 复合物结合,使细胞周期停滞在 G_2/M 期,这样有利于受损伤 DNA 有足够的时间修复;P53 还可下调 cyclin B1 表达,细胞则不能进入 M 期;同时活化的 P53 蛋白又可促进生长停止和 DNA 损伤诱导(growth arrest and DNA damage inducible,*GADD45*)基因的表达,该基因表达产物可与增殖细胞核抗原(proliferating cell nuclear antigen,PCNA)结合成复合物后抑制 DNA 合成。PCNA 具有 DNA 修复酶的活性,使损伤的 DNA 修复。

(2) 诱导细胞凋亡 当 DNA 损伤比较严重不能修复时,活化的 P53 蛋白通过诱导 *Bax* 基因表达,抑制 *Bcl-2* 基因表达,启动细胞程序性死亡过程,诱导细胞凋亡,阻止细胞癌变。

(3) 抑制细胞增殖 P53 蛋白能阻碍 DNA 聚合酶与 DNA 复制起始复合物的结合而抑制 DNA 复制的启动,同时还可以抑制解链酶活性,进而阻止 DNA 的复制。而且 P53 蛋白的酸性区具有转录激活作用,能激活一些抑制细胞分裂的基因而间接抑制细胞增殖。

(4) 抑制某些癌基因对细胞的转化作用 野生型 P53 蛋白还能有效抑制 *C-Myc*、*C-Ras* 等基因对细胞的恶性转化作用。

3. *P53* 基因的突变 *P53* 基因的突变方式有点突变、缺失突变、移码突变和基因重排。等位基因的缺失也是常见的,当一个等位基因发生点突变时,另一个等位基因便存在缺失的倾向。这种两个等位基因都失活的现象在结肠癌、乳腺癌中发生频率较高。P53 基因的异常还有甲基化状态的变化。当 P53 基因发生突变时,由于空间构象影响到转录活化功能及 P53 蛋白的磷酸化过程,这不仅失去野生型 P53 抑制肿瘤增殖的作用,而且突变本身又使该基因具备癌基因的功能;突变的 P53 蛋白与野生型的 P53 蛋白相结合,形成的这种寡聚蛋白不能结合 DNA,丧失了对细胞生长抑制基因的激活作用,使得一些癌基因转录失控导致肿瘤发生。

(三) P16 基因

1994 年 Kamb 和 Beach 的研究小组分别观察到黑色素瘤细胞中有与 CDKs 和相应周期蛋白结合的蛋白质,利用染色体移步法产生的物理图和序列标记位点图分析,发现在 9p21 区域有一个等位基因丢失和一个等位基因突变,由此克隆出一个新的抑癌基因——P16 基因。这是一种细胞周期中的基本基因,直接参与细胞周期的调控,负调节细胞增殖及分裂,认为 P16 是比 P53 更重要的一种新型抗癌基因,有人把它比作细胞周期中的刹车装置,一旦失灵则会导致细胞恶性增殖。

1. P16 基因的结构与表达产物　P16 基因位于人类染色体 9p21,全长 8.5 kb,由 2 个内含子和 3 个外显子组成,P16 基因编码细胞周期依赖性激酶 CDK4 的抑制蛋白,该蛋白质的相对分子质量是 15800,故称为 P16 蛋白。

2. P16 蛋白的抑癌机制　P16 蛋白既是细胞周期的有效调控者,又是抑制肿瘤细胞生长的关键因子。P16 蛋白与 cyclin D 竞争结合 CDK4,cyclin D 与 CDK4 结合,可刺激细胞生长分裂。当 P16 蛋白与 CDK4 结合后能特异性抑制 CDK4 的活性。低磷酸化的 Rb 可与转录因子 E-2F 结合而阻止细胞由 G_1 期进入 S 期。CDK4 可使 Rb 蛋白磷酸化,使它由低磷酸化变为高磷酸化,从而解除 Rb 蛋白与转录因子的结合。若 P16 蛋白与 CDK4 结合,则 CDK4 活性受抑制,Rb 蛋白的磷酸化程度降低,从而抑制细胞增殖,阻止细胞生长。正常情况下两者处于平衡状态。当 P16 基因结构改变或表达异常时,cyclin D 则与 CDK4 优势结合,使细胞生长失去控制,导致肿瘤发生。

P16 基因异常的主要表现特点是以基因缺失为优势,且多为纯合性缺失,在肿瘤细胞系中可达80%以上,在实体瘤中可达 70% 左右,而点突变发生频率较低,不同肿瘤的突变频率不同。P16 基因的异常在多种肿瘤中存在,如神经系统肿瘤、黑色素瘤、血液系统肿瘤、头颈部肿瘤、肺癌、食道癌、胰腺癌、肝癌和乳腺癌等。P16 又称为多肿瘤抑制基因(multiple tumor suppressor 1,MTS1),后被人类基因组织(HUGO)正式命名为 CDKI₂(cyclin dependent kinase inhibitor 2)。

(四) 肿瘤发生的多基因协同作用

从癌基因与抑癌基因的作用来看,似乎体内任何一种癌基因激活或抑癌基因失活都会导致肿瘤的发生,其实问题并非如此简单。在单一的肿瘤组织中,往往同时存在多种遗传缺陷,包括原癌基因的易位、扩增、点突变和抑癌基因的缺失等。另一方面,人们在细胞学试验中发现,原代培养的动物细胞需要有两个以上癌基因同时活化才能转化成癌细胞。许多试验证明,与肿瘤发生、发展密切相关的基因如细胞周期调控基因、凋亡相关基因、血管生长因子和受体的基因、端粒酶等确实存在协同作用。

目前普遍认为,肿瘤的发生、发展是一个多因素、多阶段、多基因相互协同作用的癌变过程。在这个极其复杂的过程中,至少需要两个或更多不同的肿瘤相关基因的异常激活或失活,才能引起细胞的癌变。这是因为细胞的增殖受到多种因素控制,需要有多种癌相关基因的协同作用才能脱离这些控制。这种协同作用的产生并非癌基因的随机组合,而是遵循一定的规律。核内癌基因产物最易与胞浆癌基因产物发生协同作用。多数核内癌蛋白不改变细胞的形态以及细胞对生长因子和贴壁的要求,但可以使细胞永生化。而胞浆癌蛋白则正好相反,改变细胞的形态,降低细胞对生长因子和贴壁要求,但不能使细胞永生化。如核内转录调控蛋白 Myc 极易与胞浆膜结合蛋白 Ras 发生协同作用导致细胞转化。编码核内蛋白的癌基因主要有 C-Myc、N-Myc、L-Myc、Jun、Fos 等。而编码胞

浆蛋白的癌基因有 *H-Ras*、*K-Ras*、*Src*、*Erb*、*Fps* 等。

抑癌基因的失活常见的几种途径如下：①基因缺失或自身突变，不表达或表达产物失去活性；②表达蛋白质的磷酸化状态；③抑癌蛋白与癌蛋白相互作用，使活性相互抑制。抑癌蛋白与癌蛋白是一对互相拮抗的力量，且在肿瘤的发生、发展过程中癌基因激活和抑癌基因的失活需协同作用。

癌基因与抑癌基因互相拮抗，而且在肿瘤的发生、发展过程中，原癌基因的激活和抑癌基因的失活必须同时存在。如结直肠癌的发生发展过程可分为 6 个阶段：上皮细胞过度增生、早期腺瘤、中期腺瘤、晚期腺瘤、腺癌和转移癌。从正常上皮细胞到上皮细胞过度增生可能涉及 FAP/APC 基因异常（突变或失活），从早期腺瘤到中期腺瘤涉及 *K-Ras* 的异常（突变），从中期腺瘤到晚期腺瘤涉及 *DCC* 基因的异常（如丢失），癌转移还涉及其他基因的激活和失活，如 *nm23* 基因表达异常、血管生长因子基因表达在肿瘤细胞表达的 Ras 刺激下增高等（图 19-5）。

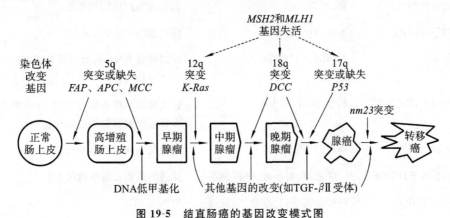

图 19-5　结直肠癌的基因改变模式图

第三节　生长因子

一、概述

细胞因子（cytokine）是一类由细胞分泌、具有调节细胞生长与分化作用，类似于激素的信号分子。其化学本质是小分子蛋白质或肽类，在细胞之间发挥传递信号的作用。生长因子（growth factor）属细胞因子，它通过质膜上的特异性受体，将信号传递至细胞内，作用于与细胞增殖有关的基因，以影响细胞的生长或分化。

生长因子及其受体与细胞的生长、分化，免疫调节，肿瘤细胞的生长、凋亡，创伤的愈合等多种生理、病理过程密切相关，因此受到广泛关注和研究。S Cohen 和 R Levi Montolcin 因对 NGF 和 EGF 研究的杰出贡献而获得 1986 年诺贝尔医学与生理学奖。

生长因子主要以内分泌（endocrine）、旁分泌（paracrine）或自分泌（autocrine）三种形式发挥作用。一小部分生长因子分泌后，通过血液运送至其他组织而发挥作用。但大多数生长因子不必由特定腺体或细胞分泌，也不一定作用于远处的靶细胞。它常常通过旁分泌作用于邻近细胞、自分泌作用于自身，甚至不分泌到细胞外就作用于自身。

目前已发现的生长因子已达数十种，其中以肽类为主（表 19-4）。不同的生长因子的来源不同：同一生长因子对不同细胞的作用有所不同，而同种细胞可受不同生长因子的调控。细胞在体外培养时需要多种生长因子才能正常生长。在细胞培养时加入血清，是因血清中含有多种生长因子。概括生长因子的生物学作用，主要有以下几个方面：①促进细胞生长和分化作用。如 PDGF 能促进停滞于 G_0 期的成纤维细胞、神经胶质瘤细胞、平滑肌细胞等转为 G_1 期，继而进入 S 期。②双重调节与负调节作用。如 TGF,具有双重性,兼有生长正调节作用和负调节作用。它对成纤维细胞具有促生长作用,但对多数细胞却有抑制生长作用。③多功能性。多数生长因子除具有调节靶细胞的生长外,还有其他功能。如肝细胞生长因子(HGF)除促进肝细胞生长外,还可促进上皮细胞的扩散和迁移,因此又被称为扩散因子(scatter factor)。此外,各种生长因子的生物学作用常有重叠,相互间存在协同与拮抗。

表 19-4 人体内常见的某些生长因子

生长因子	主要来源	主要功能
表皮生长因子(EGF)	颌下腺、肾脏、十二指肠腺等	刺激多种细胞 DNA 合成,促进表皮和上皮细胞的生长
促红细胞生成素(EPO)	肾、肝等	调节成熟红细胞的发育
肝细胞生长因子(HGF)	胎盘、再生肝等	促进细胞 DNA 合成
干扰素-α(IFN-α)	T 细胞、NK 细胞	抑制病毒 RNA 和蛋白质合成、抗细胞增殖和免疫调节作用
类胰岛素生长因子(IGF)	胎盘、胎肝、血浆等	促进硫酸盐渗入软骨组织、软骨细胞的分裂,对多种组织细胞起胰岛素样作用
神经生长因子(NGF)	神经元、颌下腺等	营养交感神经及某些感觉神经元
血小板衍生生长因子(PDGF)	巨噬细胞、血小板、平滑肌等	促进间质和胶质细胞的生长
转化生长因子 α(TGFα)	肿瘤细胞、转化细胞、胎盘等	类似于 EGF
转化生长因子 β(TGFβ)	血小板、肾、胎盘等	对某些细胞呈促进和抑制双向作用
血管内皮生长因子(VEGF)	平滑肌、肿瘤等	促进血管内皮细胞生长

二、生长因子的作用机制

多数肽类生长因子以大分子的蛋白质前体形式合成,经过蛋白酶剪切,产生成熟的单体,聚集或不聚集分泌后,与靶细胞膜表面或细胞内受体结合,通过信号转导途径将其信号传至核内或直接作用于染色体,引发基因转录而达到调节细胞生长与分化的作用。

生长因子跨膜信号的传递是生长因子作用的主要方式,因生长因子的不同,可通过不同途径进行传递。生长因子跨膜传递途径主要有以下三条:①酪氨酸蛋白激酶(TPK)途径;②G 蛋白-磷脂酶 C 途径(PKC 途径);③G 蛋白-腺苷酸环化酶途径(PKA 途径)。生长因子的信号通过上述三条途径的传递,通过磷酸化级联反应(cascade reaction)导致核内转录因子的活化而引起基因转录。另外,肽类生长因子还可能有一条细胞核直接作用途径。研究发现 EGF 与受体结合后,可使细胞膜局部内陷成受体小体(receptosome),受体小体与溶酶体融合,大部分 EGF 与受体解离后即被分解,但亦有较少部分 EGF 未被降解而进入细胞核,作用于相对分子质量为 2000~2200 的单链蛋白质,而促进转录。如 EGF 可促进纯化的小鼠成纤维细胞核的转录。而 EGF 主要与其受体结合后,其受体酪氨酸蛋白激酶(TPK)被活化,可使转录因子 STAT-1(P91)磷酸化,使 STAT-1 由无活性形式转变为有活性的转录因子而促使 *C-Fos* 基因转录。

许多原癌基因表达产物有的是生长因子或生长因子受体,有的是胞内信号传递体或核内转录因子(表 19-5)。在正常情况下,他们在维持细胞的生长与分化过程中起着十分重要的作用。当原癌基因被激活后,可产生突变的表达产物或过量表达而导致细胞生长、分化、增殖失控,引起癌变。

表 19-5　某些原癌基因表达产物的定位和作用

癌基因	表达产物	
	定位	功能
Abl	细胞核	DNA 结合蛋白
ErbB	质膜	生长因子受体
Fms	质膜	生长因子受体
Fos	细胞核	转录因子
Jun	细胞核	转录因子
Myc	细胞核	转录因子
Raf	胞液	酪氨酸蛋白激酶
Ras	胞液	GTP 结合蛋白
Sis	由细胞分泌	生长因子
Src	胞液	酪氨酸蛋白激酶
Trk	质膜	生长因子受体

三、生长因子与临床

随着对生长因子生物学功能研究的深入,发现很多疾病与生长因子在体内表达调控失衡密切相关。也就是说,许多基因(如癌基因)通过其表达产物(生长因子及其受体)参与某些疾病(如肿瘤、某些心血管疾病)的发生发展过程。因此,基础研究成果不但可揭示某些疾病的发病机理,还为合理利用生长因子治疗这些疾病提供了理论依据。

（一）细胞凋亡

细胞凋亡不同于细胞坏死(necrosis),是在某些生理或病理条件下,机体通过特异信号转导途径,使细胞按一定程序缓慢死亡的过程。细胞凋亡参与体内细胞数量的调节,并清除体内无功能、对机体有害、突变及其受到损伤不能修复的活细胞,在机体发育和稳态调节中发挥重要作用,对调控细胞增殖、分化和阻止细胞恶性转化和生长有着十分重要的意义。

能诱导细胞凋亡的因素很多,虽其诱导途径尚未完全明了,但就癌基因、抑癌基因和生长因子而言,既有诱发细胞凋亡者,如抑癌基因 P53 表达的 P53 蛋白可诱发髓型白血病等肿瘤细胞的凋亡;又有抑制细胞凋亡者,如某些癌基因表达产物(如原癌基因蛋白 Bcl 2、突变型 P53 蛋白)和某些生长因子(如神经生长因子 nerve growth factor,NGF)等可抑制多种刺激剂诱导的细胞凋亡。细胞凋亡过度或减弱是许多疾病发病的病理生理基础。细胞凋亡受到抑制时,会导致肿瘤和自身免疫性疾病,而若其不恰当地被激活,则会发生退行性病变或早衰。

（二）原发性高血压和心肌肥厚

常见的心血管疾病包括原发性高血压、动脉粥样硬化、心肌肥厚、心肌梗死和心力衰竭等,严重影响人们的健康。随着研究的深入,发现多种心血管疾病(如原发性高血压、心肌肥厚、动脉粥样硬化等)的发生与某些原癌基因的过表达、抑癌基因表达减少和生长因子相关。

高血压血管改变主要为平滑肌细胞的增殖和肥大以及结缔组织含量增加。长期的高血压由于血管阻力持续增加可使左心压力负荷过重,使左心肌细胞增殖、肥大,基质胶原合成亦增加而导致心肌肥厚。引起心肌负荷增加的原因很多,其中促增殖信号的产生增多是重要的原因。实验表明,原发性高血压大鼠平滑肌细胞中原癌基因 C-Myc 的表达增加 50%～100%,也有 C-Fos 表达增加的报道,而 C-Fos 对平滑肌增生的调控发生在转录水平,而 C-Myc 可能发生在转录后水平。提示 C-Fos 和 C-Myc 的激活是平滑肌细胞增生的启动因素之一,与高血压的发生有关。离体心脏灌注实验发

现心肌组织中 *C-Fos* 和 *C-Myc* 表达增加；将血管紧张素Ⅱ加入心肌细胞培养液中可增加 *C-Fos* 和 *C-Myc* 的表达，而高血压时左心室局部血管紧张素Ⅱ表达增加。提示血管紧张素Ⅱ的增加和导致 *C-Fos* 和 *C-Myc* 的表达增加可能是心肌肥厚的早期重要因素。另外，原发性高血压大鼠野生型 P53 表达减少，并检测出突变型 P53 蛋白，表明在心血管疾病发生发展过程中有众多与细胞增殖调控有关的基因和蛋白参与，还有待进一步探讨。

综上所述，促增殖信号还能刺激全身或局部分泌血管活性物质、生长因子和其他细胞因子，以及某些癌基因、抑癌基因的表达变化等，通过信号转导通路等调控细胞的代谢和增殖，其间相互引发、相互作用，共同参与高血压、心肌肥厚的发生发展。

小结

癌基因可分为病毒癌基因和细胞癌基因，前者包括某些动物病毒（DNA 肿瘤病毒、RNA 逆转录病毒）的癌基因，细胞癌基因又称原癌基因，广泛存在于真核生物的基因组中。病毒癌基因能使宿主细胞发生恶性转化，形成肿瘤。正常的细胞癌基因为生命活动所必需，调节细胞的正常生长和分化。

当细胞癌基因被激活，基因结构发生异常或表达失控时，可导致细胞恶变形成肿瘤。细胞癌基因被激活的方式包括点突变、获得启动子与增强子、基因易位和基因扩增等。细胞癌基因的表达产物有的是生长因子或其受体，有的是胞内信号转导分子（G 蛋白、蛋白激酶）或核内转录因子。被激活的细胞癌基因可能使上述表达产物发生结构改变、过量表达导致细胞生长的失控。肿瘤的发生与发展往往涉及多种癌基因在不同癌变阶段的组合激活与协同作用。

抑癌基因是一类控制细胞生长的负调节基因，它们与负责调节生长的细胞癌基因协调表达以维持细胞正常生长、增殖与分化。抑癌基因缺失或突变失活不仅丧失抑癌作用，反而变成具有促癌效应的癌基因。细胞癌基因、抑癌基因是细胞正常基因组的组成成分，在生理条件下，它们的表达产物具有调节细胞生长、分化等多种功能。癌基因、抑癌基因在多种疾病的发生发展过程中发挥作用。

癌基因与抑癌基因突变的检测可应用于肿瘤发生、预后、复发以及对药物反应的预测。癌基因、抑癌基因的发现和功能研究大大促进了肿瘤治疗方法的进步。一些癌基因及其产物可作为药物治疗的靶点，而一些抑癌基因及其产物可直接作为药物用于恶性肿瘤的治疗。

生长因子是一类由细胞分泌、具有调节细胞生长与分化作用，类似于激素的信号分子。它通过质膜受体，将信号传递至细胞内，作用于有关细胞增殖的基因，影响细胞的生长或分化。许多基因（如癌基因）通过其表达产物（生长因子及其受体）参与某些疾病（如肿瘤、某些心血管疾病）和细胞凋亡的发生发展过程。

（蒋薇薇）

第二十章　常用分子生物学技术的原理及其应用

扫码看课件

 教学目标 ⋮⋮⋮

- 基因重组、基因工程、同源重组的概念
- 限制性核酸内切酶、质粒、克隆载体、表达载体的概念
- 核酸探针的基本种类，常见的分子杂交和印迹技术
- PCR 技术的基本原理和过程，引物设计的基本原则，主要的 PCR 衍生技术
- DNA 序列分析的方法、原理和应用
- 基因芯片和蛋白质芯片的定义、原理和应用

　　分子生物学理论研究的每一次重大突破都与分子生物学技术的产生和发展息息相关，其中 PCR 技术便是一个最典型的案例。早在 1983 年，科学家就已经能够合成长链寡核苷酸开展基因相关研究。这是 PCR 技术能出现的技术基础，而 PCR 技术的建立和优化，最终极大地简化了基因的体外扩增，快速地推进了基因工程乃至整个分子生物学学科的发展。可以说这两者是科学与技术相互促进的最好例证，即理论上的发现为新技术的产生提供思路，而新技术的产生又为证实原有理论和发展新的理论提供有力的工具。因此，了解分子生物学技术的原理及其应用，对于加深理解现代分子生物学的基本理论和研究现状，深入认识疾病的发生发展机制，理解和应用不断出现的新的诊断和治疗方法有极大的帮助。

第一节　基因重组与基因工程

一、基因重组的概念与方式

　　基因是承载遗传信息的基本单位，是物种遗传的物质基础。基因的物质载体是 DNA，基因具有很强的保守性。但基因并非一成不变，在各种体内外因素的作用下，基因可以发生序列的变化，即存在变异性和流动性。狭义的基因重组（genetic recombination）是指在生物体进行有性生殖的过程中，控制不同性状基因的重新组合。随着分子生物学的不断发展，基因重组的概念不断延伸，目前认为发生在体内外的不同来源 DNA 之间的重新组合过程都属于基因重组，或称 DNA 重组（DNA recombination）。通过基因重组和基因转移，不同物种或个体之间的遗传变得更加多样，从而使种群适应自然界变化或对疾病的抵抗能力愈发提高。自然界中基因重组和基因转移的方式有多种，包括同源重组、特异位点重组、转座重组、接合、转化和转导等，其中前三种方式在原核和真核细胞内均可发生，而后三者通常发生在原核细胞内。

（一）同源重组

同源重组（homologous recombination）是指发生在非姐妹染色单体（sister chromatin）之间或同

NOTE

一染色体上含有同源序列的 DNA 分子之间或分子之内的重新组合,是一种最基本的 DNA 重组方式。同源重组需要一系列酶的催化,如原核生物细胞内的 RecA、RecBCD、RecF、RecO 和 RecR 以及真核生物细胞内的 Rad51、Mre11-Rad50 等。

同源重组反应通常根据交叉分子或 Holliday 结构(Holliday juncture structure)的形成和拆分分为三个阶段,即前联会体阶段、联会体形成和 Holliday 结构的拆分。同源重组也是 DNA 损伤修复的一种重要方式,其功能的缺陷会导致体内 DNA 损伤积累,增加癌症和其他基因相关疾病的患病风险。利用同源重组原理可进行基因打靶(gene targeting),从而改变靶生物体 DNA 序列,如进行基因敲除(knock out)或敲入(knock in)等。

Holliday 模型的基本内容如下:①在减数分裂前期的双线期,同源染色体相互靠近,两条染色单体(双链 DNA 分子)连接(图 20-1(a))。②两个 DNA 分子中方向相同的单链(图中链 2 和链 3)在 DNA 内切酶作用下,在相同的位置上同时被切开。在每个切开的地方双螺旋稍微解开,释放出单链(图 20-1(b))。③释放的单链通过和另一分子中没有断裂的链互补配对,而在两个 DNA 分子间进行交换,形成了一个由于单链交叉使两个 DNA 分子连接在一起的结构,产生了关键的重组中间体——Holliday 联结体(图 20-1(c))。④一个 Holliday 联结体可以通过配对碱基连续地解链和配对而沿着 DNA 移动。每次移动时,母本 DNA 链上配对碱基断开,由异源的碱基配对形成重组中间体,该过程称为分支移位(branch migration)。⑤重组过程的完成需要通过切断交叉点附近 DNA 链以拆分 Holliday 联结体,恢复成两个 DNA 分子。Holliday 联结体的拆分方式有如下两种:第一种方式是链 2 和链 3 交叉处切开,交换后再连接,由于这两条链均发生两次断裂和交换,结果重组体各含有一段异源双链区,其两侧来自同一母本 DNA,称为片段重组体(patch recombination)。第二种方式是链 1 和链 4 在交叉处切开,交换后连接,结果重组体异源双链区的两侧来自不同母本 DNA,称为拼接重组体(splice recombination)(图 20-1(d))。

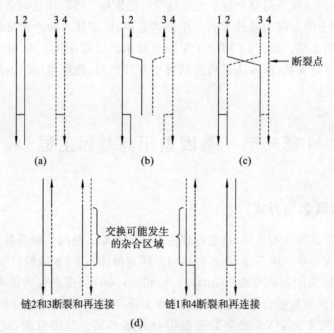

图 20-1　同源重组的 Holliday 模型

Holliday 模型能够较好解释同源重组现象,但也存在问题。该模型认为进行重组的两个 DNA 分子在开始时需要在对应链相同位置发生断裂,但根据我们普遍的经验,这种同时断裂发生的概率较小。Mesclson M 和 Radding C 对此提出了修正意见,他们认为同源 DNA 分子中只有一个分子发生单链(链 1)断裂,随后单链入侵另一 DNA 分子的同源区,造成链的置换,被置换的链 3 再切断并与最初切断的链 1 连接,形成 Holliday 中间体。但是更多的事实表明,重组是由双链断裂所启动。

现在认为,同源重组是减数分裂时同源染色体联会的原因,而不是联会的结果。DNA分子双链断裂才能与同源分子发生交换,从而将同源染色体分配到子代细胞中去。所以,双链断裂启动重组,也启动了减数分裂。

(二)特异位点重组

特异位点重组广泛存在于各类细胞中,起着十分特殊的作用,彼此有很大的差别。它们的作用包括某些基因表达的调节,发育过程中的程序性DNA重排,以及有某些病毒和质粒DNA复制循环过程中发生的整合与切除等。此过程往往发生在一个特定的DNA序列内(重组位点),序列长度在20~200 bp之间,而且有特有的酶(重组酶)和辅助因子对其识别和作用。重组位点的位置和方向决定特异位点重组的结果。如果重组位点以相反方向存在于同一DNA分子上,重组结果发生倒位。重组位点以相同方向存在于同一DNA分子上,重组结果发生切除;在不同分子上,重组结果发生整合(图20-2)。以下是几个位点特异性重组的例子。

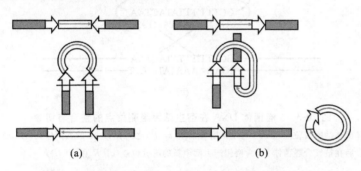

图 20-2 重组位点的位置和方向对特异位点重组结果的影响

注:重组位点用白色箭头表示。(a)重组位点方向相反,位于同一DNA分子,重组结果发生倒位。(b)重组位点方向相同,位于同一DNA分子,重组结果发生切除;位于不同分子,发生整合

1. λ噬菌体DNA的整合与切除 最早研究清楚的特异位点重组系统是λ噬菌体DNA在宿主染色体上的整合与切除。λ噬菌体DNA进入宿主大肠杆菌细胞后存在溶原和裂解两条途径,二者的最初过程是相同的,都要求早期基因的表达,为溶原和裂解途径的歧化做好准备。两种生活周期的选择取决于CI和Cro蛋白相互拮抗的结果。CI蛋白抑制除自身外所有噬菌体基因的转录,如果CI蛋白占优势,溶原状态就得到建立和维持。Cro蛋白抑制 *CI* 基因的转录,如果Cro蛋白占优势,噬菌体即进入繁殖周期,并导致宿主细胞裂解。λ噬菌体的整合发生在噬菌体和宿主染色体的特定位点,因此是一种特异位点重组。整合的原噬菌体随宿主染色体一起复制并传递给后代。但在紫外线照射或升温等因素诱导下,原噬菌体可被切除下来,进入裂解途径,释放出噬菌体颗粒。

λ噬菌体与宿主的特异重组位点(recombination site)称为附着位点(attachment site)。删除实验确定噬菌体的附着位点(*att P*)长度为240 bp,细菌相应的附着位点(*att B*)只有23 bp,二者含有共同的核心序列15 bp(O区)。噬菌体 *att P* 位点的序列以POP′表示,细菌 *att B* 位点以BOB′表示。整合需要的重组酶(recombinase)由λ噬菌体编码,成为λ整合酶(λ integrase,Int),此外还需要宿主编码的整合宿主因子(integration host factor,IHF)协助作用。整合酶作用于POP′和BOB′序列,分别交错7 bp将两DNA分子切开,然后交互再连接,噬菌体DNA被整合,其两侧形成行的重组附着位点BOP′和POB′(图20-3)。在此过程中不需要水解ATP提供能量。因为整合酶的作用机制类似于拓扑异构酶Ⅰ,它催化磷酸基转移反应,而不是水解反应,故无能量丢失。在切除反应中需要将原噬菌体两侧附着位点联结到一起,因此除Int和IHF外,还需要噬菌体编码的Xis蛋白参与作用。

2. 细菌的位点特异性重组 鼠伤寒沙门杆菌的H抗原有两种,分别是H_1和H_2鞭毛蛋白。在单菌落的沙门氏菌中经常出现少数另一种含H抗原的细菌,这种现象称为鞭毛相转变。遗传分析表明,这种抗原相位的改变是由基因中一段995 bp的H片段发生倒位所致。H片段的两端为14

NOTE

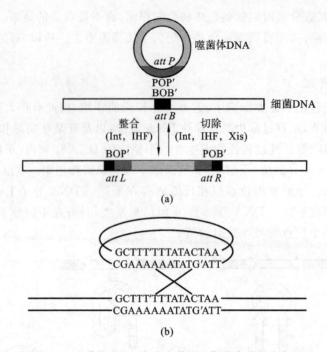

图 20-3 λ噬菌体 DNA 在宿主基因组靶位点的整合与切除

噬菌体的附着位点(*att P*)与细菌附着位点(*att B*)之间有 15 bp 的共同序列(O),整合后在被整合噬菌体 DNA 两侧产生两个新的附着位点(*att R* 和 *att L*)

bp 的特异性重组位点(hix),其方向相反,发生重组后可使 H 片段倒位。H 片段上有两个启动子(P),其中一个驱动 *Hin* 基因表达,另一个则在取向上与 H_2 和 rH_1 基因一致时驱动这两个基因表达,倒位后 H_2 和 rH_1 基因不表达。*Hin* 基因编码特异的重组酶,即倒位酶(invertase)Hin。该酶为同源二聚体,分别结合在两个 hix 位点上,并由辅助因子 Fis(factor for inversion stimulation)促使 DNA 弯曲而将两个 hix 位点连接在一起,DNA 片段经断裂和再连接而发生倒位。rH_1 表达产物为 H_1 阻遏蛋白,当 H_2 基因表达时,H_1 基因被阻遏;反之,H_2 基因不表达时,H_1 基因才得以表达(图 20-4)。

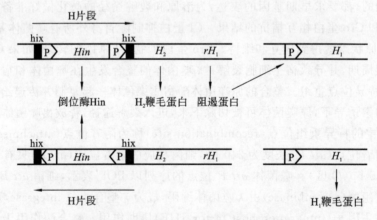

图 20-4 沙门氏菌 H 片段倒位决定鞭毛相转变

hix 为 14 bp 的反向重复序列;*P* 为启动子;*Hin* 为倒位酶编码基因;H_1 和 H_2 为两种鞭毛蛋白编码基因;rH_1 为阻遏蛋白编码基因

3. 免疫球蛋白基因的重排 B 淋巴细胞产生的抗体分子免疫球蛋白(Ig),由两条轻链(L 型)和两条重链(H 型)组成,它们分别由 3 个独立的基因簇编码,其中 2 个编码轻链(κ 和 λ),一个编码重链。决定轻链的基因簇上分别有 L、V、J、C 四类基因片段。L 代表前导片段(leader segment),V 代表可变片段(variable segment),J 代表连接片段(joining segment),C 代表恒定片段(constant segment)。

　　重链(IgH)基因的 V-D-J 重排和轻链(IgL)基因的 V-J 重排均发生在特异位点上,这是因为 V 片段下游,J 片段上游及 D 片段两侧都有保守的重组信号序列(recombination signal sequence, RSS),重组酶通过识别位于片段两端的 RSS 而启动位点特异性重组,从而移除位于 RSS 中间的片段(图 20-5)。RSS 由一个保守的回文七核苷酸序列(CACAGTG)和一个保守的富含 A 的九核苷酸序列(ACAAAAACC)组成,中间为固定长度(一般为 12~23 bp)的间隔序列。参与重排的重组酶基因 *Rag*(recombination-activating gene)有两个,分别编码蛋白质 Rag1 和 Rag2。在 V-D-J 重排过程中,Rag1 负责识别九核苷酸信号序列,并与 Rag2 共同形成复合物,七核苷酸序列位置是切割 DNA 的位点。

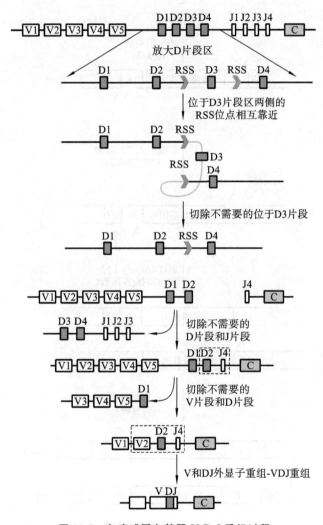

图 20-5　免疫球蛋白基因 V-D-J 重组过程

　　T 淋巴细胞的受体有两类,一类是 αβ 受体(出现于成熟 T 细胞),另一类是 γδ 受体(只存在于缺失 α、β 链的 T 细胞和发育早期的 T 细胞)。这些 T 细胞受体的基因重排与抗体基因重排十分类似,也存在 β 链与 γ 链的 V-D-J 重排和 α 链与 δ 链的 V-J 重排。由于 V-D-J 重排近似于随机组合 V、D、J 基因片段,从而使脊椎动物可以编码能够识别细菌、病毒、原虫及肿瘤细胞等相应抗原的各种免疫球蛋白和 T 细胞受体。

（三）转座重组

　　大多数基因在基因组内的位置是固定的,但有些基因可以从一个位置移动到另一个位置。这些可移动的 DNA 序列包括插入序列(insertion sequences,IS)和转座子(transposon,Tn)。由 IS 和 Tn

介导的基因移位或重排称为转座重组(transpositional recombination)或转座(transposition)。

1. 插入序列转座　典型的 IS 是长 750～1500 bp 的 DNA 片段,其中包括两个分离的、由 9～41 bp 构成的反向重复序列(inverted repeats,IR)及一个转座酶(transposase)编码基因,后者的表达产物可引起转座。反向重复序列的侧翼连接有短的(4～12 bp)、不同的 IS 所特有的正向重复序列(direct repeats,DR)。IS 发生的转座有保守性转座(conservative transposition)和复制性转座(duplicative transposition)两种形式,前者是 IS 从原位迁至新位;后者是 IS 复制后,其中的一个复制本迁移至新位,另一个仍保留在原位(图 20-6)。

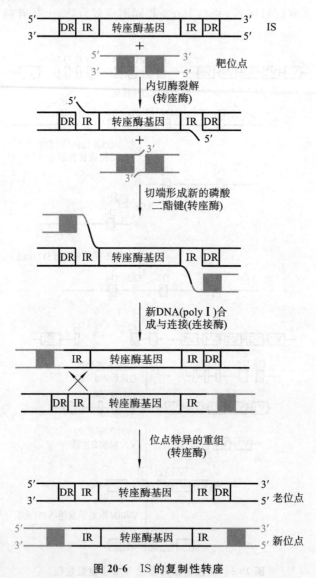

图 20-6　IS 的复制性转座

2. 转座子转座　与 IS 类似,Tn 也是以两个反向重复序列为侧翼序列,并含有转座酶基因;与 IS 不同的是,Tn 含有抗生素抗性等有用的基因。在很多 Tn 中,其侧翼序列本身就是 IS(图 20-7)。Tn 普遍存在于原核和真核细胞中,不但可以在一条染色体上移动,也可以从一条染色体跳到另一条染色体上,甚至从一个细胞进入另一个细胞。Tn 在移动过程中,DNA 链经历断裂及再连接的过程,可能导致某些基因开启或关闭,引起插入突变、新基因生成、染色体畸变及生物进化。

（四）接合作用

当细胞与细胞或细菌通过菌毛相互接触时,质粒 DNA 就可从一个细胞（细菌）转移至另一细胞（细菌）,这种类型的 DNA 转移称为接合作用(conjugation)。并非任何质粒 DNA 都有这种转移能

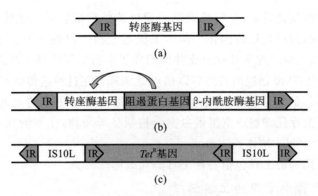

图 20-7 各类转座子
(a)IS 序列；(b)转座子 Tn3；(c)转座子 Tn10

力,只有某些较大的质粒,如 F 因子(F factor)方可通过接合作用从一个细胞转移至另一个细胞。F
因子决定细菌表面性菌毛的形成。当含有 F 因子的细菌(F⁺ 细胞)与没有 F 因子的细菌(F⁻ 细胞)
相遇时,在两细胞间形成性菌毛连接桥;接着质粒双链 DNA 中的一条链会被酶切割,产生单链切口,
有切口的单链 DNA 通过菌毛连接桥向 F⁻ 细胞转移。随后,在两细胞内分别以单链 DNA 为模板合
成互补链。

细菌的结合作用最早在大肠杆菌 K12 菌株中被发现,后来在鼠伤寒沙门氏菌、绿脓杆菌、肺炎克
氏杆菌、霍乱弧菌等许多细菌中也都发现有接合现象,而且像绿脓杆菌等细菌有它自己的性因子。
但是到现在为止,在革兰阳性细菌中还没有发现接合现象。

（五）转化作用

通过自动获取或人为地供给外源 DNA,使受体细胞获得新的遗传表型,这就是转化作用
(transformation)。例如,当溶菌时,裂解的 DNA 片段作为外源 DNA 被另一细菌摄取,并通过重组
机制将外源 DNA 整合进基因组,受体菌就会获得新的遗传性状,这就是自然界发生的转化作用。然
而,由于较大的外源 DNA 不易透过细胞膜,因此自然界发生的转化作用效率不高,染色体整合概率
则更低。但是通过一些化学或物理的手段处理后可以使宿主菌更好地吸收外源的 DNA,转化是目
前基因工程操作中常用的一种技术。

（六）转导作用

当病毒从被感染的细胞(供体)释放出来后再次感染另一细胞(受体)时,发生在供体与受体细胞
之间的 DNA 转移及基因重组即为转导作用(transduction)。自然界常见的例子就是由噬菌体介导
的转导作用。噬菌体介导的转导作用包括普遍性转导(generalized transduction)和特异性转导
(specialized transduction),后者又称限制性转导(restricted transduction)。

普遍性转导的基本过程如下:当噬菌体在供体菌内包装时,供体菌自身的 DNA 片段被包装入噬
菌体颗粒,随后细菌溶解,所释放出来的噬菌体通过感染受体菌而将所携带的供体菌的 DNA 片段转
移到受体菌中,进而重组于受体菌的染色体 DNA 上。

特异性转导的基本过程如下:①当噬菌体感染供体菌后,噬菌体 DNA 被位点特异性地整合于供
体菌染色体 DNA 上;②当整合的噬菌体 DNA 从供体菌染色体 DNA 上切离时,可携带位于整合位
点侧翼的 DNA 片段,随后切离出来的噬菌体 DNA 被包装入噬菌体衣壳中;③供体菌裂解,所释放
出来的噬菌体感染受体菌,继而,携带有供体菌 DNA 片段的噬菌体 DNA 整合于受体菌染色体
DNA 的特异性位点上。这样,就把位于整合位点侧翼的供体菌的 DNA 片段重组到了受体菌染色体
DNA 上。

二、基因工程操作中常用的工具

基因工程(genetic engineering)又称基因拼接技术或 DNA 重组技术。所谓基因工程是在分子

NOTE

水平上对基因进行操作的复杂技术,是将外源基因通过体外重组后导入受体细胞内,使这个基因能在受体细胞内复制、转录、翻译表达的操作。基因工程是生物工程的一个重要分支,它和细胞工程、酶工程、蛋白质工程和微生物工程等其他分支共同组成了生物工程学科。基因工程操作可以组合不同来源的 DNA 序列信息,从而创造出自然界以前可能从未存在过的遗传修饰生物体,为在分子水平研究生命奥秘提供可操作的活体模型。当然,目前生物医药领域更多的是通过基因工程技术获得 DNA 疫苗、RNA 疫苗、治疗性细胞或重组蛋白类生物制品等药物,比如近几年研究得很热的 CAR-T 细胞免疫疗法和 PD1/PDL1 抗体药物等。

基因工程操作中常用到的工具包括各种工具酶和载体两大类。

(一) 基因工程操作中常用的工具酶

在基因工程操作过程中,常常需要一些工具酶进行基因操作。例如,对目的 DNA(target DNA)进行处理时,需利用序列特异的限制性核酸内切酶(restriction endonuclease,RE)在准确的位置切割 DNA,使较大的 DNA 分子分割成为一定大小的 DNA 片段;构建重组 DNA 分子时,必须在 DNA 连接酶催化下才能使 DNA 片段与载体连接起来。此外,还有些工具酶也是重组 DNA 时所必不可少的。现将常用工具酶概括如下(表 20-1)。

表 20-1 基因工程操作中常用的工具酶

工具酶	功　能
RE	识别特异序列,切割 DNA
DNA 连接酶	催化 DNA 中相邻的 5'-磷酸基和 3'-羟基末端之间形成磷酸二酯键,使 DNA 切口封合或使两个 DNA 分子或片段连接
DNA 聚合酶Ⅰ	①合成双链 cDNA 分子或片段连接;②缺口平移制作高比活探针;③DNA 序列分析;④填补 3'末端
Klenow 片段	又名 DNA 聚合酶Ⅰ大片段,具有完整 DNA 聚合酶Ⅰ的 5'→3'聚合,3'→5'外切活性,而无 5'→3'外切活性。常用于 cDNA 第二链合成,双链 DNA 3'末端标记等
反转录酶	①合成 cDNA;②替代 DNA 聚合酶Ⅰ进行填补、标记或 DNA 序列分析
多聚核苷酸激酶	催化多聚核苷酸 5'-羟基末端磷酸化,或标记探针
末端转移酶	在 3'羟基末端进行多聚物加尾
碱性磷酸酶	切除末端磷酸基

1. 限制性核酸内切酶(RE)　在所有工具酶中,RE 具有特别重要的意义,简称限制性内切酶或限制酶,是一类核酸内切酶,能识别双链 DNA 分子内部的特异位点并裂解磷酸二酯键。1978 年的诺贝尔生理学或医学奖颁给了发现 RE 并将其应用于分子遗传学研究的 Daniel Nathans、Werner Arber 和 Hamilton Smith 三位科学家,当时《基因》期刊中写道:限制酶将带领我们进入合成生物学的新时代。

除极少数 RE 来自绿藻外,绝大多数来自细菌,与相伴存在的甲基化酶共同构成细菌的限制-修饰体系(restriction modification system),限制外源 DNA、保护自身 DNA,对细菌遗传性状的稳定遗传具有重要意义。到目前为止,已分离出可识别 230 种不同序列的核酸内切酶 2300 种以上。根据 RE 的组成、所需因子及裂解 DNA 的方式的不同,RE 可分为三种类型。Ⅰ型和Ⅲ型 RE 均为复合功能酶,同时具有限制和 DNA 修饰两种作用,但由于这两种酶切割 DNA 特异性不强,故在基因工程操作中应用价值不大。只有Ⅱ型 RE 能在 DNA 双链内部的特异位点识别并切割 DNA,故其被广泛用作"分子解剖刀",对 DNA 进行精确切割。Ⅱ型 RE 识别的位点通常为 6 或 4 个碱基序列(有些为 8 或 8 个以上碱基序列)。表 20-2 列举了部分Ⅱ型 RE 的识别位点。

表 20-2　部分Ⅱ型 RE 的识别位点

RE	识别位点	RE	识别位点
Apa Ⅰ	GGGCC'C C'CCGGG	*Sma* Ⅰ	CCC'GGG GGG'CCC
BamH Ⅰ	G'GATCC CCTAG'G	*Sau*3A Ⅰ	GATC' 'CTAG
Pst Ⅰ	CTGCA'G G'ACGTC	*Not* Ⅰ	GC'GGCCGC CGCCGG'CG
EcoR Ⅰ	G'AATTC CTTAA'G	*Sfi* Ⅰ	GGCCNNNN'NGGCC CCGGN'NNNNCCGG

注：'代表切割位点。

大多数 RE 的识别序列为回文结构(palindrome)。回文结构，又称反向重复序列，是指在两条核苷酸链中，从 5'→3'方向的核苷酸序列完全一致的。例如 *EcoR* Ⅰ的识别序列，在两条核苷酸链中，从 5'→3'反向均为 GAATTC。

多数Ⅱ型 RE 错位切割双链 DNA，产生 5'或 3'突出末端，称为黏性末端(sticky end)，简称黏端(如表 20-2 中的 *BamH* Ⅰ)。另一些Ⅱ型 RE 对两条切割链的切割在对应碱基的同一位置进行，产生平头或钝性末端(blunt end)，简称平端或顿端(如表 20-2 中的 *Sma* Ⅰ)。

RE 的命名采用 H. O. Smith 和 D. Nathane 提出的细菌属名与种名相结合的命名法。①第一个字母是酶来源的细菌属的词首字母，用大写斜体。②第二及第三个字母是细菌种的词首字母，用小斜体。③第四个字母(有时无)，表示分离出这种酶的细菌的特定菌株。④罗马数字表示酶发现的先后顺序。例如 *EcoR* Ⅰ的命名：E＝*Escherichia*，埃希菌属；co＝*coli*，大肠埃希菌；R＝RY13，菌株名；Ⅰ＝在相应菌株中第一个被分离到的内切酶。

有些 RE 所识别的序列虽不完全相同，但切割 DNA 双链后，可产生相同的黏端，这样的酶彼此互称同尾酶(isocaudarner)，所产生的相同的黏端称为配伍末端(compatible end)。例如，*BamH* Ⅰ (G'GATCC)和 *Bgl* Ⅱ (A'GATCT)在切割不同序列后可产生相同的 5'黏端，即配伍末端(—GATC—)。配伍末端可共价连接，但连接后的序列通常不能再被两个同尾酶中的任何一个酶识别和切割了。

有些 RE 的来源不同，但能识别同一序列(切割点相同或不同)。这样的两种酶互称同裂酶(isoschizomer)或异源同工酶。例如 *BamH* Ⅰ和 *Bst* Ⅰ能识别并在相同位点切割同一 DNA 序列(G'GATCC)；*Xma* Ⅰ和 *Sma* Ⅰ虽能识别相同序列(GGGCCC)，但切割点不同，前者的切点在识别序列的第一个核苷酸后(G'GGCCC)，而后者的切点则在序列的中间(GGG'CCC)。同裂酶为 DNA 操作增加了酶的选择余地。

2. DNA 链接酶　DNA 连接酶(DNA ligase)的作用是催化两个相邻的 3'-OH 和 5'-磷酸基团形成 3',5'-磷酸二酯键，从而使 DNA 片段或单链断裂形成的缺口连接起来。在重组 DNA 技术中所使用的 DNA 连接酶有两种来源：一种是由 T4 噬菌体的 DNA 编码、通过感染大肠埃希菌而生产的 T4 DNA 连接酶；另一种是由大肠埃希菌染色体编码的 DNA 连接酶。T4 DNA 连接酶需要 Mg^{2+} 作为辅助因子并由 ATP 提供能量，其对平端和黏端都能连接；大肠埃希菌 DNA 连接酶需要 NAD^+ 作为辅助因子，其连接平端的效率极低。两者比较，T4 DNA 连接酶的用途更广、更常用。

(二)基因工程操作中常用的载体

载体(vector)是为携带目的外源 DNA 片段，实现外源 DNA 在受体细胞中的无性繁殖或表达有意义的蛋白质所采用的一些 DNA 分子。载体按功能可分为克隆载体(cloning vector)和表达载体(expression vector)两大类。克隆载体用于外源 DNA 片段的克隆和在受体细胞中的扩增；表达载体则用于外源基因的表达。有的载体兼具克隆和表达两种功能。

1. 克隆载体 作为克隆载体,应具备如下基本特点(图 20-8)。①至少有一个复制起点使载体在宿主细胞中进行自主复制,并能使克隆的外源 DNA 片段得到同步扩增。②至少有一个选择标志(selection marker),选择标志是区分含与不含载体的细胞所必需的,常见的有抗生素抗性基因、β-半乳糖苷酶基因($lacZ$)、营养缺陷耐受基因等。例如 pUC18 质粒载体含有氨苄西林抗性基因(amp^R)。③有适宜的 RE 的单一切点:载体中一般都构建有一段特异性核苷酸序列,在这段序列中包含了多个 RE 的单一切点,可供外源基因插入时选择,这样的序列称多克隆位点(multiple cloning sites,MCS)。

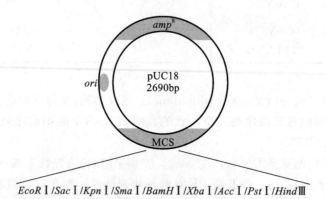

EcoR I /Sac I /Kpn I /Sma I /BamH I /Xba I /Acc I /Pst I /HindⅢ

图 20-8　pUC18 质粒简图

常用的克隆载体主要有质粒、噬菌体 DNA 等几种。

(1) 质粒(plasmid):质粒是主要存在于细菌染色体外的、能自主复制和稳定遗传的 DNA 分子,通常为环状双链的超螺旋结构。有的质粒与细菌染色体同步复制,处于严密控制之下,该类质粒称严紧型质粒,其拷贝数较低。有的质粒的复制快于细菌染色体复制(即质粒复制不受严格控制),该类质粒称松弛型质粒,其拷贝数很高。重组 DNA 技术中使用的质粒通常是松弛型。此外,不同的质粒必须兼容才能共存于同一细胞中,这对复合转染(或转化)有参考价值。

(2) 噬菌体 DNA:常被用作克隆载体的噬菌体 DNA 有 λ 和 M13 噬菌体 DNA。稍早经 λ 噬菌体 DNA 改造成的载体系统有 λgt 系列(插入型载体,适用于 cDNA 克隆)和 EMBL 系列(置换型载体,适用于基因组 DNA 克隆)。经改造的 M13 载体有 M13mp 系列及 pUC 系列。它们是在 M13 的基因间隔区插入了 $E.coli$ 的一段调节基因及 $lacZ$ 的 N-端 146 个氨基酸残基编码基因,其编码产物为 β-半乳糖苷酶的 α 片段。突变型 $E.coli$ 宿主(lac^-)仅可表达该酶的 ω 片段(酶的 C-端)。单独存在的 α 及 ω 片段均无 β-半乳糖苷酶活性,只有上述携带有 α 片段基因的 M13 进入宿主细胞,宿主细胞才能同时表达 α 和 ω 片段,产生有活性的 β-半乳糖苷酶活性,使特异性底物变为蓝色化合物,这就是所谓的 α 互补(alpha complementation)。将外源基因的插入位点设计在 $lacZ$ 基因内,则会干扰 $lacZ$ 的表达,利用 lac⁻ 菌株为转染或感染细胞,在含 X-gal 和 IPTG 的培养基上生长时会出现白色菌落;如果在 $lacZ$ 基因内无外源基因插入,则有 $lacZ$ 表达,转化菌在同样条件下呈蓝色菌落。

(3) 其他克隆载体:为增加克隆载体插入外源基因的容量,还设计有柯斯质粒(cosmid)载体(又称黏粒载体)、细菌人工染色体(bacterial artificial chromosome,BAC)载体和酵母人工染色体(yeast artificial chromosome,YAC)载体等。

2. 表达载体 表达载体是指用来在宿主细胞中表达外源基因的载体,依据其宿主细胞的不同可分为原核表达载体(prokaryotic expression vector)和真核表达载体(eukaryotic expression vector)。

(1) 原核表达载体　该类载体由克隆载体发展而来,用于在原核细胞中表达外源基因。除了具备克隆载体的一般特点外,原核表达载体还需有调控外源基因有效转录和翻译的序列,如启动子、核糖体结合位点、转录终止序列等。原核表达载体的基本组成如图 20-9 所示。目前应用最广泛的原核表达载体是大肠埃希菌表达载体。

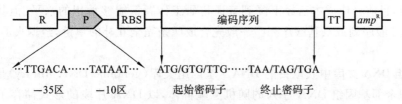

图 20-9　原核表达载体的基本组成

R:调节序列。P:启动子。RBS:核糖体结合位点。TT:转录终止序列

（2）真核表达载体　该类载体用于在真核细胞中表达外源基因，也是由克隆载体发展而来的，故含有必不可少的原核序列，包括在大肠埃希菌中起作用的复制起点、抗生素抗性基因、MCS 等，这些原核序列便于真核表达载体在细菌中复制以及阳性克隆的筛选。同时，真核表达载体还具有包括启动子、增强子、转录终止序列、poly A 加尾信号等真核表达调控元件，使载体能够在真核细胞复制的起始序列和用于阳性克隆的筛选真核细胞药物抗性基因等（图 20-10）。根据真核宿主细胞的不同，真核表达载体主要分为酵母表达载体、昆虫表达载体和哺乳类细胞表达载体等。

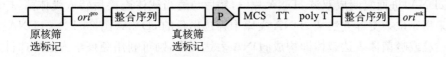

图 20-10　真核表达载体的基本组成

ori^{pro}:原核复制起始位点。P:启动子。MCS:多克隆位点。TT:转录终止序列。poly T:真核生物基因 3'-端特征序列。ori^{euk}:真核复制起始位点

三、基因工程的操作过程

一个完整的 DNA 克隆过程如图 20-11 所示，包括五大步骤：目的 DNA 的分离获取、载体的选择与构建、目的 DNA 与载体连接、重组 DNA 转入受体细胞以及重组体的筛选与鉴定。

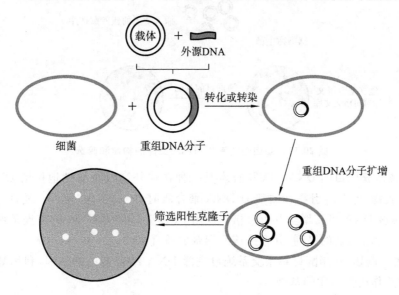

图 20-11　DNA 克隆基本流程

（一）目的 DNA 的分离获取

分离获取目的 DNA 的主要方法有如下几种。

1. 化学合成法 该方法可直接合成目的 DNA,而且目的基因的密码子可以根据需要进行优化。在很难得到提取基因组获总 RNA 样本的时候,化学合成可能是一种不错的选择。特别是随着固相合成技术的发展,目前合成成本已经下降到普通科研工作者都能够承担的水平,但其前提是要知道目的 DNA 的核苷酸序列或氨基酸序列。一般先合成两条完全互补的单链,经退火形成双链,然后克隆于载体。

2. 从基因组 DNA 文库中获取目的 DNA 基因组文库(genomic DNA library)是指包含某一个生物细胞或组织全部基因组 DNA 序列的随机克隆群体,以 DNA 片段的形式储存了所有的基因组 DNA 信息。构建基因组 DNA 文库的简要过程如下:分离细胞或组织染色体 DNA,经限制性内切酶切割或机械剪切成大小不等的片段,将这些片段克隆于适当载体并转入受体菌扩增,使每个细菌内都携带一种重组 DNA 分子的多个拷贝。这种存在于受体菌内由载体所携带的所有基因组 DNA 片段的集合,就代表了基因组 DNA 文库。随后,采用原位杂交等方法从基因组 DNA 文库中筛选和鉴定出带有目的基因的克隆,经扩增后,将目的 DNA 分离、回收,从而获得目的基因。

3. 从 cDNA 文库中获取目的 DNA cDNA 文库(cDNA library)是指包含某一组织或细胞在一定条件下所表达的全部 mRNA 经反转录而合成的 cDNA 序列的随机克隆群体,它以 cDNA 片段的形式储存了全部的基因表达信息。构建 cDNA 文库的简要过程如下:以 mRNA 为模板,利用反转录酶合成单链 cDNA,进而复制成双链 cDNA 片段,然后与适当载体连接后转入受体菌,扩增为 cDNA 文库。继而采用原位杂交等方法从 cDNA 文库中筛选出目的 cDNA(图 20-12)。cDNA 如果克隆到适宜的表达质粒或噬菌体表达载体即构成 cDNA 表达文库,则可利用免疫学方法筛选目的 cDNA。

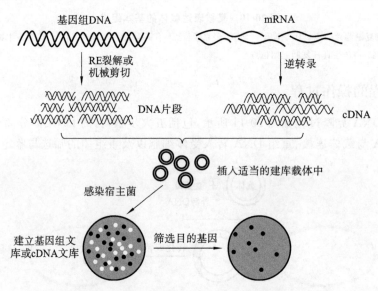

图 20-12 基因组文库和 cDNA 文库的构建和筛选

4. 经 PCR 技术获取目的 DNA PCR 技术是一种在体外高效特异性地扩增 DNA 的方法。当存在模板 DNA、底物、上下游引物和耐热的 DNA 聚合酶时,经过多次"变性—复性—延伸"反应的循环过程,痕量模板 DNA 可扩增至几百万倍。使用 PCR 克隆目的 DNA 的前提条件是已知待扩增目的基因或 DNA 片段两端的序列,并根据该序列合成适宜引物。

5. 其他方法 例如,利用酵母单杂交系统可克隆 DNA 结合蛋白的基因,利用酵母双杂交系统可克隆特异性相互作用蛋白质的基因。

(二)载体的选择与构建

获得的 DNA 片段必须构建到相应的载体上,并导入相应的宿主细胞,才可以对目的基因进行保存、扩增、转录获得各种功能 RNA 或表达得到相应的目的蛋白等。如果要保存或扩增得到目的 DNA,一般选用克隆载体;如果需要得到功能 RNA 或蛋白质,则需要选择表达载体。同时,选择载体时，还要考虑目的 DNA 的大小、受体细胞的种类和来源等因素（表 20-3）。除了上述需考虑的因素外，选择载体时还需注意载体内应有适宜的 MCS。总之，在基因克隆技术中，载体的选择、构建和改造需要全盘考虑操作的目的。目的不同，操作基因的性质不同，载体的选择和构建方法也不同。

表 20-3 不同载体的克隆容量及适宜宿主细胞

载体	插入 DNA 片段	宿主细胞
质粒	<5~10 kb	细菌、酵母、哺乳动物细胞等
λ 噬菌体载体	~20 kb	细菌
黏粒	~50 kb	细菌
BAC	~400 kb	细菌
YAC	~3 Mb	酵母

（三）目的 DNA 与载体连接

依据目的 DNA 和线性化载体末端的特点，可采用黏端连接、平端连接和黏-平端连接三种不同的策略。

由切口为黏性末端的 RE 酶切后进行的连接称为黏端连接。黏端连接反应通常效率较高，准确性也较强，可以采用单酶切或双酶切产生不同的黏端。

1. 单一相同黏端连接 如果目的 DNA 序列和线性化载体两端为同一 RE（或同裂酶，或同尾酶）切割所致，所产生的黏端完全相同。这种单一相同黏端连接时，会有三种连接结果：载体自连、载体与目的 DNA 连接以及片段自连。可见，这种连接存在如下缺点：容易出现载体自身环化、目的 DNA 双向插入载体（即正向和反向插入）和多拷贝现象，从而给后续筛选增加了困难。采用碱性磷酸酶预处理线性化载体 DNA，使之去磷酸化，可有效减少载体自环化。目的 DNA 如果反向插入载体，虽不影响基因克隆，但却影响外源基因的表达。

2. 不同黏端连接 如果用两种不同的 RE 分别切割载体和目的 DNA，则可使载体和目的 DNA 的两端形成两个不同的黏端，这样可让外源 DNA 定向插入载体。这种使目的基因按特定方向插入载体的克隆方法称为定向克隆（directed cloning）。当然，定向克隆也可通过一端为平端，另一端为黏端的连接方式来实现。定向克隆有效避免了载体自连以及 DNA 片段的反向插入和多拷贝现象。

3. 通过其他措施产生黏端进行连接 在末端为平端的目的 DNA 片段制造黏端的方法有如下几种。①人工接头法：化学合成法获得含有 RE 切点的平端双链寡核苷酸接头（adaptor 或 linker），将此接头连接在目的 DNA 的平端上，然后用相应的 RE 切割人工接头产生黏端，进而连接到载体上。②加同聚物尾法：用末端转移酶将某单一核苷酸（如 dC）逐一加到目的 DNA 3′-端的羟基上，形成同聚物尾（如同聚 dC 尾）；同时又将与之互补的另一核苷酸（如 dG）加到载体 DNA 3′-端的羟基上，形成与目的 DNA 末端同聚物尾互补的同聚物尾（如同聚 dG 尾）。两个互补的同聚物尾均为黏端，因而可高效率地连接到一起。③PCR 法：针对目的 DNA 的 5′-和 3′-端，设计一对特异引物，在每条引物的 5′-端分别加上不同的 RE 位点，然后以目的 DNA 为模板，经 PCR 扩增便可得到带有引物序列的目的 DNA，再用相应 RE 切割 PCR 产物，产生黏端，随后便可与带有相同黏端的线性化载体进行有效连接。另外，在使用 *Taq* DNA 聚合酶进行 PCR 时，扩增产物的 3′-端可加上一个单独的腺苷酸残基（A）而成为黏端，这样的 PCR 产物可直接与带有 3′-T 的线性化载体（T 载体）连接，此即 T-A 克隆。

T-A 克隆主要用于将 PCR 产物直接克隆至载体，其原理是 *Taq* DNA 聚合酶具有末端转移酶活性，能在 PCR 反应中使所合成的双链 DNA 的 3′-端扛上一个碱基 A，从而使 PCR 产物的 3′-端成为带有 A 碱基突出的黏端。通过改造载体，使之 3′-端成为带有 T 碱基突出的黏端，此即 T 载体，在 T4 DNA 连接酶的作用下，利用 T-A 互补原理，即可将上述 PCR 产物直接克隆于 T 载体上。在此基础上，人们又发展了 Topo T-A 克隆法，其原理与上述 T-A 克隆类似，唯一不同的是 T-A 克隆中使用 T4 DNA 连接酶,而 Topo T-A 克隆则使用 DNA 拓扑异构酶(DNA topoisomerase)将 PCR 产物连接到 T 载体上。因 DNA 拓扑异构酶连接效率很高,故整个连接反应通常只需 5 min。T-A 克隆技术简化了 PCR 产物的克隆过程,且无须在 PCR 引物中设计酶切位点。

另一种连接方式是平端连接。当目的 DNA 两端和线性化载体两端均为平端时,则两者之间的连接称为平端连接。平端连接和用单酶切产生的单一相同黏端接一样,可能产生载体自连、载体与目的 DNA 连接以及 DNA 片段自连三种不同的结果,有类似的缺点,而且连接效率更低,因此在有可能的情况下尽量避免使用该连接方式。在必须使用时,为了提高连接效率,可采用提高连接酶用量、延长连接时间、降低反应温度、增加 DNA 片段与载体的摩尔比等措施。

最后一种连接方式为黏-平末端连接。黏-平末端连接是指目的 DNA 和载体之间通过一端为黏端,另一端为平端的方式进行连接。以该方式连接时,目的 DNA 被定向插入载体(定向克隆)。该连接方式连接效率介于黏端和平端连接之间,可采用提高平端连接效率的措施来提高该方式的连接效率。

(四) 重组质粒转入受体细胞

重组 DNA 转入宿主细胞后才能得到扩增。理想的宿主细胞通常是 DNA/蛋白质降解系统缺陷株,和(或)重组酶缺陷株,这样的宿主细胞称工程细胞。工程细胞具有较强的接纳外源 DNA 的能力,可保证外源 DNA 长期、稳定地遗传或表达。将重组 DNA 导入宿主细胞的常用方式有如下几种。

1. 转化　将重组质粒转化进入大肠埃希菌进行扩增是最常用的方法。然而,只有细胞膜通透性增加的细菌才容易接受外源 DNA,这样的细菌称为感受态细胞(competent cell)。实现转化的方法包括化学诱导法(如氯化钙法)、电穿孔(electroporation)法等。此外,将质粒 DNA 直接导入酵母细胞以及将黏粒 DNA 导入细菌的过程也称为转化。

2. 转染　将外源 DNA 直接导入真核细胞(酵母除外)的过程称为转染(transfection)。常用的转染方法包括化学方法如(磷酸钙共沉淀法、脂质体融合法等)和物理方法(如显微注射法、电穿孔法等)。此外,将噬菌体 DNA 直接导入感受态细菌的过程也称为转染。

3. 感染　以噬菌体载体或黏粒载体构建的重组 DNA 分子,可通过包装形成病毒颗粒,然后以感染(infection)的方式将重组 DNA 转入受体菌。采用逆转录病毒、腺病毒等为载体构建的重组 DNA 分子,可经辅助细胞(即包装细胞)包装成病毒颗粒,然后通过感染的方式将 DNA 导入真核细胞(通常是哺乳类细胞)。

(五) 重组体的筛选与鉴定

重组质粒被导入受体细胞后,涂布到适当的培养基上培养得到大量转化子菌落或转染噬菌斑。因为每一重组体只携带某一段外源基因,而转化或转染时每一受体菌又只能接受一个重组体分子,所以只要能将众多的转化菌落或噬菌斑区分开,并鉴定哪一菌落或噬菌斑所含重组 DNA 分子确实带有目的基因,即可得到目的基因的克隆。主要筛选和鉴定方法有遗传标志筛选法、序列特异性筛选法和亲和筛选法等。

1. 借助载体上的遗传标志进行筛选

(1) 利用抗生素抗性标志筛选:将含有某种抗生素抗性基因的载体转化宿主细胞后,将细胞接种到含有相应抗生素的培养基中培养,无载体转入的细胞将被杀死,生长的细胞即是含有载体的细胞。至于细胞中的载体是否含有目的 DNA 的重组载体,尚需进一步鉴定。

(2) 利用基因的插入失活或插入表达特性筛选:针对某些带有抗生素抗性基因的载体,当外源 DNA 插入某一抗性基因后,便可使该抗性基因失活。借助该抗性标志及载体上的其他标志,便可筛选出带有重组载体的克隆。例如 pBR322 质粒含有 Amp^R 和四环素抗性(tet^R)两个抗性基因,如将外源 DNA 插入 Tet^R 基因序列中,便可使 Tet^R 失活,经相应重组载体转化的细菌只能在含有氨苄西林的培养基上生长,而不能在含有四环素的培养基上生长(图 20-13)。

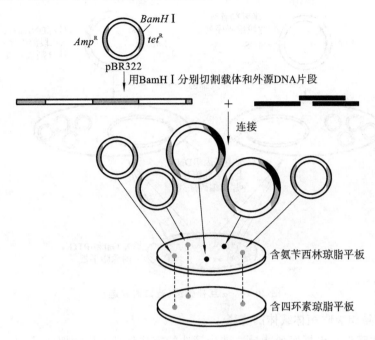

图 20-13 抗生素基因插入失活筛选阳性克隆

利用基因的插入表达也可筛选带有重组载体的克隆。例如,pTR262 携带来自 λ 噬菌体的 *CI* 基因,使该基因在正常情况下表达产生阻遏蛋白,从而使 *Tet*^{R} 基因不能表达。当在 *CI* 基因中插入外源 DNA 后,将导致 *CI* 基因失活,从而使 *Tet*^{R} 基因去阻遏表达。如果细菌内含有插入表达的重组体,则可在含有四环素的培养基上生长。

(3) 利用标志补救筛选:标志补救(marker rescue)是指当载体上的标志基因在宿主细胞中胞中表达时,通过弥补宿主细胞的相应缺陷而使细胞在相应选择培养基中存活。利用该策略可初步筛选带有载体的重组子。例如,酿酒酵母菌株因 *trp1* 基因突变而不能在缺少色氨酸的培养基上生产;当转入带有功能性 *trp1* 基因的载体后,转化子则能在色氨酸缺陷的培养基上生长。标志补救也可用于外源基因导入哺乳类细胞后的阳性克隆的初筛。例如,当把带有二氢叶酸还原酶(DHFR)基因的真核表达载体导入 *dhfr* 缺陷的哺乳类细胞后,则可使细胞在无胸腺嘧啶的培养基中存活,从而筛选出带有载体的克隆(DHFR 可催化二氢叶酸还原成四氢叶酸,后者可用于合成胸腺嘧啶)。要确定是否为带有重组载体的阳性克隆,还需进一步鉴定。

利用 α 互补筛选携带重组质粒的细菌也是一种标志补救选择方法。如图 20-14 所示,一些载体(如 pUC 系列质粒)带有 β-半乳糖苷酶(lacZ)N-端 α 片段的编码区,该编码区中含有多克隆位点(MCS),可用于构建重组子。这种载体适用于仅编码 β-半乳糖苷酶 C-端 ω 片段的突变宿主细胞。因此,宿主和质粒编码的片段虽都没有半乳糖苷酶活性,但它们同时存在时,α 片段与 ω 片段可通过 α-互补形成具有酶活性的 β-半乳糖苷酶。这样,*lacZ* 基因在缺少近操纵基因区段的宿主细胞与带有完整近操纵基因区段的质粒之间实现了互补。由 α 互补而产生的 *lacZ*$^+$ 细菌在诱导剂 IPTG(异丙基硫代半乳糖苷)的作用下,在生色底物 X-Gal 存在时产生蓝色菌落。而当外源 DNA 插入质粒的多克隆位点后,几乎不可避免地破坏 α 片段的编码,使得带有重组质粒的 *lacZ*$^-$ 细菌形成白色菌落。这种重组子的筛选,称为 α 互补筛选(蓝白斑筛选)。

(4) 利用噬菌体的包装特性进行筛选:λ 噬菌体的一个重要遗传特性就是其在包装时对 λ DNA 大小有严格要求。只有重组 λ DNA 的长度达到其野生型长度的 75% ~105% 时,方能包装形成有活性的噬菌体颗粒,进而在培养基上生长时呈现清晰的噬斑;而不含外源 DNA 的单一噬菌体载体 DNA 因其长度太小而不能被包装成有活性的噬菌体颗粒,故不能感染细菌形成噬斑。根据此原理,

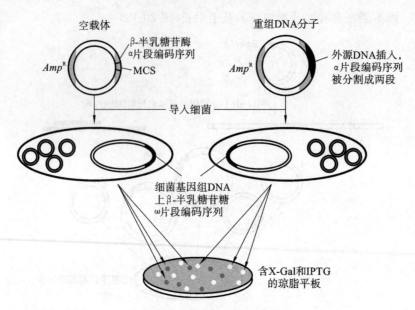

图 20-14　α 互补筛选（蓝白斑筛选）

可初步筛选出带有重组 λ 噬菌体载体的克隆。

2. 序列特异性筛选　根据序列特异性进行筛选的方法包括 RE 酶切法、PCR 法、核酸杂交法和 DNA 测序法等。

（1）RE 酶切法：针对初筛为阳性的克隆，提取其重组 DNA，以合适的 RE 进行消化，经琼脂糖凝胶电泳便可判断有无 DNA 片段的插入及插入片段的大小，同时，根据酶切位点在插入片段内部的不对称分布，可用该方法鉴定 DNA 片段的插入方向；进而可用多种 RE 制作和分析插入段的酶切图谱。

（2）PCR 法：利用序列特异性引物，经 PCR 进行扩增，可鉴定出含有目的 DNA 的阳性克隆。如果利用克隆位点两侧序列设计引物进行 PCR，再进行序列分析，便能可靠地证实插入片段的方向、序列和阅读框的正确性。

（3）核酸杂交法：该方法可直接筛选和鉴定含有目的 DNA 的克隆。常用方法是菌落或噬斑原位杂交法，其基本过程如图 20-15 所示：将转有外源 DNA 的菌落或噬斑影印到醋酸纤维素膜上，细菌裂解后所释放出的 DNA 将吸附在膜上，将膜与标记的核酸探针杂交，通过检测探针的存在即可鉴定出含有重组 DNA 的克隆。根据核酸探针标记物的不同，可通过放射自显影、化学发光、酶作用于底物显色等方法来显示探针的存在位置，也就是阳性克隆存在的位置。

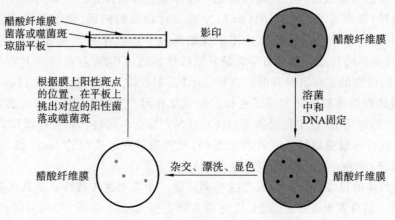

图 20-15　原位杂交筛选重组克隆

（4）DNA 测序法：该法是最准确的鉴定目的 DNA 的方法。针对已知序列，通过 DNA 测序可明确具体序列和阅读框的正确性；针对未知 DNA 片段，可揭示其序列，为进一步研究提供依据。

3. 亲和筛选法 如果重组 DNA 进入受体细胞后能够表达出其编码产物，则可选用亲和筛选法。常用的亲和筛选法的原理是基于抗原-抗体反应或配体-受体反应。一般做法与上述菌落或噬斑原位杂交相似，只是被检测的靶分子换成吸附于硝酸纤维素膜上的蛋白质，检测探针换为标记的抗体/抗原或配体/受体。

（六）克隆基因的表达

经上述步骤，便完成了 DNA 克隆过程。获得特异序列的基因组 DNA 或 cDNA 克隆是进行重组 DNA 技术操作的基本目的之一。当然，得到的重组 DNA 更多的是进行目的基因的表达，实现生命科学研究、医药或商业目的，这是基因工程的最终目标。基因表达涉及正确的基因转录、mRNA 翻译及适当的转录后和翻译后加工过程，这些过程的进行在不同的表达体系是不同的。克隆的目的基因正确而大量地表达出有特殊意义的蛋白质已成为重组 DNA 技术中一个专门的领域，这就是蛋白质表达。

在蛋白质表达领域，表达体系的建立包括表达载体的构建、受体细胞的建立及表达产物的分离、纯化等技术和策略。基因工程中的表达体系包括原核和真核表达体系。

1. 原核表达体系 大肠埃希菌是当前采用最多的原核表达体系，其优点是培养方法简单、迅速，而且适合大规模生产的工艺。利用大肠埃希菌作宿主来表达有用的蛋白质，所采用的表达载体必须符合下述标准：①含大肠埃希菌适宜的选择标志；②具有能调控转录、产生大量 mRNA 的强启动子，如 lac、tac 启动子或其他启动子序列；③含适当的翻译控制序列，如核糖体结合位点和翻译起始点等；④含有合理设计的 MCS，以确保目的基因按一定方向与载体正确连接。关于原核表达载体的基本组成见图 20-9。

在实际工作中，蛋白质表达策略颇不一致。有时表达目的是获得蛋白质抗原，以便制备抗体，此时要求表达的蛋白质或多肽片段具有抗原性，同时要求表达产物易于分离、纯化。较好的策略是为目的基因连上一个编码标签肽的序列，从而表达为融合蛋白。在这种情况下表达的蛋白质多为不溶性的包涵体（inclusion body），极易与菌体蛋白分离。如果在设计融合基因时，在目的基因与标签序列之间加入适当的裂解位点，则很容易从表达的融合分子中去除标签序列。巧妙地设计标签序列还可大大方便表达产物的分离、纯化。如果表达的蛋白质是为了用于生物化学、细胞生物学研究或临床诊断或疾病防治，除分离、纯化方便，更重要的是考虑蛋白质的功能或生物学活性。此时，表达可溶性蛋白质往往具有特异的生物学功能；如果表达的是包涵体形式，还需要在分离后进行复性或折叠。

大肠埃希菌表达体系在实际应用中尚有一些不足之处：①由于缺乏转录后加工机制，大肠埃希菌表达体系只能表达克隆的 cDNA，不宜表达含有内含子的真核基因组 DNA；②由于缺乏适当的翻译后加工机制，大肠埃希菌表达体系表达的真核蛋白质不能形成适当的折叠或进行糖基化修饰；③表达的蛋白质常常形成不溶性的包涵体，欲使其具有活性尚需进行复杂的复性处理；④有些情况下，很难在大肠埃希菌表达体系表达大量的可溶性蛋白质。

2. 真核表达体系 真核表达体系除与原核表达体系有相似之处外，一般还常有自己的特点。真核表达载体通常含有选择标记、启动子、转录和翻译终止信号、mRNA 加 poly A 信号或染色体整合位点等。关于真核表达载体的基本组成见图 20-10。

真核表达系统包括酵母、昆虫及哺乳类细胞等表达体系，如哺乳类细胞，不仅可表达克隆的 cDNA，而且还可表达真核基因组 DNA。哺乳类细胞表达的蛋白质通常被适当修饰，而且表达的蛋白质会恰当地分布在细胞内一定区域并积累。当然，真核表达系统往往有操作技术难、费时、成本较高等缺点。

第二节 核酸分子杂交与印迹技术

分子杂交(molecular hybridization)和印迹技术(molecular imprinting technique)也是目前生物医学研究中最为常见的分子生物学技术,在生物医学基础研究以及临床诊断应用等方面均有广泛的应用,如基因克隆的筛选、基因的定量和定性分析及基因突变的检测等。分子杂交是利用 DNA 变性与复性这一基本性质来对 DNA 或 RNA 进行定性或定量分析的一项技术。分子杂交技术的原理主要涉及分子杂交特性、印迹技术和探针技术几个方面。

不同的 DNA 片段之间,DNA 片段与 RNA 片段之间,如果彼此间的核苷酸排列顺序互补也可以复性,形成新的双螺旋结构。这种按照互补碱基配对而使不完全互补的两条多核苷酸相互结合的过程称为分子杂交。这种技术可在 DNA 与 DNA、RNA 与 RNA 或 DNA 与 RNA 之间进行,形成 DNA-DNA、RNA-RNA 或 RNA-DNA 等不同类型的杂交分子。

核酸杂交技术最早可以追溯到 1961 年 Hall 等的工作,具体的操作是将探针与靶序列置于溶液中杂交,然后通过平衡密度梯度离心分离杂交体。该法很慢、费力且不精确,但它开拓了核酸杂交技术的研究。Bolton 等 1962 年设计了第一种简单的固相杂交方法,称为 DNA-琼脂技术。当变性的 DNA 被固定在琼脂中时,DNA 不能复性,但能与其他互补核酸序列杂交。典型的反应是用放射性标记的短 DNA 或 RNA 分子与胶中 DNA 杂交过夜,然后将胶置于柱中进行漂洗,去除游离探针,在高温、低盐条件下将结合的探针洗脱,洗脱液的放射性与结合的探针量成正比。该法尤其适用于过量探针的饱和杂交实验。

20 世纪 60 年代中期 Nygaard 等的研究为应用标记 DNA 或 RNA 探针检测固定在硝酸纤维素(NC)膜上的 DNA 序列奠定了基础。如 Brown 等应用这一技术评估了爪蟾 rRNA 基因的拷贝数。RNA 在代谢过程中被 ^{3}H 尿嘧啶标记,并在过量的情况下与膜上固定的基因组 DNA 杂交,继而用 RNase 处理,消化非特异性结合的 RNA,漂洗后计数以测定杂交探针的量。通过计算与已知量 DNA 杂交的 RNA 量即可评估 rRNA 基因数。由于当时缺乏特异探针,这种方法不能用于研究其他特异基因的表达,这些早期过量探针膜杂交试验实际上是现代膜杂交实验的基础。进入 20 世纪 70 年代早期,许多重要的发展促进了核酸杂交技术的进展。例如,固相化的 PolyU-Sepharose 和寡 dT 纤维素使人们能从总 RNA 中分离带有 poly A 尾的 RNA。用 mRNA 的精细纯化技术可从网织红细胞总 RNA 中制备 α-珠蛋白 mRNA 和 β-珠蛋白 mRNA 混合物。这些珠蛋白 mRNA 首次被用于合成特异的探针以分析珠蛋白基因的表达。由于制备 cDNA 探针很烦琐,所获得 cDNA 的长度和纯度也不稳定。所以寻求新的探针来源是使分子杂交技术进一步推广的基础。

20 世纪 70 年代末期到 80 年代早期,分子生物学技术有了突破性进展,限制性内切酶的发展和应用使分子克隆成为可能。各种载体系统的诞生,尤其是质粒和噬菌体 DNA 载体的构建,使特异性 DNA 探针的来源变得十分丰富。人们可以从基因组 DNA 文库和 cDNA 文库中获得特定基因克隆,只需培养细菌,便可提取大量的探针 DNA。迄今为止,已克隆和定性了许多特异 DNA 探针。

由于固相化学技术和核酸自动合成仪的诞生,通过印迹技术,用数微克 DNA 就可分析特异基因。特异 DNA 或 RNA 序列的量和大小均可用 Southern 印迹和 Northern 印迹来测定,与以前的技术相比,大大提高了杂交水平和可信度。

尽管取得了上述重大进展,但分子杂交技术在临床实用中仍存在不少问题,必须提高检测单拷贝基因的敏感性,用非放射性物质代替放射性同位素标记探针以及简化实验操作和缩短杂交时间,这样,就需要在以下三个方面着手研究:第一,完善非放射性标记探针;第二,靶序列和探针的扩增以及信号的放大;第三,发展简单的杂交方式。只有这样,才能使 DNA 探针实验做到简便、快速、价廉和安全。下面,我们重点介绍核酸探针和杂交方法两个方面取得的具体进展。

一、核酸探针

在核酸分子杂交技术中,探针是一个必不可少的工具。探针(probe)就是一种人工合成的,用核素或非核素标记的核酸单链片段。探针具有以下两个方面的作用:首先,探针的标记方便了后续的检测;其次,探针往往需要事先设计且其序列已知,可以通过碱基互补配对原则和待检核酸的特定区域结合,因此,可以通过对探针的检测而获取或判断待检核酸样品的相关信息。

(一)探针的种类

1. 根据标记方法分类 根据标记方法不同,分子杂交探针可粗分为放射性标记探针和非放射性标记探针两大类。

(1)放射性标记探针:放射性核素标记探针是应用最多的一类探针。由于放射性核素与相应的元素之间具有完全相同的化学性质,因此不影响碱基配对的特异性和稳定性,其灵敏度极高,在最适条件下,可以检测出样品中少于 1000 个分子的核酸。此外,放射性核素的检测具有极高的特异性,假阳性率较低。其主要缺点是存在放射性污染,而且半衰期短,探针必须随用随标记,不能长期存放。目前用于核酸标记的放射性核素主要有 ^{32}P、^3H 和 ^{35}S 等,其中 ^{32}P 在核酸分子杂交中应用最多。

(2)非放射性标记探针:鉴于放射性标记探针在使用中的局限性,促使非放射性标记探针得以迅速发展,现在许多实验中已使用非放射性标记探针取代放射性标记探针,这也极大地推动了分子杂交与印迹技术的迅速发展和广泛应用。非放射性标记探针的优点是无放射性污染,稳定性好,标记探针可以保存较长时间,处理方便。主要缺点是灵敏度及特异性有时还不太理想。目前,常用的非放射性标记物主要有以下三种。

①生物素:最早使用的非放射性标记物。生物素是一种小分子水溶性维生素,对亲和素(也称抗生物素蛋白或卵白素)有独特的亲和力,两者能形成稳定复合物。生物素标记的探针和相应的核酸样品杂交后,可通过连接在亲和素上的显色物质(如酶等)进行检测。

②地高辛:地高辛和生物素一样,也是半抗原。其修饰核苷酸的方式与生物素也类似,也是通过一个连接臂和核苷酸分子相连,地高辛标记的探针杂交后的检测原理和方法与生物素标记探针的检测类似,是灵敏度高、非放射性核酸标记检测体系。地高辛检测灵敏度接近同位素而无放射性危险、相比荧光则不需要特殊检测设备,相比生物素则没有样本内源干扰之苦,适合用于核酸非放标记检测。

③荧光素:如罗丹明和 FITC 等,荧光素标记探针的敏感性与地高辛和生物素相似。近年来,随着荧光原位杂交技术的迅猛发展,使得荧光素标记探针也得到了充分的开发和应用。

2. 根据探针的核酸性质与合成方法不同分类 根据此方法可将核酸探针分为 DNA 探针、RNA 探针、cDNA 探针、cRNA 探针及寡核苷酸探针等几类,DNA 探针还有单链和双链之分。下面分别介绍这几种探针。

(1) DNA 探针:DNA 探针是最常用的核酸探针,指长度在几百碱基对以上的双链 DNA 或单链 DNA 探针。现已获得的 DNA 探针数量很多,有细菌、病毒、原虫、真菌、动物和人类细胞 DNA 探针。这类探针多为某一基因的全部或部分序列,或某一非编码序列。这些 DNA 片段须是特异的,如细菌的毒力因子基因探针和人类 Alu 探针。这些 DNA 探针的获得有赖于分子克隆技术的发展和应用。以细菌为例,分子杂交技术用于细菌的分类和菌种鉴定比 G+C 百分比值要准确得多,是细菌分类学的一个发展方向。加之分子杂交技术的高敏感性,分子杂交在临床微生物诊断上具有广阔的前景。细菌的基因组大小约 $5×10^6$ bp,约含 3000 个基因。各种细菌之间绝大部分 DNA 是相同的,要获得某细菌特异的核酸探针,通常要采取建立细菌基因组 DNA 文库的办法,即将细菌 DNA 切成小片段后分别克隆得到包含基因组的全信息的克隆库。然后用多种其他菌种的 DNA 作探针来筛选,产生杂交信号的克隆被剔除,最后剩下的不与任何其他细菌杂交的克隆则可能含有该细菌特异性 DNA 片段。将此重组质粒标记后作探针进一步鉴定,亦可经 DNA 序列分析鉴定其基因来源和功能。因此要得到一种特异性 DNA 探针,常常是比较烦琐的。

探针 DNA 克隆的筛选也可采用血清学方法,所不同的是所建 DNA 文库为可表达性,克隆菌落或噬斑经裂解后释放出表达抗原,然后用来源于细菌的多克隆抗血清筛选阳性克隆,所得到的多个阳性克隆再经其他细菌的抗血清筛选,最后只与本细菌抗血清反应的表达克隆即含有此细菌的特异性基因片段,它所编码的蛋白质是该菌种所特有的。用这种表达文库筛选得到的显然只是特定基因探针。

事实上,基因探针的克隆尚有更快捷的途径。这也是许多重要蛋白质的编码基因的克隆方法。该方法的第一步是分离纯化蛋白质,然后测定该蛋白质的氨基或氨基末端的部分氨基酸序列,然后根据这一序列合成一套寡核苷酸探针。用此探针在 DNA 文库中筛选,阳性克隆即是目标蛋白的编码基因。值得一提的是真核细胞和原核细胞 DNA 组织有所不同。真核基因中含有非编码的内含子序列,而原核则没有。因此,真核基因组 DNA 探针用于检测基因表达时杂交效率要明显低于 cDNA 探针。DNA 探针(包括 cDNA 探针)的主要优点有以下三点:①这类探针多克隆在质粒载体中,可以无限繁殖,取之不尽,制备方法简便。②DNA 探针不易降解(相对 RNA 而言),一般能有效抑制DNA 酶的活性。③DNA 探针的标记方法较成熟,有多种方法可供选择,如缺口平移,随机引物法,PCR 标记法等,能用于同位素和非同位素标记。

(2) cDNA 探针:cDNA(complementary DNA)是指互补于 mRNA 的 DNA 分子。cDNA 是由RNA 经一种称为逆转录酶(reverse transcriptase)的 DNA 聚合酶催化产生的,这种逆转录酶是 Temin等在 20 世纪 70 年代初研究致癌 RNA 病毒时发现的。该酶以 RNA 为模板,根据碱基配对原则,按照 RNA 的核苷酸顺序合成 DNA(其中 U 与 A 配对)。这一途径与一般遗传信息流的方向相反,故称反转录或逆转录。携带逆转录酶的病毒侵入宿主细胞后,病毒 RNA 在逆转录酶的催化下转化成双链 cDNA,进而整合入宿主细胞染色体 DNA 分子,随宿主细胞 DNA 复制同时复制。这种整合的病毒基因组称为原病毒。在静止状态下,原病毒可被复制多代,但不被表达,故无毒性。一旦因某种因素刺激而被活化,则该病毒大量复制,若其带有癌基因,还可能诱发细胞癌变。后来发现逆转录酶不仅普遍存在于 RNA 病毒中,而且哺乳动物的胚胎细胞和正在分裂的淋巴细胞也含有逆转录酶。逆转录酶的作用是以 dNTPs 为底物,RNA 为模板,tRNA(主要是色氨酸 tRNA)为引物,在 tRNA3'-OH 末端上,沿 5'→3'方向,合成与 RNA 互补的 DNA 单链,称为互补 DNA(cDNA),单链 cDNA与模板 RNA 形成 RNA-DNA 杂交体。随后在逆转录酶的 RNase H 活性作用下,将 RNA 链水解成小片段。cDNA 单链的 3'-端回折形成一个小引物末端,逆转录酶又以第一条 cDNA 链为模板再合成第二第 cDNA 链,至此,完成逆转录全过程,合成双链 cDNA。

逆转录已成为一项重要的分子生物学技术,广泛用于基因的克隆和表达。从逆转录病毒中提取的逆转录酶已商品化,最常用的有 AMV 逆转录酶。利用真核 mRNA 3'-端存在一段聚腺苷酸尾,可以合成一段寡聚胸苷酸(oligo(dT))用作引物,在逆转录酶催化下合成互补于 mRNA 的 cDNA 链,然后再用 RNase H 将 mRNA 消化掉,再加入大肠埃希菌的 DNA 聚合酶 I 催化合成另一条 DNA链,即完成了从 mRNA 到双链 DNA 的逆转录过程。所得到的双链 cDNA 分子经 S1 核酸酶切平两端后接一个有限制酶切点的接头(linker),再经特定的限制酶消化产生黏性末端,即可与含互补末端的载体进行连接。常用的克隆载体是 λ 噬菌体 DNA,如 λgt、EMBL 和 Charon 系列等。用这类载体可以得到包含 10^4 以上的转化子的文库,再经前面介绍的筛选方法筛选特定基因克隆。用这种技术获得的 DNA 探针不含有内含子序列,因此尤其适用于基因表达的检测。

(3) RNA 探针:RNA 探针是一类很有前途的核酸探针,由于 RNA 是单链分子,所以它与靶序列的杂交反应效率极高。早期采用的 RNA 探针是细胞 mRNA 探针和病毒 RNA 探针,这些 RNA是在细胞基因转录或病毒复制过程中得到标记的,标记效率往往不高,且受到多种因素的制约。这类 RNA 探针主要用于研究,而不是用于检测。例如,在筛选逆转录病毒人类免疫缺陷病毒(HIV)的基因组 DNA 克隆时,因无 DNA 探针可利用,就利用 HIV 的全套标记 mRNA 作为探针,成功地筛选到多株 HIV 基因组 DNA 克隆。又如进行中的核转录分析(nuclear run-on transcription assay)是在体外将细胞核分离出来,然后在 $\alpha\text{-}^{32}$P-ATP 存在下进行的转录,所合成 mRNA 均掺入同位素而得到标记,此混合 mRNA 与固定于硝酸纤维素滤膜上的某一特定的基因的 DNA 进行杂交,便可反映出该基因的转录状态,这是一种反向探针实验技术。

近几年体外转录技术不断完善,已相继建立了单向和双向体外转录系统。该系统主要基于一类新型载体 pSP 和 pGEM,这类载体在多克隆位点两侧分别带有 SP6 启动子和 T7 启动子,在 SP6 RNA 聚合酶或 T7 RNA 聚合酶作用下可以进行 RNA 转录,如果在多克隆位点接头中插入了外源 DNA 片段,则可以此 DNA 两条链中的一条为模板转录生成 RNA。这种体外转录反应效率很高,在 1 h 内可合成近 10 μg 的 RNA,只要在底物中加入适量的放射性或生物素标记的 NTP,则所合成的 RNA 可得到高效标记。该方法能有效地控制探针的长度并可提高标记物的利用率。

值得一提的是,通过改变外源基因的插入方向或选用不同的 RNA 聚合酶,可以控制 RNA 的转录方向,即以哪条 DNA 链为模板转录 RNA。这种可以得到同义 RNA 探针(与 mRNA 同序列)和反义 RNA 探针(与 mRNA 互补)。反义 RNA 又称 cRNA,除可用于反义核酸研究外,还可用于检测 mRNA 的表达水平。在这种情况下,因为探针和靶序列均为单链,所以杂交的效率要比 DNA-DNA 杂交高几个数量级。RNA 探针除可用于检测 DNA 和 mRNA 外,还有一个重要用途,在研究基因表达时,常常需要观察该基因的转录状况。在原核表达系统中外源基因不仅进行正向转录,有时还存在反向转录(即生成反义 RNA),这种现象往往是外源基因表达不高的重要原因。另外,在真核系统,某些基因也存在反向转录,产生反义 RNA,参与自身表达的调控。在这些情况下,要准确测定正向和反向转录水平就不能用双链 DNA 探针,而只能用 RNA 探针或单链 DNA 探针。

综上所述,RNA 探针和 cRNA 探针具有 DNA 探针所不能比拟的高杂交效率,但 RNA 探针也存在易于降解和标记方法复杂等缺点。

(4)寡核苷酸探针:寡核苷酸探针(oligonucleotide probe)是人工合成的由短链核苷酸组成的大分子(即一段比较短的 DNA 或者 RNA),而且这些分子(短链)被进行适当地标记后,能够与被检测的长链 DNA 或 RNA(例如目的 DNA)的一小部分互补结合,因而能够用于探测、鉴定长链核苷酸。常用的寡核苷酸探针有以下三种:①特定序列的单一寡核苷酸探针;②较短的简并性较高的成套寡核苷酸探针;③较长而简并性较低的成套寡核苷酸探针。

寡核苷酸探针是基因工程技术和分子生物学研究的重要工具。寡核苷酸的化学合成可以用高度自动化的仪器进行,因此,核酸杂交技术也得到了飞跃发展。

(二)探针的制备

探针的制备大致分为合成、标记和纯化三个步骤。探针的合成与标记可以是先合成再标记,但在不少方法中合成与标记是同时进行的,即边合成边标记。DNA 探针标记结束后,反应体系中依然存在未掺入探针中去的 dNTP 等小分子,因此还要借助多种 DNA 纯化技术将标记的探针进行纯化后方可使用。探针的标记大致可以分为化学法和酶法两类方法。

1. 化学法 化学法是利用标记物分子上的活性基团与探针分子上的基团(如磷酸基团)发生的化学反应将标记物直接结合到探针分子上,不同标记物有各自不同的标记方法,最常用的是 ^{125}I 标记和生物素标记。采用此种标记方法的探针多为寡核苷酸探针,一般是首先合成寡核苷酸,然后再进行标记,即合成与标记是分开进行的。该类方法一般由研究者直接委托试剂公司进行。

2. 酶法 酶法标记也叫酶促标记法,将标记物预先标记到核苷酸(NTP 或 dNTP)分子上,然后利用酶促反应将标记的核苷酸分子掺入探针分子中去。该类标记方法一般都有商品试剂盒可供使用,非常方便。

二、分子杂交的方法

分子杂交与印迹技术的种类多种多样,这里选择常用的几种分子杂交与印迹技术予以介绍,其中重点介绍分别用于 DNA、RNA 和蛋白质分子检测的 Southern 印迹、Northern 印迹和 Western 印迹技术。

（一）Southern 印迹

Southern 印迹（Southern blot 或 Southern blotting），也称为 Southern 杂交，是由 E. M. Southern 于 1975 年建立的用于基因组 DNA 样品检测的技术。一般来讲，Southern 印迹技术主要包括如下几个主要过程：①将待测定的核酸样品通过合适的方法转移并结合到某种固相支持物（如硝酸纤维素薄膜或尼龙膜）上，即印迹；②探针的标记与制备；③固定于固相支持物上的核酸样品与标记的探针在一定的温度和离子强度下退火，即分子杂交过程；④杂交信号检测与结果分析。

以哺乳动物基因组 DNA 的检测为例，Southern 印迹杂交的基本流程包括以下几个方面。

1. 待测核酸样品的制备　首先采用合适的方法从相应的组织或细胞样本中提取制备基因组 DNA，然后用 DNA 限制性内切酶消化大分子基因组 DNA，以将其切割成大小不同的片段。消化基因组 DNA 后，加热灭活限制性内切酶，样品即可进行电泳分离，必要时可进行乙醇沉淀，浓缩 DNA 样品后再进行电泳分离。

2. DNA 样品的分离　DNA 样品的凝胶分离主要采用琼脂糖凝胶电泳对经过限制性内切消化获得的长短不一的基因组 DNA 片段按照相对分子质量大小进行分离。

3. DNA 样品的变性　对凝胶中的 DNA 进行碱变性，使其形成较短的单链片段，以便进行转印操作和与探针杂交。通常是将电泳凝胶浸泡在 0.25 mol/L 的 HCl 溶液中进行短暂的脱嘌呤处理后，再移至碱性溶液中浸泡，使 DNA 变形并断裂形成较短的单链 DNA 片段，再用中性缓冲液中和凝胶中的缓冲液。这样，DNA 片段经过碱变性作用，可保持单链状态而易于同探针分子发生杂交作用。

4. 转印　转印即将凝胶中的单链 DNA 片段转移至固相支持物上。

5. 探针的标记与制备　用于 Southern 印迹杂交的探针可以是纯化的 DNA 片段或寡核苷酸片段。探针可以用放射性核素标记或用地高辛等标记物进行标记。

6. 预杂交　将固定于膜上的 DNA 片段与探针进行杂交之前，必须先进行一个预杂交的过程。预杂交就是将转印后的膜置于一个浸泡在水浴摇床的封闭塑料袋中进行，袋中装有预杂交液。预杂交液中主要含有鲑鱼精子 DNA（该 DNA 与哺乳动物 DNA 的同源性极低，不会与 DNA 探针的 DNA 杂交）、牛血清等，这些大分子可以封闭膜上所有非特异性吸附位点。

7. 杂交　转印后的膜在预杂交液中温育 4～6 h，即可加入标记的探针 DNA（探针 DNA 预先经过热变性成为单链 DNA 分子），进行杂交反应。杂交一般在相对高离子强度的缓冲盐溶液中进行。

8. 洗膜　采用核素标记的探针或发光剂标记的探针进行杂交还需注意的关键一步就是洗膜。在洗膜过程中，要不断振荡，不断用放射性检测仪探测膜上的放射强度。当放射强度指示数值较环境背景高 1～2 倍时，即可停止洗膜进入下一步。

9. 显影与结果分析　根据探针的标记方法选择合适的显影方法，然后根据杂交信号的相对位置和强弱来判断目标 DNA 的相对分子质量大小和持贝数多少。同时还要结合前述使用的限制性内切酶对结果进行解释。因为 Southern 杂交用途较多，故通常都需要结合实际情况对其结果进行合理解释和判读。

作为分子生物学的经典实验方法，Southern 印迹技术已经被广泛应用于生物医学基础研究、遗传病检测、DNA 指纹分析等临床诊断工作中。它主要用于基因组 DNA 的分析，可以检测基因组中某一特定的基因的大小、拷贝数酶切图谱（反映位点的异同）和它在染色体中的位置。如果一个基因出现丢失或扩增，则相应条带的信号就会减少或增加；如果基因中有突变，则可能会有不同于正常的条带出现。

（二）Northern 印迹

继分析 DNA 的 Southern 杂交方法出现后，1977 年 Alwine 等人提出一种与此相类似的、用于分析细胞 RNA 样品中特定 mRNA 分子大小和丰度的分子杂交技术,为了与 Southern 杂交相对应,科学家们将这种 RNA 印迹方法趣称为 Northern 印迹(Northern blot 或 Northern blotting),而后来的与此原理相似的蛋白质印迹杂交方法则也相应地趣称为 Western 印迹。

与 Southern 印迹非常相似,Northern 印迹也是首先采用琼脂糖凝胶电泳,将相对分子质量大小不同的 RNA 分离开来,随后将其原位转移至尼龙膜等固相支持物上,再用放射性(或非放射性)标记的 DNA 或 RNA 探针,依据其同源性进行杂交,最后进行放射自显影(或化学显影),以目标 RNA 所在位置表示其相对分子质量的大小,而其显影强度则可提示目标 RNA 在所测样品中的相对含量(即目标 RNA 的丰度)。

但与 Southern 杂交不同的是,RNA 由于分子小,所以不需要事先进行限制性内切酶处理,可直接应用于电泳;此外,由于碱性溶液可使 RNA 水解,因此不进行碱变性,而是采用甲醛等进行变性琼脂糖凝胶电泳。

Northern 杂交技术自出现以来,已得到广泛应用,成为分析 mRNA 最为常用的经典方法,和定量 RT-PCR 技术相比,由于 Northern 杂交因为使用了电泳,因此不仅可以检测目的基因的 mRNA 表达水平,而且还可以推测 mRNA 相对分子质量大小以及是否有不同剪接体等。

(三)Western 印迹

印迹技术不仅可用于核酸的分子检测,也可以用于蛋白质的检测。蛋白质在电泳分离之后也可以转移并固定于膜上,相对应于 DNA 的 Southern 印迹和 RNA 的 Northern 印迹,该印迹方法则被称为 Western 印迹(Western blot 或 Western blotting)。

蛋白质印迹技术的过程与 DNA 和 RNA 的印迹技术基本类似,但也有很多不同之处,比如 Western 印迹是采用变性聚丙烯酰胺凝胶电泳进行蛋白质分离,利用免疫学的抗原抗体反应来检测被转印的蛋白质,被检测物是蛋白质,"探针"是抗体,"显色"是用标记的二抗。因为蛋白质印迹技术涉及利用免疫学的抗原抗体反应来检测被转印的蛋白质,故也被称为免疫印迹技术(immunoblotting)。

Western 印迹的基本步骤包括以下过程。

1. 蛋白质样品的制备 在该步骤中,应根据样品的组织来源、细胞类型和待测蛋白质的性质来选择合适的蛋白质样品制备方法。不同来源的组织、细胞,目标蛋白质样品的制备方法也不尽相同。

2. 蛋白质样品的分离 主要采用不连续 SDS-聚丙烯酰胺凝胶(SDS-PAGE)电泳对蛋白质样品按照相对分子质量大小进行分离。通常同时使用强阴离子去污剂 SDS 与某一还原剂(如巯基乙醇),并通过加热使蛋白质变性解离成单个的亚基后再加样于电泳凝胶上。

3. 转印 将经过电泳分离的蛋白质样品转移到固相膜载体上,固相载体以非共价键形式吸附蛋白质,且能保持电泳分离的多肽类型及其免疫学活性不变。转印方法主要采用电转印法,有水浴式电转印(即湿转)和半干式转印两种方式。

4. 检测与结果分析 需要注意的是,在进行抗原抗体反应之前,一般需用去脂奶粉等作为封闭剂对固相膜载体和一些无关蛋白质的潜在结合位点进行封闭处理,以降低背景信号和非特异性结合。然后,以固相载体上的蛋白质或多肽作为抗原,与对应的抗体起免疫反应,再与辣根过氧化物酶标记的第二抗体起反应,最后通过化学发光来检测目标蛋白质的有无、所在位置及相对分子质量大小。

作为分子生物学的经典实验方法,该技术已经被广泛应用于分子医学领域用于检测蛋白质水平的表达,是当代分析和鉴定蛋白质的最有效的技术之一。这一技术的灵敏度能达到标准的固相放射免疫分析的水平而又无须像免疫沉淀法那样必须对靶蛋白进行放射性标记。此外,由于蛋白质的电泳分离几乎总在变性条件下进行,因此,也不存在溶解、聚集以及靶蛋白与外来蛋白的共沉淀等诸多问题。

（四）斑点印迹

斑点印迹(dot blot),也称斑点杂交,是先将被测的 DNA 或 RNA 变性后固定在滤膜上,然后加入过量的标记好的 DNA 或 RNA 探针进行杂交。该法的特点是耗时短,操作简单,事先不用限制性内切酶消化或凝胶电泳分离核酸样品,可做半定量分析,可在同一张膜上同时进行多个样品的检测;根据斑点杂交的结果,可以推算出杂交阳性的拷贝数。该法的缺点是不能测定所测基因的相对分子质量,而且特异性较差,有一定比例的假阳性。

（五）原位杂交

原位杂交(in situ hybridization)是以特异性探针与细菌细胞或组织切片中的核酸进行杂交并对其进行检测的一种方法。在杂交过程中不需要改变核酸所在的位置,主要包括用于基因克隆筛选的菌落原位杂交以及检测基因在细胞内的表达与定位和基因在染色体上定位的组织或细胞原位杂交等方法。

该类杂交方法是在组织或细胞内进行 DNA 或 RNA 精确定位和定量的特异性方法之一,它在研究基因表达的规律、基因定位,以及病原微生物的检测等方面,有广泛的应用前景。随着方法学的不断发展与完善,检测的灵敏性、特异性及方法的简捷、快速、无害、稳定等优点使其有更为广泛的应用前景,必将极大推动医学及生物学研究的发展。

第三节 聚合酶链反应

聚合酶链反应(polymerase chain reaction,PCR)是一种用于扩增特定 DNA 片段的分子生物学技术,它可看作是生物体外的特殊 DNA 复制。PCR 的最大特点是能在短时间内将微量的 DNA 进行大量的扩增。它具有敏感度高、特异性好、产率高、可重复性强,并且快速、简便等优点,这些优点使其快速成为分子生物学研究中应用最为广泛的方法,解决了许多以往无法解决的分子生物学研究难题。PCR 最早于 1983 年由美国一公司技术人员 K. Mullis 首先提出设想,随后于 1985 年由其发明了聚合酶链反应,即简易 DNA 扩增法,这意味着 PCR 技术的真正诞生。1973 年,台湾科学家钱嘉韵发现了稳定的 Taq DNA 聚合酶,为 PCR 技术发展也做出了基础性贡献。PCR 反应理论的提出和技术上的完善对于分子生物学的发展有不可估量的价值,这一技术的发明者 K. Mullis 因此荣获 1993 年度诺贝尔化学奖。

一、PCR 技术的工作原理

PCR 法以拟扩增的目的 DNA 分子为模板,用一对与模板互补的寡核苷酸作引物,在 DNA 聚合酶的作用下,遵循半保留复制机制沿模板链延伸直至完成两条新链合成。重复这一过程,即可使目的 DNA 片段得到扩增。组成 PCR 反应的体系基本成分包括模板 DNA、特异引物、耐热性 DNA 聚合酶(如 Taq DNA 聚合酶)、dNTPs 以及含有 Mg^{2+} 的缓冲液。

PCR 的基本反应步骤包括以下三个方面。①变性:将反应体系加热到 94~98 ℃,使模板 DNA 完全变性成单链,同时引物自身以及引物之间存在的局部双链也得以消除。②退火:将温度下降至适宜温度(一般较 T_m 低 5 ℃),使引物与模板 DNA 结合。③延伸:将温度升至 68~72 ℃,DNA 聚合酶以 dNTPs 为底物催化 DNA 的合成反应。上述三个步骤称为 1 个循环,新合成的 DNA 分子继续作为下一轮合成的模板,经多次循环(25~30 次)后即可达到大量扩增 DNA 片段的目的(图 20-16)。

（一）PCR 反应的要素

PCR 反应体系的组分主要有五种,即引物、酶、dNTPs、模板和缓冲液(其中需要 Mg^{2+})。

细胞内 DNA 复制的引物为一段 RNA 链,在体外进行的 PCR 引物则用 DNA 片段。引物有多

NOTE

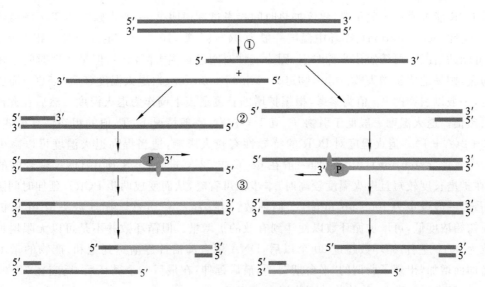

图 20-16　PCR 技术的基本原理

种设计方法,由 PCR 在实验中的目的决定,但基本原则相同。PCR 所用的酶主要有两种来源,即
Taq 和 *Pfu*,分别来自两种不同的嗜热菌。其中 *Taq* 扩增效率高但易发生错配。*Pfu* 扩增效率较
弱,但有纠错功能。所以实际使用时根据需要必须做不同的选择。模板即扩增用的 DNA,可以是任
何来源,但有两个原则:第一纯度必须较高,第二浓度不能太高。缓冲液的成分最为复杂,除水外一
般包括缓冲体系、一价阳离子、二价阳离子和一些辅助成分。其中缓冲体系一般使用 HEPES 或
MOPS;一价阳离子一般采用钾离子,但在特殊情况下也可使用铵根离子;二价阳离子是镁离子,根
据反应体系确定,除特殊情况外不需调整;辅助成分常见的有 DMSO、甘油等,主要用来保持酶的活
性和帮助 DNA 解除缠绕结构。

1. PCR 引物设计　PCR 反应中有两条引物,即 5′-端引物和 3′-端引物。设计引物时以一条
DNA 单链为基准(常以信息链为基准),5′-端引物与位于待扩增片段 5′-端上的一小段 DNA 序列相
同;3′-端引物与位于待扩增片段 3′-端的一小段 DNA 序列互补。

引物设计的基本原则主要包括以下几点。①引物长度:15~30 bp,常为 20 bp 左右。②引物碱
基:G+C 含量以 40%~60% 为宜,G+C 太少扩增效果不佳,G+C 过多易出现非特异条带。A、T、
G、C 最好随机分布,避免 5 个以上的嘌呤或嘧啶核苷酸的成串排列。③引物内部不应出现互补序
列。④两个引物之间不应存在互补序列,尤其是避免 3′-端的互补重叠。⑤引物与非特异扩增区的
序列的同源性不要超过 70%,引物 3′-端连续 8 个碱基在待扩增区以外不能有完全互补序列,否则易
导致非特异性扩增。⑥引物 3′-端的碱基,特别是最末及倒数第二个碱基,应按严格要求配对,最佳
选择是 G 和 C。⑦引物的 5′-端可以修饰。如附加限制酶位点,引入突变位点,用生物素、荧光物质、
地高辛标记,加入其他短序列,包括起始密码子、终止密码子等。

引物设计往往借助软件完成,常用的引物设计软件包括 primer premier、Oligo、Vector NTI
Suit、DNAsis、DNAstar 等。

2. 模板的制备　PCR 的模板可以是 DNA,也可以是 RNA。模板的取材主要依据 PCR 的扩增
对象,可以是病原体标本如病毒、细菌、真菌等,也可以是病理生理标本如细胞、血液、羊水细胞等。
法医学标本有血斑、精斑、毛发等。

标本处理的基本要求是除去杂质,并部分纯化标本中的核酸。多数样品需要经过 SDS 和蛋白
酶 K 处理。难以破碎的细菌,可用溶菌酶加 EDTA 处理。所得到的粗制 DNA,经酚、氯仿抽提纯
化,再用乙醇沉淀后用作 PCR 反应模板。

3. PCR 反应的基本过程　①预变性(initial denaturation):模板 DNA 完全变性与 PCR 酶的完

NOTE

全激活对 PCR 能否成功至关重要,建议加热时间参考试剂说明书,一般未修饰的 *Taq* 酶激活时间为 2 min。②变性(denaturation):循环中温度一般为 94~98 ℃,10~30 s 足以使各种靶 DNA 序列完全变性,可能的情况下可缩短该步骤时间,因为变性时间过长损害酶活性,但是变性时间过短靶序列变性不彻底,则易造成扩增失败。③引物退火(primer annealing):退火温度(55~65 ℃)需要从多方面去决定,一般以引物的 T_m 值为参考,根据扩增的长度适当下调作为退火温度。然后在此次实验基础上做出预估。退火温度一般低于引物 T_m 值 5 ℃左右,一般情况下,T_m 值的粗略估算公式为 $T_m=4(G+C)+2(A+T)$。退火温度对 PCR 的特异性有较大影响,适当提高退火温度可以减少非特异性扩增。④延伸(extension):引物延伸一般在 68 ℃ 或 72 ℃ 进行(参考所用 DNA 聚合酶的最适温度)。但在扩增长度较短且退火温度较高时,本步骤可省略,从而变成两步 PCR。延伸时间随扩增片段长短而定,一般设定为 1000 bp/min。⑤循环数:一般为 25~35 次。循环数决定 PCR 扩增的产量。模板初始浓度低,可增加循环数以便达到有效的扩增量。但循环数并不是可以无限增加的。一般循环数为 30 个左右,循环数超过 30 个以后,DNA 聚合酶活性逐渐达到饱和,产物的量不再随循环数的增加而增加,出现了所谓的"平台期"。⑥最后延伸:在最后一个循环后,反应在 72 ℃ 维持 10 ~30 min,使引物延伸完全,并使单链产物退火成双链。

4. PCR 产物检测 PCR 反应是否扩增出了高的拷贝数,下一步检测就成了关键。荧光素(溴化乙锭,EB)染色凝胶电泳是最常用的检测手段。电泳法检测特异性不太高,因此引物二聚体等非特异性的杂交体很容易引起误判。但因为其简捷易行,成为主流检测方法。近年来以荧光探针为代表的检测方法,有逐渐取代电泳法的趋势。

（二）PCR 反应的特点

1. 特异性强 PCR 反应的特异性决定因素包括以下几个方面:①引物与模板 DNA 特异结合;②碱基配对原则;③DNA 聚合酶合成反应的保真性;④靶基因的特异性与保守性。

其中引物与模板的正确结合是关键。引物与模板的结合及引物链的延伸是遵循碱基配对原则的。聚合酶合成反应的保真性和耐高温性,使反应中模板与引物的结合(复性)可以在较高的温度下进行,结合的特异性大大增加,被扩增的靶基因片段也就能保持很高的正确度。再通过选择特异性和保守性高的靶基因区,其特异性程度就更高。

2. 灵敏度高 PCR 产物的生成量是以指数方式增加的,能将皮克($pg=10^{-12}$ g)量级的起始待测模板扩增到微克($\mu g=10^{-6}$ g)水平。能从 100 万个细胞中检出一个靶细胞;在病毒的检测中,PCR 的灵敏度可达 3 个空斑形成单位(PFU);在细菌学中最小检出率为 3 个细菌。

3. 简便、快速 PCR 反应用耐高温的 DNA 聚合酶,一次性地将反应液加好后,即在 DNA 扩增液和水浴锅上进行变性—退火—延伸反应,一般在 2~4 h 完成扩增反应。扩增产物一般用电泳分析,不一定要用同位素,其无放射性污染,易推广。

4. 纯度要求低 不需要分离病毒或细菌及培养细胞,DNA 粗制品及 RNA 均可作为扩增模板。可直接用临床标本如血液、体腔液、洗漱液、毛发、细胞、活组织等 DNA 扩增检测。

二、PCR 技术的主要用途

（一）目的基因的克隆

PCR 技术为在重组 DNA 过程中获得目的基因片段提供了简便快速的方法,在人类基因组计划完成之前,PCR 是从 cDNA 文库或基因组文库中获得序列相似的新基因片段或新基因的主要方法。目前,该技术是快速获得已知序列目的基因片段的主要方法。

（二）基因的体外突变

在 PCR 技术建立以前,在体外对基因进行各种突变是一项费时费力的工作。现在,利用 PCR 技术可以随意设计引物在体外对目的基因片段进行嵌合、缺失、点突变等改造。PCR 技术不但能有效地检测基因的突变,而且能准确检测癌基因的表达量,可据此进行肿瘤早期诊断、分型、分期和预后判断。几乎所有慢性骨髓性白血病患者都可检测到原癌基因易位导致的 BCR/ABL 融合基因形成,定量 PCR 技术可通过检测 BCR/ABL 融合基因的表达确定微量残余恶性细胞存在的数量,以此作为治疗效果和估计复发的危险性的依据。

(三)DNA 和 RNA 微量分析

PCR 技术高度敏感,对模板 DNA 的量要求很低,是 DNA 和 RNA 微量分析最好的方法。理论上讲,只要存在一分子的模板,就可以获得目的片段。实际工作中,一滴血液、一根毛发或一个细胞已足以满足 PCR 的检测需要,因此在基因诊断方面具有极广阔的前景。

(四)DNA 序列测定

将 PCR 技术引入 DNA 序列测定,使测序工作大为简化,也提高了测序的速度。待测 DNA 片段既可克隆到特定的载体后进行序列测定,也可直接测定。

(五)DNA 突变分析

PCR 与其他技术的结合可以大大提高基因突变检测的敏感性,例如单链构象多态性分析、等位基因特异的寡核苷酸探针分析、基因芯片技术等。

三、几种主要的 PCR 衍生技术

PCR 技术自身的发展以及和已有分子生物学技术的结合形成了多种 PCR 衍生技术,大大提高了 PCR 反应的特异性和应用的广泛性。本章仅举例介绍部分与医学研究密切相关的 PCR 衍生技术。

(一)反转录 PCR 技术

反转录 PCR(reverse transcription PCR,RT-PCR)是将 RNA 的反转录反应和 PCR 反应联合应用的一种技术。即首先以 RNA 为模板,在反转录酶的作用下合成 cDNA,再以 cDNA 为模板通过 PCR 反应来扩增目的基因。RT-PCR 是目前从组织或细胞中获得目的基因以及对已知序列的 RNA 进行定性定量分析的最有效的方法之一,它具有敏感度高、特异性强和省时等优点。不过由于 PCR 反应产物的量是以指数形式增加的,在比较不同来源样品的 mRNA 含量时,最初很小的含量差异,到了最终产物阶段将会被放大很多倍,从而影响对检测样品中原有 mRNA 含量的准确判断。

(二)原位 PCR 技术

原位 PCR(in situ PCR,ISP)是在福尔马林固定、石蜡包埋的组织切片或细胞涂片上的单个细胞内进行的 PCR 反应,然后用特异性探针进行原位杂交,即可检出待测 DNA 或 RNA 是否在该组织或细胞中存在。原位 PCR 是将 PCR 与原位杂交相结合而发展起来的一项新技术。如果单纯使用 PCR 或 RT-PCR 技术虽然能够扩增获得各种组织细胞中的 DNA 或 RNA,但是由于 PCR 产物不能在组织细胞中直接定位,因而不能与特定的组织细胞特征表型相联系;而原位杂交技术虽有良好的定位效果,但由于检测的灵敏度不高,对低含量的 DNA 或 RNA(一个细胞中低于 20 个拷贝)则无法检测。原位 PCR 方法弥补了 PCR 技术和原位杂交技术的不足,是将目的基因的扩增与定位相结合的一种最佳方法。

(三)实时 PCR 技术

常规 PCR 反应中产物以指数形式增加,在比较不同来源样品的 DNA 或 cDNA 含量时,产物的堆积将影响对检测样品中原有模板含量差异的准确判断,因而只能作为半定量手段应用。实时 PCR(real-time PCR,RT-PCR)技术通过动态监测反应过程中的产物量,消除了产物堆积对定量分析的干扰,亦被称为定量 PCR(quantitative PCR,qPCR)或实时定量 PCR(real-time quantitative PCR)。定量 PCR 技术实现了 mRNA 和 miRNA 水平的快速、准确的定量分析,已经在基因诊断方面得到临

NOTE

床应用。

实时 PCR 的基本原理是引入了荧光标记分子,并使荧光信号强度与 PCR 产物量成正比,对每一反应时刻的荧光信号进行实时分析,即可计算出 PCR 产物的量。根据动态变化数据,可以精确计算出样品中最初的含量差异。由于该技术需使用荧光染料,故也被称为实时荧光定量 PCR 或荧光定量 PCR。

根据是否使用探针,可将实时 PCR 分为非探针类实时 PCR 和探针类实时 PCR。非探针类实时 PCR 不使用探针,它与常规 PCR 的主要不同之处在于加入了能与双链 DNA 结合的荧光染料,由此来实现对 PCR 过程中产物量的全程监测。最常用的荧光染料为 SYBR Green,它能结合到 DNA 双螺旋小沟区域。该染料处于游离状态时,荧光信号强度较低,一旦与双链 DNA 结合之后,荧光信号强度大大增强(约为游离状态的 1000 倍),而荧光信号的强度和结合的双链 DNA 的量成正比。因此,该荧光染料可用来实时监测 PCR 产物量的多少。由于非探针类实时 PCR 成本低廉,近年来得到很快的发展,技术日趋完善,从而得到了大量应用。

与非探针类实时 PCR 相比,探针类实时 PCR 不是通过向反应体系中加入的荧光染料产生荧光信号,而是通过使用探针来产生荧光信号。探针除了能产生荧光信号用于监测 PCR 进程之外,还能和模板 DNA 待扩增区域结合,因此大大提高了 PCR 的特异性。目前,常用的探针类实时 PCR 包括 TaqMan 探针法、分子信标(molecular beacons)探针法和荧光共振能量转移(fluorescence resonance energy transfer,FRET)探针法等。

1. TaqMan 探针法　在该类实时 PCR 系统中,于常规正向和反向引物之间,增加了一条能与模板 DNA 特异性结合的 TaqMan 探针(图 20-17)。探针的 5′-端有一个荧光报告基团(reporter,R),3′-端有一个荧光淬灭基团(quencher,Q)。没有扩增反应时,探针保持完整,R 和 Q 基团同时存在于探针上,无荧光信号释放。随着 PCR 的进行,Taq DNA 聚合酶在链延伸过程中遇到与模板结合着的荧光探针,其 5′→3′核酸外切酶活性就会将该探针逐步切断,R 基团一旦与 Q 基团分离,便产生荧光信号。后者被荧光监测系统接收,用于数据分析。

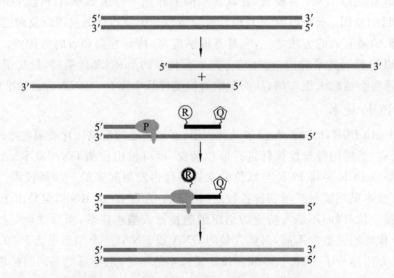

图 20-17　TaqMan 探针法实时 PCR 技术的基本原理

2. 分子信标探针法　与 TaqMan 探针法相似,探针的两端分别标记有 R 基团和 Q 基团,但不同的是分子信标探针是一种呈发夹结构的茎环寡核苷酸探针,即其两端的核苷酸序列互补配对。探针在没有与靶序列杂交时会形成发夹状态,此时 R 基团和 Q 基团靠近,荧光几乎完全淬灭。探针与靶序列杂交后,发夹展开,R 基团与 Q 基团分开,荧光得以恢复,荧光检测系统即可接收到 R 基团的荧光信号。

3. FRET 探针法　FRET 探针又称双杂交探针或者 Light Cycle 探针,其由两条能与模板 DNA

互补且相邻的特异探针组成(距离 1~5 bp),上游探针的 3′-端标记荧光供体基团,相邻下游探针的 5′-端标记 Red640 荧光受体基团。当复性时,两探针同时结合在模板上,荧光供体基团和 Red640 荧光受体基团紧密相邻,激发供体产生的荧光能量被 Red640 基团吸收(即发生 FRET),于是可检测到 Red640 发出的荧光。当变性时,两探针游离,两荧光基团距离远,不能检测到 Red640 的荧光。因此,FRET 探针法检测的是实时信号,是可逆的,这是 TaqMan 探针法无法做到的。其原因是 TaqMan 探针属水解类探针,一旦 R 基团被水解离开 Q 基团后,就一直游离于反应体系中可被检测,所以 TaqMan 探针法检测的是累积荧光,是不可逆的。两方法相比,FRET 探针法在突变分析、SNP 基因分型等方面更具有优势。

| 第四节　DNA 的序列分析 |

DNA 的碱基序列蕴藏着全部遗传信息,测定和分析 DNA 的碱基序列对于了解遗传的本质即了解每个基因的编码方式无疑是十分重要的。

最初,人们用部分酶解等方法仅能测定 RNA 的序列。1965 年,Robert Holley 花了 7 年时间才完成了酵母丙氨酰 RNA 的 76 个核苷酸的序列测定。1975 年之后,DNA 序列分析的速度很快超过了 RNA 和蛋白质。如今,DNA 的测序工作的自动化及高速度已到了难以置信的地步,一个最小的 DNA 序列自动分析仪(如 PE310)24 h 内也可完成约 10000 个碱基序列的测定工作。DNA 序列的分析有赖于基因工程技术的发展。在进行序列测定前,一般需要将一段待测 DNA 分子克隆到质粒或噬菌体中。目前无论是手工测定还是自动化测定 DNA 序列的技术都建立在 Allan Maxam 和 Walter Gilbert 的化学裂解法和 Frederick Sanger 的 DNA 链末端合成终止法的基础上。

DNA 测序(DNA sequencing,或 DNA 定序)是指分析特定 DNA 片段的碱基序列,也就是腺嘌呤(A)、胸腺嘧啶(T)、胞嘧啶(C)与鸟嘌呤的(G)排列方式。快速的 DNA 测序方法的出现极大地推动了生物学和医学的研究和发现。目前,不论是在基础生物学研究,还是在诊断、生物技术或法医学等应用中,DNA 序列知识已成为不可缺少的知识。下面,我们分别介绍相关 DNA 序列分析方法的原理和基本过程。

一、化学裂解法

化学裂解法也称为 Maxam-Gilbert 法,是由 Maxam 和 Gilbert 建立的测序方法。它的基本原理是利用几个具有碱基专一性的化学切断反应将单个末端被 ^{32}P 标记的 DNA 分子进行部分切断,产生几组从标记末端到与碱基专一性反应相应的那种碱基在 DNA 中每个位点的长短不同的片段,这几组片段在凝胶电泳中并排着按链长被分开,对凝胶进行放射自显影后就可以得到代表每个碱基位置的带谱,从这个带谱可以直接读出从标记末端向另一个末端方向的碱基序列。

由于凝胶电泳分辨率的限制,必须将 DNA 分子用限制性内切酶切割成数百个核苷酸长的片段,从这些片段的序列组建成整个 DNA 分子的序列。为此必须先建立 DNA 的限制性内切酶图谱。

在进行酶图分析时,通常先测定切点较少的酶的位点,然后再测定切点较多的酶的位点。内切酶切点出现的频率一般可根据内切酶识别序列的核苷酸长短来估计,即大约每 4^n 个碱基有一个内切酶切点,n 为该种内切酶识别序列的核苷酸数目,如识别 6 核苷酸序列的内切酶的切点出现频率大约是每 4096(4^6)个碱基有一个。酶图分析的简便方法是将 DNA 分子用限制性内切酶切断,用琼脂糖凝胶或聚丙烯酰胺凝胶电泳,将产生的 DNA 片段分开,根据这些片段的数目和大小,可以推定该种内切酶的切点数目及位置。

对于切点较多的内切酶位点,可将这种内切酶酶解 DNA 后产生的片段,与该种内切酶和已知切点位置的切点较少的内切酶混合酶解后产生的片段比较,从被已知切点位置的内切酶切断而消失了

NOTE

的片段和新产生的片段的大小来推定该种内切酶的位点。在建立了初步的限制性内切酶图谱、开始序列分析后,随着序列结果的积累,还会发现更多的在进一步的序列分析中有用的内切酶切点。

二、DNA 链末端合成终止法

DNA 链末端合成终止法也称为 Sanger 法,是目前应用最为广泛的方法。它的基本原理是将 $2',3'$-双脱氧核苷酸(ddNTP)掺入合成的 DNA 链中,由于脱氧核糖的 $3'$ 位碳原子上没有羟基,因此不能与下一位核苷酸反应形成磷酸二酯键,DNA 合成反应即终止。在测定时,首先将模板分为四个反应管,分别加入引物、模板、DNA 聚合酶和四种 dNTPs 作为底物进行反应。反应一定时间后,每一管内加入四种放射性标记 ddNTPs(^{32}P 或 ^{35}S 标记)中的一种,就可获得一系列在不同部位终止的、大小不同的 DNA 片段。经聚丙烯酰胺凝胶电泳分离这些片段,再通过放射自显影就可以读出 DNA 的序列(图 20-18)。

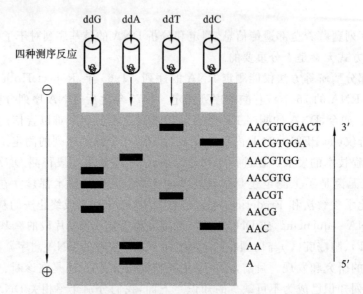

图 20-18　链末端合成终止法测定 DNA 序列的基本原理

DNA 链末端合成终止法测序操作程序是按 DNA 复制和 RNA 反转录的原理设计的,基本流程包括以下几个方面:①分离待测核酸模板,模板可以是 DNA,也可以是 RNA,可以是双链,也可以是单链。②在 4 支试管中加入适当的引物、模板、四种 dNTPs 和 DNA 聚合酶(如以 RNA 为模板,则用反转录酶),再在上述 4 支试管中分别加入一种一定浓度的 ddNTP(双脱氧核苷酸)。③与单链模板(如以双链作模板,要做变性处理)结合的引物,在 DNA 聚合酶作用下从 $5'$-端向 $3'$-端进行延伸反应,^{32}P 随着引物延长掺入新合成链中。当 ddNTP 掺入时,由于它在 $3'$-端没有羟基,故不与下一个 dNTP 结合,从而使链延伸终止。ddNTP 在不同位置掺入,因而产生一系列不同长度的新的 DNA 链。④用变性聚丙烯酰胺凝胶电泳同时分离 4 支试管中的反应产物,由于每一支试管中只加一种 ddNTP(如 ddATP),则该管中各种长度的 DNA 都终止于该种碱基(如 A)处。所以凝胶电泳中该泳道不同带的 DNA $3'$-端都为同一种双脱氧碱基。⑤放射自显影。根据四泳道的编号和每个泳道中 DNA 带的位置直接从自显影图谱上读出与模板链互补的新链序列。

三、DNA 自动测序

采用荧光替代放射性核素标记是实现 DNA 序列分析自动化的基础。DNA 自动测序法的诞生,使测序速度大大加快。1987 年,商品化的自动 DNA 测序仪问世。随着人类基因组计划的实施和需求,DNA 序列分析自动化得到了迅速发展,目前几乎完全取代了手工测序。

DNA 测序仪采用毛细管电泳技术取代传统的聚丙烯酰胺平板电泳,应用四色荧光染料标记的

ddNTPs(标记终止物法),因此通过单引物 PCR 测序反应,生成的 PCR 产物则是相差 1 个碱基的 3′-端为 4 种不同荧光染料的单链 DNA 混合物,使得四种荧光染料的测序 PCR 产物可在一根毛细管内电泳,从而避免了泳道间迁移率差异的影响,大大提高了测序的精确度。由于分子大小不同,在毛细管电泳中的迁移率也不同,当其通过毛细管读数窗口段时,激光检测器窗口中的 CCD(charge-coupled device)摄影机检测器就可对荧光分子逐个进行检测,激发的荧光经光栅分光,以区分代表不同碱基信息的不同颜色的荧光,并在 CCD 摄影机上同步成像,分析软件可自动将不同荧光转变为 DNA 序列,从而达到 DNA 测序的目的。分析结果能以凝胶电泳图谱、荧光吸收峰图或碱基排列顺序等多种形式输出。

由于该仪器具有 DNA 测序、PCR 片段大小和定量分析等功能,因此可进行 DNA 测序、杂合子分析、单链构象多态性分析(SSCP)、微卫星序列分析、长片段 PCR、RT-PCR(定量 PCR)等分析,临床上除可进行常规 DNA 测序外,还可进行单核苷酸多态性(SNP)分析、基因突变检测、HLA 配型、法医学上的亲子和个体鉴定、微生物与病毒的分型与鉴定等。

四、高通量测序技术

高通量测序技术(high-throughput sequencing)是对传统测序的革命性改变,一次对几十万到几百万条 DNA 分子进行序列测定,因此在有些文献中称其为下一代测序技术(next generation sequencing),足见其划时代的改变,同时高通量测序使得对一个物种的转录组和基因组进行细致全貌的分析成为可能,所以又被称为深度测序(deep sequencing)。

根据发展历史、影响力、测序原理和技术不同等,主要有以下几种:大规模并行签名测序(massively parallel signature sequencing,MPSS)、聚合酶克隆(polony sequencing)、454 焦磷酸测序(454 pyrosequencing)、Illumina (Solexa) sequencing、ABI SOLiD sequencing、离子半导体测序(ion semiconductor sequencing)、DNA 纳米球测序 (DNA nanoball sequencing)等。下面简单介绍其中四种测序技术。

1. MPSS 该技术由 Lynx Therapeutics 公司在 20 世纪 90 年代开发,是"下一代"测序技术发展的先驱。MPSS 是一种基于磁珠(bead)和接头(adaptor)连接和解码的复杂技术,测定结果短,多用于转录组测序,测定基因表达量。MPSS 由于测定结果有序列偏好性,因而易丢失 DNA 中某些特定序列。而且该技术操作复杂,目前已逐渐淡出,被新的方法替代。

2. Polony Sequencing 该技术是 2005 年哈佛 George Church 实验室发展起来的一种基于乳化 PCR(emulsion PCR)和自动显微镜等技术的测序方法。相关技术目前已经整合进 ABI 公司的 SOLiD 测序技术平台。

3. 454 焦磷酸测序 该方法是由 454 公司开发的并行焦磷酸测序方法。该方法在油溶液包裹的水滴中扩增 DNA(即 emulsion PCR),每一个水滴中开始时仅包含一个包被大量引物的磁珠和一个链接到微珠上的 DNA 模板分子。将 emulsion PCR 产物加载到特制的 PTP 板上,板上有上百万个孔,每个微孔只能容纳一个磁珠。DNA 聚合酶在将一个 dNTP 聚合到模板上的时候,释放出一个焦磷酸分子(PPi);在 ATP 硫酸化酶催化下,PPi 与腺苷-5′-磷酸硫酸酐(APS)生成一个 ATP 分子;ATP 分子在荧光素酶的作用下,将荧光素氧化成氧化荧光素,同时产生的可见光被 CCD 光学系统捕获,获得一个特异的检测信号,信号强度与相应的碱基数目成正比。通过按顺序分别并循环添加四种 dNTP,读取信号强度和发生时间,实现 DNA 序列测定。这一技术的读长和每一碱基耗费都介于 Sanger 法测序和 Solexa 和 SOLiD 方法之间。

4. Illumina (Solexa) sequencing Solexa 是一种基于边合成边测序技术(sequencing-by-synthesis,SBS)的新型测序方法。通过利用单分子阵列实现在小型芯片(FlowCell)上进行 PCR 反应。新的可逆阻断技术可以实现每次只合成一个碱基,并标记荧光基团,再利用相应的激光激发荧光基团,捕获激发光,从而读取碱基信息。

第五节 生物芯片技术

生物芯片（biochip）是根据生物分子间特异相互作用的原理，将生化分析过程集成于芯片表面，从而实现对 DNA、RNA、多肽、蛋白质以及其他生物成分的高通量快速检测。狭义的生物芯片概念是指通过不同方法将生物分子（寡核苷酸、cDNA、基因组 DNA、多肽、抗体、抗原等）固着于硅片、玻璃片（珠）、塑料片（珠）、凝胶、尼龙膜等固相递质上形成的生物分子点阵，因此生物芯片技术又称微阵列（microarray）技术。生物芯片主要包括基因芯片和蛋白芯片两大类。现在生物芯片在原有芯片的基础上又发展出微流体芯片（microfluidic chip），亦称微电子芯片（microelectronic chip），也就是缩微实验室芯片。

生物芯片技术目前已被应用于生命科学的众多领域，这些应用包括基因表达检测、基因突变检测、基因诊断、功能基因组研究、基因组作图和新基因发现等多个方面。下面我们重点介绍基因芯片和蛋白质芯片两大类。

一、基因芯片

基因芯片（gene chip）是指将许多特定的 DNA 片段有规律地紧密排列固定于单位面积的支持物上，然后与带有荧光标记的待测样品进行杂交，杂交后用荧光检测系统等对芯片进行扫描，通过计算机系统对每一位点的荧光信号做出检测、比较和分析，从而迅速得出定性和定量的结果。该技术亦被称作 DNA 微阵列（DNA microarray）。基因芯片可在同一时间内分析大量的基因，高密度基因芯片可以在 1 cm² 面积内排列数万个基因用于分析，实现了基因信息的大规模检测（图 20-19）。

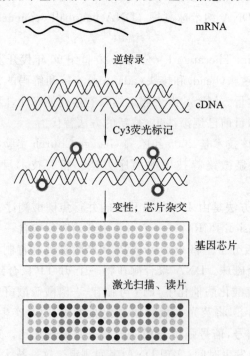

图 20-19 表达谱基因芯片工作流程示意图

基因芯片技术由于同时将大量探针固定于支持物上，所以可以一次性对样品大量序列进行检测和分析，从而解决了传统核酸印迹杂交（Southern blotting 和 Northern blotting 等）技术操作烦琐、自动化程度低、并行操作数量少、检测效率低等不足。而且，通过设计不同的探针阵列，使用特定的分析方法可使该技术具有多种不同的应用价值，如基因表达谱测定、突变检测、多态性分析或基因组文库作图及杂交测序等。基因芯片具有快速、高效、自动化等特点，不仅能在早期诊断中发挥作用，而且还可以在一张芯片上，同时对多个患者进行多种疾病的检测；再者，利用基因芯片，还可以从分子水平上了解疾病。基因芯片的这些优势，能够使医务人员在短时间内掌握大量的疾病诊断信息，找到正确的治疗措施。除此之外，基因芯片在新药的筛选、临床用药的指导等方面，也有重要作用。

基因芯片可分为以下三种主要类型：①固定在聚合物基片（尼龙膜、硝酸纤维素膜等）表面上的核酸探针或 cDNA 片段，通常用同位素标记的靶基因与其杂交，通过放射显影技术进行检测。这种方法的优点是所需检测设备与目前分子生物学所用的放射显影技术相一致，相对比较成熟。但芯片上探针密度不高，样品和试剂的需求量大，定量检测存在较多问题。②用点样法固定在玻璃板上的 DNA 探针阵列，通过与荧光标记的靶基因杂交进行检测。这种方法点阵密度可有较大的提高，各个探针在表面上的结合量也比较一致，但在标准化和批量化生产方面仍有不易克服的困难。③在玻璃等硬质表面上直接合成的寡核苷酸探针阵列，与荧光标记的靶基因杂交进行检测。该方法把微电子光刻技术与 DNA 化学合成技术相结合，可以使基因芯片的探针密度大大提高，减少试剂的用量，实现标准化和批量化大规模生产，有着十分重要的发展潜力。

（一）基因芯片的制备

基因芯片技术主要包括四个基本要点：芯片的制备、样品的制备、杂交反应和信号检测。

1. 芯片的制备　目前制备芯片主要以玻璃片或硅片为载体，采用原位合成和微矩阵的方法将寡核苷酸片段或 cDNA 作为探针按顺序排列在载体上。芯片的制备除了用到微加工工艺外，还需要使用机器人技术，以便能快速、准确地将探针放置到芯片上的指定位置。

2. 样品制备　生物样品往往是复杂的生物分子混合体，除少数特殊样品外，一般不能直接与芯片反应。另外，有时样品的量很少，所以，必须将样品进行提取、扩增，获取其中的蛋白质或 DNA、RNA，然后用荧光标记，以提高检测的灵敏度。

3. 杂交反应　杂交反应是荧光标记的样品与芯片上的探针进行反应产生一系列信息的过程。选择合适的反应条件能使生物分子间反应处于最佳状态中，减少生物分子之间的错配率。

4. 信号检测和结果分析　杂交反应后的芯片上各个反应点的荧光位置、荧光强弱经过芯片扫描仪和相关软件可以分析图像，将荧光转换成数据，即可以获得相关生物信息（图 20-19）。基因芯片技术发展的最终目标是将从样品制备、杂交反应到信号检测的整个分析过程集成化以获得微型全分析系统（micro total analytical system）或称缩微芯片实验室（laboratory on a chip）。使用缩微芯片实验室，就可以在一个封闭的系统内以很短的时间完成从原始样品到获取所需分析结果的全套操作。

基因芯片的显色和分析测定方法主要为荧光法，其重复性较好，但不足的是灵敏度仍较低。目前正在发展的方法有质谱法、化学发光法和光导纤维法等。以荧光法为例，当前主要的检测手段是激光共聚焦显微扫描技术，以便于对高密度探针阵列每个位点的荧光强度进行定量分析。因为探针与样品完全正常配对时所产生的荧光信号强度是具有单个或两个错配碱基探针的 5～35 倍，所以对荧光信号强度精确测定是实现检测特异性的基础。但荧光法存在的问题是，只要标记的样品结合到探针阵列上就会发出阳性信号，这种结合是否为正常配对，或正常配对与错配兼而有之，该方法本身并不能提供足够的信息进行分辨。

（二）基因芯片的应用

1998 年底美国科学促进会将基因芯片技术列为 1998 年度自然科学领域十大进展之一，足见其在科学史上的意义。现在，基因芯片已被应用到生物科学众多的领域之中。它以可同时、快速、准确地分析数以千计基因组信息的本领而显示出了巨大的潜力。这些应用主要包括基因表达检测、突变检测、基因组多态性分析和基因文库作图以及杂交测序等方面。在基因表达检测的研究上人们已比较成功地对多种生物包括拟南芥（*Arabidopsis thaliana*）、酵母（*Saccharomyces cerevisiae*）及人的基因组表达情况进行了研究，并且用该技术（共 157112 个探针分子）一次性检测了酵母几种不同株间数千个基因表达谱的差异。实践证明基因芯片技术也可用于核酸突变的检测及基因组多态性的分析,如对人 *BRCA1* 基因外显子 11、*CFTR* 基因、β-地中海贫血相关基因、酵母突变菌株间基因组、HIV-1 逆转录酶及蛋白酶基因(与 Sanger 测序结果一致性达到 98%)等的突变检测,对人类基因组单核苷酸多态性的鉴定、作图和分型,人线粒体 16.6 kb 基因组多态性的研究等。将生物传感器与芯片技术相结合,通过改变探针阵列区域的电场强度已经证明可以检测到基因(*Ras* 等)的单碱基突变。此外,有人还曾通过确定重叠克隆的次序从而对酵母基因组进行作图。杂交测序是基因芯片技术的另一重要应用。该测序技术理论上不失为一种高效可行的测序方法,但需通过大量重叠序列探针与目的分子的杂交方推导出目的核酸分子的序列,所以需要制作大量的探针。基因芯片技术可以比较容易地合成并固定大量核酸分子,所以它的问世无疑为杂交测序提供了实施的可能性,这已为实践所证实。

在实际应用方面,生物芯片技术可广泛应用于疾病诊断和治疗、药物筛选、农作物的优育优选、司法鉴定、食品卫生监督、环境检测、国防、航天等许多领域。它将为人类认识生命的起源、遗传、发育与进化,为人类疾病的诊断、治疗和防治开辟全新的途径,为生物大分子的全新设计和药物开发中先导化合物的快速筛选和药物基因组学研究提供技术支撑。

1. 药物筛选和新药开发　由于所有药物(或兽药)都是直接或间接地通过修饰、改变人类(或相关动物)基因的表达及表达产物的功能而生效的,而芯片技术具有高通量、大规模、平行性地分析基因表达或蛋白质状况(蛋白质芯片)的能力,在药物筛选方面具有巨大的优势。用芯片做大规模的筛选研究可以省略大量的动物实验甚至临床试验,缩短药物筛选所用的时间,提高效率,降低风险。

随着人类基因图谱的绘就,基因工程药物将进入一个大发展时期,在基因工程药物的研制和生产中,生物芯片也有着较大的市场。以基因工程胰岛素为例,当把人的胰岛素基因转移到大肠杆菌细胞时,需要用某种方法对工程菌的基因型进行分析,以便确证胰岛素基因是否转移成功。过去人们采取的方法称为"限制性片段长度多态性"(简称 RELP),这种方法操作非常烦琐,在成本和效率方面都不如基因芯片,今后被芯片技术取代是必然的趋势。通过使用基因芯片筛选药物具有的巨大优势决定它将成为 21 世纪药物研究的趋势。

2. 疾病诊断　作为一种先进、大规模、高通量检测技术,基因芯片应用于疾病诊断的优点有以下几个方面:一是高度的灵敏性和准确性;二是快速、简便;三是可同时检测多种疾病。如应用于产前遗传性疾病检查,抽取少许羊水就可以检测出胎儿是否患有遗传性疾病,同时鉴别的疾病可以达到数十种甚至数百种,这是其他方法所无法替代的,非常有助于"优生优育"这一国策的实施。又如对病原微生物感染诊断,目前的实验室诊断技术所需的时间比较长,检查也不全面,医生往往只能根据临床经验做出诊断,降低了诊断的准确率。如果在检查中应用基因芯片技术,医生在短时间内就能知道患者是哪种病原微生物感染,而且能测定病原体是否产生耐药性、对哪种抗生素产生耐药性、对哪种抗生素敏感等,这样医生就能有的放矢地制订科学的治疗方案。再如对具有高血压、糖尿病等疾病家族史的高危人群普查、接触毒化物质人群恶性肿瘤普查等,如采用了基因芯片技术,立即就能得到可靠的结果,其他对心血管疾病、神经系统疾病、内分泌系统疾病、免疫性疾病、代谢性疾病等,如采用了基因芯片技术,其早期诊断率将大大提高,而误诊率会大大降低,同时有利于医生综合地了解各个系统的疾病状况。

3. 基因表达检测　人类基因组编码大约 10 万个不同的基因,仅掌握基因序列信息资料,要理解其基因功能是远远不够的,因此,具有监测大量 mRNA 的实验工具很重要。有关对芯片技术检测基因表达及其敏感性、特异性进行的研究表明芯片技术易于监测非常大量的 mRNA 并能敏感地反映基因表达中的微小变化(图 20-19)。

4. 寻找新基因　有关实验表明,在缺乏任何序列信息的条件下,基因芯片也可用于基因发现,如 *HME* 基因和黑色素瘤生长刺激因子就是通过基因芯片技术发现的。

5. DNA 测序　人类基因组计划的实施促进了更高效率的、能够自动化操作的测序方法的发展,芯片技术中杂交测序技术(sequencing by hybridization,SBH)及邻堆杂交技术(contiguous stacking hybridization,CSH)即是一种新的高效快速测序方法。如使用美国 Affymetrix 公司 1998 年生产出的带有 13.5 万个基因探针的芯片就可以使人类 DNA 解码速度提高 25 倍。

6. 核酸突变的检测及基因组多态性的分析 有关实验结果已经表明,DNA 芯片技术可快速、准确地研究大量患者样品中特定基因所有可能的杂合变异,对人类基因组单核苷酸多态性的鉴定、作图和分型,人线粒体 16.6 kb 基因组多态性的研究等。随着遗传病与癌症相关基因发现数量的增加,变异与多态性分析必将越来越重要。

(三)基因芯片研究的方向及当前面临的困难

尽管基因芯片技术已经取得了长足的发展,得到世人的瞩目,但仍然存在着许多难以解决的问题,如技术成本昂贵、操作复杂、检测灵敏度较低、重复性差、分析范围较狭窄等问题。这些问题主要表现在样品的制备、探针合成与固定、分子的标记、数据的读取与分析等几个方面。

首先,对于样品的制备,当前多数公司在标记和测定前都要对样品进行一定程度的扩增以便提高检测的灵敏度,但仍有不少人在尝试绕过该问题,包括 Mosaic Technologies 公司的固相 PCR 扩增体系以及 Lynx Therapeutics 公司提出的大量并行固相克隆方法,两种方法各有优缺点,但目前尚未取得实际应用。

其次,探针的合成与固定比较复杂,特别是对于制作高密度的探针阵列。使用光导聚合技术每步产率不高(95%),难于保证好的聚合效果。应运而生的其他很多方法,如压电打压、微量喷涂等多项技术,虽然技术难度较低,方法也比较灵活,但存在的问题是难以形成高密度的探针阵列,所以只能在较小规模上使用。最近我国学者已成功地将分子印迹技术应用于探针的原位合成而且取得了比较满意的结果。

另外,目标分子的标记也是一个非常重要的限速步骤,如何简化或绕过这一步现在仍然是个问题。目标分子与探针的杂交会出现一些问题:首先,由于杂交位于固相表面,所以有一定程度的空间阻碍作用,有必要设法减小这种不利因素的影响。Southern 曾通过向探针中引入间隔分子而使杂交效率提高于了 150 倍。其次,探针分子的 GC 含量、长度以及浓度等都会对杂交产生一定的影响,因此需要分别进行分析和研究。

信号的获取与分析上,当前多数方法使用荧光法进行检测和分析,重复性较好,但灵敏度仍然不高。正在发展的方法有多种,如质谱法、化学发光法等。基因芯片上成千上万的寡核苷酸探针由于序列本身有一定程度的重叠因而产生了大量的冗余信息。这一方面可以为样品的检测提供大量的验证机会,但同时,要对如此大量的信息进行解读,目前仍是一个艰巨的技术问题。

(四)我国基因芯片的研究现状

目前,我国尚未有较成型的基因芯片问世,但据悉已有几家单位组织人力物力从事该技术的研制工作,并且取得了一些可喜的进展,同时标志着我国相关学科与技术正在走向成熟。基因芯片技术是一个巨大的产业方向,我们国家的生命科学、计算机科学乃至精密机械科学的工作者们应该也可以在该领域内占有一席之地。但是我们应该充分地认识到,这不是一件容易的事,不能够蜂拥而至,不能"有条件没有条件都要上",去从事低水平重复性的研究工作,最终造成大量人力物力的浪费。而应该是有组织、有计划地集中具有一定研究实力的单位和个人进行攻关,这也许更适合于我国国情。

二、蛋白质芯片

蛋白质芯片(protein chip)是将高度密集排列的蛋白质分子作为探针点阵固定在固相支持物上,当与待测蛋白样品反应时,可捕获样品中的靶蛋白,再经检测系统对靶蛋白进行定性和定量分析的一种技术。蛋白质芯片的基本原理是蛋白质分子间的亲和反应,例如抗原、抗体或受体、配体之间的特异性结合。最常用的探针蛋白是抗体。在用蛋白质芯片检测时,首先要将样品中的蛋白质标记上荧光分子,经过标记的蛋白质一旦结合到芯片上就会产生特定的信号,通过激光扫描系统来检测信号。蛋白质芯片是一种高通量的蛋白质功能分析技术,可用于蛋白质表达谱分析,研究蛋白质与蛋白质的相互作用,甚至 DNA-蛋白质、RNA-蛋白质的相互作用,筛选药物作用的蛋白靶点等。

蛋白质芯片技术的研究对象是蛋白质,其原理是对固相载体进行特殊的化学处理,再将已知的蛋白质分子产物固定其上(如酶、抗原、抗体、受体、配体、细胞因子等),根据这些生物分子的特性,捕获能与之特异性结合的待测蛋白质(存在于血清、血浆、淋巴、间质液、尿液、渗出液、细胞溶解液、分泌液等),经洗涤、纯化,再进行确认和生化分析;它为获得重要生命信息(如未知蛋白质组分、序列、体内表达水平、生物学功能、与其他分子的相互调控关系、药物筛选、药物靶位的选择等)提供有力的技术支持。

蛋白质芯片技术具有快速和高通量等特点,它可以对整个基因组水平的上千种蛋白质同时进行分析,是蛋白质组学研究的重要手段之一,已广泛应用于蛋白质表达谱、蛋白质功能、蛋白质间的相互作用的研究。在临床疾病的诊断和新药开发的筛选上也有很大的应用潜力。

(一)蛋白质芯片检测的基本流程

1. 固体芯片的构建　常用的材质有玻片、硅、云母及各种膜片等。理想的载体表面是渗透滤膜(如硝酸纤维素膜)或包被了不同试剂(如多聚赖氨酸)的载玻片。芯片外形可制成各种不同的形状。

2. 探针的制备　低密度蛋白质芯片的探针包括特定的抗原、抗体、酶、吸水或疏水物质、结合某些阳离子或阴离子的化学基团、受体和免疫复合物等具有生物活性的蛋白质。制备时常常采用直接点样法,以避免蛋白质的空间结构改变。保持它和样品的特异性结合能力。高密度蛋白质芯片一般为基因表达产物,如一个 cDNA 文库所产生的几乎所有蛋白质均排列在一个载体表面,其芯池数目高达每平方厘米 1600 个,呈微矩阵排列,点样时须用机械手进行,可同时检测数千个样品。

3. 生物分子反应　使用时将待检的含有蛋白质的标本如尿液、血清、精液、组织提取物等,按一定程序做好层析、电泳、色谱等前处理,然后在每个芯池里点入需要的种类。一般点样量只要 2～10 μL 即可。根据测定目的不同可选用不同探针结合或与其中含有的生物制剂相互作用一段时间,然后洗去未结合的或多余的物质,将样品固定一下等待检测即可。

4. 信号检测分析　信号检测有两种模式,直接检测模式是将待测蛋白质用荧光素或同位素标记,结合到芯片的蛋白质就会发出特定的信号,检测时用特殊的芯片扫描仪扫描和相应的计算机软件进行数据分析,或将芯片放射显影后再选用相应的软件进行数据分析。间接检测模式类似于ELISA 方法,标记第二抗体分子。以上两种检测模式均基于阵列为基础的芯片检测技术。该法操作简单、成本低廉,可以在单一测量时间内完成多次重复性测量。国外多采用质谱(mass spectrometry,MS)基础上的新技术,如表面加强的激光离子解析-飞行时间质谱技术(SELDI-TOF-MS),可使吸附在蛋白质芯片上的靶蛋白离子化,在电场力的作用下计算出其质量电荷比,与蛋白质数据库配合使用,来确定蛋白质片段的相对分子质量和相对含量,可用来检测蛋白质谱的变化。

(二)蛋白质芯片的分类

蛋白质芯片主要有三类:蛋白质微阵列、微孔板蛋白质芯片和三维凝胶块芯片。

1. 蛋白质微阵列　该类芯片由哈佛大学的 Macbeath 和 Schreiber 研究开发,他们通过点样机械装置来制作蛋白质芯片:首先将针尖浸入装有纯化的蛋白质溶液的微孔中,然后移至载玻片上,在载玻片表面点上 1 nL 的溶液,然后机械手重复操作,点不同的蛋白质。他们利用此装置大约固定了10000 种蛋白质,并用其研究蛋白质与蛋白质间,蛋白质与小分子间的特异性相互作用。Macbeath和 Schreiber 首先用一层小牛血清白蛋白(BSA)修饰玻片,可以防止固定在表面上的蛋白质变性。由于赖氨酸广泛存在于蛋白质的肽链中,BSA 中的赖氨酸通过活性剂与点样的蛋白质样品所含的赖氨酸发生反应,使其结合在基片表面,并且一些蛋白质的活性区域露出。这样,利用点样装置将蛋白质固定在 BSA 表面上,制作成蛋白质微阵列。

2. 微孔板蛋白芯片 Mendoza 等在传统微滴定板的基础上,利用机械手在 96 孔板的每一个孔的平底上点样成同样的四组蛋白质,每组 36 个点(4×36 阵列),含有 8 种不同抗原和标记蛋白。这种芯片可直接使用与之配套的全自动免疫分析仪测定结果,适合蛋白质的大规模、多种类的筛选。

3. 三维凝胶块芯片 三维凝胶块芯片是美国阿贡国家实验室和俄罗斯科学院恩格尔哈得分子生物学研究所开发的一种芯片技术。三维凝胶块芯片实质上是在基片上点布以 10000 个微小聚苯烯酰胺凝胶块,每个凝胶块可用于靶 DNA、RNA 和蛋白质的分析。这种芯片可用于筛选抗原抗体、酶动力学反应的研究。该系统的优点:一是凝胶条的三维化能加进更多的已知样品,提高检测的灵敏度;二是蛋白质能够以天然状态分析,可以进行免疫测定、受体、配体研究和蛋白质组分分析。

(三) 蛋白质芯片的应用

1. 基因表达的筛选 Angelika L. 等人从人胎儿脑的 cDNA 文库中选出 92 个克隆的粗提物制成蛋白质芯片,用特异性的抗体对其进行检测,结果的准确率在 87% 以上,而用传统的原位滤膜技术准确率只达到 63%。与原位滤膜相比,用蛋白质芯片技术在同样面积上可容纳更多的克隆,灵敏度可达到皮克级。

2. 抗原抗体检测 在 Cavin M. 等人的实验中,蛋白质芯片上的抗原抗体反应体现出很好的特异性,在一块蛋白质芯片上 10800 个点中,根据抗原抗体的特异性结合检测到唯一的 1 个阳性位点。Cavin M. 指出,这种特异性的抗原抗体反应一旦确立,就可以利用这项技术来度量整个细胞或组织中的蛋白质的丰富程度和修饰程度。其次,利用蛋白质芯片技术,可以筛选某一抗原的未知抗体,或者将常规的免疫分析微缩到芯片上进行,使免疫检测更加方便快捷。

3. 筛选及研究 常规筛选蛋白质主要是在基因水平上进行,基因水平的筛选虽已被运用到任意的 cDNA 文库,但这种文库多以噬菌体为载体,通过噬菌斑转印技术(plaque life procedure)在一张膜上表达蛋白质。但由于许多蛋白质不是全长基因编码,而且真核基因在细菌中往往不能产生正确折叠的蛋白质,况且噬菌斑转移不能缩小到毫米范围进行,所以这种方法的局限性,靠蛋白质芯片弥补。

另一方面,蛋白质芯片为蛋白质功能研究提供了新的方法,合成的多肽及来源于细胞的蛋白质都可以用作制备蛋白质芯片的材料。Uetz 将蛋白质芯片引入酵母双杂交研究中,大大提高了筛选率,建立了含 6000 个酵母蛋白的转化子,每个都具有开放性可阅读框架(open reading frame,ORF)的融合蛋白作为酵母双杂交反应中的激活区,此蛋白质芯片检测到 192 个酵母蛋白与此发生阳性反应。另外,酶作为一种特殊的蛋白质,可以用蛋白质芯片来研究酶的底物、激活剂、抑制剂等。

4. 生化反应的检测 对酶活性的测定一直是临床生化检验中不可缺少的部分。Cohen 用常规的光蚀刻技术制备芯片,酶及底物加到芯片上的小室,在电渗作用中使酸及底物经通道接触,发生酶促反应。通过电泳分离,可得到荧光标记的多肽底物及产物的变化,以此来定量酶促反应的结果。动力学常数的测定表明该方法是可行的,而且,荧光物质稳定。Arenkov 进行了类似的实验,他制备的蛋白质芯片的一大优点是可以反复使用多次,大大降低了实验成本。

5. 药物筛选 疾病的发生发展与某些蛋白质的变化有关,如果以这些蛋白质构筑芯片,对众多候选化学药物进行筛选,直接筛选出与靶蛋白作用的化学药物,将大大推进药物的开发。蛋白质芯片有助于了解药物与其效应蛋白的相互作用,并可以在对化学药物作用机制不甚了解的情况下直接研究蛋白质谱。还可以将化学药物作用与疾病联系起来,以及药物是否具有毒副作用、判定药物的治疗效果,为指导临床用药提供实验依据。另外,蛋白芯片技术还可对中药的真伪和有效成分进行快速鉴定和分析。

6. 疾病诊断 蛋白质芯片技术在医学领域中有着潜在的广阔应用前景。蛋白质芯片能够同时检测生物样品中与某种疾病或者环境因素损伤可能相关的全部蛋白质的含量情况,即表型指纹(phenomic fingerprint)。表型指纹对监测疾病的过程或预测、判断治疗的效果也具有重要意义。

NOTE

Ciphelxen Biosystems 公司利用蛋白质芯片检测了来自健康人和前列腺癌患者的血清样品,在短短的三天之内发现了 6 种潜在的前列腺癌的生物学标记。Englert 将抗体点在基片上,用于检测正常组织和肿瘤之间蛋白质表达的差异,发现有些蛋白质的表达,如检测在肿瘤的发生发展中起着重要作用的前列腺组织特异抗原、明胶酶蛋白等的变化,可以给肿瘤的诊断和治疗带来新途径。应用蛋白质芯片在临床上还发现乳腺癌患者中的 28.3 kD 的蛋白质,存在于结肠癌及其癌前病变患者的血清 13.8 kD 的特异相关蛋白质等。

蛋白质芯片在疾病诊断方面有以下独特的优点:①直接用粗生物样品(血清、尿、体液)进行分析;②可同时快速发现多个生物标志物;③所需样品量少;④具有高通量的验证能力;⑤能发现低丰度蛋白质;⑥能测定疏水蛋白质;⑦在同一系统中集发现和检测于一体,特异性高;⑧利用单克隆抗体芯片,可鉴定未知抗原,以减少测定蛋白质序列的工作量;⑨可以定量,利用单克隆抗体芯片,由于结合至芯片上的抗体是定量的,故可以测定抗原量;⑩功能多样,利用单克隆抗体芯片,既可替代 Western blotting,又可互补流式细胞仪不足的功能,如将细胞溶解,可测定细胞内的抗原,而且灵敏度远高于流式细胞仪。

(四) 蛋白质芯片发展面临的挑战

蛋白质芯片还面临着诸多挑战,未来的发展重点集中在以下几个方面。

(1) 建立快速、廉价、高通量的蛋白质表达和纯化方法,高通量制备抗体并定义每种抗体的亲和特异性;第一代蛋白检测芯片将主要依赖于抗体和其他大分子,显然,用这些材料制备复杂的芯片,尤其是规模生产会存在很多实际问题,理想的解决办法是采用化学合成的方法大规模制备抗体。

(2) 改进基质材料的表面处理技术以减少蛋白质的非特异性结合。

(3) 提高芯片制作的点阵速度,提供合适的温度和湿度以保持芯片表面蛋白质的稳定性及生物活性。

(4) 研究通用的高灵敏度、高分辨率检测方法,实现成像与数据分析一体化。

小结

本章概括介绍了目前医学分子生物学中常用技术的基本原理和相关应用。

基因重组是指不同 DNA 分子断裂和连接而产生 DNA 片段的交换并重新组合成新 DNA 分子的过程。

自然界基因重组和基因转移的方式有多种:在原核和真核生物细胞均可发生的包括发生在同源序列间的同源重组;在两个 DNA 特异位点间发生的位点特异性重组;基因从基因组一个位置移动到另一个位置的转座重组;仅发生在原核生物细胞的还有接合、转化和转导。转化作用是指通过自动获取或人为地供给外源 DNA,使细胞获得新的遗传表型。转导作用是指当病毒从被感染的细胞释放、再次感染另一细胞时,发生在供体与受体细胞之间的 DNA 转移及基因重组。

基因工程基本过程包括目的基因的制备、载体的选择与修饰、重组 DNA 的构建、重组 DNA 导入受体细胞、重组体的筛选与鉴定以及重组 DNA 在宿主细胞中的表达。在基因工程技术中,需要使用 II 型限制性内切酶、DNA 聚合酶、DNA 连接酶等多种工具酶。获取目的基因的策略包括从基因组 DNA 文库和 cDNA 文库中筛选、人工合成、PCR 扩增等。载体本身也是 DNA 分子,它可供目的基因插入并将其带入宿主细胞进行复制或表达,常用载体有质粒载体、噬菌体载体、病毒载体、人工染色体等。目的基因与载体连接的方式主要有黏端连接、平端连接和黏-平端连接。

分子杂交技术的原理主要涉及分子杂交特性、印迹技术、探针技术。印迹技术定义为,将在凝胶中分离的生物大分子转移(印迹)或直接放在固定化介质上并加以检测分析的技术。探针是指用放射性核素或其他化合物标记的核酸片段,它具有特定的序列,能够与待测的核酸片段互补结合,因此可以用于检测核酸样品中的特定基因。印迹技术包括 DNA 印迹技术(Southern blotting)、RNA 印迹技术(Northern blotting)和蛋白质印迹技术(Western blotting)等多种。

PCR 技术可以在体外将微量目的 DNA 片段扩增 100 万倍以上。它的基本工作原理是以 DNA 分子为模板,以一对与模板序列互补的寡核苷酸片段为引物,在 DNA 聚合酶的作用下,完成新的 DNA 合成,重复这一过程,使目的 DNA 片段得到扩增。PCR 的基本反应步骤包括变性、退火和延伸。PCR 技术主要用于目的基因的克隆、基因的体外突变、DNA 和 RNA 的微量分析、DNA 序列测定和基因突变分析。

无论手工测定还是自动化测定 DNA 序列的技术原理均建立在化学裂解法和 DNA 链末端合成终止法的基础之上。目前,DNA 自动测序已基本取代了手工测序。

芯片技术包括基因芯片和蛋白质芯片。基因芯片主要用于基因表达检测、基因突变检测、功能基因组学研究、基因组作图、杂交测序和新基因的发现等多个方面。蛋白质芯片广泛应用于蛋白质表达谱、蛋白质功能、蛋白质间的相互作用的研究。

(杨愈丰)

第二十一章　基因诊断与基因治疗

教学目标

- 基因诊断、基因治疗的概念
- 核酸分子杂交技术、变性高效液相色谱、基因测序和基因芯片
- 基因诊断的应用
- 基因治疗的基本策略
- 基因治疗的基本程序

随着人类基因组计划的完成和对基因功能研究的深入,人们已经意识到人类的绝大多数疾病都与基因变异密切相关。导致疾病发生的基因变异包括以下两种类型:①内源基因的变异。由于先天遗传背景的差异和后天内外环境因素的影响,人类的基因结构及其表达的各个环节都可能发生异常,从而致病。内源基因的变异又可以分为基因结构突变和表达异常。结构突变包括点突变、缺失或插入突变、染色体易位、基因重排以及基因扩增等。若突变发生在生殖细胞,则可能引起各种遗传性疾病;若发生在体细胞,则可导致肿瘤或心血管疾病等。有些内源基因(如原癌基因)的异常表达可能导致细胞增殖失衡而发生肿瘤和其他类型的紊乱。②外源基因的入侵。如各种病原体感染人体后,其特异的基因被带入人体并在体内增殖而引起各种疾病。因而,从基因水平分析病因及疾病的发病机制,并采用针对性手段矫正疾病紊乱状态,是医学发展的新方向。基因诊断(gene diagnosis)和基因治疗(gene therapy)已成为现代分子医学的重要方面。

第一节　基因诊断

基因诊断就是利用现代分子生物学和分子遗传学的技术方法,直接检测基因结构及其表达水平是否正常,从而对疾病做出诊断的方法。最早的基因诊断应用可追溯到 1978 年美籍华裔科学家简悦威博士对镰状细胞贫血的研究。他发现镰状细胞贫血患者血红蛋白基因的限制性内切酶酶谱发生了变化,并将此应用于基因诊断与产前诊断,开创了基因诊断技术在临床应用的新时代。从广义上说,凡是用分子生物学技术对生物体的 DNA 序列及其产物(如 mRNA 和蛋白质)进行的定性或定量分析,都称为分子诊断(molecular diagnosis)。从技术角度讲,目前的分子诊断方法主要是针对 DNA 分子的,涉及功能分析时,还可以定量检测 RNA(主要是 mRNA)和蛋白质等分子。通常将针对 DNA 和 RNA 的分子诊断称为基因诊断。

基因诊断和以表型改变为依据的传统诊断方法比较,其突出的优势如下:①可在源头识别基因正常与否,属于"病因诊断";②针对特定基因,特异性强;③所用的 PCR 等技术具有放大效应,故灵敏度高;④适用性强,诊断范围广。

一、基因诊断常用的技术和方法

基因诊断的基本方法主要采用核酸分子杂交、PCR 和 DNA 序列分析等分子生物学技术或几种技术的联合应用。基因诊断主要目的是将细微的基因差别信号放大直至可以被定性甚至定量地检测到。其基本流程包括了样品的核酸抽提、目的序列的扩增、分子杂交和信号检测。基因诊断包括检测个体的基因序列特征、基因突变、基因的拷贝数以及是否存在病原体基因等。基因诊断技术可分为定性分析和定量分析。基因分型和检测基因突变属于定性分析,检测基因拷贝数及基因表达产物量则属于定量分析。在检测外源感染性病原体基因时,定性分析可判断其在人体存在与否,而定量分析则可确定其含量。

（一）核酸分子杂交技术

核酸分子杂交技术可用于检测样本中是否存在与探针序列互补的同源核苷酸序列。以此为基础建立起来的基因诊断方法主要有以下三种。

1. 限制性内切酶酶谱分析法　此法利用限制性内切酶酶切和电泳来检测是否存在基因变异。当待测 DNA 序列中发生突变时会导致某些限制性内切酶位点的改变,其特异的限制性内切酶切片段的状态(片段的大小或多少)在电泳迁移率上也会随着改变,借此可做出分析诊断。如镰状细胞贫血是 β-珠蛋白基因第六个密码子发生单碱基突变(A→T),谷氨酸突变成缬氨酸所致。由于这一突变导致基因内部的一个 *Mst* Ⅱ 限制性酶切位点丢失。因此,将正常个体和带有突变基因的个体的基因组 DNA 用 *Mst* Ⅱ 消化后进行核酸电泳,根据电泳条带位置的变化就可以将正常人、突变携带者和患者相互区分出来。

2. DNA 限制性片段长度多态性(restriction fragment length polymorphism,RFLP)分析　在类基因组中,平均约 200 对碱基便可发生一对变异(称为中性突变),中性突变导致个体间核苷酸序列的差异,称为 DNA 多态性。不少 DNA 多态性发生在限制性内切酶识别位点上,酶切水解该 DNA 片段就会产生长度不同的片段,称为限制性片段长度多态性。RFLP 按孟德尔方式遗传,在某一特定家族中,如果某一致病基因与特异的多态性片段紧密连锁,就可用这一多态性片段作为一种"遗传标志",来判断家庭成员或胎儿是否为致病基因的携带者。甲型血友病、囊性纤维病变和苯丙酮尿症等均可借助这一方法得到诊断。

3. 等位基因特异寡核苷酸探针(allele specific oligonucleotide,ASO)杂交法　遗传病的遗传基础是基因顺序中发生一种或多种突变。根据已知基因突变位点的核苷酸序列,人工合成两种寡核苷酸探针,一种是相应于突变基因碱基序列的寡核苷酸(M),另一种是相应于正常基因碱基序列的寡核苷酸(N),用它们分别与受检者 DNA 进行分子杂交。若受检者 DNA 能与 M 杂交,而不能与 N 杂交,说明受检者是这种突变的纯合子;若受检者 DNA 既能与 M 结合,又能与 N 结合,说明受检者是这种突变基因的杂合子;若受检者 DNA 不能与 M 结合,但能与 N 结合,表明受检者不存在这种突变基因(图 21-1)。β-地中海贫血发病时,β-珠蛋白基因的第 17 个密码子(CD17)的点突变就可以采用 ASO 分子杂交进行检测。

当然,如果患者 DNA 和 M、N 均不结合(假如图 21-1 中 A 列两孔均不显色),提示其缺陷基因可能是一种新的突变类型。所以寡核苷酸探针杂交法不仅可以确定已知突变,还为发现新的突变基因提供了有效途径。

（二）聚合酶链反应（PCR）

基因诊断时,需在成千上万的基因中仅仅分析一种目的基因,而且其通常是单拷贝的,这的确较为困难。PCR 技术的建立使基因诊断进入了一个崭新的阶段。PCR 技术采用特异性的引物,能特异性地扩增出目的 DNA 片段(原理见第二十章图 20-16)。由于在基因序列中突变区两侧的碱基序列和正常基因仍然相同,因此根据待测基因两端的 DNA 序列设计出一对引物,经 PCR 反应将目的基因片段扩增出来,即可进一步分析判断致病基因的存在与否,并了解其变异的形式。它不仅解决了上述几种方法样品需求量大的难题,而且极大地提高了灵敏度。例如:利用 DNA 缺失突变区域两侧 5′-端和 3′-端引物进行 PCR 扩增,再通过凝胶电泳分析扩增 DNA 片段的大小,可诊断中等程度

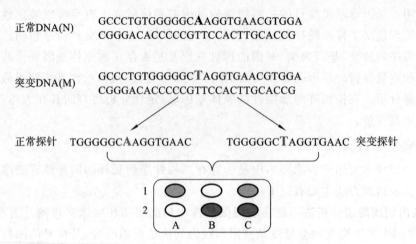

正常DNA(N)　GCCCTGTGGGGGC**A**AGGTGAACGTGGA
　　　　　　　CGGGACACCCCCGTTCCACTTGCACCG

突变DNA(M)　GCCCTGTGGGGGC**T**AGGTGAACGTGGA
　　　　　　　CGGGACACCCCCGTTCCACTTGCACCG

正常探针　TGGGGGC**A**AGGTGAAC　　　TGGGGGC**T**AGGTGAAC　突变探针

图 21-1　点突变的 ASO 分子杂交检测

1.正常探针检测孔;2.突变探针检测孔。每一列的两个点样斑代表一个样品,分别与正常和突变

探针杂交。三个样品的检测结果分别为正常(A)、突变纯合子(B)和突变杂合子(C)

的 DNA 片段(0.5～1.5 kb)的突变,用多对 PCR 引物同时进行 PCR 的多重 PCR 技术,可同时对某一特定基因的不同 DNA 区域进行缺失诊断,这在杜氏肌营养不良症(duchenne muscular dystrophy,DMD)诊断中的应用就是一个典型的例证。

相同长度的单链 DNA 因其碱基序列不同,甚至单个碱基的不同,都能形成不同的空间构象,从而在电泳时泳动速率不同。PCR 产物变性后,经聚丙烯酰胺凝胶电泳,正常基因和变异基因的迁移位置不同,借此可分析确定致病基因的存在与否,这就是单链构象多态性(single strand conformation polymorphism,SSCP)分析。Leber 遗传性神经病患者是由于线粒体 DNA 第 11778 位碱基突变(G→A)所致。用 PCR 扩增线粒体 DNA 相应片段,再做 SSCP 分析,即可对患者做出诊断。

目前 PCR/ASO 法、PCR/SSCP 法、PCR/RFLP 法、PCR/限制酶谱法的联合应用也日益广泛,这些方法可省去烦琐的杂交步骤,避免了放射污染,直接从电泳凝胶上即可读出结果。

(三) 变性高效液相色谱(denaturing high performance liquid chromatography,DHPLC)

DHPLC 是一项在单链构象多态性(SSCP)和变性梯度凝胶电泳(DGGE)基础上发展起来的新的杂合双链突变检测技术,可自动检测单碱基替代及小片段核苷酸的插入或缺失。这一技术最先由 Oefner 于 1995 年建立,目前全球使用最多也最易操作的是美国 Transgenomic 公司开发的 WAVE 核苷酸片段分析系统,它通过一个独特的 DNA 色谱柱进行核酸片段的分离和分析,将工作温度(柱温)升高使 DNA 片段开始变性,部分变性的 DNA 可被较低浓度的乙腈洗脱下来。由于异源双链(错配的)DNA 与同源双链 DNA 的解链特征不同,在相同的部分变性条件下,异源双链因有错配区的存在而更易变性,被色谱柱保留时间短于同源双链,故先被洗脱下来,从而在色谱图中表现为双峰或多峰的洗脱曲线(图 21-2)。

作为近年来才建立并迅速发展的一种新型基因突变筛查技术,它既能够自动化、高通量进行,且除 PCR 之外,不需要进行 PCR 引物修饰、购买特殊试剂、检测标记信号或进行其他的样品处理。而目前已有的许多 DNA 突变分析技术诸如单链构象多态性(single-strand conformation polymorphism,SSCP)、变性梯度凝胶电泳法(denaturing gradient gel electrophoresis,DGGE)等均不能满足此要求。DHPLC 具有高通量检测、自动化程度高、灵敏度和特异性较高、检测 DNA 片段和长度变动范围广、相对价廉等优点。与传统的 SSCP、DGGE 等方法相比,DHPLC 有明显的优势。SSCP 的结果受血样质量、提取方法等因素的影响,并且需要跑胶、电泳;DGGE 则需要标记引物,存在放射性污染,这两种方法都比较费时费力。而 DHPLC 则高度自动化,可以自动取样,检测每个样

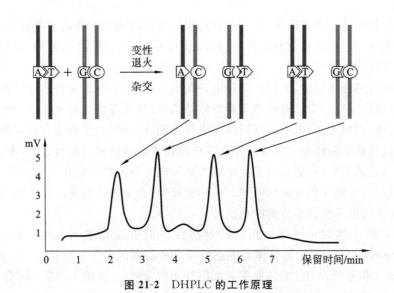

图 21-2　DHPLC 的工作原理

品只需要 8 min 左右。DHPLC 与其他检测 DNA 突变方法的最大不同在于,它能够纯化 DNA 片段。当然,只能检测杂合突变是 DHPLC 的不足之处,但是这可以利用混合的方法(即将纯合突变样品和野生型样品混合)来解决。

方法学比较研究表明,DHPLC 敏感性和特异性可达 96%～100%,明显高于常用的 DGGE、CCM、CSGE、SSCP 等变异检测技术。目前只有基于毛细管电泳技术发展起来的荧光单链构象多态性分析(F-SSCP)在敏感性和特异性方面能与 DHPLC 相媲美。PCR 引物的设计、PCR 方法及条件、分离温度及分离梯度等关键因素会影响 DHPLC 检测敏感性。

(四) 基因测序

基因测序是一种新型基因检测技术,能够从血液或唾液中分析测定基因全序列,预测罹患多种疾病的可能性,个体的行为特征及行为合理性。基因测序技术能锁定个人病变基因,提前预防和治疗。基因测序相关产品和技术已由实验室研究推广到临床应用,可以说基因测序技术是下一个改变世界的技术。

分离出患者的有关基因,测定出其碱基排列顺序,找出其变异所在。这是最为确切的基因检测技术在临床上的应用。由于技术的进步,目前这种诊断方法已普遍应用于临床。

以上检测方法是以 DNA 为检测对象,探测 DNA 序列中的突变情况,因而可称为 DNA 诊断。以 mRNA 为检测对象的诊断方法则可称为 RNA 诊断。RNA 诊断通过对待测基因的转录产物进行定性、定量分析,可确定其剪接、加工的缺陷及外显子的变异,常用的方法有 RNA 点杂交、Northern 分析和定量逆转录 PCR 等。近年来,mRNA 差异显示 PCR 技术被广泛用于寻找新的疾病相关基因,也取得了可喜成果。

(五) 基因芯片

基因芯片技术原理、优缺点及应用等内容具体见第二十章(图 20-19)。基因芯片作为一种新兴的分子生物学技术,在抗肿瘤药物的作用机制筛查、药物筛选和毒理学研究、药物基因组学和肿瘤诊断等多个领域的应用将逐步深入,未来该技术在基因诊断方面的应用将越来越广泛。

二、基因诊断的应用

近 20 年来,随着基因诊断方法学的不断改进更新,它已被广泛地应用于遗传病的基因诊断中随着各种遗传病发生的分子缺陷和突变本质被揭示,其实用性也不断提高。如对有遗传病危险的胎儿在妊娠早期和中期甚至胚胎着床前进行产前诊断和携带者的检测,杜绝患儿出生,对传染病的防治和预防性优生有实际意义。

肿瘤的发生和发展是一个多因素、多步骤的过程。基因结构和表达的异常是肿瘤病变的主要因素之一。基因诊断除用于细胞癌变机制的研究外，还可对肿瘤进行诊断、分类、分型和预后检测，在不同的环节上指导肿瘤的治疗。

　　在感染性疾病的基因诊断中，不仅可以检出正在生长的病原体，也能检出潜伏的病原体；既能确定既往感染，也能确定现行感染。对那些不容易体外培养（如产毒性大肠埃希菌）和不能在实验室安全培养（如立克次体）的病原体，也可用基因诊断进行检测，因而扩大了临床实验室的诊断范围。

　　某些传染性流行病病原体由于突变或外来毒株入侵常导致地域性流行，用经典的生物学及血清学方法只能确定其血清型别，不能深入了解相同血清型内各分离株的遗传差异。采用基因诊断分析同血清型中不同地域、不同年份分离株的同源性和变异性，有助于研究病原体遗传变异趋势，指导暴发流行的预测，在预防医学中占据重要的地位。

　　基因诊断在判断个体对某种重大疾病的易感性方面也起着重要作用。如人类白细胞抗原（human leucocyte antigen，HLA）复合体的多态性与一些疾病的遗传易感性有关。白种人类风湿性关节炎患者 hla-$dr4$ 携带者高达 70%，而正常人阳性率仅 28%。运用 HLA 基因分型对 HLA 多态性进行分析，既准确又灵敏，能检出血清学和细胞学分析方法无法检出的型别。

　　基因诊断在器官移植组织配型中的应用也日益受到重视。器官移植（包括骨髓移植）的主要难题是如何解决机体对移植物的排斥反应。理想的方法是进行术前组织配型。基因诊断技术能够分析和显示基因型，更好地完成组织配型，从而提高器官移植的成功率。

　　基因诊断在法医学中的应用主要是针对人类 DNA 遗传差异进行个体识别和亲子鉴定。除前述技术外，在法医学鉴定中更常被采用的技术还有 DNA 指纹（fingerprint）技术和建立在 PCR 技术之上的检测基因组中短串联重复序列（short tandem repeat，STR）遗传特征的 PCR-STR 技术。基因诊断的高灵敏度解决了法医学检测中存在的犯罪物证少的问题，即便是一根毛发、一滴血、少量精液甚至单个精子都可用于分析。

　　当人类基因组的信息与人类疾病关系完全明确之后，从理论上讲，基因诊断可以提供所有直接或间接反映基因结构功能或功能改变的诊断、预警和疗效预测。虽然目前距离这一目标仍有很长的路要走，但基因诊断在遗传病的临床和预防医学实践已经获得了比较广泛的应用。

　　（一）遗传性疾病诊断和风险预测

　　遗传性疾病的诊断性检测或症状前检测（per-symptomatic testing）预警是基因诊断的主要应用领域。对于单基因疾病，基因诊断可提供最终确诊依据。与以往的细胞学和生化检查相比，基因诊断耗时少、准确性高。对于一些特定疾病的高风险个体、家庭或潜在风险人群，基因诊断还可以实现症状前检测，预测个体发病风险，为及早防治提供依据。

　　基因诊断目前可用于遗传筛查和产前诊断。通过遗传筛查检测出高风险夫妇需给予遗传咨询和婚育指导，在"知情同意"的原则下于适宜的妊娠期开展胎儿的产前诊断，若胎儿为某种严重遗传病的受累者，可在遗传咨询的基础上由受试者决定"选择"终止妊娠，从而在人群水平实现遗传性疾病预防的目标。例如，基于限制性片段长度多态性（restriction fragment length polymorphism，RELP）的连锁分析技术，曾成功地用于包括镰状细胞贫血、β-地中海贫血等多种人类单基因遗传病在内的遗传分析。

　　在欧美发达国家，遗传病的基因诊断，尤其是单基因遗传病和某些恶性肿瘤等的诊断，已经成为常规项目，并已形成在严格质量管理系统下的商业化服务网络。目前已列入美国华盛顿大学儿童医院和区域医学中心主持的著名基因诊断机构——GENETests 网站（http://www.geneclinics.org/）检测名单中的人类遗传病基因服务项目多达 1170 种。

　　我国基因诊断的研究和应用始于 20 世纪 80 年代中期，目前主要开展针对一些常见单基因遗传病的诊断性检测，如 β-地中海贫血、甲型血友病、进行性肌营养不良等，表 21-1 列举了在我国开展的一些代表性常见单基因诊断及其方法学案例。

表 21-1　我国部分代表性单基因遗传病基因诊断案例

疾病	致病基因	突变类型	诊断方法
α-地中海贫血	α-珠蛋白	缺失为主	GAP-PCR、DNA 杂交、DHPLC
β-地中海贫血	β-珠蛋白	点突变为主	反向点杂交、DHPLC
甲型血友病	凝血因子Ⅷ	点突变为主	PCR-RFLP
乙型血友病	凝血因子Ⅸ	点突变、缺失等	PCR-RFLP 连锁分析
苯丙酮尿症	苯丙氨酸羟化酶	点突变	PCR-RFLP 连锁分析、ASO 杂交
马凡综合征	原纤维蛋白	点突变、缺失	PCR-VNTR 连锁分析、DHPLC

（二）多基因常见病的预测性诊断

对于多基因常见病，基于 DNA 分析的预测性诊断可为被测者提供某些疾病发生风险的评估意见。如 *BRCA1* 和 *BRCA2* 基因突变可提高个体的乳腺癌发病风险，其基因诊断已成为一些发达国家人群健康监测的项目之一。随着基因变异和疾病发生相关研究的知识积累，针对肿瘤和其他一些多基因常见病的这类预警性风险预测诊断正在逐步进入临床。在一些有明显遗传倾向的肿瘤中，肿瘤抑制基因和癌基因的突变分析，是基因检测的重要靶点。预测性基因诊断结果是开展临床遗传咨询最重要的依据。相信在相关基础研究取得进展的基础上，多基因常见病的预测性诊断会越来越多地得到应用，成为未来疾病诊断的主要内容。

（三）传染病病原体检测

针对病原体自身特异性核酸（DNA 或 RNA）序列，通过分子杂交和基因扩增等手段，鉴定和发现这些外源性基因组、基因或基因片段在人体组织中的存在与否，从而证实病原体的感染。针对病原体的基因诊断主要依赖于 PCR 技术。PCR 技术具有高度特异、高度敏感和快速的特点，可以快速检出样品中痕量的、基因序列已知的病原微生物。如组织和血液中 SARS 病毒、各型肝炎病毒等的检测。样品中痕量病原微生物的迅速检测、分类及分型还可以使用 DNA 芯片技术。

基因诊断主要适用于如下几种情况：①病原微生物的现场快速检测，确定感染源；②病毒或致病菌的快速分型，明确致病性或药物敏感性；③需要复杂分离培养条件，或目前尚不能体外培养的病原微生物的鉴定。分子诊断技术的特点决定了病原体的基因诊断较传统的方法有更高的特异性和敏感性，有利于疾病的早期诊治、隔离和人群预防。但由于基因诊断只能判断病原体的有无和拷贝的多少，难以检测病原体进入机体后的反应及其结果，因此，基因检测并不能完全取代传统的检测方法，它将与免疫学检测等传统技术互补而共存。

（四）疗效评价和用药指导

遗传诊断还可应用于临床药物疗效的评价及提供指导用药的信息。例如，急性淋巴细胞性白血病经化疗等综合治疗后，大部分患者可获得缓解，但容易复发。白血病复发根源主要在于患者体内少数残留的白血病细胞（小于 0.05×10^9/L）。PCR 等基因诊断技术已成为临床上检测和跟踪微小残留病灶的常规方法，是预测白血病的复发、判断化疗效果和制订治疗方案的很有价值的指标。

人群中对药物的反应性存在个体差异，致使药物的不良反应难以避免。例如，氨基糖苷类抗生素的致聋副作用的发生与线粒体 DNA *12S RNA* 基因第 1555 位 A→G 点突变有关。在人群中通过分子筛查发现这种突变的个体，对指导医生避免使用氨基糖苷类抗生素，防止儿童产生药物中毒性耳聋有很好的参考价值。药物代谢酶类（如细胞色素 P450）的遗传多态性也是个体对某些药物反应性差异的重要因素。因此，通过测定人体的这些基因多态性或其单倍型可以预测药物代谢情况或疗效的反应性，从而制订针对不同个体的药物治疗方案。在系统阐明人类药物代谢酶类及其他相关蛋白的编码基因遗传多态性的基础上，通过对不同药物代谢基因靶点的药物遗传学检测（pharmacogenetic testing），将为真正实现个体化用药提供技术支撑。

（五）DNA 指纹鉴定是法医学个体识别的核心技术

DNA 指纹的遗传学基础是 DNA 的多态性。世界上除了部分同卵双生子外，人与人之间的某些 DNA 序列特征具有高度的个体特异性和终生稳定性，正如人的指纹一般，故称为 DNA 指纹（DNA fingerprinting）。基因诊断在法医学的应用，主要是采用基于短串联重复序列（short tandem repeats，STR）的 DNA 指纹技术进行个体认定（图 21-3），已成为刑侦样品的鉴定、排查犯罪嫌疑人、亲子鉴定和确定个体间亲缘关系的重要手段。

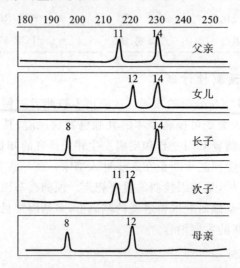

图 21-3 STR 等位基因在家庭中遗传示意图

当前，基于 PCR 扩增的 DNA 指纹技术已经取代了上述基于 DNA 印迹的操作程序。选择若干个基于位点（如 STR、人类白细胞抗原位点等）设计相应的 PCR 引物对，对待测 DNA 样本进行 PCR 扩增和带型比较后即可判断结果。该方法快速、灵敏，可以对微量血痕、精液、唾液和毛发进行个体鉴定。

第二节 基 因 治 疗

基因治疗是以改变人遗传物质为基础的生物医学治疗，即通过一定方式将人正常基因或有治疗作用的 DNA 片段导入人体靶细胞以矫正或置换致病基因的治疗方法。它针对的是疾病的根源，即异常的基因本身。在此过程中，目的基因被导入靶细胞内，它们或与宿主细胞染色体整合为宿主细胞遗传物质的一部分，或不与宿主细胞的染色体整合而独立于染色体以外，但都可以在宿主细胞内表达基因产物蛋白质，而达到治疗作用。目前基因治疗的概念也有了较大扩展，凡是采用分子生物学技术和原理，在核酸水平上展开的对疾病的治疗都可纳入基因治疗范围。基因治疗的范围也从过去的单基因遗传病扩展到恶性肿瘤、心脑血管疾病、神经系统疾病、代谢性疾病等。

基因治疗为传统疗法无法企及的疾病提供了治疗选择。自 2016 年以来，欧洲药品管理局（EMA）和美国食品药品管理局（FDA）已经批准了六种基因治疗产品，其中两种是用于 B 细胞癌的嵌合抗原受体 T 细胞产品，另外四种分别用于 β-地中海贫血、一种罕见的视力丧失、脊髓性肌萎缩和罕见的原发性免疫缺陷，这四种疾病均是严重的单基因疾病。近几年来基因治疗领域发展迅猛，目前已有超过 800 个细胞和基因治疗方案正在临床开发中。

一、基因治疗的策略

基因治疗的基本策略主要有以下三类。

（一）缺陷基因精确的原位修复

缺陷基因精确的原位修复包括对致病基因的突变碱基进行纠正,而正常部分予以保留的基因矫正(gene correction)和用正常基因通过重组原位替换致病基因的基因置换(gene replacement)两种。这两种方法均可以在不破坏整个基因组的前提下达到治疗疾病的目的,属于对缺陷基因精确的原位修复,是最为理想的治疗方法。目前通过 CRISPR/Cas9 基因编辑技术已经可以实现,美国 Editas Medicine 公司使用 CRISPR 基因编辑疗法(EDIT-101)治疗 Leber 先天性黑蒙(LCA10)目前已正式启动Ⅰ/Ⅱ期临床试验。该公司由著名学者张锋博士创建,EDIT-101 有望成为世界上第一款在人体内使用的 CRISPR 疗法。

（二）基因增补（gene augmentation）

基因增补指不删除突变的致病基因,而在基因组的某一位点额外插入正常基因,在体内表达出功能正常的蛋白质,达到治疗疾病的目的。这种对基因进行异位替代的方法称为基因添加或基因增补,是目前临床上使用的主要基因治疗策略。基因增补不仅可以用于替代突变基因,也可以在原有基因表达水平不足以满足机体需要的情况下,异位过表达增强体内某些功能。例如:在血友病患者体内导入凝血因子Ⅸ基因,恢复其凝血功能;将编码干扰素和白介素-2 等分子的基因导入恶性肿瘤患者体内,可以激活体内免疫细胞的活力,作为抗肿瘤治疗中的辅助治疗。

由于目前尚无法做到基因在基因组中的准确定位插入,因此增补基因的整合位置是随机的。这种整合可能会导致基因组正常调节结构的改变,甚至可能导致新的疾病。2004 年,法国一儿童医院接受基因治疗的 17 名严重联合免疫缺陷症患者中,有 3 人因逆转录病毒载体插入并激活 LMO-2 基因而罹患白血病。

（三）基因沉默或失活

有些疾病是由于某一或某些基因的过度表达引起的,向患者体内导入有抑制基因表达作用的核酸,如反义 RNA、核酶、DNA 三链体或干扰小 RNA 等,可降解相应的 mRNA 或抑制其翻译,阻断致病基因的异常表达,从而达到治疗疾病的目的。这一策略称为基因失活(gene inactivation)或基因沉默(gene silencing)。需要抑制的靶基因往往是过度表达的癌基因或者是病毒复制周期中的关键基因。

反义核酸技术和狭义的基因治疗不同,后者是通过正常基因的表达,产生有利于健康的蛋白质。而反义技术是指用人工合成的反义 RNA 或 DNA 来阻断基因的复制或转录,使编码基因不能转录为 mRNA,因而不能翻译成相应的蛋白质。由于反义核酸技术不能产生蛋白质,仅能封闭现存基因的表达,因而,反义基因治疗被认为是一种药物疗法。以下简要陈述几种常见的基因灭活技术。

1. 反义 RNA 技术　反义 RNA 是指与 mRNA 互补,且能抑制与疾病发生直接相关基因表达的 RNA。它在 mRNA 水平上封闭基因表达,特异性强、操作简单,可通过调节剂量治疗由基因突变或过度表达导致的疾病和严重感染性疾病。反义 RNA 治疗的基本策略包括体外合成十至几十个核苷酸的反义寡核苷酸(antisense oligonucleotide)或反义硫代磷酸酯寡核苷酸序列,以及构建反义 RNA 表达载体等。

2. 核酶技术　通过核酶分子结合到靶 RNA 分子中适当的部位,形成锤头结构核酶,催化对靶 RNA 分子的剪切,从而破坏靶 RNA 分子达到治疗疾病的目的。

3. 三链技术（triplex approach）　三链技术虽然被归为反义基因治疗,但严格地说,三链序列并非反义序列。其原理是脱氧寡核苷酸能与双螺旋双链 DNA 大沟专一性序列结合,形成三链 DNA,从而在转录水平或复制水平阻止基因转录或 DNA 复制。此脱氧寡核苷酸被称为三链 DNA 形成脱氧寡核苷酸(tripling oligonucleotide,TFO)。为了与作用在 mRNA 翻译水平的反义 RNA 技术相区别,将三链 DNA 技术称为反基因策略(antigene strategy)。三链 DNA 技术在一定程度上解决了反义 RNA 技术和核酶技术难以对连续生成的 mRNA 进行阻断和剪断的难题。

4. 干扰小 RNA 技术　干扰小 RNA(interference RNA,RNAi)是指在特定因子作用下,由导入胞内的双链 RNA 降解成的约 22 nt 左右的 siRNA(small interference RNA),后者利用碱基互补配对原则和靶 DNA 结合,同时诱导激活体内的基因沉默因子(silencing factor),从而使靶 DNA 降解。同时还可利用体内转录系统转录生成第二代 siRNA(secondary siRNA),从而长期发挥效应。其特点如下:①干扰因子前身为 dsRNA 而不是 ssRNA,因而不易降解;②序列特异性抑制 mRNA 和蛋白质的表达;③只对外显子有效,而对内含子无影响;④具有高效性、长期性(可影响下两代),可通过细胞屏障而发挥作用。

另外值得一提的是,"自杀基因"的应用。某些病毒或细菌产生的酶能将对人体无毒或低毒的药物前体在人体细胞内一系列酶的催化下转变为细胞毒性物,从而导致细胞死亡。如果将这种基因转导肿瘤细胞,该基因表达产物即可催化无毒性的药物前体转变成细胞毒物质,从而杀死肿瘤细胞。而正常细胞不含这种外源基因,故不受影响。由于携带该基因的受体细胞本身也被杀死,故称这类基因为"自杀基因"。常用的自杀基因有单纯疱疹病毒胸苷激酶(HSV-tk)基因和大肠杆菌胞嘧啶脱氨酶(EC-CD)基因等。

基因疫苗主要指的是 DNA 疫苗,是继死疫苗、减毒活疫苗,及亚单位疫苗、重组疫苗后的第三代疫苗。和常规的减毒活疫苗相比,DNA 疫苗使前者由于病毒蛋白质所造成的毒副作用降低,而且易操作、易储存,且价格低。其主要原理在于将编码外源性抗原的基因插入含真核表达系统的质粒上,然后将质粒直接导入人或动物体内,让其在宿主细胞中表达抗原蛋白,诱导机体产生免疫应答。抗原基因在一定时限内的持续表达,不断刺激机体免疫系统,使之达到预防疾病的目的。

基因治疗的策略较多,不同的方法在实践中各具优缺点。基因治疗也由最初单基因遗传病的治疗,发展到对肿瘤、心血管疾病和感染性疾病等的治疗。

二、基因治疗的基本程序

基因治疗的基本过程可分为以下五个步骤:①靶基因的选择;②基因载体的选择;③靶细胞的选择;④治疗基因的导入;⑤治疗基因表达的检测。

(一)靶基因的选择

理论上细胞内的基因均可作为基因治疗的靶基因。许多分泌性蛋白质如生长因子、多肽类激素、细胞因子、可溶性受体,以及非分泌性蛋白质如受体、酶、转录因子的正常基因都可作为治疗基因。简而言之,只要清楚引起某种疾病的突变基因是什么,就可用其作为靶基因,将对应的正常基因或经改造的基因作为治疗基因进行基因治疗。

(二)基因载体的选择

由于大分子 DNA 不能主动地进入细胞,而且即使能够进入细胞也很容易受到细胞内的核酸酶攻击而降解。因此,在确定了治疗的靶基因后,需要选择适当的基因工程载体将治疗基因导入细胞内并表达。目前所使用的基因治疗用载体有病毒载体和非病毒载体两大类,基因治疗的临床实施一般多选用病毒载体。

野生型病毒必须经过改造,以确保其在人体内的安全后才能作为基因治疗的载体。野生型病毒基因组的编码区主要为衣壳蛋白、酶和调控蛋白,而非编码区中则含有病毒进行复制和包装等功能所必需的顺式作用元件。基因治疗所用病毒载体的改造是剔除其复制必需的基因和致病基因,消除其感染和致病能力。原有的病毒复制和包装等功能改由包装细胞(packaging cell)提供。包装细胞是经过特殊改造的细胞,已经转导和整合了病毒复制和包装所需要的辅助病毒基因组,可以完成病毒的复制和包装。在实际应用中,治疗用的病毒载体需要先导入体外培养的包装细胞,在其中进行复制并包装成新的病毒颗粒,获得足量的重组病毒后再用于基因治疗。

目前用作基因转移载体的病毒有逆转录病毒(retrovirus)、腺病毒(adenovirus)、腺相关病毒

(adeno-associated virus,AAV)、单纯疱疹病毒(herpes simplex virus,HSV)等。不同类型的病毒载体在应用中具有不同的优势和缺点,可依据基因转移和表达的不同要求加以选择。以下仅以最为常用的逆转录病毒和腺病毒载体为例予以说明。

1. 逆转录病毒载体 逆转录病毒属于 RNA 病毒,其基因组中有编码逆转录酶和整合酶(integrase)的基因。在被感染细胞内,病毒基因组 RNA 被逆转录成双链 DNA,然后随机整合在宿主细胞的染色体 DNA 上,因此可长期存在于宿主细胞基因组中,这是逆转录病毒作为载体区别于其他病毒载体的最主要优势。将逆转录病毒复制所需要的基因除去,代之以治疗基因,既可构建成重组的逆转录病毒载体。在目前的基因治疗中,70%以上应用的是逆转录病毒载体。

逆转录病毒载体具有基因转移效率高,细胞宿主范围较广泛且 DNA 整合效率高等优点。缺点主要是在两个方面存在安全性问题:一是患者体内万一有逆转录病毒感染,又在体内注射了大剂量假病毒后,就会重组产生有感染性病毒的可能;二是增加了肿瘤发生概率。后者的原因是由逆转录病毒在靶细胞基因组上的随机整合所致,这种整合可能激活原癌基因或破坏抑癌基因的正常表达。

2. 腺病毒载体 腺病毒属 DNA 病毒,可引起人体上呼吸道和眼部上皮细胞的感染。人的腺病毒共包含 50 多个血清型,其中 C 亚类的 2 型和 5 型腺病毒(Ad2 和 Ad5)在人体内为非致病病毒,适合作为基因治疗用载体。

腺病毒载体不会整合到染色体基因组,因此不会引起患者染色体结构的破坏,安全性高,而且对 DNA 包被量大、基因转染效率高,此外对静止或慢分裂细胞都具有感染作用,故可用细胞范围广。腺病毒载体的缺点是基因组较大,载体构建过程较复杂。由于治疗基因不整合到染色体基因组,故易随着细胞分裂或死亡而丢失,不能长期表达。此外,该病毒的免疫性较强,注射到机体后很快会被机体的免疫系统排斥。

（三）靶细胞的选择

基因治疗所采用的靶细胞通常是体细胞(somatic cell),包括病变组织细胞或正常的免疫功能细胞。由于人类生殖生物学极其复杂,主要机制尚未阐明,因此基因治疗的原则仅限于患病的个体,而不能涉及下一代。为此国际上严格限制用人生殖细胞(germ line cell)进行基因治疗实验。人类的体细胞有 200 多种,目前还不能对大多数体细胞进行体外培养,因此能用于基因治疗的体细胞十分有限。目前能成功用于基因治疗的靶细胞主要有淋巴细胞、造血细胞、上皮细胞、内皮细胞、肌细胞和肿瘤细胞等。

1. 造血干细胞 造血干细胞(hematopoietic stem cell,HSC)是骨髓中具有高度自我更新能力的细胞,能进一步分化为其他血细胞,并能保持基因组 DNA 的稳定。HSC 已成为基因治疗最有前途的靶细胞之一。由于造血干细胞在骨髓中含量最低,难以获得足够的数量用于基因治疗。人脐带血细胞是造血干细胞的丰富来源,其在体外增殖能力强,移植后抗宿主反应发生率低,是代替骨髓造血干细胞的理想靶细胞。目前已有脐带血基因治疗的成功病例。

2. 皮肤成纤维细胞 皮肤成纤维细胞具有易采集,可在体外扩增培养且易于移植等优点,是基因治疗有发展前途的靶细胞。逆转录病毒载体能高效感染原代培养的成纤维细胞,将它再移植回受体动物时,治疗基因可以稳定表达一段时间,并通过血液循环将表达的蛋白质送到其他组织。

3. 肌细胞 肌细胞有特殊的 T 管系统与细胞外直接相通,利于注射的质粒 DNA 经内吞作用进入。而且肌细胞内的溶酶体和 DNA 酶含量很低,环状质粒在胞质中存在而不整合入基因组 DNA,能在肌细胞内较长时间保留,因此骨骼肌细胞是基因治疗的很好的靶细胞。将裸露的质粒 DNA 注射入肌组织,重组在质粒上的基因可表达几个月甚至 1 年之久。

（四）治疗基因的导入

目前临床上基因治疗实施方案中,体内基因递送(gene delivery)的方式有两种。一种是间接体内疗法(*ex vivo*),即先将需要接受基因的靶细胞从体内取出,在体外培养,将携带有治疗基因的载体

NOTE

导入细胞内,筛选出接受了治疗基因的细胞,繁殖扩大后再回输体内,使治疗基因在体内表达相应产物。其基本过程类似于自体组织细胞移植。另一种是直接体内疗法(*in vivo*),即将外源基因直接注入体内有关的组织器官,使其进入相应的细胞并进行表达。

基因导入细胞的方法有生物学法和非生物学法两类。生物学法指的是病毒载体所介导的基因导入,是通过病毒感染细胞实现的,其特点是基因转移效率高,但安全问题需要重视。非生物学法是用物理或化学法,将治疗基因表达载体导入细胞内或直接导入人体内,操作简单、安全,但是转移效率低。常用的基因治疗用基因导入方法见表21-2。

表 21-2 常见基因治疗用基因导入方法

名称	操作方法	用途
直接注射法	将携带有治疗基因的非病毒真核表达载体(多为质粒)溶液直接注入肌组织,又称为裸DNA注射法	无毒无害,操作简便,目的基因表达时间可长达1年以上;仅限于在肌组织中表达,导入效率低,需要注射大量DNA
基因枪法	采用微粒加速装置,使携带治疗基因的微米级金或钨颗粒获得足够能量,直接进入靶细胞或组织,又称为生物弹道技术(biolistic technology)或微粒轰击技术(particle bombardment technology)	操作简便、DNA用量少、效率高、无痛苦、适宜在体操作,尤其适用于将DNA疫苗导入表皮细胞,获得理想的免疫反应;但目前不宜用于内脏器官的在体操作
电穿孔法	在直流脉冲电场下细胞膜出现105~115 nm的微孔,这种通道能维持几毫秒到几秒,在此期间质粒DNA通过通道进入细胞,然后胞膜结构自行恢复	可将外源基因选择性地导入靶组织或器官,效率较高,但外源基因表达持续时间短
脂质体转染法	脂质体(liposome)利用人工合成的兼性脂质膜包裹极性大分子DNA或RNA,形成的微囊泡穿透细胞膜,进入细胞	脂质体可被降解,对细胞无毒,可反复给药;DNA或RNA可得到有效保护,不易被核酸酶降解;操作简单快速,但体内基因转染效率低,表达时间短,易被血液中的网状内皮细胞吞噬

表21-2中列举的方法均不具备细胞的靶向性,能够实现靶向性的方法是受体介导的基因转移。利用细胞表面受体能特异性识别相应配体并将其内吞的机制,将外源基因与配体结合后转移至特定类型的细胞。无论是遗传性疾病还是恶性肿瘤的基因治疗,靶向性是非常重要的,特别是应用到体内时,既要考虑对靶细胞的治疗,又要注意对正常细胞的保护。受体介导的基因转移在基因治疗中有较好的优势和发展前景。

(五)治疗基因表达的检测

无论以何种方法导入基因,都需要检测这些基因是否能被正确表达。被导入基因的表达状态可以用PCR、RNA印迹、蛋白印迹及ELISA等方法检测。对于导入基因是否被整合到基因组以及整合的部位,可以用DNA印迹技术进行分析。

小结

人类大多数疾病都与基因密切相关,主要因内源基因的变异和外源基因的入侵使得基因的结构变异和表达异常所致,在基因水平诊断和治疗疾病是现代医学发展的趋势。

基因诊断是指利用现代分子生物学和分子遗传学的技术方法直接检测基因结构及其表达水平是否正常,从而对疾病做出诊断的方法。常用的方法建立在核酸分子杂交和PCR技术的基础上。以分子杂交为基础的方法包括限制性内切酶酶谱分析法、DNA限制性片段长度多态性分析法、等位基因特异寡核苷酸探针杂交法等。PCR技术的问世极大地推动了基因诊断的发展。基于PCR技术的新方法层出不穷,使其在基因诊断中的应用更为广泛。

基因诊断已广泛应用于遗传病、肿瘤、心血管疾病、感染性疾病等重大疾病,除在早诊早治、疗效判断、鉴别诊断、分期分型、预测预后中发挥作用外,在判断个体疾病易感性,器官移植组织配型和法医学等方面均起着重要作用。

基因治疗是指将某种遗传物质转移到患着细胞内,使其在体内发挥作用,以达到治疗疾病目的的方法。目前基因治疗常用的方法有缺陷基因精确的原位修复、基因增补和基因沉默或失活等。根据实施路线的不同,基因治疗可分为间接体内疗法和直接体内疗法。基因治疗的间接体内疗法的基本程序包括靶基因的选择、基因载体的选择、靶细胞的选择、治疗基因的导入和治疗基因表达的检测等步骤。

目前基因治疗已经运用于诸如血友病等遗传病的治疗。除此之外,在恶性肿瘤等治疗的应用也已有所尝试。但是,基因治疗作为一种新兴的学科,尚存在许多理论和技术上的问题,有待在发展过程中进一步完善。

(杨愈丰)

主要参考文献

[1] 查锡良,药立波.生物化学与分子生物学[M].8 版.北京:人民卫生出版社,2013.

[2] 李刚,马文丽.生物化学[M].3 版.北京:北京大学医学出版社,2013.

[3] 周爱儒,何旭辉.医学生物化学[M].3 版.北京:北京大学医学出版社,2008.

[4] 唐炳华.生物化学[M].9 版.北京:中国中医药出版社,2012.

[5] 倪菊华,郏弋萍,刘观昌.医学生物化学[M].4 版.北京大学医学出版社,2014.

[6] 张乃蘅.生物化学[M].2 版.北京医科大学出版社,1999.

[7] 查锡良.生物化学[M].7 版.北京:人民卫生出版社,2008.

[8] 王镜岩,朱圣庚,徐长法.生物化学[M].3 版.北京:高等教育出版社,2002.

[9] 贾弘褆,冯作化.生物化学与分子生物学[M].2 版.北京:人民卫生出版社,2010.

[10] 查锡良.生物化学与分子生物学[M].8 版.北京:人民卫生出版社,2013.

[11] 童坦君.生物化学[M].2 版.北京:北京大学医学出版社,2009.

[12] 潘文干.生物化学[M].6 版.北京:人民卫生出版社,2009.

[13] 阴嫦嫦.生物化学[M].2 版.武汉:华中科技大学出版社,2016.

[14] 王易振.生物化学[M].2 版.北京:人民卫生出版社,2013.

[15] 周春燕,冯作化.医学分子生物学[M].2 版.北京:人民卫生出版社,2014.

[16] 陈诗书.医学生物化学[M].北京:科学出版社,2004.

[17] 冯作化,药立波.生物化学与分子生物学[M].3 版.北京:人民卫生出版社,2015.

[18] 周克元,罗德生.生物化学[M].2 版.北京:科学出版社,2010.

[19] 马灵筠,杨五彪.医学分子生物学[M].北京:科学出版社,2009.

[20] 贾弘褆.生物化学[M].北京:人民卫生出版社,2007.

[21] 周爱儒.生物化学[M].6 版.北京:人民卫生出版社,2005.

[22] 钱民章,陈建业.生物化学[M].北京:科学出版社,2013.